AF315619

Phlogopite provenant de la mine Lacey, Canton de Loughborough, Ont.

CANADA
MINISTÈRE DES MINES
DIVISION DES MINES

HON. W. TEMPLEMAN, MINISTRE ; A. P. LOW, LL. D., SOUS-MINISTRE ;

EUGÈNE HAANEL, PH. D., DIRECTEUR.

MICA

GISEMENTS, EXPLOITATION ET EMPLOIS

DEUXIÈME ÉDITION

PAR

Hugh S. de Schmid, I. M.

OTTAWA
IMPRIMERIE DU GOUVERNEMENT
1912

No 264

LETTRE D'INSTRUCTIONS

OTTAWA, le 10 juin 1910.

MONSIEUR,—

En vue de la revision du rapport déjà publié sur le mica par ce ministère, vous êtes chargé d'aller visiter les mines de production et de prospection du mica à travers le Dominion, et de recueillir tous les renseignements et informations nécessaires relativement aux gisements et à l'extraction du mica, et à la préparation de ce minéral pour le commerce.

Votre rapport devra embrasser les sujets suivants:—
Propriétés physiques et chimiques.
Traits généraux topographiques et géologiques des aires de mica.
Mode de gisement des dépôts ayant une valeur commerciale.
Description succincte de toutes les mines de mica et estimation de leur valeur.
Bilan de l'industrie du mica au Canada: état actuel et perspectives pour l'avenir.
Statistiques de production et d'exportation.
Emploi dans le commerce.
Gisements de ce minéral dans les pays étrangers — particulièrement aux Indes.
APPENDICE.—Résumé des lois régissant l'obtention des propriétés minières et l'extraction du mica dans les diverses provinces.

Le texte du rapport devra être accompagné de dessins montrant des coupes dans les gisements, et aussi d'autres illustrations et photographies ayant absolument trait aux gisements, à l'extraction et à la production du mica.

Le point de vue commercial de tous les sujets précités devra être l'objet d'une attention spéciale.

(Signé) **Eugène Haanel,**
Directeur des Mines.

M. HUGH S. DE SCHMID, I. M.,
Division des Mines,
Ministère des Mines,
OTTAWA.

LETTRE D'ENVOI.

Au Dr Eugène Haanel,
      Directeur des Mines,
         Division des Mines,
            Ottawa.

Monsieur,—

Conformément à vos instructions, j'ai visité les diverses aires productives du mica à travers le Dominion, et recueilli de nouveaux renseignements et informations relativement aux gisements, à l'extraction et à la préparation de ce minéral.

J'ai l'honneur de vous transmettre ci-joint mon rapport sur ces mines.

    J'ai l'honneur d'être, Monsieur,
        Votre obéissant serviteur,

            (Signé) **Hugh S. de Schmid**.

Ottawa, le 11 septembre 1911.

v

TABLE DES MATIÈRES.

CHAPITRE IV.

CHAPITRE V.

PARTIE II.

CHAPITRE I.

CHAPITRE IV.

PARTIE III.

PARTIE IV.

ILLUSTRATIONS.

Photographics.

Dessins.

MICA :

GISEMENTS, EXPLOITATION, EMPLOIS

PAR

Hugh S. de Schmid, I. M.

INTRODUCTION.

Depuis la publication de la monographie antérieure sur le mica préparé par la Division des Mines en 1905, il s'est produit des changements notables dans les conditions qui ont trait à l'extraction et à la fabrication du mica au Canada.

D'abord, la demande pour le mica a subi de grandes fluctuations et a atteint son minimum en 1907-08. Par suite de la dépression du marché, beaucoup de mines dans Québec et dans Ontario se sont fermées et beaucoup restent encore inactives, les propriétaires ou locataires ne considérant pas le marché actuel assez porfitable pour permettre de reprendre les opérations.

Durant l'été de 1910, l'auteur a visité tous les principaux gisements des régions de mica d'Ontario et de Québec, et a trouvé que plus de 80 pour cent des mines étaient fermées ou inondées.

Beaucoup des prétendues " mines " sont de simples puits de surface qui ont été excavés sur de simples indications de mica et qui ont été abandonnés après quelques mois de travail.

La valeur réelle des gisements est naturellement très incertaine. Beaucoup d'exploitants balayent le mica visible à la surface et cessent de travailler aussitôt que le paquet ou le nid est épuisé. On ne doit pas naturellement s'attendre que les mineurs dépenseront un capital précieux à exploiter des gisements auxquels ils n'ont pas confiance, néanmoins, il est indiscutable que beaucoup de gisements de mica, surtout dans l'aire de Québec ont été seulement grattés.

L'exploitation du mica est actuellement d'une nature superficielle et pourrait dans la majorité de ces cas s'appeler simplement de l'exploitation en carrière. Cependant, quand les gisements ont été suivis au moyen de puits et de galeries à des profondeurs de cent pieds au moins, les résultats ont bien montré que le mica n'est pas limité à la surface.

La nature en nids des gisements de mica sera toujours un obstacle sérieux au succès de l'exploitation. Il n'y a pas de règles ni d'indications à suivre comme dans les cas de gîtes de minerai pour guider les mineurs, et ils doivent s'en rapporter en grande partie à la chance pour suivre les veines de mica.

Les sondages à la perforatrice diamantée ont été utiles quand ils ont été pratiqués; et cependant cette méthode pour déterminer l'importance des

2

zones micafères peut être trompeuse. Par exemple, la nature très instable des gisements est, en elle-même, un obstacle sérieux et peut amener des conclusions très fausses, si soigneusement que soient menées les opérations de forage.

Dans la monographie qui suit, l'auteur s'est efforcé de compléter autant de renseignements que possible au sujet des principaux gisements canadiens de mica. La portion principale de ce rapport tend à donner une liste complète des principaux gisements exploités jusqu'à présent avec un aperçu du travail exécuté aux diverses mines. La partie II contient des renseignements techniques quant au mica et à son existence minéralogique et géologique. Par suite du grand nombre de mines qui sont inactives et pour la plupart inondées, un examen approfondi des ouvrages a été dans beaucoup de cas impossibles.

PARTIE I.

CHAPITRE I.

DE L'EXPLOITATION DES GISEMENTS DE MICA.

La nature et l'existence générale des gisements de mica et de phosphate présentent des traits si différents des conditions dénotées par ceux d'autres minéraux industriels que la réussite de leur exploitation nécessite des méthodes d'extraction différentes à beaucoup d'égards de celles qu'on suit pour l'Aabatage des gîtes minéraux. Il n'existe virtuellement pas de similitude entre les gisements de mica et ceux de la généralité de minéraux métalliques. Dans ce cas, il faut suivre des procédés d'extraction n'ayant aucun point de ressemblance avec ceux qui sont généralement adoptés pour l'exploitation de filon.

En premier lieu, l'instabilité des veines et zones de mica est un facteur important à considérer dans le méthode d'extraction à employer. Et puis, la nature du minéral est telle que la valeur des dépôts dépend beaucoup plus de sa qualité que de sa quantité; c'est-à-dire que dans le cas de gîtes de minerai, une substance minérale d'une composition chimique déterminée possède toujours une valeur qui lui est propre et dépend de cette composition, bien que peut-être elle ne se présente pas en quantité suffisante pour être exploitée avec succès; mais, dans le cas de gisements de mica, il peut y avoir de grandes quantités de minéral, mais dans un état si broyé, si contourné, qu'il n'offre aucune valeur pour l'usage auquel le mica peut servir. La nature et l'état dans lesquels se trouve le mica existant dans les différents gisements sont donc les facteurs déterminants principaux de leur valeur. C'est l'impossibilité d'évaluer exactement ou même approximativement la stabilité des veines de mica et, ce qui est plus important, la qualité du minéral qu'elles peuvent contenir, qui a toujours mis obstacle à l'exploitation profitable des gisements. Les filons contenant du mica sont si souvent en forme de nids, s'élargissant et coinçant de telle façon qu'il est impossible de prévoir si ce qui paraît aujourd'hui un gisement plein de promesses ne sera pas le lendemain tout le contraire. Naturellement c'est un état de choses qui se présente avec toutes les existences minérales, mais les gisements de mica possèdent cette particularité déconcertante à un haut degré, et de façon à rendre absolument inutiles toutes les règles générales applicables aux méthodes minières. Des filons de mica favorables et rémunérateurs peuvent persister dans leur cours et, tout à coup, commercer à contenir une grande quantité de mica absolument sans valeur dont 5 pour cent seulement est vendable.

D'un autre côté, d'étroits filons contiennent quelquefois assez de minéral de haute teneur pour justifier une continuation d'extraction en dépit de la grande quantité de roches qu'il faut déplacer pour extraire une quantité relativement petite de mica.

Tant de facteurs peuvent nuire à la qualité du mica : l'écrasement, sans qu'il y ait nécessairement distorsion mais une tendance à provoquer la séparation des lamelles en mica à rubans; l'insertion de substance minérale étrangère entre les feuilles, entraînant l'amoindrissement des cristaux; et finalement ce qui est le plus important, la couleur et la nature générale du minéral au point de vue de sa convenance pour l'objet auquel il doit servir. Un mica foncé, en terme général, n'est pas regardé avec autant de faveur qu'un mica de couleur moyenne et il en est de même des espèces très claires, qui sont en général plus brisantes moins élastiques et plus pauvrement fendables que ce qu'on appelle les micas " ambrés argentés ", *silver-amber*. Il faut tenir compte de toutes ces particularités quand on a localisé une roche micafère et lorsque l'ouverture de la tranchée a dénoté l'existence de ce qui paraît être des quantités rémunératrices du minéral. Souvent, il y a de petits nids de mica excellent près de la surface et ceux-ci, quand on les suit à une profondeur de quelques pieds pétardent brusquement sans laisser aucune preuve de continuation du gisement en profondeur. L'aire micafère est couverte de petites excavations, allant de 2 à 10 pieds de profondeur, toutes ont été ouvertes sur de petits nids de mica, puis arrêtées, les exploitants n'ayant pas assez de confiance dans l'aspect du gisement ou autrement, ne disposant pas d'un capital suffisant pour continuer à suivre le filon.

On peut voir par ce qui précède que l'exploitation des gisements de mica entraîne souvent beaucoup d'incertitude et que leur développement, en l'absence fréquente de toute indication pour guider les exploitants est plus souvent encore une affaire de chance que dans l'exploitation ordinaire des gisements miniers.

Ce que je viens de dire au sujet des gîtes de minerai en général s'applique avec non moins de force à l'évaluation de leur importance et de leur valeur. Tout essai tenté pour fixer approximativement la valeur d'un gisement de mica entraîne des difficultés tellement graves que le résultat est forcément incertain, même avec le forage à la perforatrice diamantée les résultats peuvent induire aux conclusions les plus erronées. Dans le cas d'un gîte de minerai affleurant à la surface et contenant certains minéraux, l'obtention de carottes de forage composées d'une substance minérale semblable, à une profondeur, par exemple, de 500 pieds, immédiatement au-dessous de l'affleurement, peut raisonnablement faire supposer l'existence entre la surface et l'endroit de minerai.

Dans le cas d'un gisement de mica, une supposition de ce genre serait entièrement hasardée. Le gîte de mica visible à la surface peut devenir épuisé à une profondeur de 50 à 100 pieds, ou même de 10 pieds et le fonçage peut continuer dans bien des pieds de roche stérile ou de roche contenant du minerai broyé et sans valeur, avant d'atteindre un autre gisement. La tendance des gîtes de mica à exister d'une manière sporadique ou en nids est cause que l'évaluation de leur dimension est une simple affaire de devination en laquelle on ne peut reposer aucune confiance; et on ne peut arriver à la valeur réelle d'aucun gisement sans avoir des résultats palpables. Les grands gisements de mica que l'on a trouvés à la mine Lacey qui appartient à la General Electric Company n'ont été rencontrés qu'après de nombreux essais tentés par plusieurs groupes pour exploiter la mine avec profit. Les derniers de ces exploitants ont abandonné l'ouvrage quand ils étaient à quelques pieds d'un amas presque solide de mica. Les exemples de l'incertitude qui règne dans le développement des gîtes de mica sont nombreux, et l'on peut affirmer avec justesse que dans la majorité des cas, toute tentative de donner une évaluation même approximative d'un gisement est une question de la plus haute difficulté, et qu'en tout cas, une évaluation de ce genre sera toujours d'une valeur problématique.

L'incertitude qui règne au sujet de la vraie nature et de l'importance des gisements de mica a amené les exploitants à suivre la coutume très répandue d'exploiter les gisements à redevance ou en vertu de promesse de vente. Dans le premier cas, un tant pour cent des ventes du mica amené à la surface est payé au propriétaire avec ou sans un certain montant d'argent pour location de la propriété et, dans le second cas, l'exploitant travaille le gisement en vertu d'un loyer de la façon ordinaire, pour une période fixée avec la faculté d'acquérir la propriété à la fin de cette période, à certaines conditions spécifiées. Le système est sujet à bien des modifications et les conditions de l'arrangement sont souvent très peu satisfaisantes, surtout pour le propriétaire de la mine. Ce dernier est souvent obligé d'assister à l'enlèvement de riches indications de surface sur lesquelles il reçoit une maigre redevance et on lui laisse finalement quelques excavations sur sa propriété dont aucune ne laisse voir signe de mica. Dans ces cas, l'exploitant s'occupe généralement peu de l'avenir de la mine, il extrait tout le mica visible et laisse souvent les ouvrages dans une position excessivement dangereuse. Il est beaucoup à regretter que dans la majorité des cas, les gisements sont, au début, exploités d'une façon qui est loin d'être satisfaisante par les petits propriétaires fermiers, etc. Ce qui aurait pu être des gisements considérables et précieux, est souvent abandonné lorsqu'il se présente des signes de rétrécissement des filons. Les prospecteurs et exploitants qui viennent ensuite sont inclinés à négliger des existences qui ont l'air d'avoir été excavées et exploitées sans succès, tandis que si ces gisements avaient été travaillés dès le début en vue de l'avenir par des hommes compétents, munis d'un capital suffisant pour s'assurer à fond de l'étendue et de la valeur, il n'y a pas de doute qu'une grande proportion de ces existences figureraient aujourd'hui sur la liste des producteurs, ou serait en état d'être rouvert si l'état du marché le justifiait. L'exploitation heureuse d'une mine dépend en grande partie d'une administration intelligente et économe, et de la nature des méthodes suivies pour extraire le minéral; non seulement avec le moins de frais possible mais aussi avec le plus de prévision et de soin pour l'avenir de la mine. Ceci devrait s'appliquer spécialement au cas des gisements de mica qui présentent des problèmes excessivement difficiles et uniques et qui exigent la connaissance du caractère et des particularités du gisement à un plus haut degré qu'il n'est nécessaire virtuellement avec tout autre type de gisement minéral.

Malgré cela, et malgré la position importante occupée actuellement par le minéral, portion qui, on peut en être sûr, grandira avec l'accroissement de la fabrication des appareils électriques, la majeure partie de mica produit actuellement en Canada est le rendement d'une demi-douzaine de mines parmi lesquelles la principale est la mine de la General Electric Co., de Sydenham, Ont. Sauf quelques grandes mines dont plusieurs ont été entièrement fermées depuis quelques années et dont les autres ne fonctionnent maintenant que sur une très petite échelle, les mines de mica de la compagnie qui vient d'être nommée, sont les seuls gisements sur lesquels il se fasse des travaux importants d'extraction de mica. Comme la General Electric Company consomme tout le mica produit par ses propres mines, le marché est aujourd'hui entièrement alimenté par le rendement de quelques grands producteurs. Beaucoup des plus petites propriétés méritent à peine aujourd'hui le titre de "mines"; ce sont simplement de petits puits de 12 à 15 pieds de profondeur et quelquefois moins, creusés dans des nids de mica. Ces puits sont travaillés d'une façon désordonnée et leur rendement total en une année ne dépasse pas quelquefois deux barils de mica taillé; on ne peut donc pas les considérer comme des propriétés constituant des réserves de mica sur lesquelles on pourrait tirer en cas de déficit du minéral. Il est vrai que lorsque les prix ont une tendance à monter ces petits exploitants s'agitent et travaillent durant quelques semaines sur leurs propriétés. Cette activité est purement spasmodique et est souvent dérangée par la culture et autres opérations. Le produit de ces mines est généralement vendu aux petits marchands et aux intermédiaires qui agissent comme expéditionnaires pour les consommateurs anglais et américains. Souvent aussi ces exploitants sont obsédés par des idées erronées au sujet de la haute catégorie et de la qualité supérieure qu'ils attribuent au mica qu'ils ont extrait et ils gardent leur petit approvisionnement durant de longues années attendant toujours une famine de mica et de hauts prix.

Cette cachette de petites quantités de minéral est très générale dans toutes les régions du mica et caractérise bien les méthodes mesquines adoptées par cette catégorie d'exploitation.

Quelques-uns des plus gros propriétaires suivent une conduite à peu près analogue. Sur une mine visitée, nous avons vu un approvisionnement de mica s'élevant à plus de 500 barils.

Quand l'auteur a fait le tour des districts de mica en 1909, 213 sur 250 ou 85.2 p. c. du nombre total des mines et des emplacements visités, étaient fermés depuis plus de deux ans. La valeur de la production de mica canadien pour l'année 1910 est portée à $143,409, plus du tiers de cette somme représentant le rendement d'une seule mine.

Méthodes Générales d'Exploitation.

Le plus grand nombre des gisements de mica étant aux mains de petits propriétaires, leur développement se fait, non seulement de la manière la plus simple, mais encore la plus économique, le but principal étant d'extraire tout le mica possible avec le moins de frais possible. Les propriétaires ne songent pas que les méthodes employées peuvent nuire beaucoup à la valeur éventuelle de la propriété. Beaucoup n'ont pas de notions de l'exploitation pratique et le succès dans le développement des gisements de mica exige non seulement des notions, mais encore un jugement avisé.

La méthode la plus simple, la plus élémentaire, et aussi la moins coûteuse est la carrière à ciel ouvert qui donne les résultats les plus rapides et demande le moins de système.

Dans quelques cas où le mica est non seulement en nids, mais encore disséminé dans le massif de la roche, cette méthode est probablement la plus satisfaisante. Mais dans beaucoup de cas le mica suit des filons et des nids et alors ce système est très impraticable, car il nécessite souvent l'enlèvement de gros amas de roches qui sont entre les filons et entraîne beaucoup de travail accessoire et inutile. Un affleurement de mica ayant été localisé, on fonce un puits à la place même, souvent sans faire de tranchée préliminaire pour s'assurer de la nature du gisement, de sa direction générale s'il est du genre nid, fissure, ou contact, et si l'on ne peut pas trouver une meilleure place pour foncer. Ces détails intéressent rarement le petit exploitant qui fonce son puits au hasard et continue à travailler tant qu'il voit des quantités de mica rémunératrices ou jusqu'à ce qu'il soit forcé de quitter à cause de l'infiltration de l'eau dans le puits.

Si l'effleurement est sur le côté d'une arête et si le filon a une direction perpendiculaire à cette arête la méthode de la tranchée à ciel ouvert est habituellement suivie; le filon ou le nid, suivant le cas étant entaillé en arrière dans la colline. Si ce système est exécuté avec prévoyance, il donne un égouttement naturel; mais souvent les excavations sont faites sans y songer et les ennuis avec l'eau s'en suivent, nécessitant l'emploi de pompes et plus tard, l'abandon du puits. Une particularité des gisements en nids c'est qu'ils donnent un égouttement naturel, l'eau s'enfonçant habituellement pour disparaître et causant pas d'ennui. Ces gisements plaisent aux mineurs, non seulement pour cette raison, mais encore parce qu'elle est regardée comme une indication nullement favorable de l'existence de mica en profondeur. Ceci provient de ce que l'eau de surface dissout le remplissage en calcite des nids par la formation d'artères d'égouttement qui continuent quelquefois à des profondeurs considérables. On trouve fréquemment que tout le remplissage en calcite des nids de surface est dissout, les cavités contenant de la vase et du sol de surface où il y a des cristaux de mica primitivement disséminés dans la calcite.

Dans le cas de filons bien nets de mica qui affleurent dans une région bien horizontale au sommet d'une colline ou que l'on trouve sur le côté d'une arête ayant une direction parallèle au cours du filon on creuse des tranchées ouvertes. Quelquefois plusieurs puits sont foncés à intervalles le long du filon, puis ils sont rejoints en enlevant la roche entre eux. D'autres fois le fonçage peut être opéré simultanément de la surface le long du filon, ou bien un puits est foncé jusqu'à une profondeur de 25 pieds à peu près, d'où l'on suit le filon dans la direction opposée. Dans quelques cas, à moitié de la profondeur on insère des supports sur lesquels on construit des planchers et le travail avance par échelons, simultanément en dessus et en dessous. Ces tranchées à ciel ouvert atteignent souvent une longueur considérable et sont poussées à une profondeur de 80 à 100 pieds. Elles sont habituellement à peu près verticales, mais sont quelquefois creusées sur une légère inclinaison, suivant le plongement du filon. Dans le cas de veines normales de mica, les excavations ont de 8 à 15 pieds de largeur, la coupe moyenne du filon dépassant rarement ce dernier chiffre.

Assez souvent il y a un certain nombre de veines parallèles assez rapprochées les unes des autres et dans une mine que nous avons visitée, il y avait plus d'une douzaine de ces tranchées découvertes creusées, sur une lisière de terrain large de moins de 200 pieds. Dans ce cas l'extraction souterraine au moyen de gradins à directions transversales entre filons aurait eu beaucoup d'avantages sur le travail à ciel ouvert.

Quand un gisement est de forme irrégulière et n'est pas enclavé dans des épontes, mais se compose de nids de mica reliés quelquefois par d'étroites fissures n'ayant pas de direction définie, on fonce habituellement des puits au hasard sur des indications de surface, puis on suit les gîtes de mica avec des galeries inclinées et horizontales le long des veines donnant le plus de promesses. Cette méthode entraîne souvent l'enlèvement de grandes quantités de roche stérile et est nécessairement coûteuse. De plus, elle rend ces excavations assez dangereuses après qu'on a atteint une certaine profondeur. De fait, des puits ont dû être abandonnés pour cette raison après avoir atteint une profondeur de 35 à 50 pieds. Les excavations de ce genre sont de forme très irrégulière, se retournant en diverses directions et pénétrant sous des couvertures de gneiss ou de pyroxénite stérile. La catégorie des gisements de mica en nids et en fissures est certainement la plus difficile à exploiter avec succès après une certaine profondeur et le fait est, malheureusement, que le plus grand nombre des existences de mica sont de ce genre. Ce que l'on appelle la catégorie des gisements de contact présente des traits plus semblables à ceux que possèdent des veines bien nettes. La différence principale consiste en ce qu'elles ont généralement une plus forte étendue latérale que les veines, mais cependant ce n'est pas toujours invariablement le cas. Ils paraissent aussi caractérisés par les gros amas de calcite qu'ils contiennent.

Ces gisements possèdent des épontes bien nettes et sont généralement exploités d'une façon semblable aux veines, c'est-à-dire, par gradins depuis la surface. Toutes ces méthodes d'abatage à ciel ouvert ont beaucoup d'inconvénients, le principal étant l'enlèvement d'une si grande quantité de roche morte et de plus, il ne peut pas s'exécuter efficacement d'extraction durant les mois d'hiver. Malgré ces inconvénients, le plus grand nombre des mines sont exploitées à ciel ouvert, même quand les opérations sont sorties du stage de l'exploration. Dans quelques cas assez rares, quelques galeries latérales ont été pratiquées dans les côtés des arêtes montrant des affleurements de mica, mais ce système est rarement suivi. Dans le peu de cas où l'on a exécuté de l'extraction souterraine, la méthode usuelle est de foncer un puits soit verticalement, soit plus souvent à une inclinaison sur une éponte du gisement si celui-ci est du type filon ou contact. Ce puits est descendu à quelque profondeur jusqu'à ce que l'on rencontre ce qui peut être regardé comme un gîte favorable de mica, et de là on mène des galeries le long de la ligne du gisement ou dans le cas d'un filon extraordinairement large, aussi, dans une direction latérale.

Quand le mica visible a été extrait on fonce du point atteint un autre puits vertical ou incliné et on mène d'autres galeries le long du gisement. Cette méthode donne aux ateliers une tournure d'échelons et c'est la meilleure façon d'exploiter des gisements de ce genre, car elle permet de pratiquer des niveaux dans les zones de mica, et de construire des remontages s'il le faut. Dans quelques cas, on a foncé un puits vertical sur un gîte riche de mica et mené des niveaux à diverses profondeurs dans les deux directions depuis le puits. Très peu de gisements de mica du type nid ont été exploités au moyen de travaux souterrains. L'abatage de ces gisements est rendu très difficile et souvent impraticable par la nature irrégulière des gîtes de mica. Quand on l'a essayé, la conduite à suivre est de foncer un puits incliné sur un gîte de mica et d'extraire tout le minéral visible. Puis, les puits sont continués et des galeries sont menées dans diverses directions dans l'espoir de frapper d'autres gisements. On continue à appliquer ce système jusqu'à ce qu'on ne trouve plus d'indication de mica. Ce mode d'exploitation présente ce très grave inconvénient que souvent il laisse la mine dans un état très dangereux et empêche de reprendre plus tard les travaux sans nécessiter de grandes dépenses de temps et d'argent. D'après ce qui précède, on peut se rendre compte que l'exploitation de gisements de mica en nids s'accompagne généralement de beaucoup de déchets et aboutit souvent à l'abandon comme improfitable après avoir atteint une profondeur de quelques pieds.

FORAGE A LA MACHINE ET A LA MAIN.

La nature particulière du mica et le soin qu'il faut apporter à son extraction ne permettent pas d'avancer aussi rapidement que dans les autres exploitations. Il faut s'occuper beaucoup de l'emplacement des trous de sondage qui sont choisis non seulement de façon à ameublir autant de roche que possible, mais spécialement de façon à endommager les cristaux le moins possible. A cette fin, il se pratique peu de trous dans la paroi d'attaque et ils sont en général peu profonds et chargés légèrement, sauf là où la roche morte est enlevée. Dans les mines plus grandes, qui sont outillées de machines, on emploie des perforatrices à vapeur et à air, mais la proportion de ces mines est relativement faible. La perforation à la main est de règle générale, la roche qui enclave le mica est seulement ameublie pour être ensuite enlevée au pic. Ce système permet seulement d'avancer lentement mais il est essentiel pour sortir les cristaux de mica en bon état. La perforation à la main s'exécute le mieux par la méthode à double bras avec deux frappeurs et un tourneur à chaque perforatrice. Cette méthode est suivie dans toutes les grandes mines, la méthode à bras simple étant employée dans les petites mines seulement. En employant des forêts de 1″ et des marteaux de six à sept livres, trois hommes dans le pyroxène dûr devraient faire en moyenne 15 pieds par journée de 10 heures, au prix de 30 à 35 cents par pied. La profondeur des trous dépasse rarement 4 pieds. Quand la perforation à la machine se fait au moyen de la vapeur, une perforatrice devrait faire en moyenne 45 à 60 pieds par jour ; avec l'air comprimé, la moyenne est un peu plus élevée. Le prix du pied qui dépend un peu du prix du combustible dans le district va de 17 à 25 cts en plus de l'usure et fatigue de la machine. Dans la majorité des mines plus petites qui emploient des perforatrices à la machine, c'est de la vapeur qu'on emploie. Ceci est dû à ce que beaucoup d'exploitants sont obligés dans tous les cas d'installer de petits générateurs dans leurs puits et pour cette raison emploient la vapeur pour leurs forages sans encourir la dépense de construire un compresseur.

La majorité des perforatrices employées dans les mines visitées sont du type Ingersoll Rand.

SAUTAGE.

L'explosif le plus communément employé est la dynamite contenant 35 à 40 pour cent de nitro-glycérine et qui coûte 16 à 18 cts la livre. Dans quelques mines on emploie des poudres à explosion brevetées, mais ce sont des exceptions.

L'allumage se fait à la fusée ou à la batterie, les deux méthodes étant souvent employées dans la même mine, d'après les avantages qu'elles présentent pour chaque cas en particulier. Quand il faut enlever de la roche morte on se sert généralement de l'allumage à la batterie, parce qu'il faut éparpiller la roche la plus possible; mais s'il faut faire exploser des trous légèrement chargés dans le voisinage du minéral précieux, l'allumage à la fusée est généralement employé parce qu'il permet de faire exploser plusieurs charges successivement. Ceci tend à empêcher la fragmentation et l'endommagement des cristaux du mica, considération très importante.

Le coût du sautage à la dynamite dans de la pyroxénite dure et dans les grandes drifts est approximativement de 5 à 7 cents par tonne de roche brisée. Dans l'exploitation à ciel ouvert, le coût est moindre et ne doit pas dépasser 4 cts la tonne. La pyroxénite, bien que normalement elle soit une roche relativement tendre, étant grossièrement cristalline et facilement fracturée, subit encore des variations considérables de composition et de nature et est quelquefois très dure. Cela arrive surtout quand les dykes contiennent des zones acides ou des " cailloux." Ces zones sont souvent composées principalement de quartz et de feldspath, en proportions variables, tandis que dans d'autres cas, le quartz est si fréquent dans le massif de la roche que le forage à la main devient excessivement lent. Ces zones acides contiennent rarement du mica et sont enlevées seulement quand c'est absolument nécessaire. D'un autre côté le mica est assez souvent associé à des gîtes considérables de phosphate, ce qui accélère matériellement l'avancement des travaux.

ENLÈVEMENT DES DÉBRIS.

L'opération qui suit le sautage est l'enlèvement des roches brisées, du puits, pour les porter à la halde et simultanément le ramassage des feuilles et des cristaux de mica.

Pour les carrières à ciel ouvert dont le plancher est au niveau de la surface de la halde les débris sont généralement chargés sur de petits wagonnets à bascule qui circulent habituellement sur une voie ferrée, mais plus souvent, dans les petites mines sont de simples brouettes. On les remplit de roches et de minéraux et on les envoie aux haldes ou aux hangars de cassage. Dans quelques mines on emploie des civières à main auxquelles sont attachées deux morceaux de bois en forme de brancard. Ils nécessitent naturellement deux porteurs et on ne les emploie que lorsque l'établissement d'une chèvre ou l'installation d'un tramway sont impraticable. La roche mobile est généralement abattue au moyen de marteaux et de coins et quelquefois de pics. Des pelles et des fourches ordinaires sont employées pour enlever les débris plus petits et le mica est recueilli à la main à mesure que les travaux avancent.

APPAREILS DE HISSAGE.

Dans les cas les plus ordinaires où des puits plus ou moins profonds ont été foncés verticalement sur un gisement de mica, il faut adopter quelque mode de levage. Ce sont les treuils à main, les grues à vergue actionnées par manège à cheval ou par traction directe, les treuils à vapeur actionnant des grues à vergue ou les élévateurs à câble. Ce dernier type n'a été trouvé qu'en un seul endroit, dans un ciel ouvert de l'étendue de Québec. La méthode la plus employée est la grue à vergue avec treuil à cheval ou à vapeur, ce dernier étant le plus ordinairement employé. La grue à vergue présente l'avantage de pouvoir être érigée simplement et à bon marché et de pouvoir se déplacer facilement d'un endroit à un autre. Les modèles les plus petits et les meilleur marché sont construits en bois grossier abattu près de la mine, tandis que les plus grandes et plus compliquées sont faites de bois carré choisi. Le rayon, action d'une grue à vergue dépasse rarement 50 pieds et sa force est naturellement réglée sur celle des supports du mât. Les godets employés avec les grues sont habituellement en bois, souvent d'anciens barils à pétrole d'une capacité d'une demi-tonne à peu près. On emploie pour le levage des cables en fil de fer d'un diamètre de $\frac{1}{2}''$ à $1''$. Les treuils employés consistent en tambours en bois de 5 à 8 pieds de diamètre, actionnés par un cheval. Plus souvent on emploie la traction directe, le cheval tirant en ligne droite en s'éloignant du puits. Dans les puits profonds, ce sont des treuils à vapeur qui actionnent les grues de grande dimension et massives. Dans quelques mines plus considérables le hissage direct au moyen d'un cadre de poulie remplace les grues, l'élévateur levant de petits wagons ou godets qui courent sur une voie à bennes inclinée. De petits rouleaux sont attachés sur le mur, si c'est nécessaire pour porter la corde de levage.

Les élévateurs à câble sont employés dans les grandes mines seulement où il y a beaucoup de minerai à manutentionner. Ce modèle d'élévateur consiste avant tout en un câble tendu dans une direction inclinée en travers du puits. La partie supérieure du câble est attachée au sommet d'un mât solidement construit consistant en un échafaudage s'amincissant par le haut, en bois ou en acier. L'extrémité inférieure est attachée à des étançons, enfoncés dans la roche sur l'extrémité opposée de l'excavation. Le long du câble court un chariot commandé par une corde qui permet d'opérer le levage de tout endroit situé verticalement ou presque verticalement en dessous du câble. Ces câbles peuvent être tendus sur des largeurs de plusieurs centaines de pieds, ils sont faits en acier fondu et ont $1\frac{1}{2}''$ à $2\frac{1}{2}''$. Les câbles de levage mesurent $\frac{1}{2}''$ à $\frac{3}{4}''$ de diamètre et ressemblent à ceux qui servent pour les grues à vergue. La Fig. 1 montre la forme la plus simple d'un de

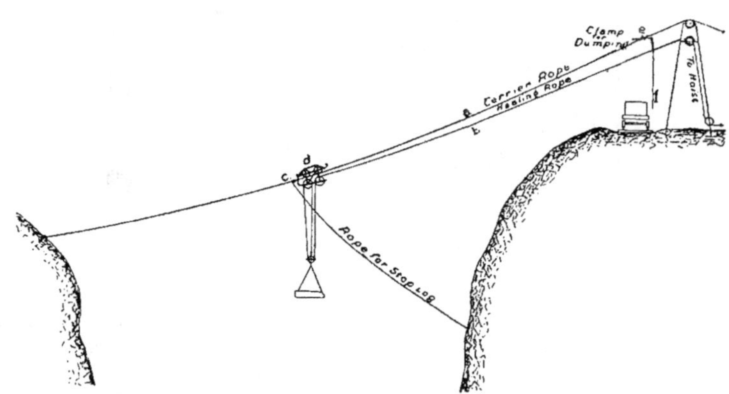

Fig. 1.—Cable aérien à lever.

ces câbles aériens. Le chariot (d) circule sur un câble (a) et sa position inférieure extrême est fixée au moyen d'un butoir (c) qui est commandé par une corde séparée (k). Le câble de levage (b) sert aussi à faire monter et descendre le chariot sur le câble, tandis que dans d'autres appareils, on se sert à cette fin d'un câble séparé. Pour offrir assez de résistance afin que le chargement soit levé avant que le chariot commence à circuler sur le câble, il faut que celui-ci soit suffisamment incliné, puis le chariot chargé s'avance jusqu'à un arrêt (e) situé au-dessus du point de déchargement. Pour que l'appareil fonctionne bien l'inclinaison ne doit pas être moindre de 30°. En arrêtant le chariot à un point quelconque de son parcours le long du câble, le chargement peut être abaissé et déchargé après quoi le chariot est relaché et peut descendre le plan incliné jusqu'au butoir (c). Il est généralement nécessaire d'avoir un crochet ou articulation (e) pivotant autour d'une griffe en bois sur le câble au point de déversement. Cette articulation est levée au moyen d'une corde (f) et on la laisse retomber sur le crochet à l'extrémité supérieure du chariot avant de le déverser puis elle est relevée pour lui laisser redescendre le câble.

Quand il y a un troisième câble pour faire monter et descendre le chariot le long du câble, on peut se dispenser des arrêts (c) et (e). Ce troisième câble ou câble de chute est enroulé à la même vitesse que le câble de levage après que le chargement a été levé. La Fig. 2 montre le type ordinaire de chariot employé avec les élévateurs à câble.

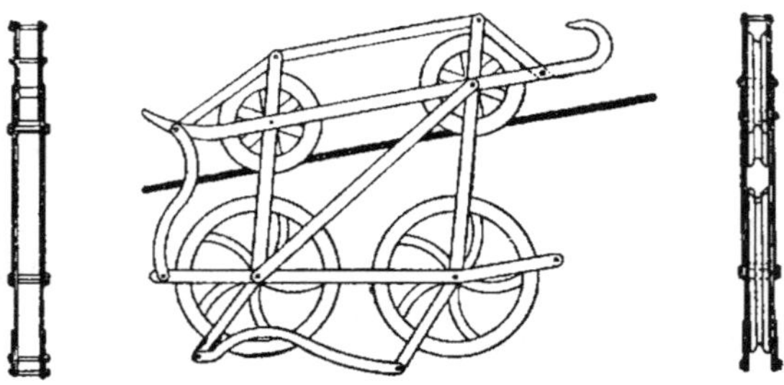

FIG. 2.—Chariot pour levage par câble.

FIG. 3.—Plateau de levage

Au lieu de godets de fer ou de bois on emploie quelquefois pour le levage des plateaux sans profondeur de bois ou de fer. Ils mesurent 3'-0″ × 2'-6″ et ont un pied de hauteur, avec une extrémité ouverte et les deux côtés arrondis en forme de cuillère. Ces plateaux sont suspendus avec trois chaînes, les supports des deux côtés étant fixes et la troisième, ou chaîne de devant, pouvant se détacher pour basculer.

Les treuils à vapeur que l'on emploie sont du type à un et à deux cylindres et sont presque toujours petits car on n'a pas de grandes profondeurs à atteindre et il n'y a jamais de grandes quantités de matières à lever. Des godets de levage, les matières de déchet sont vidées dans les wagonnets des haldes ou dans le cas de grue à vergue sont balancées directement sur les haldes.

Les quelques mines qui se servent de tramways sur rails emploient pour leur construction des rails d'acier allant dans les 19 livres à la verge. Les hangars de cassage sont généralement situés près des puits et le mica y est apporté soit sur des trucks ou plus souvent porté à bras dans des boîtes, etc.

COUT D'EXTRACTION.

Il est virtuellement impossible de généraliser sur ce sujet attendu que, par suite de la nature variable des gisements que l'on rencontre dans des mines mêmes d'un même endroit, le prix doit présenter une grande marge de différence. M. Cirkel donne cependant les chiffres moyens suivants pour les dépenses d'une mine qui au moment où il écrivait en 1904 avait été un producteur constant depuis quelques années. L'échelle des salaires est restée à peu près la même et les chiffres cités donnent une assez bonne idée du prix que coûte l'exploitation d'un gisement moyen de mica. Mais comme nous venons de le dire de nombreux facteurs se combinent pour faire subir à la dépense des fluctuations considérables et dans les mines humides, par exemple, le pompage peut sérieusement augmenter la dépense.

A propos de la mine en question qui était apparemment située dans l'aire maîtresse du mica, c'est-à-dire dans une partie accessible du pays, M. Cirkel fait remarquer :

"Ce gisement constitue une accumulation filoneuse de cristaux de mica qui quelquefois étaient d'une qualité si inférieure qu'ils ne présentaient dans une grande proportion aucune valeur pour le marché. Mais le filon donnait aussi de beaux cristaux quelquefois en grande quantité, si bien que, à tout considérer, la mine était exploitée avec bon succès. La profondeur était de 150 à 190 pieds et le gisement était excavé au moyen de grandes galeries, les gradins et les galeries s'exécutant généralement simultanément. Le forage et le hissage se faisaient à la machine. Le travail se faisait en deux relèves et le hissage se faisait seulement durant la relève du jour. La dépense moyenne à cette époque, par jour, pour douze mois consécutifs a été :

2 Foreurs à vapeur	$3.50
2 Aides	3.00
4 Boueux	5.20
2 Machinistes	3.50
2 Gamins à perforatrice	1.20
2 Hommes à godets	2.50
1 Forgeron et un Aide	3.00
1 Homme et Cheval	1.75
1 Contremaître	2.50
Dynamite et matériel de sautage	4.00
Combustible	5.50
Autres matériaux et approvisionnements	2.00
Dépenses totales par jour	$37.65

Une moyenne de soixante tonnes de roche étaient hissées par jour et le rendement de mica façonné au pouce était de 600 livres, coupe de 1" × 3" en montant. Les dépenses payées par jour pour cassage étaient en moyenne de $10, et de cette façon, la dépense journalière totale à la mine était de $47.65 ou $158.83 la tonne, ou il faut ajouter les dépenses générales d'affaires, administration, assurances, bureau, etc., s'élevant dans le cas présent approximativement à \$150. par mois ou, en faisant le calcul sur une production mensuelle de sept tonnes et demie: \$20. par tonne.

Une tonne de mica façonnée au pouce, des dimensions 1″ à 7″ en montant était donc établie à un coût moyen de moins de \$179. Mais cette somme ne comprend pas le travail de prospection et d'exploitation qui, dans tous les cas à peu près se poursuivait en même temps que l'exploitation en profondeur.

FACTEURS RÉGISSANT L'EXPLOITATION DES GISEMENTS.

La valeur des gisements de mica dépend donc de plusieurs facteurs dont il faut tenir compte si l'on veut se faire une idée du succès possible de l'exploitation. Dans quelques cas on peut recouvrer avec le mica de grandes quantités de phosphate de haute qualité, ce qui augmente naturellement la valeur de la mine. Dans quelques mines qui donnent seulement du mica de basse qualité le phosphate recouvré permet de faire marcher la mine et on pourrait les appeler des mines de phosphate. En règle générale les exploitants se limitent à la production soit du mica soit du phosphate, le minéral moins abondant étant recueilli comme sous-produit. Dans quelques cas cependant, on s'occupe également des deux minéraux et quand on trouve des gîtes de phosphate contenant peu ou point de mica, on les suit et on les extrait. Comme nous l'avons déjà dit, le principal facteur déterminant de la valeur d'une existence de mica n'est pas tant la quantité de minéral présent que la qualité ou la catégorie. Beaucoup de gisements ont été abandonnés à cause de l'état d'écrasement du mica trouvé. La valeur des feuilles de mica dépendait en grande partie autrefois de leur taille. Ceci est vrai pour le mica ambré ou le mica blanc ou muscovite, bien que dans ce dernier cas, si le minéral doit être employé aux poêles, etc, la taille soit une condition essentielle. Les enclaves de substances étrangères donnant aux feuilles un aspect bigarré ou tacheté enlèvent souvent à la muscovite beaucoup de sa valeur commerciale. Pour la phlogopite ou mica ambré, la mise sur le marché de mica en plaque a permis d'utiliser beaucoup de mica qui était autrefois rejeté. Les mines qui produisent beaucoup de petits cristaux sont aujourd'hui exploitées avec profit, tandis qu'autrefois elles étaient abandonnées comme sans valeur. Les nouveaux emplois des plus petites catégories de mica ont permis de retirer des haldes de vieilles mines de mica et de phosphate beaucoup de minéral précieux et il n'y a pas actuellement beaucoup de ces haldes qui n'aient pas été retournées à une époque quelconque, pour le mica qu'elles contenaient. De fait, quelques exploitants ont trouvé plus profitable d'acquérir et d'exploiter d'anciennes haldes de mines plutôt que de risquer le développement de nouveaux gisements. La valeur du mica "ambré" dépend un peu de sa couleur qui va du presque noir quand le minéral approche de la biotite comme composition, au jaune clair. Les deux extrêmes sont regardés avec défaveur par le commerce, la préférence existant pour la couleur moyenne ou ce que l'on appelle le "mica ambré-argnté" qui se paie le plus aut prix. Malgré l'apparition du carton mica qui utilise le mica de plus petite taille, les feuilles de grande dimension continuent à être les plus précieuses. Le mica est classé ou gradué en feuilles des dimensions suivantes :—

1″ × 1″	2″ × 4″
1″ × 2″	3″ × 5″
1″ × 3″	4″ × 6″
2″ × 3″	5″ × 8″ et au-dessus.

Le classement se fait suivant la couleur et il est toujours plus facile de disposer d'envois de mica d'une teinte uniforme que de paquets mélangés contenant des espèces foncés et claires. Quelques mines produisant deux ou plusieurs qualités de mica et il n'est pas rare que des cristaux de deux puits espacés de quelques pieds seulement diffèrent beaucoup de qualité et de qualités de fendage.

Il est difficile de tracer une moyenne des pourcentages des diverses catégories de mica produites par une mine de façon à en faire une affaire rémunératrice. Quelques gisements donnent presque uniquement de petites feuilles et d'autres, une proportion exceptionnelle de grandes, mais la proportion est généralement si variable qu'il est impossible d'établir un tableau bien utile.

On peut cependant dire, en gros, qu'en prenant la moyenne des différentes mines de mica du pays, la plus forte proportion donnée par le tout venant de la mine est de la catégorie 1″ × 3″. Maintenant qu'il a surgi une demande pour la taille de 1″ × 1″ cette catégorie constitue une proportion importante de la production de beaucoup de mines et on peut évaluer en gros que sur le rendement total de la généralité des mines, 50 pour cent est de la catégorie 1″ × 1″; 25 p. c. est de 1″ × 2″; et 3.5 p. c. 4″ × 6″ et plus. Les dimensions pour les catégories de mica données plus haut ont trait à de la matière nettoyée et façonnée au pouce qui est habituellement fendue en plaques ayant jusqu'à ⅛″ d'épaisseur. La dimension des cristaux sortis de la mine ne donne, souvent qu'une idée très grossière de la dimension finale des feuilles nettoyées et façonnées. Quelques cristaux donnent des tailles propres presque jusqu'aux bords et sont très peu dérangés par des enclaves qui nuisent à leurs qualités de fendage. D'autres au contraire peuvent être de bonne qualité pris bruts, mais au nettoyage ne donne du mica que de la plus pauvre qualité.

Un mica qui se fend proprement permet de réaliser une grande économie de main-d'œuvre, car il faut beaucoup moins de temps aux mesureurs pour fendre et façonner les feuilles. En dehors de la qualité et de la catégorie du mica produit par une mine, la quantité de minéral existant dans la roche est naturellement une chose importante pour la réussite de l'exploitation. Là encore, le pourcentage nécessaire pour faire de la mine une entreprise profitable dépend des traits locaux du gisement en question. Les carrières à ciel ouvert s'exploitent à bien moins de frais que les puits profonds, mais dans les deux cas, l'extraction du mica entraîne l'enlèvement de quantités relativement considérables de roche. Evidemment aussi, dans le cas d'une mine produisant du mica de petite taille et à bas prix la quantité de déchet sera beaucoup plus considérable que dans une mine donnant un fort pourcentage de grandes feuilles.

Comme une feuille de la catégorie de 1″ × 2″ rapporte à peu près la moitié du prix des feuilles 1″ × 3″, la quantité de ces premières nécessaires pour réaliser le même prix devra être double des dernières sans s'occuper de la dépense additionnelle pour nettoyer et façonner la plus grande quantité.

Généralement parlant, pour une mine ordinaire, où il n'y a pas de difficultés extraordinaires et où les ouvrages n'atteignent pas de grandes profondeurs, un rendement moyen d e25 livres de mica façonné de la catégorie 1″ × 2″, par jour et par homme employé dans la mine, pourrait donner une exploitation profitable. Dans le cas de mines profondes et exceptionnellement humides, le rendement requis devrait être plus élevé.

La valeur commerciale courante des diverses tailles de mica ambré est la suivante: les prix cotés les plus bas représentant les prix payés pour les qualités inférieures et plus foncées et les plus hauts ceux qu'on retire des feuilles de meilleure catégorie, ou ce que l'on appelle mica " ambré-argenté."

1″ × 1″	3½- 5 cents la lb.	3″ × 5″	75-85 cents la lb.
1″ × 2″	7-10 ″ `"`	4″ × 6″	$1.00-$1.25
1″ × 3″	14-20 `"` `"`	5″ × 8″	$1.50-$1.75
2″ × 3″	40-45 `"` `"`	au-dessus de 5″ × 8″ $2.00	
2″ × 4″	60-65 `"` `"`		

Bien que la muscovite ne soit pas considérée comme capable de servir aux mêmes usages que le mica phlogopite, elle possède cependant une valeur commerciale qui n'est pas beaucoup inférieure à celle du mica ambré. La qualité des feuilles est plus exposée à être gâtée par des taches de fer que cela n'arrive avec la phlogopite, mais les meilleures catégories de mica blanc, c'est-à-dire, les feuilles claires et sans couleur ont actuellement une valeur à peu près égale à celle qui est cotée pour les catégories inférieures de mica ambré.

L'exploitation des gisements de muscovite produisant des feuilles de 1″ × 3″ au plus comme rendement type est virtuellement hors de question en Canada à cause de l'élévation du prix de la main-d'œuvre, bien que ces espèces puissent être exploitées avec profit dans l'Inde et dans d'autres pays de l'Est où la main-d'œuvre est bon marché. Les meilleures qualités de muscovites peuvent encore atteindre de plus hauts prix pour être employées aux poêles et industries semblables, les prix cotés ici étant ceux que paient les fabricants de carton mica, etc.

CHAPITRE II,

ETAT DE L'INDUSTRIE DU MICA.

L'Approvisionnement Mondial et la Production du Mica.

Actuellement, l'Inde, les Etats-Unis et le Canada constituent les trois principaux pays producteurs de mica du monde entier, les deux premiers fournissent la muscovite et le troisième, la phlogopite ou mica ambré. On peut avoir les chiffres relatifs au rendement de ces trois pays, ainsi qu'à celui d'autres producteurs divers en valeur, mais pas en nombre de tonnes. Comme la différence de valeur de la muscovite et de la phlogapite prises par unité est considérable et comme il existe de plus de grandes divergences entre les différentes catégories et qualités de mica ambré, les chiffres donnés dans les divers tableaux ne peuvent pas servir pour établir des évaluations exactes du nombre de tonnes extraites par pays en particulier. De plus, dans le cas du Canada, comme les pouvoirs législatifs ne prêtent aucune assistance pour obliger les exploitants expéditeurs, etc., à faire des rapports vrais et exacts de la production, les chiffres donnés sont nécessairement discutables et dans beaucoup de cas seulement à peu près corrects. On peut voir ainsi que les exploitations totales annuelles dépassent de beaucoup le rendement annuel total. Bien que dans une grande mesure, ce fait soit dû à ce qu'une grande partie de la matière exportée a été transformée en articles de commerce, carton mica, etc., il provient aussi de ce que les producteurs accumulent souvent de grandes provisions de mica qu'ils conservent durant de longues périodes. Les rapports qui indiquent l'existence de ce mica peuvent être fournis, soit dans l'année où il a été extrait ou encore dans l'année où il est expédié de la mine et beaucoup de temps peut s'écouler entre ces dates. Dans l'intervalle la mine se ferme. Il est facile de concevoir que, dans le cas de grands approvisionnements de mica, les rapports de production fournis durant une période d'activité minière et les rapports d'exportation quand les mines sont inactives dans une grande mesure peuvent facilement présenter des anomalies apparentes.

Une autre source de confusion réside dans le fait déjà signalé que tous les rapports de production et d'exportation, quelles que soient la catégorie et la valeur respective du minéral, sont groupés ensemble sous le titre significatif de " Mica ". De cette façon, les chiffres ayant trait à une mine peuvent se rapporter au mica nettoyé et façonné, tandis qu'un autre producteur peut expédier du minéral cassé grossièrement, la valeur estimée de ce dernier étant naturellement simplement nominale. Tant qu'on n'aura pas trouvé le moyen d'obtenir des rapports plus complets et plus spécifiques des producteurs et des expéditeurs, relativement au tonnage et à la vapeur du mica manutentionné, les chiffres fournis peuvent être regardés comme une indication purement partielle de l'état de l'industrie du mica.

La re-exportation peut encore compliquer la confusion. Ainsi, dans le cas au Canada, beaucoup de mica est exporté aux Etats-Unis pour être ré-expédié en Grande-Bretagne, et ces exportations figurent souvent deux fois dans les rapports des pays intéressés. Les statistiques des divers pays concordent aussi rarement si on les examine en détail. Par exemple, les chiffres tirés des Rapports du Commerce et de la Navigation relativement aux exportations de mica Canadien en Grande-Bretagne pour 1909, sont indiqués comme étant $24,316, tandis que dans les rapports du Board of Trade Britannique, les importations de mica canadien en Grande-Bretagne pour la même période figurent au chiffre de $30,749, une différence de $6,433. Cela peut être dû cependant au fait que dans un cas les chiffres ont trait à l'exercice financier, et dans l'autre, à l'année civile. Dans ce rapport les chiffres sont autant que possible tirés des rapports publiés par les pays producteurs.

Jusqu'à présent, le rendement des mines canadiennes et américaines, accompagné de beaucoup de mica indien importé a suffi amplement pour répondre aux besoins des consommateurs du Canada et des Etats-Unis, et actuellement les exploitants de mines détiennent en divers endroits de grands approvisionnements de mica.

Les consommateurs anglais et continentaux s'approvisionnent aux mines de l'Inde en grande partie et il s'importe relativement peu de mica ambré, de l'autre côté de l'Atlantique. Le grand nombre de mines actuellement inactives en Canada et aux Etats-Unis, par suite du sur-approvisionnement de mica au cours des dernières années doit aboutir à la mise prochaine sur le marché, des approvisionnements accumulés, à moins que les détenteurs ne décident de détenir cet approvisionnement pour obtenir un prix plus élevé que celui qui rapporte le mica indien importé. Ce dernier étant meilleur marché que l'espèce ambré, et convenant également à la fabrication de la micanite il paraît probable que le produit des mines Indiennes envahira graduellement les marchés Canadien et Américain au détriment considérable de l'industrie de l'extraction du mica ambré du premier de ces pays. Le problème est sérieux et il est bien douteux, que le minéral canadien puisse espérer de rivaliser avec celui qui se produit dans l'Inde et dans d'autres pays où le bas prix de la main-d'œuvre et les conditions naturelles s'allient pour réduire le prix matériel du produit commercial. Si la source Indienne d'approvisionnement se montre capable d'alimenter les marchés mondiaux et s'il se fait un effort systématique pour organiser un commerce d'exploitation vers le Canada et les Etats-Unis, il semble probable que l'industrie d'extraction du mica-ambré canadien est destinée à subir le même sort que l'industrie des phosphates qui a été virtuellement détruite par la concurrence des Etats du Sud, il y a une vingtaine d'années.

MARCHÉ DE LONDRES.

D'après les renseignements fournis au "Mineral Industry" le marché du mica en 1910 était assez actif. L'année s'est terminée avec des approvisionnements restreints de mica en bloc. Les approvisionnements provenaient presque exclusivement des présidences de Calcutta et Madras, bien que l'Afrique ,le Canada, l'Amériquedu Sud et le Japon aient contribué chacun pour des expéditions d'importance variable.

Les expéditions de mica en bloc de Calcutta ont été un peu restreintes et les prix sont restés à un niveau stationnaire. Par suite de complications locales, plusieurs sources importantes d'approvisionnements à Madras ont été closes, ce qui a amené une raréfaction avec une augmentation de prix considérable pour toutes les tailles, moyennes et grandes.

La demande pour les fendages, spécialement les catégories bien préparées a été satisfaisante et les prix se sont améliorés en général. Les approvisionnements à Londres, à la fin de l'année étaient très bas. Quelquse approvisionnements frais de mica ambré d'Afrique et du Japon ont constitué le trait dominant de 1910; le premier a rapporté d'assez bons prix, mais la qualité du dernier était pauvre.

TABLEAU I.

[1]Valeur de mica sorti dans les Trois Principaux Pays Producteurs durant les dix-sept années 1894 à 1910.

Années	CANADA.			INDE			ETATS-UNIS.			TOTAL	
	£	$	Pour cent	£	$	Pour cent	£	$	Pour cent	£	$
1894	9,359	45,581	14.94	42,516	207,052	67.88	10,757	52,388	17.18	62,632	305,021
1895	13,347	65,000	13.86	71,481	348,112	74.23	11,464	55,831	11.91	96,292	468,943
1896	12,320	60,000	11.96	76,891	374,459	74.65	13,796	67,191	13.39	103,007	501,650
1897	15,605	76,000	14.67	71,238	346,929	66.95	19,553	95.226	18.38	106,396	518,155
1898	24,306	118,375	23.12	53,890	262,444	51.27	26,919	131,098	25.61	105,115	511,917
Total	74,937	364,956	....	316,016	1,538,996	....	82,489	401,734	....	473,442	2,305,686
Moyenne	14,987	72,991	15.82	63,203	307,798	66.75	16,497	80,346	17.43	94,688	461,137
1899	33,470	163,000	25.39	73,372	357,321	55.68	24,941	121,465	18.93	131,783	641,780
1900	34,086	166,000	19.59	109,554	533,527	62.95	30,381	147,960	17.46	174,021	847,487
1901	32,854	160,000	25.82	70,034	341,065	55.04	24,348	118,578	19.14	127,236	619,643
1902	27,906	135,904	19.95	87,594	426,582	62.61	24,404	118,849	17.44	139,904	681,335
1903	36,520	177,857	23.99	86,297	420,266	56.70	29,389	143,128	19.31	152,206	741,251
Total	164,836	802,761	....	426,851	2,078,761	....	133,463	649,980	....	725,150	3,531,502
Moyenne	32,967	160,552	22.73	85,370	415,751	58.86	26,692	129,996	18.41	145,030	706,300
1904	33,013	160,777	21.21	97,932	476,928	62.92	24,705	120,316	15.87	155,650	758,021
1905	36,598	178,235	15.71	159,627	777,383	68.54	36,671	178,588	15.75	232,896	1,134.206
1906	62,405	303,913	16.69	254,999	1,241,845	68.21	56,466	274.990	15.10	373,870	1,820,748
1907	64,188	312,599	17.22	228,161	1,111,144	61.19	80,515	592,111	21.59	372,864	1,815,854
1908	28,720	139,871	13.64	126,834	617,681	60.23	55,015	267,925	26.13	210,569	1,025,477
Total	224,924	1,095,395	....	867,553	4,224,981	....	253,372	1,233,930	....	1,345,849	6,554,306
Moyenne	44,984	219,879	16.71	173,511	844,998	64.46	50,674	246,786	18.83	263,169	1,310,861
1909	30,345	147,782	25.33	38,157	185,825	31.85	51,296	249,812	42.82	119,798	583,419
1910	29,447	143,409	19.23	54,427	265,059	35.55	69,219	337,097	45.22	153,093	745,565

[1]Valeurs calculées sur la base du £ 1 = $ 4.87.

TABLEAU II.

Production Mondiale du Mica pour la Période 1894-1908.

(Résumé du Tableau I).

	CANADA.		INDE.		ETATS-UNIS.		TOTAL.	
	£	$	£	$	£	$	£	$
1894-8	74,937	364 956	316,016	1,538,996	82.489	401.734	473.442	2,305 686
1899 1903	164.836	802.761	426,851	2,078,761	133,463	649.980	725,150	3 531,502
1904-8	224,924	1.095,395	867,553	4,224,981	253.372	1,233,930	1,345,849	6,554 306
Total............	464.697	2 263.112	1.610,420	7,842,738	469,324	2,285.644	2,544,441	12,391,494
Pour cent du total......... ..	18.26		63.29		18 45		100.00	

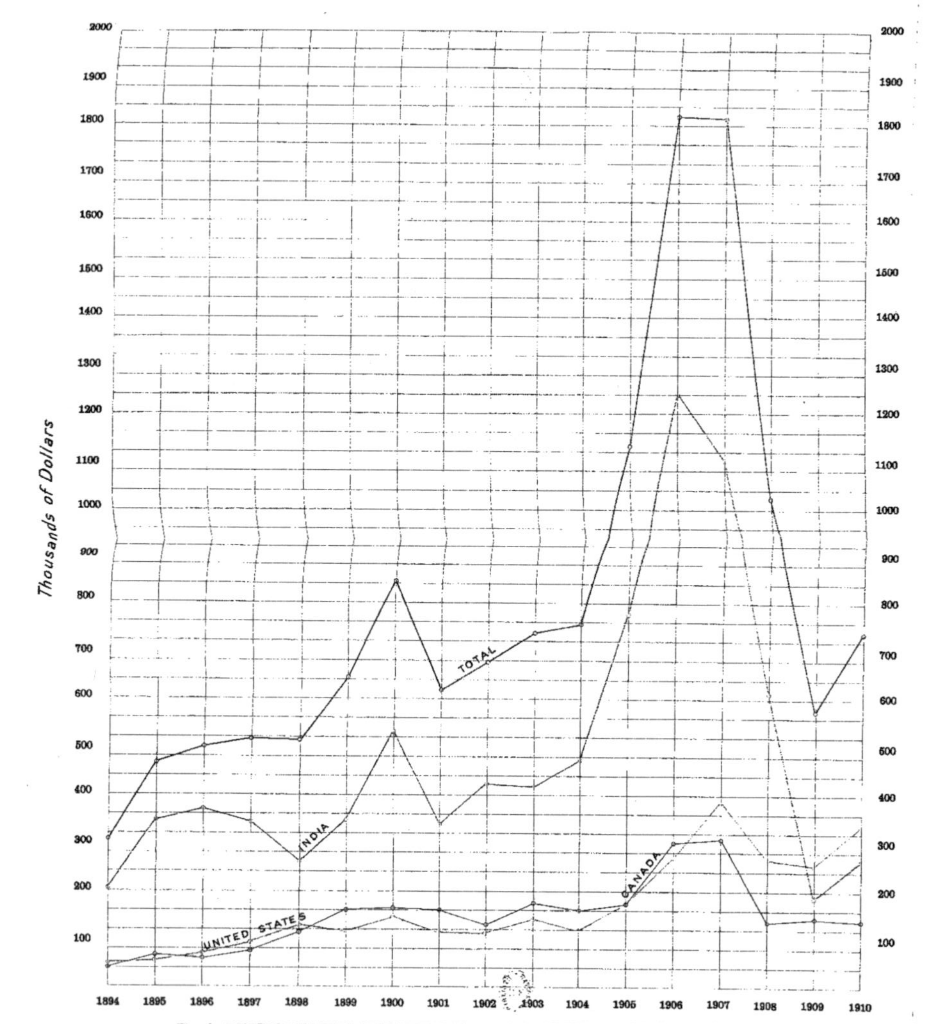

Fig. 4—DIAGRAM SHOWING THE ANNUAL PRODUCTION OF THE PRINCIPAL MICA-PRODUCING COUNTRIES FOR THE PERIOD 1894-1910

CANADA.

Un coup d'œil donné au graphique de la page 22 montrera que les valeurs de la production annuelle du mica au Canada et aux Etats-Unis, durant les quinze dernières années ont plus ou moins marché de pair. La quantité de mica extraite au Canada a été, dans presque tous les cas beaucoup moindre que la quantité extraite de l'autre côté de la frontière, mais pour la grande partie de la période en question, sa valeur dépasse celle du mica américain. Ce dernier consiste presque entièrement en muscovite ou mica blanc tandis que la production canadienne est presque entièrement du mica ambré. De fait, le monde jusqu'à ces derniers temps a compté entièrement pour son approvisionnement de mica ambré sur les gisements du Canada qui sont les seules existences connues de ce minéral ayant une valeur commerciale. Cependant on retire actuellement des quantités toujours croissantes de mica ambré de Ceylon, de l'Afrique du Sud et de l'Amérique du Sud. La nature particulière et incertaine des gisemnts de phlogopite empêche de hasarder une opinion sur les réserves de ce minerai existant dans le pays à l'époque actuelle. Peu de gisements ont été exploités à une profondeur de plus de 200 pieds et quand on a atteint une profondeur plus considérable, on a généralement trouvé des indices favorables d'une continuation du mica en profondeur.

Dans les mines de phosphate plus profondes, comme High Rock, North Star, Emerald et autres mines des cantons de Buckingham et de Portland dans la province de Québec, on dit que de grandes quantités de phosphate associé au mica étaient encore en vue quand les mines ont été fermées à cause des bas prix qui étaient offerts pour le premier de ces minéraux. Dans certaines mines de mica, les travaux ont été abandonnés à cause du rétrécissement des gisements en profondeur, mais comme c'est un accident qu'on rencontre tout aussi fréquemment à peu de distance de la surface on ne peut pas dire qu'il indique une tendance générale du phosphate à disparaître en profondeur. C'est une caractéristique des existences que les accumulations en nids de deux minéraux associés disparaissent à l'improviste et apparaissent tout aussi soudainement après avoir traversé bien des pieds de roches stériles. Par suite, de l'incertitude insérable de l'exploitation du mica, on ne peut en aucun cas dire qu'on est sûr que le minerai n'existe pas à de plus grandes profondeurs. Tant de gisements ont été exploités sur une petite échelle, puis abandonnés et ensuite redéveloppés avec profit qu'il serait non seulement difficile, mais encore risqué de dire dans un cas en particulier que le gisement en question est épuisé. La demande pour le minerai a toujours subi des fluctuations considérables et c'est ce facteur qui a été fréquemment la cause de la fermeture de gisements d'une valeur considérable. La valeur commerciale potentielle du mica joue un rôle important dans la fermeture et la réouverture des gisements. Les propriétaires envisageant toujours finalement les plus hauts prix ferment leurs mines pour une période considérable, préférant attendre des conditions commerciales meilleures avant d'extraire leurs réserves bien que l'extraction puisse se faire à de bons prix courants. D'autres continuent à exploiter mais emmagasinent le mica produit, souvent pour de longues périodes préférant perdre l'intérêt sur leur matériel d'extraction que de vendre à des prix qu'ils jugent inférieurs à ceux qu'ils pourront peut-être obtenir.

Ces tactiques tendent à embrouiller et cacher l'état réel de l'industrie, spécialement parce que les propriétaires sont rarement disposés à faire connaître les vrais motifs de leur clôture. Les grands producteurs eux-mêmes conduisent leurs opérations d'une façon désordonnée, travaillent et ferment leurs mines par intervalles, suivant la quantité de minéral qu'ils ont disponible. L'étendue de la distribution des roches micafères dans toute la région comprise entre les rivières Gatineau et Lièvre dans la province de Québec et aussi dans l'aire Perth-Sydenham, dans la province d'Ontario, est de nature à permettre de supposer à bon droit l'existence de gîtes précieux et inexploités de minéral dans ces districts comme on en a déjà découverts dans les mines. Il est très probable que beaucoup des petits nids de mica qui ont été exploités au moyen de puits de surface jusqu'à une profondeur de plusieurs pieds, puis abandonnés, sont des portions de gisements beaucoup grands existant à des profondeurs pas trop considérables, mais séparés des nids de la surface par des gîtes de roches stériles. Beaucoup de ces puits sont situés sur des gisements qui ont été toujours trouvés de trop basse catégorie pour avoir de la valeur, mais il est non moins probable que beaucoup des nids de surface qui ont été exploités sont seulement des affleurements de grands gisements profonds. Par suite, la conclusion à laquelle j'en suis venu après avoir examiné virtuellement la totalité des gisements de mica ambré qui ont été exploités jusqu'à présent, est que le Canada contient encore de très grandes réserves de minéral et que seul, un développement systématique des gisements, par de grands exploitants est nécessaire pour prouver leur importance et leur valeur.

En 1899, des échantillons de mica, de Wallingford, Lake Girard, Vavasour et des mines Blackburn situées toutes dans la région centrale du mica de Québec ont été soumis à l'examen du Professeur Dunstan, de l'Institut Impérial de Londres et ont fait l'objet de commentaires très favorables.

Les opinions de marchands et de courtiers anglais, qui ont été obtenues à la même époque, quant aux perspectives du marché Anglais pour le mica Canadien, étaient que le mica se vendrait facilement si seulement les expéditions pouvaient être toujours tenues au niveau des échantillons soumis, qui consistaient en feuilles de grandes dimensions. La dimension des plaques de mica paraît avoir une grande importance pour les acheteurs anglais, probablement parce que les consommateurs anglais se servent de ces plaques à l'état naturel et ne font pas avec de petits morceaux de la micanite ou carton mica.

PRODUCTION ET EXPLOITATION.

Les tableaux qui suivent montrent la production et les exportations de mica canadien depuis l'origine de l'industrie.

---

1 Voir Rap. An. Com. Géol. Can. XIII, 1900, partie A.

TABLEAU III.

Production annuelle du Mica en Canada durant la période 1886 à 1910.

Année.	Valeur.	Année.	Valeur.	Année.	Valeur.
	$		$		$
1886	29,008	1895	65.000	1904	160,777
1887	29,816	1896	60 000	1905	178,235
1888	30 207	1897	76.000	1906	303,913
1889	28,718	1898	118,375	1907	312,599
1890	68,074	1899	163,000	1908	139,871
1891	71,510	1900	166.000	1909	147,782
1892	104,745	1901	160,000	1910	143,409
1893	75,719	1902	135,904		
1894	45,581	1903	177,857		

Le tableau suivant donne les exportations de mica canadien depuis 1887.

TABLEAU IV.

Exportations de Mica canadien durant la période 1887 à 1910.

Année.	Valeur.	Année.	Valeur.	Année.	Valeur.
	$		$		$
1887	3,480	1895	48,525	1903	196,020
1888	23,563	1896	47,756	1904	198,482
1889	30,597	1897	69,101	1905	179,049
1890	22,468	1898	110,507	1906	581,919
1891	37.590	1899	153,002	1907	422,172
1892	86,562	1900	146,750	1908	198,839
1893	70,081	1901	152,553	1909	256,834
1894	38,971	1902	391.812	1910	330,903

Les écarts apparents indiqués par les chiffres des tableaux qui précèdent sont causés par le fait que le mica exporté est principalement composé de mica façonné et de haute catégorie et est aussi en partie déjà fabriqué en carton, etc.

Les Etats-Unis consomment la plus grande partie du mica exporté, le gros des envois est expédié aux compagnies Westinghouse et General Electric de Pittsburg et Shenectady. Une portion des exportations aux Etats-Unis est cependant réexpédiée aux consommateurs Européens. Ensuite, vient la Grande-Bretagne et le reste est pris principalement par l'Allemagne, la France et la Belgique.

Le tableau V montre les exportations de mica canadien par pays depuis 1906. Les chiffres sont puisés aux Etats Mensuels du Commerce et de la Navigation.

TABLEAU V.

Distribution du Mica canadien exporté durant la période quinquennale 1906-1910.

| Année. | Grande Bretagne | | | | | Etats-Unis | | | | | Autres Pays. | | | | | Total.. | |
| | Quantié. | | Valeur. | | Val. par qt. | Quantité. | | Valeur. | | Val. par qt. | Quantité. | | Valeur. | | Val. par qt. | Quantité. | Valeur. |
	qt.	% du Total.	$	% du Total.	$	qt.	% du Total.	$	% du Total.	$	qt.	% du Total.	$	% du Total	$	qt.	$
1906......	2,988	18.3	58,735	10.1	19	13,127	80.6	519,479	89.3	39	173	1.1	3,705	0.6	21	16.288	581,919
1907......	1,432	14.4	43,913	10.4	31	8,358	83.8	372,798	88.3	44	183	1.8	5,461	1.3	30	9.973	422,172
1908......	2,773	53.5	81,050	40.8	29	2,360	45.6	115,005	57.8	48	47	0.9	2,784	1.4	59	5.180	198,839
1909......	549	8.6	24,319	9.5	44	5,795	90.5	229,689	89.4	39	58	0.9	2,829	1.1	49	6 402	256,834
1910......	1,546	18.5	37,787	11.4	24	6,746	80.6	291,533	88.1	43	76	0.9	1,583	0.5	21	8.368	330,903

Bien que dans le passé, les producteurs canadiens, pour la plus grande partie se soient contentés de disposer de leur mica entre les mains des consommateurs des Etats-Unis ils expédient maintenant au marché anglais.

Tout en appréciant l'indisputable supériorité du mica ambré canadien pour les usages électriques, les manufacturiers anglais et continentaux se procurent la plus grande partie du mica dont ils ont besoin dans l'Inde.

Le mica indien est naturellement beaucoup meilleur marché que le mica canadien mais la vraie raison de la préférence paraît résider plus dans les expéditeurs et dans la catégorie de mica qu'ils expédient que dans le prix.

Le mica indien est naturellement d'une qualité type, c'est-à-dire qu'il ne varie pas de couleur élasticité, friabilité, etc., comme l'espèce ambré. Cette dernière possède tous les attributs qui précèdent à des degrés variables, et son prix varie en conséquence.

Les expéditeurs canadiens ne sont tenus à aucun système de classement obligatoire, autre que les arrangements qu'ils peuvent faire entre eux ou avec les acheteurs, et peuvent en un cas envoyer une consignation de mica plus ou moins grossièrement façonnée et d'une valeur relativement basse par unité, tandis qu'un autre acheteur enverra seulement des feuilles de haute catégorie. La différence de valeur d'expédition à poids égal sera naturellement très élevée, et cependant les deux consignations seront classées de la même façon comme mica dans les Rapports du Commerce sans distinction de qualité.

INDE.

Les gisements de muscovite ou de mica blanc de l'Inde constituent actuellement la source principale de l'approvisionnement mondial. Bien qu'il ne convienne pas aux usages auxquels est appliqué le mica canadien ou ambré, le produit des mines de l'Inde est très employé, mélangé à des proportions variables de mica ambré pour la fabrication de ces appareils électriques, et une grande partie sert pour les poêles et industries semblables. Un coup d'œil sur le graphique montrant le chiffre du rendement des Trois Principaux Pays producteurs (Voir Fig. 4), montrera qu'en aucune année, durant la période 1894 à 1903, la valeur du rendement des mines de l'Inde n'est tombée en-dessous des valeurs combinées des rendements du Canada et des Etats-Unis.

En 1909, la valeur de la production des mines de l'Inde a énormément diminué, et est tombée à $185,825, le chiffre le plus bas atteint depuis 1894. Dans la même année le rendement des Etats-Unis s'est élevé à $249,812, si bien que cette année-là, la production de ce pays a dépassé pour la première fois celle de l'Inde, et cette avance s'est plus que maintenue en 1910.

La baisse énorme dans le rendement de ces trois pays, entre 1907 et 1909 est remarquable, la valeur du rendement en 1909 étant le tiers seulement du rendement de 1907.

L'Inde n'occupe donc plus aujourd'hui la position de premier producteur de mica du monde entier, mais par suite des grandes réserves de minéral et de l'absence actuelle d'organisation de l'industrie canadienne du mica, elle regagnera peut-être bientôt son ancienne position. De fait, si, ce qui est probable, le développement subséquent de gisements indiens est entrepris par des compagnies, au lieu d'être laissé entre les mains de petits exploitants indigènes, l'Inde augmentera probablement son rendement dans un avenir prochain.   L'entrée en liste du Rajputana parmi les Etats producteurs a considérablement élargi l'aire jusqu'à présent productrice.   Le rendement de cette province est monté de 804 quintaux, en 1904, à 6,234 quintaux en 1908, augmentation beaucoup plus considérable que celle dont peuvent faire preuve les autres provinces productrices de Bengal et de Madras (voir Tableau VI). La plus grande partie de beaucoup, du rendement Indien est exportée en Grande-Bretagne, puis viennent les Etats-Unis et ensuite, l'Allemagne.

L'Inde donc, ne tient plus aujourd'hui la tête des pays producteurs de mica.   Durant la période quinquennale 1904 à 1908 la proportion moyenne de production du mica Indien à la production mondiale était de 64.5 p. c. Durant cette période l'industrie du mica Indien a considérablement grandi, mais l'augmentation n'est pas aussi apparente par suite des rendements exceptionnellement forts des Etats-Unis comme du Canada en 1906 et 1907. La production totale et par province du mica de l'Inde durant les cinq années 1904 à 1908 est indiquée au Tableau VI.   On peut voir par là que la production a augmenté à 22,164 quintaux en 1904 à 53,543 quintaux en 1908, la production annuelle, moyenne, durant les cinq années étant de 41,219 quintaux ou 2,061 tonnes, ce qui est à peu près le double de la moyenne 1,140 tonnes pour les cinq années précédentes.

On voit par ce tableau que plus de la moitié de la production de l'Inde (57.3 p. c.) vient du Bengal, les mines de mica étant dans les districts de Hazàribàgh, Gâya et Monghyr.   Madras contribue pour 31.4 p. c. principalement pour le district de Nellore et une très petite quantité a été extraite de Nilgris (60 quintaux en 1905). Ajemere et Merwara, dans Rajputana ont donné le reste, 11.3 p. c. C'est seulement durant cette dernière période de cinq années que l'extraction du mica dans le Rajputana a acquis quelque importance.

---

[1] Compilé d'après les rapports de Service géologique de l'Inde. Vol. XXXIX, 1910, p. 168.

[2] La production du mica dans cet Etat est descendue à 1871 quintaux, évalués à £595 ($2,898) en 1909 à 757 quintaux, évalués à £1393 ($6,784) en 1910.

TABLEAU VI.

Production du Mica par province pour les années 1904 à 1908.

Province	1904.	1905.	1906.	1907.	1908.	Moyenne
	cwts.	cwts.	cwts.	cwts.	cwts.	cwts.
Bengal	16,520	14,601	22,360	28,579	36,060	23,624
Madras	4,840	8,280	24,420	15.865	11,249	12,931
Rajputana	804	2,760	5,763	7,759	6,234	4,664
Total	22,164	25,641	52,543	52,263	53,543	41,219

La quantité et la valeur du mica exporté durant les années 1903-4 à 1907-8 sont indiquées dans le Tableau VII, la quantité moyenne étant de 32,605 quintaux ou 1,630 tonnes d'une valeur moyenne de £5.07 ($24.70) par quintal. La quantité moyenne durant la période de quinze années antérieure a été de 19,173 quintaux ou 959 tonnes, valant une moyenne de £4.05 ($19.70) par quintal.

La comparaison de ces chiffres avec ceux de la production montrent qu'il y a eu un excédent moyen annuel de production sur les exportations, de 400 tonnes à peu près. Il se peut que les chiffres de production signalés soient inférieurs aux vrais chiffres probablement à cause des déclarations pour éviter de payer la redevance ou à cause des vols de mica. Mais ces chiffres — 400 tonnes — peuvent être près comme donnant en gros une idée de la consommation intérieure de mica dans l'Inde, car une quantité considérable de mica de basse catégorie est employée dans le pays pour l'ornement et la décoration et une petite quantité des plus grandes feuilles sert pour y faire des peintures.

Il y a eu une augmentation de £4.05 ($19.70) à £5.07 ($24.70) par quintal dans la valeur du mica et de £77,613 ($377,965) à £165,403 ($805,512) dans la valeur de la production annuelle moyenne durant la période 1904 à 1908 relativement à la période antérieure 1898 à 1903. Le Tableau VIII montre les exportations divisées par province d'exportation. Les exportations de Bengal et Madras consistent en mica produit dans ces deux provinces et les exportations de Bombay consistent probablement en mica extrait à Rajputana. D'après ces chiffres on voit que le mica du Bengal a le plus forte valeur moyenne £5.25 ($25.57) par quintal (£4.26 ou $20.75 pour la période 1898-1903). Le mica de Madras arrive en seconde ligne: £4.69 ($22.84) par quintal (£3. 7 ou $17.87) durant la période de la revue antérieure, et le mica de Bombay, troisième—£3.80 ($18.51) par quintal (£3.30 ou $16.07 pour la période de la revue antérieure).

TAB..EAU VII.

Exportations du Mica indien durant la période 1903-4 à 1907-8.

Année.	Poids.	Valeur.		Valeur par qt.	
	cwts.	£	$	£	$
1903-4	21,548	86,297	420,266	4.05	19.72
1904-5	19,575	97,932	466,929	5.00	24.35
1905-6	31,554	159,627	777,383	5.05	24.59
1906-7	51,426	254,999	1,241,845	4.95	24.11
1907-8	28,922	228,161	1,111,144	5.86	28.54
Moyenne	32,605	165,403	803,513	5.07	24.26

TABLEAU VIII.

Exportations de Mica durant la période 1903-4 à 1907-8.

Année.	BENGAL.					BOMBAY.					MADRAS.				
	Poids.	Valeur.		Valeur par qtl.		Poids.	Valeur.		Valeur par qtl.		Poids.	Valeur.		Valeur par qtl.	
	qt.	£	$	£	$	qt.	£	$	£	$	qt.	£	$	£	$
1903-4	18,001	67,802	330.196	3.76	18.31	217	374	1,820	1.72	8.37	3,330	18.121	88,188	5.44	26.47
1904-5	13,167	59.187	288.241	4.49	21.81	74	132	643	1.78	8.66	6 334	38,613	187,916	6.09	29.64
1905-6	21,568	107,904	525,492	5.00	24.35	198	1.221	5,942	6.16	29.98	9,788	50,502	245,776	5.16	25.11
1906-7	35,496	191.812	934,124	5.40	26.30	634	2.384	11.602	3.76	18.30	15,296	60,802	295,903	3.97	19.32
1907-8	25,374	169,810	826.975	6.69	32.58	710	2.862	13.928	4.03	19.61	12,833	55,476	269,983	4.32	21.02
Moyenne	22,721	119,303	581,005	5.25	24.67	366	1,394	6,787	3.80	16.98	9,516	44,703	217,553	4.69	24.31

Le Tableau IX montre la distribution moyenne du mica exporté durant la période à l'étude. Le Royaume-Uni a pris la plus forte part, s'élevant à 61.9 p. c. de la valeur totale moyenne. Mais beaucoup de mica envoyé au Royaume-Uni est revendu là pour être envoyé sur le continent ou en Amérique. Le mica envoyé directement aux Etats-Unis a rapporté un prix plus élevé que celui qui était envoyé aux autres pays, parce que seules les meilleures qualités peuvent supporter le fort droit d'importation imposé par le tarif Dingley, en 1897.

TABLEAU IX.

Distribution moyenne du Mica indien exporté durant la période 1903-4 à 1907-8.

Exporté à	QUANTITÉ MOYENNE		VALEUR MOYENNE.		VALEUR PAR QTL.
	qtx.	Pour cent du total.	£	Pour cent du total.	£
Royaume-Uni	17,226	52.8	102,307	61.9	5.94
Etats-Unis	4,781	14.7	29,497	17.8	6.17
Allemagne	7,391	22.7	21,337	12.9	2.89
Belgique	1,050	3.2	3,551	2.1	3.38
France	558	1.7	2,497	1.5	4.47
Autres Pays	1,599	4.9	6,214	3.8	3.89
Total Moyenne	32,605	100.0	165,403	100.0	5.07

Le Tableau 1, p. 21, montre les positions relatives prises par les trois pays producteurs de mica, durant la période 1894-1908. On peut voir par là que dans les cinq années 1894-1898 l'Inde a contribué au total pour 66.75 p. c.; dans les cinq années suivantes (1899-1903) par suite de l'augmentation du rendement du Canada, la production de l'Inde est descendue à 58.86 p.c., tandis que, durant la dernière période (1904 à 1908) l'industrie du mica de l'Inde s'est énormément répandue, mais la proportion a remonté seulement à 64.46 p. c. à cause de grande augmentation de la production américaine et de la production anormalement forte du Canada en 1906. On voit donc que durant les quinze années à l'étude l'Inde a contribué, en gros, pour les trois cinquièmes du total et le Canada et les Etats-Unis, en gros, pour un cinquième chacun. L'imposition du Tariff Dingley en 1897 a certainement contribué à la baisse des exportations du mica indien aux Etats-Unis et a occasionné par suite une reprise de l'industrie de l'extraction du mica dans ce dernier pays.

Méthodes d'extraction.

Les méthodes d'extraction suivies dans le plus grand nombre de mines de mica de l'Inde, sont de la même nature primitive que celles dont on se sert depuis le début de cette industrie. On ne suit aucune espèce de système et les gisements sont exploités de la façon la plus simple. On n'emploie aucune machine qui vaille la peine d'en parler. Les tranchées à ciel ouvert le long des affleurements des filons alternent avec les tranchées transversales, perpendiculaires, dans le massif du dyke. Ces tranchées ont une profondeur de 20 à 50 pieds. Les flancs, par suite de l'état décomposé des filons près de la surface sont souvent dangereux car on emploie peu de boisage. Malgré cela, les accidents sont relativement rares, les accidents mortels s'étant élevés à 0.53 par mille seulement durant la période 1904-1908. Dans les gisements exceptionnellement riches, où la décomposition du filon continue en profondeur, le travail d'exploitation diffère un peu de ce qui précède. Le filon dans ce cas, est suivi jusqu'à une profondeur dépassant quelquefois 200 pieds au moyen de plans inclinés en forme de zigzags. A intervalles, le long de ces descendries des femmes indigènes sont là pour passer de mains en mains, les paniers pleins de mica ou les pots d'eau. Deux rangées de femmes sont habituellement employées, de l'eau à la surface, les receptacles pleins étant passés par une ligne, et les vides par l'autre. On emploie quelquefois jusqu'à soixante-dix femmes pour ce travail seulement. Pour ventiler et pour monter les débris, on a foncé à des intervalles fréquents, le long du filon, des puits circulaires de 2 pieds de diamètre. On travaille seulement durant les mois secs de novembre à mai. On se sert rarement d'explosifs, mais quand la roche est exceptionnellement dure on allume des feux contre la paroi sur laquelle on jette ensuite de l'eau. Cela provoque des craquelures où l'on peut enfoncer des coins de fer, et l'on détache de cette façon de grands amas de roches. Cette méthode ressemble précisément à celle dont on se servait dans les mines d'étain en Saxe, au moyen-âge, et que l'on appelait le " Feuer-Setzen." Les outils employés dans les mines sont de l'espèce la plus primitive et fabriqués habituellement avec de la magnetite que l'on trouve souvent dans le voisinage des gisements de mica.

Les cristaux de mica extraits de cette façon sont amenés à la surface et fendus en feuilles de un-huitième de pouce d'épaisseur. Les bords grossiers sont façonnés au moyen d'un outil appelé " hasawah " et les feuilles sont assorties d'après la couleur et la dimension. Le diamètre des plaques va quelquefois jusqu'à 28″ × 18″. On s'efforce de faire adopter aux mineurs des méthodes plus scientifiques et plus modernes pour attaquer les dykes de pegmatite et les gradins renversés ont été d'abord recommandés.[1]

M. A. A. C. Dickson, qui a fait une étude de l'aire Koderma a cependant recommandé une modification du système. M. Dickson [2] ne trouve pas que les gradins renversés, par suite du danger de l'emploi d'un grand nombre de mineurs inexpérimentés puissent être adoptés partout pour l'exploitation des gisements des pegmatites micafères. Il conseille et applique un système qu'il appelle gradins transversaux avec remplissage. Le dyke de pegmatite est suivi jusqu'à une profondeur d'à peu près 100 pieds, puis, le plongement étant déterminé, une galerie est menée le long du mur pour fixer l'allure du gisement. Cela permet aux mineurs de construire un maître passage à halage pour l'enlèvement du mica et des déchets de minéraux associés durant l'opération de creusage en gradins de la matière au moyen de tranchées transversales. M. Dickson a confirmé ses conclusions antérieures au sujet de la

---

[1] T. H. Holland, "The Mica Deposits of India," Mem. Geol. Survey, India, XXXIV, Part II, p. 78.

[2] Trans. Min. and Geol. Inst. of India, III, p. 87, 1908.

4

dépense inutile de main-d'œuvre causée par l'ancien système, en vertu duquel, dans une mine profonde de 75 pieds seulement, il faut souvent 200 travailleurs pour manier la matière extraite par dix hommes qui sont en bas; il a donné quelques conseils pratiques pour l'introduction d'une machine propre à enlever l'eau et à disposer des déchets. Il admet donc que dans l'aire Koderma, le temps des petits mineurs est passé et que l'organisation de l'exploitation systématique à l'aide de machines nécessite l'emploi de capitaux qui s'obtiennent de meilleure façon avec une compagnie à responsabilité limitée.

Statistique ouvrière

La plupart des mines sont régies par l'Indian Mines Act de 1901, si bien que la Statistique de la main-d'œuvre pour la dernière période de quinze années que donne le Tableau X est une bonne indication de l'activité de l'industrie. Le nombre moyen de personnes employées dans les quatre années 1904 à 1908, était de 15,667, si bien qu'en gros, l'industrie du mica dans l'Inde vient avec la manganèse juste après l'or, quant au nombre d'hommes employés. Les risques qui accompagnent l'extraction du mica paraissent être un peu moindres dans l'Inde que ceux de l'extraction de la houille.

TABLEAU X.

Statistique de la main-d'œuvre employée dans les mines de Mica durant la période de 1904 à 1908.

Province.	1904.	1905.	1906.	1907.	1908.	Moyenne
Nomb. de personnes employées						
Bengal	6,927	6,122	7,716	10,683	10,287	8,347
Madras	6,585	9,199	8,007	7,154	4,661	7,121
Rajputana	....	260	261	146	329	199
Total	13,512	15,581	15,984	17,983	15,277	15,667
Nomb. de décès par suite d'accidents dans les m. de mica.						
Bengal	10	2	8	12	3	7.0
Madras	2	2	2	....	....	1.0
Rajputana	....	....	....	1	....	0.2
Total	12	4	10	13	3	8.4
Proportion de décès par 1,000 personnes employées dans les mines de mica.						
Bengal	1.44	0.32	1.04	1.12	0.29	0.84
Madras	0.30	0.21	0.25	....	....	0.15
Rajputana	....	....	....	6.84	....	1.37
Moyenne	0.89	0.25	0.62	0.72	0.19	0.53

Avis.—Ces chiffres ont trait seulement aux mines exploitées en vertu de l'Indian Mines Act.

Historique.

L'extraction du mica dans l'Inde date d'il y a très longtemps. Les Hindous extraient du mica depuis des siècles et les mines de Patna et de Delhi sont les plus anciennes du pays. Le Dr Breton a visité ces gisements en 1826, et a trouvé que 5000 indigènes y étaient employés. En 1849, le Dr McClelland signale un rendement de 800,000 livres. Les premières exportations du mica ont été faites du Bengal en 1863, et s'élevaient à 7,500 livres à peu près. Beaucoup du mica extrait autrefois était employé à l'ornementation et à la peinture, et un peu servait à l'industrie des poêles. Mais c'est lorsque le mica a été adopté pour l'industrie des objets électriques que l'exploitation du mica a atteint la position importante qu'elle occupe aujourd'hui.

Distribution des gisements.

Comme on l'a déjà signalé, les aires productives de l'Inde sont limitées surtout aux districts de Gáya, Hazáribágh et Monghyr au Bengal: Nellore et Nilgiris, dans Madras; et Ajmere et Merwára dans Rajputana. D'après M. Mervyn Smith,[1] les mines de Bengal sont situées entre 85° et 86° 30′ de longitude, est, 24° 25′ de latitude nord. Elles sont réparties sur une série de chaînes parallèles de basses collines dont quelques-unes ont 400 pieds au-dessus du pays environnant, et 1,200 pieds au-dessus du niveau de la mer. Ces collines forment la frontière entre les districts de Gáya et de Monghyr au nord et font partie de la Présidence de Bengal. La direction de ces arêtes va de l'Est à l'Ouest. Les mines les plus importantes sont dans les districts de Hazáribágh et Gáya dans Behar et on trouve aussi le minéral dans certaines parties du Manbhum et de Singehum. (Chota Nagpur) mais on a peu essayé d'exploiter ces derniers gisements. Dans le district d'Hazáribágh la plus grande partie des mines sont situées dans l'aire Koderma, à la fois en dedans et au dehors de la Réserve Forestière du gouvernement.

On connaît des pegmatites en plusieurs endroits où les roches cristallines plus anciennes sont à découvert. Mais les dykes ne sont en aucune façon toujours micafères, au moins au point de vue industriel. Les gisements ayant de la valeur sont limités à la Péninsule, qui représente une portion de la croûte terrestre ayant subi peu de dislocation par suite des mouvements de la terre. Les portions extra — Péninsulaires de l'Inde, sont couvertes de dépôts sédimentaires plus jeunes ou bien les roches cristallines ont été complètement disloquées au point de broyer et de rendre sans valeur les cristaux de mica qu'elles contiennent.

En résumé, les aires micafères sont les suivantes:

Présidence du Bengal.—Gáya, Hazáribágh, Minghyr, Sikkim-Tibet.
Présidence de Bombay.—Chota Udepur, Nárukot.
Birmanie.
Inde Centrale.—Rewah.
Provinces Centrales.—Bálaghát, Bastar, Biláspur.

---

[1] Trans. Ins. Mining and Metallurgy, 1898, Vol. VII, p. 168.

Coorg.

Présidence de Madras.—Gánjám, Nellore, Nilgiris, Salem, Trichinopoli, Vizá-
gapatám, Travancore.

Mysore.

Punjab.—Bhábeh, Gurgáon, Kángra.

Rajputana.—Ajmere-Merwára, Jaipur, Kishengarh, Sirohi, Tonk.

A l'époque de l'examen des districts producteurs fait par H. Holland[1]
il y avait au Bengal 250 mines en exploitation donnant par année 450 tonnes
à peu près de mica vendable. Beaucoup des mines étaient situées à quelque
distance des communications par chemin de fer et étaient par conséquent
très embarrassées. Une nouvelle ligne était à l'étude pour atteindre les terrains à mica, et on s'attendait qu'elle aiderait beaucoup au développement de
l'industrie. La surface du pays dans cette aire facilite la découverte des pegmatites, elle est montueuse et subit une grande dénudation durant la saison
des pluies. Les méthodes suivies pour l'extraction sont excessivement primitives et il règne une disposition à épuiser les indications de surface sans
s'occuper des dépôts qui peuvent exister en profondeur. Les richesses de cette
aire sont regardées comme considérables. Il y a dans certains filons de pegmatite de petites quantités d'apatite notamment à la mine Lakamandwa, près
de Koderma et ce minéral pourra être extrait comme sous-produit en certains
endroits. Les minéraux accessoires des dykes qui peuvent être signalés
comme ayant un intérêt minéralogique, sont la triplite, l'uraninite, la torber-
nite, leucopyrite, tourmaline, lepidolite, columbite, et beryl. De grandes
quantités de feldspath de forte teneur sont traitées comme des déchets car
il n'y a pas de demande pour ce minéral. Il n'y a nulle part de kaolin en
abondance.

Le second grand terrain à mica est celui du district de Nellore dans la
Présidence de Madras. Comme on l'a déjà fait remarquer cette aire diffère
beaucoup de la région du Bengal en ce que la surface de la terre est plate
et forme des plaines basses d'alluvion, trait qui est nettement adverse à la
découverte facile des gisements de mica, par suite de la grande quantité de
matériaux de surface répandue sur les roches plus anciennes. L'extraction
est aussi plus difficile et plus coûteuse dans un pays de ce genre que dans
une région montagneuse. L'industrie du mica à Nellore date d'un peu plus
de vingt années et le total des mines en exploitation lors de la visite de M.
Holland ne dépassait pas quarante. Les pegmatites suivent là le feuilletage
des schistes et on a remarqué que leurs zones de bordure sont d'une nature
beaucoup plus basique que leurs portions centrales. Les dykes, ayant une
structure de granite, sont fréquents et contiennent souvent du bon mica. Les
plus grands cristaux de mica, de beaucoup, qu'on a trouvés dans l'Inde proviennent de ce district. On a sorti de la mine Juikurte des feuilles mesurant
10 pieds par le travers et les feuilles de 30″ × 24″ se rencontrent fréquemment. Il se peut que de grands gisements de mica soient cachés en dessous
d'immenses dépôts d'alluvion et grés-sous-récents qui couvrent de grandes

---

[1] T. H. Holland, "The Mica Deposits of India," Mem. Geol. Surv. Ind. Vol.
XXXIV, Part II, 1902.

portions de l'aire ; mais même les gîtes de mica à découvert dans les districts érodés suffisent, apparemment, à permettre de maintenir à son niveau durant bien des années la production actuelle.

L'étendue de mica Nilgiris forme une région productrice importante et l'on a tiré de Crerambádi de grandes feuilles de minéral de haute catégorie.

Rajputana prend de plus en plus d'importance comme Etat producteur et les exportations des mines augmentent rapidemfent. Les autres endroits cités ne contribuent pas beaucoup au rendement total de l'Inde, mais on a localisé, en divers endroits des districts signalés, des gisements qui promettent beaucoup.

Existence géologique.

Dans toute l'aire micafère du Bengal, il y a de grands espaces de gneiss passant au micaschiste. En contact immédiat avec les gisements de mica on trouve aussi des schistes à tourmaline, des roches et quartzites amphiboliques avec dykes irruptifs de diorite à grain fin. Les roches d'amphibole ressemblent à la diorite et l'on trouve assez fréquemment des gisements de mica entre ces deux roches. Le mica que l'on trouve dans les schistes est du genre muscovite et l'on trouve aussi du mica noir (biotite) et de l'espèce rouge (lepidolite) Les gneiss sont classés dans la géologie Indienne parmi les plus jeunes termes de la formation Archéenne et ont une allure de l'est à l'ouest avec un plongement de 75° nord.

On ne trouve pas en règle générale les pegmatites contenant du mica précieux traversant les gneiss ou le granite, la seule existence présentant de la valeur étant dans les micaschistes qui sont généralement rapportés à la division supérieure de la série cristalline archéenne.

Le mica de commerce existe presque exclusivement dans les dykes de pegmatite intercalés dans les shistes et dont la largeur va, de quelques pouces à vingt pieds. La roche encaissante a souvent subi des failles ou rejets qui l'ont dérangé de son allure normale. Les pegmatites ont subi les mêmes failles et souvent au point de faille des parcours transversaux d'une largeur considérable se sont formés.

Les pegmatites consistent en amas amorphes de quartz, en grands cristaux de feldspath orthoclase, et en cristaux ou " livrets " de muscovite. Généralement parlant, leur teneur en mica et sa qualité dépendent dans une grande mesure de la nature de la roche encaissante. Les plus riches et les meilleurs gisements de mica se trouvent dans les dykes recoupant le mica schiste (Fig. 5).

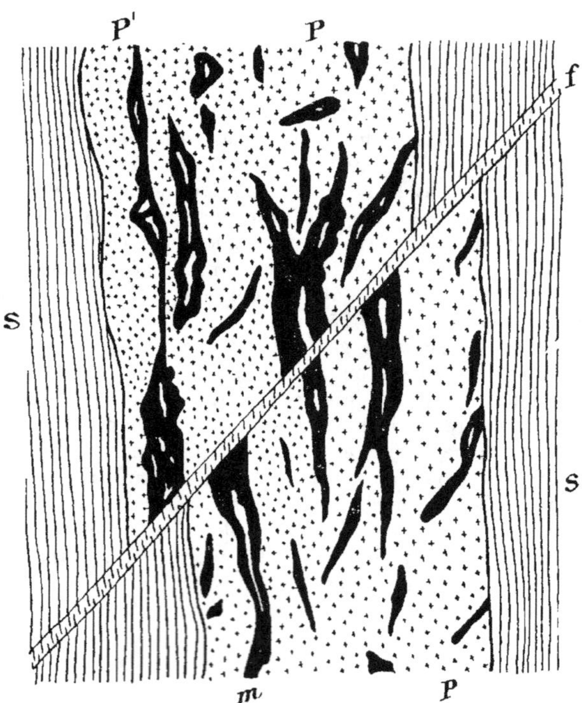

FIG. 5.—Coupe d'un dyke de pegmatite avec feuille, Hazaribagh, Bengal.

P, pegmatite normale ; P', zone quartzeuse ; S, micaschiste ; M, mica ; F, faille.

Quand la roche adjacente est fortement feldspathique, les cristaux de feldspath de couleur rose prédominent dans le filon et l'existence de mica est insignifiante.

On trouve dans les dykes beaucoup de minéraux accessoires, comme tourmaline, grenat, columbite, etc. La tourmaline est souvent en gros amas et est habituellement de couleur noire (Schörl). Les cristfaux de tourmaline traversent quelquefois les cristaux de mica et les rendent impropres à tout usage. Dans le district de Nellore, Madras, on trouve les pegmatites

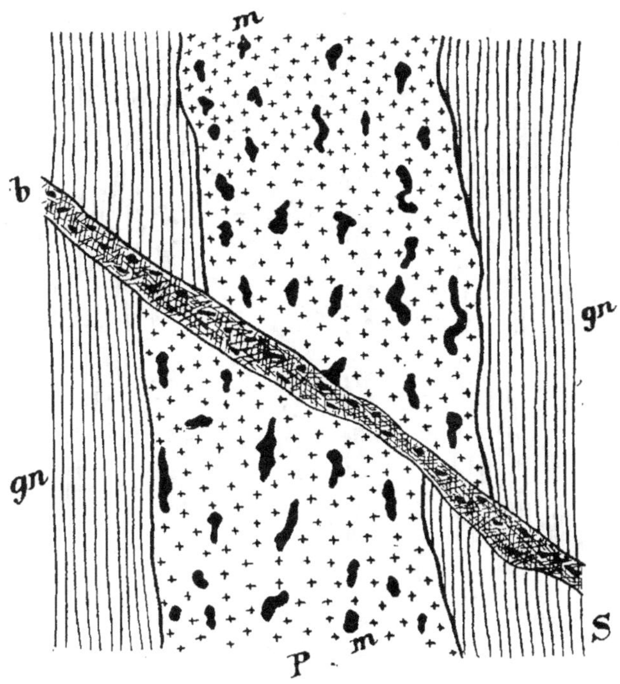

Fig. 6.—Coupe d'un dyke de pegmatite avec faille, Hazaribagh, Bengal.

gn, gneiss fortement feldspathique ; P, pegmatite avec mica (m) ; B, brèche.

dans une plaine basse principalement surmontée de dépôts récents et alluvionnaires, ce qui dérange beaucoup leur découverte et leur exploitation. L'existence est à tous les égards semblable à celle du district de Bengal. Les dykes de pegmatite recoupent le micaschiste en concordance et sont souvent décomposés fortement, la partie centrale étant faite de kaolin tandis que les portions extérieures sont composées de feldspath pur ou de roche quartzeuse.

On trouve le mica entre cette dernière roche et le kaolin. (Fig. 7). L'extraction dans cette aire basse est généralement plus coûteuse que dans les districts plus élevés du Bengal. Les terrains miniers sont loués du gouvernement au taux de cinquante roupies l'acre et avec chaque demande il faut faire un dépôt de 500 roupies ou de toute somme que peuvent fixer les autorités.

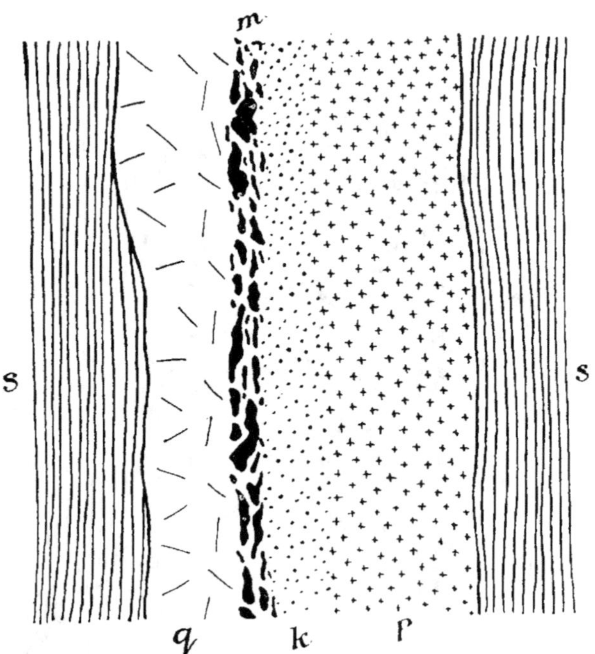

Fig. 7.—Coupe de dyke de pegmatite. Southeast Wainad. Nilgiris, Madras.

S, micaschiste ; P, pegmatite normale ; K, feldspath décomposé ou kaolin ; M, mica ; Q, quartz.

Prix et Catégories.[1]

Parmi les différentes catégories sorties des mines de l'Inde, les feuilles de mica façonnées sont assorties suivant la qualité; les commerçants reconnaissent quatre espèces: (1) mica rubis, dur et grossier: (2) mica blanc, transparent: (3) mica décoloré et fumeux: (4) mica noir avec défaut.

Si la valeur du mica rubis est représentée par 8, on paierait 4 pour le blanc, 2 pour le décoloré et 1 pour les feuilles noires ou avec défaut, de même

[1] Compilé de Mineral Industry, Vol. VII, p. 512.

dimension. Les classements et les prix approximatifs du meilleur mica rubis, par livre sont :

							s.	d.
No 1,	Feuilles mesurant de 36 à 50 pouces carrés				....		6	8
No 2,	"	"	24 à 36	"	"	....	4	0
No 3,	"	"	16 à 24	"	"	....	2	0
No 4,	"	"	10 à 16	"	"	....	1	0
No 5,	"	"	6 à 10	"	"	....	0	4
No 6,	"	"	4 à 6	"	"	....	0	2

Ces feuilles sont façonnées de la meilleure façon possible pour faire disparaître les défauts. Les feuilles carrées, rectangulaires ou en losanges rapportent les plus hauts prix. Les feuilles sont empaquetées en boîtes de 100 livres et charroyées à la gare de chemin de fer la plus rapprochée. La distance des mines au chemin de fer varie de 30 à 140 milles.

Quant à la quantité de mica dont l'Inde dispose, il n'y a aucun doute que les filons de pegmatite sont nombreux et grands, comparés à ceux d'autres pays et en quelques endroits, la quantité de mica est abondante. Mais la façon d'exploiter ces mines est extravagante à l'excès et 90 p. c. du mica extrait est gâté et rendu impropre à l'usage.

Les salaires sont très bas ; les femmes ont six sous par jour et les bons travailleurs indigènes reçoivent huit sous. Un contremaître indigène de premier ordre, et, dans les conditions existantes on ne peut employer que ceux-là, reçoit de seize sous à vingt sous par jour. En l'absence de toute machine, il est difficile de suivre les gisements au-dessous de 100 pieds en profondeur et il a fallu abandonner des mines donnant encore de bons indices de minerai. Il ne peut y avoir aucun doute qu'avec l'introduction de méthodes nouvelles, le gaspillage de mica sera beaucoup moindre, on sortira de meilleures qualités et la mine pourra être conservée en existence jusqu'à son épuisement total. A présent, on extrait seulement les parties décomposées ou partiellement décomposées du filon, et il est certain que le mica doit avoir subi, lui aussi, une certaine décomposition partielle. L'extraction en profondeur dans la matière filoneuse dure donnerait du mica dur et non décomposé, et de cette façon augmenterait le rendement de la mine en qualité et en quantité.

On a observé dans le mica de l'Inde quelques traits minéralogiques intéressants. Les feuilles sont quelquefois curieusement marquées. Par places, une moitié de chaque feuille sera de la muscovite et l'autre moitié de la biotite, la ligne de démarcation entre les deux couleurs étant parfaitement droite tandis qu'il ne paraît pas y avoir d'autre changement dans la feuille. D'autres feuilles sont quadrillées par des lignes noires dues à la biotite. Dans quelque cas, on trouve des enclaves dentelées de quartz entre les lamelles. Tous ces défauts ont naturellement une influence sur le prix. Les couleurs les plus précieuses sont le rubis pur, l'ambre, le vert pâle et le blanc transparent. Il y a aussi le blanc d'argent que les naturels recherchent beaucoup pour le travail d'incrustation décoratif.

ÉTATS-UNIS.

La muscovite constitue la production presque totale de mica des Etats-Unis, bien que l'on ait tiré de la biotite des mines qui donnent du mica blanc. La phlogopite n'est pas extraite pour le commerce aux Etats-Unis.

Le mica possède un mode d'existence semblable à celui de l'Inde, c'est-à-dire qu'on le trouve associé à des dykes de pegmatite grossiers. Le plus grand développement de ces dykes se trouve dans les Etats suivants: Caroline du Nord, Idaho, Maryland, Nouveau Mexique, New-York, et Caroline du Sud. Le développement des gisements se fait d'une manière à peu près analogue à celle qu'on suit en Canada, c'est-à-dire que la plupart du temps, les mines sont entre les mains de petits exploitants qui les exploitent d'une façon intermittente. Quelques-uns des plus gros fabricants de mica ont leurs mines propres qu'ils exploitent sur une plus grande échelle à l'aide de machines, mais leur nombre est limité et relativement peu considérable. Le bas prix de la main-d'œuvre dans l'Inde peut permettre de faire de l'exploitation profitable, mais avec des méthodes primitives et sans suite; mais il semble que pour installer sur une base commerciale saine l'industrie américaine et canadienne du mica, il faudra finalement entreprendre l'abatage des gisements, d'une manière plus systématique et de la part de compagnies organisées. Peu de mines américaines ont des ateliers de quelque profondeur et le mica est généralement extrait de puits de surface.

Les réserves du minéral qui sont dans le pays paraissent d'après les renseignements dont on dispose, assez considérables et le peu de différence que dénotent les chiffres de la production annuelle durant ces dernières années semblerait indiquer que les producteurs ont tenté peu d'efforts pour augmenter leur rendement.[1]

Le tableau qui suit donne la production du mica aux Etats-Unis pour les vingt-cinq dernières années.[2]

---

[1] Avis de l'auteur.—Quand ce qui précède a été écrit, on n'avait pas les chiffres de production pour 1910. Les Etats-Unis tiennent maintenant la tête de la liste des pays producteurs.

[2] Production du mica en 1910. D. B. Sterett. Publiée par le Service Géologique des Etats-Unis, 1911.

TABLEAU XI.

Production du Mica aux Etats-Unis pour les vingt-cinq années 1886-1910.

	Mica en Feuilles.		Mica en Morceaux.		Valeur Total.
	Quantité.	Valeur.	Quantité.	Valeur.	
	livres.	$	Petites tons.	$	$
1886	40,000	70,000			70,000
1887	70,000	142,250			142,250
1888	48,000	70,000			70,000
1889	49,500	50.000			50,000
1890	60,000	75,000			75,000
1891	75,000	100,000			100,000
1892	75,000	100.000			100,000
1893	51,111		156		88,929
1894	35,943		191		52,388
1895	44,325		148		55,831
1896	49,156	65,441	222	1,750	67,191
1897	82,676	80,774	740	14,452	95,226
1898	129,520	103.534	3,999	27,564	131,098
1899	108,570	70,587	1,505	50,878	121,405
1900	456,283	92,758	5,497	55,202	147,960
1901	360,060	98,859	2,171	19,719	118,578
1902	373,266	83,843	1,400	35.006	118,849
1903	619,600	118,088	1,659	25 040	143,128
1904	668,358	109,462	1,096	10 854	120,316
1905	924,875	160,732	1,126	17,856	178,588
1906	1,423,100	252,248	1,489	22,742	274,990
1907	1,060,182	349,311	3,025	42,800	392,111
1908	972,964	234.021	2,417	33,904	267,925
1909	1,809,582	234,482	4,090	46,047	280,529
1910	2,476,190	283,832	4,065	53,265	337,097

RÉPARTITION DES GISEMENTS.

Au Colorado, les principaux gisements exploités jusqu'à ce jour se trouvent dans les comtés Boulder et Freemont, d'où l'on a sorti de grandes feuilles claires. La Cañon Mica Mills and Mining Company a fait faire des plans pour un moulin à moudre, à Cañon City en 1906, mais on ne connaît pas d'autres détails quant à l'abatage.

Un gisement de mica a été ouvert et travaillé au début des 90 près de Cripple Creek. Dans l'Idaho, la Spokane Mica Company a exploité un gisement près de Troy, Comté de Latah en 1906, et le produit était pour la plus grande partie envoyé au moulin à moudre de la Compagnie à Spokane, Wash. La majorité des mines sont situées dans le comté qui précède. Dans le Dakota du Sud, la Westinghouse Electric Company a exploité deux gisements en 1906, les mines New-York et White Star. Les localisations sont nombreuses près de Custer et Deadwood. La cassiterite est un minéral qu'on trouve fréquemment dans les dykes de pegmatite des Black Hills.

En Virginie, des affleurements favorables ont été localisés dans le comté Amelia, mais ne paraissent pas avoir été encore exploités sérieusement. Dans la Caroline du Nord, les principaux gisements sont dans les comtés de Yancey, Jackson, Haywood, Macon et Mitchell.

Le New-Hampshire a peut être produit plus de mica qu'aucun autre Etat de l'Union et à une certaine époque, le rendement de ses mines constituait 80 p. c. de la production totale des Etats-Unis. La mine Ruggles a, dit-on, produit plus de $8,000,000. de mica, depuis 1803. Les principaux gisements sont dans les comtés de Groton, Grafton, Cheshire, Danbury et Alstead. Une particularité de beaucoup de mines est l'existence d'énormes cristaux de beryl, associés au mica.

Dans le Maine, les pegmatites micafères ont été exploitées dans le comté d'Oxford et les pegmatites du Mont Mica, près de Paris, sont fameuses pour la belle tourmaline qu'elles contiennent.

En Californie, on a signalé, à la fin de 1901, de grands gisements de mica, mais leur importance ne paraît pas avoir été très considérable. Les gisements étaient situés dans le district Piru, comté de Ventura.

Dans l'Alabama, les principaux gisements sont dans les comtés de Randolph, Cleburne et Clay.

Le Dakota, Wyoming, Nouveau Mexique, Utah, Nevada, et la Georgie ont aussi donné une petite production de mica, mais ni la quantité ni la qualité du minerai n'approchent de celui des Etats-Unis.

On signale aussi une petite production du New-Jersey.

Dans le Wisconsin, on a trouvé, il y a quelques années une nouvelle espèce de mica dans un dyke de pegmatite près de Wansau. On a trouvé seulement de petits cristaux et on a constaté que le minéral fusait facilement et contenait beaucoup de lithine, soude et chlore. On a donné à ce minéral le nom d'irvingite.

Production.

Le rendement durant l'année 1910 est venu principalement de sept Etats: Caroline du Nord, Dakota Sud, New Hampshire, Colorado, Caroline du Sud, Nouveau Mexique, et Massachusetts, nommés dans l'ordre de la valeur de leur production. La Caroline du Sud et le Nouveau Mexique sont rentrés dans la liste des Etats producteurs de mica en 1910, aucune production n'ayant été signalée de ces Etats en 1909. Un petit rendement a été signalé du Massachusetts qui n'avait rien produit durant plusieurs années. Virginie, Alabama, New-York, Georgie et Maine n'ont rien donné comme production en 1910, quoique ces Etats figurent comme producteurs en 1909.

La valeur de la production de mica en 1910 a été plus grande de $56,568, que celle de 1909 et plus forte que celle d'aucune autre année, sauf 1907, où elle s'est élevée à $392,111. La production de mica en feuilles s'est élevée à 2,476, 190 livres évaluées à $283,832, soit une augmentation de 666,608 livres et $49,350 de plus qu'en 1909.

La production de mica en feuilles, signalée pour les Etats chaque année, varie beaucoup et il est difficile d'établir une distinction entre le mica à petites feuilles pour formes à l'emporte-pièce et le mica en morceaux. La variation est aussi due en partie au fait que, dans quelques années, les producteurs achèvent la fabciration de plus de leur mica que dans d'autres années et signalent ainsi de plus petites quantités de mica en feuilles et plus de mica en morceaux que dans les années où moins de mica est façonné en feuilles.

Prix.

Le prix moyen des feuilles de mica aux Etats-Unis durant 1910, tel qu'on peut le déduire du total de la production était de 11.5 cents la livre, comparé à 12.9 cents la livre en 1909. Le prix moyen dans les divers Etats pour le mica en feuille était: Caroline du Nord, 42.5 cents la livre; New-Hampshire, 22.3 cents la livre; Dakota Sud, 3.6 cents la livre.

Pour le mica en morceaux, en 1910, le prix moyen était $13.10 la tonne, comparé avec $11.26 en 1909 et avec $14.02 en 1908.

Il n'est pas possible de donner absolument les prix des feuilles de mica fabriquées, d'après les catalogues des marchands car les escomptes accordés varient avec la nature des achats. Les prix cotés sont puisés au catalogue—type de 1911. On accorde des escomptes allant de 70 à 10 p. c. pour le mica à poêles et de 60 à 10 p. c. pour le mica électrique.

Prix par livre cotés pour Mica à poêles et le Mica électrique, pour 1911.

MICA A POÊLES		MICA ELECTRIQUE	
Dimension	Prix	Dimension	Prix
1½″ × 2″	$1.20	1 ″ × 3″	$1.75
2 ″ × 2″	2.00	1 ″ × 6″	5.50
2 ″ × 3″	3.50	1½″ × 4″	2.75
3 ″ × 3″	5.75	2 ″ × 4″	3.50
3 ″ × 4″	7.00	2 ″ × 7″	7.25
4 ″ × 6″	9.50	3 ″ × 9″	11.00

Importations.

Les importations, aux Etats-Unis, de mica en feuilles façonné durant 1910, telles qu'indiquées par le Bureau de la Statistique du Ministère du Commerce et du Travail se sont élevées à 1,961,523 livres à $724,525. Du mica moulu d'une valeur de $1,298 a été importé en 1910, les années antérieures rien n'avait été enregistré.

Les importations de mica aux Etats-Unis pour la période de cinq années 1906-1910 sont données dans le tableau suivant:

TABLEAU XII.

Mica importé aux Etats-Unis durant la période 1906-10.

Année.	NON FABRIQUÉ		TAILLÉ OU FAÇONNÉ		TOTAL	
	Quantité	Valeur	Quantité	Valeur	Quantité	Valeur
	lbs.	$	lbs.	$	lbs.	$
1906	2,984.719	983,981	82,019	58,627	3,066,738	1,042,608
1907	2,226,460	848,098	112,230	77,161	2,338.690	925,259
1908	497,332	224,456	51,041	41,602	548,373	266,058
1909	1,678,482	533,218	168,169	85,595	1,846,651	618,813
1910	1,424,618	460,694	536,905	263,831	1,961,523	724,525

Par les tableaux qui précèdent, on peut voir qu'en valeur les importations de mica en l'année 1910 ont dépassé la production totale pour la même période, de $387,428, c'est-à-dire que la valeur de la production a été beaucoup moindre que la moitié de celle des importations.

L'introduction du Tarif Dingley aux Etats-Unis en 1897, a été cause que les importations du mica aux Etats-Unis ont atteint une plus haute catégorie. En vertu de ce tarif le prix moyen par tonne de mica ambré expédié aux Etats-Unis a atteint un si haut chiffre, si on le compare à celui qui est expédié en Angleterre (voir Tableau V). Les termes du tarif prescrivaient une distinction entre le mica non travaillé et travaillé (taillé ou façonné) et l'imposition d'un droit de 6 cents la livre sur le premier et de 12 cts la livre sur le second, avec un droit de 20 p. c. ad valorem sur les deux catégories. Ce tarif interdisait virtuellement l'importation de mica de basse catégorie, fait que les expéditeurs Indiens eux-même sont été obligés de reconnaître.

AFRIQUE ORIENTALE ALLEMANDE.

Durant les cinq dernières années, la teneur en mica blanc de certains filons de pegmatite de l'Afrique Orientale Allemande a attiré un peu l'attention et en 1909-10, la quantité totale de mica produit dans la colonie s'est élevée à quelque 104 tonnes de minéral brut, évalués à 258,799 marks ($61,594). Les chiffres que montre le Tableau XIV donnent une idée de la croissance de l'industrie durant la période 1905-10 et on verra que la valeur du mica sorti en 1909 dépasse la production en 1905 de sept fois à peu près. La description suivante de l'existence de mica dans l'Afrique Orientale Allemande, avec les chiffres de production a été très gracieusement fournie au ministère par le Bureau Colonial Allemand et est l'œuvre du Dr A. Klautzsch.

" L'exploitation de gisements de mica ayant une valeur commerciale, dans l'Afrique Orientale Allemande est surtout limitée aux régions des montagnes Uluguru et des chaînes avoisinantes. Les roches de cette aire sont principalement un gneiss à biotite qui laisse voir de grandes différences de structure et de composition minérale. Dans les régions à mica, ce gneiss est traversé par beaucoup de dykes de pegmatites qui plongent à des angles peu écartés de la verticale et vont en épaisseur, de 30 à 70 pieds.

Le mica trouvé dans ces dykes est invariablement de la muscovite, ou mica blanc et beaucoup d'examens de matières prélevées dans les différentes régions ont été exécutés par le Service Géologique pour déterminer la valeur marchande des divers échantillons. On connaît déjà beaucoup d'existences de mica et beaucoup de gisements ont donné de grandes feuilles. Mais, dans beaucoup de cas, le mica trouvé était trop étiré et trop broyé ou bien les gisements n'étaient pas assez considérables pour justifier des dépenses de capitaux dans l'exploitation des dykes. Le manque de facilités de transport accompagné des difficultés de main-d'œuvre ont beaucoup dérangé le développement. Si ces embarras disparaissaient beaucoup de gisements qui ne sont pas profitables actuellement deviendraient des producteurs précieux.

Actuellement, les deux principaux districts producteurs consistent dans la région qui borde la rivière Mbakana, tributaire de la Mgeta qui est exploitée par la German East Africa Mica and Mining Company (autrefois William Schwarz) et l'étendue possédée par la Morogoro Mica Company (autrefois A. Prüsse) qui est au nord de Morogoro.

Sur la Mbakana, les principales mines sont la Bertha, Bornhardt, Gerlach, Borchers, et Hohe Wacht qui sont éparses sur l'arête qui descend du plateau Lukwengule à la vallée qui est en dessous. Un certain nombre de prospects ont été aussi jalonnés dans le voisinage de la mine qui précède et on dit que les bonnes indications de mica sont nombreuses. Le mica est là principalement dans la salbande pegmatique d'un dyke de quartz presque absolument pur, large de 12 à 20 pieds et ayant une allure qui va presque directement du nord au sud (170°). La zone où l'on trouve le mica consiste en mine pegmatite type contenant de grands cristaux d'orthoclase et de mica dans une pâte de quartz. Cette zone a une largeur de 75 à 90 pieds et atteint une largeur maximum de quelque 8 pieds à la surface. A 16 pieds on a trouvé que sa largeur dépassait 15 pieds. La couleur des plaques de mica en feuilles épaisses est brun foncé allant au vert brunâtre foncé, mais le minéral est très clair et les plaques de 1 cm. d'épaisseur sont plus qu'ordinairement transparentes.

Les taches et mouchetures de magnétite, spécularite, etc., entre les lamelles sont assez fréquentes, mais d'après les expériences qu'on a faites pour éprouver la conductibilité du minéral, on dit, qu'elles ne dérangent beaucoup ses propriétés isolatrices. Les cristaux sont relativement indemnes de broyage et de contorsion et les dykes ont subi l'action atmosphérique jusqu'à une petite distance seulement de la surface.

Dans d'autres dykes dans le voisinage plus ou moins rapproché, l'existence des cristaux de mica n'est pas limitée à une zone ou à un filet unique. On trouve souvent des agrégats de grandes feuilles de mica enclavés dans le massif des dykes et on a trouvé un cristal mesurant $35'' \times 31''$ en travers des plaques. On a obtenu des feuilles parfaites, exemptes de craquerie et d'avarie causées par leur extraction de la roche, ayant jusqu'à $13'' \times 18''$ de diamètre

La production, à l'origine de l'industrie en 1902, s'élevait à une moyenne d'environ 1.3 tonnes par mois.

Le tableau suivant montre la nature électrique de ce mica comparé avec celui d'autres sources:

TABLEAU XIII.

Puissance diélectrique de certains Micas.

Mica.	Résistance Spécifique.	Epaisseur des Plaques.	Pression D'endurance.
	mill. megobms.	mm.	vots.
Africain Oriental Echantillon I......	900	0.12	12,000
" " " II......	980	0.17	10,000–12,000
" " III......	900	0.21	11,000
Américain, basse catégorie, tacheté	380	0.25	11,000
Canadien ambré, Echantillon I......	900	0.25	12,400
" " " II......	700–800	0.25	11 600
Meilleur Rubis Indien..............	1,200	0.25	18,000

Parmi les aires appartenant à la Morogoro Mica Company, celles qui sont exploitées actuellement sont la Kalte Platte, Hannoverland, Eimbeck, Richard Prüsse, Kronprinzessin, et Preussen. Le reste des concessions prises jusqu'à présent représente seulement quelques endroits où on a localisé des affleurements de mica. L'existence du mica ressemble là à celle de la région de Mbakana, les cristaux du nord au sud et plongeant à pic vers l'est. La roche encaissante est, de même du gneiss à biotite et le principal développement de dykes se trouve sur la berge de droite du crique. Morogoro a une altitude d'à peu près 2,500 pieds. La production en cet endroit, dans la première moitié de l'année 1908, correspondait à un rendement mensuel moyen de 3.3 tonnes et le prix moyen obtenu pour le mica était de 5.33 marks ($1.27) la livre, pour les feuilles claires en 2.66 marks ($0.63) pour les feuillets tachetés.

D'autres affleurements de mica ont été localisés dans la chaîne Uluguru, aux endroits suivants, mais on n'a pas encore déterminé l'étendue ni la richesse de beaucoup de gisements.

Collines Mindu, près de Morogoro — plaques 4″ à 6″ par le travers.

Kigambue, à l'est de Morogoro.

Mssassa, district de Kibunduga, dans le plateau d'épandrement Revu, nids de cristaux donnant des plaques de 4″ à 16″ de diamètre.

Kikoya kwa Komorra, sur la berge gauche du crique Mgeta.

Kong 'ho, au nord de Kikoya, plaques ayant jusqu'à 16″ en travers.

Kipfunge, sur le versant sud de la montagne Muhali, plaques 5″ à 10″ de travers avec relativement peu de défauts et d'enclaves.

Fichtnerwerk, versant ouest du mont Lukwengule, plaques claires mesurant 4″ à 8″.

Les autres gisements de mica de l'Afrique Orientale sont les suivants bien que les détails de leur importance industrielle fassent encore défaut.

Le district Suwi Creek dans les montagnes Pongue. Le Suwi se jette dans le Wami et traverse l'Hinterland Bagamoyo. On dit que le mica est là dans du gneiss et il paraît associé à une roche éruptive. Le gisement est peut-être d'origine métamorphique de contact. Les cristaux sont fortement broyés et recourbés et les échantillons soumis jusqu'à présent n'étaient pas vendables.

Versant ouest de la montagne Luganga, district Mpapua.

Mkondumi dans la chaîne Nguru, éperon septentrional de la chaîne Uluguru, plaques broyées et inégales.

Momboja sur les eaux supérieures de la rivière Ulanga, entre les villages de Tutti et de Nahungulla, à l'ouest de la station militaire de Mahenge, cristaux écrasés de 6″ de largeur, mais enclins à la structure rubannée.

Mont Fissage et Hauteurs de Upogoro, district de Mahenge.

Kigamba, montagnes Ktimiri, feuillets clairs 4″ à 6″ de largeur.

Mombo, Usambara (mines Roland et Hagen) cristaux de couleur verte et rubis donnant des plaques de 18.6 pouces carrés et mesurant 8″ × 20″.

Same, Usambara.

Plateau Woto, district Langenburg.

Mawe et Mnero, situés dans la région à gneiss du Lindi Hinterland, plaques épaisses de mica, mesurant 6″ × 10″ mais assez opaques et broyées.

L'existence d'uraninite ou pitchblende avec le mica dans la vallée Mbakana, montagne Lugwengule, de la chaîne Uluguru est intéressante. On trouve le minéral encastré dans le mica et il a souvent la forme de cristaux octaédriques. On trouve aussi des amas, dont le poids dépasse 70 livres. On trouve toujours ces massifs comme agrégats isolés dans les dykes. Le minéral est à la surface fortement altéré en une substance jaune qui a été déterminée par Markwald comme un carbonate d'uranium (rutherfordite) et contient:

$$U_3O_8 \dots \dots 83.8\%$$
$$CO_2 \dots \dots 12.1\%$$
$$PbO \dots \dots 1.0\%$$
$$\overline{}$$
$$96.9$$

Le minéral non altéré qui est, comme la rutherfordite, fortement radio-actif (20 pour cent à peu près plus que la pitchblende de Joachimstal) possède la composition suivante:

$$U_3O_8 \dots \dots 89.47$$
$$PbO \dots \dots 6.87$$
$$CaO \dots \dots 0.82$$
$$SiO_2 \dots \dots 0.52$$
$$FeO \dots \dots 0.48$$
$$ThO_2 \dots \dots 0.20$$
$$H_2O \dots \dots 2.03$$
$$\overline{}$$
$$100.39$$

Sa densité est 8.63.

On a trouvé aussi dans les pegmatites du district Morogoro un autre minéral contenant de l'oxyde d'uranium. Une analyse de ce minéral a donné:

$$Nb_2O_5 \dots \dots 46.03$$
$$Ta_2O_5 \dots \dots 1.20$$
$$UO_2 \dots \dots 13.60$$
$$TiO_2 \dots \dots 0.90$$
$$Y_2O_3 \dots \dots 14.12$$
$$Fe_2O_3 \dots \dots 5.72$$
$$Al_2O_3 \dots \dots 0.17$$
$$PbO \dots \dots 7.55$$
$$CuO \dots \dots 1.21$$
$$MnO \dots \dots 0.28$$
$$CaO \dots \dots 2.84$$
$$H_2O \dots \dots 6.23$$
$$\overline{}$$
$$\text{Total} \dots \dots 99.85$$

On a trouvé que la densité est 4.80 ce qui est beaucoup inférieur au poids normal de la fergusonite (5.8 - 5.9) d'où il a été tiré pour la première fois. Un examen postérieur a amené à reconnaître un nouveau minéral auquel le nom de plumboniobite a été donné par son découvreur, le Dr Hauser. Le minéral n'est que légèrement radio-actif.

Le tableau suivant montre le développement de l'industrie du mica dans la colonie depuis 1905.

TABLEAU XIV.

Production du Mica dans l'Afrique Orientale Allemande durant la période 1905-10.

Year.	Nombre de terrains d'extraction.	Mica brut.	Mica façonné.	Valeur.
		tonnes.	tonnes.	$
1905-6	21	63	20	8,823
1906-7	30	73	......	16,345
1907-8	35	103	33	16,190
1908-9	......	85	......	50,211
1909-10	......	104	......	61,594

Le mica produit en raison du bas prix du marché pour les qualités petites et inférieures devient constamment de catégorie supérieure. La proportion, du mica grossier ou du tout venant ordinaire au minéral façonné ou vendable, est à peu près de 3.1.

BRÉSIL.

Il y a dans les Etats de Goyaz, Bahia et Minas Geraes des dykes de pegmatite donnant des feuilles vendables de mica blanc qui ont été exploités dans une certaine mesure. D'après les derniers renseignements gracieusement fournis à ce ministère par M. O. A. Derby, du service Géologique du Brésil, il paraît cependant que l'extraction du mica dans ce pays est maintenant virtuellement arrêtée. La production depuis quelques années ayant presque complètement cessé. Il n'y a pas de récentes expéditions signalées. On ne possède pas de chiffres officiels relatifs à la production des diverses mines et le rendement total paraît avoir été petit.

Les notes suivantes sur les existences du mica au Brésil sont puisées au rapport de M. H. K. Scott,[1] et il paraît qu'elles ressemblent sur la plupart des points aux dépôts ordinaires qu'on trouve ailleurs et leur ressemblance avec les gisements de l'Inde est frappante.

---

[1] Trans. Inst. Min. and Met., Vol. XII, 1902-3, p. 357.

On ne dispose pas de renseignements relatifs aux gisements de Goyaz ou de Bahia, la quantité de minéral exporté de ces états ayant été petite, mais il faut dire que le mica de l'état de Goyaz est d'excellente qualité.

Les principaux gisements de mica sont associés à des filons, lentilles ou dykes de pegmatite qui sont dans les schistes métamorphiques de Santa Luzia de Carangola sur les confins des Etats de Minas Gercas et d'Espirito Santo; c'est de ces gisements qu'on extrait virtuellement tout le mica exporté du Brésil. La région varie en hauteur de 2,500 pieds à 4,000 pieds au-dessus du niveau de la mer et les filons de pegmatite ou direction presque droit du nord au sud le long du flanc des chaînes de montagnes Cayana Popogais qui forment le plateau d'épanchement entre les rivières Sao Joao do Rio Preto et Carangola.

En règle générale les roches du Brésil sont décomposées jusqu'à une grande profondeur, c'est particulièrement ce qui arrivé avec les schistes métamorphiques dans les régions où il y a des filons de pegmatite. Il y a fréquemment plusieurs filons rapprochés les uns des autres et quelques-uns se prolongent sur de longues distances; comme le pays est densement boisé il est difficile de découvrir les affleurements mais l'existence de pegmatites est souvent révélée par des bosses de quartz protubérantes.

Les filons ont de 20″ à 10′ de largeur et consistent généralement en Kaolin, provenant de la décomposition du feldspath où des "livrets" de mica sont irrégulièrement disséminés. Les dimensions des livrets de mica diffèrent beaucoup et vont de 10″ × 20″ de travers et 6″ d'épaisseur, mais la dimension moyenne est à peu près 6″ × 6″ et 3″ d'épaisseur. Beaucoup du mica est du type petit étoilé.

De plus, une petite proportion seulement des cristaux contient des filets vendables, et c'est particulièrement le cas pour le minéral trouvé près de la surface qui est souvent partiellement décomposé par la'ir et hydraté.

Une demi-douzaine à peu près de mines ont fourni du mica pour l'exportation, mais deux seulement ont été exploitées régulièrement, la mine Fonseca, et la mine Coronel Seraphino.

Mine Fonseca.—On a trouvé ce gisement sur le sommet et sur les flancs d'une colline où une grande quantité de mica friable décomposé est à découvert par suite de l'érosion d'un filet de pegmatite. La qualité des cristaux s'est beaucoup améliorée en profondeur et la quantité ne donne pas de signe de diminution. Le feldspath étant complètement kaolinisé on n'a pas de difficulté à extraire des plaques de mica d'extraction se faisant au moyen de tranchées et de ciels ouverts. A une profondeur de 30 pieds à peu près on a trouvé un grand massif de quartz et il a fallu continuer l'extraction en descendant, de chaque côté de l'obstacle.

La Fig. 8 montre une coupe dans le gisement qui a une largeur de 7 pieds à peu près à la surface. Les cristaux ne sont pas, comme il arrive souvent dans les filons de pegmatite limités à une zone quelconque du dyke, mais sont épars dans toute la portion feldspathique. Le rendement jusqu'à ce jour est évalué à 30 tonnes environ de mica vendable. On a localisé sur la mine plusieurs autres affleurements donnant des promesses.

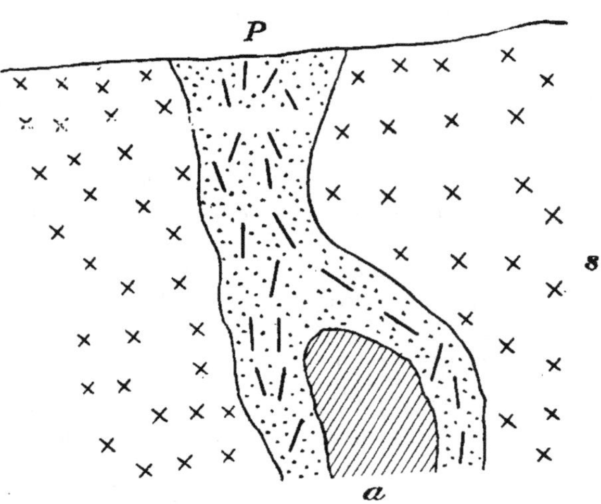

Fig. 8.—Coupe dans un filon de pegmatite de la mine de mica Fonseca, État de Minas Geraes, Brésil (*d'après H. K. Scott*).

P, pegmatite ; S, schiste métamorphique ; a, quartz.

Mine Coronel Seraphino.—Cette mine est à un demi-mille à peu près au sud de la mine Fonseca, et est située sur un prolongement du même dyke qui y a été travaillé. L'existence de mica dans ces deux mines, est identique, mais le filon a, là seulement, 3′-6″ de largeur à peu près et les cristaux de mica sont un peu plus petits. La production totale de la mine s'élève à peu près à 20 tonnes de minéral façonné.

On a découvert d'autres dykes de pegmatite dans le voisinage immédiat et il y en a sûrement d'autres, mais le pays étant très densément boisé, il est très difficile d'exécuter le travail de prospection.

Comme on l'a déjà fait remarquer, la qualité des feuillets de mica à la surface et sur une petite distance en descendant est généralement pauvre en raison de l'hydratation, mais une fois que la zone soumise à l'action atmosphérique est passée, les feuillets s'améliorent rapidement.

La plus grande partie du mica produite est employée dans le pays pour verres de lampes, poêles, etc., le reste est exporté à Londres ou aux États-Unis.

Les méthodes d'extraction sont d'une nature un peu primitive et comme il n'y a ni difficulté à rencontrer, ni précaution à prendre pour extraire les cristaux de la matrice tendre de kaolin on emploie généralement de la main-d'œuvre inexpérimentée. Les "livrets" de mica sont grossièrement débarrassés du minéral décomposé dans les puits et sont passés aux femmes qui en détachent encore les portions sans valeur et fendent les feuillets en plaques épaisses de $\frac{1}{8}''$ à $\frac{1}{4}''$. Elles sont finalement façonnées à la machine à guillotine et mises en paquets pour l'expédition. La catégorie de mica porte le nom de rubis et 50 p. c. à peu près du minéral expédié mesure en moyenne $6''$ par le travers des plaques. Une portion considérable (70 p. c.) du tout, venant de la mine ne vaut rien à cause de l'écrasement et de la présence de substances étrangères, surtout de magnétite et de limonite entre les lamelles.

Le classement du mica n'est pas fait avec soin et la présence des feuillets avec des défauts dans les expéditions leur a enlevé de leur valeur sur le marché de Londres et a eu probablement une influence néfaste contre la demande croissante du mica Brésilien, parmi les consommateurs anglais.

Les feuillets de mica sont empaquetés par boîtes de 100 livres à peu près et transportés à dos de mules à la station de Santa Luzia, la plus rapprochée à 10-15 milles de là.

Les frais pour amener le mica Brésilien sur le marché sont à peu près ce qui suit:

Frais d'extraction, façon et préparation pour le marché, y compris le transport à la station de Santa Luzia du chemin de fer Leopoldina. .$243.50
Fret jusqu'à Rio-Janiero. .. .. . … .. .. … 7.80
Taxe d'exportation d'Etat.. . .. .. . … 29.22
Emmagasinage et transbordement, etc.. .. ..   4.87
Fret pour l'Europe, les Etats-Unis, assurance, etc.. .. .. … 24.35

$309.74

Si l'on songe à la simplicité des méthodes qu'on peut employer pour extraire le mica Brésilien et le bas prix de la main-d'œuvre, il est étrange que cette industrie ne fasse pas plus de progrès. Actuellement, le rendement des mines du Brésil est en diminution constante et paraît virtuellement nul.

La production totale du mica et du tale, de 1902-6 est donnée comme suit:

1902.. .. . … .. ..11 tons.
1903.. .. . … 7   "
1904.. .. . … 14   "
1905.. .. . … 1   "
1906.. .. . … 6   "

NORVÈGE.

Dans les quatre-vingt dix, on a essayé d'extraire de la muscovite dans ce pays et on a creusé des puits ayant jusqu'à 100 pieds de profondeur. Dans l'un qui paraît être le seul où l'on ait tenté l'extraction, à la mine Godfjeld,[1]

---

[1] Colliery Guardian, Vol. LXXVIII, p. 32. Et aussi Mineral Industry, 1899, p. 428.

près de Skutterud sur le côté sud-ouest, on a exploité un dyke de pegmatite d'une largeur considérable. Les cristaux de mica, étaient petits, en règle générale, bien que l'on ait trouvé quelquefois des dimensions de 12″ × 24″. La zone micafère forme une lentille dans le dyke et contient des cristaux de couleur verte qui, cependant, près de la surface sont très tachés de fer tandis qu'une forte proportion de cristaux, même frais sont rendus sans valeur par suite d'enclaves de grenat, tourmaline et autres minéraux. Un trait curieux de la tourmaline quand elle imprègne le mica est que les axes longs des prismes de tourmaline sont souvent parallèles aux axes verticaux des cristaux de mica bien que l'on trouve aussi souvent la position verticale plus usuelle. Le trait le plus particulier, cependant, est que les plans de base de cristaux de mica sont rarement parallèles les uns aux autres, le résultat étant que les feuilles obtenues sont plus épaisses à un bout qu'à l'autre. On a trouvé qu'après avoir atteint une profondeur de 60 pieds, ce mica se pourrit et devient brisant et s'altère en partie en stéatite. Les cristaux sont tendres quand on les extrait mais durcissent en peu de temps. On n'a pas de rapports de fortes expéditions et il semble que l'extraction a maintenant cessé.

CHINE.

On dit qu'il y a en Chine beaucoup de gisements de mica blanc et l'emplacement paraît être dans le voisinage de la baie Kiao-Chau. D'après les derniers renseignements fournis par le Bureau Chinois d'Agriculture, Travail et Commerce, il ne s'est pas fait beaucoup d'abatage sur les gisements et un peu de mica seulement a été extrait pour décoration et pour ouvrages de peinture. On signale aussi des gisements à Tschontschong dans Shantung, mais l'absence de facilités de transport paraît entraver leur développement.

RÉPUBLIQUE ARGENTINE.

Des pegmatites micafères donnant de grands feuillets clairs ont été exploitées dans le district montagneux de la province de Cordola. Le rendement des mines n'est pas important actuellement.

AUSTRALIE DU SUD.

On a obtenu, il y a quelques années des feuillets de muscovite de bonne qualité dans la chaîne MacDonnell, mais les difficultés de transport seules ont amené un prix de revient additionnel par tonne de $125 et cela paraît avoir eu l'effet d'empêcher le développement des gisements. Tout le minéral produit a été expédié à Londres. On a découvert aussi de la muscovite dans l'Australie de l'Ouest mais on ne connaît pas exactement l'endroit.

AFRIQUE DU SUD.

D'après les rapports récents il y a dans l'Afrique du Sud des pegmatites micafères. L'endroit où les dykes les plus favorables ont été découverts est à

25 milles à l'est de Leydsdorp près de la rivière Olifants, dans le Transvaal du Nord. Les filons vont presque droit de l'est à l'ouest et ont été suivis sur une soixantaine de milles. On dit que le mica est extraordinairement clair et parfait. On a extrait des gisements de surface des cristaux mesurant $16'' \times 18''$ par le travers. La région s'appelle champs de mica Macutsi. Les notes suivantes relatives au district précité sont empruntés au "Mineral Industry" 1910.

La Leydsdorp Mica Limited est une compagnie nouvelle organisée pour l'extraction du mica en Transvaal. Le mica consiste en 600 claims de bas métal, embrassant une superficie de $1\frac{3}{4} \times \frac{3}{4}$ mille à peu près d'une arête qui longe la berge septentrionale de la rivière Olifants. La mine est détenue depuis presque trois années et depuis 1910 du travail préparatoire avait été exécuté dans l'attente de l'achèvement du chemin de fer Selati qui donnera accès à ce district. Deux cents naturels à peu près seront employés. Les prix d'exploitation ont été calculés d'après l'état actuel des transports et on a trouvé qu'ils étaient de £.75 à £.95 par tonne de mica taillé rectangulaire (n'ayant pas moins de $4''$ de longueur) livré à Londres.

En plus des pays qui précèdent on a aussi extrait du mica en petite quantité de Russie. Saxe (principalement de la lépidolite et de la zinnwaldite pour leur teneur en lithium) Mexique, Nouvelle-Zélande et Ceylan.

MÉTHODES COMMERCIALES DES EXPÉDITEURS.

Bien que les essais pratiqués sur les différentes variétés de mica provenant de divers pays du monde, comme Ceylan, Afrique Orientale allemande, Brésil, Inde, Canada, etc., aient montré que la muscovite claire de premier ordre possède une force diélectrique aussi élevée que le mica ambré ou la phlogopite, cette dernière variété est bien préférée de beaucoup de fabricants de machines électriques par suite de sa souplesse et de sa plus forte élasticité. Les feuilles de mica ambré grandes, parfaites et uniformes imposent un fort prix et la phlogopite canadien est reconnu dans le commerce comme le meilleur mica pour les besoins des appareils électriques. Ceci étant, il faut regretter que la majorité des producteurs canadiens ne s'efforcent pas de conserver pour le rendement de leurs mines la réputation que le mica ambré de première catégorie possède parmi les consommateurs du minéral. Il faut admettre, si regrettable que ce soit, que les marchands de mica ont depuis bien des années nui et nuisent encore à leur propre intérêt par les tactiques dont ils font usage pour disposer de leur minéral. Ce n'est pas tant la faute des grands exploitants que des petits traitants, bien que dans une certaine mesure, les premiers eux-mêmes ne se fassent pas faute de certaines pratiques. Plusieurs essais ont été tentés mais sans effet pour établir un marché de phlogopite en Grande-Bretagne, et tout le blâme pour cela paraît reposer entièrement sur les expéditeurs canadiens qui, pour la plupart se contentent de placer leur approvisionnement de ce côté-ci de l'Atlantique. Le manque d'établissement de relations avec les consommateurs anglais est dû presque entièrement au refus ou à l'incapacité des expéditionnaires de fournir aux consommateurs étrangers des consignations uniformes et fiables. C'est une assertion qui est amplement prouvée par les déclarations des consignataires et souvent par celles des expéditionnaires eux-mêmes. Le système de classement du mica en vogue parmi les marchands canadiens est irrémédiablement mauvais et empêche absolument toute transaction sérieuse de s'établir avec le consommateur étranger. Ceci ne s'applique pas tant au grand propriétaire de mine qui produit une catégorie de mica plus ou moins uniforme d'une même mine ou qui prend quelque soin pour que le rendement d'une mine ne soit pas mélangé avec celui d'une autre, qu'au petit exploitant qui se borne à travailler de petits puits épars, sur toutes les étendues de mica et qui produit une demi-douzaine de catégories de mica de toutes les couleurs, duretés et élasticités. Beaucoup de la première catégorie d'exploitants font des affaires avec des clients de l'autre côté de l'Atlantique et la matière fournie paraît donner satisfaction. C'est la dernière catégorie de traitants qui mérite tout le blâme d'avoir fait au mica ambré canadien la réputation de consignations sur lesquelles on ne peut se fier et qui ne correspondent pas aux types. Ces petits traitants non seulement exploitent en petit, mais de plus achètent de petits lots aux cultivateurs qui travaillent leurs puits par à coups quand ils n'ont rien de mieux à faire. On recueille de cette façon une certaine quantité de mica généralement de dimension relativement petite, allant jusqu'à 3″ × 5″, mais ayant en moyenne 2″ × 3″ et moins car toute petite mine qui donnerait de grandes feuilles serait certainement acquise et développée sur une grande échelle par un exploitant d'expérience. Puis, comme il y a souvent insuffisamment d'une catégorie et d'une couleur pour composer une expédition entière les différentes catégories sont mélangées et expédiées en une seule consignation. Cette habitude est naturellement très déplaisante pour le consommateur qui désire une matière aussi uniforme que possible et il en résulte souvent une cessation de commandes parce que l'acheteur en achetant du mica de l'Inde put compter sur des expéditions uniformes et de confiance.

Ce n'est pas tout et cela explique partiellement seulement la défaveur avec laquelle le mica canadien est accueilli sur le marché anglais. Un autre facteur beaucoup plus sérieux est la coutume qui prévaut parmi les petits exploitants et marchands et dans une certaine mesure parmi les grands, d'inclure dans leurs expéditions une quantité considérable de mica absolument sans valeur, de fait des déchets. C'est surtout le cas pour les consignations de basses catégories 1″ × 3″ et 2″ × 3″. Les marchands anglais se plaignent que presque invariablement ces expéditions contiennent un très fort pourcentage de feuilles émiettées, broyées et tordues qui sont absolument inutilisables pour les travaux électriques et sont bonnes seulement à servir de débris à moudre. Comparées avec les méthodes suivies par les expéditeurs Indiens qui prennent la peine non seulement de n'inclure dans leur consignation que des plaques parfaites, la façon de faire des marchands canadiens est grossière à l'extrême et a certainement contribué beaucoup à empêcher le développement du commerce avec les consommateurs continentaux.

Il ne faut pas oublier que la nature particulière des gisements de phlogopite canadien est dans une grande mesure responsable pour l'introduction de beaucoup de feuilles inférieures dans le rendement des mines. Comparées au mica blanc ou à la muscovite la proportion de feuilles de mica ambré gâtées par distorsion, écrasement dans le terrain est excessivement élevée.

Les cristaux de muscovite et phlogopite de localités étrangères paraissent avoir souffert à un moindre degré de distorsion naturelle et il est rare que l'on trouve des feuilles ayant subi un écrasement comme celui qu'on constate dans des plaques de phlogopite canadien. Le désavantage joint à ce que le prix de la main-d'œuvre nécessaire pour extraire le mica ambré est bien des fois plus élevé que celui des naturels employés à extraire de la muscovite, a imbu les producteurs canadiens de l'idée erronée de la valeur de leur minéral et a amené l'adoption des méthodes parcimonieuses actuelles d'après lesquelles chaque brin de mica est recueilli et vendu. Les feuilles petites ou écrasées sont acceptées facilement par les manufacturiers américains ou canadiens parce qu'elles peuvent servir à faire du carton mica qui, de ce côté-ci de l'Atlantique a beaucoup remplacé le mica en feuille. Mais les acheteurs anglais et continentaux stipulent pour des feuilles parfaites, exemptes de défauts, crevasses, froissements, etc., et qui soient proprement façonnées, c'est-à-dire aux bords parfaits et donnant des plaques conformes aux dimensions convenues. Les marchands canadiens ayant à fournir un paquet de feuilles mesurant $2'' \times 3''$ se considèrent justifiés de fournir des plaques ayant des dimensions maximum de $2'' \times 3''$ et souvent ayant des bords déchiquetés et irréguliers. Le consignataire anglais, d'un autre côté, prétend qu'une feuille de $2'' \times 3''$ doit donner une superficie approximativement de $2'' \times 3^1$ à six pouces carrés et se plaint que la catégorie $2'' \times 3''$ fournie par les marchands canadiens donne seulement souvent une surface de 2 ou 3 pouces carrés et même moins. Les extraits suivants d'une communication de MM. F. Wiggins & Sons, 102 Minories, Londres, un des plus grands marchands de mica du monde entier montrent la défaveur dont sont l'objet les méthodes des expéditeurs canadiens. " Les mineurs de mica canadien ont certainement ici la réputation de ne pas être fiables, les marchandises sont rarement à la hauteur de l'échantillon comme qualité et comme catégorie et contiennent généralement beaucoup de saletés. Une autre chose dont il faut se souvenir, c'est que ce marché-ci est libre et le mica canadien doit subir la concurrence de toutes les parties du monde, particulièrement l'Inde, Ceylon, l'Amérique du Sud et l'Afrique du Sud, ces trois derniers districts produisant tous du mica ambré de même qualité et *bien mieux façonné* que le mica ambré du Canada ; quelques-unes des récentes expéditions de l'Afrique du Sud consistent dans le plus beau et le plus tendre des micas ambrés que nous ayons jamais manipulés. Nous joignons à cette lettre des échantillons de mica de l'Amérique du Sud, de Ceylon, et l'Afrique du Sud pour montrer la qualité et la façon du produit de ces pays. "*Comparez maintenant cela avec le mica ambré canadien façonné au pouce, avec bords rugueux, sa quantité de déchet et les morceaux bombés et sans valeur tandis que l'Afrique et l'Inde envoient à ce pays-ci des plaques de mica relativement parfaites avec tout défaut ou craquelure enlevée, et toute la matière abîmée rognée. Pouvez-vous vous étonner que le commerce canadien ne fleurisse pas dans ce pays-ci ?*"

Cela suffit pour montrer que l'impuissance des efforts tendant à établir un commerce de mica entre le Canada et la Grande-Bretagne repose dans une très grande mesure sur les marchands canadiens eux-mêmes et tant qu'on n'aura pas adopté une méthode de classement plus satisfaisante et plus rationnelle il est inutile d'espérer une amélioration des relations commerciales existantes. Les consommateurs transatlantiques sont prêts et disposés à payer de forts prix pour le mica ambré de haute catégorie qui est très demandé mais refusent naturellement de payer des prix exorbitants pour des consignations qui contiennent une forte proportion de saletés. Si les propriétaires de mines canadiens, acheteurs et intermédiaires veulent se contenter de vendre leurs matériaux chez eux et aux Américains, il est inutile d'aller plus loin. Si d'un autre côté ils veulent étendre le commerce du mica canadien avec la Grande-Bretagne, la solution du problème est entièrement entre leurs mains, qu'ils se combinent pour établir un système de classement uniforme et pratique, pour adopter des méthodes commerciales qui dénotent le désir d'étudier les désirs et les besoins du marché anglais et pour essayer d'établir en faveur du mica ambré canadien une réputation de tenue et de qualité. Tant qu'on suivra les méthodes actuelles, l'industrie d'extraction du mica dans ce pays ne pourra que péricliter.

CHAPITRE III.

PHLOGOPITE OU MICA AMBRE.

Gisements en général dans la Province de Québec.

Les gisements de mica ambré dans la province de Québec ne sont pas limités à la région qui borde les rivières Lièvre et Gatineau ou qui se trouve entre ces cours d'eau, ou bien comprise dans le comté d'Ottawa, mais néanmoins ils sont principalement exploités dans ce district.

Les dykes ou pyroxénites micafères trouvent probablement leur plus forte distribution dans la région du nord de la cité d'Ottawa, la roche verte type se rencontrant sur la plupart des éminences découvertes de Templeton, Wakefield, Hull, Portland, etc. On sait que ces dykes se prolongent vers l'ouest dans le comté de Pontiac jusqu'aux cantons de Bryson et de Waltham; tandis que vers l'est, des affleurements de mica associés à des roches semblables ont été localisés dans le comté d'Argenteuil et les cantons Wentworth et Harrington et même jusque dans les comtés de Montmorency et de Wolfe à l'est dans le voisinage de Québec. Ces gisements qui n'ont été jusqu'à présent que peu développés, par suite, en partie de la modicité des ressources des propriétaires et aussi en raison des moyens de communication et de transport insuffisants actuels sont cependant précieux en ce qu'ils montrent l'étendue du pays traversé par les roches micafères et indiquent l'existence probable de réserves de mica en dehors de l'étendue actuellement exploitée.

Au nord les limites de la zone micafère sont virtuellement inconnues. Le mica a été extrait avec profit dans les cantons Cameron et Egan et on dit que des affleurements favorables ont été localisés, même plus au nord que cela dans les cantons Aumond et Lytton. Par suite, bien que les gisements de mica qui ont été jusqu'à présent exploités activement, soient ceux qu'on peut atteindre facilement par chemin de fer ou autre mode facile de communication, il y a toute raison de prévoir l'existence de gisements tout aussi précieux hors des limites de l'aire signalée.

MINES DE MICA ET EMPLACEMENTS.

DISTRICT DE LA RIVIÈRE LIÈVRE.

COMTÉ D'OTTAWA.

Canton Buckingham.

Rang IV, Lot 25, N½.—C'est le seul endroit dans ce canton d'où l'on ait extrait du mica dans une certaine mesure. En 1899, quelque travail a été fait par M. Tétreau et aussi en 1900 par M. D. Richard. Les ouvrages consistent en puits de surface et on a extrait une couple de tonnes de mica. Le gisement n'a pas été travaillé depuis que les personnes précitées ont cessé de s'en occuper.

Canton East Portland.

Rang 1, Lot 1, E½.—Emplacement appelé mine Poupore et appartient à W. E. Wallingford de Perkins Mills. La mine était inactive quand elle a été visitée, les travaux étant suspendus depuis trois ans.

Les travaux sont situés sur un petit monticule auprès de la grande route de Buckingham à Glen Almond et consistent en un puits descendu à une cinquantaine de pieds et une demi-douzaine à peu près d'excavations plus petites.

Il y a deux grues à chevaux et plusieurs bâtiments sur la mine.

Le gisement paraît être du type nid et le mica est en cristaux d'assez bonne dimension de couleur ambrée moyenne dans une pyroxénite foncée compacte accompagnée de petites quantités de calcite rose.

La mine a été primitivement prospectée en 1893 par M. J. W. Poupore qui a enlevé plusieurs tonnes de mica et a repris les opérations en 1900 pour quelques mois.

Lot 1, 2 E½.—Cette propriété est située sur une arête escarpée avoisinant à l'ouest la mine Poupore. C'était au début une mine de phosphate qui fut exploitée, il y a une douzaine d'années; une douzaine d'hommes y travaillaient pour la Glen Almond Mica and Mining Company qui a exécuté des travaux de tranchée et pratiqué une petite galerie latérale dans la colline.

Il ne s'y est rien fait depuis 1902.

La formation est une pyroxénite de couleur moyenne, traversée par de nombreuses fissures, remplie de cavités en nids tapissées de cristaux de pyroxénite et contenant beaucoup de calcite rose et d'apatite verte.

Une quantité considérable de mica de basse catégorie a été, dit-on, extraite des travaux et on a trouvé quelques feuilles plus grandes comme transport dans le sol de surface.

Le gisement est un bon type de l'espèce nid; des puits, sur le versant des collines font voir des cheminées en forme de tuyaux dans la roche qui se rétrécit à de petites crevasses et contient des amas paquetés étroitement de petits cristaux de mica.

Lot 6.—Emplacement autrefois grand producteur et appelé mine Little Rapids. La mine apprtient maintenant à M. W. A. Allan [1] d'Ottawa qui a exécuté des travaux de surface considérables au moyen de puits et de galeries en 1892 et s'est procuré plusieurs tonnes de bon mica.

Le gisement est de la catégorie fissure et nid et de dimension considérable, spécialement précieux pour la quantité de phosphate qu'il a donnée. Le mica est principalement enclavé dans l'apatite qui est en grande partie du genre " phosphate-sucre " contenant souvent des cristaux d'apatite de bonne

---

[1] M. Allan a vendu en 1911 à MM. O'Brien & Fowler, qui mettent des machines en place et ouvrent les anciens ateliers.

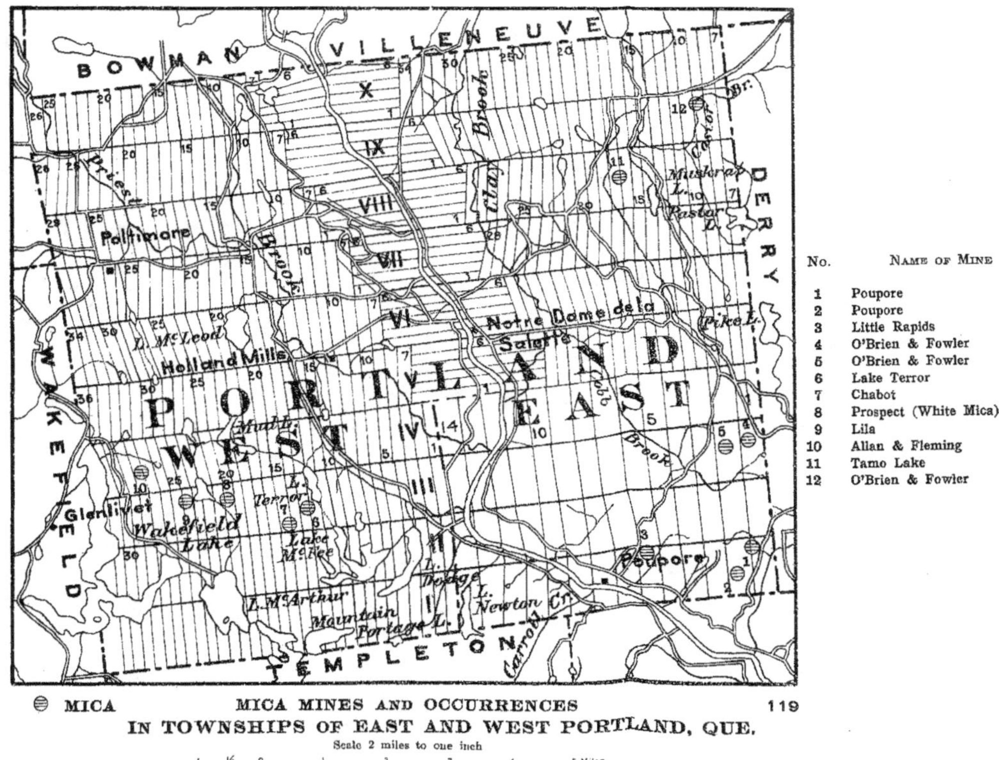

No.   NAME OF MINE

No.	Name of Mine
1	Poupore
2	Poupore
3	Little Rapids
4	O'Brien & Fowler
5	O'Brien & Fowler
6	Lake Terror
7	Chabot
8	Prospect (White Mica)
9	Lila
10	Allan & Fleming
11	Tamo Lake
12	O'Brien & Fowler

⊕ MICA   **MICA MINES AND OCCURRENCES**   119

IN TOWNSHIPS OF EAST AND WEST PORTLAND, QUE.

Scale 2 miles to one inch

½ 0   1   2   3   4   5 Miles

dimension et bien formés du type prismatique hexagonal ordinaire et de couleur verte. La pyroxénite et la roche encaissante (qui est un gneiss plus foncé) sont très éclatées et traversées de joints et de fissures le long desquels il y a beaucoup de mica écrasé. Les cristaux de pyroxène s'altèrent vite à l'air et deviennent bruns et poudreux par suite de l'exposition à l'atmosphère.

Rang III, Lot 1, 2.—Exploité pour le phosphate il y a vingt-cinq ans par la France Mining Company. Il ne s'est pas fait beaucoup de travail, les opérations en grande partie se limitant à la surface.

La mine appartient maintenant à MM. O'Brien et Fowler d'Ottawa, qui l'année dernière ont employé huit hommes à creuser des galeries et faire des tranchées. Sur le lot, l'excavation principale consiste en une tranchée de 15 pieds de profondeur perpendiculaire à l'allure d'un dyke de pyroxénite. Cette excavation montre de bonnes indications d'apatite verte et de cristaux de mica de bonne dimension et de bonne couleur ambrée. Le dyke n'est pas là le type ordinaire pyroxénitique; de fait, dans aucune ouverture, on ne voit beaucoup de pyroxénite normale. La roche est en grande partie un agrégat de couleur claire d'augite grise et de plagioclase blanchâtre avec de la pyrite accessoire. En beaucoup de cas, le plagioclase a été altéré en scapolite ou sa variété, la wilsonite et l'on a remarqué plusieurs échantillons de ce dernier minéral rose (Planche II).

Cette roche scapolite-augite contient rarement du mica, mais il y a fréquemment des nids d'apatite. En un endroit on a observé de petits agrégats de cristaux de tourmaline noire de dimension moyenne et une existence intéressante de ce minéral dans une couche de phosphate-sucre du lot No 1 a été un amas à druses de petits cristaux violets et verts de fluorite à la tenue tétraédrique intimement associés à de petits cristaux foncés de phlogopite et de faujasite.

On ne s'est pas assuré si le dyke micafère forme une large lisière sur les deux lots ou si c'est une série de bandes parallèles coupant le gneiss encaissant à peu de distance les unes des autres. On a trouvé du mica en beaucoup d'endroits sur la mine et généralement il est en petits nids avec de la calcite rose. Des cristaux d'apatite bien formés ayant jusqu'à 12″ de longueur se rencontrent dans certaines cavités, quelquefois dans la calcite et quelquefois dans le phosphate-sucre.

Le principal travail s'exécute actuellement sur le lot No 1. Là plusieurs puits et galeries ont été excavés sur le flanc d'une petite colline, avoisinant les nombreux anciens ouvrages de la France Mining Company. On a trouvé beaucoup de phosphate et aussi de mica en cristaux de taille moyenne d'excellente couleur et qualité.

Une allonge latérale a été pratiquée jusqu'à 50 pieds dans la colline sur une fissure contenant du bon mica et une galerie pratiquée à la base d'un escarpement à l'ouest de l'allonge a aussi atteint un gisement favorable sur ce qui fait probablement partie de la même fissure (voir Planche III). On a retiré de cette galerie un cristal mesurant 24″ × 18″.

L'allure générale de la roche micafère va du nord au sud et le mica se trouve sur le contact de l'est avec la roche encaissante et aussi sur des fissures irrégulières de son massif n'ayant pas de direction bien nette.

On n'emploie pas de machine sur la mine, on se sert des grues à vergue, actionnées par des chevaux et le forage se fait à la main.

Dans l'automne 1910 le travail a été suspendu dans cette mine et les autres appartenant à O'Brien et Fowler, mais doit le reprendre au printemps.

Rang VIII, Lots 16, 17.—Appélé mine du Lac Tamo et appartenant à O'Brien et Fowler d'Ottawa. Cette mine et la suivante ont été d'abord travaillées pour le phosphate et, l'année dernière exploitées à la surface par les propriétaires actuels, pour le mica. Elle a produit deux tonnes à peu près de minéral brut.

Rang IX, Lot 9. — Appartient aussi à O'Brien et Fowler et a été exploité l'année dernière au moyen de puits et tranchées de surface.

Trois tonnes environ de mica brut ont été sorties. Cette mine et la précédente sont du type en nids ordinaire dans une pyroxénite normale.

Canton Derry.

Rang I, Lot 1.—Emplacement exploité par M. Davis de Glen Almond, six mois en 1900. La mine est située sur la même arête et fait partie du même dépôt qui a été précédemment exploité par la Glen Almond Mica and Mining Company.

Le mica est petit et se trouve dans des nids avec du phosphate vert et beaucoup de calcite rose.

Les ouvrages consistent en quelques petits puits qui étaient comblés d'eau quand nous les avons visités.

Lot 5, Mine Cameron.—Appartient au Dr Sicard et à M. J. S. Taylor de Buckingham. Les travaux qui consistent en une tranchée longue de 30 pieds et profonde de 70 pieds avec 6 pieds de largeur et une galerie au fond du puits est au pied de l'arête où est située la mine Daisy. Les derniers travaux faits ont été exécutés en janvier 1907 par les propriétaires. Le mica est petit et se trouve en nids et en veines étroites dans une pyroxénite, à grain grossier. Le gisement est probablement la continuation du contact de la mine Daisy. La roche est très semblable dans les deux endroits mais on voit beaucoup moins de pyrite de fer à la mine Cameron, tandis que le mica est de couleur beaucoup plus foncée. On n'a jamais fait usage de machines à la mine. Un examen du flanc de côteau en dessus de la mine a fait découvrir des traces de mica en plusieurs endroits et il pourrait être utile de faire de la prospection entre les deux mines.

On a sorti de cette mine une dizaine de tonnes de mica façonné au pouce.

Lot 9.—Connu sous le nom de mine Daisy. Cette mine appartenait d'abord à M. W. A. Allan d'Ottawa qui y a fait beaucoup de travail dans les alentours de 1900, avec sept hommes qui ont atteint une profondeur de 80 pieds à peu près dans les ouvrages du sud.

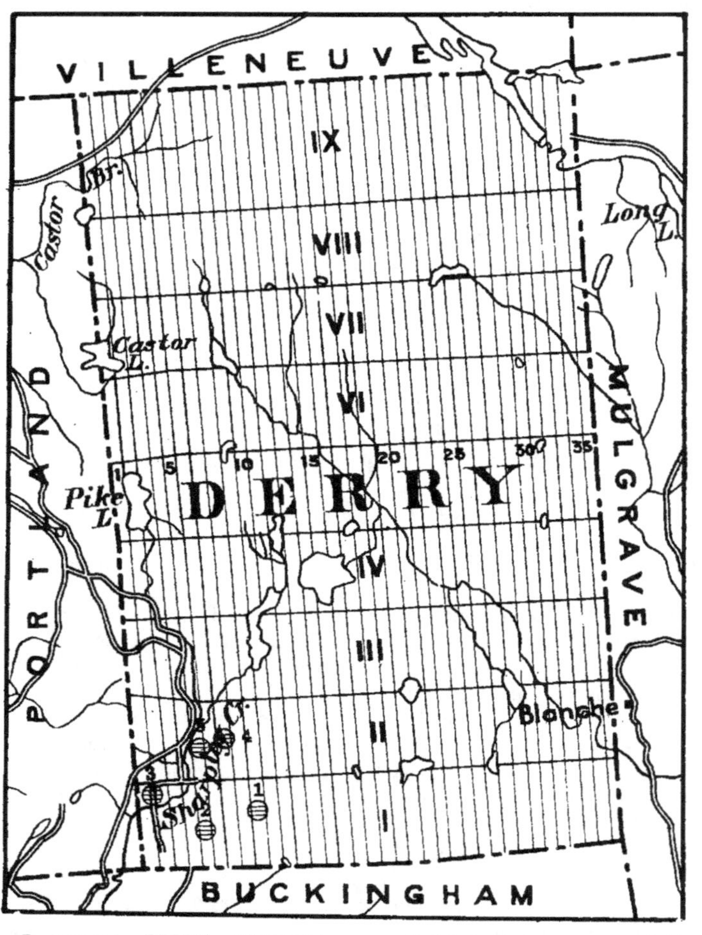

⊕ MICA   MICA MINES AND OCCURRENCES   120
IN TOWNSHIP OF DERRY, QUEBEC
Scale 2 miles to one inch

PLANCHE II.

Veine de mica inclinée, montrant la galerie latérale, lot 1, rang III, canton East Portland, Québec.

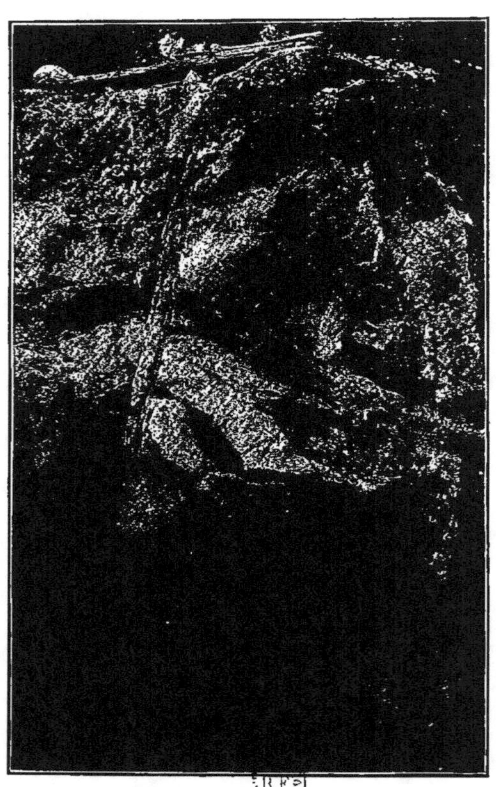

Caillou de pyroxène—roche de scapolite—visible dans les travaux de surface, lot 2, rang III, canton East Portland, Québec.

En 1908, la mine a été vendue à Rogers, McCracken et Lewis d'Ottawa qui ne l'ont exploitée que six mois. Depuis que ces derniers ont cessé de l'exploiter, la mine est restée inactive et les puits se sont remplis d'eau.

Les travaux sont situés au haut d'une arête et près de la rive d'un petit lac. En raison de sa proximité de l'eau la mine est humide et les travaux sont très dérangés par l'infiltration de l'eau du lac.

Il y a une douzaine à peu près de puits sur la mine, allant de 10 à 80 pieds de profondeur et creusés sur le contact d'un dyke de pyroxénite et du gneiss encaissant. La pyroxénite est une roche verte sans consistance contenant des cavités et des fissures tapissées de grands cristaux de pyroxène bien formés. Il y a beaucoup de pyrite de fer dans la roche et le mica est par suite assez cassant et généralement d'une teinte ambrée rouge. Il y a un peu de phosphate et de calcite cristalline blanche. En plus, l'existence de fluorite rose et verte, de zéolite faujasite et de datolite (botryolite), présente de l'intérêt.

Il y a aussi du quartz en cristaux bien formés tapissant fréquemment les parois des druses et de cavités dans la pyroxénite.

A l'extrémité nord des travaux, un dyke de quartz massif contenant quelques cristaux épars d'orthoclase rose forme le chevet du dyke de pyroxénite. Le dyke de quartz a de 8 à 10 pieds de largeur et est nettement dessiné, s'étant apparemment formé après la pyroxénite et le long du contact de celle-ci avec le gneiss.

Le mica, comme on l'a fait remarquer ci-dessus est assez cassant et enclin à se fendre en mica-ruban. Le dyke de pyroxénite va droit du nord et au sud et le mica se trouve à son contact avec la roche encaissante et aussi sur les joints et fissures dans la pyroxénite elle-même avoisinant le contact. On peut suivre les affleurements de mica le long de cette dernière sur plus d'un demi-mille.

La mine est équipée des bâtiments ordinaires, y compris, maisons de pension, hangars de mesurage, forge, etc.

La mine est à 14 milles au nord de Buckingham.

Rang II, Lot 7.—Appartient à M. W. A. Allan, Ottawa. Cette mine sur laquelle il y a plusieurs puits et galeries sans profondeur est dans une platière marécageuse au pied des collines où est située la mine Daisy. Plusieurs petits monticules de pyroxénite sortent du marécage et contiennent beaucoup de cristaux de mica de bonne qualité. Le gisement est du genre nid et il y a avec le mica beaucoup de calcite rose. La mine a été exploitée par le propriétaire actuel pour la dernière fois, il y a cinq ans avec une demi-douzaine d'hommes et les travaux ont été continués durant dix-huit mois à peu près.

On dit que l'eau cause beaucoup d'embarras dans les puits.

L'aspect du gisement est favorable et la mine vaudrait la peine d'encourir des dépenses de développements plus considérables.

Lot 23.—Ancienne mine à phosphate prospectée et exploitée pour du mica en 1899 par la Glen Almond Mica and Mining Company. On en a tiré plusieurs tonnes de mica grossier. Il ne s'est pas fait d'autre travail sur la mine.

Canton Villeneuve.

Rang 11, Lot 2.—Appartient à M. J. B. Gauthier de Buckingham. Cette mine est située à 3 milles au sud du Val des Bois et près de la rivière Lièvre. Le mica est expédié par bateaux en été et transporté sur des charrettes à un point situé à un demi mille plus haut sur la rivière, d'où il est transporté par la route à High Falls puis expédié à Buckingham.

La mine n'était pas en exploitation quand nous l'avons visitée mais depuis les travaux ont recommencé. Les ateliers consistent en un certain nombre de puits dont le plus profond atteint 45 pieds et foncés sur un alignement de nids dans un dyke de pyroxénite.

Ces nids, qui par places prennent l'importance de veines bien formées et contiennent des cristaux de taille moyenne d'un mica de bonne qualité accompagné d'un peu de calcite blanche, longent le contact occidental au dyke de pyroxénite avec le gneiss gris encaissant.

Le dyke a une allure presque du nord et sud, concordant avec l'allure et le plongement de la roche encaissante.

Le massif du dyke consiste en une pyroxénite très claire grise et un peu tendre.

Le mica est quelquefois en cristaux individuels dans la roche, mais plus souvent en nids dont les murs sont souvent tapissés de cristaux bien formés de pyroxène.

Il n'y a pas de machines sur la mine et l'on n'y emploie qu'un petit nombre d'hommes, généralement quatre ou cinq. Le travail a été arrêté à cause du bas prix du mica.

Lot 6.—Appartient à M. P. Pichette. Le propriétaire a fait, il y a deux ans quelques travaux de prospection et on dit qu'il a été extrait une petite quantité de mica de bonne qualité.

Le gisement est du type fissure et nid dans une pyroxénite normale, le dyke allant du nord au sud dans le gneiss gris à biotite.

Rang IV, Lot 1.—Mine Moose Lake. Cette mine a d'abord été exploitée en petit en 1908 et acquise par O'Brien et Fowler en novembre 1909. La mine est située un demi-mille à peu près à l'ouest de la route allant de Notre-Dame de la Salette au Val des Bois et est reliée au grand chemin par un bon chemin de fourré.

Les propriétaires actuels ont constamment travaillé depuis 1909 jusqu'à présent et près de 82,000 livres de mica façonné au pouce et allant de 1″ × 1″ à 3″ × 5″ ont été extraites. Dix hommes sont employés sur la mine qui est pourvue d'une maison de pension et des bâtiments ordinaires. On n'emploie pas de machines actuellement. Deux grues à vergue actionnées par des chevaux sont employées pour le levage.

Les ouvrages sont entièrement superficiels et consistent en un certain nombre de puits et de galeries de surface foncés sur le côté ouest d'une colline haute d'une centaine de pieds. Le versant occidental de cette colline consiste en pyroxénite qui forme un dyke allant presque droit du nord

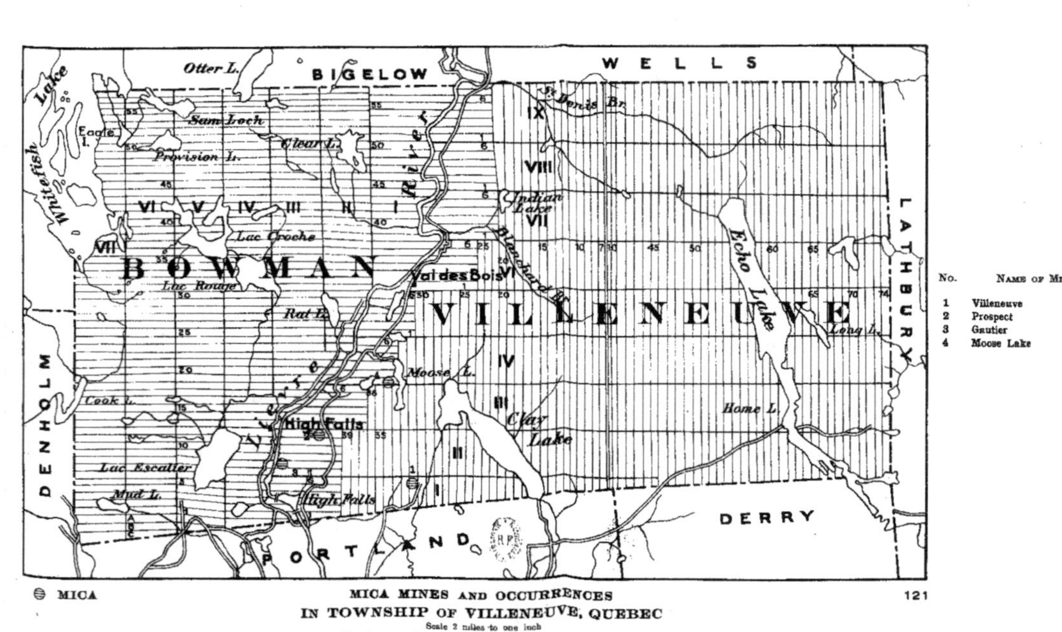

MICA MINES AND OCCURRENCES
IN TOWNSHIP OF VILLENEUVE, QUEBEC

Scale 2 miles to one inch

MICA

No.	Name of Mine
1	Villeneuve
2	Prospect
3	Grutier
4	Moose Lake

PLANCHE IV.

Veine de mica à la mine Moose Lake, lot 7, rang IV, canton Villeneuve, Québec.

au sud et en contact avec le gneiss à biotite gris sur l'est et le calcaire cristallin sur l'ouest (Fig. 9). Le calcaire a été très rongé par l'action de l'eau et il y a des cavernes de bonne dimension à la base de la colline. La pyroxénite est une roche normale et tendre très traversée de fissures et contenant beaucoup de nids où on trouve le mica ambré de bonne qualité accompagné de calcite rose et blanche, d'un peu de phosphate et beaucoup de pyrrhotine.

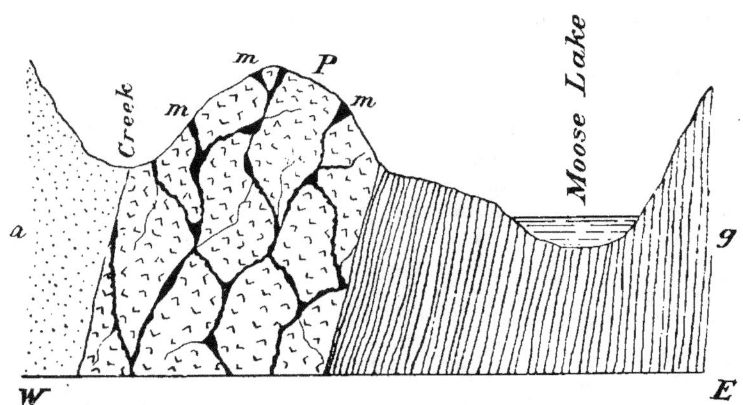

Fig. 9.—Coupe de la Mine Moose Lake, lot 1, rang IV, Canton Villeneuve. Québec, d, calcaire cristallin ; p, pyroxénite avec nids et veines irrégulières de mica, m ; g, gneiss.

Le dyke a été suivi sur une largeur de plus de 300 verges et il y a du mica virtuellement dans toute l'étendue. La pyroxénite paraît avoir été très éclatée et il y a du mica dans les plans de jointage et de fracture ainsi que sur les filons de fissures. Ce mode d'existence donne quelquefois au gisement l'aspect de gros cailloux de pyroxénite cimentés par de la calcite contenant du mica et du phosphate.

La planche IV donne un bon exemple de mica existant dans un vrai filon. On a trouvé beaucoup de bons cristaux de mica dans la terre de surface et dans les roches décomposées sous-jacentes et on a observé un excellent exemple de cristal étiré par l'action glaciaire.

Le gisement est du genre nid et fissure. Les cristaux de mica sont inclinés du petit côté et les plus grandes feuilles obtenues dépassent rarement 3″ × 5″.

Il y a du phosphate seulement en petites quantités et on ne le recueille pas. Le puits le plus profond de la mine ne dépasse pas 30 pieds. Le mica est envoyé à la mine Villeneuve, à 3 milles de distance pour être façonné.

Canton Wells.

Rang I, Lot 46.—Appartient à M. St-Louis de Notre-Dame du Laus. Il s'y est fait un peu de prospection et on a trouvé un peu de mica ambré.

Rang III, Lot 14.—Appelé Mine Oriole.

Cette propriété appartient à M. G. McCabe de Notre-Dame du Laus a été primitivement exploitée pour le phosphate. Il y a dix-huit ans des opérations ont été commencées par Franchot, Haycock, et Watters d'Ottawa pour du mica, et on dit qu'il a été tiré pour $18,000 de feuilles de bonne qualité.

La mine n'a pas fonctionné depuis que les personnes qui précèdent ont cessé leurs opérations et tous les bâtiments ont été consumés dans un feu de buissons, il y a dix ans. Le propriétaire actuel a construit de nouveaux bâtiments et entend faire remarcher prochainement la mine pour le mica.

Le mica est en nids dans un dyke de pyroxénite allant du nord au sud et recoupant le gneiss à biotite. Les travaux consistent en puits et galeries de surface qui ont été creusés sur 100 pieds, le long de la veine de mica.

Canton Bigelow.

Rang V, Lot 52.—Appartient à M. W. Parker de Buckingham. Cette mine qui est située à l'ouest de la rivière Lièvre et à 3 milles à peu près de Notre-Dame du Laus a été ouverte pour la première fois, il y a quelques années par le propriétaire actuel avec M. W. Cameron de Buckingham.

Les opérations ne marchent que trois mois par année. Lorsque nous l'avons visitée, la mine n'avait pas marché depuis le mois de mai précédent, on emploie alors un contremaître et trois hommes.

Les ouvrages consistent en un puits principal, descendu à 50 pieds à peu près, sur une veine de mica irrégulière et en nids et beaucoup de puits et tranchées sans profondeur ouverts sur des nids et des joints dans la pyroxénite. On n'emploie pas de machines dans la mine.

Le mica est ambré foncé, de teinte olive, vu en plaque mince et ne se fend pas très bien. Les cristaux sont de taille moyenne et ont 6″ à peu près par le travers: ils sont avec de la calcite blanche et jaunâtre dans des nids et joints d'un dyke de pyroxénite de couleur et de grain moyen.

Les bordures du dyke sur le calcaire cristallin et la zone de contact au nord-ouest contiennent beaucoup d'amphibole noire. Il y a aussi du mica dans la roche amphibolique noire, mais, dans ce cas les cristaux sont habituellement petits et plus souvent de la variété étoilée.

Peu ou pas de phosphate accompagne le mica. Auprès du puits principal une petite excavation a fait découvrir une espèce de nid dans la pyroxénite. Ce nid est plus ou moins comblé avec un minéral gris possédant un bon clivage et un lustre vitreux et souvent bien cristallisé. Près de la surface les cristaux sont bruns et friables par suite de l'oxydation. Le minéral est probablement de l'olivine et paraît avoir été déposé par suite d'une

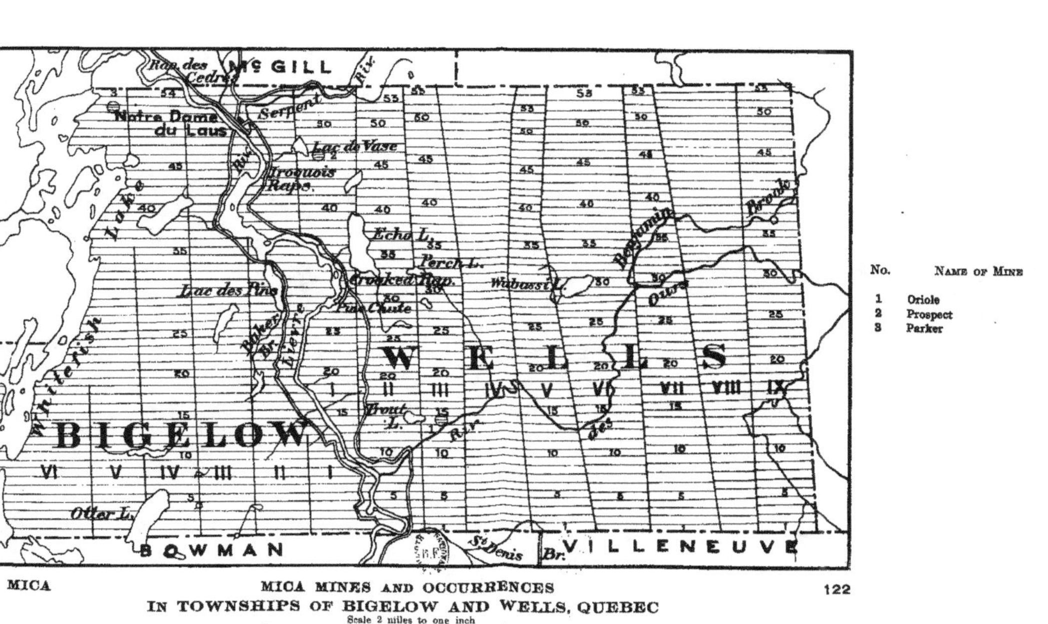

MICA MINES AND OCCURRENCES
IN TOWNSHIPS OF BIGELOW AND WELLS, QUEBEC

Scale 2 miles to one inch

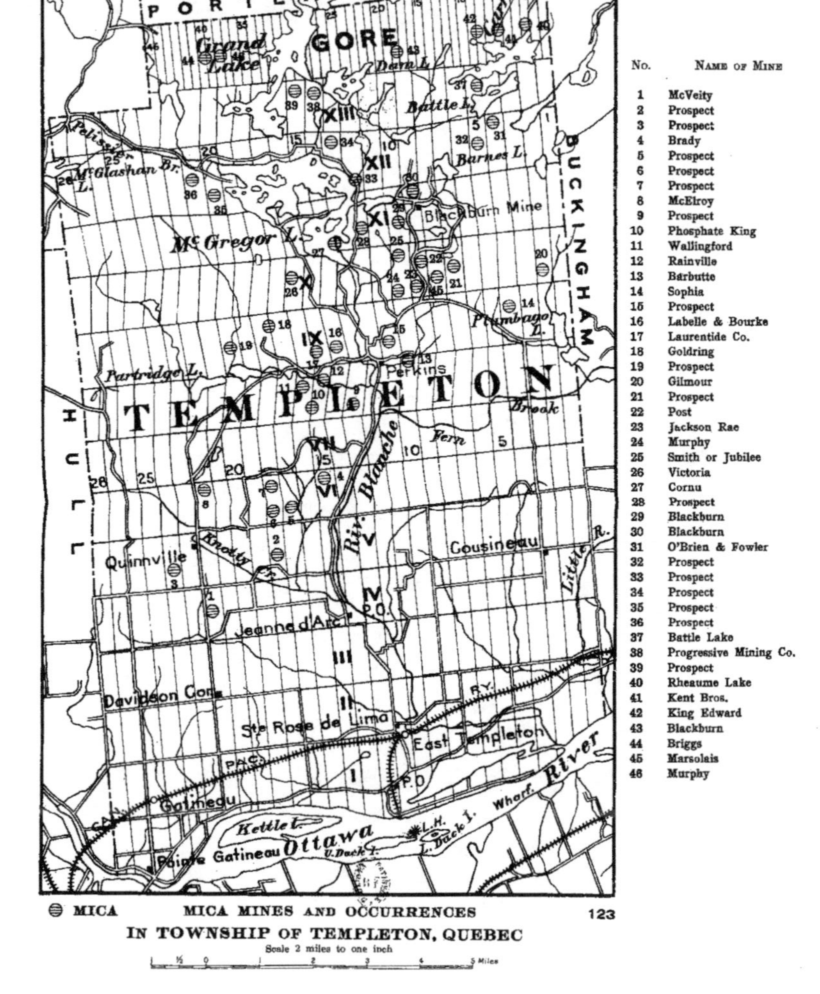

No.	Name of Mine
1	McVeity
2	Prospect
3	Prospect
4	Brady
5	Prospect
6	Prospect
7	Prospect
8	McElroy
9	Prospect
10	Phosphate King
11	Wallingford
12	Rainville
13	Barbutte
14	Sophia
15	Prospect
16	Labelle & Bourke
17	Laurentide Co.
18	Goldring
19	Prospect
20	Gilmour
21	Prospect
22	Post
23	Jackson Rae
24	Murphy
25	Smith or Jubilee
26	Victoria
27	Cornu
28	Prospect
29	Blackburn
30	Blackburn
31	O'Brien & Fowler
32	Prospect
33	Prospect
34	Prospect
35	Prospect
36	Prospect
37	Battle Lake
38	Progressive Mining Co.
39	Prospect
40	Rheaume Lake
41	Kent Bros.
42	King Edward
43	Blackburn
44	Briggs
45	Marsolais
46	Murphy

⊕ MICA   MICA MINES AND OCCURRENCES
IN TOWNSHIP OF TEMPLETON, QUEBEC
Scale 2 miles to one inch

éruption postérieure dans la pyroxénite. La présence de cristaux de spinelle blanche dans l'olivine isolée et dans une calcite blanchâtre qui est éparse dans son massif est spécialement intéressante. Ce sont pour la plupart des individus bien formés de tenue ortaédrique, bien qu'il y ait aussi des combinaisons d'octaèdres, dodécaèdres et trapézoèdres. Le maclage sur la face octaèdre est aussi fréquent.

La dimension des cristaux va de $\frac{3}{4}''$ en descendant. Les indications de surface font penser qu'il y a beaucoup de mica sur cette mine et les lots voisins et le gisement mérite d'être exploité d'avantage. Jusqu'à présent, on n'a pas vendu de mica.

Le mica brut est amené de la mine à Notre-Dame du Laus où il est façonné au pouce, mis en barils, et emmagasiné.

Région centrale du Mica—Comprenant les Cantons Templeton, Wakefield et West Portland.

COMTÉ D'OTTAWA.

Canton Templeton.

Rang IV, Lot 22.—Appelé mine McVeity, et ouverte, il y a bien des années pour le phosphate. Messieurs Taylor & McVeity ont extrait du mica en 1898 et ont enlevé quelques centaines de livres de bon minéral. Les travaux consistent en un puits principal profond de 60 pieds et de 20 x 20 pieds d'où une tranchée étroite longue de 25 pieds et profonde de 15 a été pratiquée le long d'une veine étroite de mica de qualité moyenne et de phosphate. La roche est de la pyroxénite grisâtre et le gisement est du type fissure.

Rang VI, Lot 15.—Appartient à M. James Brady de Perkins Mills et a d'abord été exploité par le propriétaire en 1900-1 durant quelques mois par cinq hommes. On a extrait un peu de mica de bonne qualité et de grande dimension, mais on n'a pas entrepris d'autres travaux.

En même temps on a extrait plusieurs tonnes de phosphate. Les travaux sont situés à 3 milles au sud-ouest de Perkins Mills et consistent en plusieurs ciels-ouverts et tranchées, la plus profonde ayant 30 pieds foncés sur des fissures de pyroxénite grise et contenant du mica, un peu de calcite rose et du phosphate brun. Un trait extraordinaire est l'existence dans le phosphate de druses tapissées de cristaux d'améthyste. La qualité du mica est bonne.

Lot 18. S. $\frac{1}{2}$.—Appartient à M. J. Cobey de Perkins Mills et a été d'abord exploité par le propriétaire en 1905 avec deux hommes, durant une couple de mois; on n'y a pas fait d'autre travail. On a tiré dix-huit barils à peu près de mica ambré clair de dimension moyenne provenant des ateliers qui comprennent plusieurs petits puits de surface, le plus profond ayant 15 pieds.

Lot 18, N. ½.—Etait exploité par M. Perkins en 1904, avec trois hommes et a produit un peu de mica. Il ne s'est pas fait d'autre extraction.

Lot 22, N. ½.—Appartient à M. McElroy de Gatineau Point qui a commencé à exploiter la mine en 1906 et a continué les travaux par intermittence jusqu'à présent. La mine est à cinq milles à l'ouest de Perkins Mills et produit un mica ambré rougeâtre qui est un peu brisant et enclin à la structure rubannée. On a sorti de très grands cristaux des ateliers qui consistent en un puits principal incliné, long de 45 pieds, large de 15 et profond de 130 excavé sur un gisement de fissure dans une pyroxénite foncée et suivant une allure générale du nord au sud.

Toute la formation est entièrement imprégnée de pyrite de fer qui a amené une coloration rouge profonde de la zone oxydée et qui est certainement la cause de la fragilité du mica.

Il y a du phosphate rouge foncé, mais on voit peu de calcite.

Des bandes massives de pegmatite coupent transversalement le gisement qui est très éclaté et ses irruptions postérieures ont été suivies de la formation d'amiante amphibolique bleue sur des glissoires dans la pyroxénite.

Rang VIII, Lot 10.—Appelé mine Barbutte, et appartient à M. Tanguay de Weedon, Qué. Cette mine a d'abord été exploitée, il y a quelques années par MM. Wallingford et Belcourt, et un puits de 30 pieds a été excavé sur un gisement de fissure et de nid de mica ambré argenté clair.

Beaucoup de mica a été sorti par les opérateurs précédents qui ont été les derniers à exploiter la mine.

Lot 13, S. ½.—Exploité par M. T. Dwyer de Perkins Mills en 1907, et 1200 livres à peu près de mica ont été sorties, pas d'autre travail fait.

Lot 15, E. ½.—Appelé mine Rainville. La mine est à ½ mille au sud-ouest de Perkins Mills et 10 milles de East Templeton, sur le versant sud-est de la même colline que les mines Phosphate King et Wallingford.

On l'appelle aussi mine Dugas, primitivement exploitée pour le phosphate en 1875 par M. W. Miller de Montréal et plus tard par la Templeton and North Ottawa Phosphate Co., la mine a été achetée en 1891 par l'hon. C. A. Dugas qui a retourné les haldes et exécuté du travail de surface durant plusieurs mois, la production de mica s'élevant à 17 tonnes environ.

On a retiré quelques très grands cristaux, donnant des feuilles de 40" × 45".

En même temps des travaux étaient exécutés pour l'amiante qu'on a trouvé en certaine quantité dans le nord de la mine.

Plus tard, en 1896 - 7, MM. Baumgarten et Manchester ont travaillé en vertu d'un bail et construit un camp, érigé des machines et sorti une quantité de mica considérable.

En 1897, Webster & Co., employaient 30 hommes sur la mine qui, plus tard, en 1906 est devenue la propriété de Wallingford Bros. Ltd. Ces derniers ont travaillé par intervalles jusqu'à l'automne 1909, époque où la mine est devenue inactive.

On estime qu'il a été extrait de la mine pour plus de $200,000 de mica et 2,000 tonnes de phosphate.

Chaque exploitant, à son tour, a outillé la mine des machines nécessaires, y compris pompe à vapeur, perforatrices, etc. et le puits principal a atteint une profondeur de 70 pieds.

Il y a plusieurs excavations consistant en longues tranchées creusées sur des veines parallèles de phosphate et de mica qui se sont déposés sur des fissures dans un dyke de pyroxénite.

La direction générale des veines est nord-ouest, sud-est et il y a un petit plongement au sud-ouest. Le plus grand puits a 100 pieds de longueur, 20 pieds de largeur et 70 de profondeur et il y a plus de petits puits de prospection.

La pyroxénite varie considérablement, et va d'une roche normale grossièrement cristalline de couleur vert foncé a une pyroxénite mica finement cristalline et presque noire. La matière filoneuse est en grande partie de la calcite rose et de l'aplite d'un vert de mer foncé, des cristaux de mica tapissant le contact entre la calcite et le mur de pyroxénite et sont disséminés dans le filon.

Il y a beaucoup de pyrite et de grands amas de quartz blanc laiteux qu'on a vus dans les haldes.

Le mica est un excellent ambre brunâtre.

Lot 15, O. ¼.—Mine Phosphate King. La mine est à un quart de mille des ateliers Rainville ou Dugas, et sur le côté ouest de la même colline. Cette mine qui appartenait autrefois à M. A. W. Hevenson est passée en 1893 au Lake Girard Mica System. Cette compagnie a construit un camp, installé beaucoup de machines et construit de bons chemins, travaillant durant deux ans et sortant du mica et du phosphate.

En 1896-7 Webster et Cie avaient 30 hommes à l'ouvrage sur la mine et tiraient beaucoup de mica. Puis, en 1897 la Mica Mining and Manufacturing Co., de London, a acheté la mine et continué à l'exploiter jusqu'en 1899 en employant jusqu'à 50 hommes. En 1906 M. T. J. Watters a exploité en vertu d'un bail durant quelques mois avec une petite équipe; c'est le dernier travail fait sur la mine.

Les conditions géologiques générales correspondent à celles de la mine Rainville, de fait les gisements se continuent, la mine Rainville étant située au sud-est et la Phosphate King à l'affleurement occidental du dyke.

Le mica et le phosphate sont en veines nids ayant une allure E. 20° S. et un plongement 60° S. Une galerie inclinée de 50 pieds a été pratiquée de 100 pieds dans la colline de l'est sur la veine centrale. De là, un puits a été foncé de 70 pieds et une autre galerie pratiquée de 280 pieds. Le gisement a été exploité sans tenir compte de l'avenir, le minéral en vue seulement étant extrait et les ouvrages ont été, par suite laissés dans un état de délabrement.

Il y a, en plus, de nombreuses autres excavations de moindre importance, la plus grande ayant 50 pieds de profondeur et située à peu de distance à l'est du puits principal.

Le mica est de bonne couleur, mais une grande quantité est broyée et il est enclin à devenir du mica ruban.

On dit qu'il a été sorti de la mine à peu près 8,000 tonnes de phosphate de haute catégorie.

Lot 16, O. ½.—Mine Wallingford. Avoisine la mine Phosphate King à un quart de mille à peu près au nord-ouest. Primitivement ouverte pour le phosphate en 1882 par M. G. H. Bacon et exploitée par lui durant une couple d'années. La mine a alors été vendue à la Pacific Guano and Phosphate Company, de Boston, qui ont continué l'exploitation par intervalles jusqu'en 1891 avec un contingent de dix à vingt hommes.

M. Wallingford a plus tard acheté la mine et la détient actuellement.

Une grande installation a été mise en place, comprenant un grand générateur de 80 C. V., six perforatrices à vapeur, quatre grues à vapeur, trois pompes, six grues à vergue en plus des bâtiments de mine ordinaires. Toute cette installation est actuellement sur la mine, qui contient, dit-on, des réserves d'excellent mica, et dans les haldes, il y a beaucoup de minéral petit, mais excellent.

On calcule qu'il est sorti de cette mine depuis son début 3,600 tonnes de mica façonné.

On dit qu'un cristal a donné seul pour $303,000 de mica. La production de phosphate est évaluée à 4,000 tonnes.

Le mica est de la première catégorie d'ambré clair et a remporté le premier prix aux expositions de Paris, St-Louis et Liège.

Des échantillons soumis au Professeur Dustan de l'Institut Impérial ont été déclarés par lui le meilleur mica pour les usages électriques qu'il ait encore essayé, caractérisé par un clivage parfait, une grande flexibilité et la plus haute non-conductibilité.

Les ateliers consistent en nombreuses excavations de faible importance, puits de prospection, etc., avec une excavation principale longue de 170 pieds, large de 30 et profonde de 300.

Le gisement est du type fissure et nid et contient beaucoup de calcite rose où il y a des cristaux de mica finement formés et de grands amas de phosphate vert. Les derniers travaux exécutés sur la mine datent de 1908. L'examen détaillé des ouvrages n'était pas praticable quand la mine a été visitée et la description suivante est empruntée au rapport de M. Cirkel de 1905, ainsi que le plan superficiel que montre la Fig. 10.

Les gisements principaux où se pratique l'extraction sont des gisements de contact entre la formation plus ancienne, du gneiss grisâtre et rouge, et la roche plus jeune, du pyroxène. Ces gisements sont de dimension considérable, l'un d'eux a même été partiellement exploré sur une longueur de plus de 370 pieds ; les excavations principales ont une longueur de 120 et 170 pieds respectivement avec des profondeurs de 125 à 200 pieds. Le mica forme des accumulations filoneuses près du mur solide de la formation plus ancienne par épaisseurs de 12″ à 12 pieds. L'apatite et la calcite sont de fré-

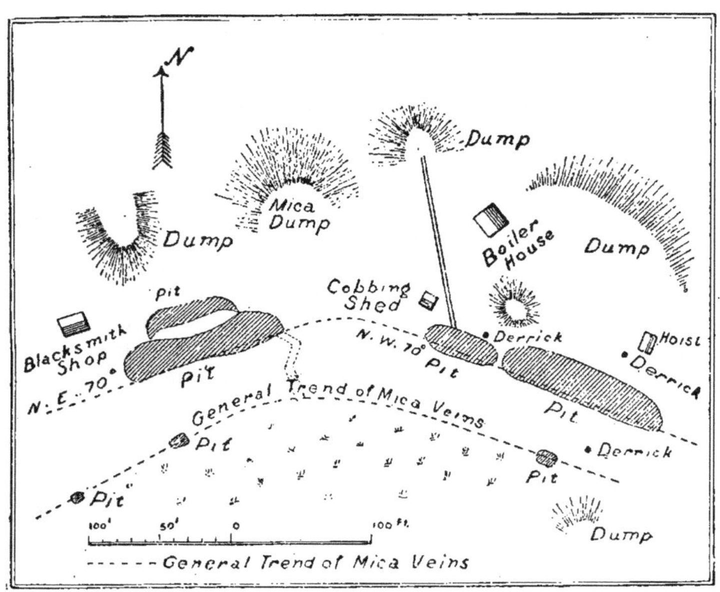

Fig. 10.—Plan de surface de la mine Wallingford.

quentes compagnes dans cette mine, la première existant quelquefois en si gros amas compacts et de si forte teneur (donnant plus de 85 p. c. de phosphate de chaux) que son extraction, en dépit des bas prix régnants ($9.00) la tonne est bien rémunératrice. Le travail souterrain dans la mine consiste en galeries le long du filon de mica et en tranchées transversales depuis le fond du puits de 125 pieds jusqu'aux autres gisements parallèles dont on voit les affleurements du côté sud du puits. Généralement, les filons de cette mine se continuent avec beaucoup de régularité et bien que quelquefois du terrain mort interrompe le cours régulier des accumulations de mica l'expérience a montré que ces interruptions sont sans importance et ne dérangent pas l'approvisionnement régulier et constant de mica.

Rang IX, Lot 4a.—Appelé mine Sophie et attaqué en 1892 par Lee Bros. de Montréal avec huit hommes. Le Lake Girard Mica System en a obtenu possession plus tard mais n'a pas fait beaucoup de travail. Le propriétaire actuel est l'hon. P. McLaren de Perth qui a acheté la mine, il y a huit ans à peu près et a construit un camp, acheté des machines et travaillé un an. Depuis lors, la mine est inactive.

L'emplacement est 4 milles à l'est de Perkins Mills et à trois quarts de mille du lac Plumbago. Les ateliers sont sur le versant sud-ouest d'une arête située à un mille à peu près de la grande route de Perkins Mills et consiste en plusieurs puits foncés sur des filons de fissure dans de la pyroxénite grise contenant un peu de calcite et phosphate et un mica ambré clair.

Les filons principaux vont du nord au sud et on trouve du mica dans tous les deux, et sur les joints et moindres fissures dans la pyroxénite adjacente.

Il y a dans le gisement beaucoup de pyrite et de pyrrhotine et le mica est par suite assez fragile. Le puits principal est une ouverture en forme de fosse de 15 x 15 pieds et profonde de 100 pieds: les autres ouvrages snot plus haut dans l'arête et à quelques centaines de pieds au nord-ouest.

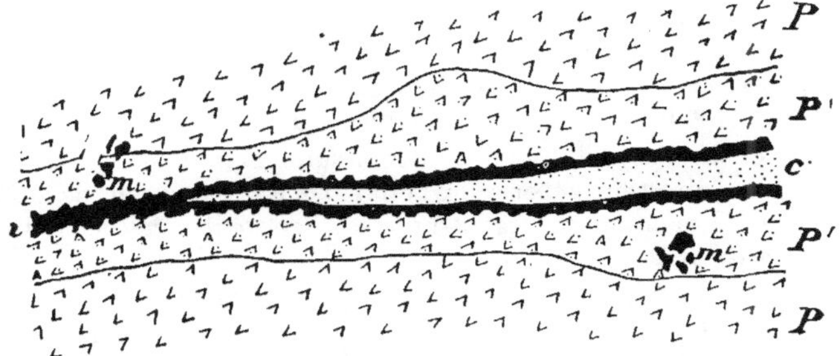

Fig. 11.—Coupe du filon de mica de la mine Sophie, lot 4a, rang IX, Canton Templeton, Québec.

P, pyroxénite normale ; P', pyroxénite altérée ; m, mica ; c. calcite blanche (secondaire).

Dans ce puits on voit plusieurs petits filons ou filets de calcite blanche traversant la pyroxénite et d'origine évidemment postérieure à la calcite rose et au mica. La pyroxène, en bordure sur ces filons, ainsi que les petits fragments de pyroxénite qu'il contient, est altérée en minéral bleu tendre et amphiboliforme.

Lot 11, S. ½.—Appartient à J. Prud'homme d'Ottawa qui a acheté la propriété et y a exécuté une semaine d'ouvrage en 1907 avec cinq hommes et sorti deux tonnes à peu près de mica.

Un ciel ouvert unique a été pratiqué dans le flanc ouest d'une arête de 200 pieds, gisant à un mille à peu près au sud-est de Perkins Mills. Un petit gisement de mica ambré argenté accompagné de calcite et se présentant sur le contact d'un dyke de pyroxénite normale et de gneiss foncé a été exploité au moyen d'une tranchée longue de 25 pieds, large de 10 et profonde de 30 à son extrémité interne. L'allure du dyke et du dépôt de mica, va presque droit de l'est à l'ouest et le tout est recoupé par des filons étroits de felsite inclinés légèrement dans la direction de la pyroxénite et plongeant 45° au sud.

Un peu de phosphate accompagne le mica et on dit qu'il y a en d'autres endroits de la mine de grands dépôts de ce minéral.

Lot 14, S. ½.—Ouvert pour du phosphate, il y a une vingtaine d'années par M. A. Perkins et exploité plus tard en 1894 par M. Pullan pour le mica.

Subséquemment, Webster & Co., ont exécuté beaucoup de travail et sorti une vingtaine de tonnes de minéral. En 1898, M. Perkins a commencé à prospecter et a trouvé des indications favorables en plusieurs endroits. L'année suivante Jurkowski et Cie., ont travaillé six mois et, depuis, différentes personnes ont fait un peu d'extraction à différentes intervalles, y compris la Laurentide Mica Co., qui a loué la mine en 1905 et a installé un générateur, treuil à vapeur, perforatrice, etc. Toutes les machines ont été enlevées, il y a quelques années.

Le dernier travail a été exécuté par MM. Loyer Bros., de West Templeton au début de 1909, 50 tonnes à peu près de phosphate et un peu de mica ont été extraits. Les ateliers consistent en cinq puits dont le plus grand a 60 pieds de profondeur, 20 de largeur et 80 de longueur. Toutes les excavations sont des ciels ouverts pratiqués dans les versants sud et ouest d'une colline de près de 200 pieds de hauteur située à un mille de Perkins Mills.

Le mica et le phosphate sont sur des fissures dans une pyroxénite normale et ont une direction générle de l'est à l'ouest plongeant de différents degrés au sud. Les murs de ces fissures sont souvent couverts d'un amas compact de petits cristaux de mica.

Les veines sont très irrégulières et d'une largeur très variable; dans une distance de 20 pieds, une veine se rétrécit de 15 à 3 pieds. La mine paraît avoir plus de valeur pour le phosphate que pour le mica qu'elle contient.

Lot 15.—Appartient à la Laurentide Mica Co., qui a commencé à l'exploiter en 1905 avec un effectif de 50 hommes. Des machines y avaient été transportées de la mine voisine sur le lot 14 et le travail a duré six mois. Quelques puits ont été ouverts dans une zone de contact entre la pyroxénite et le gneiss, le mica étant en fissures parallèles dans la pyroxénite.

Les résultats ne paraissant pas avoir été très encourageants, car sauf un peu de prospection en 1909, rien ne s'est fait depuis 1905 et toutes les machines ont été enlevées de la mine.

Le mica est une assez bonne catégorie ambré foncé. Les filons ont une allure générale de l'est à l'ouest et plongent légèrement au sud tandis que le dyke de pyroxénite va du nord-ouest au sud-est et se conforme à l'allure du gneiss encaissant. Le plongement de ce dernier est 80° N.-E.

Les filons de pegmatite recoupent le gneiss et la pyroxénite, un filon de ce genre étant bien visible dans le puits principal et ayant une largeur de 18″ et une direction normale aux murs du filon.

Lots 17 et 18 N. ½.—Appelé mine Goldring, ancienne mine de phosphate ouverte en 1876 par M. John McLaurin.

La Papineauville Lumber Company a acheté la mine avec les lots 17 et 18 du rang X, il y a six années environ mais ne l'a jamais exploitée avant 1910, époque à laquelle une douzaine d'hommes ont été mis au travail sur le lot 17, rang IX.

On a fait du fonçage et des galeries jusqu'à une profondeur de 70 pieds dans un vieux puits à phosphate et 700 livres de mica façonné au pouce ont été extraites, en plus de 120 tonnes de phosphate de haute valeur.

Le mica est de bonne qualité ambré argenté clair mais n'existe pas en quantité suffisante pour rendre l'extraction de ce minéral seul profitable, de plus, une grande quantité de cristaux sont tellement brisés qu'ils n'ont plus de valeur commerciale. De grands gîtes de calcite rose se sont formés dans des fissures irrégulières d'une pyroxénite claire et des cristaux de mica et des nids de phosphate sont disséminés dans le phosphate.

Les fissures ont une direction plus ou moins générale de l'est à l'ouest et plongent au sud à angle variable.

Il y a beaucoup de pyrite dans les veines et un trait extraordinaire est la présence dans le phosphate de nombreuses druses tapissées de cristaux de calcite et de quartz fumeux.

La mine a plus de valeur pour le phosphate que pour le mica.

Lot 20.—Appartient à M. James O'Hagan, de Gatineau Point qui a été le premier à travailler sur la mine, il y a une douzaine d'années.

En 1906, M. Rainville de Perkins Mills a exécuté quatre mois de travail avec quatre hommes et a extrait quelques barils de mica.

Rang X, Lot 2.—Appartient à M. Gilmour d'Ottawa, et a été exploité en 1907 durant une courte période par un locataire. Les résultats ne paraissent pas avoir été satisfaisants et les travaux ont été vite arrêtés.

Les excavations consistent en trois petits puits dont le plus grand mesure 15×15 pieds et 50 pieds de profondeur foncés dans une pyroxénite foncée, dure, contenant des filons de calcite rose et un peu de phosphate et de mica. Ce dernier est couleur ambre argenté clair, il est de peu de dimension et enclin à se briser.

La pyroxénite a été traversée par un dyke postérieure de serpentine, ayant une allure nord-est, sud-ouest, et plongeant 80° N. O. La serpentine est une robe jaune verdâtre, et contient des filets d'amiante chrysotile dorée.

L'irruption a produit quelques curieux résultats. La calcite qui accompagne le mica a été, dans une grande mesure résorbée par la serpentine qui a comblé l'espace primitivement occupé par la calcite, si bien que les cristaux de mica sont maintenant enclavés dans la serpentine. Quelques cristaux sont habituellement broyés et traversés de menues crevasses comblées de matière serpentineuse. Vice versa, on trouve aussi des nids de calcite contenant des petits fragments de serpentine arrondis. Cette dernière a probablement remonté le long des fissures et joints pre-existants dans la pyroxénite, et partiellement résorbé la calcite et le mica dans leur cours. On voit dans tous les puits des apophyses du dyke principal de serpentine. Le gisement est proche du contact du gneiss avec le calcaire cristallin.

Plusieurs filons de serpentine recoupant le calcaire cristallin sont à découvert sur la route qui conduit à la mine et l'on dit qu'on a récemment fait de la prospection pour l'amiante.

Lot 7.—Exploité durant quelques semaines en 1908 par M. Greer de Montréal, avec deux hommes. On a fait seulement du travail de surface et on n'a pas trouvé beaucoup de mica.

Lot 8.—Appelé mine Marsolais et ancienne mine à phosphate. Appartenait autrefois à la Templeton and North Ottawa Mining Company de Montréal et a été achetée, il y a quelques années, par M. J. O'Brien qui n'y a cependant encore fait aucun travail.

Il y a deux puits principaux sur la mine ayant respectivement 90 et 70 pieds de profondeur mais actuellement comblés par l'eau. Quelques barils de mica ont été retirés des haldes en 1897 par MM. Charette et Julien en 1897 et en 1900. MM. Powell et Haycock avaient deux hommes employés au même travail mais il ne s'y est rien fait de sérieux pour l'extraction du mica.

La formation est semblable à celle des mines voisines, c'est-à-dire que c'est un gisement de fissure de mica et de phosphate dans une pyroxénite normale.

Il n'y a actuellement ni bâtiment ni outillage sur la mine.

Lot 9 E. ½.—Appelé mine Post et ancienne mine à phosphate. A été exploité il y a longtemps sur une grande échelle par la Canadian Industrial Company qui en a tiré de grandes quantités d'apatite, a construit des machines et édifié un grand nombre de bâtiments.

La mine était inactive depuis bien des années jusqu'à ce que M. J. O'Brien en prît possession en 1907 et commençât à l'exploiter pour le mica et le phosphate avec une demi-douzaine d'hommes. La mine a été récemment outillée avec un générateur horizontal de 25 C. V., grue à vapeur, grue à vergue, deux perforatrices à vapeur et deux pompes à vapeur. Il s'est fait beaucoup de travail en 1907-08. Quelques puits nouveaux ont été foncés, mais on a aussi continué à travailler un vieux puits à phosphate qui est une excavation profonde de 125 pieds et mesure à peu près 100 × 100 pieds d'où il a été tiré beaucoup de bon mica. Les derniers travaux exécutés datent de 1909.

Le mica est en filons dans une pyroxénite gris vert, coupant un gneiss à biotite foncé qui est, par places, fortement grenatifère et traversé par un régime de dykes de granite.

La roche basique varie de la variété compacte normale à un mica pyroxénite souvent mêlé à beaucoup d'apatite.

Quelques-uns des filons contiennent de gros amas de calcite rose tandis que, dans d'autres, ce minéral est totalement absent. Il y en est de même de la pyrite que de la pyrite magnétique (pyrrhotine) que l'on trouve principalement dans les excavations sur l'arête au-dessus du puits principal.

Le phosphate existe à la fois sous forme de phosphate-sucre massif et en cristaux isolés enclavés dans la calcite. Il y a des excavations sur presque toute la propriété qui est à 2½ fmilles au nord-est de Perkins Mills et donne un mica ambré noirâtre tacheté de bonne qualité.

La plus grande partie des machines ont été récemment enlevées de la mine et le propriétaire ne se propose pas de pousser plus loin les travaux.

Lot 9, O. ½.—Mine Jackson Rae. Cette mine produisait autrefois beaucoup de phosphate et avant 1890, plusieurs milliers de tonnes en ont été extraites.

Quand a surgi la demande pour le mica au début des quatre-vingt dix, les haldes ont été retravaillées et on en a retiré beaucoup d'excellent mica. La mine appartient à M. J. O'Brien qui a commencé à travailler en 1908 et a continué jusqu'à la fin de 1910.

Une demi douzaine d'hommes ont été employés et des machines ont été installées, comprenant un petit générateur, une dynamo pour l'éclairage électrique et les bâtiments nécessaires pour une mine.

La plus grande partie de cet outillage a été maintenant enlevée et il ne reste que la maison de pension et l'atelier de façonnage.

Des travaux ont été commencés dans un des anciens puits à phosphate dont l'eau a été épuisée à fond et un puits a été foncé à 90 pieds à peu près sur une zone éclatée contenant du mica et du phosphate, ce dernier étant assez broyé.

Plus tard, un nouveau puits a été commencé au sud de cette excavation et descendu à 35 pieds mais on a trouvé le mica trop broyé pour compenser un surcroît de dépense.

On a aussi retravaillé d'anciennes haldes et retiré 35 tonnes à peu près de mica grossier.

Quand on a visité la mine, les travaux de dépouillement s'exécutaient à peu de distance des anciens ateliers et on a enlevé de la surface un peu de bon mica.

Comme couleur, le mica est un excellent ambré argenté clair, mais le district paraît avoir subi beaucoup de dislocation et par suite beaucoup de pression ce qui est cause qu'une grande porportion des cristaux de mica est si broyée et tordue qu'ils ont perdu toute valeur commerciale.

Le mica est intimement associé au phosphate de l'espèce sucre et massive et ce broyage des cristaux de mica quand il existe en même temps que de grands amas de phosphate est un trait caractéristique des gisements.

Le gisement est de la catégorie fissure et nid, et il y a des veines irrégulières de mica et de phosphate dans un pyroxénite grise un peu disloquée et broyée.

Des irruptions subséquentes de dykes acides dans la formation ont été accompagnées de la formation de beaucoup de tourmaline noire qu'on a vue dans des groupes de colonnes et d'aiguilles rayonnantes associées à de l'actinolite secondaire, à de la titanite brune, calcite et mica. Un gîte de cette roche acide met fin à la veine de mica à une profondeur de 70 pieds.

Les vieux ateliers à phosphate sont situés à un demi-mille plus près de Perkins Mills et consistent en une très grande tranchée à ciel ouvert excavée sur une distance de plusieurs centaines de pieds sur ce qui est probablement un gisement de contact de phosphate et de mica entre la pyroxénite et le gneiss. La matière de halde a fait voir beaucoup de variétés de roches, allant d'une pyroxénite foncée normale à un mélange d'anorthite gris bleu et de titanite brune, cette dernière souvent en cristaux de 2″ et 3″ de longueur.

Lot 10 N. ½.—Appelée mine Jubilee ou Smith, et appartenant maintenant à la Routhier Mica Mining Company d'Angers, Qué. Autrefois mine

Travaux de dépouillement de la mine Jackson Rae montrant la pyroxénite décomposée où existent des cristaux de mica, lot 9, rang X, canton de Templeton, Québec.

de phosphate et ensuite exploitée pour le mica par MM. McLaurin et McLaren qui ont installé des machines et construit un petit camp. Une moyenne d'une dizaine d'hommes ont été employés et quarante-cinq tonnes environ de mica grossier ont été extraites.

Les propriétaires actuels ont acheté la mine en 1907 et un peu d'extraction de phosphate et de mica s'est faite dans l'automne 1909 par M. Edward Smith de Perkins Mills, sous redevance.

Le mica est de l'ambré argenté clair de première catégorie avec une forte proportion de grandes feuilles. Il n'y a pas actuellement de machines sur la mine, mais les bâtiments sont en bon état et la mine peut être remise en fonctionnement à n'importe quel moment.

Il y a diverses excavations sur la mine qui est située sur une zone ou série de dykes de pyroxénite recoupant un gneiss foncé et souvent grenatifère.

Le réseau de pyroxénite contient de grands gisements de mica et de phosphate exploités par de nombreuses mines dont la majorité sont d'anciennes mines de mica situées sur les rangs X et XI du canton Templeton.

Lot 10 S. ½.—Mine Murphy, autre ancinene mine de phosphate exploitée ensuite pour le mica par le Lake Girard Mica System de 1892. Le propriétaire M. A .Murphy a exécuté un peu de travail en 1899 et plus tard a loué la mine à la Sills-Eddy Co., qui ne l'a exploitée que quelques mois.

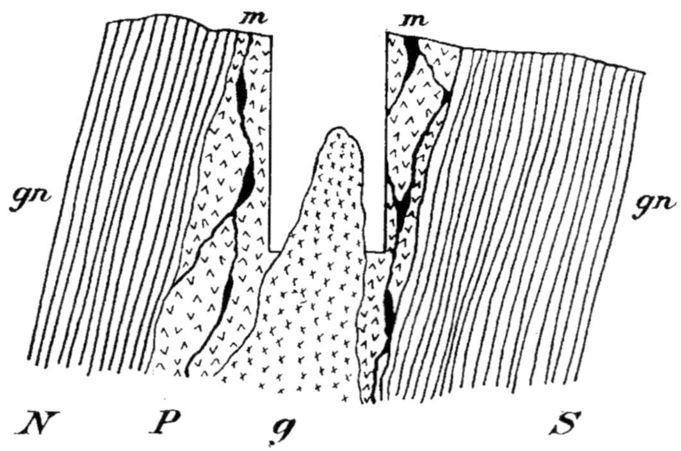

Fig. 12. — Coupe du gisement de mica de la mine Murphy, lot 10 S½, rang X, canton de Templeton, Québec.
gn, gneiss ; P, pyroxénite ; g, dyke de granite ; m, veines de mica.

Le mica est ambré argenté clair de dimension moyenne et existe dans une pyroxénite recoupant le gneiss. Le dyke de pyroxénite a été traversé dans le sens de son allure et à mi-chemin en travers de sa largeur par une pegmatite gris clair ayant une direction de l'est à l'ouest et des fissures contenant du mica ont été exploitées au moyen de tranchées à ciel ouvert, de chaque côté du dyke, les ateliers atteignant une profondeur de 65 pieds.

Lot 16 N. ½.—Appartient à la Canada Industrial Company et exploitée autrefois pour le phosphate. On n'a pas entrepris encore de travaux pour le mica mais on dit que des indications favorables ont été localisées.

Lot 15 O. ½, 16 N. ½.—Mine Victoria. Ouverte en 1889 par MM. McLaurin et McLaren et a donné une bonne proportion de bon mica. La mine est à 2½ milles au nord-ouest de Perkins Mills et un mille en dehors du chemin qui va de cet endroit au lac McGregor.

Le propriétaire actuel est M. T. G. McLaurin d'Ottawa qui y a installé un outillage considérable, comprenant un atelier des générateurs, deux grandes grues à verges fonctionnant avec des treuils à vapeur, des pompes et des perforatrices à vapeur et un tramway pour les haldes. La mine a été exploitée par le propriétaire actuel de 1907 à 1910 pour le mica et le phosphate et on dit qu'il en est sorti durant cette période 250 tonnes de minéral façonné.

Les ateliers consistent en un certain nombre de puits dont le plus long mesure 130 pieds de longueur, 45 de largeur et 187 pieds de profondeur. Cette excavation a été faite sur un gisement de contact de phosphate et de mica entre de la pyroxénite et du gneiss, ayant une allure O. 35° N., et plongeant 75° S. O. Du fond d'un puits on a mené une galerie à 60 pieds au sud-ouest, en suivant des veines de phosphate et de mica accompagnées de beaucoup de calcite rose.

Le côté nord du puits montre une éponte bien nette. Le mica est de l'ambré clair de bonne qualité et est disséminé dans le gîte de contact de calcite et de phosphate.

Le mica est souvent très broyé et offre de bons exemples de fracture le long des plans de glissement (voir Fig. 58, page 227).

On trouve quelquefois de l'apatite extraordinairement foncée et des cristaux bien formés, presque noirs se remarquent dans les plus petites excavations.

Trois veines nettement tracées de phosphate de haute catégorie existent, dit-on, sur la mine et ont été peu exploitées jusqu'à présent.

M. McLaurin a récemment construit un nouvel atelier à générateur et une forge, et on dit que la mine va bientôt changer de propriétaire.

Rang XI, Lots 9, 10.—Mine Blackburn. C'est la plus grande mine de mica et de phosphate dans le canton de Templeton, et elle est à 13 milles au nord de la gare de East Templeton et à 4 milles de Perkins Mills. C'est la propriété de MM. Blackburn Bros., d'Ottawa. Primitivement excavée pour le phosphate au commencement des quatre-vingt pas MM. Blackburn et McLaurin qui marchaient sous le nom de East Templeton District Phosphate Mining Syndicate Ltd., la mine est devenue la plus grande productrice de mica du district.

Sauf une courte période, il y a une quinzaine d'années, quand la mine a été fermée trois ans, les travaux se sont continués sans interruption depuis 1888.

Puits principal de la mine Blackburn, lot 9 rang XI, canton Templeton, Québec.

Un grand contingent d'hommes a été constamment employé et a atteint son maximum de 120, il y a quelques années.

Quand nous avons visité la mine, les conditions du marché se faisaient sentir et la mine allait se fermer; une demi-douzaine d'hommes seulement étaient employés et la direction avait l'intention d'enlever les pompes, etc., du puits et de laisser les ouvrages se remplir d'eau, quitte à reprendre l'extraction quand on aurait disposé du grand stock actuel de mica. L'extraction elle-même a cessé en décembre 1909 mais la mine a été conservée à sec jusqu'au mois d'août suivant.

L'étendue totale de la mine embrasse 900 acres à peu près, mais l'extraction a été limitée aux lots 9 et 10 du rang XI.

Il y a beaucoup d'excavations sur le lot 9, toute la propriété ayant été beaucoup prospectée pour le phosphate et le mica.

La principale excavation est un puits à ciel ouvert ayant plus de 300 pieds de longueur, 180 de largeur à son extrémité seule et de 120 de profondeur. A l'extrémité sud-est d'autres ouvrages souterrains ont été pratiqués dans la direction de l'est. Ils consistent en trois galeries longues de 300 à 500 pieds sur les niveaux de 180, 240, et 280 pieds respectivement et communiquant au moyen d'un puits profond de 260 pieds. Ces galeries ont été exploitées en gradin au moyen d'étagères dressées sur les niveaux et atteignant par places plus de 25 pieds. Des galeries ont été menées au nord et au sud en suivant des accumulations en nids de mica et de pohsphate d'une direction irrégulière dans une matière de pyroxène vert tendre. Les ouvrages sont éclairés à l'électricité.

Le mica est de l'ambré clair de première catégorie et les cristaux existent habituellement en individus et en petits agrégats enclavés dans le phosphate. La calcite est relativement absente.

La proportion du mica ayant une valeur commerciale à la quantité totale extraite est grande, s'élève à près de 50 pour cent et consiste en feuillets vendables.

Le phosphate s'extrait en même temps que le mica et 500 tonnes environ étaient emmagasinées quand l'auteur a visité la mine. La plupart des producteurs de mica accumulent leur production durant l'été et l'automne pour profiter de l'hiver qui augmente les facilités de charriage et permet d'éviter des détours de plusieurs milles souvent en utilisant les lacs gelés.

Le mica est cassé grossièrement à la mine puis envoyé aux ateliers de façonnage à Ottawa où on le prépare pour le marché.

Le rendement de la mine occupait autrefois quarante personnes au façonnage.

Le gisement est associé à un dyke de pyroxénite dont on ne connaît pas la largeur ni la dimension, dont l'allure est nord-ouest, sud-est et qui recoupe le gneiss foncé à biotite. Le tout est recoupé par des filons de pegmatite qui paraissent avoir habituellement suivi les veines de mica comme lignes de moindre résistance.

Ceci paraît être le cas dans beaucoup de gisements semblables et fait naître souvent l'idée que le mica et le phosphate se rattachent d'une façon quelconque à ces irruptions postérieures tandis qu'en réalité il n'y a aucune connection, la déposition de ces minéraux ayant toujours été précédée de l'injection de la roche acide.

Dans tout l'amas de pyroxénite, mais principalement sur le côté est de l'excavation principale, il s'est formé beaucoup de fissures. Ces fissures qui se grossissent en nids et en cheminées et n'ont pas de direction définie sont comblées avec des accumulations de phosphate et de mica, le tout ayant un aspect chambré.

On n'a pas encore trouvé de limite au gisement en profondeur, il y a toujours de grandes réserves de minerai dans les ouvrages inférieurs. La mine est outillée d'une grande installation appropriée, embrassant un bâtiment à générateurs, avec un générateur de 40 C.V. et un de 50 C.V., un compresseur Ingersoll-Sargent, avec une contenance de 440 pieds cubes d'air libre par minute et une dynamo de 4 K. W. servant à générer le courant pour l'éclairage.

Il y a deux élévateurs à vapeur pouvant être actionnés à l'air ou à la vapeur, et une petite pompe à double action montant à deux cents pieds, avec une capacité de 100 gallons par minute est installée dans le puits. La mine est actionnée par une usine motrice située à 2½ milles de là près de la décharge du lac Dam.

Cette usine est munie d'une turbine actionnant une dynamo de 115 K. W., générant (A. C.) à 2,400 volts, la transmission se faisant à la mine par une ligne triphasée. Cette force motrice est employée pour faire fonctionner d'abord un moteur de 75 C. V. à 2,200 volts accouplé à un compresseur Allis-Chalmers (440 pieds cubes d'air libre par minute) fournissant l'air pour perforer et aussi pour pomper et pour lever si c'est nécessaire.

En plus, le courant est amené à un moteur de 40 C. V. actionnant un treuil. Transformé à 550 volts le courant sert à faire marcher une pompe de 7½ C. V. dans le puits et à 110 volts, il sert à éclairer, actionner de petits moteurs faisant marcher des scies, etc., et une petite pompe centrifuge faisant circuler l'eau de refroidissement d'un réservoir en ciment endessous du plancher de la chambre du compresseur par le compresseur.

Du récepteur de ce dernier, une ligne de tuyau de 3″ fait un demi-mille pour atteindre un autre puits et approvisionner deux perforatrices à air et il ne se perd que 5 livres de pression dans la transmission.

Un hangar de cassage accommode dix assortisseurs, cinq étant employés à nettoyer le mica et cinq à casser le phosphate. La roche est manutentionnée au moyen d'un tramway sur lequel circulent de grands wagons à bascule contenant 6 tonnes, et tirés par des chevaux.

Le levage se fait au moyen de godets de fer soutenus au moyen de chariots circulant le long de câbles de 2″ suspendus à deux tours de bois hautes de 60 pieds et situées l'une à chaque extrémité du puits, les câbles étant inclinés en travers du puits et attachés à des ancres de fer fixées dans la roche.

Dans les anciens jours de l'extraction du phosphate, beaucoup de mica était jeté aux haldes comme sans valeur et quand a surgi la demande pour ce minéral, une force de 20 à 50 hommes a été employée durant une année à retourner les tas de roches.

Treuil à câble, mine Blackburn, lot 9, rang XI, canton Templeton, Québec.

Le camp actuel consiste en une grande maison de pension pouvant suffire à une centaine d'hommes, une écurie pour quinze attelages de chevaux, un magasin, une pesée, un logement d'administrateur, bureaux, etc.

La mine au cours des dernières années a été sous la direction de M. H. L. Forbes.

Lot 10.—Un demi-mille à peu près au nord-est des ateliers principaux, un petit puits incliné a été foncé sur un gisement de contact nettement tracé entre la pyroxénite et le gneiss, avec une épaisseur moyenne de 6 pieds. Le puits est descendu à 150 pieds et mesure 8 × 6 pieds, il est carré, boisé jusqu'à 50 pieds de la surface.

Une cabane d'extraction a été construite et le puits est muni d'une descente inclinée. Un générateur à vapeur de 30 C. V. est employé pour actionner un treuil à vapeur et la vapeur est envoyée de la mine voisine par des tuyaux pour faire marcher les perforatrices et une petite pompe à va et vient.

La mine est éclairée à l'électricité et est un modèle d'exploitation d'un gisement de mica de ce genre.

Le mica est ambré argenté clair et se trouve avec de l'apatite disséminée dans un grand amas de calcite rose. Cette mine est aussi inactive actuellement.

Lot 12.—Un peu de travail a été fait sur cette mine, durant l'été 1910, par M. John Steward qui a sorti une petite quantité de mica et de phosphate. Le premier de ces minéraux est en cristaux foncés, petits et nuageux enclavés dans du phosphate-sucre vert, et est assez broyé, une petite quantité seulement étant vendable.

Une seule excavation a été faite et elle est descendue à 25 pieds à peu près sur un petit gisement en nid dans une pyroxénite normale.

Lot 14.—Appartient au Dr F. Cornu, d'Ottawa. La propriété a été primitivement exploitée durant quelques mois en 1887 avec cinq hommes par Lee Bros., de Montréal qui l'avaient louée de la Templeton and North Ottawa Mining Company et qui en a sorti dix tonnes de mica grossier.

En 1902, le Dr Routhier a travaillé durant trois mois et sorti quelques tonnes de minéral grossier. Il ne s'est pas fait d'autre travail.

La mine est sur une pointe qui se projette de l'ouest dans le lac McGregor.

Il s'est exécuté seulement du travail de surface, quelques puits sans profondeur ayant été foncés sur un gisement de fissure de mica ambré argenté dans une pyroxénite foncée compacte.

Il y a absence presque totale de calcite et de phosphate sur la fissure qui va du nord-est au sud-ouest, plonge 75° S et peut-être suivie sur 3000 pieds.

Le mica est pas mal broyé et on le trouve dans la fissure même et en cristaux individuels dans l'amas de la pyroxénite.

Un dyke de pegmatite blanche coupe le gisement par le travers et est bien à découvert dans l'excavation de l'ouest.

On a observé dans la pyroxénite de grands cristaux isolés de titanite brune.

Rang XII, Lot 4.—Appartient à O'Brien et Fowler, qui ont acheté la mine de M. E. Watts de Perth en 1909. Ce dernier a fait quelque prospection sans importance, il y a quelques années, mais la mine n'a jamais été exploitée avant l'été de 1910 où les propriétaires actuels ont mis des hommes à l'ouvrage et commencé les travaux de dépouillement. On a trouvé en plusieurs endroits des affleurements de mica dont le plus favorable est sur le versant nord d'une arête qui surplombe le lac Battle à quelques centaines de verges de la rive sud du lac.

Les affleurements laissent voir des cristaux de mica bigarré foncé qui sont en veines et fissures irrégulières dans une pyroxénite grise compacte et ont une allure générale du nord-est au sud-ouest. Les cristaux sont quelquefois des individus isolés dans le massif rocheux et ils y sont occasionnellement avec de petits nids.

Il y a peu de calcite et on a trouvé seulement quelques petits lambeaux de phosphate.

La roche encaissante est un gneiss gris traversé par des veines et des dykes acides postérieures.

Un bon exemple des variations de couleur et de qualité du mica en des endroits séparés seulement par une courte distance est fourni par ce gisement, des cristaux pris dans l'affleurement étant d'un ambre argenté clair possédant un excellent clivage tandis qu'à quelques pieds de là, les feuilles sont foncées et brisantes.

Lot 5.—Appartient à M. H. Aylen, d'Ottawa. Il s'est fait un peu de travail, à bail, exécuté par M. P. Hamilton en 1908 et l'on a retiré quelques gros cristaux assez broyés.

Lot 11.—Acheté récemment par la Progressive Mining Company d'Ottawa qui signale des affleurements de mica.

Lot 12.—Messieurs Cox et Emo ont travaillé quelques mois en 1907 et ont sorti quelques barils de mica ambré brunâtre. Deux puits ont été ouverts sur le côté d'une petite éminence à quelques centaines de verges du lac McGregor et des excavations montrent un peu de mica écrasé accompagné d'un peu de calcite rose sur de petites veines dans une pyroxénite grisâtre.

Lot 13.—A été d'abord excavé pour du phosphate; il y a plus de 30 ans par la Templeton and North Ottawa Mining Company, puis exploité en 1900 par la Star Mining ompany, à bail, et a donné à puc près cinq tonnes de mica grossier.

Plus tard, Monsieur Seybold a continué les opérations durant quelques mois avec une vingtaine d'hommes et a extrait une petite quantité de mica et de phosphate.

Il s'est fait un peu de dépouillement en 1910, de la part de M. L. Marcelais en vertu d'un bail du propriétaire actuel, M. J. Bruno de North Templeton. Le mica est de dimension moyenne et de bonne qualité; c'est un ambré tacheté avec de la calcite rose et du phosphate dans une pyroxénite vert foncé dont les murs sont tapissés de cristaux bien formés de pyroxène et de scapolite.

Il y a beaucoup de petits puits sur la mine qui est à 100 pieds à peu près au-dessus de la route et à quelques centaines de pieds de la rive nord du lac McGregor.

La plus grande excavation mesure 40 **pieds de profondeur** et 12 × 12 pieds carrés.

Beaucoup de mica laisse **voir** une structure zonale (voir planche XXIV).

Lot 20.—**Quelque travail** de surface a été exécuté ici en différents temps par divers **exploitants** qui ont retiré un peu de mica et de phosphate.

Lot 21.—Exploité durant plus de trente années pour le phosphate par la Templeton and North Ottawa Mining Company et ensuite loué au Dr Routhier d'Ottawa qui a employé durant quelques mois quatre hommes et a sorti une petite quantité de mica.

Rang XI, Lots 4 et 5.—Mine Battle Lake. Cette mine appartient à la Wallingford Mica Company et a été excavée pour du mica en 1900 ; depuis lors le travail s'est fait jusqu'à présent par intermittence avec une moyenne de quinze hommes.

Des travaux importants ont été exécutés et la mine est munie de machines comprenant un générateur horizontal de 30 C. V., des perforatrices à vapeur, treuils et pompe. Un tramway conduit les déchets à la halde.

Les ateliers sont situés à 100 verges à peu près de la rive nord du lac Battle et consistent en une grande tranchée à ciel ouvert ou carrière ayant à peu près 200 pieds de largeur et 70 pieds de profondeur, du fond de laquelle ont été pratiquées des galeries dans les veines de mica.

La roche est de la pyroxénite gris clair et le mica est en filons et fissures n'ayant pas de direction bien nette.

Un peu seulement de calcite accompagne le mica qui est de l'ambré argenté clair de première catégorie, souvent en cristaux d'assez grande dimension et qui se fend parfaitement.

Dans le vieux temps du phosphate la mine a produit, dit-on, beaucoup d'apatite d'excellente catégorie qui était expédiée à la rivière Lièvre à 2¼ milles de là.

L'aperçu suivant des travaux emprunté au rapport de M. Cirkel est intéressant :

"Les gisements de mica qui ont une valeur productive sont sur la rive nord du lac Battle dans un dyke de pyroxène recoupant les strates de gneiss dans une direction nord-est, sud-ouest. Ils occupent dans cette roche des fissures presque parallèles espacées de 5.10 pieds ou plus. Ces fissures sont reliées entre elles par de plus petites veines de mica ou cavités comblées avec des cristaux de mica, ce qui donne un aspect de toiles d'arraignée.s Les gisements commencent à la ligne de contact entre le gneiss et le pyroxène près de la rive du lac et finissent avec une chaîne de gisements de mica à la crête de la colline, plus au nord. Un peu plus au nord, sur la colline, on a foncé un puits sur un filon de mica parallèle à ceux qu'on exploite dans la carrière. Le puits a 25 pieds de profondeur et 10 × 12 au carré. Les cristaux de mica sont enclavés dans une matrice tendre de pyroxène tandis que les différents bras des filons de mica sont séparés l'un de l'autre par du pyroxène dur et des cailloux de granite.

Une évaluation soigneuse porte à 2,800 tonnes, la quantité de mica détachée de la principale excavation du lac Battle et des deux puits avoisinants; le mica façonné au pouce constituait vingt-cinq tonnes environ ou 0.9 p. c. de la roche totale sortie. Cette proportion est bien au-dessus de la moyenne et pour une carrière découverte doit être considérée comme très favorable. Depuis le commencement des opérations dix-sept pour cent du rendement total des feuilles se coupe à 4″ × 6″ et plus. Un cristal, pesant 200 livres, s'est taillé à 14″ × 10″ et un autre a donné des feuilles utilisables dans le commerce de 19½″ × 27″. La mine est munie de toutes les machines nécessaires, consistant en un générateur de 30 C. V., un treuil Ledger, deux perforatrices 3″ Ingersoll, trois grues et tous les accessoires. Une grande maison de pension peut donner abri à 30 mineurs.''

Lot 14.—Appartient à la Progressive Mining Company d'Ottawa. A été ouverte en 1906 par M. Marcelais qui a sorti une tonne à peu près de mica grossier. Les cristaux sont petits et d'une couleur ambré clair, ils se trouvent en petits nids dans la pyroxénite normale et associés à un peu de calcite rose.

Lot 15.—Appartient à M. A. Debruyne, d'Aylmer, et a été d'abord travaillé quelques mois en 1901 par M. Lachapelle. Le propriétaire actuel a acheté la mine, il y a trois ans et l'a louée au début de 1910 à M. R. Snowball qui a tenu quatre hommes à l'œuvre durant quelques mois.

Il y a sur la mine un puits sans profondeur creusé dans une pyroxénite de couleur claire, presque blanche recoupée par un dyke de felsite rose qui paraît avoir métamorphisé et amené la pyroxénite à sa condition actuelle.

Le mica est un ambré argenté clair mais très broyé, 70 p. c. des cristaux étant sans valeur au point de vue commercial. Un peu de phosphate vert et de calcite rose accompagnent le mica qui est en cristaux épais dans l'amas de roche.

Augmentation No 3.—Mine Lac Rhéaume. Cette mine appartient à la Wallingford Mica Mining Company et est située à 300 verges à peu près de la rive nord du lac Rhéaume, sur le flanc d'une arête escarpée donnant sur le lac. Les ateliers consistent en 2 puits de 25 pieds de profondeur ouverts sur plusieurs petites veines de mica ambré foncé accompagné de grandes quantités de phosphate de haute catégorie.

Les veines ont une tendance générale de l'est à l'ouest et sont dans une pyroxénite grise normale à grain assez fin, contenant beaucoup de pyrite qui recoupe un gneiss à biotite gris.

Le district est traversé par des dykes de pegmatite grossière (granite graphitique) ayant une allure du nord au sud et souvent une largeur considérable. On voit un de ces dykes dans le puits du sud et il y a une largeur de vingt pieds avec de petits cristaux d'albite. On a mené des galeries dans la direction du nord depuis le fond des puits sur une distance de 50 pieds.

Il n'y a pas de machines en usage sur la mine qui est pourvue de deux grues à chevaux et de hangars de mesurage.

Le gisement paraît être de la catégorie de contact, c'est une zone fissurée dans la pyroxénite avoisinant son contact avec le gneiss qui contient des cristaux de mica sur les joints et les crevasses. La mine était pleine d'eau quand elle a été visitée, il a été impossible d'examiner les ateliers, mais la description suivante de la formation est empruntée à la monographie précitée de M. Cirkel.

"Dans un puits profond de 25 pieds une cavité a été suivie le long du mur solide de la roche encaissante, se ramifiant en éperons remplis de cristaux de mica et séparés par du granite pyroxène grenatifère. On trouve fréquemment de petits cailloux de pyroxène très dur, interrompant le cours des rameaux et il est très difficile de creuser dans ces cailloux. On trouve aussi dans la majeure partie des tranchées à ciel ouvert de l'apatite de haute catégorie et si l'on en juge par beaucoup des indications il paraît probable que le mica et le phosphate peuvent être exploités là simultanément. Tout le forage dans la mine nouvellement ouverte se fait actuellement à la main."

Le granite grenatifère auquel il est fait allusion est porbablement une irruption granitique postérieure ou une portion différenciée du massif du dyke original.

La mine a été ouverte pour la première fois en 1901 par les propriétaires actuels et le travail a été continué par intervalles jusqu'à présent.

Augmentation, Lot 6.—Exploitée par MM. Watts et Noble de Perth pour le phosphate en 1904, et achetée depuis par Kent Bros., qui employaient quelques hommes sur la mine en 1910; on ignore avec quels résultats.

Augmentation Lot 8.—Appelée Mine King Edward et appartenant à MM. Wallingford, Cornu et Belcourt. Les ateliers sont situés à un quart de mille environ à l'est des puits du lac Rhéaume sur la même arête et à 300 pieds à peu près de la rive du lac. Le dépôt ressemble beaucoup à l'existence de la mine Rhéaume, et on trouve le mica en veines plus ou moins nettes ayant une allure du nord-est au sud-ouest et aussi en nids et cheminées.

Il y a beaucoup de calcite rose où existent de grands cristaux finement formés d'apatite verte dont quelques-uns portent des traces bien nettes de résorption subséquente (voir planche XXVII).

De grands cristaux de mica sont à découvert au fond du puits à 20 pieds à peu près, mais la qualité des cristaux est souvent endommagée par le broyage et par la présence entre les lamelles de pellicules de calcite et de phosphate.

Il y a sur la propriété plusieurs excavations consistant en petites tranchées à ciel ouvert dont aucune ne dépasse 25 pieds de profondeur.

On ne s'est jamais servi de machine dans cette mine qui est outillée de deux treuils à chevaux, hangars à mesure, etc.

Augmentation, Lot No 18.—Appartient à Blackburn Bros., qui ont commencé à extraire en 1908 et ont travaillé neuf mois cette année-là et toute l'année suivante. Cinq hommes y sont employés et ont extrait sept tonnes de mica façonné au pouce. L'existence est un gisement de fissure contenant du mica et un peu de calcite rose mais pas de phosphate. Un seul puits a été pratiqué et est descendu à 20 pieds.

Augmentation, Lot 38.—Cette mine a été exploitée en 1897 par M. A. Murphy de Montréal qui employait une douzaine d'hommes à l'extraction du mica et du phosphate durant quelques mois. Il ne s'est pas fait d'autre travail.

8

Les ateliers sont situés à quelques centaines de verges au nord de la mine Briggs du côté opposé de la colline et on y arrive par un chemin de buisson de 2 milles depuis le Grand Lac.

L'extraction s'est pratiquée au moyen d'une tranchée à ciel ouvert profonde de 30 pieds, large de 15, et longue de 50. Cette excavation s'est faite sur une fissure de pyroxénite vert gris ayant une allure de l'est à l'ouest et plongeant 75° au nord, faisant partie du même gisement excavé au nord-ouest. Mais le mica n'est pas aussi foncé que celui de la mine voisine et il y en a dans la veine elle-même avec du phosphate vert et aussi dans l'amas de pyroxénite. Il y a peu ou point de calcite. Un dyke de felsite rose, épais de 6 pieds allant du nord au sud et plongeant 50° O., traverse le gisement et se montre à découvert dans le puits principal.

Augmentation Lot 39.—Appelée mine Briggs. Ancienne mine de phosphate, exploitée dans les cinquante par M. Stewart d'Ottawa.

Il ne s'y est pas fait de travail avant 1907, quand Kent Bros., ont employé une douzaine d'hommes dans la mine durant quelques mois. Mais on a constaté que le mica était écrasé et de peu de valeur et les travaux ont été suspendus et n'ont jamais été repris.

La mine est située à 2 milles au nord-est de Wakefield et est reliée à la route de Wakefield par un bon sentier de buisson. Les ateliers qui comprennent une demi-douzaine de puits de surface ont été ouverts sur le côté nord-ouest d'une colline de 500 pieds dans une pyroxénite vert foncé.

La plus grande excavation est une tranchée à ciel ouvert suivant une veine en fissure de phosphate et de mica avec une allure nord-ouest, sud-est, plongeant au nord-est et ayant une largeur de 12 pieds. La tranchée a été avancée de 60 pieds dans la colline, elle est large de 15 pieds et profonde de 80 pieds à son extrémité interne.

Le mica est de l'espèce dure, brisante, foncée, généralement très broyé et a peu de valeur, le gisement étant surtout précieux pour le phosphate qu'il contient. Il y a une existence intéressante de Wilsonite que l'on trouve en grands amas cristallins encastrée dans du phosphate massif. (Voir page 300).

On n'emploie pas de machine à la mine.

Les mines suivantes du canton Templeton n'ont pas été visitées l'indication de l'emplacement et les renseignements sont empruntés aux rapports de M. Obalski et de M. Cirkel. L'auteur n'a pas pu obtenir d'autres renseignements à leur égard durant sa tournée dans le district et il ne paraît pas s'être fait d'autres travaux d'exploitation.

Rang IV, Lot 21.—Affleurements de mica signalés sur la mine de M. McTiernan.

Rang V, Lot 18.—A été exploité en 1896, par M. Smith de Gatineau Point durant quelques mois et quinze barils à peu près de mica ont été extraits. Il ne s'est pas fait d'autres travaux.

Lot 20.—Légères indications de mica signalées sur ce lot par le propriétaire M. W. Smith.

Rang VI, Lot 17 A.—Autrefois la propriété de la Canadian Industrial Company mais jamais exploitée pour le mica. De bonnes indications de mica et de phosphate ont été trouvées, dit-on, et les vieilles haldes à phosphate contiennent beaucoup de mica.

Lot 21 B.—Les mêmes remarques s'appliquent au lot 17 A.

Rang VII, Lot 10.—Appelé mine Stevenson. A été exploité par diverses personnes. Le dernier travail a été exécuté en 1900 par M. J. E. Asquith d'Ottawa qui a employé un contingent de vingt hommes et a installé une pompe à vapeur. On a tiré une bonne quantité de bon mica d'un grand puits de surface.

Lot 14.—A été prospecté par l'American Mica Company de Boston en 1893-4. Résultats inconnus.

Rang VIII, Lot 17 S. ½.—Appartient à Wallingford Bros., et on a trouvé de bonnes indications.

Lot 19.—Prospecté en 1899 par Jurkowski et Cie.

Rang IX, Lot 13.—Indications de mica signalées.

Lot 16.—Appartient à la Canada Industrial Company et montre, dit-on, des indications de mica qui promettent.

Lot 21.—Prospecté en 1898 par Jurkowski et Cie.

Rang X, Lot 15, O. ½.—Exploité en 1893 et a rapporté, dit-on, plusieurs tonnes de mica.

Lots 17, 18.—Prospecté en 1894 et indications de mica signalées.

Lot 28.—Exploité dans les quatre-vingt sur une grande échelle pour le phosphate par la Canada Industrial Co., et a produit aussi beaucoup de mica. Il n'a pas encore été entrepris de travaux.

Rang XI, Lot 20, N. ½.—Prospecté en 1898 et indications de mica signalées.

Rang XII, Lot 14.—Indications de mica localisées par MM. Clemow et Powell en 1894.

Lot 24.—Affleurements de mica signalés par M. F. Haycock, en 1899.

Lot 27.—Mica signalé par M. Hayes en 1889.

Rang XIII, Lot 3.—Est de la mine du Lac Battle et montre, dit-on, des affleurements de mica.

Lot 13.—On dit qu'il y a du mica.

Canton Wakefield.

Rang I, Lot 6 N.½.—Appelé mine McBride et appartenant à M. J. Grimes d'Ottawa. Cette mine a été exploitée, il y a dix ans à peu près par M. Watts de Perth pour le phosphate et le propriétaire en a sorti un peu de mica les deux dernières années.

En 1910, M. H. Flynn a employé quelques hommes durant six mois et a sorti un peu de mica.

Lot 12.—Mine Haldane. Appartient à M. C. Hughes de Montréal et a été exploitée pour la première fois, il y a trente ans pour du phosphate par M. Haldane.

Les derniers travaux ont été exécutés en 1892 par le propriétaire actuel M. Robitaille qui a extrait du mica et du phosphate.

Il y a une bonne route de mine qui relie les ateliers à la grande route de Wilson Corners à Maxwell Ferry.

Le mica est un ambré clair et souvent assez tacheté de fer qui est abondant sous forme de pyrite dans le gisement.

L'existence de mica est surtout en petites fissures et nids dans un dyke de pyroxénite recoupant le gneiss rouge à orthoclase.

Il y a plusieurs puits sur la mine et l'un a été ouvert le long du contact de la pyroxénite et du gneiss, le mica se trouvant dans des fissures adjacentes à la jonction des deux roches.

Les haldes ont été retravaillées en 1909 par M. Brown de Cantley et on en a tiré plusieurs tonnes de mica grossier et de phosphate.

Lot 15, S. $\frac{1}{2}$.—Appelé mine Comet, une des premières mines de phosphate du Canada.

Les premiers mineurs ont été MM. Chitty et Loken de Chelsea qui l'ont exploitée pour le phosphate, il y a une quarantaine d'années; les exploitants suivants ont été MM. Wilson and Chubbock et la Comet Mica Co., qui a exploité en 1898-9. Les derniers travaux ont été exécutés par M. J. K. Paisley d'Ottawa qui a extrait du phosphate dans les débuts de 1910.

Il y a plusieurs excavations sur la mine surtout des ciels-ouverts et des galeries menées dans le flanc d'une petite arête de gneiss foncé recoupé par une série de dykes de pyroxénite. Le mica, ambré argenté clair de bonne qualité est en grands gîtes de phosphate-sucre et un peu de calcite sur des fissures de forme irrégulière et de dirction indécise dans une pyroxénite donnant beaucoup de signes de différenciation dans son massif.

Les veines de mica sont dans quelques cas presque horizontales et ont été travaillées au moyen de galeries plates. La mine a été achetée récemment par la Canada Mica Manufacturing Co., d'Ottawa.

Lot 16.—M. H. Flynn a sorti un peu de mica de cette mine, il y a trois ans.

Le mica est ambré de dimension moyenne et d'assez bonne qualité avec un peu de phosphate sur un contact entre du gneiss et de la pyroxénite. Un puits profond de 15 pieds et long de 30 a été foncé le long de la jonction.

Rang II, Lot 16.—Mine Kodak. Cette mine a été d'abord ouverte comme mine de phosphate dans les quatre-vingt par M. Wilson et a passé ensuite entre différentes mains, y compris Webster and Co., et Wilson and Chubbock, et elle appartient maintenant à la M. and H. Mining and Developement Company d'Ottawa.

Les derniers travaux ont été exécutés, il y a deux ans par M. J. S. King de Toronto qui a sorti un peu de mica.

La mine est à un demi mille à peu près au nord-est de la mine Comet

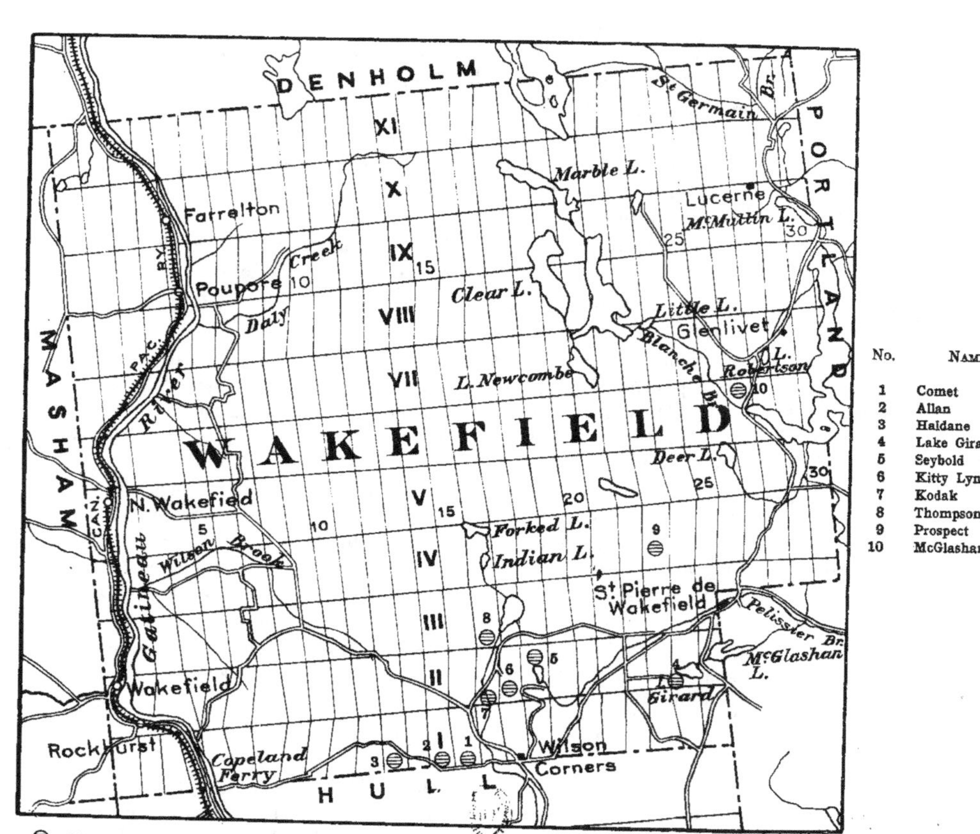

⊖ MICA

**MICA MINES AND OCCURRENCES
IN TOWNSHIP OF WAKEFIELD, QUEBEC**

Scale 2 miles to one inch

124

et produit un excellent mica ambré argenté. La description suivante des travaux est empruntée au rapport de M. Cirkel:

"Les ouvrages principaux consistent en un puits foncé sur le toit d'un filon ou veine bien marquée ayant une allure de 50° nord-est et un plongement de 65°. La roche encaissante est du gneiss et le gisement dans lequel le puist a été foncé est un splendide spécimen de filon de contact. Le chevet est un pyroxène vert clair légèrement entremêlé d'apatite, mais cette dernière n'est pas en quantité suffisante pour avoir une valeur commerciale. La profondeur du puits, depuis la galerie latérale est de 100 pieds. Les principaux constituants du filon sont la calcite et le mica entremêlés quelquefois de pyroxène et d'apatite. La calcite qui est de couleur rose se trouve généralement près du toit, avec 1 à 3 pieds de largeur. Les cristaux de mica sont soit encastrés dans la calcite soit en accumulations entre

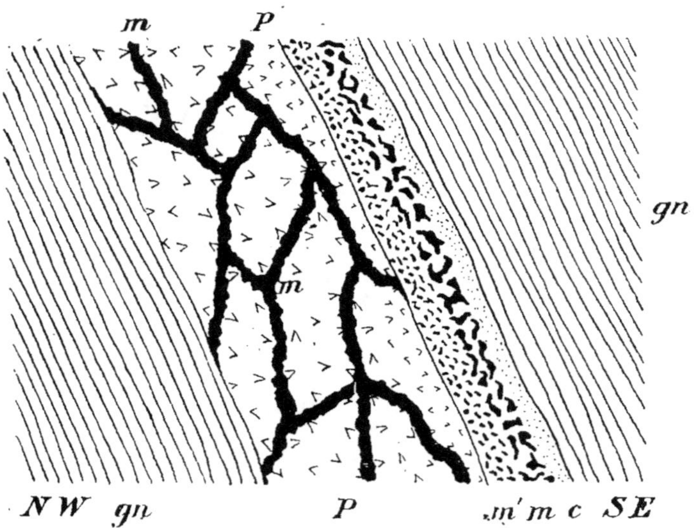

Fig. 16. — Coupe du gisement de mica de la mine Kodak, lot 16, rang 11, canton de Wakefield, Québec.

P, pyroxénite grenue grossière ; P', pyroxénite à grain fin avec mica en veines irrégulières ; m, mica ; m', petit mica étoilé ; c, calcite ; gn, gneiss.

la calcite et le pyroxène. Ce puits a donné une grande quantité de mica de très belle qualité et les opérations ont été suspendues en raison seulement de difficultés quant aux titres de propriété. La mine possède un bon matériel d'exploitation; un pouvoir hydraulique de 40 C. V. sur le creek bien développé, générant l'électricité pour le levage, la perforation, et pour le pompage. La dynamo est actionnée par une turbine et la force motrice est transmise par des fils suspendus à la mine distante d'un quart de mille.

Il y a sur le crique Blackburn une scierie pouvant débiter 10,000 pieds de bois par jour et une installation accessoire consistant en un générateur droit de 20 C. V. et une machine de 15 C. V.

Trente hommes à la fois ont été employés sur la mine qui est pourvue d'une grande maison de pension située près du crique. On dit que les présents propriétaires vont bientôt reprendre les travaux.

Lot 17 E. ¼.—Appelé mine Kitty Lynch, appartient à M. Morris de Wakefield.

Cette mine avoisine la mine Kodak qui est située à 100 verges à peu près à l'ouest. Le propriétaire l'a exploitée durant une année en 1892 et il ne s'y est plus fait d'exploitation jusqu'en 1907, époque à laquelle M. H. Flynn a fait trois mois de travail et a sorti à peu près 25 tonnes de mica de haute teneur.

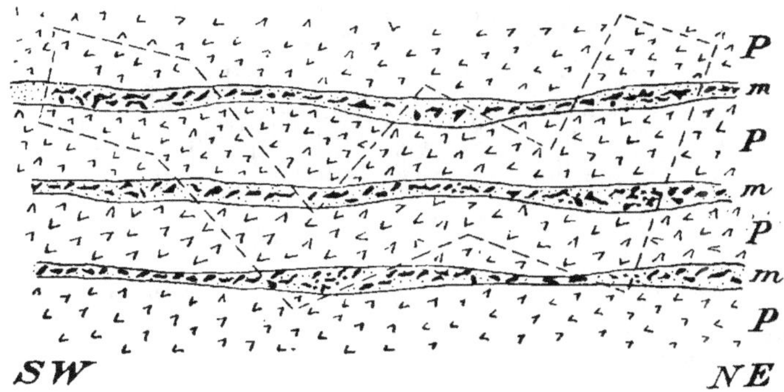

FIG. 14.—Plan du gisement de mica de la mine Kitty Lynch, lot 17, rang 11, canton Wakefield, Québec.

P, pyroxénite ; m, veines de mica contenant de la calcite et de l'apatite. Contour du puits.

Le mica est souvent de grande dimension et est dans une zone de contact entre le pyroxénite et le gneiss. Des fissures paraissent s'être formées dans la pyroxénite parallèlement au contact et elles contiennent de la calcite rose et du mica. L'allure du gisement est est-ouest et deux puits ont été foncés. L'excavation occidentale a 100 pieds de longueur et 35 pieds de profondeur et suit le gisement en zig zag.

Lot 18.—Cette mine qui est connue sous le nom de mine Seybold et appartient à M. McLean d'Ottawa a été ouverte il y a plus de 20 ans par M. Seybold pour le phosphate. Le travail a continué durant une couple d'années et la mine est restée inactive jusqu'en 1903 époque où le propriétaire actuel l'a exploitée durant une année pour le mica.

En 1907, MM. Holland et Moore ont sorti un peu de mica de la mine qui depuis, est restée inactive.

Les travaux consistent en quelques excavations à la surface et un puits étroit, long de 50 pieds et large de 10, foncé sur un gisement de contact de phosphate et de mica assez broyé entre la pyroxénite et le gneiss foncé.

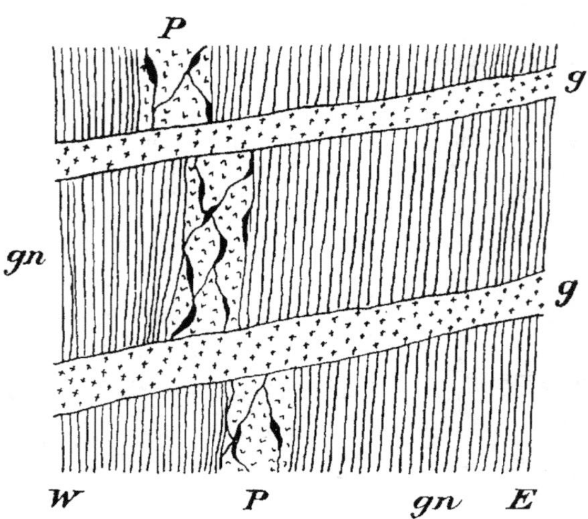

Fig. 15.—Plan montrant le gisement de mica de la mine Seybold, rang II, lot 18, canton Wakefield, Québec, montrant le dyke de pyroxénite P, avec du mica en nids et en veines, recoupé, avec des failles provenan des dykes de granite postérieurs ; gn, gneiss.

L'allure du gisement va du nord au sud et le plongement est de 75° à l'ouest. Plusieurs dykes de pegmatite recoupent la pyroxénite à l'affleurement et l'un d'eux a causé une faille dans le gisement à peu de distance. (Voir Fig. 15).

Les autres excavations ont trait en majeure partie à de petites accumulations en nids, de mica et de calcite rose sur des fissures dans la pyroxénite.

Lot 24.—Mine du Lac Girard, située près de la rive sud du lac Girard, à 3½ milles de Wilson-Corners et à 21 milles d'Ottawa. Au commencement des quatre-vingt dix c'était une des meilleures productrices de mica du district. La mine a été d'abord exploitée en 1890 par MM. Skeade, Paul et McVeity qui l'ont vendue après une année d'exploitation au Lake Girard Mica System.

Cette dernière société a travaillé constamment durant cinq années, exécuté des travaux importants et installé un outillage convenable.

Mais les résultats ne paraissent pas avoir justifié la dépense d'un tel capital et la compagnie fut obligée de fermer la mine en 1895, apparemment en raison de l'instabilité du mica en profondeur. Les haldes ont été plus tard retravaillées et on a retiré beaucoup de mica. La Mica Mining and Manufacturing Co., a pris à sa charge la mine en 1896, l'a épuisée en 1900 et durant quelques années a travaillé par intermittence.

La mine a été inactive depuis 1904. Quand on l'a visitée, tous les bâtiments étaient dans un état complet de délabrement et il faudrait beaucoup d'argent pour reprendre l'abatage. Tous les affleurements sont maintenant recouverts par la végétation et un examen de détail était impossible. Mais les haldes laissaient voir une pyroxénite gris clair, beaucoup de calcite rose, et un mica ambré argenté clair.

Le dyke paraît se diriger du nord-ouest au sud-est et on voit au-dessus du puits principal une pegmatite grossière avec une direction semblable. La pyroxénite, probablement a cause de l'influence de cette pegmatite a dans quelques cas subi beaucoup d'altération, sa couleur ayant changé au vert bleu et la roche étant devenue tendre et poudreuse. On a observé de grands cristaux de pyroxène qui ont subi une altération vers le dehors et tourné à un minéral bleu ressemblant à l'actinolite (traversellite), l'intérieur étant tendre et sans lustre. Quelque tourmaline noir imprègne la calcite blanche.

La description suivante de la mine et d'une coupe transversale des ouvrages est empruntée à une monographie antérieure du mica par Cirkel, parue en 1905.

"La roche encaissante est un gneiss gris et rougeâtre qui est traversé dans le voisinage du lac Girard par un amas de pyroxène vert clair en forme de dyke. Le puits principal est foncé près du contact entre les deux massifs rocheux jusqu'à une profondeur de 165 pieds avec une inclinaison de 73° à 75°. Depuis le 165ième niveau, à une distance de 25 pieds on a foncé un autre puits à une profondeur de 45 pieds, ce qui fait une profondeur totale de 120 pieds. Du puits principal des galeries ont été menées en suivant la direction des gisements de mica, le plus long à 140 pieds vers l'est. Le mica de ce puits est dans de grands nids lenticulaires de calcite rose, près du contact avec la roche encaissante et donne, en l'absence de rides et crevasses une grande proportion de feuilles commerciales. La majeure partie du mica était de grande dimension et tout ce qui était en dessous de 2″ × 3″ était jeté aux haldes mais a été depuis recueilli quand a surgi la demande pour les plus petites dimensions. Tout le mica était charrié à Ottawa, à 20 milles de distance et là était taillé suivant les dimensions.

En 1893, quand l'auteur a fait un examen de la mine le rendement journalier pour trois mois s'élevait à plus de 4½ tonnes de cristaux de mica grossièrement nettoyés. Le nombre moyen d'ouvriers employés était de 48. Pendant 9 mois, le rendement journalier dépassait trois tonnes avec à peu près le même nombre d'hommes. Soixante-dix personnes à peu près étaient employées constamment dans l'atelier de taille à Ottawa. De septembre 1891 à juillet 1893 le rendement total s'est élevé à 113,000 livres de mica aux dimensions courantes, 109,545 livres de mica façonné de toutes dimensions et 1,250 tonnes de mica brut, se taillant 1″ × 3″. Il y a peu de mines dans le district pouvant montrer un semblable bilan. La mine est munie d'un outillage convenable consistant en sept compresseurs à air, deux générateurs horizontaux de 120 C. V., deux treuils et deux pompes. Une grande maison de pension et cuisine pouvait recevoir soixante-quinze hommes."

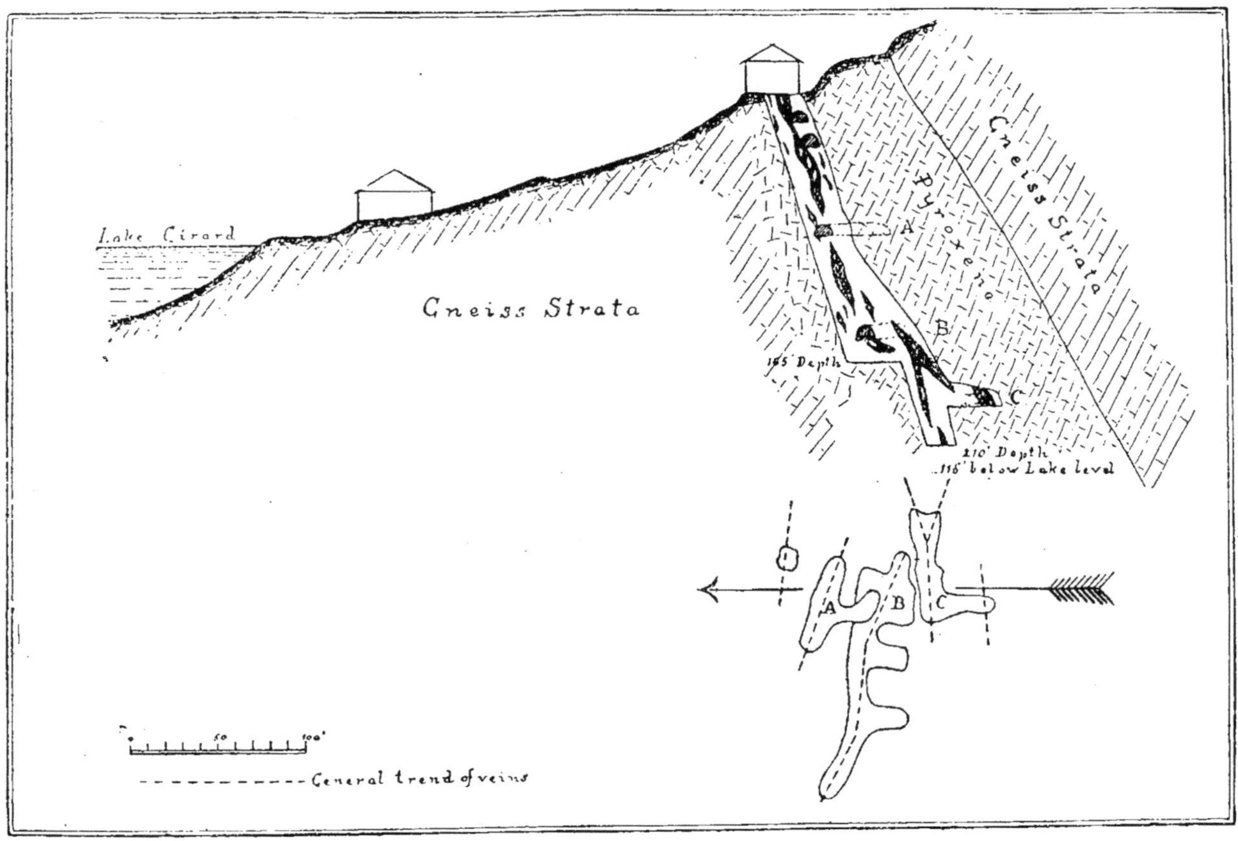

FIG. 16.—Coupe des ouvrages de la mine du Lac Girard.

Les notes suivantes sur les divers travaux du Lac Girard Mica Mining System sont empruntées au rapport de M. Obalski :

" Cette compagnie a joué un rôle considérable dans l'industrie du mica ambré de la région à Ottawa, et bien qu'elle soit aujourd'hui défunte et que ses propriétés soient passées en d'autres mains, il est utile de rappeler son histoire.

Le lanceur et l'âme de l'entreprise était M. T. J. Watters d'Ottawa qui, vers la fin de 1891 prévoyant l'avenir de l'industrie du mica commença à acheter les meilleures propriétés à mica connues et à développer les mines sur une grande échelle, installant des machines, et creusant des puits. Il organisa le Lake Girard Mica Mining System avec des bureaux et des ateliers à mica, 520, rue Besserer à Ottawa où 80 personnes étaient employées à fendre et à façonner la forme spéciale requise par le commerce électrique. Les machines étaient actionnées à la vapeur et les ateliers éclairés à l'électricité. Une annexe contenait les écuries de la compagnie qui faisait son propre charroyage.

Le système avait alors la haute main sur plus de 3,000 acres de terre dans Québec et dans Ontario, riches en affleurements de mica et exploitant les mines importantes connues sous les noms de Lake Girard, Nellie et Blanche, Horseshoe, Phosphate King et autres.

La propriété de la Compagnie dura jusqu'en 1896, époque à laquelle elle tomba en liquidation.

Plusieurs centaines de personnes étaient employées dans les mines et les ateliers et la production de mica brut s'élevait à $4\frac{1}{2}$ tonnes par jour durant plusieurs années ; la quantité totale envoyée aux ateliers de façonnage à Ottawa était évaluée à pas moins de 3,000 tonnes de minéral cassé grossièrement.

Rang III, Lot 16.—Appartient à M. Thompson de Cantley. La mine a été exploitée, il y a cinq ans pour le mica, par Kent Bros., de Kingston et ensuite par M. Snowball d'Ottawa, avec trois hommes. La mine était exploitée au commencement de 1910 par le dernier de ces messieurs.

Le mica est un excellent ambré clair et dix tonnes environ de minéral façonné au pouce ont été sorties.

L'existence est sur un filon ou veine presque horizontal de pyroxénite qui contient du mica, du phosphate vert et de la calcite rose et a été suivi au moyen d'une galerie plate qui pénètre de 50 pieds dans le côté de l'arête.

Rang IV, Lot 23.—A été exploité en 1907 par M. J. Rainville de Templeton qui a sorti quelques tonnes de mica grossier. Il ne s'y est pas fait d'autre travail.

Rang VI, Lot 26.—Appartient à M. F. J. McGlashande de Wilson Corners. La mine est située à 3 milles au nord de Wakefield et près du bras de l'ouest du lac Wakefield sur la crête d'une colline s'élevant à 300 pieds au-dessus du lac. M. R. W. Eady a commencé à y travailler en 1905 et a extrait plus ou moins constamment jusqu'à présent.

Les travaux consistent en un grand nombre de puits ouverts du côté sud-est de la colline, d'où des galeries ont été menées dans la direction du nord. Le puits principal mesure 60 pieds de profondeur, 15 de largeur et

75 de longueur. Il est ouvert sur un gisement en nid de mica ambré et de phosphate sucré vert, compact associé à de la calcite rose. Les veines et les nids sont dans une roche vert gris clair consistant en pyroxène, scapolite feldspath et quartz foncé. La variété de scapolite appelée wilsonite est en quelque abondance dans certains des puits.

Le mica est souvent bien cristallisé et l'on a sorti beaucoup de cristaux de grande dimension. Il y a aussi dans la calcite de grands cristaux d'apatite et la mine est précieuse pour ce minéral que l'on extrait à présent comme sous-produit.

Dans le puits, au nord-est de la mine, une veine plate bien nette est à découvert, la matière filoneuse étant de la calcite rose et du phosphate massif et les murs sont tapissés sur quelque distance de cristaux bien formés d'apatite.

De la titanite brune en cristaux mesurant un pouce de longueur constitue un minéral accessoire dans la roche de dyke. Le mica est cassé grossièrement sur la mine puis charrié aux ateliers de façonnage à Wilson Corners, à 6 milles de là.

Les emplacements suivants sont les moins importants du canton Wakefield où l'on a signalé autrefois du mica qui n'a pas été exploité davantage.

Rang I, Lots 11, 13, 18.—Prospecté, affleurements de mica, localisés.

Rang III, Lots 13, 17.—Indications de mica signalées.

Rang IV, Lots 14, 15, 18, 19.—Indications de mica signalées.

Lot 25.—Prospecté en 1899 par Fortin et Cie, avec quelques hommes. Trois puits ont été foncés jusqu'à une profondeur de 20 pieds dans une pyroxénite grise contenant des nids de mica de calcite rose, le tout traversé par des dykes de felsite.

Rang VI, Lots 12, 21, 22, 271.—Affleurements de mica.

Rang VIII, Lots 20, 27, 28.—Affleurements de mica.

Rang IX, Lot 19.—Affleurements de mica.

Canton de Hull, Est.

Rang X, Lot 7.—Appelée mine Foley, ou " Big Crystal."

Cette propriété a été ouverte en 1892 par MM. Powell et Brennan et une douzaine d'hommes ont été employés mais par suite de disputes relativement au droit à la propriété, le travail a été intermittent, le Lake Girard Mica System prétendant posséder la mine. Il ne s'est rien fait depuis 1898.

Les travaux consistent en deux puits 30 x 30 pieds avec 200 pieds de profondeur ouverts dans une pyroxénite grise, contenant un mica ambré foncé broyé sur des joints et des fissures recoupant un calcaire cristallin encaissant. Très peu de calcite accompagne le mica et on n'a pas observé de phosphate.

Les puits sont situés au bord d'un marécage et on dit que l'eau a beaucoup dérangé l'exploitation.

Un grand filon de barite existe sur la même mine et appartient à la Canada Paint Co., de Montréal.

Rang XI, Lots 5, 6, S. ½.⅓.—Appelé mine Kearney, et appartient à MM. McRae et Allan d'Ottawa qui l'ont exploitée en 1892 avec une douzaine d'hommes sous le nom d'Electric Mining Company. Une quinzaine de tonnes ont été sorties et il s'est exécuté du forage à la perforatrice diamantée, mais avec peu de succès sans doute, car on n'a pas poussé plus loin les travaux.

La mine avait été primitivement ouverte pour du phosphate par MM. J. et P. Kearney, il y a une trentaine d'années.

Lot 5, C.—Appartient à M. C. Cashman, de Cantley. MM. Powell et Clemow ont été les premiers à l'exploiter pour du mica en 1891 et subséquemment, Webster & Co., Messieurs Fortin et Gravelle et M. K. Snowball ont fait un peu d'exploitation. Mais jamais les travaux n'ont eu une durée quelconque, le dernier propriétaire n'ayant travaillé que trois semaines en 1909 et depuis, il ne s'y est plus rien fait.

Les excavations consistent en une série de puits sans profondeur foncés sur une veine assez broyée de mica ambré argenté clair dans de la pyroxénite gris foncé. Le gisement est dans une fissure contenant seulement très peu de calcite rose et pas de phosphate près du contact d'un dyke de pyroxénite avec du gneiss à biotite foncé, le tout recoupé par beaucoup de filons étroits de pegmatite.

La veine de mica va du nord-est ou sud-ouest et sa largeur varie mais ne paraît pas être de dimension suffisante pour justifier de grands travaux de fonçage.

Lot 6.—Le même travail a été exécuté là en 1893 par M. J. W. Perkins qui employait une demi-douzaine d'hommes et a sorti huit tonnes de mica environ. Il ne s'est plus fait d'autres travaux depuis. Le propriétaire actuel est M. James Burke de Cantley.

Lot 10.—Appelé mine Nellie et Blanche située à un mille à peu près au sud de la mine Vavasseur. Comme la plupart des autres mines de mica de cet endroit, la mine a été d'abord ouverte pour du phosphate.

Elle a été exploitée, il y a plus de trente ans, par M. J. T. Haycock d'Ottawa, qui l'a ensuite travaillée pour du mica. En 1892, la mine a passé aux mains du Lake Girard Mica System, et cette compagnie s'est mise à l'œuvre pour la développer sur une grande échelle. Des machines ont été installées avec un système de perforatrices et de treuils, un camp a été érigé et une bonne route construite et durant une année 40 à 50 hommes ont été employés. Le travail a cessé en 1897 et on n'y a pas fait d'autres travaux depuis.

Plusieurs grandes excavations ont été exécutées, une profondeur de 50 pieds a même été atteinte dans le puits près de la chambre des machines.

Le mica qui est de l'ambré foncé et a souvent donné des tailles de 14″ × 10″ est dans une espèce de cheminée ou de nid lenticulaire dans une pyroxénite vert foncé contenant beaucoup de feldspath scapolitisé. La roche exhibe de nombreuses preuves de différenciation dans son massif et l'on rencontre dans les travaux de grands amas de feldspath gris plus ou moins altéré.

A l'époque où la mine était en plein fonctionnement, on avait atteint un rendement de 40 tonnes de mica par mois, le minéral étant charrié aux hangars de façonnage de la compagnie d'Ottawa.

Rang XII, Lot 1, S. ½.—Mine Burke, ouverte, il y a trente ans pour du phosphate et ensuite exploitée par M. J. W. Perkins, avec sept hommes durant un été, dix tonnes à peu près de mica grossier ont été sorties, une grande proportion des feuilles était au-dessus de la dimension moyenne, les tailles de 10″ × 12″ n'étant pas rares.

Les haldes ont été retravaillées au cours des dix dernières années, d'abord par MM. McAllister et Hamilton, et plus tard par MM. Holland et Moore, mais il ne s'est plus fait d'extraction depuis 1894.

Les excavations consistent en deux puits, un circulaire de 8 pieds x 8, avec 25 pieds de profondeur et une seconde galerie ou tranchée inclinée à peu de distance de la première et profonde d'une vingtaine de pieds, du fond de laquelle une autre galerie a été menée au nord-ouest, la profondeur totale étant de 50 pieds à peu près.

La roche est une pyroxénite verte, contenant beaucoup de calcite rose et un mica ambré argenté sur des fissures et nids, dont les murs sont tapissés de cristaux de mica nettement formés. Les cristaux de mica sont assez contournés et inclinés pour se fendre en mica ruban.

Il y a dans le gisement beaucoup de pyrite de fer et par places la roche est teintée de rouge.

Le fond du puits principal faisait voir un grand amas de calcite suivant une veine plus ou moins horizontale et contenant des cristaux de mica et d'apatite brune disséminés.

Un peu de pyroxène massif est d'une couleur vert très foncé donnant des fragments de clivage parfait dans trois directions.

Lot 4.—Le propriétaire, M. James Burke de Cantley, dit qu'il y a des indications de mica.

Lot 10.—La mine est diversement connue sous les noms de mines Gemmill, Nellis ou Vavasseur, et a été primitivement ouverte pour du phosphate, il y a plus de trente ans, par M. Donald Gow de Cantley, qui a travaillé six ans sans interruption et sorti beaucoup d'apatite de bonne qualité.

Par la suite, MM. Nellis et Gemmil ont repris la mine et l'ont exploitée durant quelques années pour le phosphate et le mica sous le nom de "Vavasour Mining Association."

La mine appartient maintenant à M. J. Nellis d'Ottawa qui a tenu un personnel de dix hommes en moyenne plus ou moins constamment occupé durant ces quelques dernières années. La mine est à un demi-mille à peu près au sud-ouest de Cantley et 10 milles au nord d'Ottawa, et elle est reliée par une bonne route à travers champs à la route Cantley-Ottawa.

Les travaux sont situés sur une petite colline ou monticule mesurant à peu près un tiers de mille par le travers et composée principalement de pyroxénite vert gris recoupant de gneiss à biotite normal. La pyroxénite est très fissurée dans le sens nord-est et sud-ouest, les fissures sont de largeurs variables mais dépassant rarement 15 pieds, tandis que la longueur de la veine principale a été évaluée à 1,200 pieds. La distance totale des

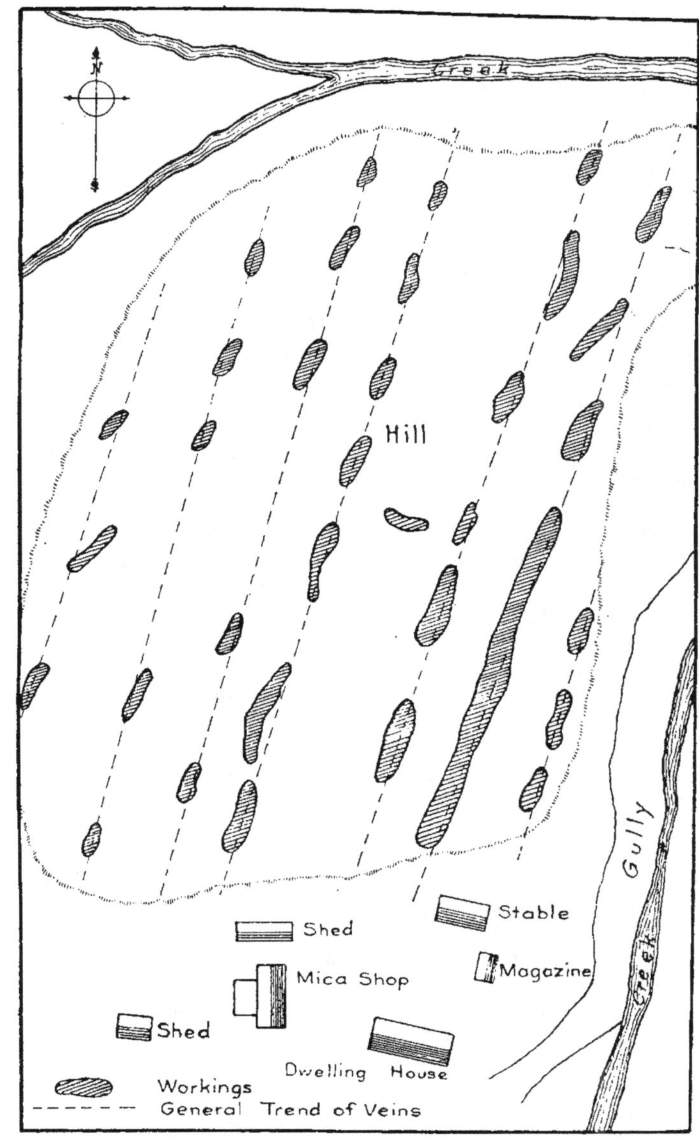

Fig. 17.—Plan esquissé des ouvrages de surface, mine Vavasour, lot 10, rang XII, Canton de Hull, Québec.

fissures dépasse 2,100 pieds et toute cette longueur virtuellement a été travaillée, bien que les excavations soient surtout limitées à cinq veines principales et parallèles.

Le principal remplissage de ces fissures consiste en calcite rose contenant des cristaux bien formés et des agrégats compacts d'apatite verte avec des cristaux de mica épais, souvent de dimension considérable. Le mica est un mica ambré, argenté de première catégorie, donnant une grande proportion de feuilles 5″ × 8″, et le mica a déjà donné plus de 300 tonnes de minéral bien vendable.

Le phosphate est extrait en même temps que le mica et plusieurs centaines de tonnes de minéral de haute catégorie ont été expédiées comme sous-produit.

On n'emploie pas et on n'a pas employé de machines dans la mine, sauf des pompes à vapeur dans les ouvrages plus profonds. Le levage se fait au moyen de treuils à chevaux et à main avec des grues à vergues.

Les travaux consistent en beaucoup de puits, tranchées et galeries suivant l'alignement des veines, la plus forte profondeur atteinte étant de 180 pieds à peu près. Les fissures ne sont pas verticales, en règle générale, le plongement ordinaire étant d'une soixantaine de degrés au sud-est.

La pyroxénite varie d'un type normal à grain grossier à un mélange finement rempli de pyroxène à un mica étoilé et tout le système est recoupé par plusieurs filons étroits de pegmatite. Il s'est exécuté quelques travaux d'exploitation au sud-ouest des travaux principaux, mais sans beaucoup de succès.

La Fig. 17 donne un plan général des ouvrages.

Lot 11 a.—Appelé la mine Lucky Reserve et appartenant à Brown Bros., de Cantley. Les travaux sont situés à quelques centaines de verges au nord-ouest de la mine Vavasour et ont donné trente tonnes à peu près de mica grossier d'excellente qualité et de bonne dimension.

La quantité de phosphate qu'on trouve est petite, si l'on tient compte de la proximité du dépôt et des grands amas d'apatite qu'on trouve dans les puits Vavasour.

L'existence est généralement très semblable à celle de cette dernière mine, le mica existant dans ce qui est probablement le contact nord-ouest du dyke ou de la série de dykes de pyroxénite avec le gneiss encaissant.

Les seuls travaux consistent en un puits profond de 25 pieds à peu près et long de 30, laissant voir beaucoup de calcite rose et de bonnes indications d'autre mica encore en profondeur.

Le premier travail fut exécuté par les propriétaires en 1906 et a été continué par intervalles jusqu'à présent, quatre hommes étant employés.

Lot 13.—Appartient à M. Hibbard de Minneapolis qui a sorti un peu de mica.

Rang XIII, Lot 3.—Autre vieille mine de phosphate et appartenant à M. John Thibert de Cantley.

Il y a beaucoup de petits puits épars sur la mine, le plus grand ayant à peu près 40 pieds de profondeur. La roche est une pyroxénite foncée contenant un mica ambré argenté foncé et assez taché sur les joints dans la roche. Il y a un peu de calcite et la roche fait voir beaucoup de variations dans sa composition.

Lot 4, S. ¼.—Ancienne mine de phosphate appartenant à M. Thomas McDermott de Cantley, et ouverte par M. J. Haycock, il y a plus de vingt-cinq ans. L'extraction a été opérée par divers groupes en vertu de baux; au cours des quinze dernières années, les derniers travaux ayant été exécutés par M. C. Brown qui a prospecté en 1910.

On dit que dix tonnes environ de mica brut ont été sorties de la mine.

Lot 11.—Appartient au Dr Graham de Hull, qui a sorti quelques tonnes de mica de bonne qualité et de grande dimension, il y a une quinzaine d'années. Il ne s'y est plus fait de travail, mais on dit que Kent Bros., se sont récemment procuré un bail de la propriété et se proposent de la développer.

Lot 12.—Appartient à M. B. Fleming de Cantley. M. H. Flynn l'a exploitée un court espace de temps en 1908 et le propriétaire en a sorti un peu de mica en 1910.

Lots 12a, 13a.—Autre ancienne mine de phosphate et a été exploitée au début des quatre-vingt dix pour du mica, par Webster & Co. Il ne s'y est pas fait d'autres travaux jusqu'au commencement de 1910, époque à laquelle MM. Winning, Church & Co., d'Ottawa ont pris la mine en mains et l'ont exploitée sans interruption, jusqu'à ce jour avec une demi-douzaine d'hommes.

Le mica est un excellent ambré argenté clair, possédant un bon clivage et est souvent de grande dimension, une grande proportion des feuilles donnant des tailles de 5″ × 8″.

Les travaux sont à un demi-mille à peu près à l'est de la rivière Gatineau et sur le lot 13a et consistent en un petit puits de surface suivant une veine de mica et de phosphate de haute catégorie nettement tracée allant du nord-est au sud-ouest, le filon faisant évidemment partie d'un gisement de nid et de fissure.

L'affleurement a laissé voir une formation excessivement favorable et le dépouillement et des tranchées en travers de la ligne d'allure feraient probablement découvrir des veines parallèles semblables.

Sur le lot 12a on a ouvert beaucoup de petits puits de prospection. L'excavation principale est un grand gradin ou galerie allant de l'est à l'ouest, et plongeant 60° au sud, suivant une zone fissurée dans la pyroxénite contenant des quantités considérables de mica. Le puits est situé sur la crête d'une arête basse de pyroxénite vert foncé qui a été traversée et éclatée par des apophyses et des filons d'une roche acide rougeâtre à grain fin, consistant principalement en feldspath, avec un peu de quartz et beaucoup de cristaux de titanite bien formés, épais dans l'amas. Le mica paraît exister sur le contact de ce felsite et de la pyroxénite mais il peut y avoir une relation apparente seulement entre le mica et l'irruption acide.

La roche acide postérieure a été probablement injectée dans un gisement de mica en nid et fissure et la consolidation sur des joints étroits dans la roche donne maintenant à la formation l'aspect d'un gisement de mica dû au contact de la felsite et de la pyroxénite.

L'injection de la roche postérieure a exercé une influence considérable sur le pyroxène. Le long des contacts, le pyroxène vert foncé a été altéré sur diverses distances en une actinolite fibreuse, bleu verdâtre foncé, et des amas de la roche antérieure qui ont été enclavés dans la felsite sont complètement métamorphisés.

Il y a quelquefois des druses dont les murs sont tapissés de prismes tranchants, nettement monoclinaux, d'actinolite.

Il y a un peu de molybdénite avec la felsite et on a trouvé des amas du poids d'une demi-livre. On a sorti de ce gisement de très grands cristaux de mica et la galerie qui est maintenant descendue à 60 pieds à peu près laisse voir une forte veine de mica en profondeur. Un peu de phosphate brun accompagne le mica et il y a dans la roche beaucoup de pyrite.

On ne se sert pas de machines dans la mine qui vaudrait cependant la peine d'être plus développée.

Rang XIV, Lot 10, N. ½.—Mine McClelland. Ancienne mine de phosphate, ouverte, il y a vingt-cinq ans. La propriété a passé par bien des mains et appartient actuellement à M. R. McConnell qui a cessé de l'exploiter en 1908.

La mine est située à 2 milles de Cantley et produit du mica foncé dont beaucoup est broyé et fracturé, et, par conséquent sans valeur.

Le gisement est un bon exemple de la catégorie de contact. Un dyke de pyroxénite ayant une allure du nord au sud, recoupe le gniss foncé à biotite, toute la formation étant très traversée de filons postérieurs de pegmatite.

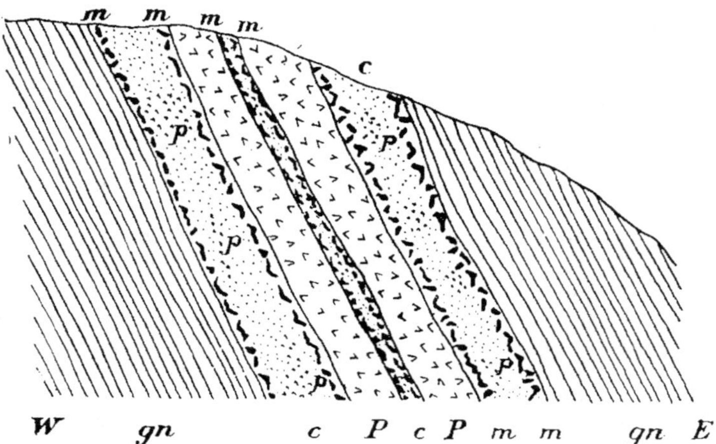

Fig. 18.—Coupe des gisements de mica de la mine McClelland, lot 10, rang XIV, Canton de Hull, Québec.

gn, gneiss ; P, pyroxénite ; c, calcite ; p, apatite ; m, mica, limité presque entièrement aux contacts.

Sur le contact de l'ouest un grand gîte de calcite rose et de phosphate, bien massif et sucre vert, s'est formé, contenant beaucoup de mica, le tout plongeant 70° à l'est. Ce gîte de contact dont la largeur moyenne est de 95 pieds a été suivi sur l'inclinaison jusqu'à une profondeur de plus de 100

9

pieds et sur une distance de 150 pieds, des étagères étant insérées par intervalles et une voie de halage boisée ayant été construite à l'extrémité nord.

La mine n'a pas beaucoup de valeur pour son phosphate et est plus importante pour le mica.

Lot 15.—Appartient à MM. D. et T. Ramsay de Cascades.

La mine a été exploitée pour la première fois en 1907 par le propriétaire avec sept hommes. Les travaux n'ont duré qu'un mois et on a sorti sept barils de mica façonné au pouce de couleur et taille moyennes. Plusieurs puits de surface ont été ouverts, mais le mica ne paraît pas être persistant.

Rang XV, Lot 12.a—Mine Dacey. Cette mine appartient à la General Electric Company et a été exploitée pour la première fois il y a plus de vingt ans par MM. Chubbock et Rainsford d'Ottawa, qui ont travaillé une année. Webster & Co. ont ensuite pris la mine et ont continué à travailler avec intermittence durant cinq années avec quinze hommes à peu près et ensuite elle a été vendue aux propriétaires actuels. Ces derniers ne l'ont jamais travaillée et la mine est inactive depuis 1904.

Les travaux consistent en plusieurs puits profonds et étroits foncés dans une zone filoneuse de mica et de phosphate. Les veines ont une allure nord-ouest et sud-est et contiennent de grandes quantités de phosphate, surtout de l'espèce sucre où est encastré un mica ambré argenté clair.

L'excavation la plus profonde est descendue à 50 pieds et à 50 pieds à peu près de longueur et montre une veine d'une largeur moyenne de 4 pieds. La distance d'Ottawa est 18 milles.

Lot 12 C.—Fait partie du groupe de mines situées à 2 milles environ de Wilson Corners sur une arête de gneiss altéré coupé par des dykes de pyroxénite, le tout puissamment pénétré par des filons et des apophyses de granite.

La mine appartient à M. W. McAllister d'Ottawa et est louée à présent par M. F. J. Glashan de Wilson Corners, qui a commencé à y travailler au début de 1910 avec une demi-douzaine d'hommes et a sorti une quinzaine de tonnes de mica grossier.

La mine a été considérablement exploitée dans le passé par divers propriétaires et il y a de nombreuses excavations. Un puits est descendu à 75 pieds dans un gisement en nid de phosphate-sucre et de cristaux de mica de taille moyenne et de couleur de mica ambré argenté clair.

Toutes les excavations donnent de bonnes indications de mica qui sans être en grande quantité sont de bonne qualité et paraissent persister en quantité suffisante pour justifier d'autres forages.

Le phosphate qui est surtout de l'espèce sucre est recouvré comme sous-produit.

Le mica est charrié à Wilson Corners à l'atelier de façonnage du locataire, d'où il est expédié au consommateur.

Lot 13.—Appelé mine Connor, et détenu sous promesse de vente par O'Brien et Fowler d'Ottawa qui ont exploité la mine en petit en 1910. Elle a été travaillée en différents temps par divers exploitants, y compris MM. Chubbock et Rainsford et M. Connor.

Il y a deux grands puits, dont le plus profond a 60 pieds et de plus, beaucoup d'excavations. Le mica ambré argenté clair est dans des veines

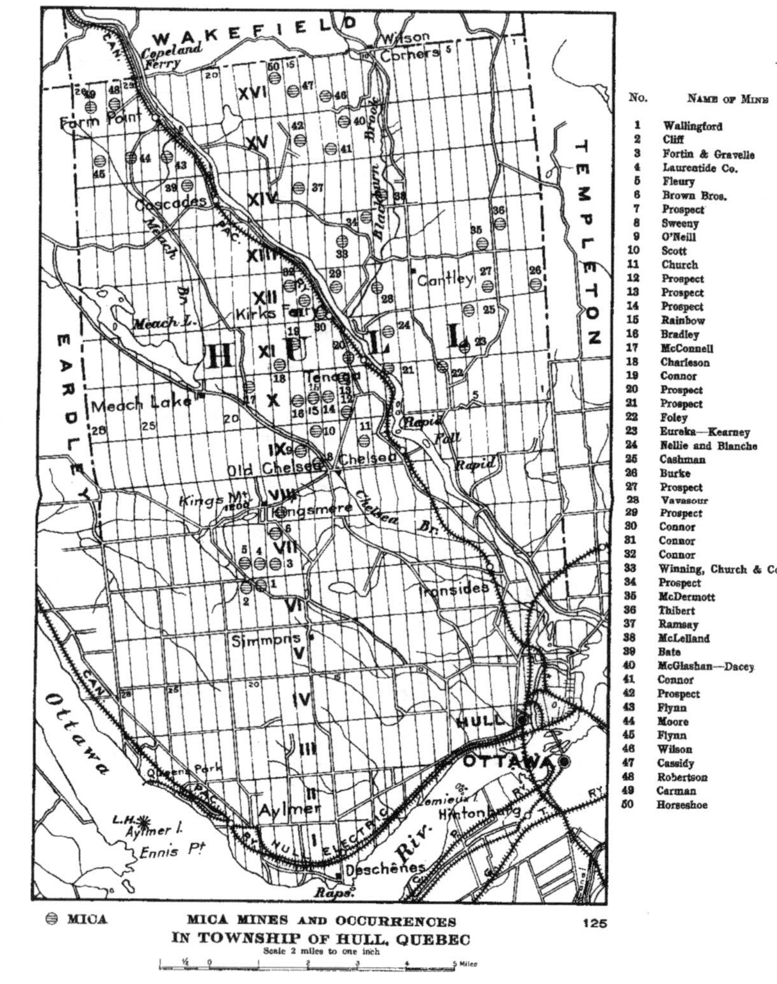

No.	NAME OF MINE
1	Wallingford
2	Cliff
3	Fortin & Gravelle
4	Laurentide Co.
5	Fleury
6	Brown Bros.
7	Prospect
8	Sweeny
9	O'Neill
10	Scott
11	Church
12	Prospect
13	Prospect
14	Prospect
15	Rainbow
16	Bradley
17	McConnell
18	Charleson
19	Connor
20	Prospect
21	Prospect
22	Foley
23	Eureka—Kearney
24	Nellie and Blanche
25	Cashman
26	Burke
27	Prospect
28	Vavasour
29	Prospect
30	Connor
31	Connor
32	Connor
33	Winning, Church & Co.
34	Prospect
35	McDermott
36	Thibert
37	Ramsay
38	McLelland
39	Bate
40	McGlashan—Dacey
41	Connor
42	Prospect
43	Flynn
44	Moore
45	Flynn
46	Wilson
47	Cassidy
48	Robertson
49	Carman
50	Horseshoe

⊝ MICA

MICA MINES AND OCCURRENCES
IN TOWNSHIP OF HULL, QUEBEC

Scale 2 miles to one inch

125

plus ou moins nettes ayant une allure de l'est à l'ouest et atteignant une largeur qui va jusqu'à douze pieds. Les veines persistent à suivre des fissures de contraction ou de dislocation dans la pyroxénite, dont les murs sont quelquefois tapissés de grands cristaux bien développés de pyroxène. (Voir planche XXIX).

Le travail exécuté durant 1910 a consisté principalement en prospection et les résultats ne semblent pas avoir été très satisfaisants.

Rang XVI, Lot 13.—Appelé mine Wilson, appartenant à M. Neil Stewart d'Ottawa. La mine est à proprement parler une mine de phosphate et a été ouverte, il y a une vingtaine d'années par M. J. A. Wilson de Cantley, qui détient maintenant la mine à bail et l'exploite chaque hiver avec une demi-douzaine d'hommes, le mica est recouvré comme sous-produit.

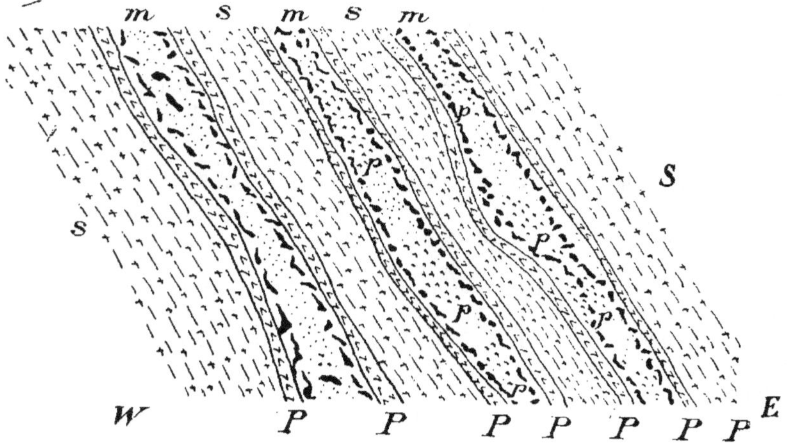

Fig. 19.— Coupe des dépôts de mica de la mine Horseshoe, lot 16, rang XVI, canton de Hull, Québec.

S, Gneiss altéré ; P, pyroxénite ; m, mica associé à de la calcite et des paquets d'apatite (p.).

Lot 15 N$\frac{1}{2}$, 16 $\frac{1}{2}$, 17.—Appelé la mine Horseshoe, voisine de la mine Haldane. La mine a été ouverte il y a une vingtaine d'années pour du phosphate et a été subséquemment acquise par la Lake Girard Mica Company, qui a exécuté des travaux considérables en 1891-92. La Kent Bros. Company de Kingston y a travaillé quelques mois en 1909 et a attaqué un gisement de mica et de phosphate accompagné de paquets de calcite rose, sur une distance de 80 pieds et a sorti pour $8,000 de mica. L'excavation a 35 pieds de profondeur et fait voir beaucoup de bandes étroites de pyroxénite vert foncé recoupant le gneiss foncé, le mica et le phosphate existant le long des contacts (voir Fig. 19).

Les veines vont du nord au sud et plongent 60° à l'est. Le mica est ambré foncé et assez friable, mais les cristaux sont souvent de grande dimension. Il y a beaucoup de pyrite et on trouve à l'extrémité nord des chantiers beaucoup de scapolite massive.

La mine est reliée à la grande route de Wilson Corners par deux milles de sentier de buisson.

Les apparences sont que le dépôt doit s'élargir en profondeur et qu'on pourrait avantageusement exécuter des travaux de perforation.

Lots 15 S. $\frac{1}{2}$, 16 S. $\frac{1}{4}$.—Appelés mine Cassidy. Cette mine est traversée par une large zone de pyroxène massif contenant des dépôts de mica le long des lignes de fissuration. Ces dépôts forment des accumulations en nids ou veines de mica qui peuvent être suivies sur quelque distance. On n'a pu observer de contact avec la roche encaissante dans aucune des excavations et il semble que le mode principal d'existence est en nids de forme irrégulière. On n'a pas remarqué de calcite et l'apatite est seulement en petits paquets.

Les cristaux de mica sont généralement de bonne dimension, mais ils se fendent et donnent beaucoup de mica-ruban de petite dimension. Les travaux sur cette mine ont été commencés en 1893 par la Cascades Mining Company et ont été continués par intervalles jusqu'en 1901 par diverses personnes, y compris un syndicat local appelé la Development Mica Mining Company; on dit que la mine a donné une proportion très satisfaisante de bonnes feuilles de mica vendables.

Les propriétaires actuels sont Webster & Co., d'Ottawa qui n'ont cependant fait aucun travail et les derniers travaux ont été exécutés en 1901 par MM. Wright et Jamieson.

Les emplacements suivants du Canton de Hull, Est, cités dans le rapport de M. Obalski n'ont pas été exploités davantage dans les années récentes.

Rang X, Lot 6.—Prospecté en 1892 par M. O. Robertson, et indications de mica signalées.

Rang XIII, Lot 9.—Indications de mica signalées.

Rang XIV, Lot 16.—Prospecté par M. Bishop dans les quatre-vingt-dix et affleurements signalés à l'extrémité nord du lot.

Lot 17.—Affleurements de mica signalés.

Rang XV, Lot 15 E. $\frac{1}{2}$.—Une quantité d'excellent mica a été sortie de cette mine dans les quatre-vingt-dix par M. Jamieson.

Lot 16, S. $\frac{1}{2}$.—A été travaillé à différentes reprises par Mortard et autres.

Lot 16, N. $\frac{1}{2}$.—Mine McFarlane, travaillée en 1892, a donné plusieurs tonnes de mica, sans compter beaucoup de phosphate.

Canton West Portland.

Rang I, Lots 31, 32.—Appartenant à M. J. Prud'homme d'Ottawa. La mine a été prospectée en 1910, par M. Charron et on dit avoir trouvé de bons affleurements. On se propose de reprendre le travail l'été prochain.

Rang III, Lots 12, 13.—Appelé mine du Lac Terreur, située au sommet d'une ahute colline, 2½ milles à l'ouest de la rivière Lièvre à laquelle on arrive par un sentier de broussailles.

La mine a été prospectée et travaillée durant peu de temps en 1893-94 par Lewis Bros & Co., de Montréal, qui ont cependant cessé les travaux au bout de quelques mois. On n'y a pas repris l'extraction.

Le mica est ambré clair, assez broyé et existe sur les fissures nord-est et sud-ouest, dans une pyroxénite gris clair. Les veines sont étroites et contiennent seulement des traces de calcite et de phosphate.

Il y a deux petits puits, le plus grand ayant 15 pieds de profondeur et aucun ne donne maintenant d'indications de mica.

Lot 14 S. ½, 15.—Appelée mine Chabot, ouverte en 1899 par J. A. Chabot & Co., d'Ottawa, qui signale un rendement de six tonnes de mica dégrossi à la main.

Les travaux sont situés sur la crête d'une arête haute de 500 pieds et 4 milles à l'ouest de la 'rivière Lièvre, à laquelle on accède par un sentier de broussailles. On peut aussi arriver à la mine par un sentier à pic long de 1½ mille et communiquant avec la route de Wakefield par le lac McArthur.

Les travaux ne sont pas considérables et consistent en trois ou quatre petits puits dont le plus grand a 300 pieds de longueur, 12 pieds de largeur et 25 pieds de profondeur. Les excavations ont été pratiquées sur des veines de fissure dans une pyroxénite grisâtre clair, l'allure des veines étant nord-ouest et sud-est. Le mica est un ambré clair de dimension moyenne et est associé à de petites quantités de phosphate, la calcite n'existant que....

Le massif de dyke fait preuve d'un haut degré de différenciation, on trouve dans la roche de pyroxène compacte et finement grenue ce qui paraît être des amas séparés de feldspath grossièrement cristallin blanc et brun.

Il y a aussi un peu de scapolite bien cristallisée en géodes associées à du phosphate vert.

Cette propriété a été travaillée pour la dernière fois, il y a une huitaine d'années et a été achetée récemment par la Progressive Mining Company Ltd., d'Ottawa, qui se propose de commencer les travaux l'été prochain.

Lot 24 N. ¼.—Mine Lila. Cette mine est située sur une colline de 300 pieds de hauteur et 5 milles à l'ouest de la rivière Lièvre. On arrive aux travaux en venant de Wakefield, par une bonne route jusqu'au lac McArthur d'où un sentier de 2½ milles mène à la mine. La distance d'Ottawa est de 30 milles.

Primitivement ouverte pour le phosphate dans les soixante-dix par M. John Doller du Lac McArthur la mine a été achetée en 1898 par la Lila Mica Mining Company qui a employé une équipe de vingt-cinq hommes et construit un grand camp.

Le travail a été exécuté par intervalles durant plusieurs années, et en 1907, un nouvel essai d'extraction a été tenté, mais après qu'une tranchée eut été pratiquée dans les anciens ouvrages pour faire sortir l'eau, les travaux ont été suspendus et, depuis, la mine a été inactive.

Il y a cinq puits sur la mine, le plus profond a 60 pieds. C'est un ciel-ouvert ou carrière creusé sur le côté sud-est d'une colline et du fond duquel des galeries ont été pratiquées 30 pieds au nord sur des veines en nids de mica et de phosphate dans une pyroxénite grise. Le massif du dyke varie d'une roche à grain moyen normale à un mica pyroxénite à grain fin et est recoupé dans le puits principal par un filon de pegmatite large de 9 pieds et allant nord-est et sud-ouest.

Le mica est de l'espèce ambré vineux moyen et est assez fragile. Il y a dans le gisement de grandes quantités de pyrite et de pyrrhotine.

Lot 24 S. ¼.—Travaillé par la compagnie précédente en 1898-9 durant quelques mois; un puits de 35 pieds de profondeur a été pratiqué. On dit avoir sorti des ateliers quelques très grands cristaux.

Rang IV, Lot 27.—Ancien producteur de phosphate, ouvert dans les quatre-vingt par MM. Fleming et Allan d'Ottawa et a, depuis, produit beaucoup de mica.

En 1891, M. H. McRae s'est procuré un bail de cette mine et des lots voisins 26 et 28 et a employé en moyenne 35 hommes durant des années pour extraire du mica et du phosphate. On a pratiqué deux grandes excavations, deux sur le lot 26 et une sur le lot 28, cette dernière munie d'un treuil à vapeur. Plus tard, la mine a été achetée par M. Farley d'Ottawa, propriétaire actuel.

En 1907, MM. Marcelais et Hamilton ont travaillé la halde et retiré quelque bon mica.

M. T. G. McLaurin a exécuté quelques mois de travail en 1908 en vertu d'un bail et depuis lors, il ne s'est plus fait de travail.

Les deux principaux puits ont été excavés jusqu'à une distance de 75 pieds sur 12 pieds de largeur et environ 45 pieds de profondeur. Ils suivent des veines de fissure parallèles de mica et de phosphate associées à de gros gîtes de calcite rose dans un dyke de pyroxénite grisâtre recoupant le gneiss foncé.

Plusieurs dykes de felsite gris et de granite traversent la mine, des quantités de tourmaline noire s'étant formées sur leur contact avec la roche encaissante. De grands amas de felsite grise grossièrement cristalline ont été trouvés dans la halde et contiennet de petits cristaux de titanite brune éparse. Ce feldspath paraît être un produit de ségrégation du massif du dyke.

Lot 28.—Faisait partie de la mine de phosphate Fleming et Allan et appartient maintenant à M. W. A. Allan d'Ottawa.

Les haldes ont été retournées en 1907 par M. Winning qui en a retiré beaucoup de mica.

En plus de ce qui précède, les emplacements suivants de Portland Ouest sont cités dans les rapports de M. Obalski et de M. Cirkel, mais on n'a pas pu avoir d'autres renseignements.

Rang III, Lot 16.—Prospecté en 1900 et indices de mica signalés.

Rang IV, Lots 16, 17, 18.—Affleurements de mica signalés.

Rang V, Lots 24, 25.—Un peu de travail de surface a été exécuté par la Lake Girard Mica System.

Rang IX, Lots 5, 6.—Anciennes mines de phosphate originairement exploitées par la Canadian Phosphate Company. En 1892, M. W. McIntosh en a extrait quelques tonnes de mica. M. A. Cameron de Buckingham a exécuté quelques mois d'ouvrage en 1899 et s'est procuré beaucoup de mica de grande taille, avec aussi du phosphate.

Rang X, Lots 1, 2.—Indices de mica signalés.

District de la Rivière Gatineau et de l'Ouest.

Comté d'Ottawa.

Canton de Hull, Ouest.

Rang VI, Lot 19.—Appartient à MM. Wallingford qui ont commencé l'extraction, il y a environ 6 ans, employant douze hommes durant une année.

Les travaux sont situés à 2 milles de Kingsmere, sur le versant sud-ouest de l'arête où se trouvent les mines de la Laurentide Mica Mining Company, MM. Fortin et Gravelle, etc.

La roche encaissante est un gneiss à biotite normal, avec une allure nord-est et sud-ouest et plongeant 65° au sud-est. Des dykes foncés et à grain grossier de pyroxénite recoupent le pays en concordance et contiennent un mica ambré argenté clair et un peu de phosphate et de calcite rose dans des nids et fissures des zones de contact.

Plus tard, des filons granitiques à grain fin de couleur rocs ont traversé et éclaté les roches plus anciennes. Les irruptions granitiques ont une direction de l'est à l'ouest et ont exercé une influence considérable sur la pyroxénite qui dans le voisinage de la roche postérieure est fortement altérée en une actinolite bleuâtre, tandis que de grandes quantités d'amiante gris bleu se sont formées le long des contacts. Les fibres de cette amiante atteignent quelquefois une longueur de 6". Les travaux consistent en plusieurs ciels-ouverts et galeries creusées par intervalles le long du contact à une profondeur de 35 pieds, mais la plupart de ces puits sont défoncés et en végétation.

Lot 20.—Appelé mine Cliff et appartenant à Brown Bros., de Cantley. Les propriétaires ont commencé à travailler en 1898 et ont continué durant 10 mois, une force de cinq hommes y étant employée.

Il ne s'y est pas fait d'autre extraction. La mine a donné environ quarante tonnes de mica brut ambré argenté de première catégorie.

Il y a trois puits, le plus grand ayant 30 pieds de profondeur, excavé sur un dépôt en nids dans de la pyroxénite normale.

On dit que le puits principal laisse voir de bonnes indications de mica en profondeur.

Rang VII, Lot 18 N. ½.—Mine Eva appartient à Brown Bros., de Cantley, qui y a travaillé deux mois en 1898 avec cinq hommes et a sorti un peu de mica.

Lot 18 S. ½.—Appartenant à MM. Fortin et Gravel de Hull et avoisinant la mine de la Laurentian Mica Company.

108

Les propriétaires ont commencé à travailler en 1899 avec une force de huit hommes et ont continué par intervalles jusqu'en 1906.

Les travaux consistent en deux puits principaux foncés sur un gisement de mica en nids ayant une direction générale du nord-est au sud-ouest et existant apparemment au contact des éperons de pyroxénite et du gneiss gris ou à peu près. Il y a dans la pyroxénite beaucoup de pyrite et le gneiss est fortement imprégné de ce minéral près des contacts. La mine a produit beaucoup de gros mica.

Un des puits a été excavé à une profondeur de 90 pieds tandis que d'autres sont descendus jusqu'à une vingtaine de pieds et on dit qu'ils possèdent encore de bonnes indications de mica en profondeur.

Le mica est charrié à Hull où sont situés les ateliers de façonnage.

Tous les bâtiments de la mine, y compris la maison de pension, l'écurie, l'atelier de taille, sont maintenant plus ou moins détériorés.

Lot 19.—Cette mine qui était autrefois la propriété de MM. Brown Bros., et qu'ils ont exploitée en 1899 a été transferrée en 1901 à la Laurentide Mica Company.

Cette dernière avait 20 hommes sur la mine jusqu'à l'automne 1908.

En 1910, les opérations ont été reprises sur une petite échelle, cinq hommes seulement étaient employés et quand nous l'avons visitée, ce nombre d'hommes travaillaient à foncer un puits de 9 × 7 et des galeries au sud sur ce qui paraissait être une fissure irrégulière contenant du phosphate et du mica.

Une vingtaine de puits sont épars sur la mine, la plus grande profondeur atteint étant de 80 pieds. En plus, de grandes tranchées ont été pratiquées et la surface a été soigneusement prospectée.

Une perforatrice diamantée a été amenée sur la mine, il y a quelque temps, mais n'a jamais fonctionné. Une maison de pension pour 40 hommes, atelier de générateur, hangars de façonnage, écuries, etc., ont été construits sur la mine qui est à même à quelques jours d'avis d'employer tout un fort contingent de travailleurs.

A présent le levage se fait au moyen d'un treuil à cheval ordinaire et le forage se fait à la main. Le mica est de l'ambré clair et se fend bien, les cristaux sont de dimension moyenne.

L'existence paraît être un gisement de lit et de fissure dans une zone fracturée avoisinant le contact d'une pyroxénite de couleur moyenne avec du gneiss foncé, le tout étant très recoupé de pyroxénite grise très recoupée par de la pegmatite grise dont les filons n'ont pas de direction bien nette.

La mine et la propriété Fortin et Gravelle sont adjacentes. De fait, ce puits qu'on fonce à présent n'est qu'à quelques pieds de distance des ateliers de cette dernière et l'eau de là commence à causer des difficultés.

La Fig. 20 donne un plan esquisse de l'usine.

Lot 20 S. ½.—Mine Fleury. Appartient à MM. Fleury Bros., de Kingsmere et a été d'abord exploitée par M. C. Brown de Cantley en 1898 avec deux hommes. Plus tard, des travaux ont été commencés par les proprié-

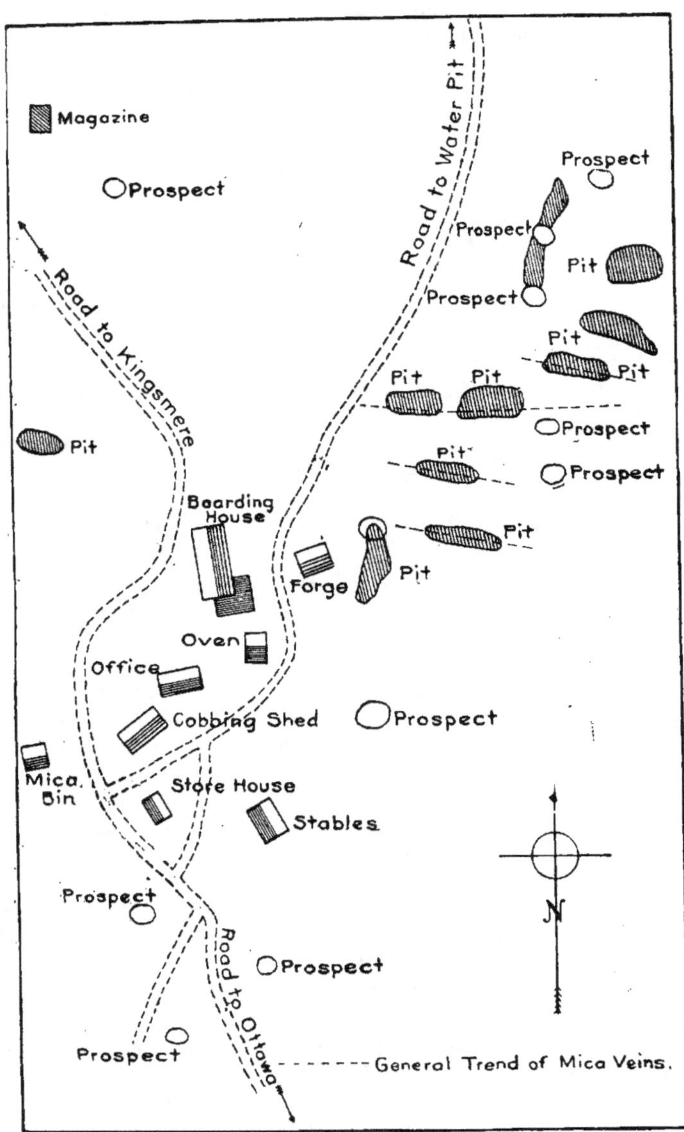

Fig. 20.—Croquis des ouvrages de surface, mine de la Laurentian Mica Company, lot 19, rang VII, canton de Hull, Québec.

taires qui ont employé une demi-douzaine d'hommes par intermittence jusqu'en 1908, époque depuis laquelle la mine est inactive. Environ 20 tonnes de mica dégrossi à la main ont été sorties des travaux qui consistent en deux puits profonds de 35 pieds et plusieurs excavations de surface de moindre importance.

Le gisement est du genre en nids contenant un mica argenté ambré de haute catégorie, de la calcite rose et beaucoup de phosphate. Cent tonnes à peu près de ce dernier minéral ont été produites.

Rang VIII, Lot 17.—Appartient à M. James Padden, de Kingsmere. La mine est à un mille et demi à peu près au sud de la route de Kingsmere à Old Chelsea et a été exploitée quelques semaines au début de 1910, par MM. Winning et Church. Deux excavations sans profondeur seulement ont été pratiquées et quelques centaines de tonnes de bon mica et 2 tonnes de phosphate ont été sorties.

Lot 18.—Appartient à M. Lawrence Dunn de Kingsmere qui a loué la mine à M. H. Flynn en 1909. Ce dernier ne l'a exploitée que peu de temps et a sorti une certaine quantité d'un petit nid. Le mica est de bonne qualité et souvent de bonne dimension et accompagné de phosphate et de calcite.

Rang IX, Lots 14 N. ½, 15 N. ½.—Mine Scott. C'est une ancienne mine de phosphate, ouverte il y a vingt ans, par M. Michael Scott de Old Chelsea.

Il y a une quinzaine d'années, M. M. G. Robertson a loué la mine et l'a exploitée quelques mois avec une douzaine d'hommes, sortant quelques tonnes de mica brut. Il ne s'est plus fait d'autre travail depuis que ce dernier a cessé de travailler.

Le puits le plus profond est descendu seulement à dix pieds et il y a beaucoup d'ouvertures superficielles creusées du côté est d'une petite arête de gneiss et de calcaire cristallin recoupé par des dykes étroits de pyroxénite, le tout traversé par des filons postérieurs de pegmatite.

Le mica est ambré argenté clair, très broyé et fracturé. Il y a avec le mica beaucoup de phosphate rouge foncé, mais il contient trop de fer pour avoir de la valeur. L'existence de jaspe rouge sur la mine est intéressant. Plusieurs filons de ce minéral se rencontrent aux contacts entre les dykes de pegmatite et le calcaire cristallin. Le jaspe est d'une couleur rouge foncé et est associé à de la spécularité et de la calcite, le filon ayant dans un cas, plus de 3 pieds de largeur.

L'ocre rouge et la steatite existent aussi dit-on sur la mine, mais n'ont jamais été exploitées.

Lot 15 S. ½.—Cette mine appartient à M. John Sweeney de Old Chelsea et a été ouverte pour le phosphate, il y a plus de vingt-cinq ans. Le propriétaire l'a, depuis, exploitée par intervalle pour le mica. En juin 1910, MM. Kent Bros., de Kingston, ont loué la mine et ont employé une demi-douzaine d'hommes durant l'été pour prospecter et dépouiller. Plusieurs puits ont été foncés sur des veines de mica, mais dans tous les cas on a trouvé qu'il était de pauvre qualité, ne se fendait pas facilement et était considérablement broyé. Le gisement est du genre de nid ordinaire et contient du phosphate brun massif et de la calcite rose. Des dykes de pegmatite massive traversent la mine et il se peut que l'irruption de ces dykes postérieurs et les dislocations subséquentes qu'ils ont causées, soient cause du broyage du mica. On dit que MM. Kent Bros ont maintenant cessé d'exploiter la mine.

Lot 16.—Appartient à Mme J. O'Neil de Old Chelsea. Un peu de travail a été exécuté par le propriétaire depuis 1903, mais il n'a pas été produit beaucoup de mica. Le puits le plus profond est descendu à 25 pieds, sur un petit dépôt en nid de mica argenté clair et de phosphate dans une pyroxénite grossièrement cristalline.

Une petite galerie a été pratiquée le long de quelques pieds au nord et au sud sur une veine étroite de mica, mais les indications ne font pas supposer l'existence d'un grand dépôt.

Rang X, Lot 11.—Appartient à M. C. Church de Old Chelsea. La première extraction faite remonte à 1897, par le propriétaire, et en 1904, MM. Kent Bros ont fait quelque travail d'exploitation. En 1910, MM. Winnig, Church & Co., ont commencé des opérations qui cependant n'ont duré que quelques semaines parce que le mica, ambré argenté, de dimension moyenne était trop fracturé et n'était pas en quantité suffisante pour rendre l'exploitation profitable.

Le dépôt est de la catégorie nid, un peu de calcite rose et de phosphate accompagnent le mica. La pyroxénite, roche molle de couleur claire a été très éclatée, par des irruptions postérieures de felsite rose à grain fin qui n'a pas cependant causé une aussi grande altération de la pyroxénite que dans le rang XIII, lot 12, de l'autre côté de la rivière, où une irruption granite semblable a changé le pyroxène en actinolite bleue (voir page 293).

Il y a un puits seulement de quelque dimension, sur la mine; il a 30 pieds de profondeur à peu près et laisse voir une petite veine irrégulière de mica recoupé par de la felsite.

Lot 13, N. ½.—Appartient à M. James Reynolds de Kirk Ferry, et a été exploité durant quelques semaines en 1898 par M. J. Swan. On en a sorti quelques barils seulement de mica et on n'y a plus fait d'autres travaux.

Il y a plusieurs excavations sans importance sur la mine, laissant voir un peu de mica sur les joints et les nids dans une pyroxénite normale recoupant la calcaire cristallin.

Lot 13 S. ½.—On a extrait un peu de petit mica assez broyé de cette mine appartenant à M. M. May d'Ottawa. Les excavations sont sans importance.

Lot 14.—Appartient à M. Thomas Macauley de Old Chelsea, et a été prospectée à la surface il y a une dizaine d'années. On a trouvé alors un peu de mica.

Lot 15.—Appartient à M. George Rainbow de Aylmer. M. H. Flynn y a exécuté six mois de travail à bail, en 1906, et a sorti un millier de tonnes de mica grossier. Depuis, il ne s'y est pas fait de travail.

Lot 16.—Ancienne mine de phosphate appartenant à M. F. Bradley de Old Chelsea.

Divers exploitants y ont exécuté des travaux au cours des quinze dernières années, savoir: MM. Clemow et Powell, la Lake Girard Mica System et MM. Kent Bros. La mine a été inactive depuis 1908. Il y a un certain nombre de petites excavations, tranchées, etc., le puits le plus profond ayant 25 pieds.

Le mica est de l'ambré clair de bonne qualité.

Lot 19 N. ½.—La mine a été récemment achetée par M. R. McConnell d'Ottawa qui n'a pas encore commencé l'exploitation. M. Dunlop de Old Chelsea y a exécuté trois mois d'ouvrage en 1906 et sorti deux tonnes de mica dégrossi au pouce. Un puits de 18 pieds a été foncé sur un gisement en nid de mica clair et de phosphate brun, les excavations ayant été exécutées le long du contact de la pyroxénite et d'un dyke de granite postérieur. Ce dernier a une allure O 20° N et plonge de 75° au sud. Le chevet étant couvert par une bonne épaisseur de cristaux de mica de dimension moyenne et très fracturé.

L'écrasement est un défaut dont souffre la majeure partie du mica de cette mine, 25 p. c. seulement du minéral extrait convenant pour la vente. Le phosphate est sous forme de cristaux bien développés, encastrés dans de la calcite rose sur de petites fissures et géodes dans la pyroxénite.

Lot 23.—La mine a été exploitée sur une petite échelle durant quelques semaines en 1900 par la Mica Mining and Manufacturing Company; résultats inconnus.

Rang XI, Lots 12, 13 S. ½.—Un peu de mica a été sorti de cette mine, il y a une quinzaine d'années, par M. Haycock d'Ottawa qui en avait d'abord extrait du phosphate.

Quelques puits sans profondeur ont été creusés et ils sont maintenant comblés par la végétation.

Lot 16.—Il s'est fait quelque prospection sur la mine, il y a une dizaine d'années; mais les travaux sérieux n'ont commencé qu'en 1907, époque où la Laurentide Mica Company a commencé à exploiter à bail, durant quelques mois.

En 1910, elle a commencé des travaux suivis employant une douzaine d'hommes, et a construit un camp.

La mine est à 2 milles à peu près au nord-est de la route qui va de Old Chelsea au Lac Meach et s'y relie par un bon sentier.

Le mica est ambré foncé de bonne catégorie et de dimension moyenne, on le trouve dans des joints et fissures d'une pyroxénite claire, près de son contact avec le gneiss gris où sont intercalées des bandes de calcaire cristallin.

Des cristaux bien formés d'apatite verte et brune existent avec le mica et la calcite rose et grise constitue le remplissage des fissures.

Le district est profondément recoupé par des pegmatites plus récentes et des filons de felsite plus grossière. On trouve quelquefois de la molybdénite près du contact de ces dykes acides avec la pyroxénite mais jamais en quantité de quelque importance, les cristaux étant habituellement petits et sporadiques.

Les ateliers ne sont pas considérables, ils consistent en plusieurs ciels-ouverts d'une vingtaine de pieds de profondeur, le plus grand ayant 45 pieds de longueur et 15 pieds de largeur foncés sur une veine de mica allant du nord-ouest au sud-est. Une seconde excavation au nord de la précédente est un puits 10 × 10 pieds et profond de 25 pieds montrant du bon mica en profondeur.

Le levage se fait au moyen d'un treuil à main et des grues sont en cours d'érection, on ne se sert pas de machines à présent.

Lot 16.—Appartient à M. J. H. Connor d'Ottawa qui l'a exploité quelques semaines, il y a neuf ans. En 1903, MM. Fortin et Gravelle ont fait un peu d'extraction et en 1910 O'Brien et Fowler se sont procuré une promesse de vente sur la mine et ont exécuté des travaux de prospection. Les ateliers consistent en quelques petits puits près du sommet de l'arête Gatineau ouest et à un mille à peu près de la rivière.

L'excavation principale est un ciel-ouvert ou tranchée profonde de 15 pieds, large de 12 et longue de 160 avec une direction de l'est à l'ouest et suivant un dyke étroit de pyroxénite qui recoupe le gneiss foncé. Le mica est épars dans un amas de phosphate compacte gris et sucré, il est de bonne couleur, mais très broyé et tordu et souvent enclin à la structure rubannée.

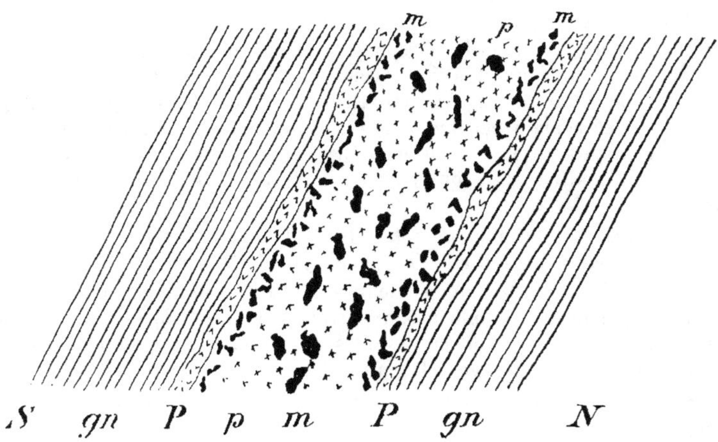

Fig. 21. — Coupe des dépôts de mica, lot 16, rang XI, Canton de Hull, Québec.

gn, gneiss; P, pyroxénite; m, mica; p, apatite.

Il y a peu ou point de calcite et la roche pyroxène de chaque côté de la veine n'a que 3″ de largeur. Le gisement plonge 60° au sud et est recoupé par plusieurs filets de pegmatite rosée ayant une direction du nord-ouest au sud-est. Il ne paraît pas avoir exercé la moindre influence sur le mica ou le phosphate.

Lot 17.—Appartient à M. W. Charleson d'Ottawa, et a été exploité pour la première fois une quinzaine d'années par M. Brown de Cantley.

Par la suite, M. J. Flynn y a exécuté quelques semaines de travail avec une couple d'hommes et a sorti quelques centaines de livres de mica brut.

En 1907 et 1908, le propriétaire actuel a employé quelques hommes sur la mine, durant six semaines et depuis, il ne s'y est pas fait d'autre travail.

L'existence est un nid de mica phosphate et calcite rose et on a pratiqué seulement quelques excavations sans profondeur, aucun des puits ne dépassant 15 pieds.

Rang XII, Lots 14, 15, 16.—Ancienne mine de phosphate et exploitée pour la première fois, il y a une trentaine d'années par M. Irish d'Aylmer. M. Snow d'Ottawa l'a, par la suite, exploitée pour le mica. Il a sorti quelques barils de matière grossière en plus de soixante tonnes de mica de haute catégorie d'un nid dans le nord de la mine.

En 1908, M. H. Flynn s'est procuré une promesse de vente et a extrait 3 tonnes de mica grossier, mais qui était rouilleux et de pauvre qualité.

Le propriétaire, M. J. H. Conner a exécuté quelques semaines d'ouvrage l'été suivant et, en 1910, M. M. O'Brien et Fowler ont commencé à prospecter dans le but d'acquérir la mine. On a trouvé cependant que le mica est de pauvre catégorie et les travaux ont été vite abandonnés.

Il y a beaucoup de petites excavations éparses sur ces lots, la plus grande étant un vieux puits phosphate près du chemin de fer. Ce puits a 35 pieds de profondeur et a été formé en ouvrant une carrière sur le côté nord d'un petit monticule de pyroxénite recoupé par une pegmatite grossière. Le dyke acide a pénétré dans un grand nid de phosphate bigarré vert et rouge et a produit la formation, dans le phosphate, de quantités considérables de tourmaline noire qui traverse l'apatite massive en petits filons et filets.

Il y a très peu de mica en cet endroit et la calcite est relativement rare dans tout le dépôt qui est associé à une pyroxénite vert foncé.

Rang XIV, Lot 22.—Appartient à M. John Bate des Cascades. En 1899 le propriétaire a commencé à y travailler et a continué durant deux mois. En 1908 M. Wilson de Cascades a pris la mine à bail et a exécuté quelques semaines d'ouvrage. Depuis cela, la mine est restée inactive.

Les ouvrages consistent en deux puits descendus jusqu'à 15 pieds dans un dépôt en nid de mica accompagné de beaucoup de calcite rose.

Le mica est foncé et assez broyé et se trouve dans des joints à des fissures dans une pyroxénite grisâtre recoupant un gneiss encaissant qui plus tard a été grandement pénétré par des dykes de granite rose. Les irruptions de granite ont très altéré le gneiss à biotite, qui conserve rarement sa structure genissoïdale originale et prend plutôt l'aspect de granite gneiss.

Le district, au nord de cette mine et à l'ouest de la rivière Gatineau présente un complexe de bien des types de roches éruptives. La roche encaissante est un gneiss gris à biotite successivement pénétré et éclaté par des dykes et des soulèvements de granite, diorite, serpentine, etc. On peut quelquefois trouver ces roches en association intime sur une étendue limitée.

Rang XV, Lot 23.—Mine Cascades. Cette mine a été exploitée pour la première fois, il y a une vingtaine d'années par M. Flynn, puis par M. Jamieson, et en 1900 par Webster & Co. Le travail a été exécuté sur un gisement de contact de mica ambré foncé entre la pyroxénite et le gneiss altéré.

Il y a un peu de phosphate avec le mica, accompagné de beaucoup de calcite rose formant le remplissage de contact entre le gneiss et la pyroxénite.

Au début de 1910, M. H. Flynn a fait exécuter un mois de travail. Sur sa mine, plus tard, il a retravaillé des haldes et retiré une quantité de mica variable.

Cette mine a donné beaucoup de beau mica dont une partie de dimension extraordinaire. Des feuilles 8″ × 2″ et 8″ × 12″ n'étaient pas rares et on dit qu'un grand cristal de 5 × 7 pieds a donné 6,300 livres de mica dégrossi à la main.

En plus du puits principal, il y a beaucoup de petites excavations dont la profondeur varie de 10 à 20 pieds.

On employait autrefois une force moyenne de 15 hommes; on n'a jamais employé de machines et la mine est à un mille à peu près de la gare de Cascades.

Lot 25.—Appelé mine Moore et appartenant maintenant à Webster & Co., d'Ottawa. Exploité d'abord en 1890 par W. Powell qui a exécuté quelques mois de travaux avec un petit nombre d'hommes. La mine passa ensuite aux mains de MM. Smith et Lacey de Sydenham qui avait dix hommes au travail durant une couple d'années. MM. Jamieson et Wright d'Ottawa achetèrent ensuite la mine et l'exploitèrent par intermittence durant cinq ans, après quoi elle passa aux mains des propriétaires actuels. Ces derniers ont fait peu de travail sauf à la surface et pour retourner la halde, travail exécuté par M. Keller en vertu dun contrat en 1907-8. La mine a été virtuellement inactive depuis dix ans.

Cette mine fut une des premières ouvertes dans le district et il s'est fait beaucoup de travail. Il y a beaucoup de puits et les parties visibles indiquent un dépôt du genre de nid contenant un mica de dimension moyenne de bonne couleur et qualité.

Le gisement semble être associé à un régime d'éperons rayonnant d'un massif central de pyroxénite, le tout étant grandement recoupé par des filons postérieurs de granite; ces derniers ont été cause de dislocations qui ont grandement contribué à la nature écrasée des cristaux de mica qui est le trait marquant de ce district.

Lot 27.—Appartient à M. H. Flynn. La mine qui est située à 2 milles à peu près de Farm Point a d'abord été exploitée par le propriétaire en 1905 et a été exploitée depuis, par intervalles.

Le dépôt est du genre de nids, le mica qui est couleur foncée et souvent de grande dimension étant en veines irrégulières et en nids dans une pyroxénite blanche recoupant le gneiss et le granite.

Le mica a été extrait au moyen d'une tranchée à ciel-ouvert pratiquée dans le côté nord-est d'une haute arête, sur une distance de 120 pieds et profonde de 50 pieds à son extrémité sud-ouest ou intérieure. Les veines maîtresses ont un plongement d'environ 30° au sud-est.

Le dernier travail fait sur la mine a été exécuté en mai 1910, époque à laquelle les haldes ont été aussi retravaillées pour recouvrer le mica.

Rang XVI, Lot 26.—Appartient à M. H. Robertson d'Ottawa, qui l'a d'abord exploitée pour le mica il y a trente ans. Il y a une dizaine d'années, le propriétaire a extrait un peu de mica, mais depuis rien ne s'est fait.

Rang XVI, Lots 27, 28.—Cette propriété qui appartient à M. Osborne Carman de Farm Point est située à quelques centaines de verges des ouvrages de Flynn sur le rang XV.

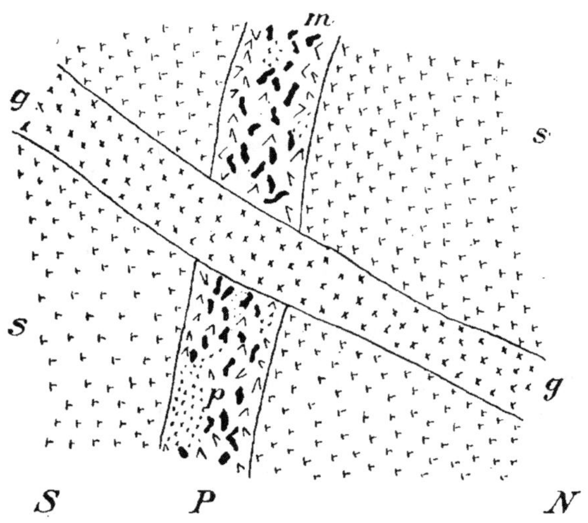

Fig. 22.—Coupe d'un filon de mica recoupé par un dyke de granite, lot 27, rang XVI, Canton de Hull, Québec.

S, syénite rose grossière ; P, dyke de pyroxénite, contenant du mica (m) et de l'apatite (p) ;   , granite.

Les travaux pour le mica ont été d'abord commencés par le propriétaire en 1910 et, depuis, ont été continués par accès.

Il ne s'est pas fait de travaux considérables, les ouvrages consistent en quelques puits sans profondeur sur de petits nids de mica dans une pyroxénite verte normale.

Le mica est de couleur très foncée, ressemblant à de la biotite type, est très fracturé et se fend mal.

Les affleurements sur cette mine laissent voir des traits géologiques très compliqués, granite, pyroxénite et dykes et filons de serpentine recoupant le gneiss encaissant et se recoupant les uns les autres dans diverses directions.

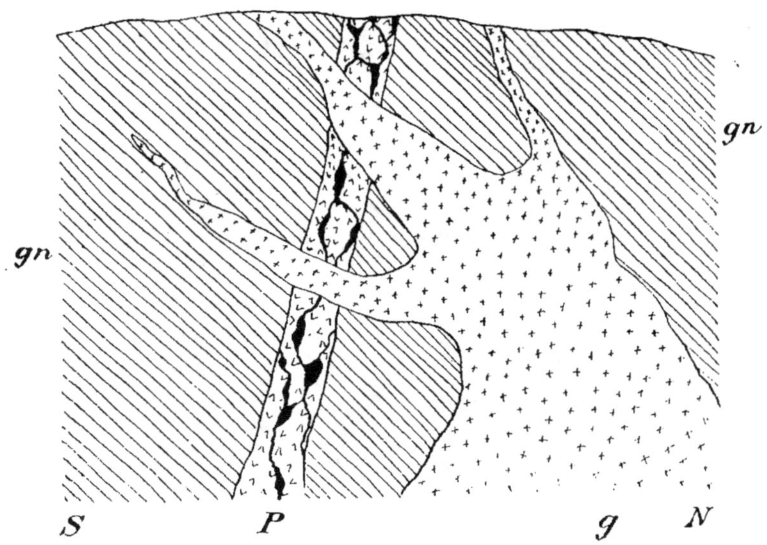

FIG. 23. — Coupe schématique du gisement de mica, lot 27, rang XVI, Canton de Hull, Québec.

Gn, gneiss ; P, dyke de pyroxénite contenant du mica en nids et veines ; , irruption de granite.

Canton Masham.

Rang III, Lot 17.—Appartient à M. F. Biron de Masham. La mine est trois milles à l'ouest de Wakefield et a été exploitée la première fois à bail, il y a une vingtaine d'années. En 1907, M. H. Flynn y a fait travailler une demi-douzaine d'hommes durant quelques mois, il n'y a pas été fait d'autre travail.

Le mica est dans des joints de ce qui paraît être une zone éclatée de pyroxénite près de son contact avec le gneiss foncé. La pyroxénite elle-même est de couleur gris foncé et montre des traces bien nettes de différenciation, contenant dans sa masse des "schlieren" de roche acide, principalement un feldspath brun gris, mélangé d'un peu de quartz, et quequefois de petits cristaux de titanite.

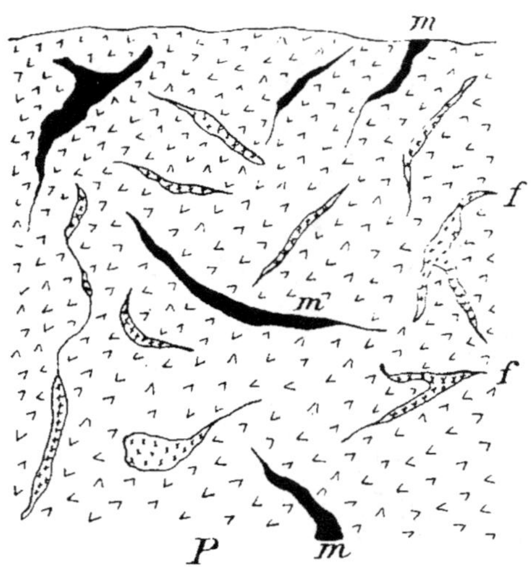

FIG. 24. — Coupe du gisement de mica, lot 17, rang III, Canton Masham, Québec.

P, pyroxénite grise grossière ; M, mica ; f, massifs différenciés de roche acide composée principalement de feldspath grisâtre.

On n'a pas constaté de calcite ni de phosphate et le mica est une espèce moyenne ambré tachetée. La pyroxénite paraît former un dyke plat ayant une allure du nord-ouest au sud-est et plongeant 25° au sud-ouest et le mica est sur le contact du toit.

Il y a un puits seulement qui a 50 pieds de longueur et 35 de profondeur et a été foncé depuis le fond d'un ciel-ouvert pratiqué dans le gisement depuis le côté nord-est.

Fig. 24 montre une coupe dans le gisement et le mode d'existence du mica.

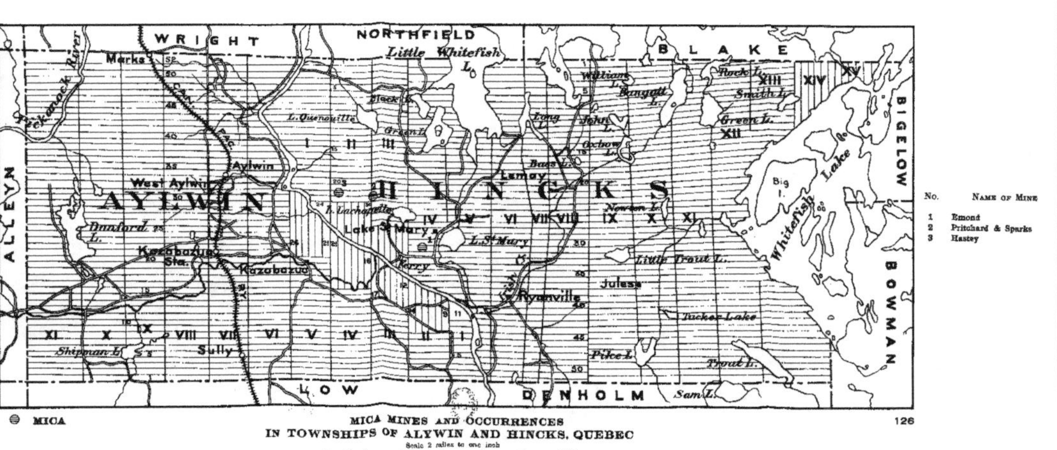

WRIGHT
NORTHFIELD
BLAKE
Marks
Little Whitefish L.
William
Rangatt
Rock L.
XIII
XIV
XV
Smith L.
L. Quenouille
Black L.
Green L.
Long L.
John L.
Green L.
XII
AYLWIN
HINCKS
Oxbow L.
West Aylwin
Aylwin
Bass L.
Big I.
Lemay
L. Lachapelle
IV
V
VI
VII
VIII
Newton L.
IX
X
XI
Whitefish Lake
BIGELOW
Dunford P.S. L.
Lake St. Mary
L. St. Mary
Kazabazua P.O. Sta.
Kazabazua
Terry
Little Trout L.
BOWMAN
Ryanville
Jules L.
Tucker Lake
XI
X
IX
VIII
VII
VI
V
IV
III
II
I
Shipman L.
Sully
Pike L.
Throat L.
LOW
DENHOLM
Sam L.
MICA
MICA MINES AND OCCURRENCES
126
IN TOWNSHIPS OF ALYWIN AND HINCKS, QUEBEC
Scale 2 miles to one inch
Miles
No.   NAME OF MINE
1   Emond
2   Pritchard & Sparks
3   Hastey

Canton Denholm.

Rang B, Lots 18, 19.—Appartient à M. T. A. McLaurin d'Ottawa, qui l'a exploité huit mois durant 1909 et en a tiré une petite quantité de mica d'un nid de surface.

Canton Aylwin.

Rang III, Lot 7.—Appartient à M. H. Flynn. La mine a été exploitée durant trois mois en 1906, puis, de nouveau en 1910, trois hommes seulement étant employés.

Le mica est moyen, de couleur ambrée et existe en cristaux d'assez bonne dimension mais très écrasés et tordus, pour cette raison une grande proportion du mica est sans valeur.

Le gisement qui est de la catégorie nid et fissure a été exploité au moyen d'un ciel-ouvert pratiqué sur une vingtaine de pieds dans une petite arête et large de 30 pieds à son extrémité intérieure.

Canton Hincks.

Rang II, Lot 22.—Cette mine a été d'abord exploitée par MM. Clemow et Powell d'Ottawa au début des quatre-vingt-dix et, dans l'espace d'environ trois mois a donné près de 200 tonnes de mica grossier. Les propriétaires actuels sont MM. W. et R. Hastey de Wright, qui ont commencé le travail en 1899 et continué les travaux durant six mois. La mine a été inactive depuis 1900.

Le mica qui est de couleur foncée et souvent de grande dimension — il a donné des feuilles mesurant 4 pieds par le travers — est sur un contact entre une pyroxénite très dure et compacte et un calcaire cristallin.

Le mica a été suivi le long du contact sur une distance de 80 pieds au moyen d'un puits large de 10 pieds et profond de 50.

Le gisement qui a une allure nord-est et sud-ouest se trouve à l'est de la rivière Gatineau, à 3 milles à peu près du Bureau de Poste d'Aylwin. On n'a pas remarqué de phosphate, mais de grands gîtes de calcite blanche accompagnent le mica.

Rang III, Lot 23.—Appartient à MM. Pritchard et Sparks de Kazabazua. La mine est située à l'est de la rivière Gatineau et a 7 milles à peu près de Kazabazua. Les ateliers consistent en quelques puits sans profondeur excavés sur le côté nord d'une petite colline, le puits le plus profond ayant une quinzaine de pieds. Le mica qui est de couleur très foncée et de taille moyenne existe sur de petites fissures, filons et joints dans une pyroxénite foncée près de son contact avec le calcaire cristallin. Un peu de phosphate accompagne le mica, mais il y a beaucoup de calcite, à la fois sur les fissures et dans le massif de pyroxénite lui-même. De grandes quantités d'amphibole noire se sont formées le long et à côté du contact qui a une allure nord-ouest, sud-est. Le mica est assez fracturé et enclin à faire du mica-ruban.

Le gisement a été d'abord exploité en 1906 par M. Emond du Lac Ste-Marie qui cependant a fait peu d'extraction.

Les propriétaires actuels n'ont pas travaillé depuis la fin de 1909.

Rang IX, Lot 31.—Cette mine est à une huitaine de milles de Kazabazua et à l'est de la rivière Gatineau. Le propriétaire est M. Emond du lac Ste-Marie, qui a exécuté un peu de travail en 1905; trois hommes seulement étaient employés et quelques barils de mica ont été sortis.

Le mica est de couleur très claire, souvent presque blanc, mais généralement d'une teinte brun-rougeâtre. Les feuilles sont brisantes et ne se clivent pas facilement, de plus, elles sont souvent traversées par de mêmes lignes de fracture dues à la pression qui endommagent encore sa qualité.

Il n'y a qu'un puits qui a été excavé le long d'un contact entre une pyroxénite de couleur claire, presque blanche et un calcaire cristallin. La

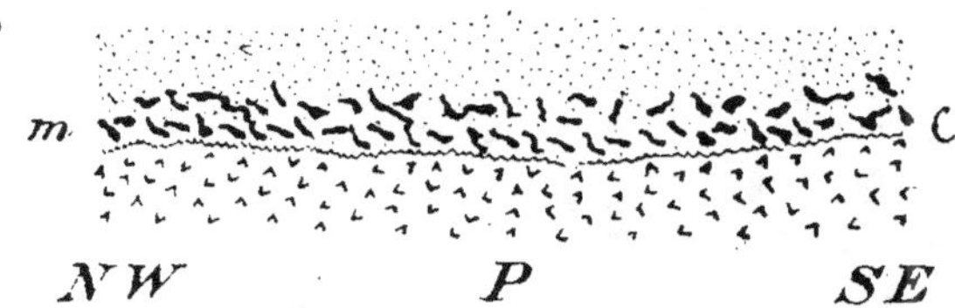

Fig. 25.—Plan du gisement de mica, lot 31, rang IV, Canton de Hincks, Qué.

P, pyroxénite ; a, calcaire cristallin ; m, mica ; c, contact.

jonction est nettement marquée et le toit de pyroxénite est tapissé de petits cristaux de pyroxène bien formés.

L'allure du gisement est nord-ouest, sud-est et le contact peut être suivi sur plusieurs pieds.

Canton Blake.

Rang IV, Lot 43.—Appartient à M. C. Teeples de Wright. La mine est à 5 milles à peu près de Point Comfort et à un mille du lac Trente et un mille.

Le propriétaire a commencé des travaux en décembre 1909 et a continué jusqu'en mai 1910; une tonne à peu près de mica grossi à la main d'excellente qualité et d'assez bonne dimension et couleur a été extraite. Deux puits ont été foncés de 15 pieds à peu près dans le gisement qui est du genre nid et fissure, le mica étant avec de la calcite rose. On a trouvé peu ou point de calcite.

Rang V, Lot 1, et Rang VII, Lots 4, 5.—Cette étendue a été prospectée durant l'été 1910 par M. J. H. McGee de Cobalt et l'on doit avoir trouvé des indices favorables. Une couple de mois d'ouvrage a été faite surtout pour des tranchées.

Rang VII, Lot 23.—Appartient à M. Antoine Serré de Point Comfort. Un peu de mica a été sorti de cette mine il y a une douzaine d'années. Depuis il ne s'est plus fait aucun travail.

Matte Bay
Long L.
Lac d'Embarras
NORTHFIELD
Thirty-one mile L.
VIII
X
IX
BLAKE
Point Comfort
Bear L.
Lac Inferieur
Lac Voisin
Lake Giles
Lac des Sables
Little Whitefish Lake
Upper L.
Little Bear
Lake Pekin
Trout L.
Lac des Chasseurs
Lac Dore
Lake Great Pemichangan
No. 3 Lake
Crooked Lake
O'Hara Lake
William L.
HINCKS
BIGELOW
VII
VI
V
IV
III
II
I
45 45 45 45
40 40 40 40 40
35 35 35 35
30 30 30 30 30
25 25 25
20 20
15 15 15 15 15
10 10 10
5 5 5
6

MICA
MICA MINES AND OCCURRENCES
IN TOWNSHIP OF BLAKE, QUEBEC
Scale 2 miles to one inch
½ 0   1   2   3   4   5 Miles

No.   NAME OF MI
1   Prospect
2   Prospect
3   Flynn
4   O'Brien & Fowler
5   Prospect
6   Teeples

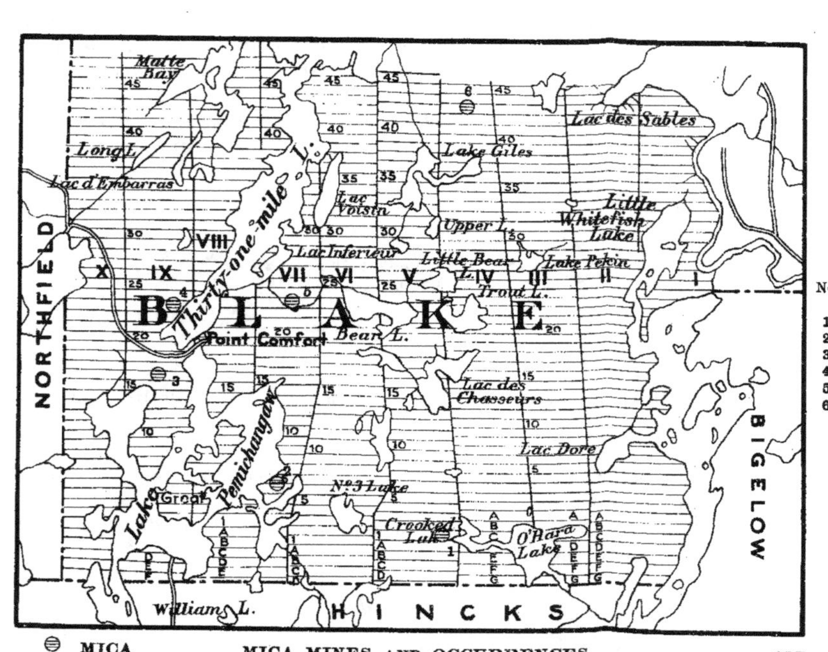

127

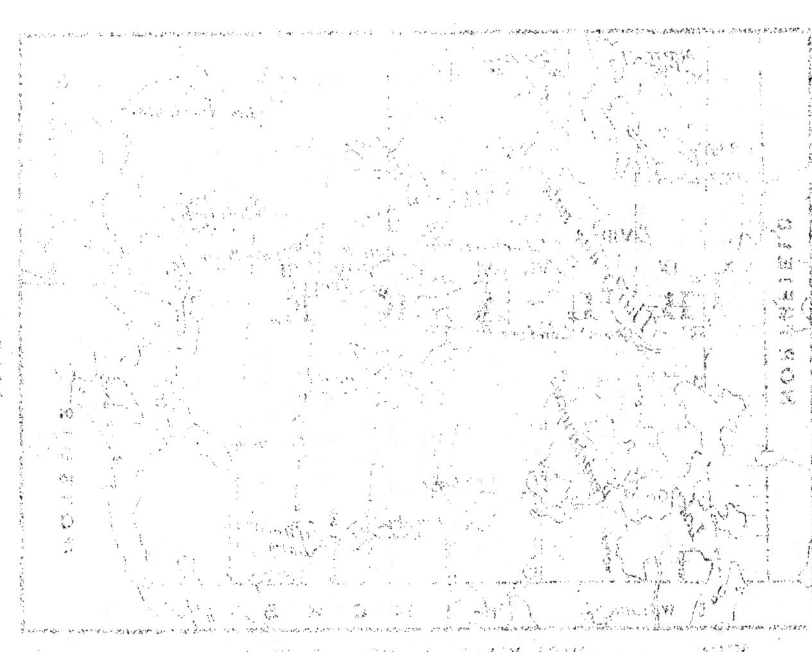

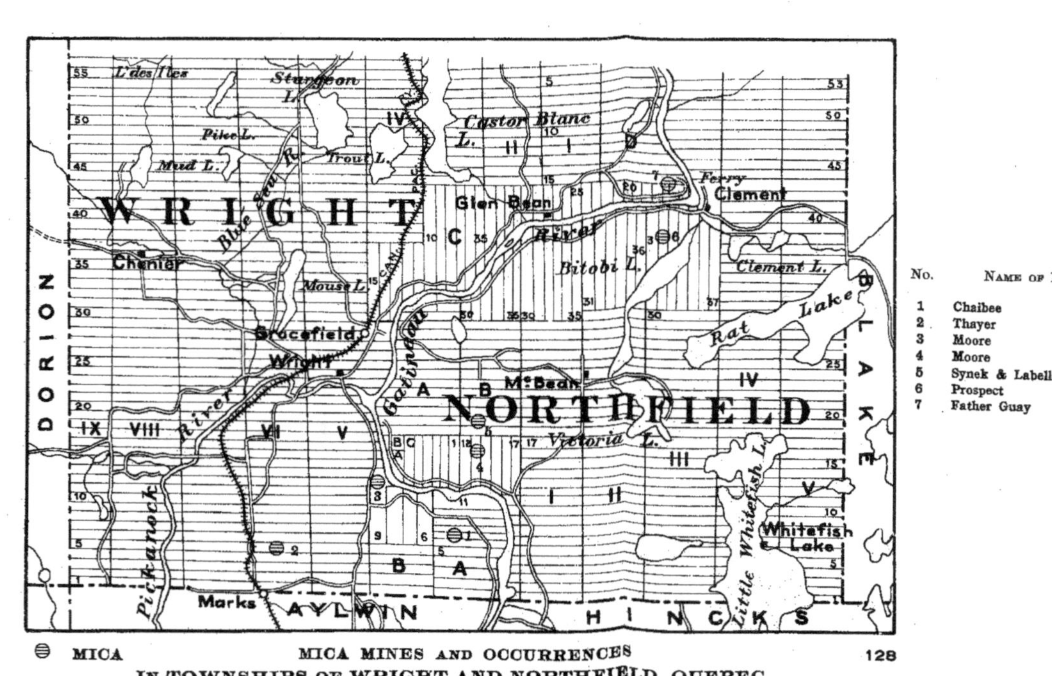

MICA

MICA MINES AND OCCURRENCES
IN TOWNSHIPS OF WRIGHT AND NORTHFIELD, QUEBEC

Scale 2 miles to one inch

Rang IX, Lot 16.—Appartient maintenant à M. H. Flynn et autrefois à M. C. Teeples de Wright. Ce dernier a commencé à faire un peu de prospection avec quelques hommes, il y a une couple d'années et a sorti quelques centaines de livres de mica.

Le propriétaire actuel a employé en 1910 quelques hommes sur la mine et a recueilli une tonne à peu près de mica grossier.

Il y a un peu de phosphate et le dépôt est de la catégorie nid, le mica se trouve avec de la calcite blanche dans une pyroxénite moyennement colorée.

Rang IX, Lot 22.—Cette mine appartenait autrefois à M. Caron de Point Comfort et a été prospectée par lui, il y a trois ans, puis vendue à O'Brien et Fowler d'Ottawa. Ces derniers ont commencé à travailler, il y a deux ans et ont continué leurs travaux six mois. Durant le commencement de 1910, quelque travail de prospection a été exécuté par les propriétaires sur le terrain avoisinant les premiers ouvrages, mais sans résultat favorable. La mine est située à la crête d'une arête élevée dominant le lac Trente-et-un milles et est à 2 milles de Point Comfort.

Les ateliers consistent en un certain nombre de tranchées sans profondeur et un puits principal long de 50 pieds, large de 10 et profond de 90 foncé sur un contact incliné entre une pyroxénite dure et compacte, fortement imprégnée de pyrite et du calcaire cristallin.

Le dyke de pyroxénite va presque droit de l'est à l'ouest et plonge 80° au nord, contrairement à l'allure générale de la pyroxénite dans ce district. A l'extrémité occidentale du puits le chevet est fortement tapissé de cristaux de mica de dimension moyenne, mais tellement taché de fer qu'il est inutilisable.

Le toit est du calcaire cristallin métamorphisé en calcite blanche sur le contact et contenant des cristaux d'apatite verte, souvent de grande dimension. Le mica contient aussi quelquefois des cristaux d'apatite.

Le mica semble être trop taché par le fer pour avoir beaucoup de valeur bien que sa qualité puisse s'améliorer en dessous de la zone d'oxydation.

On n'a jamais employé de machines dans la mine, et le seul bâtiment consiste en petits hangars de façonnage et en une forge.

Canton de Northfield.

Rang III, Lot 32.—Appartient à M. V. Clément, de Clément B. P. Au début de 1910 on a sorti quelques centaines de livres de mica ambré foncé. Quatre hommes seulement étaient employés et on ne travaillait pas quand nous avons visité le district.

Rang I, Lot 6.—Appartient à M. H. Ellard de Wright B. P. La mine est à l'ouest de la rivière Gatineau, à un quart de mille environ.

Il y a un petit puits profond d'une vingtaine de pieds, foncé sur un dépôt de mica en nid, et en fissure occupé par la calcite rose dans une pyroxénite de couleur claire.

On peut voir un peu de phosphate et le mica est en petits cristaux d'une couleur ambré foncé. Les nids et les veines sont petits et la petite quantité de mica recouvrée par tonnes de roche empêcherait d'exécuter des travaux considérables.

Rang B, Lots 12, 13 et Rang A, Lot 1.—Cette mine est située sur une arête élevée à un mille à peu près à l'est de la rivière Gatineau et à trois milles au sud-est de Wright B. P. Les titres de propriété du terrain ont été mis en discussion, il y a quelques années et il en est résulté qu'une ligne de concession a été tirée subséquemment, divisant les ouvrages en deux parties. Le lot 1 du rang A a d'abord été exploité une dizaine d'années par une maison de Toronto qui a employé quelques mois une douzaine d'hommes. M. Chabot d'Ottawa a ensuite acquis la mine et continué les travaux durant une année. Il ne s'est pas fait de travail depuis 1908. La mine appartient maintenant à M. Ethier du Lac des Deux Montagnes, Québec.

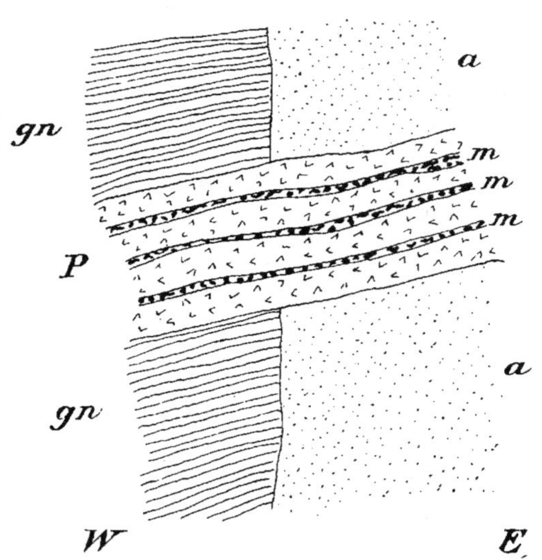

Fig 26.—Plan du dépôt de mica, lot 13, rang B, Canton de Northfield, Qué.

gn, gneiss ; a, calcaire cristallin ; P dyke de pyroxénite ; m, veines de mica.

La moitié est ou lot 13, rang B a été d'abord exploitée par le propriétaire actuel M. Richard Moore de Wright B. P., en 1908, durant quelques mois avec six hommes. Il ne s'est pas fait d'autres travaux depuis 1908.

Le mode d'existence du mica est assez vague autant qu'on a pu s'en assurer, un dyke de pyroxénite ayant une allure est-ouest, croise la jonction du gneiss à biotite et du calcaire cristallin et presque perpendiculairement à la ligne de contact.

Des fissures parallèles se sont développées dans la pyroxénite et sur ces fissures se sont déposés de gros gîtes de calcite blanche. De grandes quantités de phosphate sont avec la calcite et des cristaux de mica souvent de grande taille tapissent les épontes des fissures.

Le massif de la calcite contient au contraire peu de mica. Les fissures dont trois ont été travaillées ont une largeur moyenne de 12 pieds et sont espacées de 15 à 20 pieds.

Le mica est assez fragile et enclin à se fendre au mica ruban. Par suite de l'existence de beaucoup de pyrite dans les filons, les cristaux sont souvent très tachés et, de plus, ils contiennent fréquemment des inclusions d'apatite et de pyrite qui gâtent encore leur qualité.

Les filons ont été exploités en gradins et le puits le plus au nord est le plus grand, il mesure 80 pieds de profondeur, 12 de largeur et plus de 80 de longueur.

Les épontes des filons plongent 82° au sud et sont en beaucoup d'endroits revêtus de cristaux rouilleux de mica.

Les fissures paraissent contenir du mica surtout là où le dyke de pyroxénite est dans du gneiss; peu de travail s'étant fait sur la jonction avec le calcaire. Les deux puits au sud ont 42 pieds de longueur, 12 pieds de largeur et 25 pieds à peu près de profondeur.

On ne se sert pas de machineries dans les mines et il n'y a pas de bâtiments. Le levage se fait au moyen d'un grand treuil à vergue actionné par un manège à cheval.

Rang B, Lot 19.—Appartient au Dr Synek de Gracefield et à M. Labelle de Hull.

Cette mine qui produit un mica ambré clair de taille moyenne a été exploitée pour la première fois en 1898 par les propriétaires qui ont employé une douzaine d'hommes sur la mine. Les opérations ont été continuées par intermittence jusqu'en 1905 et depuis, la mine est inactive. Une douzaine de tonnes de mica ont été extraites depuis cette période.

Le gisement est sur un contact entre de la pyroxénite et du calcaire cristallin.

Canton Wright.

Rang A, Lot 6.—Appelé Mine Chaibee, située à 3 milles au sud-est de Wright B. P. Cette mine a été d'abord exploitée au début des quatre-vingt-dix par la Lac Girard Mica Company qui a fait beaucoup de travail. Elle a été ensuite achetée par la Webster Company d'Ottawa qui n'a pas fait beaucoup d'exploitation mais a revendu à la General Electric Company de Schenectady qui a commencé les travaux en 1902 et a travaillé constamment durant une année.

La mine a été inactive depuis 1903. Les ouvrages consistent en un puits principal profond de 75 pieds au fond duquel une galerie a été pratiquée sur une distance de 80 pieds le long du contact d'un dyke de pyroxénite et de gneiss encaissant. Il y a beaucoup d'autres puits de surface sur la mine et les derniers exploitants ont fait beaucoup de travail de prospection. Sept trous de perforatrice diamantée ont été foncés dans le voisinage du puits principal allant en profondeur de 40 à 120 pieds, mais on n'a pas trouvé de grands gîtes de mica.

Le gisement est du genre contact. Un grand amas de calcite rose contenant un peu de phosphate et un mica de couleur foncée s'est déposé le long de la ligne de contact entre la pyroxénite et le gneiss et des fissures adjacentes au contact principal, parallèles et perpendiculaires à ce contact ont été comblées de la même façon. La roche encaissante, dans le voisinage du contact présente la structure et le caractère d'un granite gneiss rose. La pyroxénite a une allure presque droit nord-sud et est de couleur foncée, un peu en nids, contenant dans son massif beaucoup de calcite disséminée dans de petites géodes tapissées de cristaux de pyroxénite. Il y a aussi beaucoup de feldspath gris qui généralement a été très scapolitisé.

La mine était autrefois bien munie de bâtiments comprenant une chambre de machine, maison de pension et hangar à mica, générateurs, machines d'extraction, perforatrices, etc. Toutes les machines ont été enlevées et les bâtiments sont maintenant en ruines.

Rang D, Lot 15.—Appelé mine du Père Gay, située à 6 milles au nord-est de Gracefield, sur l'embranchement de Maniwaki du Chemin de fer Canadien du Pacifique et près de Clément B. P.

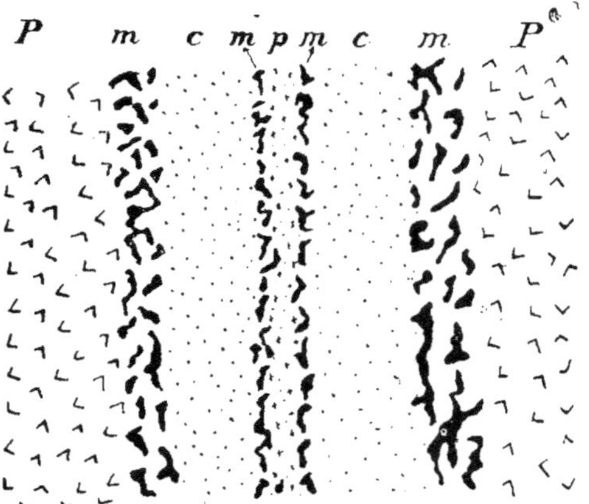

Fig. 27.—Coupe d'un filon de mica à la mine du R. Père Guay, lot 15, rang D, Canton Wright, Qué

P, pyroxénite ; m, mica ; c, calcite rose ; p, apatite.

Cette mine qui a été ouverte pour la première fois par le Rev. Père Guay de Gracefield a été ensuite louée à un syndicat américain qui l'a exploitée sans interruption durant une année et demie et en a sorti de grandes quantités de mica. La mine a été ensuite inactive durant huit années, après avoir été louée en 1908 à Labelle et Boisvert de Hull qui ont continué les travaux durant neuf mois environ. Depuis que ces derniers ont cessé l'exploitation la mine est inactive.

Les travaux sont considérables et comprennent en plus du puits principal beaucoup de petits puits et tranchées creusés sur des veines parallèles de mica. La plus forte excavation est un puits à ciel-ouvert qui a 200 pieds environ de longueur et 75 pieds à sa plus grande largeur, puis se rétrécit à une dizaine de pieds à son extrémité orientale ou externe, une tranchée ayant été taillée en cet endroit pour enlever l'eau qui s'est accumulée dans les travaux. Le puits a de cette façon dans le plan, la forme un peu d'une bouteille; ses murs sont verticaux, sauf pour les 15 derniers pieds en descendant où une pente inclinée douce a été pratiquée vers le nord.

La mine est munie de plusieurs bâtiments y compris une chambre des générateurs, hangars à mica, etc. Il y a aussi plusieurs grues à vergues et un court tramway pour culbuter les débris sur les haldes.

La perforation se fait à la vapeur et l'extraction au moyen d'un petit engin à vapeur qui actionne une grue; un générateur de 30 C. V. et toutes les machines nécessaires à l'exploitation existent sur la mine. Le mica est ambré de bonne qualité, de dimension et de couleur moyenne. De grandes quantités de phosphate de haute teneur et de calcite brunâtre accompagnent le mica allant du nord-ouest au sud-est et plongeant légèrement au sud-ouest dans un encaissement de gneiss à biotite gris et de calcaire cristallin.

Le mica est à la fois en nid et sur des fissures ou filets dans la zone de contact.

La pyroxénite est bordée, près de son contact avec le calcaire, de grands gîtes d'amphibole noire qui est, dans quelques cas fortement pyritifère. Des filons de pyrite ayant quelquefois jusqu'à 4″ de largeur traversent occasionnellement le dépôt. On n'a pas pu s'assurer de la largeur du dyke de pyroxénite, mais on peut trouver des indices de mica sur une grande étendue dans le voisinage de la mine.

Lot 16.—Cette mine avoisine la mine du R. P. Guay et appartient à M. L'Ecuyer de Clément B. P. Le propriétaire actuel a commencé pour la première fois à extraire le mica, il y a une vingtaine d'années avec deux hommes et depuis lors, la mine a été exploitée à bail par diverses personnes. Le dernier travail fait a été exécuté en 1910 par M. H. Flynn.

Il y a plusieurs puits excavés dans des nids sur une pyroxénite de couleur moyenne qui forme un petit monticule près de la rivière Gatineau et fait partie du même dyke que la mine du Rev. P. Guay.

Le travail principal s'est exécuté du côté est du monticule où le versant a été dépouillé sur une trentaine de pieds et entaillé en arrière de 25 pieds. La face montrait des filets et des nids irréguliers contenant beaucoup de calcite rose et ces cristaux de mica de couleur foncée et de taille moyenne. Il y a aussi un peu de phosphate vert. Du côté ouest du monticule la pyroxénite est en contact avec le calcaire cristallin et de grands cristaux de pyroxène se sont formés le long du contact associés à du mica et de la calcite rose.

Rang V, Lot 12.—Appartient à M. Richard Moore de Wright B. P., et situé à 1½ mille de cet endroit et près du grand chemin de la Gatineau.

Les ateliers consistent en une demi-douzaine de puits de surface dont le plus profond a 25 pieds et est sur un petit monticule de pyroxénite grossièrement cristalline normale. Le dyke de pyroxénite a une allure nord-ouest, sud-est et recoupe une roche encaissante de gneiss à biotite, considérablement traversé de filons de granite de diverses largeurs qui dépassent rarement une couple de pieds. L'allure générale du filon est indiquée dans la Fig. 28.

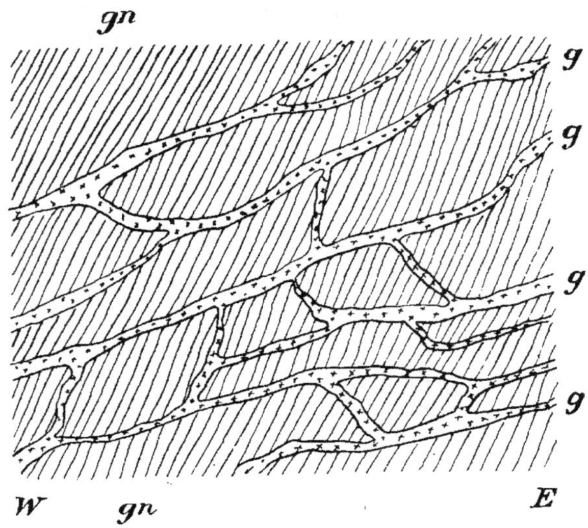

FIG. 28.—Plan montrant le recoupage du gneiss par des dykes grossiers d'aplite, lot 12, rang V, Canton de Wright, Qué.

gn, gneiss ; g, aplite.

Il y a beaucoup de calcite blanche et rose et un peu de phosphate dans de petits nids et fissures de la pyroxénite. Le mica est sur ces fissures, il est de petite dimension et de couleur ambrée moyenne, assez souvent brisé.

Le premier travail fait sur la mine par le propriétaire et les travaux ont été continués par intervalles jusqu'en 1904 et, depuis lors, la mine est restée inactive.

Il ne s'est pas fait de travail considérable et la valeur du mica produit ne dépasse pas $5,000.

Rang VI, Lot 5.—Appartient à M. Allan Thayer de Wright B. P. Le propriétaire a travaillé sur cette mine, par intermittence depuis 1905, le dernier travail ayant été exécuté en mai 1910. En 1907 la mine a été louée à M. Chabot d'Ottawa, pour une courte période. Il ne s'est pas fait de travail considérable et il y a seulement deux puits étroits sur la mine, descendus à 15 pieds à peu près et foncés sur un contact irrégulier entre la pyroxénite et le calcaire cristallin. L'allure du gisement est nord-est, sud-ouest (voir Fig. 29).

Le calcaire est fortement métamorphisé sur le contact et des quantités considérables de calcite s'y sont formées. Le mica est de deux couleurs, l'un ambré foncé et l'autre d'une teinte rougeâtre clair, celui qui est de couleur claire existe dans ou près du calcaire, tandis que l'espèce plus foncée se rencontre avoisinant la pyroxénite.

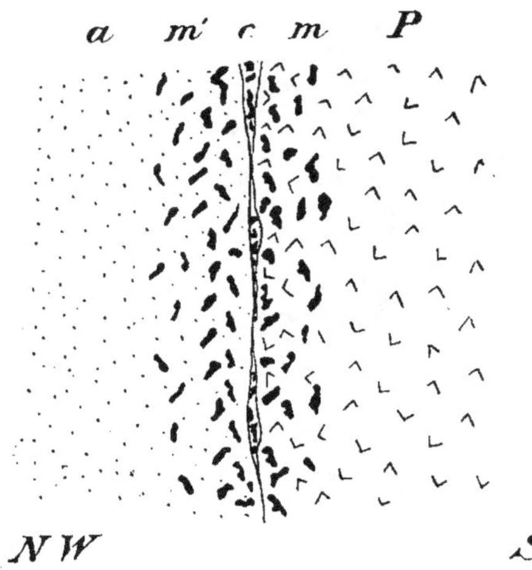

Fig. 29.—Plan du dépôt de mica, lot 5, rang VI, Canton de Wright, Qué.

P, pyroxénite ; a, calcaire cristallin ; c, contact ; m, mica foncé ; m mica clair.

Le mica clair est en cristaux de bonne dimension mais il est souvent très fracturé et "plume" par suite probablement de la pression qui provient du métamorphisme du calcaire.

La pyroxénite est de couleur très foncée et sa structure est grossièrement cristalline.

Il n'y a pas de phosphate avec le mica.

Canton Cameron.

Rang II, Lot 10.—Appartient à M. W. Cleland de Bouchette. La mine est 3 milles au sud-est de Bouchette et auprès du lac Cameron. Le travail a commencé en juin 1912 avec trois hommes et le propriétaire et quand nous l'avons visitée en juillet on en avait sorti à peu près une tonne de mica grossier. Le mica est en veines étroites parallèles ayant une allure du nord-ouest au sud-est et un plongement de 80° au sud-ouest. Ces filons affleurent à intervalles, le long d'une arête basse, près du contact d'un dyke de pyroxénite avec le calcaire cristallin.

La roche est fortement imprégnée de pyrites et le mica de la surface est par conséquent très taché et de pauvre qualité, bien que, dans la roche fraîche les cristaux paraissent être de bonne catégorie.

La couleur des feuillets est un ambré clair et les cristaux sont enclins à être de petite dimension.

Il y a dans les veines des nids de phosphate bleu et quelquefois, on trouve de grands amas de pyrite.

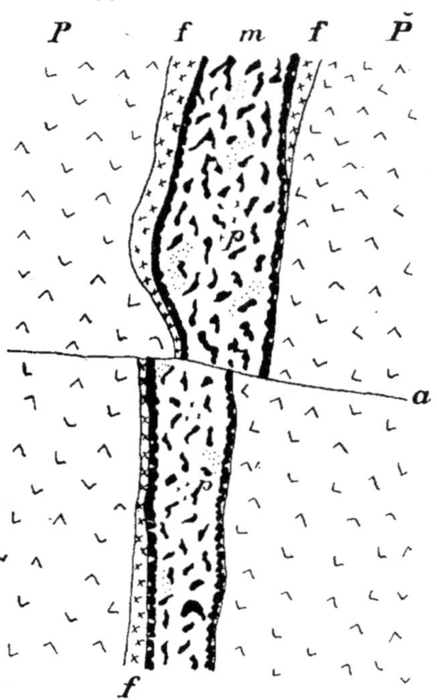

Fig. 30.—Coupe d'un filon de mica, lot 10, rang II, Canton de Cameron, Qué.

P, pyroxénite ; f, feldspath ; m, mica avec de la calcite et de l'apatite, p ; a, faille.

On a exploité un seulement des filons de mica. Un ciel-ouvert large de 10 pieds a été pratiqué de 15 pieds dans le côté est de l'arête et laisse voir du bon mica. La mine devrait rémunérer des frais de développement plus considérables.

Lot 13.—Appartient à M. Lacroix de Bouchette. La mine est située à 2 milles à peu près de Bouchette et à l'est de la rivière Gatineau.

On a commencé à travailler sur cette mine à la fin de 1909 et les travaux ont été continués depuis, par intermittence. La mine était inactive quand elle a été visitée. Les principaux ateliers consistent en deux puits foncés sur un contact entre un dyke de pyroxénite et le calcaire cristallin. Le calcaire sur le contact est très fortement métamorphosé et contient de bons cristaux d'une assez bonne qualité de mica ambré. Le puits principal a 20 pieds à peu près de profondeur.

On n'a employé aucune machine sur la mine et le travail est entravé par l'eau qui, en l'absence de pompe, cause beaucoup d'ennuis.

Le dépôt paraît promettre et il serait peut-être avantageux de l'exploiter sur une plus grande échelle.

Lot 14.—Appelé mine Marguerite et appartient à M. H. Flynn. Beaucoup de travail y a été fait et 8 hommes travaillaient à la mine quand nous l'avons visitée.

Un grand ciel-ouvert a été pratiqué jusqu'à une profondeur de 70 pieds sur le versant est d'une haute montagne. L'arête est évidemment le corps principal d'un dyke de pyroxénite ayant une allure du nord au sud et le mica est en une veine irrégulière allant approximativement de l'est à l'ouest.

Un long puits a d'abord été excavé le long du versant de la colline puis une galerie large d'une douzaine de pieds a été menée dans la direction de l'ouest ou perpendiculairemnt à l'allure du dyke.

La roche est une pyroxénite très dure et compacte, de couleur gris clair, et contient quelques nids ou géodes. Le mica, bien que suivant des veines irrégulières est plus ou moins généralement distribué dans le massif de la roche, les cristaux étant enclavés dans la pyroxénite, il y a un peu de calcite blanche. Les feuilles sont d'assez bonne dimension et de couleur assez claire.

Il y a très peu de phosphate.

On n'emploie pas de machines, le forage se fait à la main et l'extraction au moyen d'une grue du modèle ordinaire actionnée par un manège à cheval.

Le forage est lent, en raison de la nature de la roche et la proportion du mica à la roche à extraire est faible, le travail n'est donc pas profitable et l'exploitant compte cesser ses travaux à courte échéance.

La mine a été exploitée pour la première fois en 1908 par M. Cleland de Bouchette, qui y a travaillé deux mois et en a sorti un peu de mica. En 1908, elle a passé aux mains du propriétaire actuel qui l'a constamment exploitée depuis.

Canton Egan.

Rang II, Lot 28.—Cette mine appartient à M. H. Joanis de Maniwaki, qui a commencé à l'exploiter en 1907, durant quelques mois avec huit hommefs. Le travail a été continué trois mois en 1910, et alors le mica a été considéré comme épuisé et l'on n'a pas l'intention de reprendre les travaux. Le dépôt a été exploité au moyen d'un puits à ciel-ouvert jusqu'à une profondeur de 40 pieds à peu près le long du contact de la pyroxénite avec le gneiss gris. Le mica est ambré clair et on a tiré des feuilles de bonne dimension. Il y a très peu de phosphate. La mine est située à 5 milles au nord de Maniwaki, près de la grande route de Bois Franc.

COMTÉ DE PONTIAC.

Canton Alleyn.

Rang 1, Lot 12.—A été exploité durant trois mois en 1895 et on a tiré un peu de mica. Finalement les embarras causés par l'eau ont mis un terme aux travers. Le mica est ambré foncé de qualité moyenne.

Rang II, Lot 3.—Appartient à M. S. Anderson de Danford. La mine est située sur une petite colline, à un demi-mille de Danford Corner et avoisine la mine Moore et Marks. L'existence est en tous points semblable à la dernière citée. Le propriétaire a commencé l'exploitation en 1907 avec trois hommes et a continué durant une partie de 1908, sortant, en tout, 700 livres de mica dégrossi au pouce. Il n'y a sur la propriété qu'un puits, profond de 20 pieds et long de 30. L'affleurement a laissé voir de bonnes indications de mica en nids et dans des veines irrégulières de pyroxénite et cette mine et la voisine, quoique donnant du mica foncé paraissent mériter d'être redéveloppées.

Lot 24.—Appartient à M. R. Moore de Wright, B. P., et M. T. Marks de Kazabazua.

Le gisement a d'abord été exploité en 1898 par les propriétaires et le travail a été continué avec persistance durant trois années avec un personnel moyen de huit hommes.

La mine a été louée en 1905 à la Laurentide Mica Mining Company qui l'a exploitée durant trois mois. Depuis lors, la mine a été inactive.

Le mica est ambré assez foncé avec un bon clivage et surtout remarquable par la dimension des feuilles obtenues. Un cristal extrait mesurait 34″ × 48″ par le travers de ses plaques et pesait plus de 3,000 livres. Un dyke de pyroxénite de plus de 300 pieds de largeur constaté recoupe une roche encaissante de gneiss à biotite foncé. Le dyke se conforme à l'allure générale et au plongement du gneiss, qui a une direction du nord-ouest au sud-est et plonge presque verticalement. Il y a un peu de phosphate et de mica suit des joints et des veines irrégulières dans la pyroxénite. Le dépôt peut donc être classé dans la catégorie des dépôts de nids et de fissures.

Du dyke rayonnent des éperons dans le gneiss voisin et on trouve quelquefois des mines de mica qui suivent ces apophyses. Les travaux sont considérables et comprennent de nombreux puits de surface et une grande excavation à l'ouest de la mine atteint une profondeur de 93 pieds. Du fond du puits une galerie a été prolongée de 40 pieds au sud-est suivant une grande veine d'excellent mica. On dit que les puits laissent voir encore de bonnes indications de mica en profondeur et le travail a été arrêté en raison seulement du bas prix du mica.

Lot 10.—La mine est située à un mille à peu près de Danford Corners et appartient à M. J. Ellard de Wright.

Le propriétaire a commencé à travailler en 1898 avec vingt hommes et durant quatre années a travaillé chaque été. Il ne s'est pas fait de travail depuis 1902. Environ 200 tonnes de mica brut ont été sorties et sont emmagasinées sur la mine, en attendant une amélioration des conditions du marché.

La mine a été prospectée à fond au moyen de nombreux puits de surface et de tranchées.

Les travaux principaux consistent en un grand puits, profond de 80 pieds par 100 pieds de longueur et 30 pieds de largeur excavé le long de la paroi nord d'une petite arête. Le dépôt qui est d'un type incertain mais semble être de la catégorie de nid et fissure possède une allure de l'est à l'ouest ou correspondant à la direction de l'arête et plonge 65° au sud dans la colline.

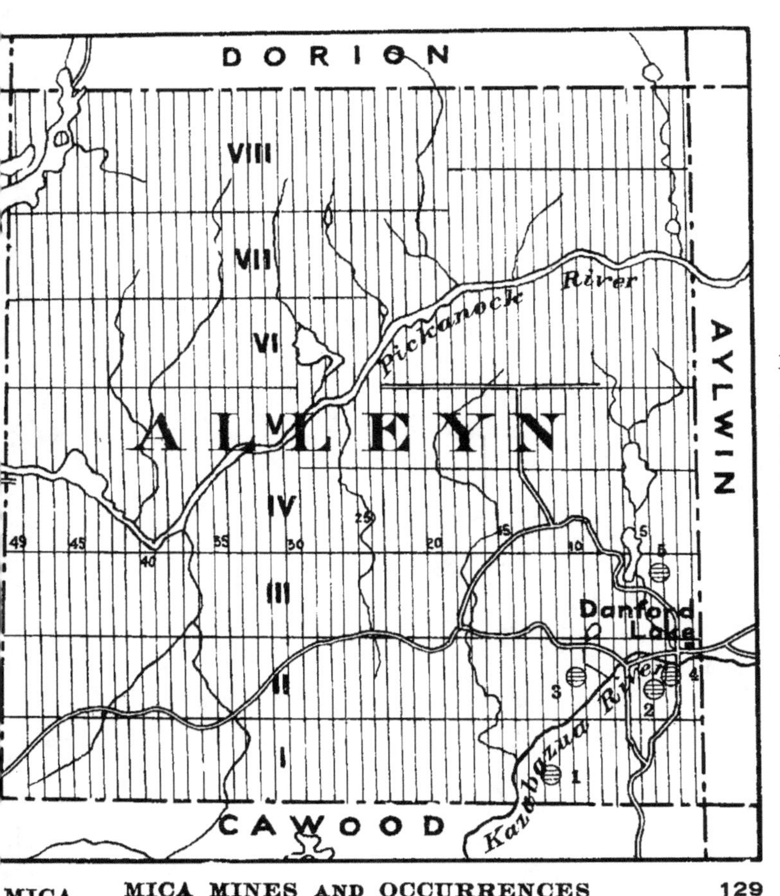

MICA MINES AND OCCURRENCES
IN TOWNSHIP OF ALLEYN, QUEBEC
Scale 2 miles to one inch

Le mica est en une zone fracturée dans une pyroxénite verte foncée qui contient beaucoup de petits nids et fissures renfermant beaucoup de calcite rose (voir Fig. 31).

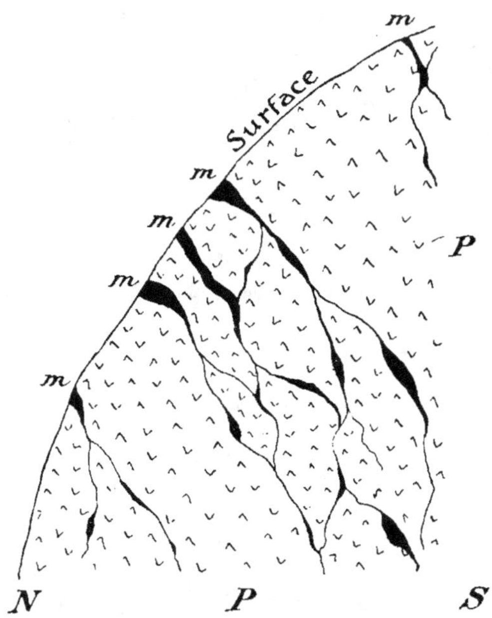

Fig. 31.—Coupe des dépôts de mica à la mine Ellard, lot 10, rang 11, canton Alleyn, Qué

P, pyroxénite ; m, veines irrégulières et nids de mica.

Il y a dans la zone de mica de la pyrite, en cristaux souvent bien développés de tenue cubique octaédrique.

On dit qu'il y a encore de grandes réserves de mica visibles en profondeur et qu'avec une reprise du marché les travaux recommenceront.

Rang III, Lot 4.—Appartient à M. James Jamieson de Danford. Il y a un mica petit et assez foncé en nids et veines étroites accompagné de calcite blanche dans une pyroxénite foncée et compacte.

Le gisement est petit et a été exploité en ouvrant en carrière le versant occidental d'une petite falaise sur une distance d'une quarantaine de pieds et jusqu'à une profondeur de 15 pieds. La mine a été louée par M. Kilt d'Ottawa en 1907 et dix hommes ont été employés quelque temps. Mais on a trouvé que le mica est de pauvre qualité, très tordu et enclin à la structure en ruban. Les travaux ont été vite arrêtés et n'ont pas été repris depuis.

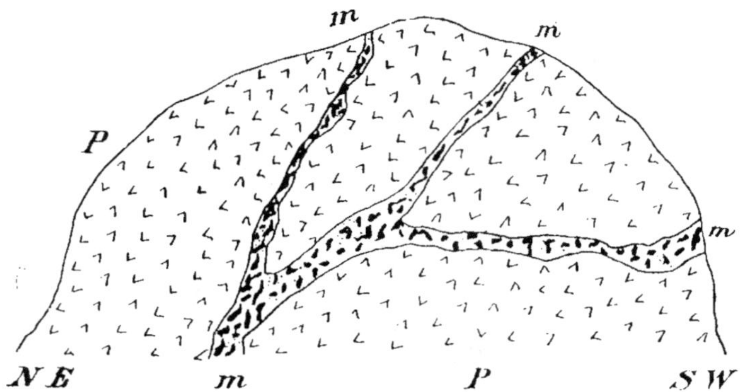

Fig 32.—Coupe du dépôt de mica, lot 4, rang III, Canton Alleyn, Qué.

P, pyroxénite ; m, veines de mica contenant de la calcite rose et du phosphate.

Canton Cawood.

Rang VI, Lot 3.—Mine Priestly. Cette mine est à peu de distance en descendant la rivière Kazabazua à partir de la mine Brock et Pritchard.

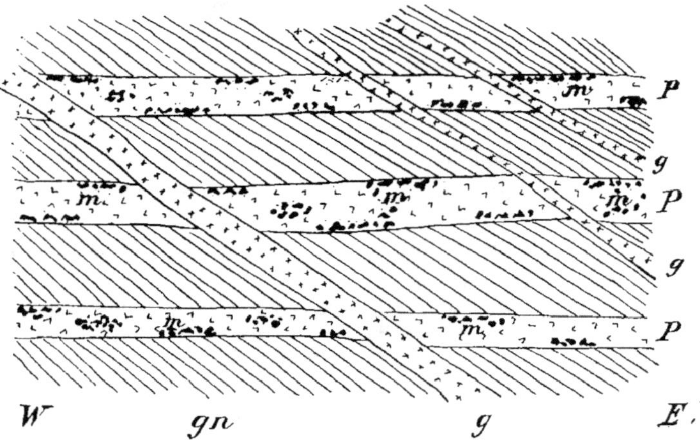

Fig. 33.—Plan de gisements de mica de la mine Priestly, lot 13, rang VI, Canton de Cawood, Québec.

gn, gneiss ; P, dykes de pyroxénite contenant du mica, m, et de la calcite en accumulations en nids ; g dykes de granite.

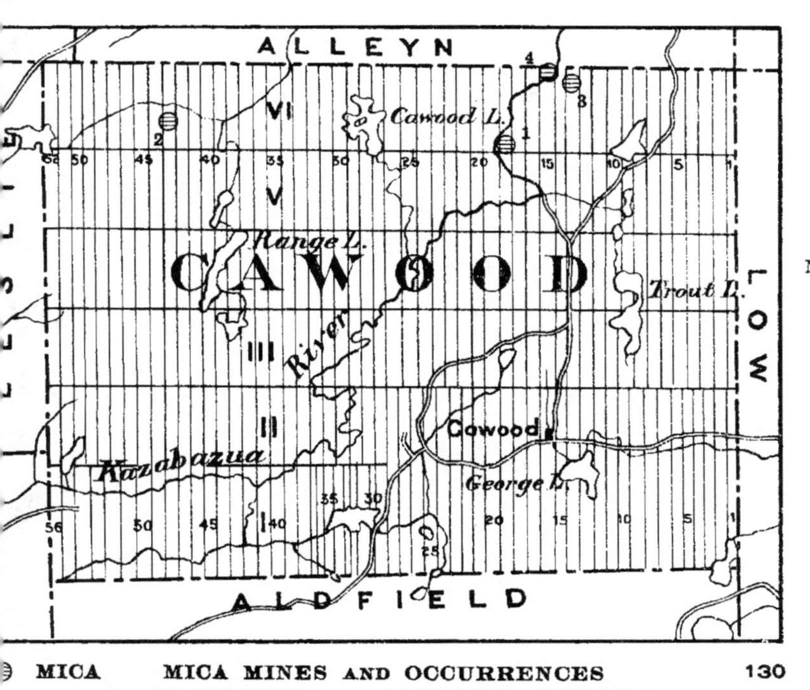

No.	Name of Mine
1	Brock & Pritchard
2	Stephens
3	Priestly
4	Heeney

MICA MINES AND OCCURRENCES
IN TOWNSHIP OF CAWOOD, QUEBEC

Scale 2 miles to one inch

Les conditions géologiques sont les mêmes aux deux endroits, le mica est beaucoup de la même qualité et de la même couleur et un peu plus en nids, on le trouve aussi dans des joints sur la pyroxénite ainsi que tapissant le mur de contact.

Le dépôt a été d'abord exploité par MM. Pritchard et Brock aux alentours de 1900. Il s'est fait quelques semaines de travail seulement et plusieurs puits sans profondeur ont été excavés, aucun ne dépassant 15 pieds en profondeur, environ de mica dégrossi ou constitué, paraît-il toute la production de la mine.

Lot 14.—Situé de l'autre côté de la rivière, en face de la mine Priestly et appartient à M. Avesteen d'Ottawa qui a récemment acquis la mine de M. Heeney du lac Damford.

Le gisement a été d'abord exploité en 1900 durant quelques semaines par MM. Powell et McVeity d'Ottaaw qui ont employé quatre hommes.

Le mica existe de la même manière qu'à la mine Priestly et a été extrait au moyen d'un petit puits de surface profond de 12 pieds.

La mine n'a pas été exploitée depuis 1900.

Lot 18.—La mine a été exploitée d'abord en 1898 par MM. Brock et Pritchard qui ont continué les travaux par intervalles durant trois ans, employant huit hommes. Les derniers ouvrages datent de 1906. La mine est située à 6 milles de Danford Corners et sur la berge de droite de la rivière Kazabazua.

La roche encaissante est un gneiss à biotite foncé traversé par de nombreuses bandes granitiques roses étroites qui ont traversé en concordance avec l'allure du gneiss. Les dernières vont du nord-ouest au sud-est et plongent verticalement.

Les dykes de pyroxénite recoupent le gneiss à un angle approximatif de 45°, leur allure étant presque droit de l'est à l'ouest .

Le mica est de couleur foncée et de qualité moyenne et se trouve dans des amas de calcite rose sur un contact de pyroxénite et de gneiss. Le gîte de calcite mesure une douzaine de pieds de largeur et a été exploité au moyen d'une tranchée à ciel-ouvert profonde de 35 pieds à son extrémité interne et poussée de 25 pieds dans le côté nord-ouest d'une petite arête.

Il n'y a pas d'existence de phosphate et le mica est en agrégats en forme de nids et en cristaux individuels encastrés dans la calcite. La mine est d'une approche difficile et le mica est charrié par la route à Kazabazua qui est à 14 milles.

Lot 43.—Appartient à M. T. Stephens du lac Otter. La mine a été exploitée par diverses personnes au cours des huit dernières années et le propriétaire y a travaillé par intermittence avec une demi-douzaine d'hommes. Il y a plusieurs puits de surface, le plus profond étant descendu à 30 pieds et le dépôt a donné plusieurs tonnes de mica ambré jaunâtre clair, de dimension moyenne.

Canton Huddersfield.

Rang IV, Lots 20, 22, et Rang V, Lot 22.—Ces lots appartiennent à la Calumet Mica Company de Bryson et ont été exploités durant plusieurs mois en 1906 et 1907 avec un personnel moyen de huit hommes.

On n'a jamais employé de machines sur la mine. Les ateliers comprennent quelques excavations de surface, le puits le plus grand ayant une vingtaine de pieds de profondeur. Ces puits ont été ouverts sur un dépôt de nid et fissure de mica dans une pyroxénite vert gris à grain moyen, les veines ayant une allure N. 15° E.

Les murs des nids et filets sont tapissés de cristaux bien formés de pyroxène et il y a avec le mica comme matière filoneuse de la calcite brune grossièrement cristalline.

Le phosphate est relativement absent. Un trait extraordinaire de l'existence est la fluorite violette que l'on trouve, en amas de bonne dimension, encastrée dans la calcite. L'orthite est un autre minéral non usité qui existe ici de la même manière et les cristaux de pyroxène sont remarquables pour leur fraîcheur ayant une couleur vert foncé et possédant beaucoup de lustre. Il y a aussi de la scapolite en quantité considérable, la roche ayant souvent la composition d'une pyroxénite scapolite. La mine est située à 30 milles de la Station de Campbell's Bay sur l'embranchement de Waltham du chemin de fer canadien de Pacifique où le mica est charrié après avoir été dégrossi sur la mine. Une zone de pyroxénite traverse le gneiss rougeâtre de cette région et on peut trouver des indications de mica sur quelque distance le long de son cours, les propriétaires adjacents ayant localisé beaucoup d'affleurements.

Le dyke de pyroxénite a une allure de N. E. et S. O. et forme une arête haute de 150 pieds traversée par des fissures ayant une direction à peu près semblable, mais qui souvent bifurque dans toutes les directions.

Le mica est bien cristallisé et souvent de grande dimension, masi possède un aspect particulier tacheté ou bigarré et se fend assez mal, beaucoup de mica extrait devant être laissé de côté pour cette raison.

La construction d'un chemin minier depuis Fort Coulonge à 12 milles de là, raccourcirait beaucoup le charriage et les propriétaires ont l'intention de l'exécuter si les travaux reprennent.

Rang IV, Lot 25.—Appartient à M. A. G. Farrell du lac Otter et a été d'abord exploité, il y a cinq ans durant quelques mois avec trois hommes. Il ne s'est fait que du travail de surface, le puits le plus profond ayant atteint 10 pieds, puis on n'a plus continué.

Le mica et le mode d'existence ressemblent à tous les points de vue à la mine voisine de Calumet Company.

Canton Litchfield.

Rang IX, Lot 26.—Appartient à MM. Bowling Bros., de Thornby, qui ont travaillé la mine pour la première fois en 1903 durant quelques semaines avec quatre hommes. Il ne s'y est plus fait d'autres travaux.

Le gisement peut être suivi au moyen de petits affleurements, sur plus d'un mille et plusieurs petites excavations ont été pratiquées sur de petits nids et fissures.

Le puits principal a 25 pieds de profondeur. Il a été excavé sur un nid ou cheminée de mica foncé de petite dimension et assez cassant, accompagné de petites quantités de phosphate brun dans une matrice de calcite rose. L'allure du dyke est N. O. et S. E., et il est traversé par des fissures dont la direction générale est E. et O. le long desquelles il y a de petits dépôts de mica.

Des filons postérieurs de granite ayant une allure N. E. et S. O. recoupent le dyke en travers et on trouve de petits nids de molybdénite sur les contacts. Il y a de la scapolite en quelque quantité. La roche a généralement le caractère d'un mica-pyroxénite grossier. On ne s'est jamais servi de machines dans la mine qui a donné jusqu'à présent trois tonnes à peu près de mica brut cassé.

Canton Thorne.

Rang III, Lot 51.—Appartient au Rev. P. Ferreri de Otter Lake, qui le premier a exploité la mine, il y a une dizaine d'années durant un été employant une moyenne de 10 hommes. Il ne s'y est jamais fait d'autres travaux. Les ateliers consistent en un ciel-ouvert poussé à 30 pieds dans le flanc d'une haute arête et ayant 25 pieds de profondeur à son extrémité interne, tandis qu'un petit puits de surface a été foncé quelques pieds plus bas en descendant la colline.

La roche est une pyroxénite vert gris foncé à grand moyen et assez tendre, contenant souvent beaucoup de scapolite éparse dans le massif ou en forme de petits cristaux dans des cavités de géodes.

Le dyke a un aspect rubanné et son allure est N. 5° E., il est coiffé au-dessus du puits principal par un granite brun à grain fin.

Le mica est ambré foncé et se rencontre avec un peu de phosphate rouge en petits cristaux sur des filons irréguliers (schlieren), la matière filoneuse étant une calcite rose grossière.

Le mica est fréquemment décomposé en un minéral jaunâtre ressemblant au talc qui abonde dans les joints de fracture postérieurs dans le massif du dyke. Il y a sur la mine un petit camp.

Canton North Onslow.

Rang VII, Lot 17 N. ½.—Cette mine a été exploitée par intermittence, il y a dix ans, durant une couple d'années par un syndicat d'Aylmer, et exécuté par M. Chibbock d'Ottawa durant quelques mois en 1906. Un puits long de 85 pieds et large de 10 pieds avec 30 pieds de profondeur a été excavé sur un contact entre un dyke de pyroxénite de couleur moyenne et de la granite gneiss encaissant l'allure du dépôt étant E. 25 N. et le plongement 63 S. E. La matière de contact est de la calcite rose ou jaunâtre dans laquelle il y a un mica foncé, verdâtre et assez brisé.

Il y a le long du toit de petits nids tapissés de cristaux de pyroxénite bien formés. La mine est située sur le versant sud d'une arête de granite gneiss bordant les platières d'argile au nord de la station de Quyon sur l'embranchement de Waltham du chemin de fer Canadien du Pacifique, et à 6 milles à peu près de ce chemin de fer.

En plus des endroits qui précèdent la liste suivante de dépôts, empruntée au rapport de M. Obalski, est ajoutée ici pour montrer où des affleurements de mica ont été découverts. Les emplacements n'ont pas été visités et peu de travail s'est fait depuis la publication du rapport qui précède en 1901.

COMTÉ D'OTTAWA.

Canton Northfield.

Rang A, Lot 1.—Ouvert en 1895 par M. F. Desjardins d'Ottawa, et subséquemment exploité en 1896 et 1898 par la Toronto Mica Manufacturing Co., qui a foncé à 30 pieds sur trois veines de phosphate et de mica allant de 4 à 5 pieds de largeur. On a tiré plusieurs tonnes de mica bon, mais petit.

La même compagnie a exécuté un peu de travail sur le lot 2.

Lot 8.—Prospecté en 1898 par M. W. E. Hamil de Toronto, qui a sorti une couple de tonnes de mica.

Rang B, Lots 12, 13.—Prospectés avec d'assez bons résultats en 1891.

Lots 20, 21.—Indications de mica.

Rang II, Lot 25.—Exploité en 1895 par M. G. Reid de Gracefield durant quelques semaines et un peu de mica extrait.

Lots 32, 33.—Un peu de grand mica de couleur foncée a été sorti de ces lots.

Rang III, Lot 31.—Prospecté en 1898 par le propriétaire, M. J. Moriot, qui a tiré une petite quantité de mica.

Canton Aylwin.

Rang IV, Lot 7.—Mine Ryan, prospectée en 1892 et a produit quelques gros cristaux de mica clair.

Rang X, Lot 35.—Indications de mica.

Rang XI, Lots 40, 43.—Affleurements de mica localisés.

Canton Hincks.

Rang II, Lot 21.—Prospecté en 1897 par M. Baumgarten qui a signalé des affleurements de mica.

Rang III, Lot 25.—Bonnes indications signalées.

Rang IV, Lot 3.—Mine Paquet. Ouverte en 1897 par le propriétaire qui a sorti une couple de tonnes de mica, et exploitée en 1898 par M. Watters durant quelques semaines, avec cinq hommes.

Lot 6.—Cette mine qui est sur une petite colline entre le lac Black et le lac Whitefish montre des veines de calcite rose contenant de grands cristaux d'apatite et de mica. En 1898, MM. Richer et Cie de Hull ont exécuté quelques travaux de prospection durant une couple de mois, mais le mica était trop petit pour avoir une valeur quelconque. La mine est située à 6 milles de la station d'Aylwin sur l'embranchement de Maniwaki du chemin de fer Canadien du Pacifique.

Lot 17, 18, 30, 36, 37, 38.—Prospectés à diverses époques et indications de mica et phosphate signalées.

Rang V, Lots 22, 23, 35, 36, 37.—Indications de mica et de phosphate.

Rang X, Lots 32, 33.—Prospectés en 1898 par M. T. J. Watters, et affleurements de mica localisés.

Rang XI, Lots 10, 11.—Indications de mica.

Rang XIII, Lots 48, 49.—Prospectés en 1892 par M. A. Bowie et indications de mica signalées. Les lots qui viennent d'être cités dans le voisinage du lac Ste-Marie ont été prospectés en 1896 et 1897 et on a trouvé un peu de mica. Quelques centaines de livres ont été produites par diverses mines, mais les indications n'ont pas paru suffisantes pour justifier d'entreprendre des travaux importants.

Canton Denholm.

Rang I, Lot 1.. .. .. ⎫
Rang V, Lots 20, 21, 22.. .. .. ⎬ Indications de mica
Rang VI, Lots 26, 27.. .. .. ⎪ signalées.
Rang VIII, Lots 18, 19.. .. .. ⎭

Canton Low.

Rang XII, Lot 36.—Mine Brock, ouverte en 1892 et a donné quelques gros cristaux de mica clair.

Canton Masham.

Rang I, Lot 34.—Prospecté en 1898 par M. T. J. Watters.

Rang III, Lots 10, 11.—Travaillés en 1892 et plusieurs tonnes de mica sorties.

Rang IV, Lot 1.—Indications de mica.

Canton Eardley.

Rang IX, Lots 1, 2, 3.—Indications de mica.

Rang IX, Lots 2 N. ½.—Appartient à M. C. Flynn, a été prospecté et de bons affleurements ont été signalés au nord du lac Morisseau.

Rang XI, Lot 3.—Indications de mica.

Lot 6 N. ½.—Appartient aux Sœurs Grises d'Ottawa et a été exploité en 1899 par sept hommes. Beaucoup de mica en a été extrait, quelques cristaux étant de grande dimension.

Rang XII, Lot 6.—Indications de mica.

Rang XIII, Lot 9.—Indications de mica.

Canton Aumond.

Rang B, Lot 6.—Indications de mica.

Canton Lytton.

Rang II, Lot 21.—Exploité par son propriétaire en 1898 et 1899 et en 1900 par MM. Moore et Webster qui ont extrait une assez bonne quantité de mica.

Canton Ripon.

Rang XIII, Lots 13, 14.—Ouvert en 1899 par M. J. Joubert et Cie, qui a foncé quelques puits sur une série de veines de calcite rose contenant du mica et du phosphate dans une pyroxénite de couleur clair. Le mica est de bonne qualité, mais petit.

COMTÉ DE PONTIAC.

Canton Waltham.

Rang A, Lot 7, 8.—Prospecté en 1900 et une petite quantité de mica en a été sortie.

CHAPITRE IV.

PHLOGOPITE OU MICA AMBRÉ.

Gisements en général dans la Province d'Ontario.

Les gisements industriels de mica ambré dans la province d'Ontario sont compris dans une aire située directement à l'est du chemin de fer de Kingston et Pembroke de chaque côté d'une ligne tirée de Perth à Sydenham. Le district mesure en gros, 30 milles, du nord au sud et 25 milles de l'est à l'ouest, embrassant environ 750 milles carrés et est divisé en deux étendues principales, savoir: la région à mica de Sydenham et la région à mica de Stanleyville, ou comme on l'appelle maintenant, de Micaville. Ces deux zones de mica sont séparées topographiquement par un chapelet de lacs, comprenant les lacs Rideau, Ouest, Sand, Upper et Big Rideau.

Au point de vue géologique, une langue de roches Paleozoïc composée principalement de grès Potsdam et allant vers l'est en partant du gîte principal de dépôts sédimentaires, dans les comtés de Carleton et de Grenville, divise les deux districts dans le voisinage de Westport, tandis que la haute arête de granite-gneiss, formant ce qu'on appelle la Montagne, directement au nord de Westport peut être considérée comme une autre division naturelle bien qu'il y ait aussi des dépôts naturels de mica épars dans cette région. Les principales mines dans l'aire de Sydenham sont situées dans les cantons Loughborough et Bedford, tandis que, dans Micaville, ou dans ce qu'on appelle plus souvent le district de Perth, les mines sont principalement dans les cantons North et South Burgess et North Crosby.

TRAITS TOPOGRAPHIQUES ET GEOLOGIQUES DES ETENDUES DE MICA.

Le caractère de la région de mica d'Ontario n'est pas aussi montagneux que le district de Québec. Toute l'étendue, et plus spécialement la portion méridionale est couverte d'un réseau de lacs et de cours qui cependant ne sont pas au-dessous du niveau général de la région avoisinante. De grands espaces plus ou moins horizontaux de terres arables sont séparés par des étendues de collines basses et d'arêtes quelquefois maigrement couvertes de bois de seconde venue. Ces arêtes sont de toutes hauteurs, généralement arrondies, ce que l'on appelle des " dos d'âne ", en allemand " Ruchen '. Les marécages abondent dans la région, de grandes étendues avoisinant les lacs ayant été inondées par la crue d'eau générale causée par la construction d'écluses sur le canal Rideau. La direction générale des arêtes et des lignes basses des collines est N. E. et S. O., et un regard jeté sur la carte du district montrera que la majorité des lacs et cours d'eau de l'étendue suivent cette direction. Le district est bien peuplé spécialement dans les parties nord et sud, et est traversé de beaucoup de bonnes routes, les facilités de transport étant en général excellentes et dans la plupart des cas les chemins de mines sont de construction facile.

Le bois nécessaire pour les travaux de mine peuvent s'obtenir à moins de quatre à cinq dollars la corde.

La plus grande partie de l'encaissement traversée par les pyroxénites ou dykes micafères se compose de gneiss-granitoïde finement rougeâtre ou brun. La roche se compose de roches de caractère divers : bandes de gneiss à biotite normal alternant avec des zones de quartz presque pur qui contient quelquefois un peu de feldspath rose épars. Les zones acides ont à première vue l'air d'avoir été envahies le long des plans de schistosité de la roche par quelque éruption granitique postérieure, formant ce qu'on appelle du " gneiss d'injection " mais elles font peut-être partie du massif rocheux original.

Le granite gneiss a été probablement formé du granite normal par métamorphisme dynamique et dans quelques cas il est un peu contourné.

L'allure générale du gneiss est N. E. et S. O. et son plongement est entre 60° et 70° au N. O. En quelques endroits ,la roche est fortement grenatifère, ce qui se remarque spécialement dans le voisinage du lac Gould dans le canton Loughborough.

La planche VIII montre un affleurement de gneiss dans le voisinage de Perth Road.

Intercalées dans le gneiss, il y a de nombreuses bandes de calcaire blanc cristallin. Les calcaires sont à grain moyen et contiennent quelquefois de fortes quantités de minéraux secondaires formés des roches sédimentaires à leur époque de métamorphisme. Ces minéraux sont généralement du grenat-chaux, de la diopside vert-clair, du feldspath, de la trémolite, et de la phlogopite brun-clair, qui tous existent en petits cristaux et agrégats dans l'amas rocheux, et sont spécialement abondants au contact avec le gneiss et les roches irruptives postérieures. Ce complex de gneiss et de calcaire est considérablement traversé de bandes de pyroxénite dont la direction générale est de N. E. et S. O., ou d'une allure semblable à la roche encaissante, bien que dans quelques cas, les dykes recoupent l'encaissement presque perpendiculaire.

C'est à ces pyroxénites que les dépôts de mica énumérés aux pages suivantes sont associés ; les existences étant, à tous égards, semblables à celles déjà décrites. On peut en déduire que les derniers dépôts cités sont reliés à ceux de la région d'Ontario et cette supposition est confirmée par la nature de la formation rocheuse.

L'allure générale des gneiss et schistes qui contribuent à former la croûte terrestre dans les deux aires de mica est N. E. et S. O., et la majorité des dykes de pyroxénite ont une direction semblable. Ceci semblerait indiquer que, dans beaucoup de cas, les irruptions de pyroxénite ont suivi les planes de schistosité de la roche encaissante comme lignes de moindre résistance et on peut, par suite, s'attendre raisonnablement à ce qu'il y ait des dykes semblables dans la formation Laurentienne qui supporte l'étendue de dépôts sédimentaires postérieurs entre Perth et la rivière Ottawa. En d'autres termes, les terrains à mica sont associés à une série de dykes de pyroxénite plus ou moins parallèles allant du fleuve St-Laurent, dans le voisinage de Kingston dans une direction nord-est, jusqu'à un endroit pas encore déterminé mais situé au moins à 70 milles en ligne droite au nord de la ville d'Ottawa occupant une distance de 175 milles en tout.

Affleurement de gneiss, montrant du redressement, près de Perth Road, Canton
Loughborough, Ont.

De plus des dépôts de phlogopite noire ont été exploités en 1897 **sur** la concession XXII, lot 7, du canton Cardiff, comté d'Haliburton et de grands cristaux ayant $2\frac{1}{2}$ pieds au moins de diamètre ont été sortis, dit-on. On a trouvé des existences semblables sur la concession XIII, lots 30 et 31 du même canton, mais aucun de ces dépôts n'a été exploité depuis bien des années.

MINES DE MICA ET SITUATION.

COMTÉ DE FRONTENAC.

Canton Loughborough.

Concession VII, Lot 11.—Appelé mine Lacey et actuellement la plus forte productrice de mica ambré. Ouverte primitivement en 1880 à peu près par M. J. Smith & Co., de Sydenham, la mine a été exploitée durant une douzaine d'années, puis achetée en 1894 par les propriétaires actuels, la General Electric Co., de Schenectady, N. Y. Cette compagnie n'a pas commencé à exploiter en prenant charge de la mine, mais elle l'a louée durant cinq ans à Webster & Co., puis à M. J. W. Trousdale de Sydenham. Cette mine fournit un cas type de l'incertitude qui règne dans le développement des dépôts de mica, car la Webster Co a cessé les travaux comme improfitables, au moment même où elle était arrivée à quelques pieds d'immenses massifs de mica qui ont ensuite été mis à découvert par les propriétaires actuels.

A l'expiration du bail obtenu par M. Trousdale, la General Electric Co., a commencé ses opérations minières sous le nom de Loughborough Mining Co., et a continué sans interruption jusqu'à présent.

La mine est située à quatre milles de Sydenham près de la rive est du lac Eel et de bons chemins relient la mine aux routes qui vont de l'est à l'ouest.

Le mica qui était primitivement dégrossi aux ateliers de la compagnie à Sydenham subit maintenant un cassage grossier à la mine puis est mis en barils et expédié à la fabrique à Ottawa où il est façonné et nettoyé. Quand la compagnie a commencé l'exploitation, il y avait un puits profond de 25 pieds, sans compter d'autres excavations de moindre importance. Le puits a été plus tard poussé à 185′ et en même temps on a creusé une galerie le long du filon dont l'allure est N. O. et S. E. et qui plonge à 80° de la verticale au N. E. En largeur cette veine varie de quelques pouces à 25 pieds et, en quelques endroits est un amas presque solide d'énormes cristaux de mica. Le plus grand cristal extrait de la mine avait, dit-on, plus de 9 pieds de diamètre.

Un puits à air a été foncé aussi à 40 pieds au pied du puits principal. Ce puits a 8 x 10 pieds, est boisé sur 30 pieds et fournit une fosse à échelles. Le puits principal est aussi boisé avec un collet de 30 pieds.

Six niveaux ont été pratiqués le long du filon, le premier étant à la profondeur de 52 pieds et les autres à des distances de 22 pieds. Le quatrième niveau est celui qui s'éloigne le plus du puits et a été poussé jusqu'à 150 pieds au S. E. et 65 pieds au N. O., ce qui fait une longueur totale de 80 pieds au S. E.

En 1906, il fut décidé de commencer l'exploitation à ciel-ouvert et un puits de 60 x 70 pieds carrés a été creusé à 60′ S. E. de la chambre du puits, le fonçage s'exécutant sur la veine principale de mica et le filon parallèle du N. E. Ce grand puits est muni d'un collet et de boisage de sûreté incliné, à 10 pieds en dessous de la surface pour empêcher la chûte des roches, etc. (Voir planche IX).

Le fonçage a été continué du côté N. E. du puits jusqu'à ce qu'on ait atteint le cours transversal du deuxième niveau. Le puits a maintenant 60 pieds de profondeur et on a l'intention de continuer à foncer en rattrapant les niveaux à mesure qu'on y arrive. On a entrepris aussi de faire des gradins entre le quatrième et le sixième niveau, le mica étant extrait et l'espace comblé avec les débris pour éviter d'avoir à remonter les déchets.

L'appareil d'extraction employé sur le puits ouvert est une grue à vergue de 60 pieds fonctionnant avec un treuil à vapeur et la roche est sortie dans des boîtes en bois sans profondeur à trois côtés, pendues par trois chaînes et ayant une contenance de 15 quintaux. De là, il est culbuté dans de petits wagonnets en bois circulant sur un tramway pour aller à la halde. On a employé une perforatrice diamantée, il y a quelques années, puis encore, en 1909 et on dit avoir atteint quelques bons dépôts de mica. Les sondages se faisant d'abord de la surface et plus tard, ils ont été pratiqués, en 1900 depuis le quatrième niveau.

Il y a une grande chambre des générateurs près de la chambre du puits et elle contient deux générateurs de 70 C. V., employés pour actionner le compresseur et le treuil du puits principal. Le sondage se fait à la vapeur et à l'air comprimé en employant des perforatrices Ingersoll-Rand.

Un générateur de 30 C. V. actionne le treuil à vapeur employé à hisser du puits ouvert et les perforatrices sont actionnées par un compresseur à 6 perforatrices de 60 C. V.; une pompe Cameron No 9 suffit pour tenir la mine à sec.

Le puits principal mesure 6 x 16 pieds et a deux compartiments de 8 x 8 pieds, munis d'un levage à un seul tambour. La roche est remontée dans des baquets de bois.

Le nombre d'hommes employés est de 35, mais le nombre varie de 25 à 60, ce dernier chiffre étant celui pour lequel il y a place à la pension. La mine est sous la direction de M. G. W. McNaughton, le contremaître est M. R. H. Smith.

Le mica est un ambré-vineux bigarré de premier choix et est en filons en fissure d'une largeur irrégulière dans une pyroxénite gris verdâtre, à grain

Vue du puits principal, mine Lacey, lot 11, concession VII, Canton Loughborough, Ont.

Vue générale de la mine Lacey, lot 11, concession VII, Canton Loughborough, Ont.

moyen qui contient beaucoup de pyrites disséminées. On trouve quelquefois avec les veines des paquets de phosphate massif vert foncé contenant de la calcite blanche comme matière filoneuse. On dit que lorsqu'on trouve cette calcite blanche, le mica, en règle générale tend à disparaître et existe seulement en paquets de cristaux plus petits.

Il y a un gros gîte de calcite sur le côté S. E. du filon principal et il n'a pas encore été percé quoiqu'on pense qu'il y a du mica du côté éloigné.

On n'a pas trouvé de roche encaissante dans les ateliers, si bien qu'on ne sait pas de quoi sont composées les épontes du dyke. La roche environnante est du gneiss ou micaschiste avec des bandes de calcaire intercalées.

On a trouvé quelquefois un mica ambré blanc laiteux associé à l'espèce claire et dans quelques cas, le même cristal laisse voir des lambeaux blancs et laiteux.

Les vieux puits Lacey sont au N. E. des ateliers actuels et consistent en quelques excavations étroites sur des veines de mica parallèles à celles qui sont déjà travaillées. On dit que le plus profond de ces puits est descendu à 180 pieds.

La mine a toujours été exempte de sérieux accidents et, à cet égard, tient un haut rang parmi les mines de la province.

On a dit à une certaine époque que la mine a donné un rendement journalier, d'entre quatre à cinq tonnes de mica grossier.

Le Journal of Canadian Mining Institute, Vol. VII, p. 284, donne l'analyse suivante de mica clair provenant de cette mine.

SiO_2	39.66
TiO_2	0.56
Al_2O_3	17.00
Fe_2O_3	2.70
FeO	2.00
MgO	26.49
BaO	0.62
Na_2O	0.60
K_2O	9.97
H_2O	2.99
F	2.24
Total	104.83

L'angle axial des variétés claire et laiteuse de phlogopite sont identiques et on suppose que l'opacité de ce dernier mica est due à l'altération secondaire soit du mica lui-même, soit des minéraux qu'il contient. Il est encore incertain cependant si c'est la vraie cause.

Lot 3 O. ½.—Appartient à Freebern Bros., de Sydenham et a été exploité pour la première fois, il y a vingt ans par M. F. Foxton, à bail. Le travail a continué, par intermittence, durant quinze années avec une moyenne de cinq hommes et subséquemment, M. I. Hurley de Rochester, N. Y., a travaillé durant un an, avec une force semblable.

En 1907, la Sydenham Mining Co., a travaillé quelques semaines et depuis, la mine est inactive.

Les ateliers consistent en quatre puits dont le plus grand a 64 pieds de profondeur, 30 pieds de longueur et 20 pieds de largeur, ouvert sur trois veines de mica dans une pyroxénite vert foncé de texture moyenne. La plus large de ces veines a une moyenne de 2½ pieds et contient de la calcite rose comme remplissage avec une petite quantité de phosphate vert et rouge. Les

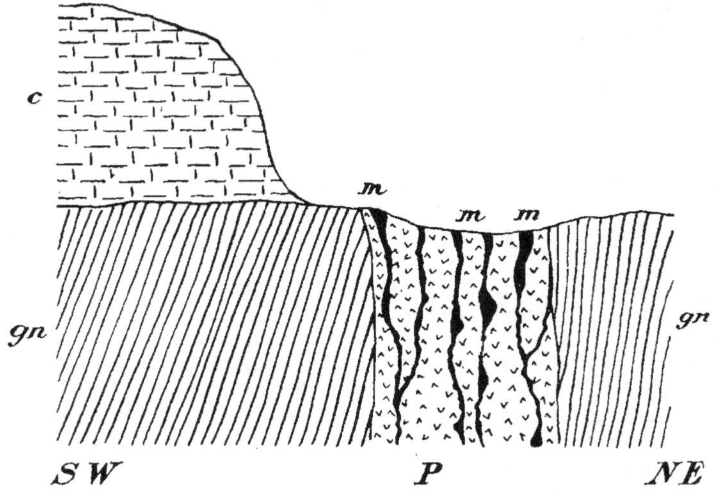

FIG. 34. — Coupe des dépôts de mica à la mine Freebern, lot 3, concession VII, canton Loughborough, Ont.

P, dyke de pyroxénite avec veines de mica m; gn, gneiss; c, calcaire Black River (formation Palézoique).

filons sont parallèles, ont une direction O. 15° N. et sont espacés d'à peu près 35 pieds.

Il y a dans la roche beaucoup de mica.

Le mica est ambré-vineux de bonne qualité et de taille moyenne et des échantillons de cette mine ont reçu la médaille d'or à la World's Fair de Chicago, en 1893.

La mine portait d'abord un équipement convenable comprenant: perforatrices à vapeur et pompe, treuils, etc., mais tout cela a été enlevé, il y a longtemps. Il faut continuellement pomper parce que les puits sont situés au bord d'un marécage à la base d'une haute arête de calcaire Palœozoique, 2 milles au nord de Sydenham.

Le rendement total du mica est évalué à $25,000.

Concession VIII, Lot 6 E. ½.—Les ouvrages sur cette propriété sont séparés de la mine Scriven et White par une barrière seulement et consistent en quelques puits de surface dont le plus profond est descendu à 30 pieds.

Les opérations ont été commencées en juin 1910 avec cinq hommes et continuées durant trois mois, l'essai ayant été tenté de ramasser le mica-plomb qui est exploité dans une mine voisine. L'essai n'a pas réussi cependant car on a rencontré seulement un petit filet du filon.

L'existence ressemble à celle de la moitié occidentale du lot, la roche étant décomposée de la même façon et le mica d'une couleur vineuse analogue. Une demi-tonne à peu près de minéral grossier a été extraite par les exploitants, MM. Wood et Solliday, Freeman et Reamer de Sydenham.

Concession VIII, Lot 6 W. ½.—Appartient à MM. Scriven et White de Sydenham qui ont commencé à exploiter la mine en juin 1909 et ont, depuis, continué les opérations sans interruption. La mine est située à trois milles au nord de Sydenham et produit un mica vineux de dimension moyenne qui est souvent un peu broyé. Les ateliers consistent en un certain nombre de puits 8 x 5 pieds qui ont atteint une profondeur de 120 pieds et qui sont boisés carrés jusqu'à 65 pieds de la surface, faisant un puits à deux compartiments jusqu'à cette distance. Un côté sert pour le hissage et l'autre contient le passage de l'échelle, de la pompe et des tuyaux de perforatrice, etc.

Le puits a été foncé verticalement sur une distance de 80 pieds et depuis le niveau a 60 pieds, une galerie a été munie de 85 pieds à l'ouest, tandis que, du 80 niveau, le puits a été continué dans une direction inclinée vers l'ouest, sur 40 pieds. L'allure générale de la veine de mica est N. E. et S. O. et son plongement est vertical jusqu'au 80 niveau, où elle prend une portion horizontale, continuant à l'ouest jusqu'à 25 pieds à peu près, puis redevenant verticale. La largeur maximum est obtenue à 70 pieds de la surface et a là plus de 13 pieds.

L'amas de dyke est une pyroxénite à grain fin, vert foncé et assez tendre qui est très décomposé jusqu'à une distance considérable de la surface. Il y a dans la roche beaucoup de pyrite et c'est à cela qu'est due la couleur rougeâtre du mica.

La matière filoneuse est de la calcite blanche grossièrement cristalline associée à laquelle il y a le mica et un peu de phosphate. Jusqu'à présent on n'a localisé qu'un filon. Le dyke de pyroxénite recoupe un encaissement de gneiss normal, qui auprès du contact est tendre et friable, comme dans la roche de dyke.

La mine est munie d'un camp et d'un matériel convenables, comprenant un générateur de 40 C. V., un treuil à un seul tambour, pompe à vapeur, perforateurs, etc. Une équipe moyenne de 8 hommes a été employée dans le puits, mais quand elle a été visitée la mine était close temporairement et seulement quelques façonneurs étaient occupés à façonner le mica à la main.

Les propriétaires s'occupent cependant d'installer une perforatrice diamantée pour essayer la mine à fond. A peu près vingt-cinq tonnes de mica façonné à la main ont été produites depuis que la nouvelle direction a commencé l'exploitation et de petites quantités ont été sorties par des exploitants particuliers qui cependant n'ont pas fait beaucoup de travail.

Lots 12, 13, 14.—Cette propriété a été exploitée pour la première fois en 1889 par Webster & Cie en vertu d'un loyer de M. P. Freeman, de Sydenham, qui plus tard a exploité par intermittence durant trois ou quatre années. MM. James Richardson & Sons de Kingston ont alors acheté la mine et l'ont exploitée constamment durant trois années, après quoi elle a été acquise par la New York & Ontario Mining Co., qui a poussé l'extraction durant un an.

M. S. H. Orser de Sydenham a exploité quelques semaines en vertu d'un bail de la compagnie, en 1909, avec cinq hommes et depuis la mine a été inactive.

Le puits le plus profond est poussé jusqu'à 80 pieds sur un filon de mica et de calcite blanche grossièrement cristalline, entre des épontes de gneiss avec une coiffure de pyroxénite de couleur clair. Les veines sont nettement marquées et presque parallèles et ont été suivies au moyen d'excavations de surface sur une distance de plus de 1,000 pieds.

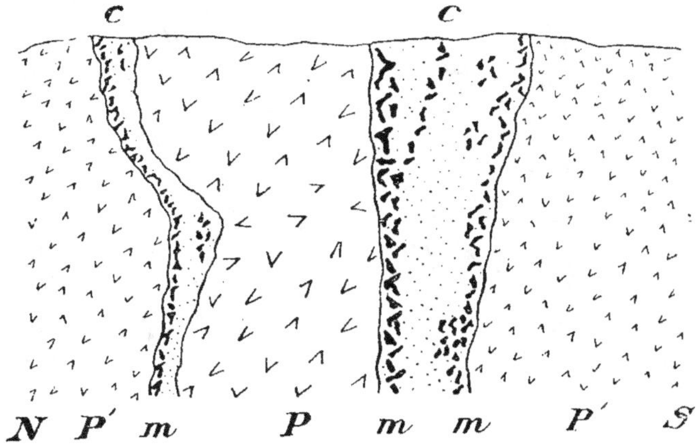

Fig. 35.—Coupe du dépôt de mica, lot 14, concession VIII, Canton Loughborough, Ont.

P, pyroxénite dure ; P', pyroxénite tendre ; m, mica disséminé dans le calcite c,

Le mica est un ambré clair dans la partie méridionale de la propriété; au nord, il devient foncé et les veines changent leur direction du N. O et S. E. presque droit du N. au S. Il y a dans les puits du sud du mica laiteux et opaque. La mine est munie d'un camp construit par les propriétaires actuels qui ont installé un générateur de 18 C. V., treuil à vapeur, pompe duplex et perforatrice à vapeur et a employé une force moyenne de douze hommes et le même nombre de filles pour façonner. Environ trente tonnes de mica façonné à la main ont été expédiées de la mine par la compagnie.

La mine est située à 9 milles N. E. de Sydenham lots 12 et 13 avoisinant mine Amey à l'est tandis que les travaux sur lot 14 sont de l'autre
côté d'un petit lac à un demi-mille de distance.

L'existence des lots précités ressemble à celle de la mine Amey, on
trouve du mica foncé avec de la calcite rouge compacte à grain fin qui contient souvent de petits cristaux arrondis d'apatite verte disséminée. Le
tout a l'aspect d'un porphyre à apatite.

Les ateliers principaux et le camp sont situés sur le lot 14 qui produit
un mica plus clair associé à de la calcite blanche et à de petites quantités
de phosphate. Les cristaux de mica sont généralement petits mais bien formés et sont épars dans la calcite qui forme le remplissage du filon, les
épontes de ce dernier sont généralement tapissées d'un amas de petits cristaux
foncés de mica.

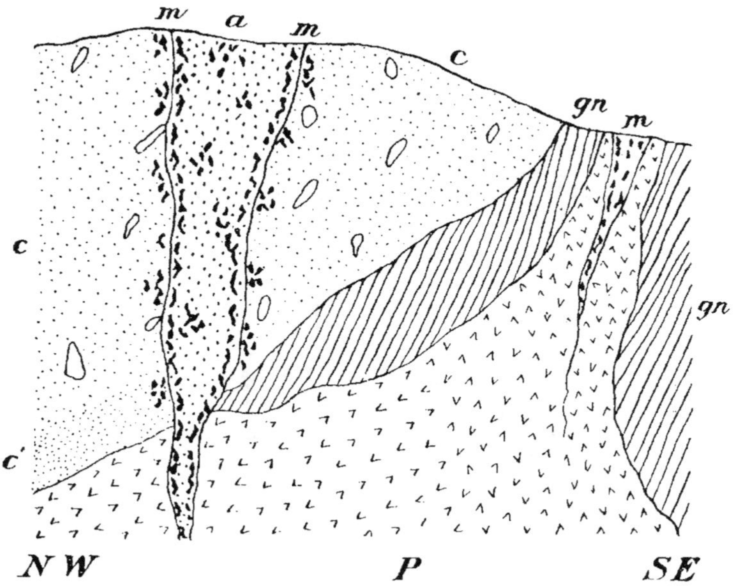

FIG. 36.—Coupe schématique dans le dépôt de mica, lot 14, concession VIII, Canton
Loughborough, Ont.

P, pyroxénite ; c, calcaire cristallin avec inclusions d'amphibolite ; gn, gneiss ;
m, mica ; a, calcite blanche grossièrement cristalline.

La roche encaissante est un gneiss rougeâtre sur la partie sud du lot
avec du calcaire cristallin au nord. La direction des veines de mica est
O. 15 N. D'après l'aspect de ces derniers, il est possible qu'ils se rejoignent
en profondeur.

Un puits profond de 15 pieds a été creusé près du lac où les veines de
mica recoupent le calcaire cristallin, la direction étant O. 30° S. et la largeur de 8 pieds à peu près.

Il y a aussi des cristaux de mica dans la roche encaissante avoisinant le filon. On ne voit pas de pyroxénite dans le puits, le mica y ayant été apparemment déposé et à côté se sont développées des fissures par les émanations d'un gîte sous-jacent de roche irruptive qui atteint la surface plus au sud.

Concession VIII, Lot 13 E. $\frac{1}{2}$.—Mine Amey. Excavée pour du phosphate dans les soixante-dix, par MM. N. Amey de Perth Road et a été ensuite exploitée par diverses personnes y compris Webster & Co. En 1908, la Mica Product Co., de Toronto acheta la mine, mais n'exécuta pas beaucoup de travail, la vendant au bout de quelques mois à la Loughborough Mica Co., à laquelle appartient encore la mine. Cette compagnie a fait quatre mois d'extraction et la mine est maintenant restée inactive jusqu'à 1910, époque à laquelle MM. J. et P. Harris de Cobalt ont fait quelques semaines de travail à bail.

La mine est à 8 milles au nord-est de Sydenham. Il y a beaucoup de puits dont la profondeur varie de 20 à 75 pieds. L'ouverture principale a 100 pieds de profondeur et comme tous autres puits a été foncée sur une veine bien nette de mica et de phosphate. Beaucoup de veines de ce genre existent sur la mine et ont été exploitées au moyen de longues tranchées étroites dont la moyenne est de 8 pieds de largeur.

La veine va du N. O. au S. E. Le mica est de couleur ambré foncé de moyenne taille et qualité, et est associé à de grandes quantités de dimension et de qualité moyenne et est associé à beaucoup de phosphate brun et vert; et de grands amas de calcite rose comme matière filoneuse. En fait, cette mine montre plus de calcite, dans les haldes et in situ qu'aucune autre visitée, sauf peut-être dans la mine McLelland dans le canton de Hull, Québec. Les deux dépôts montrent beaucoup de traits de ressemblance. La grande quantité de calcite en existence est visible sur la planche XI, où la halde de gauche est composée presque entièrement de ce minéral.

La série des veines parallèles qui sont plus tard au nombre de sept, espacées de 12 à 20 pieds est dans une pyroxénite vert foncé recoupant du gneiss granitoïde foncé avec des agrégats de feldspath rouge. Les veines paraissent converger vers le sud-est, et un filon transversal avec une allure de E. 20 N. recoupe la série à 150 pieds au sud-est du puits principal. Il ne s'est pas fait assez d'abatage pour le prouver, mais on suppose que cette veine transversale forme le dépôt principal dont les autres ne sont que des filets. Les veines sont étroites à la surface et s'élargissent en profondeur, la plus grande ayant une largeur de 45 pieds au fond du puits et 9" seulement à la surface. Le dépôt paraît relié à une irruption qui a fait éclater le gneiss encaissant et fermé des veines et apophyses le long desquelles se trouve le mica.

Le puits principal a été foncé verticalement sur 80 pieds, de là une galerie a été menée sur 12 pieds au N. O. et fonçage étant pratiqué jusqu'à 100 pieds. Une galerie a été menée le long du filon au fond du puits sur une distance de 50 pieds et un trajet transversal a été mené à 45 pieds au S. O., dans l'idée de rejoindre le chevet, mais sans succès, les ateliers étant de la calcite tout le long.

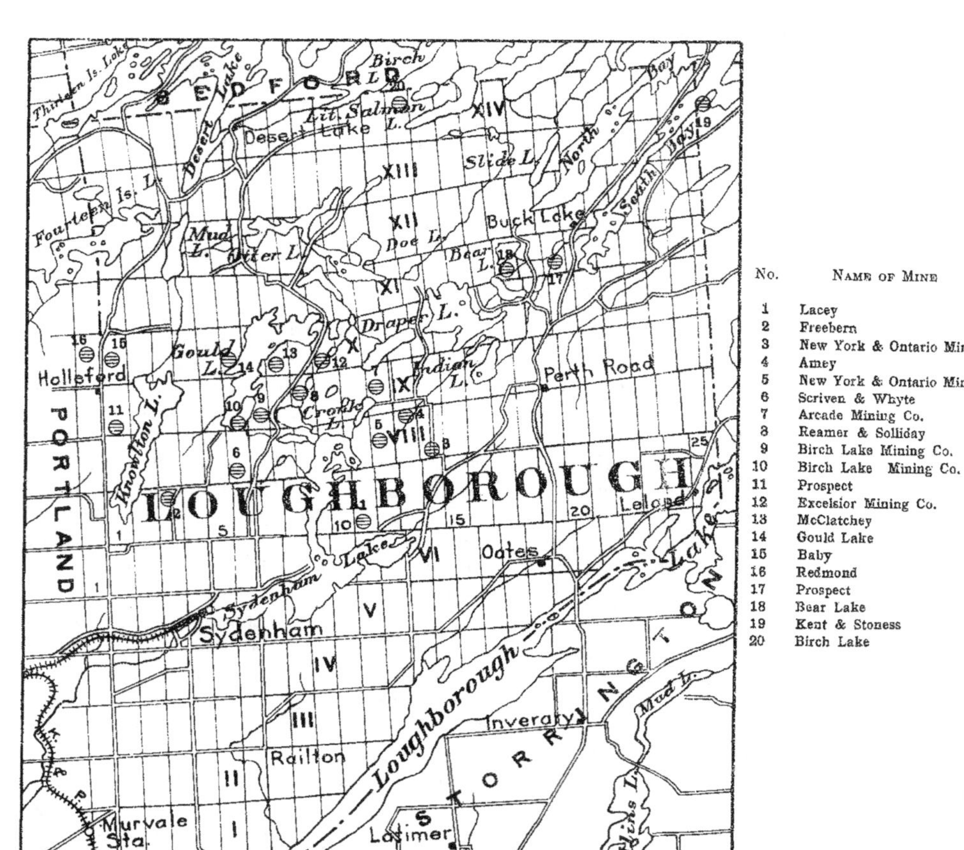

No.	NAME OF MINE
1	Lacey
2	Freebern
3	New York & Ontario Mining Co.
4	Amey
5	New York & Ontario Mining Co.
6	Scriven & Whyte
7	Arcade Mining Co.
8	Reamer & Solliday
9	Birch Lake Mining Co.
10	Birch Lake Mining Co.
11	Prospect
12	Excelsior Mining Co.
13	McClatchey
14	Gould Lake
15	Baby
16	Redmond
17	Prospect
18	Bear Lake
19	Kent & Stoness
20	Birch Lake

⊖ MICA

**MICA MINES AND OCCURRENCES
IN TOWNSHIP OF LOUGHBOROUGH, ONTARIO**

Scale 2 miles to one inch

½ 0 1 2 3 4 5 Miles

Vue de la mine Amey, lot 13, concession VIII, Canton Loughborough, Ont.

La mine est munie d'un générateur de 30 C. V., treuil à vapeur et pompe et deux perforatrices à vapeur et une grande maison de pension.

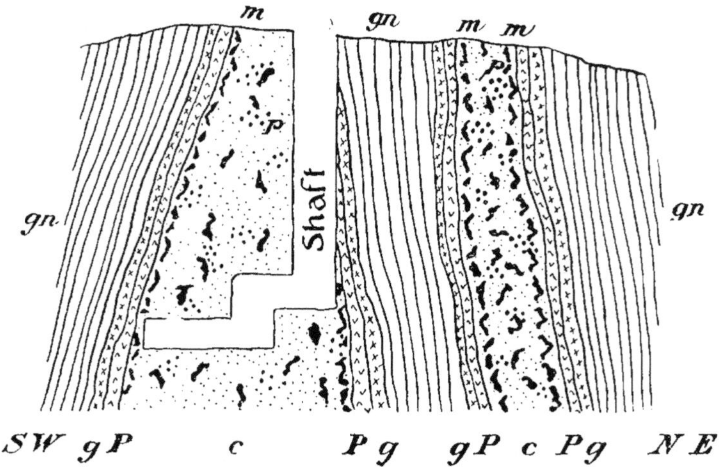

FIG. 37. — Coupe du dépôt de mica de la mine Amey, lot 13, concession VIII, Canton Loughborough, Ont.

gn, gneiss ; P, pyroxénite ; g, syénite à augite; m, mica et apatite, (p), répartie dans de grands gîtes de calcite, c.

Concession IX, Lot 1.—Appartenant à M. C. Martin de Halliford. Un petit puits, profond de 25 pieds a été ouvert par les propriétaires en 1909 et on a extrait un peu de mica. L'existence ressemble à celle de la mine suivante Baby et fait partie du même gisement — la veine de mica affleurant au travers d'une strate sus-jacente de conglomerat de grès grossier. Il ne s'est pas fait assez de fonçage pour éprouver l'importance du dépôt, mais il se peut qu'un gîte considérable de mica supporte les strates sédimentaires.

Lot 6.—Ancienne mine de mica exploitée il y a plusieurs années par MM. Smith et Lacey de Sydenham. Webster & Cie y ont fait un peu de travail en même temps qu'ils exploitaient la mine voisine Gould Lake. Il ne s'est pas fait d'autre exploitation, en plus d'un peu de prospection en 1910 par le Birch Lake Mining Syndicate qui a un bail de la mine. La roche encaissante dans le voisinage est un gneiss granitique rose; souvent grenatifère et altéré par métamorphisme dynamique.

Lot 7.—Appartient à J. W. Trousdale de Sydenham. Il ne s'est pas fait de travail au cours des quinze dernières années; la mine étant exploitée primitivement pour le phosphate et le mica extrait servant pour l'industrie des fourneaux.

Lot 9 N. ¼.—Cette mine a été exploitée sur une petite échelle en 1907 par MM. Snook et Freeman, de Verona, puis achetée ensuite par Reamer et Solliday de Sydenham qui sont les propriétaires actuels. Ces derniers ont exécuté une année constante de travail, en employant une moyenne de cinq hommes et signalent un rendement de vingt tonnes à peu près de mica grossier. Il y a six puits sur la mine dont le plus profond est descendu à 35 pieds sur un gisement de fissure de mica ambré-brunâtre, de phosphate et de calcite blanche dans une pyroxénite verte normale.

Les veines sont nettement tracées et existent près du contact de la pyroxénite et d'un gneiss granitoïde rougeâtre.

La mine est à 5 milles au nord de Sydenham.

Lot 12.—Appartient à l'Arcade Mining Co., de N. Y., qui a exploité la propriété durant quelques mois en 1907, puis, de nouveau en 1909 avec cinq hommes. Le puits le plus profond est descendu à 20 pieds sur une petite veine de phosphate rouge, de calcite blanche et un mica un peu broyé, de taille moyenne.

Il y a plusieurs autres veines parallèles sur lesquelles ont été faites quelques excavations, la direction des fissures étant N. E. et S. O. On a produit à peu près 3,000 livres de mica façonné au pouce.

Concession X, Lot 1.—Appelé mine Baby et appartenant à MM. Richardson et Ellerbeck de Kingston et Hartington. La mine est à 6 milles au nord-ouest de Sydenham et produit un mica jaunâtre qui paraît presque incoloré par plaques minces. Les cristaux sont de taille moyenne et sont souvent teintes de rouge au dehors et à une courte distance en dedans. La roche micafère est gris-brunâtre, une pyroxénite fortement altérée, allant de la roche finement à une roche composée de gros cristaux de pyroxène, ces dernières possédant un fort degré de clivage et atteignant souvent une longueur d'un pied au moins. La roche est coiffée de quelques pieds de grès Postdam brun et de conglomérat et cette dernière roche est imprégnée de petits cristaux de mica dans le voisinage immédiat de la veine de mica. La mine est située presque juste à la bordure de la formation sédimentaire Paléozoïque, le gneiss Laurentien et le calcaire étant visibles quelques centaines de pieds au nord des ateliers. La direction de la mine de mica est presque droite du nord au sud et le plongement est vertical. En plus de ce d'être sur un filon nettement tracé, les cristaux de mica se trouvent aussi dans la roche adjacente à la veine. Cette dernière peut être suivie sur une distance de plus d'un demi-mille et a été aussi excavée sur la mine Martin voisine.

Le mica a été extrait au moyen d'une série de puits foncés à intervalles de 15 à 20 pieds le long de la veine, et du fond desquels des galeries sont menées dans une direction méridionale. La largeur moyenne des excavations est de 15 pieds et celle de la veine de mica proprement dite, de 4 pieds. Il y a beaucoup de minéral dans la roche de chaque côté de la fissure et il paraît s'être déposé sur les crevasses de moindre importance par émanation et action pneumatolytique.

Le mica est en majeure partie en paquets de petits cristaux épars, bien que la roche qui est fréquemment altérée d'une roche dure gris foncé ou brune à un amas blanchâtre friable. Ce dernier s'émiette facilement en fragments de forme rhomboédrique.

Le dépôt contient beaucoup de minéraux accessoires, y compris quartz, actinolite, trémolite, chlorite et tourmaline brune, il y a de la pyrite en grande quantité.

Vue générale de la mine Baby, lot 1, concession X, Canton Loughborough, Ont.

A 20 pieds on a trouvé une bande de felsite rouge épaisse de 10″ à 35 pieds, une bande semblable épaisse de 15″ et à 45 pieds, une autre couche de 2 pieds. Ces couches ont l'aspect d'une quartzite à grain fin et sont appelées " granite " par les mineurs, elles ne contiennent pas de mica, le dépôt devenant " maigre " dans leur voisinage immédiat.

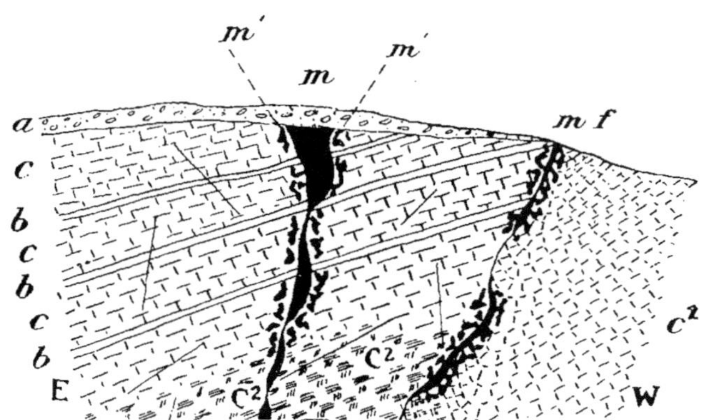

FIG. 38. — Coupe schématique du dépôt de mica de la mine Baby, lot 1, concession X, Canton Loughborough, Ont.

à grès Postdam, c,————; b. bandes de quartzite ; c¹, calcaire archéen avec faille ; c², calcaire métamorphisé ; m, mica ; m¹, petit dépôt de mica avoisinant la veine principale ; f, faille ; s, roche irruptive supposée.

Le puits le plus profond est descendu à 70 pieds et le mica paraît s'évanouir en profondeur, après 70 pieds, on n'en trouve pas beaucoup.

Plusieurs puits ont été creusés à l'extrémité septentrionale de la mine où le terrain s'écarte de la formation Laurentienne. Là, la surface est coiffée de 3½ pieds de conglomérat Potsdam brun et toute la formation a subi des failles sur une certaine distance le long du versant comme le montre la Fig. 38.

La perforation se fait à la main, la roche étant douce et facile à travailler. La mine est munie d'un petit camp, d'un générateur de 12 C. V., d'une pompe, treuil à vapeur et tramway pour les haldes.

Le premier atelier a été ouvert, il y a vingt-cinq ans et la mine est alors restée inactive jusqu'en 1907, époque à laquelle M. J. Ellerbeck a commencé les opérations. La présente direction a exploité depuis le milieu de 1909 et a produit à peu près 150 barils de mica façonné à la main.

Une force d'une dizaine d'hommes est employée. La mine est située auprès du chemin principal de Sydenham Bedford. Le mica est hissé grossièrement brisé à la mine Kingston Feldspar Co., à 4 milles de distance où il est façonné.

Lot 6 S. ½.—Appelé mine Gould Lake et ouvert pour la première fois, il y a plus de trente ans, pour du phosphate par M. E. Holland de Sydenham.

Par la suite, MM. Smith & Lacey ont acheté la mine et ont extrait du phosphate et du mica, retournant les déchets en même temps et recueillant beaucoup de mica de haute catégorie qui à ce momnt a pu être employé pour l'industrie des fourneaux. Plus tard, une année de travail à peu près a été exécutée à bail, par Webster & Cie, avec une force de trente hommes en moyenne.

A partir de cette époque jusqu'à avril 1910, la mine a été inactive, puis a été prise par la Birch Lake Mining Syndicate de Sydenham qui a commencé à exploiter les haldes et plus tard à épuisé le maître puits. Cette excavation mesure 115 pieds de profondeur, 12 pieds de largeur, et 100 pieds de longueur et a été foncée sur un filon de fissure d'apatite de haute teneur et de mica avec de la calcite rose et blanche comme matière filoneuse. Le mica est ambré doré et les cristaux sont habituellement disséminés dans la calcite. On a trouvé des feuillets de bonne taille et le mica est d'excellente qualité. Le filon a une direction du N. au S. et est presque vertical. Le puits n'était pas complètement épuisé quand la propriété a été visitée, mais on pouvait voir quelques cristaux de bonne taille, à l'extrémité au nord à une profondeur d'à peu près cent pieds.

Une grande maison de pension, des hangars de taille, etc., sont sur cette mine qui cependant n'est pas pourvue de machines, des treuils à chevaux sont employés pour le hissage.

Le filon a des épontes nettement tracées et il n'y a besoin de beaucoup de boisage. Une galerie a été menée le long du filon d'extrémité méridionale du puits et on a l'intention de faire des gradins en remontant dans une direction méridionale, car on dit qu'il n'y a pas de mica et de phosphate en profondeur. La largeur moyenne de la mine de mica est de 3 pieds au nord et de 8 pieds au sud du puits.

La roche de dyke est une pyroxénite compacte, grise, de couleur claire et les bords de la veine sont fréquemment formés de mica étoilé foncé et d'apatite bleue ayant une structure gneissoïde. (Voir planche XXV, page 123).

Il y a dans la calcite des cristaux d'apatite de bonne taille, elle est grossièrement cristalline et clivée en rhomboïdes de grande taille; il y a des pyrites dans des enrichissements locaux.

Un autre puits a été descendu à 110 pieds sur une veine parallèle à la précédente et 20 pieds environ à l'ouest, mais on n'a pas trouvé que le filon contenait beaucoup de mica. Il y a aussi un certain nombre de petites excavations faites dans la veine principale au fond du maître puits, mais elles ne paraissent pas avoir donné beaucoup de mica.

La mine est située près de la rive N. O. du bras sud du lac Gould et est à 5 milles à peu près au nord de Sydenham. Un bon chemin minier de

2 milles conduit aux ateliers et rattache à la grande route qui sort de Sydenham.

Lot 7 E. ¼. — Vieille mine de phosphate, plus tard exploitée par Webster & Co., pour du mica. En 1900 la General Electric Co., a acheté la mine et commencé à extraire avec une demi-douzaine d'hommes. Les travaux ont été abandonnés au bout d'une couple d'années et n'ont pas été repris. Il y a beaucoup de puits sur la mine et un petit camp qui cependant est tout délabré maintenant. Les ateliers avoisinent la mine McClatchey.

Lot 8.—Mine McClatchey. Cette mine a été exploitée aux débuts du phosphate par MM. Freeman et Snyder de Perth Road qui a ensuite vendu à MM. McClatchey et Hayden de Belleville qui ont commencé les travaux pour le mica.

En 1901, la mine a été achetée par M. J. W. Trousdale, de Sydenham, qui a travaillé plus ou moins régulièrement depuis lors, avec une moyenne d'une demi-douzaine d'hommes. La mine est sur une petite colline à 200 verges à peu près de la rive S. E. du lac Gould et à 5 milles de Sydenham. Il y a beaucoup de vieux puits sur la mine, y compris un puits de 100 pieds de profondeur, mais il ne s'y est pas exécuté de travail au cours de ces dernières années. Les opérations sont restreintes maintenant à des puits de surface dont le plus profond est descendu à 40 pieds et consistent à retourner les vieilles haldes. Ces dernières ont donné d'excellent mica.

Le mica est sur les veines du nord et du sud qui plongent à des angles divers à l'est et à l'ouest et se trouvent dans une pyroxénite compacte, gris verdâtre recoupant un gneiss foncé qui en certains endroits est fortement grenatifère.

Les veines, en règle générale n'ont pas une grande largeur et contiennent, en plus du mica, de la calcite blanche et rose, grossièrement cristalline, un peu de phosphate et beaucoup de pyrites. Le mica est de couleur plus claire que celui qu'on trouve dans les dépôts voisins, mais assez enclin à la structure rubannée. On a trouvé quelques bons exemples de bordure et une espèce laiteuse semblable à celle qu'on rencontre à la mine Lacey se trouve dans un des puits de l'ouest. Il y a une petite pension, hangar à façonnage, écurie, forge, etc., mais de machines, le hissage se faisant au moyen d'une grue à cheval et de treuils. Le travail a été arrêté dans le maître puits en raison des embarras avec l'eau, de l'infiltration du lac et la nécessité de pompes pour travailler à sec.

Lot 10.—Cette mine était exploitée par M. Sloan de Perth, il y a une quinzaine d'années, puis par M. W. Mace de Tamworth, en 1898.

En 1908 l'Excelsior Mining C., de Toronto en a pris possession et a exploité un an avec dix hommes. Il ne s'est fait que du travail de surface et les haldes ont été retournées; on a obtenu un peu de mica. Cette compagnie a repris les travaux récemment.

Les ateliers sont situés sur une arête basse entre le lac Little Devil et le lac Clear et sont d'accès assez difficile parce qu'il n'y a pas de route. Il y a une demi-douzaine de puits dont le plus grand a 40 pieds de profondeur et laisse voir des nids de mica brun de taille moyenne associé à de grandes quantités de phosphate.

Le mica et le phosphate existent dans des fissures plus ou moins parallèles supportées par de la pyroxénite, les fissures sont normales à la direction de l'arête où elles existent. La pyroxénite paraît atteindre seulement la surface en certains endroits, mais les fissures sont dans le gneiss le long duquel le mica est déposé.

Concession XI, Lot 18.—Mine Bear Lake. Cette propriété appartient à M. J. H. Roberts de Perth Road et est située à 9 milles au nord-est de Sydenham près de la rive sud ouest du lac Bear. C'était d'abord une mine de phosphate exploitée par M. W. Wallace de Perth Road, la mine a ensuite été achetée par le propriétaire actuel en 1900 après avoir été exploitée pour le mica sous promesse de vente depuis deux ans.

Le travail a été exécuté par intervalles jusqu'en 1906, quelques hommes seulement étant employés, mais le peu de consistance de la roche et l'absence d'eau dans les ateliers permettaient d'avancer rapidement.

Le maître puits a 105 pieds de profondeur et a été foncé sur un plan incliné sur un dépôt de mica ambré argenté de bonne qualité et de taille moyenne, de phosphate vert et de calcite rose. L'existence est sur un contact de pyroxénite de couleur claire avec du gneiss, l'allure étant N. E. et S. O., et la largeur moyenne du dépôt étant de 12 pieds. On dit qu'il existe encore de bonnes traces au fond du puits et plusieurs veines parallèles ont été localisées au N. O., du filon principal et séparées par des distances variant de 15 à 50 pieds. Ces dépôts n'ont été exploités en petit et on en a itré un peu de bon mica. La pyroxénite est molle et tout le creusage se fait à la main sans employer aucune machine. Le levage se fait au moyen d'une grue à cheval et des godets posés sur des patins de bois. La mine est fermée depuis 1906.

On dit que plus de 200 tonnes de mica grossier ont été sorties de la mine. La veine principale a pu être suivie sur une distance de 1,400 pieds à la surface, mais peu de travail a été entrepris en aucun autre endroit qu'au maître puits.

Il y a en divers endroits des paquets de phosphate mais on en a trouvé peu dans les ateliers. Il y a beaucoup de puits de surface sur la mine, mais la plupart sont effondrés.

Un développement systématique de l'étendue amènerait probablement la production de beaucoup de mica, la plupart du travail fait jusqu'à présent ayant évidemment pour but d'épuiser les nombreuses indications de surface.

Lot 20.—Appartient à MM. Kent Bros et Stones qui ont commencé à travailler sur la mine en 1903. Des puits de surface ont seuls été excavés, aucun ne dépassant 20 pieds de profondeur. Un peu de phosphate a été sorti de la mine, il y a longtemps et la mine a été inactive jusqu'à son acquisition par les propriétaires actuels. Cinq hommes seulement ont été employés durant quelques semaines en 1903 et il ne s'est pas fait d'autre travail. On dit avoir extrait un peu d'excellent mica.

Concession XIV, Lot 14.—Mine Birch Lake. La mine a été exploitée au début du phosphate par M. McKay du Wisconsin et a été achetée au commencement des quatre-vingt-dix par Webster & Co., qui a extrait du mica durant deux ans et a foncé à 75 pieds d'un plan incliné de 80 au S. O. Le travail a été arrêté en raison de la mauvaise ventilation qui a suspendu tout autre travail.

La mine est restée inactive jusqu'en 1910 où elle a été achetée par la Birch Lake Mining Syndicate qui se propose de foncer un puits d'air et d'élargir le maître puits.

L'emplacement est à 14 milles au nord de Sydenham et à 200 verges à peu près de la rive ouest du lac Birch. Le mica est un ambré doré de bonne qualité et est associé à de petits paquets de phosphate vert sur des veines fissures N. O. et S. E. dans une pyroxénite grisâtre claire. L'existence paraît être un dépôt de contact et fissure. On trouve le mica en accumulations de nids dans un remplissage filoneux de calcite blanche et l'existence est très sporadique. La roche encaissante est un gneiss granitoïde rougeâtre et la pyroxénite dénote une forte puissance de différenciation. Une route charretière de 2 milles relie la mine à la route Sydenham.

En plus des mines qui précèdent dans le canton Loughborough, un dépôt de mica a été exploité par M. F. Foxton, dans la concession VIII, lot 7 au début de quatre-vingt-dix (1) et MM. G. Foxton and Bros., ont exploité un dépôt sur le lot 5 de la même concession, à peu près à la même époque. On ne pouvait avoir aucun renseignement quant à ces mines à l'époque actuelle et il ne s'y est rien fait depuis longtemps.

Il en est de même pour la ligne Godfrey sur la concession I, lot 2 du canton de Hinchinbrooke qui a été ouverte en 1890.

La mine Amey et Folger travaillée par MM. Folger et Williams, avec six hommes en 1892 est située sur la concession VIII, lot 8, et a été inactive durant plusieurs années.

Canton Storrington.

Concession XV, lot 1.—Appartient à MM. Kent Bros., et Stoness, qui ont acheté la mine, il y a une dizaine d'années et l'ont exploitée quelques mois ne 1901 et 1902. Les ateliers dont aucun ne dépasse 25 pieds en profondeur sont situés sur une pointe de terrain qui s'avance dans le lac Buck, la veine maîtresse descendant sous le lac. Un peu de phosphate accompagne le mica qui est un bon ambré argenté et existe sur des fissures d'une pyroxénite normale.

Lot 15.—Cette mine a été ouverte par MM. Smith et Lacey, pour du mica pour les fourneaux, il y a vingt-cinq ans et a été exploitée, par intermittence durant trois ans par une demi-douzaine d'hommes.

D'autres exploitants ont exécuté du travail sur une petite échelle jusqu'à ce que la mine fût achetée par la General Electric Co., le ou aux alentours de 1900. Les propriétaires actuels n'ont rien fait jusqu'en 1910 où quelques puits furent épuisés et des hommes engagés pour prospecter durant plusieurs semaines. Mais les résultats ne furent pas très fructueux et les travaux avaient cessé quand nous avons visité la mine en septembre.

---

1 Ann. Rep. Ont. Bur. Mines 1, 189, p. 245.

Les ateliers consistent en un certain nombre de ciels-ouverts et de puits creusés dans une arête basse de pyroxénite où il y a des filons parallèles de mica ayant une allure N. 10 O. et une moyenne de quelques 5 pieds de largeur. Ces filons qui sont au nombre de plus d'une douzaine, sont par intervalles de 20 à 50 pieds et ont été exploités au moyen de ciels-ouverts sur l'est de la mine; tandis que, plus à l'ouest, des puits et des tranchées ont été creusés sur la crête de l'arête et poussée à une profondeur d'une cinquantaine de pieds. Là, les filons ont une moyenne d'à peu près 7 pieds de largeur et plongent 80 E. Toutes les veines contiennent un remplissage décomposé, tendre, de calcite fortement imprégnée de pyrites à la désagrégation desquelles est due la matière filoneuse. Le mica, dans les portions supérieures des veines a aussi été attaqué par l'acide, est blanchi et mousseux, et frotté dans la main devient un amas de petites écailles blanches. Dans les ateliers plus profonds où le mica est frais et intact sa couleur est ambré clair et la qualité est bonne.

La pyroxénite qui borde les filons est aussi, en règle générale, décomposée et couleur jaunâtre. On n'a jamais employé de machines dans la mine qui produit un mica de petite catégorie, où l'on trouve rarement des cristaux de 10″ de diamètre.

Canton Hinchinbrooke.

Concession I, Lot 15.—Quelques petits affleurements d'un mica presque noir existent dans ce lot. Les cristaux sont dans du quartz massif et paraissaient être de l'espèce vraie de la biotite. Il ne s'est pas fait de travail sur la mine.

Concession II, Lot 28.—Cette mine a été exploitée durant quelques mois en 1898 par M. B. Folger de Kingston qui a extrait trois tonnes de mica grossier. Le puits le plus profond est descendu à 20 pieds. En 1908, M. J. Richardson, de Kingston, a travaillé la mine quelques mois pour le phosphate et il ne s'y est pas fait d'autres travaux.

Canton Bedford.

Concession LL, Lot 5.—Appartient à la Bedford Mining Co., de Kingston. La mine a été primitivement exploitée en 1896 par M. F. Folger, qui a installé un petit générateur, pompe à vapeur et grue et a sorti à peu près sept tonnes de mica façonné à la main. En 1908, M. S. Orser de Sydenham a commencé à extraire avec six hommes et a continué durant trois mois, reprenant le travail en 1909, pour une période analogue. Quatre tonnes de mica ont été produites.

M. McDonald de Toronto a exécuté une couple de mois de travail en 1910 et tiré quelques barils de mica façonné.

La mine est à 3 milles de la gare de Bedford sur le chemin de fer Kingston et Pembrooke et près de la rive du lac Thirty-Islands. Les ateliers étaient humides en raison de l'infiltration de l'eau du lac et devaient être pompés continuellement.

L'origine du mica paraît être due à une série de dykes acides, composés de feldspath gris et quartz, en proportions variables et ayant le caractère d'une aplite grossière. Ces dykes ont une allure droit de l'E. à l'O., et plongent à de petites inclinaisons de la verticale au N. et S., la largeur variant de quelques pouces à 5 pieds. Dans le puits du sud ou excavation maîtresse, le dyke visible avait 4 pieds de largeur et plongeait de 80° au S. Les irruptions recoupent un encaissement de calcaire blanc cristallin qui est décomposé et friable le long des contacts. Le mica est sur les contacts, aussi bien qu'en petits filets s'élançant dans le calcaire et même dans une certaine mesure, jusque dans les dykes eux-mêmes. (Voir Fig. 39).

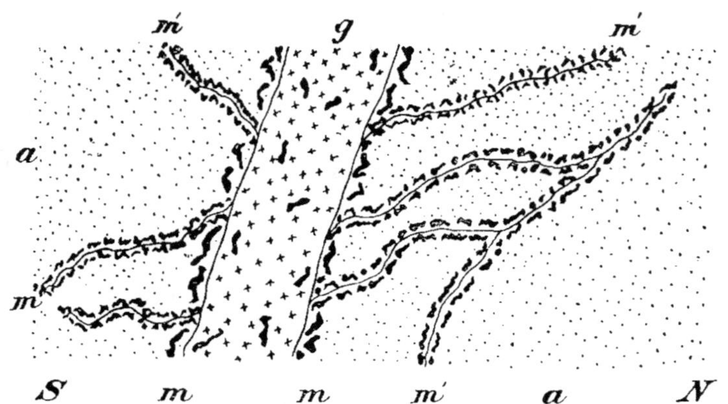

FIG. 39.—Coupe dans le dépôt de mica, lot 5, concession II, Canton Bedford, Ont.

a, calcaire cristallin ; g, dyke acide de caractère aplitique contenant quelque mica ; m, mica déposé le long des contacts ; m1, petit mica sur les jointures et les fissures dans le calcaire.

Les cristaux sont de taille moyenne, de couleur blanchâtre et assez claire, légèrement obscurcis vers les bords et ressemblant à ceux de la mine Richardson, lot 1, Concession X, du Canton Loughborough. L'irruption a été accompagnée de la formation de divers minéraux secondaires comprenant l'actinolite grise et la tremolite, en agrégat massivement fibreux et coliminaires, et de la vésuvianite brun foncé; tandis que beaucoup de tourmaline brune, de quartz cristallin et massif et de pyrites ont été injectées dans le calcaire adjacent.

Le mica est très dur et brisant, et présente peu de valeur pour les emplois électriques, on s'en sert surtout pour les fourneaux. Une particularité notable de ce minéral est que les feuillets une fois fendus émettent beaucoup de sulfure d'hydrogène.

Concession IV, Lot 7.—Appartient à MM. Williams et Adams de Toronto. La mine a été exploitée pour la première fois, il y a seize années, par M. E. Smith de Prescott, et en 1898 par M. Ferguson de Kingston qui a fait de l'exploitation intermittente durant une couple d'années. En 1905,

13

le propriétaire actuel a acheté la mine et dirigé les opérations durant cinq mois. Il ne s'est pas fait d'autres travaux.

Le dépôt est associé à un dyke de pyroxénite très étroit, de couleur vert clair qui forme une bande entre le gneiss et le calcaire cristallin, le mica étant dans de la calcite grossière entre la pyroxénite et le calcaire et aussi dans une mesure moindre dans le calcaire lui-même. (Voir Fig. 40).

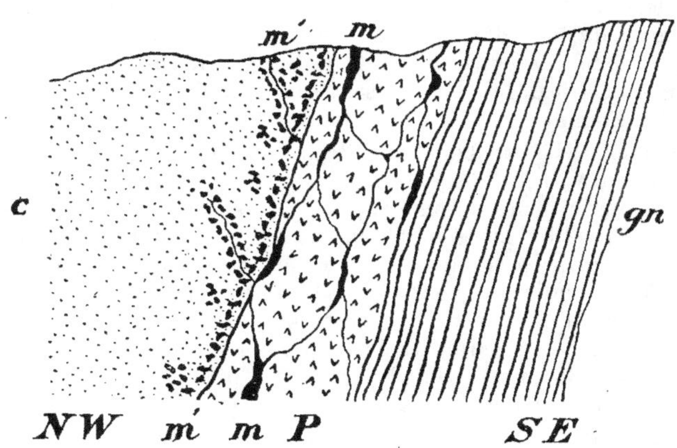

FIG. 40. — Coupe dans le dépôt de mica, lot 17, concession IV, Canton Bedford, Ont.

gn, gneiss ; c, calcaire cristallin ; P, dyke de pyroxénite avec nids et veines de mica (m) ; m', mica déposé dans du calcaire auprès du contact.

Le mica est un ambré argenté clair et se distingue principalement par la structure de sa bordure. La plus forte proportion des cristaux trouvés laisse voir cette particularité et souvent a un dyke notoire. La planche XXIV (page 220) laisse voir un spécimen de mica de la mine.

On n'a pas remarqué de phosphate, mais de petites quantités de magnétite sont quelquefois dans le calcaire près du contact de pyroxénite. Ce dernier a une allure N. E. et S. O. Un certain nombre de puits ont été excavés, la plupart, petits. L'excavation maîtresse est à l'extrémité nord de la mine et est pourvue d'un collet boisé carré ; on n'a pas pu s'assurer de la profondeur mais on dit qu'elle dépases 50 pieds. Quelques bâtiments de mine sont sur la propriété qui est à 5 milles de Fermoy.

Concession V, Lot 15.—Cette mine a été très exploitée depuis 1898 par la Frontenac Mining Co., MM. J. et J. Stoness et les propriétaires,MM. P. et W. Murphy de Fermoy. Le premier nommé a exécuté la majeure partie du travail fait et a cessé en 1909, depuis lors la mine est inactive. Un dyke de pyroxénite contenant une veine de mica ambré foncé associé à de petites quantités de phosphate vert est en concordance dans le gneiss qui a là une allure droit N. E. - S. O. et plonge de 38° S. E. Les épontes de la veine sont faites d'un pyroxène broyé, vert clair, mélangé à de l'amphibole vert foncé, du quartz et du feldspath. On voit peu ou point de calcite à la surface, mais la quantité augmente en profondeur. Il y a dans le filon des pyrites en grandes quantités et beaucoup de dykes d'aplite rose recoupent la formation perpendiculairement à l'allure. Les cristaux de mica sont de taille moyenne et se fendent facilement, assez fortement broyés à la surface, ils augmentent en qualité en profondeur.

Le dépôt a été suivi jusqu'à une profondeur de 60 pieds au moyen d'un puits incliné, du fond duquel on a mené de courtes galeries. La largeur de la veine au fond du puits est de 4 pieds. On n'emploie pas de machines sur la mine où l'abatage s'est fait sans s'occuper de l'avenir. La mine est à 5 milles de Fermoy.

Concession VI, Lot 30.—Mine Bobs Lake ou Taggart. La mine a été d'abord exploitée par M. Taggart de Westport en 1897. Les travaux ont été menés par intermittence durant trois ans après quoi la mine est restée inactive jusqu'en 1903 où elle a été achetée par MM. Kent Bros et Stoness. Ces derniers sont les propriétaires actuels et ont travaillé neuf mois par année, depuis qu'ils en ont possession. Un rendement total de plus de deux mille barils de mica grossièrement cassé est consigné. Le travail a été exécuté sur une série de veines parallèles de mica ambré foncé dont les cristaux sont souvent de grande dimension. Un individu pesait 2,250 livres et sa majeure partie était du mica vendable.

Le mica est associé à de petites quantités de phosphate vert, de calcite rose et est sur de petites fissures d'une pyroxénite foncée. Ces filons de fissure ont en moyenne 2 pieds de largeur, leur allure est N. O. - S. E., et le plongement 78° N. E. Ils sont espacés de 8 à 15 pieds et ont leur plus grande largeur au nord-ouest, paraissant s'amincir à rien dans une direction sud-ouest.

Les veines ont été exploitées au moyen de tranchées individuelles étroites, larges de 6 à 8 pieds, ayant une longueur d'une cinquantaine de pieds et une profondeur miximum de 60 pieds.

Les ateliers sont situés à quelques centaines de pieds de la rive du bras Mud Bay du lac Bobs, les veines ayant une direction à peu près parallèle à la ligne du rivage. Deux petites arêtes descendent jusqu'à l'eau, séparées par une petite dépression profonde de 60 pieds. Les ateliers sont situés principalement sur l'arête de l'est, bien que des affleurements considérables aient été localisés aussi à l'ouest. Par suite de la proximité du lac, les puits se remplissent assez vite au printemps et il faut toujours pomper.

La mine est munie d'un générateur de 18 C. V., de deux pompes Cameron, et de grues à tambour ordinaires. Un camp comprenant les bâtiments de mine ordinaires, les hangars de façonnage et une pension pouvant recevoir vingt hommes a été construite. Le mica est cassé grossièrement à la mine et transporté de l'autre côté du lac, d'où il est charrié à sept milles de là jusqu'à la gare de Olden du chemin de fer Kingston à Pembroke, et expédié aux ateliers de façonnage à Kingston.

Les épontes des filons sont quelquefois tapissées de cristaux de pyroxène bien formés et il y a de la scapolite en grande quantité, mélangée avec du pyroxène et aussi en agrégats cristallins dans des géodes, dans les murs (voir planche XXX). La datolite est massive, de forme poudreuse et se rencontre en abondance dans une des veines. Un trait particulier de l'existence est que le mica qui jusqu'à 35 ou 40 pieds en descendant se rencontre particulièrement dans le chevet, passe en cet endroit au toit. Les filons paraissent s'amincir en profondeur et on les a suivis jusqu'à 50 pieds, puis abandonnés. Des filons d'aplite rose recoupent la pyroxénite et ont une direction semblable aux mines de mica. La mine emploie une moyenne de quinze hommes. M. Stoness qui a dirigé la mine Stoness durant un grand nombre d'années est chargé de la mine et a exécuté tout le travail. Le dépôt est unique, quant au nombre de veines et à leur proximité relative et fournit un exemple d'endroit où l'abatage souterrain serait favorable par directions transversales et gradins.

Lots 35, 36. — Appartenant à M. James Holley de Crow Lake et a été exploité sur une petite échelle par diverses personnes au cours des deux dernières années, et a donné une bonne quantité de bon mica.

Concession VII, Lot 19.—Appartient à MM. W. et D. Robison de Fermoy. Ce dépôt a été exploité en 1908 par MM. McIntyre et McBelton, en 1909, par MM. Adams et Stoness. Quelques petits puits ont été excavés sur un dépôt de surface de mica ambré foncé de petite taille, entre de la pyroxénite foncée et du calcaire cristallin. La veine est bien nette et la largeur moyenne est de 4 pieds. Elle peut être suivie sur une grande distance à la surface mais a été excavée en trois ou quatre endroits seulement. Le puits principal a 15 pieds de profondeur et découvre une matrice d'apatite blanche, grossièrement cristalline où se rencontre le mica, de petites quantités d'apatite vert foncé, bien cristallisée et de gros paquets de pyrite, ce dernier minéral existant aussi en petits cristaux disséminés dans le dépôt.

Il y a aussi de la pyrrhotine et des cristaux bien formés de titanite associés au phosphate. Des cristaux de pyroxène terminés aux deux extrémités se voient quelquefois encastrés dans la calcite. Le contact a une direction N. E. - S. O., et autant qu'on en peut juger plonge légèrement au N. O.

Le mica se décompose rapidement à l'action atmosphérique, en raison de la quantité de pyrite qui existe dans le dépôt.

Concession VIII, Lot 4.—Cette mine appartient à MM. Tett Bros., de Bedford Mills qui ont attaqué un dépôt considérable de mica en 1899. Le travail a été continué durant dix-huit mois avec une équipe moyenne de dix hommes et a été, depuis, repris par intervalles. La mine a été finalement fermée en 1908. Le puits le plus profond est descendu à 95 pieds et à cette profondeur, on dit que le mica s'est rétréci et a cessé d'être profitable, ce qui est la raison pour laquelle la mine a été abandonnée. Plusieurs puits plus petits ont été ouverts sur des veines parallèles, mais on y a trouvé peu de mica, le dépôt principal étant dans le filon le plus oriental.

La direction des filons est N. 30° O. et ils plongent légèrement à l'ouest, la veine principale étant inclinée de 78° à l'ouest.

Les puits ont tous été ouverts sur une étroite vallée d'une profondeur d'une centaine de pieds, les bâtiments principaux, sauf la chambre au générateur qui est à côté du maître puits étant sur l'arête au-dessus. Le creusage se fait à la main, le générateur actionnant la pompe.

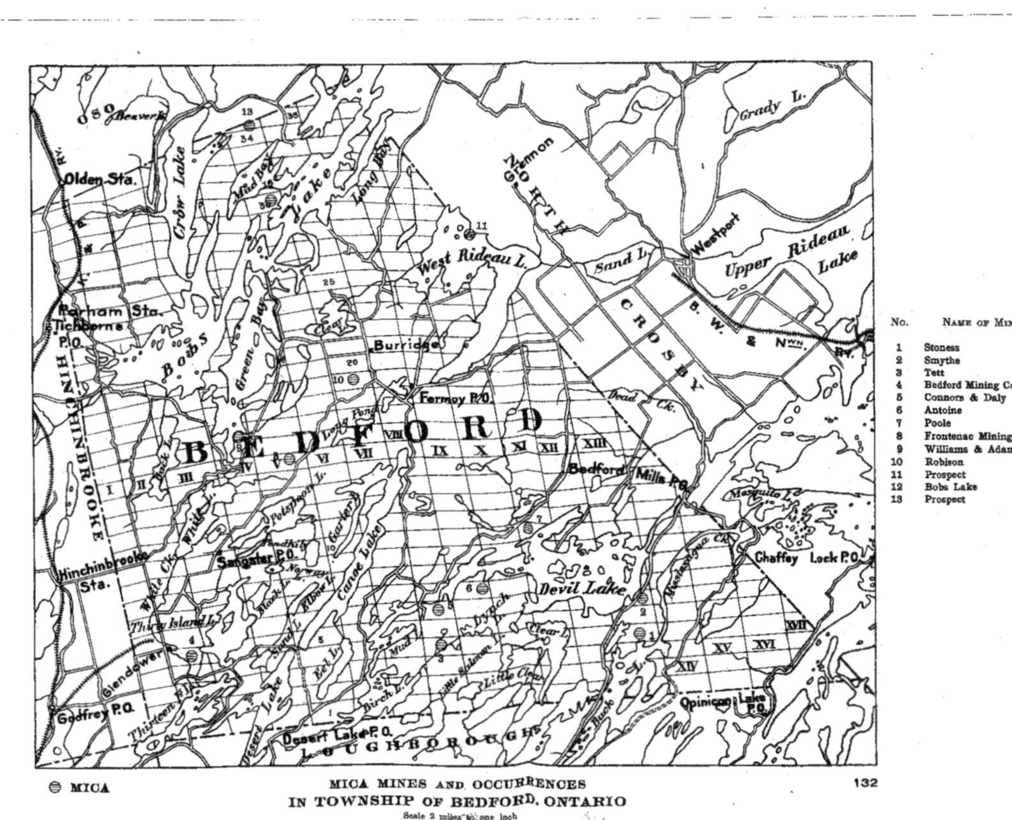

OSO
Beaver L.
Grady L.
Olden Sta.
13
34
Mud Bay
Crow Lake
Lake
Long Bay
Nemon
NORTH
Westport
Sand L.
Upper Rideau Lake
West Rideau L.
11
25
CROSBY
Parham Sta.
Tichborne P.O.
Bobs
Green Bay
Burridge
20
10
Fermoy P.O.
Dead Ck.
B. W. & N.WN. RY.
BEDFORD
Wood Pond
VIII
XIII
IV V VI VII
IX X XI XII
I II III
Bedford Mills P.O.
Mosquito L.
HINCHINBROOKE
Potspoon L.
Garter L.
Chaffey Lock P.O.
Sangster P.O.
Canoe Lake
6
Devil Lake
Hinchbrooke Sta.
Buck Ck.
White L.
Norway L.
Elbow L.
2
Thirty Island L.
Dry Ck.
Clear L.
XVII
4
5
Mud L.
3
1
XV XVI
Glendower P.O.
Bel L.
Little Salmon L.
Little Clear
XIV
Thirteen I.
Birch L.
Opinicon Lake P.O.
Godfrey P.O.
Desert Lake
Desert Lake P.O.
LOUGHBOROUGH

No. | NAME OF MINE
1 Stoness
2 Smythe
3 Tett
4 Bedford Mining Co.
5 Connors & Daly
6 Antoine
7 Poole
8 Frontenac Mining Co.
9 Williams & Adams
10 Robison
11 Prospect
12 Bobs Lake
13 Prospect

MICA
MICA MINES AND OCCURRENCES
IN TOWNSHIP OF BEDFORD, ONTARIO
Scale 2 miles to one inch
½ 0 1 2 3 4 5 Miles

PLANCHE XIII.

Vue du puits de la mine Bob Lake montrant la largeur moyenne des filons, lot 30,
concession VI, Canton Bedford, Ont.

Le mica est de taille moyenne ambré-rougeâtre associé à de la calcite blanche à un peu de phosphate, de pyrite, et de pyrrhotine, sur des filons de fissure dans un dyke de pyroxénite vert gris recoupant le gneiss rouge. Ce dernier a une allure N. 60° E. avec un plongement N. O. La pyroxénite est grossièrement cristalline avec des géodes qui sont tapissées de cristaux de pyroxène comblées avec de la calcite. La mine est à 8 milles à peu près au sud-ouest de Bedford Mills et est reliée à la grande route par une route charretière, de 4 milles de longueur.

Lot 6. — Cette mine a été prospectée à la surface par diverses personnes, dans le passé. En 1910, M. S. Orser, de Sydenham, a obtenu un bail des propriétaires, MM. Connors & Daly de Bedford, et a commencé à exploiter avec six hommes.

Quand elle a été visitée la propriété était en prospection et plusieurs bonnes indications de mica étaient à découvert. Le mica est foncé, ambré, de couleur vineuse, d'assez bonne qualité et de taille moyenne. Il est en nids et fissures le long des contacts de la pyroxénite et en éperons avec le gneiss granitoïde rouge. Ces zones de pyroxénite varient de quelques pouces à quinze pouces et on en trouve dans presque toute la propriété. La calcite fait relativement défaut, le mica étant associé à de la scapolite blanche et décomposée. Il y a beaucoup de puits de surface épars sur le dépôt, le plus profond étant descendu à 40 pieds. Si l'on en juge par les indications de surface, la mine promet, quoique le mica ne soit pas de haute catégorie.

Concession LX, Lot 7 E. ½. — Mine Antoine. Cette mine est à quelques centaines de verges de la rive sud-est du bras occidental du lac Big Devil et à 25 milles de Sydenham. Elle est la propriété de MM. Kent Bros., et Stoness, et a été exploitée la première fois durant quelques mois par M. T. Taggart avec trois hommes. MM. Webster et Jones ont ensuite extrait par intermittence durant quelques années, après quoi M. Lewis a travaillé quelques semaines. En 1906 et 1907, Kent Bros ont employé une demi-douzaine d'hommes sur la mine et ont construit une pension, des grues, etc. M. Jones a depuis fait un peu de travail en 1909. Un puits d'une profondeur de 65 pieds a été excavé et mesure 70 pieds de longueur et 20 de largeur. La partie principale du puits a 40 pieds à peu près de profondeur et, de là, une galerie part de l'extrémité S. E. et est prolongée à 25 pieds au N. O. Le mica est ambré, de couleur claire et existe en cristaux de petite taille épars dans la calcite blanche comme matière filoneuse dans une fissure de pyroxénite normale. La veine a une largeur moyenne de 4′ 6″ et va du N. O. au S. E. avec un plongement de 75° au S. O. Le mica était façonné sur la mine et transporté en bateau de l'autre côté du lac, d'où il était charrié à Westport.

Concession XI, Lot 10.—Appartient à M. W. Poole, de Freeland. Diverses personnes ont fait du travail sur cette mine au cours des vingt dernières années, mais sur une petite échelle. Le dernier exploitant a été M. Orser de Perth Road qui avait un bail de la mine et a extrait par intermittence durant 1910.

Le gisement est une fissure irrégulière et de la nature d'un nid et contient de petits cristaux d'un mica dur et cassant, associé à de la calcite blanche, grossièrement cristalline, où il y a de grandes quantités de pyrrhotine. Les cristaux de mica sont toujours de petite taille, dépassant rarement 5″ par le travers, sont de couleur brunâtre et tachetés de fer. De petites taches et pellicules de spécularité ou de magnétite sont entre les lamelles. Il n'y a pas de phosphate' dans le filon, qui suit une marche irrégulière dans une roche rubannée très dure et compacte composée en majeure partie de pyroxène et de quartz. Le dyke a une couleur du gris au brun et recoupe un encaissement de calcaire cristallin. La série entière est fortement envahie par des filons de granite gris postérieurs.

Il n'y a qu'un puits qui atteint une profondeur de 20 pieds et fait voir à la surface une veine étroite qui plonge rapidement puis prend une position horizontale au fond de l'excavation. Les cristaux de mica sont remarquables pour le clivage excellent et leurs contours. La structure de bordure n'est pas rare. Il n'y a ni bâtiments ni machines sur la mine.

Lot 27.—Appartient à M. W. J. Webster d'Edmonton. La mine a été exploitée en 1900 par M. T. Taggart et en 1903 par M. D. Ripley de Westport. Quelques semaines de travail seulement ont été exécutées surtout du genre de prospection et l'on dit qu'il n'y a pas été expédié de mica bien que plusieurs bons prospects aient été localisés et suivis à quelques pieds.

Concession XIII, Lot 4 E. ½.—Appelé mine Stoness et appartient à MM. J. W. Stoness et Kent Bros., de Perth Road et Kingston. La mine a été d'abord exploitée, dans les soixante-dix par M. Stoness qui a extrait du phosphate. Il y a quinze ans, les propriétaires actuels ont commencé à extraire du mica et ont continué sans interruption durant sept années avec une équipe de vingt-cinq hommes. La mine est inactive depuis huit ans, mais il y a quelque apparence que le travail sera repris d'ici peu de temps, si le prix élevé se continue. Le travail a été exécuté dans un puits incliné profond de 450 pieds et s'aplatissant de 42° à la surface à 20° au fond, la moyenne étant environ 30° nord. Ce puits, ou abatage a 15 pieds de largeur et 30 pieds de longueur et suit un filon de mica associé à du phosphate rose et de calcite rosée à gros grain, la largeur moyenne étant de 10 pieds. Le gisement est du genre contact et se trouve sur le toit d'une pyroxénite grisâtre clair coiffée de gneiss granitoïde rouge, la direction étant N. E. et S. O.

Le mica est un excellent ambré argenté clair, les cristaux sont de moyenne taille et épars dans la matière filoneuse de calcite. On dit que le fond du puits laisse voir encore de bonnes indications de mica, assez fracturé cependant. On calcule que lorsque la mine était en plein fonctionnement, elle donnait un rendement moyen de vingt barils de mica grossièrement cassé par semaine. Les ateliers sont à quelques centaines de verges du lac Buck et à 19 milles environ au nord-est de Sydenham, une route carrossable de 2 milles reliant la mine à la route Sydenham-Newboro.

Les ateliers sont aérés par des vasistas penchés hermétiques, de 20 pieds de longueur, en échelons dans le centre du puits et le long desquels une descendrie a été placée avec au sommet une benne guidée. Un grand camp comprenant une pension, des hangars à mica et un chevalement avec générateur est installé sur la mine. Le mica, la roche, etc., sont hissés en petits wagonnets jusqu'à une plateforme en bois érigée à l'entrée du puits. La roche était culbutée de la plateforme sur la halde et les wagonnets contenant du mica étaient amenés en arrière sur une voie inclinée, jusqu'aux hangars à mica auprès du chevalement.

Lot 6. — Appartient à M. J. Smythe de Kingston, qui l'a exploitée en 1899-1900 avec 8 hommes. Différents locataires ont travaillé par intervalles depuis cette époque, et MM. H. et C. Campbell de Perth Road prospectent actuellement et retournent les vieilles haldes. Cette mine avoisine celle de Stoness au nord et présente les mêmes traits géologiques. Un grand gîte de calcite blanche entre des épontes de pyroxénite contient du mica en petits cristaux le long du contact et il y a dans l'amas de calcite quelques cristaux épars.

Le mica est de faible qualité beaucoup gâté par des enclaves de calcite dans les cristaux et entre les lamelles, une grande proportion perdant toute sa valeur pour cette raison.

Le filon va N. O. et S. E. et la largeur est irrégulière. La veine visible dans le maître puits qui a 25 pieds de profondeur mesure une largeur de 15 pieds à l'extrémité S. E. de l'excavation et se rétrécit à quelques pouces à l'extrémité N. O.

Une galerie a été menée du fond de l'excavation dans une direction sud-est et un puits a été foncé plus loin pour essayer de capter la galerie. Il y a un grand nombre de moindres puits de surface dont aucun ne donne d'indices de grand dépôt.

Canton Oso.

Concession V, Lot 2.—Cette mine a été primitivement exploitée par MM. Wilson et McMartin de Perth, pour le phosphate, il y a une vingtaine d'années. En 1905, la General Electric Co., a acheté la mine et l'a travaillée durant un an. Il ne s'y est pas fait d'autre travail. Le mica est de l'espèce très foncée et les cristaux sont très fracturés et contournés, une grande quantité n'ayant pas de valeur. De gros gîtes de phosphate compact rouge accompagnent le mica et ont été extraits au moyen de ciels ouverts et de galeries menées dans le flanc d'une arête escarpée de gneiss foncé avec bandes intercalées de calcaire, le tout recoupé par un régime de dykes de pyroxénite de couleur foncée. Les lots voisins le long de la même arête ont été exploités par divers propriétaires sur une petite échelle pour du phosphate et les conditions géologiques sont analogues à ce qui précède.

Concession VII, Lots 2 et 3.—Appartient au Dr Tovel de Sydenham, et a été exploitée pour la première fois, il y a nombre d'années par M. T. Cooke de Harrowsmith pour le mica et le phosphate. Le propriétaire a travaillé quelques semaines pour du mica en 1905 et il ne s'est plus fait d'extraction. On dit qu'on a tiré une bonne quantité de mica des ateliers qui consistent seulement en puits de surface et sont à 1½ mille à l'est de Crow Lake, P. O.

Concession VIII, Lots 1, 2, 3.—Cette mine appartient à M. James McEwen de Bolingbroke qui signale de bonnes indications de mica sur des veines qui ont été travaillées sur la concession IV, lot 2 E. ½ du canton South Sherbrooke et qui traversent aussi l'étendue précédente. Le dépôt a été exploité jusqu'à présent.

Canton Portland.

Concession X, Lot 1 E. ½.—Cette propriété appartient à M. J. Redmond de Holleford. Quelques puits de surface ont été creusés en 1909 par MM. Reamer et Solliday de Sydenham, mais les travaux ont été bientôt abandonnés.

Le mica ressemble à celui de la mine Robertson. Il y a un petit dépôt de mica ambré dans le nord du lot et on l'a exploité sur une petite échelle. Un dyke de pegmatite rouge a aussi été excavé jusque près du chemin et on a extrait plusieurs tonnes de feldspath de bonne qualité.

Lot 1, O. ½. — M. G. Smythe de Kingston a exécuté du travail sur cette mine il y a trente ans et s'est procuré une quantité de mica qui a servi pour l'industrie des poêles. En 1900, MM. Freeman Bros., de Harthington a excavé quelques puits de surface. On n'a pas essayé d'autres travaux, mais la General Electric Company a employé quelques hommes à retourner les haldes dans l'été de 1910 et on sait qu'une quantité de bon, mais petit mica a été recueilli.

Le plus grand puits a 45 pieds de profondeur et a été creusé sur une distance de 60 pieds sur une veine allant du N. E. ou S. O., avec un plongement de 85° S. E., la moyenne de la largeur étant de 4 pieds. Le mica qui est de l'espèce jaunâtre et brisante et assez enclin à la structure rubannée est en contact entre la pyroxénite grise et le granite avec de la calcite et un peu de phosphate comme remplissage de filon.

COMTÉ DE LANARK.

Canton North Burgess.

Concession V, Lot 3. — Ancienne mine de phosphate qui a été exploitée pour le mica en 1893 par MM. Lewett et Davis avec sept hommes et ensuite, par diverses personnes pour de courtes périodes. La Dominion Improvement and Development Co., a acquis la mine en 1905 et a eu six hommes au travail durant quelques semaines, à la fin de 1909, mais les résultats ne paraissent pas avoir été bien satisfaisants. Le mica est ambré foncé et très broyé, il est dans un peu de phosphate et de calcite en filons parallèles, ayant une direction du nord-ouest au sud-est et située à 100 verges de la rive du lac Big Rideau. Les ateliers ne sont pas considérables, le puits le plus considérable ayant 50 pieds de profondeur.

Lot 4.—Autre mine de phosphate qui a été exploitée pour du mica. Elle a été travaillée pour la dernière fois en 1901 par MM. Watts and Noble de Perth, à bail de M. Rogers à la propriété duquel appartient la mine maintenant. Les ateliers sont situés à 60 pieds à peu près de la rive nord du lac Big Rideau et consistent en une demi-douzaine de puits étroits creusés sur des veines parallèles de mica ambré très foncé ayant une direction du nord-ouest au sud-est et à 10 à 15 pieds de distance.

Le plus profond de ces puits est descendu à 70 pieds, le reste étant seulement des excavations sans profondeur dont la moyenne ne dépasse pas 5 pieds.

Du gneiss foncé sépare les filons qui paraissent associés à des éperons étroits de pyroxénite dont la largeur dépasse rarement trois pieds. Au nord de ces ateliers, un grand puits a été creusé sur un filon de calcite blanche, phosphate et mica foncé brisant.

Cette veine a une allure de l'est à l'ouest, plonge 30° nord et a été exploitée sur une longueur de 25 pieds et jusqu'à une profondeur analogue. Il n'y a pas de bâtiments sur la mine et on n'emploie jamais de machines.

Lot 8.—Cette propriété appartient à la succession Rogers, et M. Rogers l'a exploitée durant quatre mois en 1907. Il ne s'est pas fait d'autres travaux actuels. Beaucoup de puits sans profondeur ont été excavés sur des nids et veines de mica ambré argenté existant avec de grands gîtes de calcite rose dans une zone de contact entre la pyroxénite et le gneiss.

Le puits le plus profond est rendu à 50 pieds, large de 5 pieds et a été excavé en ciel-ouvert sur une distance de 70 pieds le long d'un filon nord-sud ayant un plongement de 70° O. à l'extrémité méridionale du puits, un puits boisé de 5 x 4 pieds a été construit comme voie de halage. Des supports ont été insérés à 25 pieds de profondeur et une plateforme a été installée et le mica a été extrait par gradins le long du filon. Cette veine suit une direction du N. au S. et contient un mica de couleur plus claire que celui d'autres filons.

Lot 9.—Appartenant à la Dominion Improvement and Development Co., représentée par M. Edward Smith de Prescott. Le premier travail exécuté sur le mica date de 1898, par un syndicat représenté par M. J. Rogers de Perth qui a miné par intermittence durant quelques années. En 1904 la compagnie qui précède a acquis la propriété et commencé les travaux en 1909 avec une demi-douzaine d'hommes. Le travail a été poussé depuis, sans interruption.

Il y a neuf puits, variant en profondeur de 25 à 50 pieds et ouverts sur une série de veines parallèles dans une pyroxénite grisâtre recoupant du gneiss rouilleux. Ces veines contiennent des nids et des paquets de cristaux de mica ambré argenté clair accompagné de calcite rose et d'un peu de phosphate vert. Elles sont à des espaces de 15 à 20 pieds et ont une allure N. O. et S. E., et paraissent perpendiculaires à la direction du dyke de pyroxénite qui suit la direction N. E. et S. O. du gneiss, plongeant un peu 80° S. E. Dans un des puits de l'est, on a trouvé un grand nid d'hématite, le minerai étant parsemé de cristaux de mica.

La mine est munie d'un générateur vertical de 15 C. V., treuil à vapeur et perforatrice dont aucun ne fonctionnait quand la mine a été visitée, des treuils à chevaux et une perforatrice à double marteau étant seule employée.

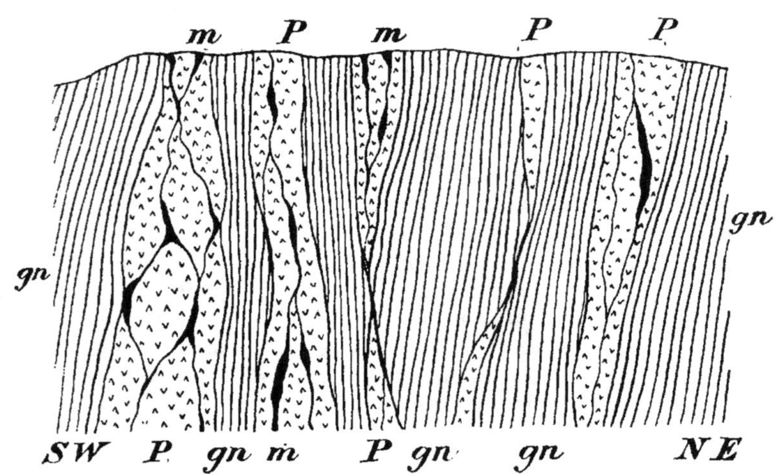

Fig. 41. — Coupe du dépôt de mica, lot 9, concession V, Canton North Burgess, Ont., montrant le régime de dykes de pyroxénite parallèles (P) avec veines de mica (m) ; gn, gneiss.

Lot 10.—Cette mine appartient à M. J. Mahon de Rideau Ferry et est à un quart de mille à l'ouest de la mine de Smith, sur le lot 9. C'était autrefois une mine de phosphate qui est restée inactive jusqu'en 1908, époque à laquelle le propriétaire actuel a commencé à travailler avec trois hommes et a continué par intermittence jusqu'à présent. Les ateliers actuels sont à quelques centaines de pieds au sud-ouest des vieux puits à phosphate sur une petite coulée qui a été affouillée par l'eau le long d'une ligne de nids dans une pyroxénite vert foncé. Ces nids ou cheminées sont reliés horizontalement par d'étroites fissures et sont remplis de gros gîtes de calcite rose où sont disséminés des cristaux de mica. Ces derniers sont de belle qualité de mica ambré bigarré foncé et d'assez petite taille, la moyenne étant de 2″ × 3″. Une profondeur d'à peu près 30 pieds a été atteinte dans un petit puits foncé dans le plus grand des nids et plusieurs excavations ont été exécutées sur l'alignement de la veine. La direction du chapelet de nids est O. 15° S. et les indices tendent à montrer l'existence de cavités semblables à une profondeur considérable. Le fait que l'eau ne s'accumule jamais dans les ateliers, mais disparaît immédiatement dans le sol est un indice très favorable. Un peu de phosphate accompagne le mica. L'exploitant actuel a sorti une valeur de $4,000 de mica, dans l'espace de quelques mois et il n'est pas douteux qu'il serait rémunérateur de procéder à un développe-

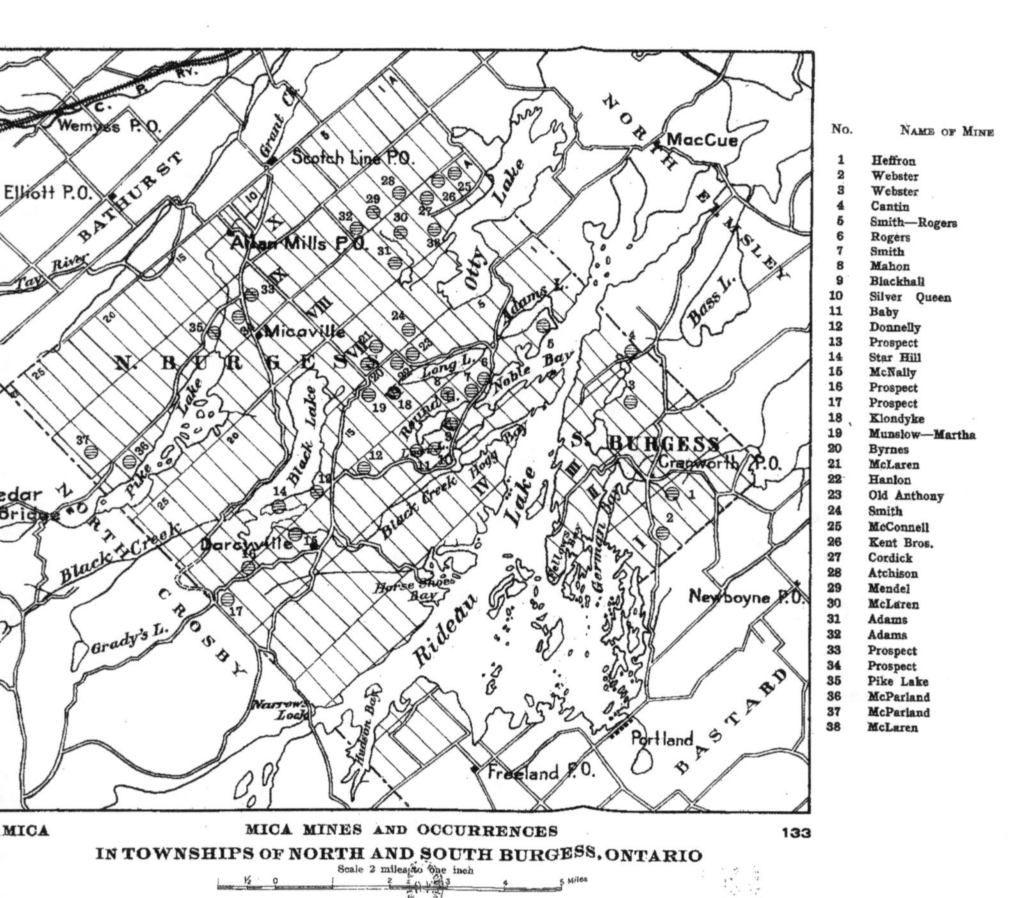

No.	NAME OF MINE
1	Heffron
2	Webster
3	Webster
4	Cantin
5	Smith—Rogers
6	Rogers
7	Smith
8	Mahon
9	Blackhall
10	Silver Queen
11	Baby
12	Donnelly
13	Prospect
14	Star Hill
15	McNally
16	Prospect
17	Prospect
18	Klondyke
19	Munslow—Martha
20	Byrnes
21	McLaren
22	Hanlon
23	Old Anthony
24	Smith
25	McConnell
26	Kent Bros.
27	Cordick
28	Atchison
29	Mendel
30	McLaren
31	Adams
32	Adams
33	Prospect
34	Prospect
35	Pike Lake
36	McParland
37	McParland
38	McLaren

MICA   **MICA MINES AND OCCURRENCES**   133

IN TOWNSHIPS OF NORTH AND SOUTH BURGESS, ONTARIO

Scale 2 miles to one inch

½ 0 1 2 3 4 5 Miles

ment considérable. Le mica est petit, mais les cristaux sont fermes et solides et donnent de très bonnes tailles aux bords avec peu de perte.

On n'emploie pas de machine et il n'y a pas de bâtiments, le hissage se fait au moyen d'un baquet et d'un treuil à main.

Lot 11.—Mine Blackhall. Cette mine a été exploitée la première fois par M. John Blackhall, de Perth, en 1898, durant quelques mois. En 1889 M. J. Stevenson, de Toronto, a acquis la mine et l'a exploitée tout un été avec huit hommes. M. Blackhall a racheté plus tard les droits miniers et est actuellement propriétaire, mais il n'a pas été fait d'autres travaux et on dit qu'il n'y a pas eu d'exploitation. On dit qu'il n'y a sur la mine qu'un seul puits de quelque dimension. Il a 30 pieds à peu près de profondeur et 20 × 20 pieds de largeur et a donné une petite quantité de mica foncé et un peu de phosphate.

Il y a aussi à l'extrémité orientale de la mine quelques puits. Ils ont été ouverts pour du phosphate et laissent voir de petites veines contenant un mica de couleur claire qui, cependant, n'est pas en quantité suffisante pour justifier d'entreprendre des travaux miniers.

Lot 12.—Appartient à MM. Wilson et Greene, de Montréal. M. Smith a travaillé durant quelques semaines en 1902 en vertu d'un bail et on a tiré d'un nid un peu d'excellent mica. Il ne s'est pas fait d'autre travail.

Lot 13 E. ½.—Mine Silver Queen. La première exploitation de cette mine a eu lieu en 1903 lorsque M. R. McConnell d'Ottawa a exécuté quelques mois de travail avec un petit groupe d'hommes. Deux années plus tard, la mine a passé aux mains de la Dominion Improvement and Development Co., qui l'a louée à M. C. Ellsner, ce dernier minant pour du mica et du phosphate durant une année, à redevance. Cette compagnie a continué ses travaux jusqu'à une dispute relative au droit de propriété qui a arrêté les travaux en 1909. La cause a été finalement réglée à la fin de 1910, en faveur des défendants qui se proposent de reprendre le travail de bonne heure.

La mine produit essentiellement du phosphate et a donné de grandes quantités d'apatite de haute qualité de l'espèce compacte et sucre. Le mica est un ambré argenté clair d'excellente qualité avec un fort pourcentage consistant en cristaux de grande dimension. Plusieurs tonnes de mica et de phosphate ont été tenues en garde, sur la mine durant l'été dernier, en raison des difficultés légales.

Le dépôt qui est le long du contact du dyke de pyroxénite avec le gneiss et le calcaire cristallin et à une direction N. 30° E. avec un plongement au N. O. a été miné au moyen de trois puits, dont le principal est sur le flanc d'une petite arête de gneiss dépassant de 50 pieds la zone voisine de calcaire cristallin. Ce puits a été foncé verticalement pour 35 pieds d'où un gradin incliné a été poussé plus loin jusqu'à 65 pieds au N. O. des galeries étant menées le long du dépôt dans une direction nord-est. La longueur totale de l'excavation est d'environ 60 pieds à l'extrémité nord, un collier boisé de 4 × 5 pieds a été construit, par lequel passent les tuyaux pour la perforation et le pompage et par lequel se fait le hissage; quand la mine a été

visitée, le terrain du voisinage de ce puits commençait à s'enfoncer et était
dans une condition très dangereuse. Des piliers de roche ont été laissés
par intervalle sur le gradin et servent à soutenir le toit. Le mica et le phosphate sont en gros amas en nids le long du contact qui se prolonge à une
certaine distance et l'existence ressemble un peu à la mine Blackburn du
canton de Templeton, Québec, mais sur une plus petite échelle.

Beaucoup de mica est broyé et contourné comme il arrive souvent dans
les ateliers sans profondeur où il y a beaucoup de phosphate, mais l'expérience montre qu'avec la profondeur ce broyage disparaît et les cristaux deviennent plus fermes et plus solides.

Un trait intéressant est l'existence sur les crevasses dans le phosphate
sucre de feuillets d'amiante amphibole blanche ou " cuir de montagne." On
a trouvé dans la halde de longs cristaux prismatiques d'actinolite vert foncé
envahissant la calcite rose et on a remarqué de petites quantités de scapolite.
La pyroxénite va d'un vert foncé à une roche gris pâle, le pyroxène possédant souvent un clivage fortement développé dans trois directions. Le calcaire cristallin adjacent au contact avec le dyke de pyroxénite est remarquable au point de vue de la couleur qui est bleu clair et pour sa propriété
d'émettre de l'hydrogène sulfuré quand on le broie ou quand on le frappe
avec un marteau. La roche contient aussi beaucoup de phlogopite en menus
cristaux, ainsi que des pyrites, diopside, grenat, trémolite et graphite.

La mine est munie d'une pension pour vingt hommes, chambre des générateurs avec un générateur vertical de 15 C. V., treuil à vapeur, pompe
et trois perforatrices. On emploie pour remonter la roche des seaux en bois
et une glissoire sur voie à des inclinaisons variées à des angles divers suivant les profondeurs.

Lot 13 N. O. ¼.—Mine connue sous le nom de Baby et appartenant à
la Kingston Feldpar Mining Co., autrefois productrice de phosphate un bail
de la mine ayant été donné en 1873 par le Lake Girard Mica System de la
part de son propriétaire M. W. A. Allan d'Ottawa. Beaucoup de travail a été
exécuté et un puits a été foncé jusqu'à une profondeur d'à peu près 100
pieds. En 1903, M. J. T. Smith de Micaville s'est procuré une option sur la
mine et l'a transférée un jour aux propriétaires actuels qui l'ont exploitée
par intervalles au cours des six dernières années. Actuellement il se fait
seulement du travail de surface, plusieurs petits puits ayant été creusés en
divers endroits de la mine, mais sans découvrir de grands dépôts de mica.

La couleur du minéral varie suivant la différence des veines et va d'un
minéral argenté clair à une espèce foncée de qualité inférieure. Les cristaux sont de taille moyenne et sont associés à des paquets de phosphate vert
et rouge, gisant sur des fissures et des nids dans un dyke de pyroxénite
claire recoupant un gneiss normal.

Les vieux ateliers d'où l'on a extrait une très grande quantité de matière
(comme le montre la dimension des haldes) sont situés sur la partie sud-
ouest du lot et sur une veine inclinée s'élargissant, de 5 pieds à la surface
à plus de 20 pieds au fond du maître puits. Le puits a la forme d'une

Mine Silver Queen, lot 13, concession V, Canton North Burgess, Ont. Le tas blanc
à la gauche de la photographie est du phosphate.

tranchée étroite, longue de 50 pieds avec une excavation plus large en forme de puits à l'extrémité nord. Le hissage se fait au moyen d'une machine d'extraction à câble et de seaux en fer courant sur des glissoires en bois.

Quand on l'a visitée, des travaux de prospection étaient exécutés par cinq hommes sur la partie septentrionale de la propriété où des puits ont été foncés sur de petites veines de mica et de calcite rose dans le flanc d'une basse arête de gneiss recoupé par des éperons de pyroxénite. Le plus profond de ces puits a 50 pieds de profondeur et mesure 8 x 8 pieds. Le fond a laissé voir une petite veine de mica assez broyé et un peu de phosphate. Quelques petits puits de prospection ont été creusés à quelques centaines de verges au sud de ces ateliers sur une veine bien nette de cristaux de mica foncé de petite taille disséminés dans un grand gîte de calcite rose et associé à de la scapolite blanche et jaune. Cette veine va de l'E. à l'O. et mesure à peu près 4 pieds de largeur à la surface, mais en profondeur se compose de nids et se rétrécit. Les indications n'étaient pas favorables en cet endroit et le travail a été suspendu durant quelques semaines.

De moindres veines de mica peuvent exister sur la mine, mais il semblerait que le dépôt principal a déjà été exploité dans les ateliers originaux.

Concession V, Lot 16.—Mine Donnelly. Cette mine comme la majeure partie des productrices actuelles de mica du district a été ouverte, il y a trente-cinq ans pour du phosphate. Après avoir été fermée bien des années, la mine a été louée en 1901 à MM. Gemmell et Thompson de Perth, qui ont commencé à l'exploiter pour du mica avec cinq hommes. Les travaux ont duré huit mois et il a été extrait dix tonnes à peu près de mica grossier. L'exploitation a ensuite été reprise par MM. McConnell, Gemmell et Ewen, et en 1905 MM. Thompson et Noonan ont travaillé quelques mois. Depuis lors la mine est restée inactive. Les ateliers sont situés à 9 milles à peu près auprès de Perth.

Le dépôt est un contact type entre une pyroxénite compacte foncée au N. E. et du gneiss au S. O., la direction étant presque directement N. O. et S. E. La matière filoneuse est principalement de la calcite rose où sont enclavés des cristaux de mica associés à des paquets de phosphate. Les cristaux de mica sont de taille plus qu'ordinaire et d'excellente qualité et couleur. La veine à la surface avait seulement quelques pouces de largeur mais s'est développée en un gîte ayant plus de huit pieds par le travers au fond du maître puits. Le plongement est à peu près de 80° N. E. Plusieurs puits ont été excavés le long du filon, le plus profond étant descendu à 35 pieds tandis que le plus grand a une longueur de 35 pieds et 6 pouces de largeur. Vers le sud, la veine paraît bifurquer en deux portions. La longueur totale de veine exploitée est de 150 pieds à peu près. On ne se sert pas de machine sur la mine, le hissage se faisant par grue ou treuil à cheval. Le seul bâtiment est un petit hangar à mica.

Lot 21 N. ½.—Connu sous le nom de mine McNally et appartenant à Mme McNally de Westport. Ce dépôt a été primitivement exploité durant plusieurs années pour du mica servant sur les poêles. En 1900-1 MM. McNally Bros ont rouvert la mine et l'ont exploitée quelques mois, sortant une grande quantité de mica. Il ne s'est pas fait d'autre exploitation.

14

Deux puits ont été foncés sur un filon bien net contenant du mica, de la calcite blanche, et beaucoup de pyrite et de marcassite. Ces minéraux de fer sont dans une telle qualité qu'elles ont complètement décomposé toute la matière de la halde, le mica et la roche étant lessivées et brûlés par l'acide formé par l'action de l'atmosphère sur les sulfures. Ils sont en grands amas compacts contenant souvent du goéthite dans des druses.

Le filon à la surface mesure une largeur de 3½ pieds, est associé à un dyke étroit de pyroxénite et a une direction droite du nord au sud. La roche encaissante est un gneiss normal dont l'allure est O. 30° N. Le puits principal a une profondeur de 70 pieds et est boisé sur 20 pieds avec un collier de 5 x 5 pieds. Le seul bâtiment est un petit hangar contenant un générateur mobile employé pour l'épuisement, le puits étant humide. Le hissage se fait au moyen d'un treuil à cheval et de seaux.

Lot 24.—Appartient à M. E. Byrnes de Perth. Un peu d'extraction s'est faite à redevance en 1907 par MM. Webb et Rombough de Cardinal, et on a tiré un peu de mica. Quelques puits de surface ont été creusés le long d'un contact entre la pyroxénite et le calcaire cristallin, sur lequel existent des cristaux de mica clair de petite taille. On n'a pas remarqué de phosphate, et le gisement est peu considérable. Le mica, de couleur ambré clair est en cristaux de taille moyenne associés à de la calcite rose et du phosphate vert, sur un dépôt de fissure dans de la pyroxénite normale.

Lot 26.—Cette mine qui appartient à M. F. Haughan de Darcyville, a été exploitée durant quelques mois en 1908 à redevance, par MM. Webb et Rombough. On a fait seulement du travail de surface, aucun des puits ne dépassant 15 pieds de profondeur.

Concession VI, Lot 10.—Ancienne mine à phosphate appelée mine Anthony. Les dumps ont été successivement travaillées par diverses personnes pour le mica et en 1906, MM. Tully et Wilson de Perth, se sont procuré un bail des propriétaires de la mine, MM. Wilson et Greene de Montréal, et ont exécuté six mois de travaux en employant un groupe moyen de sept hommes. La majeure partie du travail a été exécuté dans l'extrémité orientale d'un ancien puits à phosphate et on s'est procuré une quantité raisonnable de mica ambré argenté de petite taille.

Quelques-uns des anciens ouvrages ont atteint une profondeur de plus de 100 pieds, mais les derniers exploitants n'ont pas foncé à plus de 60 pieds. On n'a pas employé de machines et on n'a pas entrepris d'autres travaux depuis que les dernières personnes ont cessé d'exploiter.

Le mica est au contact d'un dyke étroit de pyroxénite vert foncé dont l'allure est N. 35° E. avec un gneiss granitoïde rouge. Le dyke a une largeur de 4 pieds à l'extrémité ouest du maître puits, tandis qu'à l'extrémité est il se rétrécit à quelques pouces. Le puits mesure 70 pieds de longueur et a été foncé sur un plan incliné de 75° au sud-est, en suivant le pendage du dépôt.

Au nord-ouest du puits principal, il y a un certain nombre d'excavations plus petites foncées sur des veines étroites semblables de mica et de phos-

Vue générale de la mine Hanlon, lot 11, concession VI, Canton North Burgess, Ont.

phate existant dans une même roche encaissante et ayant une même direction et plongement. Un trait curieux est l'absence presque totale de calcite comme matière filoneuse, aucune trace de ce minéral n'étant constatée soit dans le filon, soit dans les haldes. C'est d'autant plus remarquable qu'à la mine Hanlon qui se trouve à quelques centaines de verges seulement, de gros gîtes de calcite accompagnent le mica.

Concession VI, Lot 11.—Mine Hanlon. Cette mine qui était primitivement une des plus productives de la région a été ouverte à la fin des quatre-vingt-dix par Webster & Co., d'Ottawa. La compagnie a exécuté beaucoup de travail souterrain et a extrait de grandes quantités de mica puis a tout vendu en 1901 à la General Electric Co., de Schenectady, N. Y., à laquelle le plus grand nombre des mines de la Webster Co., a été transporté.

Le travail a été continué presque sans intervalle par les nouveaux propriétaires, de 1901 à 1909, où la mine a été fermée et n'a pas été rouverte. Le dépôt est ici de contact type, d'après le Dr Ells,[1] et se distingue de la mine Old Anthony adjacente, par la couleur plus claire de la pyroxénite, par l'abondance de calcite existant en matière filoneuse, et par la couleur verte du phosphate. Les veines, dans la dernière mine paraissent associées à des filets de pyroxénite provenant du gîte principal visible dans la mine Hanlon.

Le mica est d'un caractère semblable aux deux endroits, étant là aussi d'une teinte ambrée moyenne et très enclin à la structure rubannée. La calcite varie en couleur, du blanc au crème et finalement a une teinte bleue et est toujours grossièrement cristalline, donnant un grand clivage de rhomboèdres. Des petits cristaux de pyrites sont épars. Le phosphate montre une grande rangée de couleurs, la teinte prédominante étant le bleu verdâtre clair. La majorité de la roche sur les haldes était une pyroxénite à grain fin de couleur moyenne et on a constaté aussi quelques amas de pyroxénite, feldspath gris foncé. On n'a pas pu atteindre les ateliers, les puits étant pleins d'eau jusqu'à quelques pieds de la surface. La mine est très près d'un grand marais et l'infiltration de l'eau a toujours été une source d'embarras car il a fallu pomper sans arrêter.

Le dépôt a une direction du nord-est au sud-ouest et a été exploité au moyen de gradins découverts qui ont ensuite été boisés. Un puits et un chemin de halage ont été construits et des galeries ont été pratiquées le long du dépôt à divers niveaux.

La profondeur atteinte dans les ateliers était de 175 pieds et la veine avait été érigée en gradin sur une distance de 200 pieds du fond. Le plongement du filon et du gradin est de 70° S. E. et la plus grande largeur, de 20 pieds. Une maison de chevalement ouverte en avant a été construite une fois le puits ouvert, et un puits d'épuisement, deux voies de halage et un puits d'échelle ont été construites. Les seaux employés pour le remontage sont descendus au moyen d'une grue à treuil dont le mât balance en avant de la construction.

---

[1] Bulletin sur le mica, R. W. Ells, 1904, publié par la Commission Géologique du Canada.

Il y avait sur la mine un grand camp et une installation comprenant une chambre à générateur, des hangars à cassage, des magasins, une poudrière, un treuil à vapeur, des perforatrices et des pompes. Plusieurs lignes de tramways vont aux haldes et aux hangars à mica. La plus grande partie des machines a été enlevée bien que les bâtiments soient encore en bon état.

A 50 pieds au nord du puits principal un puits a été foncé par Webster & Co., en 1899, jusqu'à une profondeur d'à peu près 35 pieds, puis boisé. On a retiré de cette excavation beaucoup de bon mica, et il y a sur une grande distance des affleurements indiquant que le dépôt est considérable.

Au début de l'exploitation par la General Electric Co., on atteignait un rendement journalier de six barils de mica grossièrement cassé et on tirait aussi beaucoup de phosphate. La moyenne du nombre d'hommes employés était de vingt-cinq.

Les haldes contiennent encore beaucoup de mica riche qui a été jeté quand on a pris pour le marché seulement les grandes feuilles. Il y a un grand nombre de puits et de tranchées à un quart de mille au sud-est de l'atelier principal. On les a excavés en 1901 et elles ont donné un peu de mica, mais les résultats n'ont pas amené l'établissement de travaux importants.

Lot 12.—Appelé mine Old Adams ou Klondyke. Cette mine était exploitée primitivement pour du phosphate et est restée inactive durant bien des années jusqu'au jour où la General Electric Co., a pris un bail de la mine en 1901. Le travail a été continué avec une demi-douzaine d'hommes durant quelques mois et le vieux puits a été approfondi à 25 pieds avec une galerie de 8 pieds allant au nord. En 1906 la mine est passée aux mains de MM. Watts et McConnell, qui ont travaillé une année avec huit hommes. C'est le dernier travail exécuté sur la mine.

On ne s'est servi d'aucune machine, le hissage se faisant avec des seaux, une grue et un treuil à main. Il y a beaucoup de puits de prospection de moindre importance et des tranchées, mais pas d'excavations dépassent 40 pieds de profondeur. Le puits principal a 60 pieds de longueur et il est boisé au-dessus, ce qui laisse une ouverture en collier de 4 x 4 pieds à l'extrémité sud.

Le dépôt est associé à des éperons de pyroxénite recoupant le gneiss granitoïde. La direction principale des veines va du nord au sud et il y a de grands gîtes de calcite rose contenant des paquets de phosphate vert en forme de nids le long des filons. La pyroxénite est de couleur gris clair et le mica est de l'ambré moyen en cristaux de petite taille.

Concession VI, Lot 13 E. ½.—Mine Martha. Cette mine a produit une grande quantité de phosphate dans le passé. Elle a été exploitée durant quelque vingt-cinq années pour du mica par un syndicat anglais, et en 1891, le Lake Girard Mica System a pris la propriété et a exécuté un travail considérable durant une couple d'années. En 1893, la mine a été achetée par la Mica Manufacturing Co., de Londres qui l'a exploitée plus ou moins régulièrement jusqu'en 1902. Le Lake Girard System a construit un grand

Maître-puits à la mine Martha, lot 13, concession VI, Canton North Burgess, Ont.

camp et installé des machines y compris des générateurs, des pompes et un treuil à vapeur qui sont aujourd'hui dans le délabrement. La Mica Manufacturing Co., employait la machinerie de la Lake Girard Manufacturing Company, et avec une équipe d'une douzaine d'hommes a extrait environ 50 tonnes de mica cassé grossièrement en 1901. Mais ce fut la dernière tentative de la compagnie, pour exploiter cette mine et, en 1905, MM. Sewell et Smith se sont procuré un bail et ont travaillé durant une année avec une petite équipe. On n'a pas essayé d'autres travaux. La mine est très humide et il faut pomper constamment, ce qui rend les opérations coûteuses et difficiles. En plus du maître-puits qui traverse cette mine et la voisine, il y a un certain nombre d'excavations plus petites, plus à l'est.

La géologie et le mode général d'existence du mica ressemblent à ce qui a été décrit à la mine Munslow.

On a constaté beaucoup de scapolite dans une des excavations et, dans plusieurs cas, des transitions de feldspath à la scapolite. Il y a aussi des cristaux de titanite brune disséminés dans une roche de pyroxène feldspathique visible dans le puits le plus au sud-est. La roche a l'aspect d'une syénite à augite et était de couleur brunâtre.

De petits filons de granite gris recoupent le gisement en divers endroits.

Lot 13 O. ½.—Appelé mine Munslow. Cette mine avoisine la mine Martha dont les puits sont situés sur un prolongement du même filon qui a été exploité ici. Ces deux mines ont été primitivement ouvertes pour du phosphate. La mine Munslow était d'abord exploitée pour du mica en 1891 par M. J. T. Smith de Micaville en vertu d'un bail, avec une demi-douzaine d'ouvriers, et les travaux ont été exécutés par lui, depuis lors, avec intermittence. Quand on l'a visitée, quelques hommes travaillaient à retourner les haldes et on a retiré beaucoup de beau mica.

La mine est équipée avec un matériel comportant un générateur de 30 H. P., treuil à vapeur, perforatrice et deux pompes Worthington, dont aucune cependant n'a fonctionné depuis quelques années. Le maître-puits a 200 pieds de longueur, 15 à 20 pieds de largeur et 130 pieds de profondeur. La ligne de démarcation entre les deux mines passe en travers du puits, la moitié de l'est appartenant à la mine Martha et celle de l'ouest à la mine Munslow. Le gisement de mica est associé à une série de bandes étroites de pyroxénite recoupant le gneiss et est à la fois sur des contacts et sur des fissures irrégulières et des nids dans la pyroxénite elle-même. La largeur totale de la zone de pyroxénite dépasse 200 pieds et il y a du mica presque sur la totalité de cette lisière. L'allure générale des veines est N. 20° E., mais on ne peut pas lui assigner de direction nette car beaucoup des filons suivent un cours erratique et sont assez souvent recoupés par des bandes stériles de pyroxénite et de gneiss. Ces bandes stériles persistent cependant rarement et on voit généralement les filons se rejoindre et continuer d'un côté ou de l'autre. On dit que le mica trouvé sur le contact est de couleur plus foncé que celui des fissures. Ce dernier est de grande taille et va du mica ambré au brun clair. Cette première teinte prévaut dans la calcite et la dernière dans le phosphate. Il y a beaucoup de ce dernier minéral et la calcite rose à grain fin forme le gros du remplissage filoneux. La mine montrait beaucoup d'activité en 1907 où l'on employait vingt hommes. On dit qu'il subsiste au fond du maître-puits de réserves de mica. Les propriétaires de la mine sont MM. Sewell et Smith, de Perth et de Micaville respectivement. Les haldes ont été achetées en 1910 par la Eugène Munsell Mica Co., qui avait l'été dernier cinq hommes à ramasser les débris de mica.

Lots 18, 19.—Ces lots avoisinent la mine Star Hill et appartiennent à M. K. Killen de Stanleyville (18) et M. A. J. Mathieson de Toronto (19). Quelques excavations superficielles ont été pratiquées sur des affleurements de mica et on dit avoir extrait un peu de bon mica ambré argenté clair.

Des affleurements de mica qui promettent sont signalés sur les lots 14, 15, 16 et 17 de ce rang. Le 15 appartient à la General Electric Co., et le lot 14 à R. Cordick, Sr., de Perth.

Lots 20, 21.—Mine Star Hill. Cette mine appartient à MM. Wilson et Greene de Montréal, et a été exploitée par différentes personnes, y compris M. P. C. McParland de Westport, MM. Clemow et Powell d'Ottawa et

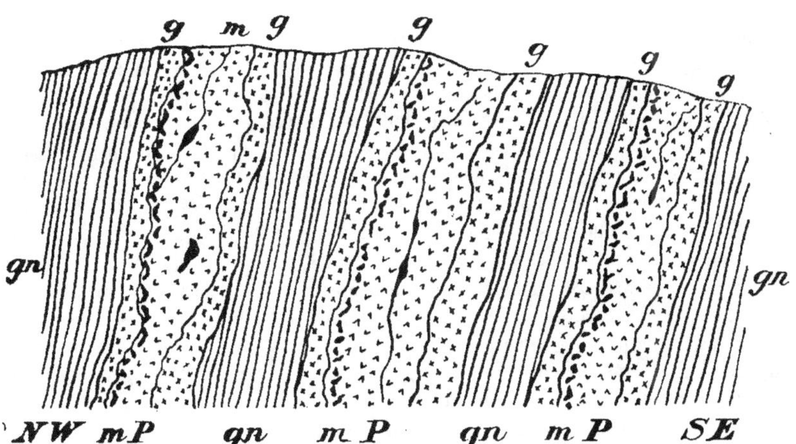

Fig. 42.—Coupe dans un dépôt de mica à la mine Star Hill, lot 20, concession VI, Canton de North Burgess, Ont.

gn, gneiss ; P, pyroxénite ; m, mica ; g, zones acides extérieures (Saalbander) de dykes de pyroxénite composées surtout de feldspath brun.

les propriétaires actuels. En mai 1910, MM. Thompson, Donnelly et Gemmill ont commencé les travaux sous bail et avaient trois hommes au travail lors de notre visite en septembre. La mine a été très prospectée et il y a des excavations sur beaucoup de la surface. Le mica est sur des veines de fissure dans une pyroxénite foncée ayant une direction de l'est à l'ouest avec une moyenne de $2\frac{1}{2}$ pieds à la surface et se rétrécissant en profondeur.

Du phosphate vert massif accompagne le mica qui est de l'ambre-argenté assez écrasé. Les anciens ouvrages atteignent une profondeur de 50 pieds mais les puits exploités à présent ne dépassent pas 50 pieds. Ces derniers sont situés sur le lot 20, tout près des anciens puits de phosphate du lot 21. La pyroxénite est là beaucoup plus claire et le mica conséquemment est d'une teinte plus claire. Là aussi le dépôt paraît être plus du type de nid et fissure, l'allure générale étant N. E. et S. O., avec un plongement au N. O. L'excavation maîtresse est un ciel-ouvert de 22 pieds de profondeur et pratiqué dans le flanc d'une petite arête piquant dans le lac Black. Ce ciel-ouvert a été creusé sur une veine de mica qui a 15 pieds, s'élargit à plus de 3 pieds, puis soudainement coince au fond et aux extrémités. Quelques-unes des mines contiennent de la calcite rose tandis que d'autres en montrent seulement des traces. Le mica est en majeure partie sur le contact du toit de la pyroxénite avec le gneiss encaissant qui est sur les lieux grenatifère.

La masse du gneiss a subi un phénomène considérable de différentiation où l'on observe des cristaux de mica de grande dimension dans une matrice de feldspath gris contenant des cristaux épars de pyroxène.

On n'emploie pas de machines à la mine et il n'y a pas de bâtiments de mine, le mica étant expédié à la mine Donnelly où il est façonné.

Concession VII, Lot 9.—C'est une ancienne mine de phosphate et elle a été d'abord exploitée pour le mica en 1904 par M. Edward Smith qui a employé dix hommes jusqu'à la fin de 1906 et ensuite, la mine a été inactive.

Le mica varie de l'ambre-argenté à un ambre brunâtre et est d'assez bonne qualité bien qu'un peu broyé et détérioré par les enclaves de calcite entre les lamelles. Le dépôt est associé à une série de dykes étroits de pyroxénite, de couleur claire et recoupant le gneiss granitoïde dans une direction N. O. et S. E., à intervalles de 15 à 30 pieds.

Le mica se présente avec un peu de phosphate et de calcite sur des fissures dans ces dykes qui ont un léger plongement S. O.

Le puits principal a 90 pieds de profondeur, 65 pieds de longueur et 5 pieds seulement de largeur; mais un certain nombre d'autres excavations ont été poussées à des profondeurs de 40 à 50 pieds.

On n'emploie pas de machines dans la mine, qui est pourvue d'une maison de pension pour vingt hommes, hangars de triage, grues et treuils à chevaux.

Lot 11.—Appartenant à M. McLaurin de Perth. Un certain nombre de petits puits ont été excavés sur cette mine en différents temps par divers exploitants, mais pas d'exploitation n'a été exécutée au cours des huit dernières années. Le maître-puits a 45 pieds de longueur, varie en largeur de 4 à 12 pieds et a 35 pieds environ de profondeur. Il a été excavé sur une veine de mica ayant une allure N. 20° E., et un plongement S. E. 80°, il paraît être un dépôt de contact entre de la pyroxénite sur le gneiss nord-ouest ou sud-est. La pyroxénite est une roche très claire et compacte et la veine contient seulement de petites quantités de calcite d'un type blanc grossier associé à des paquets de phosphate brunâtre.

Le mica est ambre-foncé et ne paraît pas exister en grande quantité.

Le maître-puits est à quelques centaines de verges de distance de la mine Hanlon d'où elle est séparée par un chemin.

Lot 12.—Mine Byrnes. Cette mine est située à un quart de mille environ de la mine Hanlon, la distance moyenne du groupe entier de mines de ce district de Perth, étant d'environ 11 milles. Primitivement ouverte pour du phosphate, la mine a été exploitée il y a une douzaine d'années par M. P. Byrne de Micaville, pour du mica. En 1901, la General Electric Co., acheta la mine et en 1904 commença des travaux de prospection en employant une perforatrice diamantée et ouvrant quelques puits de surface. Les résultats ne furent pas très encourageants et le travail dut être abandonné au bout d'une année et on n'essaya plus d'extraire du mica. Il y a, en divers endroits de la mine beaucoup de puits à phosphate dont le plus profond a 60 pieds. Ces excavations ont été pratiquées sur des veines étroites contenant un mica écrasé très foncé, une apatite rouge massive et à peine de calcite. L'allure des filons est N. O. et S. E., avec un plongement variant au N. E. Ils paraissent former des filets ou embranchements du dépôt principal, visibles dans les mines Hanlon et Martha. Il est curieux que ces veines, quoique très semblables à celles de la mine Old Anthony possèdent une direction presque perpendiculaire à cette dernière. La largeur des filons dépasse rarement 10 pieds et le mica se présente sur les contacts d'éperons de pyroxénite avec le gneiss et en fissures dans la pyroxénite elle-même. La roche de dyke est de couleur très foncé et les haldes laissent voir beaucoup de mica broyé, noir, et tordu.

Un puits, au sud des anciens ouvrages qui a été ouvert par la General Electric Co., laisse voir une pyroxénite plus claire recoupant le gneiss, le mica clair et le phosphate vert qui sont le long du contact associés à un gîte de calcite rose.

L'allure du contact est E. 20° N., avec un plongement léger au N. O., c'est-à-dire une direction perpendiculaire à celle des veines visibles dans les anciens puits de phosphate.

Concession VIII, Lot 1.—C'est, ainsi que les lots 2 et 3 de la même concession, une vieille mine de phosphate et elle a été exploitée, il y a bien des années par l'Anglo-Canadian Phosphate Co. En 1908, M. R. McConnell d'Ottawa acheta la mine et y travailla durant l'hiver 1909-10, produisant une quantité de mica considérable. La mine a été inactive depuis avril 1910. Le propriétaire actuel a employé jusqu'à 35 hommes et équipé la mine avec un grand camp et une usine comprenant une chambre, des chaudières et deux générateurs, un vertical et un horizontal, un treuil à vapeut et une pompe, des hangars de triage, des maisons de pension, etc.

La mine est située à 4 milles à peu près au sud de Perth et à quelques centaines de verges de la rive du lac Otty.

Un marécage avoisine les ateliers et on dit que les difficultés d'obtenir de l'eau ont beaucoup contribué à faire arrêter les travaux. Le dépôt paraît être de la catégorie de contact, une pyroxénite foncée recoupant le gneiss à biotite foncée. Ll y a sur la jonction de gros gîtes de calcite rose et elle contient, en plus du mica, beaucoup d'apatite, souvent en cristaux bien formés de grande dimension.

La scapolite est fréquente et l'on trouve de la pyrite et de la marcasite. Le mica est de l'ambre-argenté moyen, mais les cristaux sont très broyés, une grande proportion étant inutilisables. Il y a, dans le massif du dyke, de grandes quantités de feldspath brun, la roche prenant en certains endroits l'aspect et la nature de la syénite à augite. Les ateliers consistent en trois maître-puits, le plus grand ayant 100 pieds de longueur, 15 pieds de largeur et 40 pieds de profondeur, ce dernier étant maintenant comblé par l'eau jusqu'à la surface. Une grue à vergue est construite de chaque côté de l'excavation et trois tramways conduisent de là aux haldes.

Lot 2. — Une ancienne mine de phosphate de l'Anglo-Canadian, achetée en 1907 par Kent Bros., de Kingston, qui l'ont exploité chaque été depuis pour du mica, employant une petite équipe d'une demi-douzaine d'hommes. Il y a des excavations en plusieurs endroits de la propriété, le plus grand étant à l'extrémité nord-est du lot, près de la rive du lac Andrew. Cette excavation a 25 pieds de profondeur, 60 pieds de longueur et 25 pieds de largeur et le puits était en exploitation quand nous avons visité la mine. Le mica en cet endroit est ambr-argenté clair et se rencontre sous forme de nids

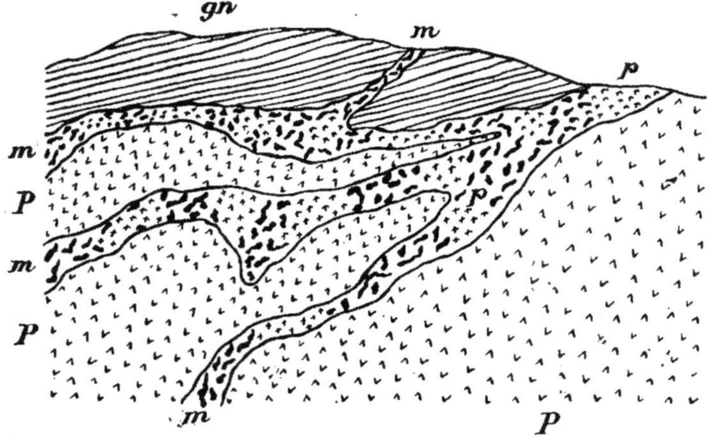

Fig. 43. — Coupe d'un dépôt de mica, lot 2, concession VIII, Canton de North Burgess, Ont.

gn, gneiss ; P, pyroxénite ; m, veines de mica contenant de l'apatite (p.).

sur des veines irrégulières dans une pyroxénite gris clair, accompagnée de calcite blanchâtre et de petites quantités de phosphate. Les cristaux sont de taille moyenne à petite et de couleur beaucoup plus claire que ceux qu'on voit à l'autre extrémité du lot. Le mica en ce dernier endroit est en petits cristaux sur une veine plate à nids, dont la largeur moyenne est de 3 pieds, avec une coiffure de gneiss foncé. Il y a sur cette veine plusieurs petites excavations ; la veine a une allure générale du nord-ouest au sud-est et contient de grandes quantités de scapolite et de wilsonite, la roche de dyke prenant finalement le caractère d'une scapolite-pyroxénite.

On n'emploie pas de machines sur la mine qui est munie d'une maison de pension pouvant loger vingt-cinq hommes.

Lot 2.—Cette mine de l'ancienne Anglo-Canadian Phosphate Co., a été exploitée sous promesse de vente du propriétaire, M. R. Cordick, Sr., de Perth, durant deux mois en 1908 par Kent Bros., de Kingston. Il y a sur la mine beaucoup de vieux puits, les nouvelles excavations ayant été pratiquées sur de petites veines de mica ambré moyen associé à des gîtes considérables d'apatite compacte sucrée ou massive. Ces filons vont du nord-ouest au sud-est et paraissent être des ramifications d'un plus grand dépôt plus à l'est. Les veines ont en moyenne à peu près 2 pieds de largeur et ont été exploitées au moyen de puits et tranchées de peu de profondeur. Plusieurs grands cristaux moyens ont été, dit-on, recueillis dans ces excava-

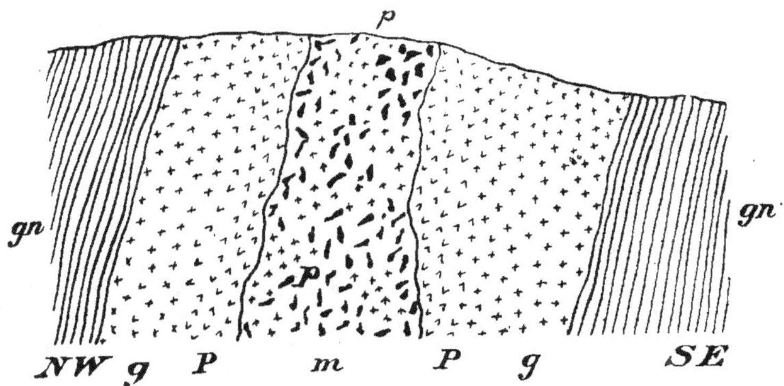

Fig. 44.—Coupe dans des dépôts de mica, lot 3, concession VIII, Canton North Burgess, Ont.

gn, gneiss ; P, pyroxénite ; g, roche acide composée en majeure partie de feldspath brun et de quartz ; m, mica associé à des touffes d'apatite (p).

tions, mais on a trouvé que les veines ne persistaient pas en profondeur. La roche avoisinant les veines est une syénite quartzeuse, grossièrement cristalline, des gîtes étroits de pyroxénite séparant le remplissage de filon de la roche encaissante. Les ateliers ne sont pas à plus de quelques centaines de verges du camp sur le lot adjacent No 2.

Lots 4, 5, 6.—La mine comprise sur ces lots appartient à M. W. L. MacLaren de Perth. Les lots 5 et 6 ont été originairement exploités pour du phosphate dans les quatre-vingts par la Anglo-Canadian Phosphate Co., qui a construit une installation considérable, et extrait de grandes quantités d'apatite de bonne qualité, puis l'a vendue à l'hon. P. MacLaren. Il y a beaucoup de puits sur le lot 6, mais le travail actuel est maintenant restreint, principalement au lot 5 et à la partie du lot 4 immédiatement adjacente. La mine produit essentiellement du phosphate, quoique dernièrement son attention se soit portée principalement sur l'extraction du mica qui est en grande quantité et de qualité supérieure, le phosphate étant extrait comme sous-produit.

La mine est équipée d'une petite installation, mais actuellement on n'emploie pas de machines, la mine étant sèche et n'exige pas de pompage. Le hissage se fait au seau avec un treuil à cheval. Les plus profonds des puits sont les anciens ateliers de phosphate dont quelques-uns dépassent 100 pieds. Ce sont en majeure partie des tranchées longues, étroites sur une série de filons de fissure plus ou moins parallèles.

Le puits où s'exécutent actuellement les travaux a une cinquantaine de pieds de profondeur et est foncé sur une veine dont la direction est nord-ouest et sud-est avec un plongement de 70° sud-ouest. La matière filoneuse principale est du phosphate, massif et compact, et du phosphate-sucre au sein duquel les cristaux de mica sont enclavés. La calcite est relativement rare et quand on en trouve, elle est finement cristalline et de couleur rose.

Le mica est un ambre-argenté clair de premier ordre et de bonne dimension, les cristaux de plus de 2 pieds de diamètre n'étant pas rares.

Quelques-unes des veines sur lesquelles des excavations ont été récemment pratiquées peuvent être suivies sur une distance de plus de 200 pieds. Le mica est façonné sur la mine qui est située à 6 milles au sud de Perth.

Une petite équipe d'hommes seulement était employée au moment de notre visite, mais il était entendu que les travaux devaient bientôt reprendre sur une plus grande échelle.

Lot 7. — Appartient à M. W. H. Adams de Micaville. C'est l'une des premières mines de mica ouvertes dans ce district. Elle a été exploitée en 1892 par Webster & Co., en vertu d'un bail des propriétaires. Divers locataires ont travaillé avant et après cela, mais l'exploitation a toujours été pratiquée sur une petite échelle et l'on a extrait seulement de petites quantités de mica, il y a beaucoup de puits de surface sur la mine, la plus grande profondeur atteinte étant de 60 pieds.

Le mica, de l'ambré clair au moyen est associé à un peu de calcite rose de phosphate et existe sur des fissures et des nids dans des dykes de pyroxénite ayant une direction de l'est à l'ouest au nord-ouest de la mine et changeant du nord-ouest et sud-est près du lac. La calcite prédomine sur ces derniers filons et manque relativement à l'ouest. Le mica est très écrasé en quelques endroits et se fend facilement en mica à rubans. La roche encaissante se compose d'un gneiss normal à l'ouest de la mine et d'un calcaire cristallin à l'est.

Lot 25, Concession IX, Lot 26.—Ces lots appartiennent à M. P. McParland de Westport, qui a travaillé par intermittence ces cinq dernières années. On dit que l'on a extrait du bon mica au moyen de puits de surface dont aucun n'a dépassé 25 pieds de profondeur. Il y a peu ou point de phosphate.

Concession IX, Lot 4.—Appartient à M. Allan Atchison, de Perth. La mine est actuellement exploitée par MM. Watts, Adams et Noble sous promesse de vente et était primitivement une mine à phosphate. Il y a plusieurs puits anciens, dont quelques-uns ont été travaillés par les locataires actuels lesquels cependant se sont bornés à prospecter à la surface et à retourner les vieilles haldes. Un des puits, long de 15 pieds, large de 6 et profond de 30, laisse voir une veine de mica, de phosphate vert et de calcite rose entre des murs de pyroxénite normale et ayant une direction N.O. - S.E.

La couleur du mica est de l'ambre moyen au foncé, mais les cristaux sont souvent détériorés par des enclaves et les feuillets laissent voir souvent un aspect empâté.

La mine a produit dans le passé de grandes quantités de phosphate et est plus précieuse pour ce minéral que pour le mica qu'on y trouve.

Lot 6 E. $\frac{1}{2}$.—Une vieille mine de phosphate qui a été exploitée en 1906 durant quelques mois par MM. Adams et Noble, de Perth. M. J. H. Mendels, de Perth, employait trois hommes à la mine en 1910 et on en tirait peu de mica. Depuis, le travail a été arrêté. Il y a sur la mine beaucoup de puits. Ils ont été creusés sur des veines de phosphate et de mica suivant une direction E. 15° S. et contenant beaucoup de phosphate de haute catégorie.

L'excavation faite par M. Mendel ne dépasse pas 10 pieds de profondeur et laisse voir une veine du genre de nid ordinaire et du genre fissure, contenant des cristaux de mica ambré moyen de haute catégorie; mais il ne semble pas y avoir assez de mica pour que la mine soit rémunératrice. Depuis bien des années on n'y a pas employé de machines.

Lot 7 E. $\frac{1}{2}$.—Un petit dépôt de mica a été exploité sur ce lot en 1905 par M. W. H. Adams de Micaville. On y a fait des travaux pendant quatre mois sur une petite échelle, et on dit que M. Adams a tiré pour $12,000 de mica.

Un puits seulement d'une vingtaine de pieds de profondeur a été excavé et il a laissé voir une petite veine en nid et en fissure de mica associé à un peu de calcite rose dans un dyke de pyroxénite amphibolique presque noir. Le dépôt est d'une nature irrégulière, le filon paraissant tourner tout à coup perpendiculairement à sa direction. Le mica trouvé était principalement dans un petit nid qui a été nettoyé et le dépôt paraît épuisé.

Lot 14.—Appartenant à M. J. Russell de Micaville et exploité par l'ancien propriétaire il y a quatre ou cinq ans. Un certain nombre de petits puits ont été excavés sur les veines du nord-ouest et du sud-est ayant une largeur moyenne de 2' - 6" et contenant un mica ambre-vineux foncé et un peu broyé accompagné d'une calcite blanche grossière. On n'a pas constaté de phosphate. Le mica existe principalement sur les contacts d'éperons étroits de pyroxénite avec une roche rouge, finement grenue et feldspathique. Aucune des ouvertures ne dépasse 15 pieds en profondeur. On dit que beaucoup de mica a été extrait de puits plus petits foncés sur un petit nid. Il y a en beaucoup d'endroits du mica sur cette propriété et sur celles qui l'avoisinent.

Lot 15 E. $\frac{1}{2}$.—On dit qu'il y a de bons affleurements de mica sur cette mine, mais on n'a pas entrepris d'exploitation. Le propriétaire est M. Martin de Micaville.

Lot 15 O. $\frac{1}{2}$.—Appartient à M. H. Burns de Micaville. Il y a sur cette mine du mica ambré et du mica blanc. La mine a été exploitée depuis une quarantaine d'années pour du mica à poêles. Il n'a pas été exécuté d'autres travaux mais le propriétaire a annoncé l'intention de recommencer prochainement ses travaux.

Il n'y a que de petits puits de prospection sur ce lot et le voisin qui a été exploité quelques semaines en 1893. Le mica fait probablement partie du dépôt qui a été exploité à la mine du lac Pike.

Lots 16, 17.—Mine du Lac Pike. C'est une des premières mines de mica ouvertes dans la Province; elle a été exploitée depuis 1860, le mica servant à l'industrie des poêles. Le propriétaire actuel est W. A. Allan d'Ottawa.

La propriété a été exploitée par beaucoup de personnes, y compris: le Lake Girard Mica System qui a fait de l'extraction en 1892; MM. Watts et Noble de Perth; et MM. Farry et McParland qui ont travaillé les derniers en 1902.

Des travaux considérables ont été exécutés là autrefois. Beaucoup de puits ont été foncés, quelques-uns à une profondeur de plus de 100 pieds et un grand outillage a été installé; les seuls débris qui subsistent sont quelques hangars en démolition. Le mica est une espèce fragile, jaunâtre et nuageux, et on le trouve en cristaux d'assez bonne dimension qui cependant laissent beaucoup de déchet, les feuillets étant rarement parfaits aux bords. Les feuilles de plus de 2" × 3" sont l'exception et comme c'est la moindre dimension indispensable pour les poêles et comme le mica est considéré trop dur et trop cassant pour les besoins de l'électricité, il semble que la mine a vu ses beaux jours. Les veines de mica sont du N. O. au S. E., et plongent légèrement au S. O. Elles sont sur le versant nord-ouest d'une petite arête près de la rive du lac Pike et ont été exploitées au moyen de puits étroits ayant une longueur d'une cinquantaine de pieds sur 6 à 12 en largeur.

Le mica existe non seulement sur les veines elles-mêmes, mais aussi dans le massif de roches avoisinant les fissures. On trouve quelquefois que la roche consiste à proprement parler en un amas de petit mica étoilé, entremêlé de cristaux de plus grande dimension.

Il y a de petites quantités de pyrites disséminés dans la roche et l'on a remarqué aussi des amas de tourmaline brune.

Le gneiss encaissant affleure 100 pieds à peu près au sud des travaux et à une allure nord-est - sud-ouest.

On signale que de grandes feuilles de mica de cette mine ont été expédiées à Paris dès 1860 pour servir comme fenêtres pour les vaisseaux de guerre français et qu'on en a retiré $2.00 la livre.

Canton South Sherbrooke.

Concession 2, Lot 7.—Appartenant à M. W. Fowler de Bolingbroke. M. Austin de Toronto a exécuté un peu de travail, il y a trois années et en 1909, le même syndicat exploitait la mine Ritchie avoisinante l'a travaillé durant quelques mois.

Un puits profond de 20 pieds, large de 15 et long de 30 a été excavé sur une veine de mica allant E. 25° S. dans une pyroxénite à gros grain recoupant du gneiss foncé. Le mica est d'une espèce très foncée et très écrasée étant associé à une petite quantité de calcite et beaucoup de pyrites.

Lot 9.—Cette mine a été exploitée pour la première fois, il y a douze ans par M. E. Cook de Harrowsmith qui cependant n'a pas exécuté beaucoup de travail. Plus tard, en 1904, MM. Mills et Cunningham ont employé durant presque une année une dizaine d'hommes et il s'est fait quelques grandes excavations. Depuis on n'y a pas travaillé.

Le puits principal est un puits ou talus incliné, long de 40 pieds, profond de 4 et large de 8, foncé sur un dépôt, de contact de mica, entre un toit de pyroxénite et un chevet de gneiss foncé. La veine a une allure E. 12° N., plonge 52° N. et une largeur moyenne de 2½ pieds.

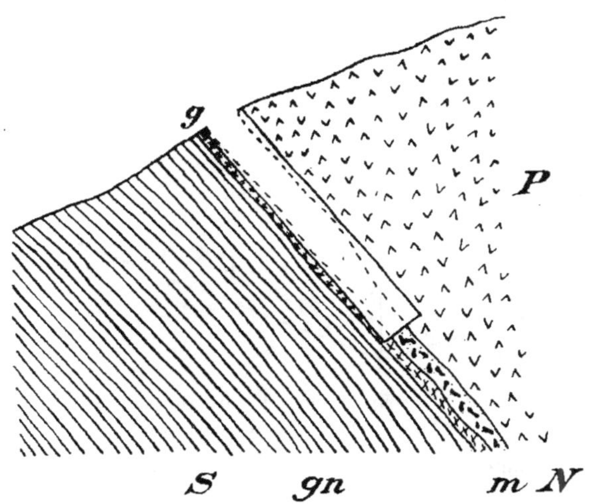

Fig. 45.—Coupe dans un dépôt de mica, lot 9, concession II, Canton de South Sherbrooke, Ont.

P, pyroxénite ; gn, gneiss ; g, gîte de quartz massif ; m, veine de mica.

Le mica est associé à de la calcite décomposée et est de couleur foncée, les cristaux étant assez contournés et broyés. Il y a beaucoup de pyrites qui ont paru nuire à la qualité du mica.

Il s'est produit beaucoup de différentiation dans le massif du dyke et sur les haldes, on a observé un grand amas de feldspath segrégé.

Entre le chevet proprement dit et la veine, il y a une zone acide mesurant en moyenne, un pied de largeur, composée de quartz presque pur et ressemblant à celle de la mine de Daisy, dans le Canton de Derry, Qué.

Le dépôt est recoupé à l'extrémité ouest du puits par un dyke d'aplite allant N. O. et S. E., avec un plongement S. O. et ayant à la surface une largeur de 4 pieds. Le hissage s'est fait au moyen de seaux de bois glissant sur un halage en bois construit à l'extrémité ouest du gradin.

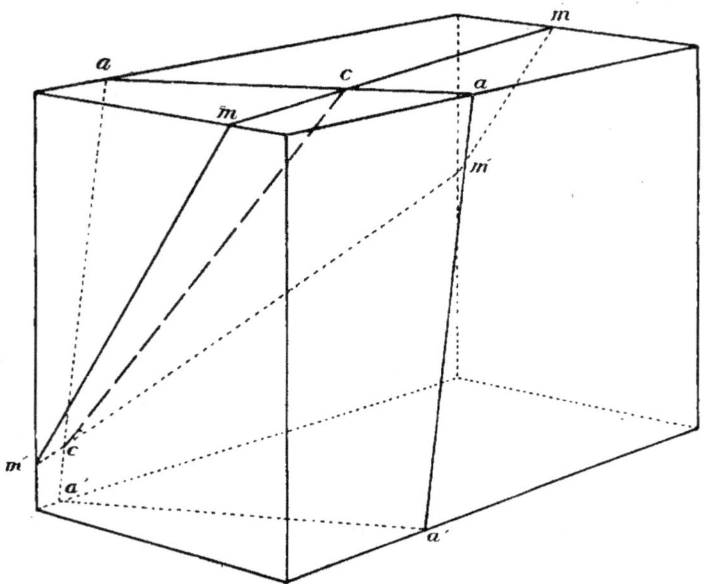

Fig. 46.— Dessin montrant le recoupage de la pyroxénite par un dyke d'aplite, lot 9, concession 11, Canton de South Sherbrooke, Ont.

a, a, a′, a′ aplite ; m, m, m′, m′, pyroxénite ; c, c, ligne de section.

On dit que la veine contient encore beaucoup de mica au fond, mais l'examen a été impossible à cause de l'eau dans le puits. Il y a plusieurs excavations à l'ouest du grand puits et elles laissent voir de petits nids et paquets de mica foncé dont une grande proportion est trop écrasé pour être utilisable.

Concession III, Lot 4 N. ½.—Cette mine appartient à MM. Miller et Innes de Battersea. Elle a été d'abord exploitée, il y a une dizaine d'années par M. McNally de Westport, à bail et ensuite par MM. Cunningham et Mills de Kingston, puis elle a été achetée par les propriétaires actuels en 1908. Le dernier travail exécuté par les propriétaires date de 1909. On a fait seulement de l'exploitation de surface et il y a plusieurs puits dont le plus grand a 30 pieds de profondeur.

La largeur moyenne des veines est de 2 pieds et le mica est un ambré de couleur claire avec des petites quantités de calcite rose. Il y a un peu de phosphate.

Lot 45½.—Appartient à M. McEwen de Bolingbroke qui signale de bons affleurements de mica. On n'a pas encore tenté d'extraction mais on sait que les travaux vont bientôt recommencer, les propriétaires ayant loué la mine à un syndicat.

Lot 7.—M. John Ritchie, Sr., de Bolingbroke, est le propriétaire de la mine qui a été exploitée sur une petite échelle en 1909 par un syndicat de Battersea. Le travail a été continué durant quelques semaines et un seul puits a été creusé à une profondeur de 12 pieds, le mica qui est du bon mica ambré clair cessant à cette profondeur. L'existence paraît être un petit nid dans une roche dure consistant en un mélange de feldspath et de pyroxène, le tout étant imprégné de pyrites et contenant beaucoup de tourmaline.

Il y a de la galène au nord du lot sur les filons est et ouest, dans du calcaire cristallin.

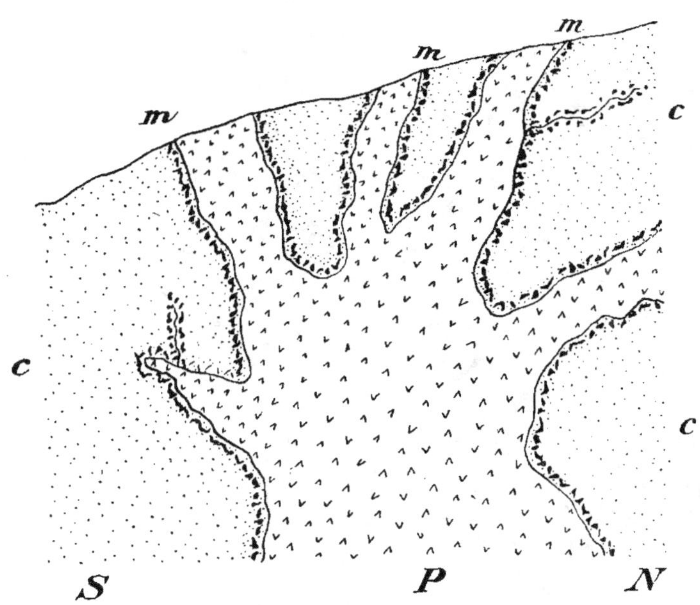

Fig. 47. — Coupe schématique dans le dépôt de mica, lot 2, concession IV, Canton de South Sherbrooke, Ont.

P, irruptions de pyroxénite ; c, calcaire cristallin ; m, mica déposé le long des contacts de la pyroxénite et du calcaire.

Concession IV, Lot E. ½.—Appartenant à M. J. McEwen, Sr., de Bolingbroke. La propriété a été exploitée par plusieurs personnes sur une petite échelle au cours des trois dernières années en employant une moyenne de six hommes. On dit que le mica est de l'excellent ambré clair donnant des feuillets excellents et peu de déchets.

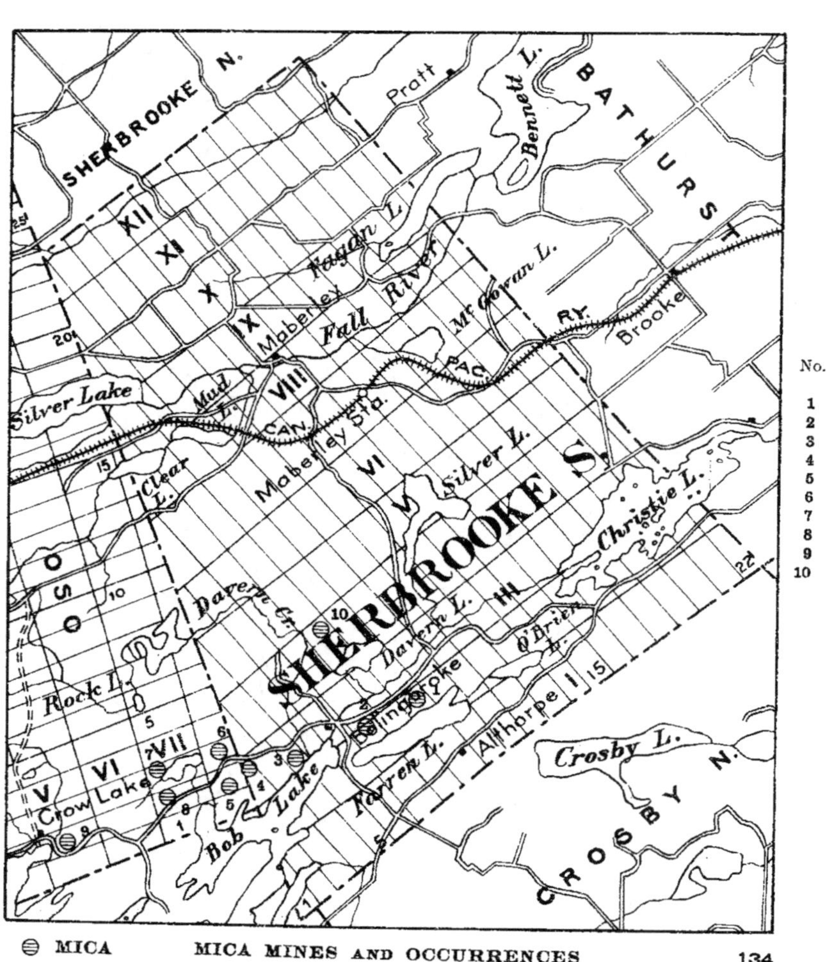

No.	Name of Mine
1	Mills & Cunningham
2	Prospect
3	Prospect
4	Dowdell
5	Prospect
6	Prospect
7	Tovel
8	Tovel
9	Loughborough Mining Co
10	Loughborough Mining Co

⊖ MICA   **MICA MINES AND OCCURRENCES**   134

IN TOWNSHIPS OF OSO AND SHERBROOKE SOUTH, ONT.

Scale 2 miles to one inch

½ 0   1   2   3   4   5 Miles

Lot 2 O. $\frac{1}{2}$.—Appartient à M. S. Dodswell de Bolingbroke et a été exploitée pour la première fois en 1907 durant quelques semaines par M. D. Anderson de Perth avec 2 hommes. On n'a pas tenté d'autres travaux.

Des éperons de pyroxénite vert foncé recoupent un encaissement de calcaire cristallin et le mica apparaît sur des zones de contact associé à de la calcite rose.

Plusieurs petits puits ont été creusés, le plus grand ayant 30 pieds de profondeur et laissant voir une veine large de 3 pieds contenant des cristaux de mica ambré clair assez écrasé. Les contacts ont généralement l'allure E. 15° N. et la formation a été pénétrée par des dykes opstérieurs de granite qui contiennent beaucoup de tourmaline noire.

Les ateliers avoisinent le chemin qui va du lac Crow au lac Bolingbroke et sont à un mille à peu près de ce dernier endroit.

Lot 8.—Cette mine a été excavée par la General Electric Co., en 1905 et a été exploitée durant trois mois à peu près avec une demi-douzaine d'hommes. Il n'a pas été entrepris d'autre extraction. Il y a plusieurs excavations dont les principales ont 52 pieds de profondeur. Elles sont excavées sur une veine de fissure de mica associés à de petits paquets de calcite rose dans une pyroxénite vert foncé. La veine au fond du maître puits est large de $3\frac{1}{2}$ pieds et contient un mica ambré clair en cristaux de taille moyenne. Une petite galerie, longue d'une dizaine de pieds a été pratiquée le long de la veine au sud du fond du puits et paraît être dans un paquet en nœuds de petit mica.

L'allure des veines est N. 20° O. et le plongement à la surface 80° E.

Le mica est assez enclin à la structure rubannée et est dérangée par des étages de calcite entre les lamelles, la pyroxénite du toit a une structure nettement rubannée, les bandes étant perpendiculaires à la veine de mica et plongeant verticalement. Cela paraîtrait indiquer que les fissures dant la pyroxénite se sont développées perpendiculairement à l'allure du dyke.

On n'a pas employé de machines sur la mine à laquelle on arrive par une route de buisson longue d'un mille et rejoignant la grande route à Bolingbroke.

Canton de Bathurst.

Concession II, Lots 21, 22.—Appartient à M. J. H. Mendels de Perth qui a commencé l'exploitation en 1907 avec une équipe de dix hommes et a continué durant cinq mois. Il ne s'est pas fait d'autre travail. Les ouvrages consistent en deux puits espacés de quelques verges, le plus profond étant rendu à 50 pieds et long de 25 pieds par 8 de largeur.

Les excavations sont situées à $3\frac{1}{2}$ milles à l'ouest de Perth et à quelques pieds de la berge droite de la rivière Tay. L'infiltration de l'eau de la rivière a causé des difficultés considérables et il a fallu beaucoup pomper pour empêcher l'eau de monter.

Le mica est de couleur ambre foncé et est sur les veines en fissures du nord-ouest et de l'est dans une pyroxénite foncée tendre. Il y a peu de calcite ou de phosphate avec le mica qui est habituellement de petite taille. La mine a donné jusqu'à présent $4,000 de mica. Il n'y a pas de bâtisses sur la propriété sauf une couple de petits hangars contenant un générateur portatif employé pour actionner une petite pompe à vapeur.

Canton North Elmsley.

Concession IX, Lot 25.—Appelé mine Gibson. Le mica a été découvert sur cette propriété en 1901 et un peu de travail a été exécuté par MM. Gibson et Hayes qui l'ont ensuite transférée à M. L. Gemmel de Perth. Ce dernier a travaillé durant quatre mois et a extrait quelques tonnes de mica façonné. Le gîte de mica a, dit-on, coincé en profondeur et les cristaux n'étaient pas de bonne qualité, foncés et broyés. Le travail a été arrêté dans la dernière partie de 1901 et n'a pas été repris depuis.

COMTÉ DE LEEDS.

Canton North Crosby.

Concession II, Lot 7.—Appartient à M. T. Kane de Westport. La mine a été prospectée et de petits affleurements de mica ont été localisés.

Lot 16.—Appartient à M. J. Egan de Westport qui a commencé à travailler en 1904 et a continué durant quelques mois. En 1908 M. H. Adams de Westport a travaillé quelques semaines et s'est procuré un peu de mica. Il ne s'est pas fait d'autre travail. Deux petits puits ont été poussés à une profondeur de 15 pieds sur un petit filon de fissure dans une pyroxénite foncée, contenant des cristaux de petite taille et un peu broyés de mica ambré bigarré. Il y a un peu de calcite sur la veine et on n'a pas constaté de mica. Le dyke de pyroxénite recoupe le calcaire cristallin et tous deux ont été pénétrés par de grands filons de granite rouge qui encastre souvent des amas et des fragments de pyroxénite contenant des cristaux de mica.

Le gisement ne paraît pas se prolonger à une grande distance.

De petits affleurements de mica ont été aussi travaillés, il y a six ans sur le lot 10, concession I et le lot 18, concession II de ce canton, mais les résultats n'ont pas été encourageants et les opérations ont été bientôt abandonnées et n'ont pas été reprises.

Lot 21.—Appartient à M. J. Smith de Cedar Bridge. Un dépôt de contact entre un dyke étroit de pyroxénite et un gneiss foncé normal a été exploité à bail par différentes personnes, l'excavation la plus profonde est descendue à 25 pieds et laisse voir une veine étroite de mica ambré moyen. Il ne s'est pas fait de travaux depuis 1900 et l'existence est sans importance.

Concession III, Lot 8.—Concession IV, Lot 8.—Il s'est fait un peu de développement sur ces lots au cours des six dernières années, en vertu d'un bail du propriétaire, M. C. Crysdale de Westport,. Le travail le plus récent a été exécuté en 1907 sur la concession IV. Une petite quantité de mica a été extraite, mais le dépôt ne paraît pas être de grande dimension.

Concession V, Lot 9.—Appartenant à M. J. Foley de Westport, et attaqué en 1905 par MM. McBelton et Taggart. Le travail de quelques semaines seulement a été exécuté et, depuis, la mine est inactive. Un puits

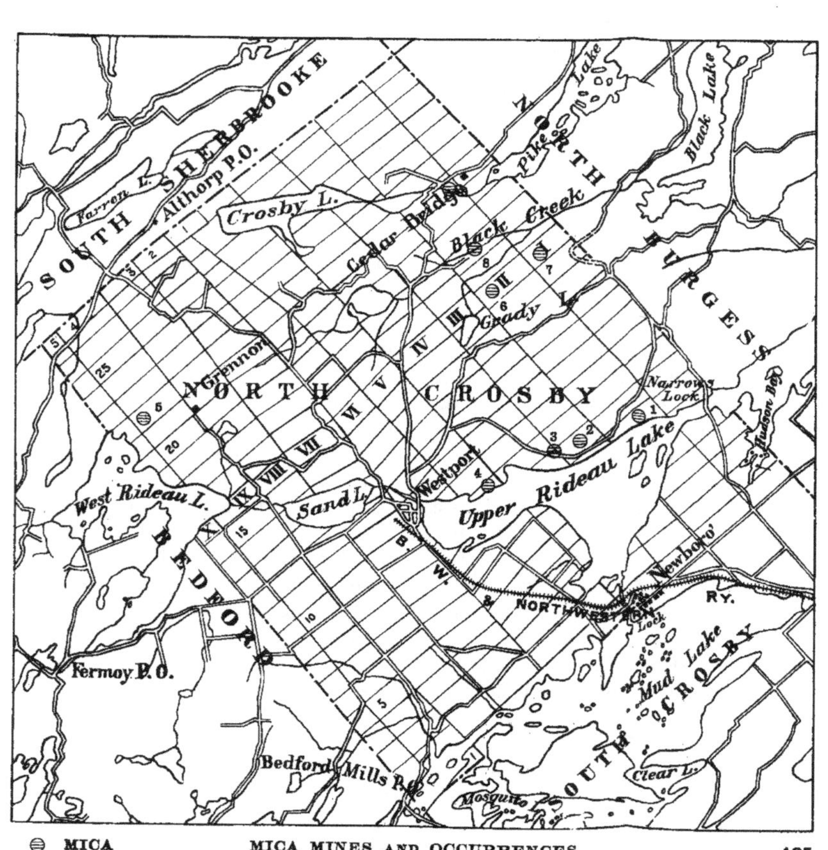

⊖ MICA

MICA MINES AND OCCURRENCES
IN TOWNSHIP OF NORTH CROSBY, ONTARIO
Scale 2 miles to one inch

135

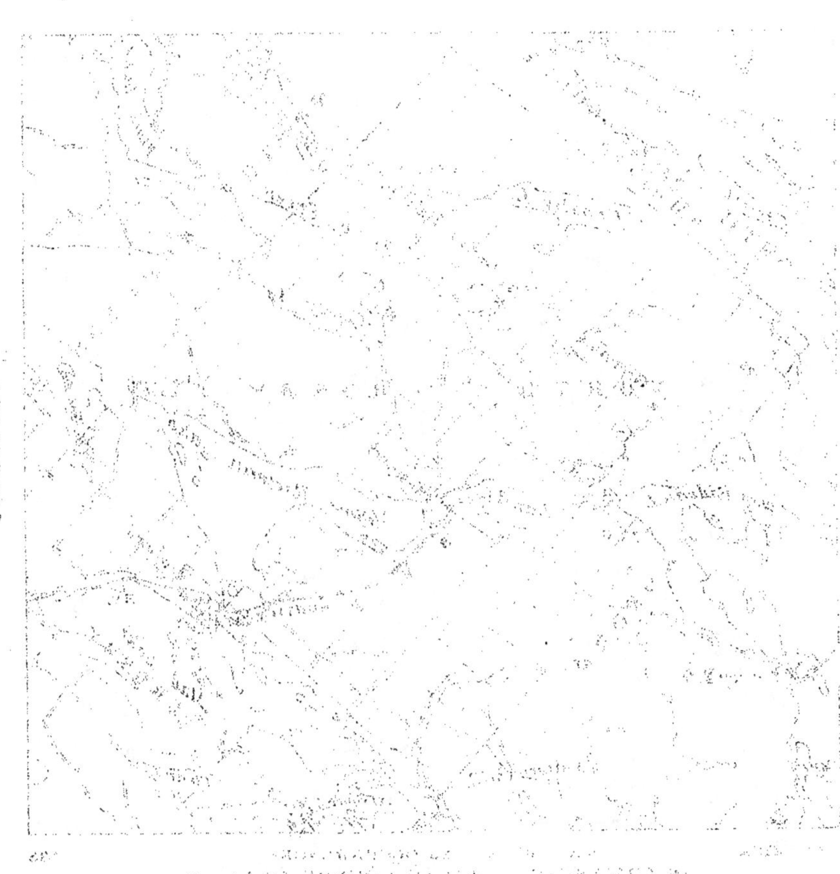

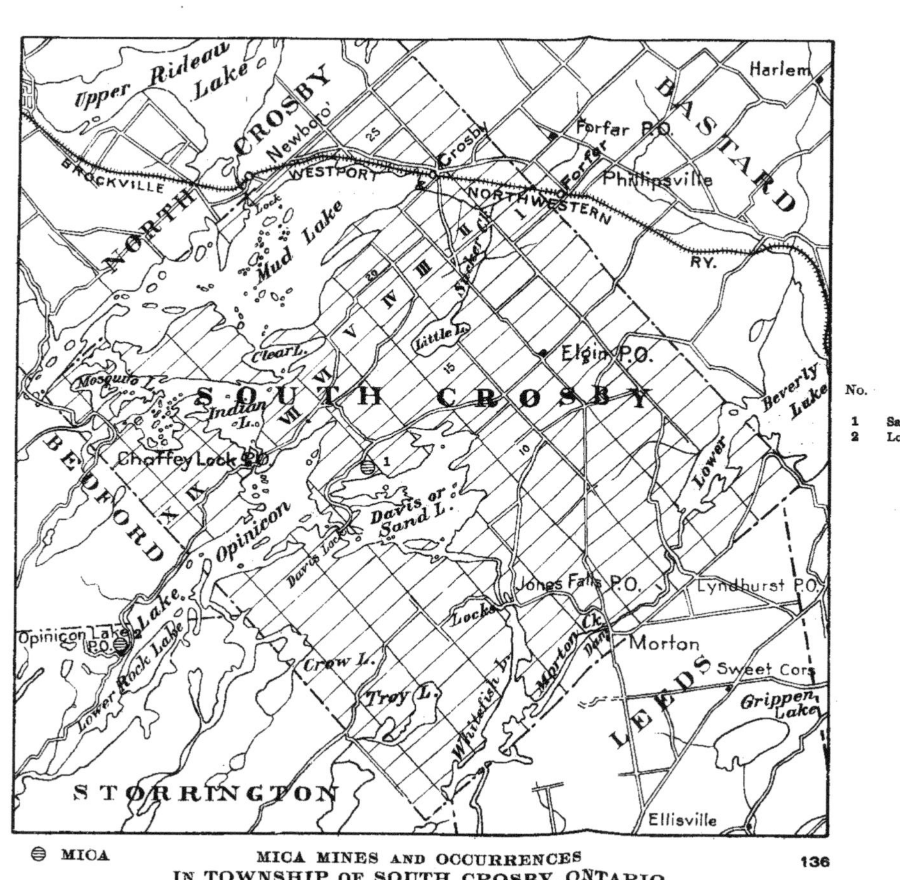

<table>
<tr><td>No.</td><td>Name of Mine</td></tr>
<tr><td>1</td><td>Sand Lake</td></tr>
<tr><td>2</td><td>Loughborough Mining C...</td></tr>
</table>

⊝ MICA

**MICA MINES AND OCCURRENCES
IN TOWNSHIP OF SOUTH CROSBY, ONTARIO**

Scale 2 miles to one inch

½ 0   2   3   4   5 Miles

136

de surface a été excavé jusqu'à une profondeur de 18 pieds sur une veine allant du nord-ouest au sud-est dans une pyroxénite normale contenant une catégorie pas mal broyée de mica ambré moyen associé à de gros paquets d'apatite verte.

Les cristaux de mica sont souvent endommagés par des enclaves qui consistent quelquefois en prismes d'apatite de taille considérable.

Vers la fin de 1910, M. Adams de Westport qui avait un bail de la mine a vidé le puits et avait l'intention de commercer le travail, mais a abandonné l'idée.

Concession IX, Lot 22. — Appartient à M. W. J. Webster d'Edmonton. Quelques puits de surface ont été ouverts sur la mine en 1900 par MM. Taggart et Arnold qui ont employé une demi-douzaine d'hommes durant plusieurs mois. Le propriétaire a exécuté quelques semaines d'ouvrage il y a six ans environ et il ne s'est pas fait d'autre extraction.

Les ateliers sont situés sur la rive nord-est du lac Wolfe ou Rideau-ouest et probablement sur une partie du même dyke qui a été miné sur le lot 27, concession XI, du canton de Bedford. Il n'y a qu'une excavation de quelque importance sur une veine avec une allure N. E. et S. O. et sur les joints et fissures dans le voisinage immédiat du filon. Le mica est un excellent ambré argenté mais de petite dimension.

Canton South Crosby.

Concession VII, Lot 14.—Appelé Mind Sand Lake et autrefois un des grands producteurs de mica du district.

C'était primitivement une mine à phosphate et elle a été exploitée en 1900 par la Brockville Mining Co., qui a installé un grand matériel qu'elle a exploité durant une année, puis a repris ses opérations en 1905. Le travail a continué couramment jusqu'à la fin de 1907, puis la mine est restée inactive. Actuellement M. D. Farry d'Ottawa, avec quelques hommes, travaille aux haldes pour MM. Mendels et Smith de Perth et on dit avoir recupéré beaucoup de mica.

L'excavation maîtresse est un puits circulaire profond de 75 pieds et 25 pieds de large à la surface, creusé dans ce qui paraît être un dépôt de mica de cheminée dans une pyroxénite de couleur très foncée fortement imprégnée de pyrites. Cette pyroxénite paraît avoir brisé un encaissement de gneiss à biotite foncé dans lequel de petites veines de mica avoisinent le gîte principal de pyroxénite. Une veine de ce genre visible dans la partie supérieure du puits avait une largeur de 1″ - 6″ et une allure O. 18° S. La pyroxénite est une roche vert foncée, souvent très broyée et contenant de petits paquets d'apatite verte et brune. De grands amas lenticulaires d'amphibolite noire et à grain grossier existent dans le gîte principal, qui ne semblent pas avoir la nature d'un vrai dyke, mais présente assez l'aspect d'un batholithe qui a fait éclater le gneiss et envoyé des apophyses et de petits filons dans l'encaissement. Cette supposition s'appuie sur le fait que le mica est dit n'avoir pas existé en veines régulières, mais avoir été trouvé sur des joints et des fissures, à la fois dans la pyroxénite et dans le gneiss, la formation étant d'une nature de toile d'araignée. Le gneiss est une roche très compacte et très finement grenue, possédant un peu de schistosité et paraîtrait aussi avoir offert plus que la résistance ordinaire à l'irruption d'un batholithe avec en conséquence un haut degré d'éclatement.

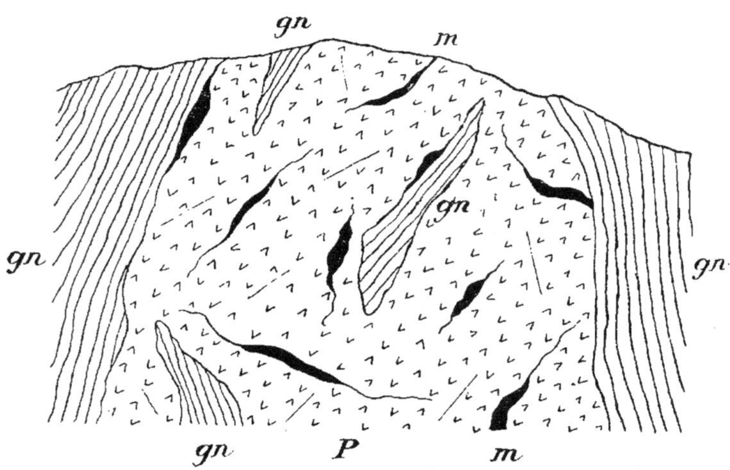

Fig. 48.— Coupe dans un gisement de mica à la mine Sand Lake, lot 15, concession XV, Canton de South Crosby, Ont., montrant la disposition, en poches de mica (m) dans la pyroxénite (p) gn, gneiss.

Il y a sur la mine un grand camp avec une maison de pension, hangars de triage et chambre à générateurs; un matériel convenable, comprenant des perforatrices à vapeur, des treuils, des pompes, des tramways à la halde ont été installés.

La mine est à 17 milles au sud-est de Westport et à 4 milles d'Elgin.

Des affleurements de mica ont aussi été localisés et exploités sur une petite échelle sur les lots avoisinants au nord-est.

Canton South Burgess.

Concession I, Lot 5.—Mine Heffron. Cette mine a été d'abord exploitée vers 1880 par M. W. Plummer de Boston qui a extrait de fortes quantités de mica à employer pour les poêles. L'extraction a été entreprise par plusieurs personnes depuis les premières signalées, parmi lesquelles Webster &Cie, et M. G. W. McNaughton. Ces derniers ont employé une demi-douzaine d'hommes durant dix-huit mois en 1905 - 6 pour pratiquer quelques galeries dans les vieux puits et les haldes ont été retravaillées. On

Maître-puits de la mine Sand Lake, lot 14, concession VII, Canton South Crosby, Ont.

dit que ces dernières ont donné de grandes quantités de mica de bonne catégorie, parce que, les grandes tailles seulement pouvant être utilisées pour l'industrie des poêles, toutes les feuilles inférieures à 2″ × 3″ étaient jetées de côté. Un certain nombre de longs puits étroits ont été pratiqués sur une série de veines de mica parallèles qui ont une direction du nord-ouest et du sud-est et qui sont à intervalles de quelque 25 pieds. La plus grande excavation mesure 60 pieds de profondeur, 50 pieds de longueur et 6 de largeur. La matière filoneuse consiste en calcite rose et phosphate vert et il y a beaucoup de pyrites. On a trouvé les filons de ce dernier minéral traversant le dyke et atteignant une largeur de 3″ à 5″. Le mica est ambre-doré et une grande proportion des cristaux, quoique d'assez bonne dimension sont un peu broyés et fendus en mica rubanné. Les veines sont de vraies fissures et sont dans une pyroxénite compacte de couleur moyenne, près du contact avec le gneiss normal. Les filons ont été attaqués en gradins et les fissures paraissent s'amincir en profondeur. On n'a pas employé de machines sauf une petite pompe. La distance de Perth est de 14 milles à peu près et la mine appartient maintenant à M. E. F. Jones de Perth.

Lot 7.—Appartient à Webster & Cie, qui cependant n'a jamais exploité cette mine. Le dépôt a été primitivement exploité il y a plusieurs années pour du mica à poêles et la mine a depuis changé souvent de mains. Le dernier travail a été exécuté il y a quelques années par MM. Gemmell et McLaren.

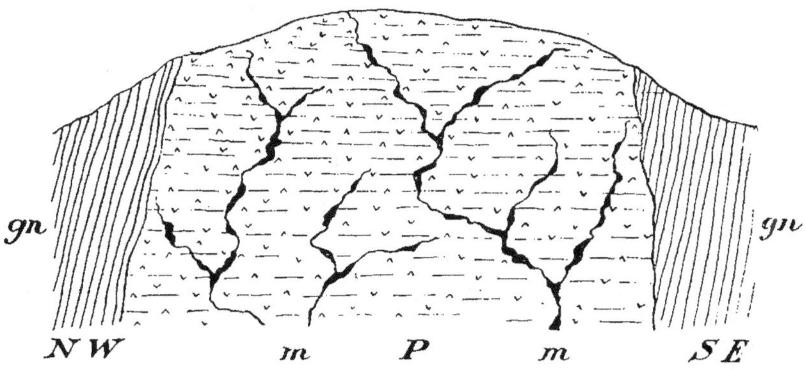

Fig. 49. — Coupe dans un dépôt de mica, lot 7, concession 1, Canton de South Burgess, Ont.

Les haldes ont été retournées en 1910 par M. E. T. Jones de Perth. Le mica est un ambré de couleur dorée et est en fissures irrégulières et en joints dans une pyroxénite de couleur claire. Les fissures ont été suivies au moyen d'un ciel ouvert avec une direction O. 20°, menées une soixantaine de pieds dans le flanc d'une petite arête. Cette tranchée a 35 pieds de profondeur à une extrémité interne et a une largeur de 30 pieds. La pyroxénite est dure, compacte et rubannée horizontalement, les veines de mica suivant un cours irrégulier dans la roche et ayant un aspect de "schlieren." Il y a des pyrites en grandes quantités et la roche de dyke devient de plus en plus dure en profondeur, gardant cependant sa structure rubannée. Il y a un peu de phosphate et la calcite fait aussi défaut relativement.

Lot 1.—Mine O'Connor. Cette mine a été exploitée sur une petite échelle en 1893 par M. O'Connor et cinq hommes. Le gisement n'a pas rémunéré des attentes et les travaux ont été abandonnés pour n'être pas repris.

Concession III, Lot 3.—Appartient à Webster et Cie. Un peu de travail de surface a été exécuté là, il y a dix ans à peu près et on a localisé quelques affleurements. Les travaux ont été abandonnés après quelques semaines et, depuis, n'ont pas été repris.

Concession IV, Lot 1.—Mine Cantin. Ancienne mine de phosphate appartenant maintenant à la General Electric Co. La mine a été primitivement exploitée pour du mica en 1893 par Webster & Cie., avec une équipe de 30 hommes et durant plusieurs années, le travail a été continué par intervalles.

Les propriétaires actuels ont exécuté du travail intermittent sur la mine et une petite équipe a été employée durant 1909 pour retourner l'ancienne halde où l'on a trouvé beaucoup d'ancien mica.

Il y a beaucoup d'excavations, le puits principal étant près de la grande route. Il y a une longueur de 85 pieds, 110 pieds de profondeur et varie de 12 à 25 pieds de largeur. La direction du gisement sur lequel ce puits a été excavé est E. 10° N., et l'existence est sur un contact entre de la pyroxénite foncée et du gneiss granitoïde. Le dépôt a une largeur considérable, le remplissage de contact étant de la calcite rose qui contient des paquets de phosphate vert et des cristaux de mica ambré moyen, ce dernier étant souvent de bonne taille. A 100 pieds la zone de mica a paru être coupée par un chevalement de granite rougeâtre, et après avoir essayé de surmonter ces obstacles on a arrêté les travaux. Si l'arrêt brusque est dû à une faille où à une irruption postérieure de granite, on n'a pas pu s'en rendre compte.[1]

Plusieurs autres puits ont été foncés le long du contact à des intervalles de 30 à 50 pieds, mais ils ne vont pas à une grande profondeur.

La calcite est à grain grossier et est remarquable par son échelle de couleur qui va du blanc rose au gris bleu, dans une même masse. Il y a beaucoup de pyrite et les cristaux de mica sont assez souvent tachés de bleu sous l'action de l'acide formé par la décomposition du sulfure. Les puits au sud de la mine sont principalement petits et ne dépassent pas 30 pieds de profondeur. Ils sont excavés sur ce qui est probablement un bras du dépôt principal. Il y a un camp comprenant une maison de pension, hangars, chambre à générateur avec un grand générateur horizontal et un assortiment complet de machines a été installé, y compris, pompes à vapeur, perforatrices et treuils, ce dernier fonctionnant sur une grue à vergue. La plus grande partie de ce camp et de ces machines a été construite et installée par Webster et Cie.

On dit que la mine doit prochainement être prospectée au moyen d'une perforatrice diamantée et on s'efforce de reprendre le prolongement du contact principal en profondeur.

---

[1] R. W. Ells, Bulletin sur le mica, p. 25, Com. Geol. Can. 1904.

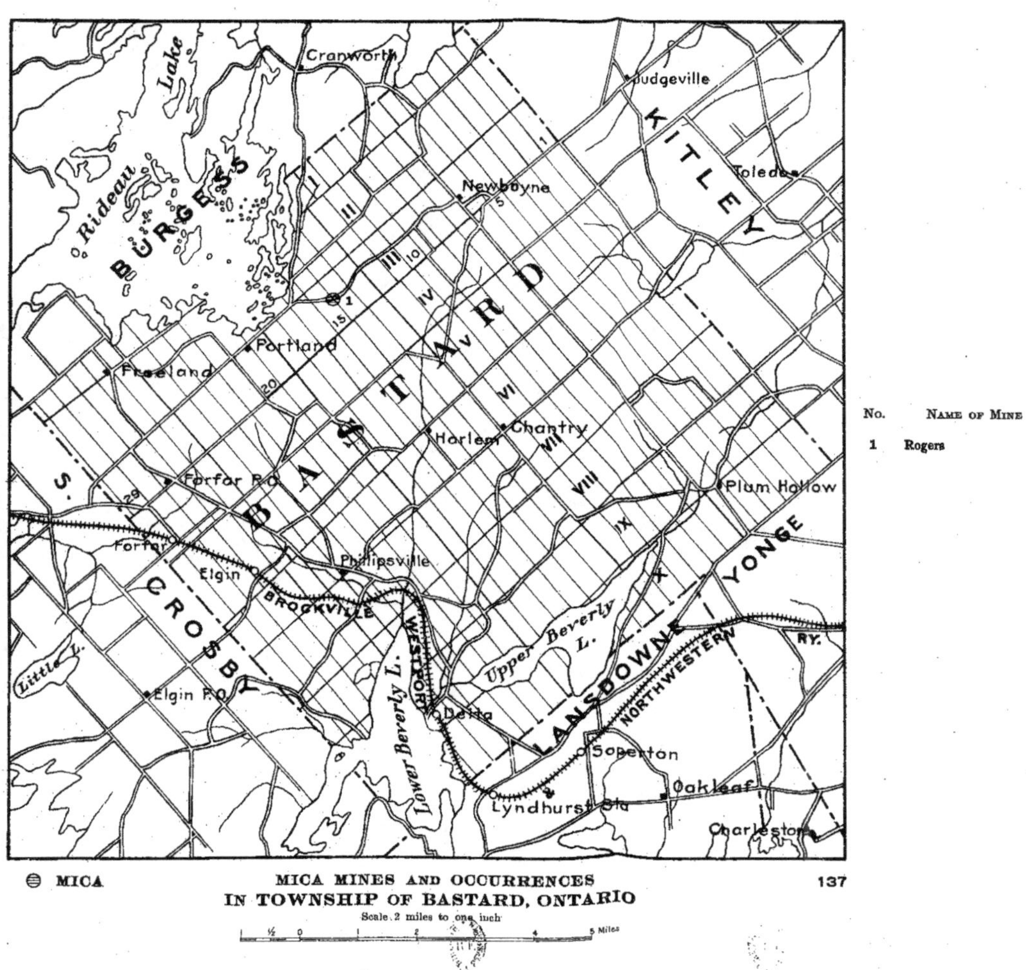

No.	Name of Mine
1	Rogers

**MICA MINES AND OCCURRENCES
IN TOWNSHIP OF BASTARD, ONTARIO**

Scale. 2 miles to one inch

MICA   137

Canton Bastard.

Concession III, Lot 14.—Appartient à M. A. Rogers de Portland. Cette mine qui produit un mica dur cassant, de couleur jaunâtre a été pour la première fois en 1906, avec six hommes, par MM. J. et J. Stoness de Perth Road. En 1908, M. H. Adams de Westport a exécuté quelques semaines d'extraction et depuis quelque temps, la mine est inactive. Il y a deux petits puits dont le plus profond a 20 pieds de profondeur sur les veines à l'est et à l'ouest et de phosphate rouge et vert.

Ces veines sont dans une roche grossière brune décomposée qui fait probablement partie d'un dyke basique (pyroxénite) que l'on n'a cependant pas encore trouvé dans les ateliers.

Il y a beaucoup de phosphate et on dit en avoir extrait à peu près dix-huit tonnes. Le mica qui est assez nuageux est en cristaux de taille moyenne, les feuilles larges de 12″ n'étant pas rares. Mais ces cristaux sont un peu endommagés par la présence de couches de calcite entre les lamelles. Les puits sont situés près d'un marécage et l'eau cause beaucoup d'embarras et oblige à pomper constamment.

La mine est à 2 milles au nord-est de Portland.

Concession VI, Lot 7.[1]—En 1907 la Brockville Mining Company employait là quinze hommes et avait installé une petite usine et un générateur de 40 H. P. Un puits de 85 pieds de profondeur et mesurant 60 x 60 pieds a été foncé sur un filon incliné de mica ambré foncé, large de 4 pieds et plongeant à 45°. Le travail ne paraît pas avoir été poussé longtemps et depuis plusieurs années il ne s'est pas fait d'extraction. La mine est située à 3 milles d'Elgin et le mica était envoyé à Perth pour être nettoyé.

L'auteur n'a pas pu obtenir de renseignements au sujet de la mine précitée en visitant le voisinage, et comme la carte montre que la région est surmontée par des roches sédimentaires, il se peut que la description est destinée à la mine Sand Lake sur la Concession VII, lot 14, du canton South Crosby.

---

[1] Ont. Bur. Mines, Rep. Ann. XVI, p. 871.

CHAPITRE V.

MUSCOVITE OU MICA BLANC EN CANADA.

Introduction.

La muscovite occupe une position secondaire dans la production du mica en Canada, se trouvant à des endroits relativement peu nombreux par rapport aux grands dépôts de phlogopite associés aux dykes de pyroxénite.

Les meilleurs gisements découverts jusqu'à présent sont ceux du district du Saguenay, Qué., situés sur le bas du fleuve St-Laurent, en aval de Québec.

Il y a en plus des dépôts au nord d'Ottawa, en plusieurs endroits d'Ontario en Colombie Britannique.

On a fait preuve de peu d'activité dans l'exploitation des dépôts de muscovite, le minéral ayant jusqu'à ces derniers temps imposé un prix moins élevé que le mica ambré en raison de sa plus grande dureté et du fait que les feuillets sont souvent teintés de fer et de manganèse, deux défauts qui nuisent à sa qualité pour les emplois électriques. Et puis, les dépôts de muscovite sont en règle générale trouvés associés à ces dykes de pegmatite de petite largeur qui dépassent rarement une douzaine de pieds par le traver de leur allure. Les cristaux sont un peu épars au hasard dans le massif des dykes de ce genre et il est assez rare qu'on trouve un dépôt donnant un rendement continu et profitable comme dans le cas des existences de mica ambré. Dans la plupart des cas dans Ontario et Québec, des dépôts de muscovite de ce genre ont été exploités en petit jusqu'à une profondeur d'une vingtaine de pieds, puis abandonnés aussitôt que quelques difficultés minières ont surgi provoquant un accroissement de dépenses.

Les feuillets de 1ère catégorie mesurant $3'' \times 5''$ et plus, sont actuellement presque autant demandés et imposent le même prix que les feuillets de mica ambré de même taille.

Il s'est fait récemment quelque prospection dans le district de la Passe de la Tête Jaune en Colombie Britannique et on en a tiré des échantillons de mica blanc de grande taille.

Les dernières nouvelles du Bureau des Mines de Colombie Britannique paraissent indiquer que l'industrie du micac est encore dans ce district à l'étape préliminaire de développement et le rendement n'est pas encore consigné.

Beaucoup de descriptions des existences de muscovite qui suivent sont puisées dans les rapports antérieurs de M. Cirkel et de M. Obalski et dans les Rapports de la Commission Géologique du Canada.

Géologie.

L'exploitation des dépôts de muscovite en Canada a rencontré beaucoup de difficultés et il ne faut pas s'étonner si, sauf dans quelques cas où l'on a trouvé une ricesse excessive, on a promptement abandonné les puits. La position souvent isolée des dépôts, les existences souvent sporadiques ou erratiques, combinées avec les difficultés de transport sont des facteurs qui entravent lourdement la croissance de l'industrie.

L'existence de muscovite se limite, en Canada comme dans d'autres parties du monde, à des dykes ou filons de pegmatite. Ces pegmatites sont en fait des granites grossiers, ou comme on les a appelées des granites géants et on peut les trouver dans toutes les parties du monde recoupant les roches plus anciennes comme les gneiss et les micachistes. Au Canada, ils existent dans ce qu'on appelle la formation Laurentienne, un grand complexe de gneiss et de calcaires cristallins associés à des roches semblables à des dykes comme les amphibolites et les pyroxénites. Les dykes de pegmatite sont fréquents et même d'existence universelle dans l'étendue de roches Laurentiennes et recoupent le gneiss en concordance et à des angles variant avec leur allure. Les plus grands dykes se rencontrent habituellement avec un plongement et une direction correspondant à celle de la roche encaissante, cette dernière allant de 35° à la verticale et la dernière étant approximativement N. 30° E. Les dykes plus petits contiennent rarement des cristaux de mica d'une dimension quelconque et souvent recoupent le gneiss, etc., à des angles divers.

Credner, Dana, de Saussure et Sterry Hunt, entre autres géologues notoires sont d'avis que l'on peut trouver une analogie entre les pegmatites et de vraies veines, et que le contenu minéral des premiers est le résultat de la position successive d'une solution aqueuse sur des fissures dans le gneiss et les schistes où il exite. L'opinion généralement acceptée maintenant est que les dykes de pegmatite représentent des " après naissances " d'un granite normal profondément situé et résultant d'émanations pneumatolytiques d'un magma granitique encore fluide durant son opération de refroidissement. Une autre théorie intermédiaire est que les dykes représentent des apophyses d'une irruption granitique, la variation de la structure granitique étant due à des conditions différentes de température et de pression prévalant dans l'espace confiné d'une fissure et aussi à un excès de vapeur d'eau dans le massif magmatique résiduel. Holland est enclin à croire que les schistes traversés par les dykes pegmatiques, tout en étant dans une certaine mesure altérés par l'action des irruptions ont, en retour, exercé une influence correspondante sur la composition des dykes.

Bien que, en règle générale, contenant seulement du mica à muscovite, les dykes de pegmatite contiennent souvent beaucoup de biotite et de mica noir. C'est le cas pour les dykes du district du Saguenay, Québec, et la même chose peut se voir dans l'étendue de Hastings, Ontario. Dans le canton de Methuen, on signale des cristaux de muscovite mesurant 3″ × 4″ de largeur dans les dykes de pegmatite à syénite. Ces dykes ont été exploités pour le corindon et à une profondeur de quinze pieds, on a rencontré des cristaux de biotite contenant des enclaves de corindon. A 41 pieds, le filon a fini dans un amas de corindon, muscovite et biotite. Beaucoup de mica que l'on trouve dans des dépôts de corindon sont considérés comme constituant un produit d'altération du corindon.

Les fig. 5, 6 et 7, pages 38, 39 et 40, montrent des exemples types de dykes de pegmatite contenant des dépôts de mica qui présentent une valeur industrielle. Bien que ne possédant pas la même teneur que les pegmatites indiennes, les dépôts canadiens leur ressemblent beaucoup comme traits géologiques généraux.

En règle générale, les cuillets de muscovite, de taille commerciale ne sont pas dans des dykes ayant moins de 5 à 10 pieds. On trouve quelquefois des cristaux de bonne taille dans des dykes étroits, mais l'existence est habituellement spiradique et ne favorise pas une extraction profitable. D'un autre côté quelques-uns des dykes les plus grands ne contiennent pas du tout de muscovite et se composent surtout de quartz et de feldspath. La muscovite va en dimension de petites écailles comme celles qu'on trouve dans le granit normal à des plaques de 3 et 4 pieds de largeur. Pour de plus amples notes sur la géologie des dépôts de muscovite, voir aux titres Brésil, Inde et Afrique Allemande de l'Est.

Emplacement des existences de mica muscovite.

PROVINCE DE QUEBEC.

District du Saguenay.

Du côté est de la rivière Saguenay, il y a un certain nombre de filons de pegmatite grossière recoupant le gneiss dioritique. La région n'est pas relevée ni exploitée à fond, mais depuis 1891 et 1892 on a fait beaucoup de découvertes dont quelques-unes sont importantes. Le mica généralement trouvé est un espèce rose foncé quand on le trouve en feuillets épais. Les principaux dépôts ont été trouvés dans les cantons de Bergeronnes, Tadoussac et Escoumains.

La mine McGie est située dans le bloc C des Bergeronnes à 12 milles du lac des Escoumains. Le filon d'après l'examen de M. Obalski va au nord-est sur une longueur d'un quart de mille recoupant les strates de gneiss dioritique. La largeur est de 15 à 25 pieds dans la partie méridionale où on l'a travaillée sur une longueur de 140 pieds au nord, la veine mesure plus de 75 pieds et on peut voir de grands cristaux repartis sur toute la matrice. Deux puits profonds de 15 et 25 pieds ont été foncés. Quelques cristaux de mica sont de grande taille mais se brisent en petits feuillets quand on les détache du roc. On trouve de bons cristaux de tourmaline, de grenat et de beryl ayant quelquefois 3″ de diamètre; on trouve aussi de petites quantités d'apatite dans le voisinage des cristaux de mica. Le mica est généralement de qualité excellente, clair et exempt de taches et propre aux travaux de décoration. Quinze tonnes de cristaux de mica brut ont donné 2½ tonnes de mica taillé 3″ × 4″, quelques plus grandes tailles mesuraient 7″ × 10″. La mine a été travaillée par intermittence et actuellement les travaux sont suspendus.

A côté de celle-ci, il y a la mine Moreau appartenant à M. L. A. Robitaille de Québec. Le filon suit une direction nord-est et fait voir où il a été exploré un grand nombre de beaux cristaux de mica transparents. Il y a beaucoup de dykes de pegmatite dans la roche encaissante et cependant il ne s'y est pas fait de travail.

La mine suivante de quelque importance est le Claim Beaver Lake, près du lac, à 11 milles à peu près du fleuve St-Laurent. La largeur du filon, d'après M. Obalski est de 100 pieds, et augmente quelquefois à 200 et même à 300 pieds, avec un plongement vertical et une direction nord-est. Plusieurs affleurements du filon font voir de beaux cristaux de mica irrégulièrement répartis dans la pegmatite. Cette mine a donné du mica blanc transparent de haute valeur.

En plus des existences ci-dessus décrites, il y a beaucoup de prospects dont quelques-uns promettent beaucoup. On a signalé beaucoup de filons dans le pays au nord de la mine McGie à la source des rivières Beaulieu et Bas de Soie, mais l'écart de ces endroits est un grand embarras jusqu'à présent pour la réussite de leur exploitation. Entre Tadousac et Bergeronnes, sur la rivière Little Bergeronnes, on a découvert un dyke de pegmatite contenant de grands cristaux de mica, sur le contact avec le gneiss. Le filon a été excavé par MM. Dupuis et Latimer de Québec, et a donné des résultats encourageants.

Le long des berges de la rivière Canard, près du St-Laurent on a localisé beaucoup de filons de pegmatite, mais le mica, à une exception près, est seulement en petits cristaux.

A cette exception, un petit filon de quartz associé à un autre filon de pegmatite fait voir une quantité appréciable de mica d'assez bonne taille. Dans la région du lac St-Jean on a fait beaucoup de découvertes, mais les difficultés de transport sont si considérables que, jusqu'à présent on n'a pas essayé d'exploitation sérieuse.

Les principaux affleurements de mica ont été localisés dans le canton Pontbriand près des sources de la rivière Peribonka et 250 milles au nord du lac St-Jean on dit que le mica de bonne taille est très clair, existant dans un grand dyke de pegmatite.

On signale aussi de grands cristaux près de Notre-Dame-des-Anges, sur la rivière Bastican, district du lac St-Jean.

Sur la rive nord du golfe du St-Laurent, au nord de l'île Anticosti, on peut trouver des dykes de pegmatite contenant un peu de mica, sur les îles à l'embouchure de la rivière Watshishu. Les dykes atteignent leur plus grand développement sur la côte est de la baie de Quetachu, Manikuagan, et contiennent, en plus du mica, beaucoup de feldspath de valeur.

Monsieur J. Laflamme[1] signale une existence de mica foncé en cristaux larges de 2 pieds, dans le voisinage de l'Anse à Caron, sur le rang III de Jonquière, district du Saguenay. Il ne paraît pas y avoir eu d'exploitation du dépôt.

---

[1] Rapport des Travaux, Com. Geol. Canada, 1882-84.

16

On signale une existence de muscovite associée à des schorls à l'Ile Yeo, dans la rivière Haut St-Maurice, comté de Portneuf, mais le dépôt ne paraît pas avoir été exploité dans une mesure quelconque.

COMTÉ D'OTTAWA.

Canton de Villeneuve.

Rang I, Lot 31.—Mine Villeneuve, située à 20 milles au nord de Buckingham et 3 milles à l'est de la rivière Lièvre. Le dépôt a été d'abord exploité en 1884 par M. W. A. Allan d'Ottawa qui, plus tard, a vendu la mine à la Canadian Mica & Manufacturing Co. Ltd. Cette compagnie a expédié constamment de 1884 à 1888 et a produit environ 35,000 livres de feuillets taillés vendables d'excellente qualité.

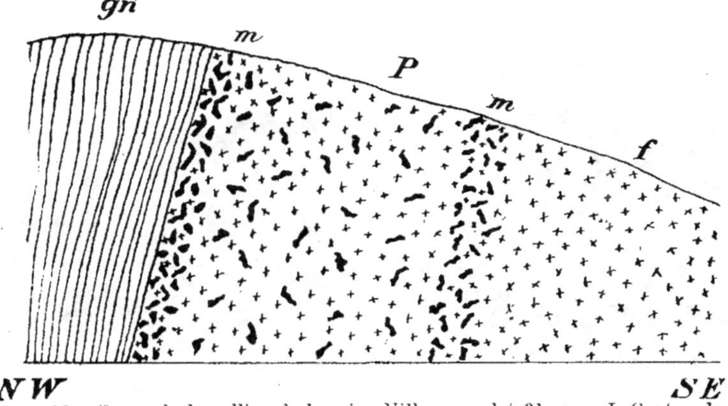

FIG. 50.—Coupe de la colline de la mine Villeneuve, lot 31, rang I, Canton de Villeneuve, Québec.

gn, gneiss ; P, dyke de pegmatite ; m. zones de mica ; f, feldspath massif (microcline et albite).

La mine qui était bien équipée de machines modernes et qui employait un personnel de vingt-cinq hommes a passé en 1888 aux mains de M. S. P. Franchot, qui a exploité par intermittences de 1890 à 1898. En 1908, la mine a été achetée par O'Brien et Fowler qui ont continué à travailler jusqu'en décembre 1909 avec une moyenne de 10 hommes. Depuis, la mine est inactive.

La mine était convenablement outillée d'un grand matériel, mais la chambre des générateurs contenant le compresseur, etc., a été détruite, il y a sept ans environ. Les édifices actuels consistent en un grand hangar de mesurages, une maison de pension, une forge et de grands hangars. Le mica de la mine Moose Lake appartenant aux mêmes propriétaires est rapporté ici par la route pour être taillé, un groupe de fillettes faisant le travail.

Vue générale de la mine Villeneuve, lot 31, rang I, Canton de Villeneuve, Québec.

La mine Villeneuve est située sur une série parallèle de dykes de pegmatite qui ont été traversées le long de la stratification d'un gneiss gris finement grenu. Les dykes vont du nord-est au sud-ouest et plongent à 80° environ au nord-est. Ils sont de largeur variable, celui en question étant le plus large et mesurant 150 pieds de largeur.

Le gneiss encaissant est fortement grenatifère et est tourmalinisé près du contact comme résultat de l'irruption granitique. Les ateliers sont situés du côté sud-ouest d'une colline basse (voir Planche XVIII) et consistent en une galerie ouverte poussée à une centaine de pieds dans la colline et ayant une hauteur de 60 pieds à son extrémité interne. Du fond de la tranchée des galeries additionnelles ont été taillées dans une colline et un puits de 12×12 pieds a été foncé à une profondeur de 50 pieds. Le mica existe principalement le long et près du contact occidental et c'est là qu'il se fait le plus de travail. Le massif du dyke consiste en une association intime de feldspath blanc (microline et albite) et de quartz blanc où sont enclavés des cristaux de muscovite.

Les tourmalines noires (schorls) abondent dans le massif rocheux en grandes aiguilles bien formées qui sont souvent en agrégats rayonnants et possèdent quelquefois une longueur de plusieurs pieds et une épaisseur d'une couple de pouces. La planche XXXII montre des cristaux de tourmaline de ce genre traversant un amas de feldspath.

L'existence de spessarite, membre de la famille grenat avec un contenu de manganèse et une couleur bien rougeâtre est intéressante. Le minéral est généralement en agrégats locaux, mais quelquefois aussi en individus épars dans le massif du dyke. Les cristaux ne présentent pas en général de contours bien marqués, mais sont généralement bordées avec des faces arrondies. Il y a cependant des exceptions à ce mode d'existence parmi les grenats que l'on voit quelquefois inclus dans les cristaux de muscovite eux-mêmes. Ceux-ci, bien qu'aplatis quelquefois, sont des exemples assez bien développés du type dodécaèdre ordinaire. Les autres minéraux qui, sans être communs se rencontrent quelquefois dans le dyke sont: l'apatite vert gris (habituellement massive); le zircon en individus de taille moyenne; la fluorite violette, le beryl, et les minéraux plus rares, monazite, pitchblende et le produit d'altération de ce dernier, la gummite. Ces minéraux doivent être considérés plutôt à titre de curiosités que de produits industriels et se trouvent rarement en quantité appréciable. Le mica qui était très demandé primitivement pour les poêles, etc., est une muscovite verdâtre qui existe souvent en gros cristaux. Un cristal trouvé pesait 281 livres et mesurait 30″ par 22 donnant $500 de mica vendable.

Les individus possèdent rarement le contour régulier du cristal, ils sont habituellement de forme indistincte bien que la torsion due au broyage soit rare. Les feuillets sont plats en général et se fendent facilement, mais ne sont très résistants et ont une tendance brisante quand on les courbe. En plus la qualité des feuillets est souvent beaucoup détériorée par la présence entre les lamelles de nombreux cristaux aplatis de grenats qui sont peut-être assez minces pour figurer un peu moins que des taches. Des pellicules dentritiques de spécularite et de gothite sont aussi fréquents et rendent souvent les feuillets presque opaques. (Voir planches et XXXVII et XXXVIII).

Ces enclaves rendent les feuillets inutilisables pour les besoins électriques car elles augmentent la conductibilité du mica et les rendent ainsi impropres à l'emploi des poêles et des lampes. Il est donc difficile actuellement de trouver un marché pour le mica produit et beaucoup est à présent sans emploi dans les mines.

Le feldspath que l'on a récupéré comme un sous-produit de l'extraction du mica est de deux espèces: microcline ou feldspath, soude ou potasse, et albite ou feldspath soda. Tous deux sont généralement blancs bien que la variété de microcline connue sous le nom de pierre amazone et de couleur verdâtre se rencontre quelquefois. La péristérite, nom donné à une variété d'albite, qui laisse voir une haute iridescence n'est pas rare et l'on a trouvé à la mine de beaux exemples de ce minéral qui rivalise avec la labradorite pour les jeux de couleur.

Le feldspath, en raison de sa pureté a été reconnu, en Angleterre et aux Etats-Unis comme remarquablement appréciable à la fabrication de la porcelaine fine. Mêlé au Kaolin, dans la proportion de 52 p. c., les essais ont donné les meilleurs résultats. En 1889, à peu près 400 tonnes ont été expédiées en Angleterre et aux Etats-Unis et bien que le prix payé ($7.00 à $9.00 la tonne) ne soit pas très élevé le feldspath peut être considéré comme un sous-produit commercial connexe à l'extraction du mica.

L'analyse suivante du feldspath a été faite par le Service Géologique des Etats-Unis et pour démontrer son état remarquable de pureté nous y joignons la composition théorique.

	Analyse	Composition théorique
Silice	63.96	64.61
Alumine	19.16	18.49
Potasse	16.88	16.90
Fer	trace.	

Un échantillon d'uraninite ou pitchblende provenant de cette mine a été analysé par le Service Géologique des Etats-Unis et on a trouvé qu'il contenait:

Oxyde d'uranium	37.70%
Oxyde de yttrium	2.57%
Oxyde de cerium et thorium	6.81%

On a trouvé qu'un specimen de gummite recueilli par l'auteur excite légèrement le scintilliscope, ce qui montre la présence d'un peu de radium.

On dit qu'il y a de la cerite et on a trouvé un minéral brun, compact ayant une apparence de matt et ressemblant à de la monazite. L'existence de ces minéraux contenant des terres rares est intéressant, mais comme il a été dit plus haut, elles sont si rares, qu'elles ne pourront jamais être exploitées industriellement.

Un peu de quartz massif de cette mine est remarquablement clair et exempt de défauts. Quand il est coupé en cabochon, il montre une étoile à sept pointes nettement tracée et il a alors de la valeur comme pierre précieuse, c'est le joyau appelé " quartz asteria " ou " quartz étoilé."

La planche XIX fait vo*ir un filon étroit de porphyre-quartz-pyroxène qui traverse le dyke de pegmatite près de son contact sud-est avec le gneiss.

Filon de porphyre quartzeux à pyroxène recoupant la pegmatite. Mine Villeneuve,
lot 31, rang 1, Canton de Villeneuve, Québec.

Le filon n'a que quelques pouces de largeur et contient une roche noire compacte et très dure, elle est remarquable en ce qu'elle constitue la seule preuve visible dans le district, d'irruption postérieures aux pegmatites elles-mêmes.

Un specimen de muscovite rose venant de cette mine est signalé par G. C. Hoffman en 1887.

A la page 48 T de la publication citée, on signale aussi une grande quantité de monazite et on trouvera l'analyse d'une portion de ce minéral dans l'American Journal of Science, 3e série, Vol. 38, 1889, page 203. On dit avoir trouvé dans la mine en 1885 un massif d'uraninite de plus d'une livre de poids et partiellement altérée en gummite.

Canton West Portland.

Rang II, Lot 20.—On dit que des indications de moscovite existent sur ce lot. Mais les feuillets sont très tachés de fer et contiennent des enclaves de spécularité et de grenat.

Lot 21.—On a fait ici un peu d'extraction de mica il y a une quinzaine d'années sous les ordres de l'hon. C. A. Dugas, mais la qualité des feuillets était très détériorée par des taches de fer et on n'a pas fait d'autres travaux.

Canton de Hull.

Rang XII, Lot 7.—Il y a sur ce lot de petits dépôts de muscovite mais qui n'ont jamais été exploités. Les dykes de pegmatite sont fréquents dans le district et peuvent contenir du mica muscovite, mais on n'a pas encore découvert d'existences importantes.

Canton de Buckingham.

Rang XII, Lots 12, 13.—Mine Pearson. Il y a sur cette mine de la pegmatite et elle a été exploitée pour du feldspath. On a trouvé beaucoup de mica, mais il a peu de valeur en raison des taches et des enclaves qu'il contient.

Canton Wakefield.

Rang VII, Lot 25 E. ½.—Mine Leduc. Cette mine appartient à O'Brien et Fowler et a été exploitée pour feldspath et tourmaline. Le dépôt est du type de pegmatite ordinaire et contient du feldspath vert (amazonite) de la péristérite et du grenat en plus de petites plaques de lépidolite grise et d'agrégats de tourmaline verte et rouge. Une certaine quantité de ce dernier minéral a été extraite avec l'idée d'employer les cristaux les plus clairs et les plus parfaits comme pierres précieuses mais la proportion excessive de spécimens nuageux et fracturés était si forte que les travaux ont été abandonnés. Le mica a peu de valeur commerciale, il est dur et brisant et présente seulement une importance comme source éventuelle de l'élément lithium dont il contient presque jusqu'à 5 p. c.

---

[1] Rap. Ann. Com. Geol. Can., partie T.

On signale dans cette mine l'existence de petites quantités d'uranite, de gummite et de fluorite.

En 1884, une tonne environ de leipdolite a été extraite avec l'idée que c'était de la muscovite et on a tiré des feuillets ayant jusqu'à 2 pieds de diamètre.

Une analyse[1] de ce mica a donné:

SiO_2	47.89
Al_2O_3	21.16
Fe_2O_3	2.52
MnO	4.19
K_2O	10.73
Na_2O	1.34
Li_2O	5.44
MgO	0.36
F	7.41
H_2O	1.90
Total	102.94

COMTÉ D'ARGENTEUIL.

Canton de Grenville.

Rang VI, Lot 9.—On a extrait dès 1853 des cristaux de mica de grande taille et des feuillets ont été envoyés à l'Exposition de Paris en 1855. Il ne s'y est pas fait de travail depuis bien des années.

On signale aussi des affleurements de mica, du rang V, lot 10 et rang X, lot 1, du même canton.

COMTÉ DE BERTHIER.

Canton de Maisonneure.

La mine Maisonneuve appartient à Théodore Doucet de Montréal et est située au bord sud-est du lac Mica, rang 11, lots 1 et 2 du canton de Maisonneuve, comté de Berthier, à 40 milles de la station de Ste-Emilie du chemin de fer Canadien du Pacifique. Les roches sur cette mine appartiennent aux espèces de gneiss laurentien et sont recoupées obliquement par un filon massif de pegmatite variant de 36 à 52 pieds d'épaisseur, copieusement chargé de muscovite en gros cristaux dont beaucoup donnent des feuillets de taille et qualité vendable. Ce filon a été mis à jour par une excavation de vingt pieds à peu près par 12 ayant en moyenne 10 pieds de profondeur. Le filon va droit de l'est à l'ouest, tandis que l'allure du gneiss est N. 52° O., ce qui montre que le filon recoupe la roche encaissante à un angle de 38°, le plongement étant perpendiculaire. Un mur solide, bien net, peut être vu du côté nord-ouest; du côté est le mur n'a pas été mis à nu. Le filon a été mis à découvert par dépouillements, sur une distance de 300 pas et dénote les caractéristiques d'un dépôt favorable. La roche de chaque côté de la

[1] Rap. Annuel Com. Geol. Can. 1899.

roche encaissante, en contact avec elle, et la traversant généralement, est un agrégat à grain relativement fin de quartz, feldspath et amphibole avec des parcelles écailleuses de mica disposé en étages parallèles. La matrice du filon, d'un autre côté, consiste en de gros amas grossièrement cristallins de quartz pur et de feldspath à orthoclase de couleur chair, serrée confusément ensemble, mais bien nets et paraissant fréquemment se traverser les uns les autres avec des parois de clivage rayonnant en ligne droite sur des longueurs considérables. Le mica muscovite blanc est dans ce filon en cristaux isolés, repartis irrégulièrement sur toute la largeur et partiellement en accumulation près du contact avec la formation adjacente. Tous les cristaux retirés de cette mine fournissent de beaux feuillets, se coupant de 2″ × 3″ à 3″ × 7″ et quelques cristaux in situ mesurent 12″ carrés.

Le filon de pegmatite comme celui de la mine Villeneuve, se distingue par l'existence de minéraux étrangers. En plus de la tourmaline, le beryl et des grenats, le minéral rare samarskite se présente assez fréquemment dans les excavations faites dans le filon. Une analyse de samarskite trouvée sur cette mine donne comme pourcentage des terres rares contenues les chiffres suivants :

Oxyde d'uranium.. .. .. 10.75%
Oxyde de yttrium.. .. .. 14.34%
Oxyde de cerium et de thorium.. .. .. 4.78%

Canton de De Sales.

Une autre mine a été remarquée par suite de l'existence du minéral clévéite [1] qui contient du radium et est située à 17 milles au nord-est du village de la Malbaie (comté de Charlevoix), près du lac Pieds-des-Monts dans le canton de De Sales. Le filon de pegmatite a une longueur de 300 pieds et une largeur moyenne de 20 pieds. Il s'est fait un peu de travail d'exploration sur cette mine en 1893-4 et un cristal pesant 700 livres et mesurant 32″ × 25″ donnant des feuillets parfaits de 10″ × 14″ a été extrait. Quinze à vingt tonnes de mica grossier ont été extraites et préparées pour le marché.

La mine a été subséquemment travaillée durant quelques mois par la Canadian Mica Co., mais la compagnie est tombée en liquidation et la mine est restée inactive depuis. L'existence de biotite associée à de la muscovite est à signaler, mais ce dernier minéral est trop broyé pour avoir de la valeur.

PROVINCE D'ONTARIO.

Dans la province d'Ontario, plusieurs dépôts ont été découverts qui promettent, mais jusqu'à présent aucun n'a été exploité dans une mesure appréciable.

Une des premières, sinon la première, des mines de mica mises en exploitation dans la province a été celle exploitée en 1869 par la New York Mica Co., sur la concession IX, lot 16 du canton de North Burgess. Une équipe de 22 hommes a été employée et 2 tonnes de mica environ ont été

---

1 Voir Journ. Can. Min. Inst., Vol. VII, p. 245.

extraites. La majeure partie a été expédiée aux Etats-Unis et a dû être employée dansl 'industrie des fourneaux.

Dans le comté de Frontenac, canton Clarendon, un dépôt de muscovite a été exploité irrégulièrement, sur la concession II, lot 24, mais le mica était trop taché de fer et il a fallu discontinuer les travaux.

Dans le canton voisin de Palmerston, un gisement de muscovite a été exploité vers 1880, sur la concession II, lot 24, par un M. Sreppard. On dit avoir extrait des plaques de 14″ × 18″ mais les travaux ont été vite aban·donnés — on ne dit pas pourquoi.

Dans le canton Miller, concession XI, lots 4 et 5, on a extrait de la muscovite durant quelques années. L'endroit est à 30 milles à peu près du chemin de fer Kingston et Pembroke et le mica est souvent souillé par des taches de fer.

Dans le canton de Calvin, à 10 milles à peu près à l'ouest de Mattawa et $1\frac{1}{2}$ mille au nord-est de la station de Eau Claire, du chemin de fer Canadien du Pacifique on a localisé des dépôts de mica blanc qui ont été exploités dans une certaine mesure. L'extraction a été virtuellement limitée à la concession IX, lot 19, où le minéral est dans un grand dyke de pegmatite recoupant du gneiss. On a trouvé des cristaux de petite taille et le travail a été vite abandonné. Sur la concession I, lot 9, un dépôt de muscovite verdâtre a été travaillé en 1893 par M. J. McKay qui a forcé jusqu'à 25 pieds, puis abandonné les puits.

Sur le lot 16 des concessions I et II du même canton, M. F. B. Hayes d'Ottawa a commencé à travailler six filons parallèles de pegmatite micafère en 1893, mais les notes n'indiquent pas de succès.

Il y a aussi de la muscovite en quantités considérables dans le voisinage du lac Allumette près de Pembroke, comté de Renfrew, Ontario. On dit que M. A. Murray a trouvé, il y a longtemps, de grands cristaux de mica, mais on n'a pas pu constater l'importance du dépôt.

Sur l'île Yeo, près de l'extrémité supérieure du lac Tar, qui fait partie du groupe des Mille Isles du St-Laurent on a trouvé un peu de mica blanc dans un dyke de pegmatite mais on n'y a pas fait d'extraction.

On signale aussi des affleurements de mica dans le canton de Cleland, 12 milles au sud-est de Sudbury, et dans le canton de Gladman, 20 milles au nord du lac Nipissing.

Dans le canton de Hungerfood, comté d'Hastings, de petits feuillets de muscovite ayant en moyenne 6″ × 6″ ont été extraits vers 1890 d'un dyke étroit de pegmatite ayant une allure du N. E. au S. O.

On signale aussi l'existence de beaucoup de muscovite le long de la rivière Petawawa.

Dans le canton Effingham, comté d'Addington, quelques petits dépôts de muscovite ont été travaillés en 1890 par MM. Smith et Lacey, qui ensuite ont ouvert la mine de mica ambré de Sydenham, Ont.

Au début des quatre-vingt-dix, une mine de muscovite était exploitée dans le canton d'Obinger, près du lac Mazinawe, mais on ne sait pas avec quel succès.

---

1 Rap. Com. Geol. Can. 1870-71, p. 316.

Dans le canton Ferguson, concession II, lot 18, à 10 milles de Parry Sound, le Georgian Bay Mining Company employent, en 1894 quelques hommes à extraire une muscovite assez bigarrée. On dit que les cristaux ont été un peu broyés et les feuillets ne dépassent pas 8″ × 10″. La mine a été appelée mine Harris et l'on a atteint dans les ouvrages, une profondeur de 30 pieds.

La mine Oak Ridge, concession XII, lot 8, du canton McDougall a été ouverte la même année que la précédente et a donné beaucoup de mica bigarré.

Sur la concession X, lot 12, du même canton, la mine Valentine a été exploitée durant quelques mois en 1894 et était équipée avec un petit générateur et une chèvre. Les ouvrages consistaient en tranchées ouvertes et n'ont pas été menés à une profondeur quelconque.

Des affleurements favorables de mica ont été à la même époque signalés sur la concession I, au lot 2 de Ferguson et aussi dans le canton voisin de Burpee.

Près de Edgington, canton Chester, la Virginia Mining Company de Toronto a attaqué un dépôt de muscovite en 1896, mais ne semble avoir beaucoup réussi. L'extraction du mica blanc dans le district de Parry Sound, ne paraît pas avoir été une entreprise très profitable.

De nombreuses petites indications de surface ont été excavées dans les quatre-vingt-dix et des travaux ont été menés sur une petite échelle en différents endroits au cours de ces dernières années. Les excavations faites dépassent cependant rarement vingt-cinq pieds et il semble que les dépôts ne soient pas assez riches pour rembourser les frais d'exploitation sur une grande échelle.

M. A. C. Lawson signale une mine de muscovite en exploitation en 1855 sur le côté sud de l'île Falcon, du lac des Bois, mais il ne paraît pas y avoir été exécuté de travail récent. Le mica est dans un dyke de pegmatite recoupant du gneiss et les feuillets sont grands, mais assez tachés de fer. Il y a aussi des dépôts dans la baie Sabaskong et sur l'île Big ainsi que sur le lac Rainy, le premier de ces endroits étant le seul travaillé jusqu'à présent.

Dans le district de Parry Sound, canton de Proudfoot, il y a un gneiss grossier et finement grenu contenant de la biotite et du mica à muscovite gris. Le gneiss est traversé par divers amas de diorite finement grenue, par un grand nombre de dykes de pegmatite qui ont appelé l'attention des prospecteurs en raison des beaux cristaux qu'ils contiennent. Ces dykes varient beaucoup en taille et en composition, mais les filons, même les plus étroits, contiennent des cristaux de mica d'excellente qualité. Dans l'un des plus gros de ces dykes, les divers minéraux sont en cristaux de taille gigantesque, cristaux de microcline atteignant une longueur de 3 ou 4 pieds et cristaux de mica donnant fréquemment des plaques de 8″ × 10″. On trouve là la biotite aussi bien que la muscovite, mais la muscovite qui est parfaite en qualité et en clivage convient seule au commerce.

Des affleurements de mica de grande taille ont aussi été localisés dans le canton de McConkey, concessions IV et VI, mais on a trouvé que les dépôts étaient surtout confinés à la surface.

PROVINCE DE LA COLOMBIE BRITANNIQUE.

En Colombie Britannique, quelques dépôts de mica ont été exploités dans le voisinage de la Cache de la Tête Jaune à 150 milles à peu près au nord-ouest de Donald sur le chemin de fer Canadien du Pacifique. D'après M. McEvoy, le mica existe comme élément de filons grossiers de pegmatite, qui recoupe la roche encaissante, consistant en cet endroit en micaschistes grenatifères et gneiss, les schistes prédominant. Le filon de pegmatite a une largeur de 15 pieds, donnant quelquefois des cristaux se coupant en feuillets de 18″ × 11″. On trouve généralement ces cristaux sur le toit, mais quelques-uns, sont répartis dans le filon. Le mica est une muscovite transparente avec une teinte verdâtre très claire et paraît être d'excellente qualité.

Le dépôt était exploité par une force de douze hommes au moment de la visite de M. McEvoy [1] le mica étant expédié à dos de cheval jusqu'à la station la plus rapprochée.

Il y a dans le même endroit beaucoup d'autres dépôts de ce mica et il se peut que cette région rende une quantité appréciable de très beau mica, très clair, utilisable seulement, en raison de son haut prix pour l'ornementation. Un grand embarras, pour l'exploitation de ces dépôts est cependant le manque de voies de communication, toutes les provisions nécessaires devant être portées à dos de cheval, par des sentiers qui sont en général en très mauvais état.

D'après les derniers renseignements fournis par le Bureau des Mines de la Colombie Britannique, les mines de mica de ce district sont encore à l'étape d'exploration et l'on n'a pas encore consigné de rendement.

L'existence de mica, apparemment, de muscovite, est signalée par le Dr G. Dawson, en filons dans une roche granitique dans le voisinage du bras nord-est du lac Shuswap et aussi, en un endroit à 120 milles environ au nord-est de Clinton.

On a de plus, ramassé des cristaux de muscovite près du confluent de la rivière Canot et de la rivière Coldwater.

LATITUDES SEPTENTRIONALES.

Il y a des dykes de pegmatite dans les roches archéennes du nord-est du Canada, elles contiennent de grands cristaux de mica, mais en raison de la nature recourbée et broyée de ces cristaux, ils ont rarement une valeur commerciale.

A. P. Low [2] signale l'existence d'une muscovite brunâtre en cristaux 4″ dans un dyke de pegmatite sur le lac Winokapan, dans le bas de la rivière Hamilton et une existence semblable est aussi signalée sur la rivière East Main entre les chutes Talking et de l'île.

La première mine de mica en opération au Canada était peut-être sur un affluent de la rivière Eastmain, près de la baie James, appelée rivière

---

1 Rap. Com. Geol. Can. VII. 1895, partie L..

Isonglas, sur 52° 35 de latitude. Un dépôt de muscovite est signalé[1] comme ayant été exploité là dès 1685, mais les travaux ne paraissent pas avoir beaucoup réussi.

M. Endlich, en 1877, a retiré des cristaux et des plaques de moscovite du détroit de Cumberland, sur la côte orientale de l'île de Baffin.

P. G. McConnell[2] signale un dépôt de mica qui a été travaillé en 1903 au havre du Lac sur la rive méridionale de l'île de Baffin, près de la Grosse Ile. Neuf blancs et un certain nombre de naturels travaillaient à la mine et le rendement pour l'année en question est porté à 13 tonnes de mica brut.

En 1885, le Dr R. Bell signale l'existence de mica le long des rives du détroit d'Hudson mais on n'a pas pu reconnaître l'endroit exactement. On dit aussi que des spécimens de mica très clair proviennent de quelques endroits de la côte du Labrador, mais on n'a pas de renseignements précis.

M. R. Bell[3] signale une mine en exploitation à Château Bay, détroit de Belle Isle. On dit que le mica est foncé, avec un diamètre moyen de 3″ × 6″. L'année précitée, il avait été expédié une tonne à Boston par voie de St-Jean, N. B.

Le Dr Bell s'est aussi procuré des Esquimaux en 1884, des spécimens de muscovite, sur la rive septentrionale du détroit d'Hudson. Les indications de mica paraissent fréquentes dans ce district et on dit que les traitants en ont enlevé beaucoup.

En plus de ce qui précède M. J. B. Tyrrell[4] signale une existence de muscovite en grands cristaux dans un filon de pegmatite près de Cross Lake, Saskatchewan. Mais l'endroit est d'accès difficile et on ne signale pas de travaux faits pour l'exploiter.

---

[1] Rap. Ann. Com. Geol. Can., Vol. XVI, 1904, partie A.
[2] Rap. Ann. Com. Geol. Can., Vol. III, Partie II, T.
[3] Rap. trav. Com. Geol. Can., 1882-84, partie DD.
[4] Rap. Ann. Com. Geol. Can., Vol. XII, 1900, partie F.

PARTIE II.

CHAPITRE I.

CARACTÈRES MINÉRALOGIQUES ET PHYSIQUES DU MICA.[1]

Sous le nom de mica sont compris — au sens minéralogique — trois groupes d'espèces possédant des caractéristiques plus ou moins semblables :—
(1)   Le groupe mica, qui embrasse les micas proprement dits.
(2)   Le groupe Clintonite, ou micas cassant.
(3)   Le groupe Chlorite.

Tous les spécimens qui précèdent ont des clivages de base hautement parfaits et se fendent facilement en lamelles minces et élastiques. Ils se cristallisent d'après le système monoclinique, les cristaux étant souvent de la tenue pseudo-hexagonale ou pseudo-orthorhombique et montrant dans beaucoup de cas une structure maclée.

Au point de vue chimique, les micas sont des silicates d'aluminium avec du potassium et de l'hydrogène, aussi, du magnésium, du fer à l'état ferreux et dans quelques cas à l'état ferrique, du sodium et du lithium ; de plus, dans quelques cas rares, du barium et du chronium. Il y a souvent de la Fluorite et la chaux est assez rare.

Toutes les espèces donnent de l'eau à la combustion, les vrais micas de 4 à 5 pour cent et les chlorites de 10 à 13 pour cent.

Les minéraux compris dans le groupe 2 ressemblent aux micas proprement dits au point de vue optique et cristallographique, mais sont chimiquement d'une nature plus basique et se distinguent de plus par la nature excessivement cassante de leurs lamelles. On peut les regarder comme constituant une transition du mica proprement dit aux chlorites.

Le groupe Chlorite (3) comprend un grand nombre de minéraux caractérisés par leur couleur verte dûe au fer ferreux. Les membres de ce groupe sont rarement en cristaux de grande dimension ; ils forment généralement des écailles et incrustations sur les murs de druses dans les dolomites et les micaschistes ; ils sont aussi associés à de la serpentine, et quelquefois, remplissent les cavités et veines des roches ignées basiques.

Ce sont fréquemment des produits d'altération des silicates ferro-magnésiens et en cette qualité sont souvent massifs et terreux.

Les espèces sont à beaucoup d'égards en relation intime avec les micas, cristallisant suivant le système mono-clinique et possédant un clivage de base proéminent : mais les lamelles sont résistantes et relativement non élastiques.

Au point de vue chimique, les chlorites sont des silicates d'aluminium avec du fer ferreux, du magnésium et de l'eau combinée chimiquement. On trouve, en petites quantités seulement du calcium et des alcalis, les derniers existant dans tous les vrais micas.

---

1 Latin, " micare ", reluire ; français, " mica " ; allemand, " glimmer. "

Les membres des groupes 2 et 3, bien que n'ayant pas de valeur commerciale, sont, en raison de leur existence considérable, comme minéraux formant la roche d'une importance géologique considérable. Beaucoup sont pseudomorphes ou des produits d'altération d'autres minéraux. Ce sont par exemple : la margarite, une espèce appartenant au groupe de Clintonite se rencontrant communément avec l'emery et le corindom et considérée comme formée directement à même ces minéraux; l'ottrélite, une espèce secondaire caractéristique de roches sédimentaires qui ont subi un métamorphisme sédimentaire avec la formation de ce qu'on appelle l'ottrélite-schiste.

Un autre groupe de minéraux micacés alliés consiste en vermiculites, silicates hydratés, apparentés aux chlorites et considérés comme des produits d'altération des vrais micas.

Aucune des espèces comprises dans les groupes 2 et 3 ont une importance industrielle suffisante pour nécessiter plus qu'une notice passagère et il est certains terrains du groupe des vrais micas qui appellent l'attention des mineurs.

MICA PROPREMENT DIT.

Cette section comprend les espèces principales suivantes — parmi lesquelles on trouve les micas commerciaux.

Muscovite (Mica Potasse).—Cette variété qui tire son nom de ce qu'elle a été extraite la première fois de la Russie ou Moscovie est le mica le plus commun et c'est une espèce qu'on trouve généralement dans les granites et les micaschistes. Comme couleur, il est en général pâle et un peu clair ou incolore, ayant un lustre nacré sur la surface de clivage. C'est un des principaux micas de commerce et son existence, etc., est décrite plus au long au chapitre I.

Paragonite (Mica Soude).—Le nom de paragonite a été donné primitivement à un schiste blanc trouvé au Mont Campioné, en Suisse et il contient de beaux prismes bleus de cyanite et de disthène associés à de la staurolite brun rougeâtre. On supposait d'abord que la roche était un talc schiste et il a reçu son nom de l'erreur de sa composition.

Lépidolite (Mica blanc).—C'est un minéral de couleur rosée, lilas, blanche et quelquefois grise qui est un des micas les plus rares. On le trouve rarement en autre chose que des agrégats écailleux, par exemple, à Pala, comté de San Diego, Californie, où un dépôt lenticulaire de belle lépidolite de couleur lilas, contenant la fameuse rubellite ou tourmaline rose a été extraite dans une assez grande mesure. Les autres endroits où l'on extrait ce minéral sont l'ouest du Maine et les collines Noires du South Dakota. En ce dernier endroit il existe avec les dépôts d'étain et wolfram. Importante autrefois en raison de son contenu en lethine qui va de 4 à 5 pour cent et extraite au Pala et dans les Black Hills à cette fin, la lépidolite n'est plus un minéral recherché, la triphyte, la spodumène et amblygonite du Dakota et de la Caroline du Sud ayant pris sa place comme source de lethine.[1]

La couleur de la lépidolite est due sans doute au manganèse.

---

[1] F. L. Hess. Richesses Minérales aux États-Unis, Année Civile 1909, Washington, 1910.

17

Zinnwaldite (Mica fer lithine).—

Ce mica prend son nom de Zinnwald, Erzgebirge, où on le trouve accompagnant la cassidérite et la wolframite dans les veines du zinc de ce district.

La zinnwaldite et les micas fer lithine caractérisent les filons de pegmatite dans les granites et les gneiss et spécialement ceux où la cassidérite est associée à la fluorite.

La teneur en lithine du mica zinnwald est de 3.35 p. c. en moyenne et l'extraction du mica se faisait autrefois pour sa teneur en lithium.

La couleur du minéral est habituellement brune ou grise et quelquefois verdâtre. Ce qu'on appelle le " rabenglimmer " d'Altenberg est une variété foncée, vert noirâtre de zinnwaldite.

Biotite (Mica ferromagnésien).— Habituellement d'une couleur foncée, la biotite est regardée comme formant un extrême des mica-magnésie; c'est de fait un phlogopite ferrifère et comme tel, peut avec sa teneur en fer décroissante devenir une phlogopite normale.

La biotite, en petites écailles est un élément constituant ordinaire du granite et des roches érupitves. En raison de sa teneur en fer et de sa couleur elle ne convient pas aux usages du commerce, et bien qu'on extraye beaucoup de mica foncé appelé phlogopite ou mica ambré, il n'est pas douteux que beaucoup de ce produit n'est pas de la vraie biotite. Dans ce cas, et comme il n'y a pas de distinction très nette entre la biotite et la phlogopite, beaucoup des dépôts cités dans les pages qui précèdent et classés comme phlogopite peuvent très bien être appelés des dépôts de mica biotite plus exactement.

Comme il faudrait, pour déterminer les espèces exactement, exécuter dans chaque cas une analyse optique et chimique du mica et qu'un examen de ce genre ne rentre guère dans les limites de ce rapport, nous avons cru suffisant de classer tous les micas appelés " ambrés " sous le titre de phlogopite en indiquant par la couleur, dans chaque cas, à quel extrême, en particulier appartient ce mica.

Phlogopite (Mica magnésie).—

Comme il vient d'être dit, sous le titre de phlogopite sont classés les micas-magnésie de couleur plus claire et relativement exempts de fer. La couleur est habituellement du brunâtre au jaune et les feuillets sont habituellement bigarrés. En plus de ce qu'elle existe en dépôts précieux industriellement, mais associée à des dykes de roche basique, généralement de la pyroxénite, elle se rencontre aussi dans beaucoup de calcaires cristallins spécialement parmi ceux qui appartiennent à la période archéenne. Ces calcaires, altérés par métamorphisme, soit de contact, soit dynamique contiennent en général beaucoup de phlogopite. Les cristaux sont en général petits et bien nets, bien qu'il y ait quelquefois de grands individus.

Lépidomélane (Micas-fer).—

Sous ce nom est groupée une série de micas avec une forte teneur en fer et faible en magnésie.

Ces micas sont en petites plaques dans les roches plutoniques (granites et gneiss) et viennent d'Allemagne, Irlande, Ecosse et Finlande.

En sus de ce qui précède les minéraux suivants moins importants peuvent être signalés comme appartenant au groupe des vrais micas:—

L'alurgite, un mica à manganèse, du Piedmont; la roscoélite, un mica à vanadium de formule douteuse, provenant de la Californie; coellachérite, ou mica-baryte, du Tyrol.

Composition Chimique.

Les compositions chimiques théoriques des divers micas sont données ci-dessous. Mais, comme la plupart des micas contiennent des quantités d'enclaves menues de minéraux étrangers qui dérangent les analyses et aussi, comme, dans la plupart des cas, les éléments équivalents se remplacent les uns les autres dans une certaine mesure, les résultats obtenus concordent rarement avec les compositions théoriques.

Dans le cas de la biotite, par exemple, les deux pourcentages donnés représentent les extrêmes du minéral avec la forte et la plus basse teneur en fer, la composition usuelle étant, plus ou moins à mi-chemin entre les deux.

Dans les autres micas, la fluorine remplace souvent, dans une certaine mesure l'hydroxyl.

Muscovite: $H_2 KAl_3 Si_3 O_{12}$.

Silice. SiO_2	Allumine. Al_2O_3	Potasse. K_2O	Eau. H_2O	Total.
45.2	38.4	11.8	4.6	100.00

Ce qui précède représente la composition normale de la muscovite claire du commerce. Il y a souvent de la fluorine et du fer en petite quantité et dans certaines variétés il y a du lithium et du titanium.

La teneur en fer est notablement plus forte dans les feuillets bruns et tachés de rouge.

Paragonite: $H_2NaAl_3Si_3O_{12}$.

Silice. SiO_2	Allumine. Al_2O_3	Soude. Na_2O	Eau. H_2O	Total.
48.1	40.1	8.1	4.7	100.00

La potasse remplace la soude dans une certaine mesure.

Lépidolite: $HLi_2K_3Al_4Si_6O_2$.

Silice SiO$_2$	Alumine Al$_2$O$_3$	Potasse K$_2$O	Lithine Li$_2$O	Eau H$_2$O	Total
48.6	27.4	18.9	4.0	1.1	100.00

La fluorine figure généralement en quantités variables; la lépidolite de Juschakowa des monts Ourals en contient jusqu'à 8.7 p. c., remplaçant souvent l'hydroxyl; tandis qu'une teneur en lithine de 5.9 p. c. a été trouvée dans une lépidolite de Paris, Maine.

Zinnwaldite: $Li_2K_2\overset{\text{II}}{Fe}_2Al_4Si_7O_{34}$.

Silice SiO$_2$	Aluminium Al$_2$O$_3$	Potasse K$_2$O	Oxide Ferreux FeO	Lithine Li$_2$O	Total
47.1	22.9	10.5	16.1	3.4	100.00

La fluorine est presque toujours présente, quelques variétés contenant jusqu'à 8.0 p. c. Il y a aussi souvent de l'eau en petite quantité.

La zinnwaldite, de Zinwald, contient des traces de rubidium, calcium, et thallium et dans quelques cas, on a découvert du bore, ainsi que dans quelques lépidolites.

La variété de zinnwaldite qu'on appelle la chryophyllite provenant du granit du cap Ann, au Massachusetts a la composition suivante:—

Silice SiO$_2$	Alumine Al$_2$O$_3$	Oxyde Ferrique Fe$_2$O$_3$	Oxyde Ferreux FeO	Potasse K$_2$O	Lithine Li$_2$O	Fluorine F	Total
53.5	10.8	1.9	8.0	13.2	4.1	2.5	100.00

La polylithionite, apparentée optiquement au mica Kangerdluarsuk, au Groënland contient:

Silice. SiO$_2$	Alumine. Al$_2$O$_3$	Lithine. Li$_2$O	Soude. Na$_2$O	Potasse. K$_2$O	Oxyde ferreux FeO	Fluorine F	Total.
59.2	12.6	9.0	7.6	5.4	0.9	7.3	102.1

Biotite: $(H,K)_2 (Mg,\overset{\text{II}}{Fe})_2 (Al,\overset{\text{III}}{Fe})_2 Si_3O_{12}$.

La formule précédente contient la possibilité de la composition chimique de la biotite.

Les équivalents chimiques, univalents, bivalents et trivalents, respectivement dans les trois séries entre parenthèse sont interchangeants si bien que théoriquement la composition peut, dans un cas être représentée par:

$$K_2Mg_2Al_2Si_3O_{12}.$$

correspondant à:

Silice. SiO_2	Alumine. Al_2O_3.	Potasse. K_2O	Magnésie. MgO	Total.
39.5	22.4	20.6	17.5	100.00

tandis que l'autre extrême serait:

$$H_2\overset{II}{Fe_2}\overset{III}{Fe_2}Si_3O_{12};\ ou$$

Silice. SiO_2	Oxyde ferrique Fe_2O_3	Oxyde ferreux FeO	Eau H_2O	Total.
35.9	31.9	28.6	3.6	100.00

Les deux extrêmes théoriquement n'existent probablement jamais dans la nature, les équivalents se remplaçant l'un l'autre en proportions variables. L'eau, par exemple, est toujours là, remplaçant en partie la potasse et la fluorine est aussi généralement un constituant.

D'après Tschermak la biotite est un mélange de $H_2KAl_3Si_3O_{12}$ (muscovite) et Mg_2SiO_4 (olivine) dans la raison normale de 1: 3.

Phlogopite: $K_2Mg_6Al_2Si_6O_{20}$.

Avec une teneur croissante en fer, se rapproche de la biotite comme composition et contient ordinairement en plus, de la soude, de la fluorine, tandis que les phlogopites vertes ont le plus faible contenu en fluorine.

La composition théorique chimique de la phlogopite normale est:

Silice. SiO_2	Alumine. Al_2O_3	Magnésie. MgO	Potasse. K_2O	Total.
40.8	13.9	2.6	12.7	100.00

Lepidomelane: $HK_2\overset{II}{Fe_3}\overset{III}{Fe_6}Al_3Si_9O_{36}$.

La composition calculée à laquelle on arrive avec la formule précédente devrait donner:

Silice SiO	Alumine Al$_2$O$_3$	Oxyde Ferreux FeO	Oxyde Ferrique Fe$_2$O$_3$	Potasse K$_2$O	Eau H$_2$O	Total
36.1	10.3	14.4	32.1	6.3	0.8	100.00

En plus de l'eau de constitution contenue dans tous les micas, une quantité d'eau variable, retenue mécaniquement se trouve habituellement dans les cristaux et est diminué en chauffant à 100° C.

De quelle façon la fluorine entre dans la composition du mica, comment l'hydrogène est combiné, comment l'excès ou le déficit d'oxygène en plus ou en moins de la proportion orthosilicate peut être expliqué, et de quels acides siliciques ces minéraux sont les sels, sont encore des problèmes nécessitant un complément d'investigation.

Chauffés en tube clos, tous les micas donnent de l'eau. La lépidolite et la zinnwaldite colorent la flamme d'un rouge caractéristique et fusent rapidement à un globule rouge ou foncé respectivement.

La muscovite et la paragonite sont peu atteintes par l'acide sulfurique bouillant; la biotite et la phlogopite sont partiellement décomposées, tous les quatre minéraux sont seulement légèrement fusibles.

Sauf la lépidolite, qui peut parfois avoir de l'importance comme source de lithine, les seuls membres du groupe précédent qui sont précieux au point de vue commercial sont la muscovite et la phlogopite (biotite).

Comme résultat des analyses de nombreux éléments de la famille mica, F. W. Clarke[1] exprime l'opinion que "tous les micas, vermiculites, chlorites, margarites et le groupe clintonite, peuvent être représentés simplement comme des mélanges isomorphes, chaque constituant étant une substitution dérivative de poly ou ortho-silicate d'aliminium normal."

Distribution.

Les divers éléments de la famille mica sont d'existence mondiale et sont parmi les plus largement distribués et par suite de leur fort lustre les minéraux les plus visibles et les plus facilement reconnaissables. Sous forme de petites écailles et plaques, ils sont les éléments constitutifs essentiels de beaucoup des roches principales qui composent la croute de la terre. Le granite, gneiss, syénite et beaucoup de gneiss contiennent du mica en grande quantité; tandis que beaucoup d'autres roches, comme des diorites, diabases, andésites, minettes, porphyres-quartzeux, basaltes, etc., contiennent toutes de ce minéral à un degré plus ou moins élevé. Les micas formant roches sont principalement de la muscovite et de la biotite.

Les roches métamorphiques, principalement les ardoises et dépôts sédimentaires semblables qui ont été souvent soumis à un métamorphisme régional contiennent souvent beaucoup de mica.

---

[1] Amer. Journ. Sci., Vol. XXXVIII, 1889, p. 384.

On constate souvent au microscope que même les roches qui microscopiquement ne laissent pas voir de mica, contiennent beaucoup de menues plaques et écailles de mica.

En raison de la grande résistance qu'elle offre aux agents atmosphériques, étant peu atteinte par l'humidité, etc., elle est un des minéraux les plus stables et se rencontre virtuellement fraîche et inaltérée dans beaucoup de produits de désagrégation de roches, comme sables, conglomérats et schistes. Même, dans les plus anciens de ces sédiments, comme par exemple, dans crtains sédiments du nord de l'Irlande les pellicules et écailles de muscovite qui sont abondamment éparses dans le massif de la roche, et qui faisaient primitivement partie d'un granité ou gneiss plus ancien laissent voir encore la fraîcheur et le lustre qu'elles possédaient primitivement dans les roches d'origine.

Au point de vue industriel les dépôts de mica tout confinés à une demi-douzaine de pays. La muscovite est produite en plus grande quantité par l'Inde britannique et les Etats-Unis et à un moindre degré par le Canada, le Brésil, l'Afrique de l'Est allemande et tout l'approvisionnement mondial de phlogopite provient virtuellement du Canada.

LOCALITÉS NOTABLES.

Muscovite.—Les plus gros et les plus beaux échantillons de muscovite sont trouvés dans du granit et particulièrement dans la pegmatite blanche et albitique. Il y a de grands spécimens dans les ionts Ourals, notamment à Alabaschka et Eaktherinbourg associés à de l'orthoclase, albite et quartz fumeux. On trouve de très belles nappes dans l'île Solovetsk (Archange).

On extrait de la muscovite en quantités industrielles de l'Inde, dans les provinces de Bengal, Madras et Rajputana, les principales mines gisant dans les districts de Hazaribagh, Gaya, et Monghyr dans la province de Bengal; Nellore, dans Madras; Ajmere et Merwara dans Rajputana.

Les granites brésiliens présentent un approvisionnement croissant de muscovite de haute catégorie dont les principales sources d'approvisionnement sont les états de Goyaz et de Bahia, tandis qu'une quantité considérable provient du voisinage de Santa Luzia de Carangola dans l'état de Minas Geraes.

L'Afrique de l'Est Allemande produit de grandes quantités de muscovite, les existences étant dans les monts Uluguru et les chaînes avoisinantes.

Il y a des cristaux fins à St-Gothard et Binnenthal, en Suisse; Falun, en Suède; et en Finlande à Pargas et Kimite.

Dans les Etats-Unis, les principales existences sont situées dans la Caroline du Nord, les comtés de Jackson, Mitchell, Ashe et Macon; dans l'Idaho: comté de Latah; Maryland; comtés de Howard et Montgomery; dans l'état de New-York, comté St. Lawrence; dans la Caroline du Sud, région Grenville. Le Massachusetts, Connecticut, Pennsylvanie, Caroline du Nord, Georgie et Alabama contiennent aussi des dépôts de muscovite.

Au Canada, les principaux gisements sont dans le district de Saguenay, canton Villeneuve, comté d'Ottawa; canton Maisonneuve, comté de Berthier et canton De Sales, comté de Charlevoix—tous, dans la province de Québec. Dans Ontario, dans le district de Parry Sound, canton Proudfoot et McConkey.

Paragonite.—La meilleure existence de paragonite est à Monte Campione, près de Faïdo, dans le canton de Tessin, Suisse, où il forme la matrice d'une cyanite bleue bien connue et de cristaux bruns de staurolite.

On le trouve aussi dans le Zillerthal, Tyrol; à Krutoi Klutsch, dans le district de Nischne, district Ixsetsy, Oural; à Unionville, comté de Delaware, Pennsylvanie associé à de la tourmaline et du corindon.

En tous ces endroits, sauf les derniers cités, on trouve la paragonite sous forme de muscovite composée de petites écailles grises et jaunâtres.

Lepidolite.—Le mica à lithium est presque toujours associé à du granite ou de la pegmatite. Au mont Hradiska, près de Rozena, Moravie, on la trouve dans des agrégats de petites paillettes d'une couleur rouge-pêcher associée à de la tourmaline, de la topaze, etc. La zone d'existence est en raccordement d'une granite filonien pegmatitique et d'un gneiss granulitique et la lepidolite va jusqu'à 5.88 pour cent de lithium. Cet endroit a été exploité dans le passé pour le mica qui était dans le passé la source principale du lithium employé pour les besoins médicinaux.

Il y a aussi de la lepidolite dans les filons de pegmatite grossière, près du Penig et Wolkenburg, en Saxe; à Schaitanka et Alabaschka, près d'Ekaterinbourg, dans les monts Ourals également associée à la tourmaline et la topaze; et dans le granite du Mont St-Michel, Cornwall.

A Pala, comté de San Diego, Californie, il y a une lépidolite massive, de couleur lilas, sous forme de dépôt lenticulaire associé avec une belle variété rose de tourmaline appelée rubellite.

A Hebron, Paris et Auburn, dans le Maine, on a trouvé en quelque quantité du bon mica à lithium.

Les pegmatites des Black Hills, South Dakota, contiennent de la lépidolite accompagnant le spodumène et l'amblygonite.

Au Canada, il y a de la lepidolite dans le canton de Wakefield, Québec, dans un dyke de granite grossier blanc pegmatitique. Le mica est d'une couleur grisâtre et il y a des cristaux d'assez bonne dimension; là aussi la tourmaline rose et verte est associée au mica.

Il y a quelques années, un mica avec une forte teneur en lithine et en soude a été découverte près de Mesores, France et a reçu le nom de hallerite d'après son découvreur.[1]

Zinnwaldite.—La Zinnwaldite ou mica lithine et fer se trouve principalement à Zinnwald et Altenberg sur les confins de la Saxe et de la Bohême. En ces endroits les filons pegmatitiques grossiers, contenant beaucoup de cassitérite traversent le granite et le porphyre quartzeux. Ces filons contiennent beaucoup de zinnwaldite, du gris au brun, associée à de la fluorine, du topaze (piknite), de la scheelite et autres minéraux caractérisant les veines d'étain. La " rabenglimmer " trouvée à Altenberg, est une variété

---

1 Comptes rendus, juin 1908.

foncé, noir-verdâtre de zinnwaldite. Beaucoup du mica qui accompagne la cassitérite et la tourmaline (schorl) dans le granite Cornish est probablement de la zinnwaldite.

On signale aussi de la zinnwaldite dans la région d'York, Alaska, où elle existe de même avec de la cassitérite et de la topaze.

Biotite.—Il y a de la cassitérite bien cristallisée dans les éjections acides du Mont Somma (Vésuve) et dans les druses des blocs de calcaire du même endroit.

De grandes nappes brun foncé de biotite existent dans un calcaire granuleux, grossier sur la rivière Sljudjanka, près du lac Baïkal, Sibérie. Le mica est l'anomite type de Tschermak. Au mont Monzoki dans le Fassathal, il y a de petits cristaux foncés dans un calcaire dolomitique blanc.

Phlogopite.—A Campalonge, St-Gothard, Suisse, de la phlogopite bien cristallisée, en écailles et plaques dans la dolomie blanche, associées à de la tourmaline verdâtre.

Et aussi, dans du calcaire cristallin à Pargas, Finlande, avec de la paragasite, graphite, etc.

A Oxbow, comté de Jefferson, New-York, il y a de la phlogopite dans un calcaire cristallin blanc, mêlée à de la serpentine. Les cristaux sont de couleur brune et habituellement s'amincissent en forme prismatique.

Beaucoup de calcaires cristallins matamorphiques contiennent des petites écailles et plaques de phlogopite brune. Les existences les plus remarquables de phlogopite sont en Canada où les principales régions sont dans Québec, nord d'Ottawa et la rivière Ottawa ; et dans Ontario, au sud de Perth.

Lépidomélane.—Existe en petites plaques seulement à Persberg, dans Wermland ; Harzburg et Freiberg, en Allemagne ; Leinster et Donegal, en Irlande ; Sutherland, en Ecosse et dans le Rapakiwi finlandais.

Une existence de lépidomélane est signalée à la mine Bob Neil, concession X, lot 14 au canton Marmora, comté Hastings, Ont.

Le mica est associé à la pyrite arsénicale et a donné à l'analyse :[1]

SiO_2	37.79
Al_2O_2	14.34
Fe_2O_2	4.52
FeO	26.32
MnO	0.29
CaO	1.45
MgO	4.68
K_2O	7.24
Na_2O	2.00
TiO_2	0.92
H_2O	5.06
Total	104.21

[1] Rapport des travaux, Com. Geol. du Canada, 1892-3, partie R.

D'autres existences du minéral sont signalées dans le lot 16, concession XI, du canton qui précède et aussi dans la sodalite provenant du lot 29, concession XIII et lot 25, concession XIV du canton de Dungannon; et avec de la pyrrhotine, dans le lot 2, concession II, de Drury, district d'Algoma.

La variété annite se rencontre à Rockport, près du Cap Anne, Massachusetts.

Roscoélite.—On a exploité la rescoélite dans une certaine mesure, en Californie et au Colorado pour sa teneur en vanadium qui, d'après M. Curran (voir plus bas) va jusqu'à 14 pour cent de vanadium métallique.

Les notes qui suivent[2] relativement à l'existence de ce minéral, aimablement fournies à l'auteur par M. Thos. F. Curran, président de la General Vanadium Company of America sont intéressantes.

"Il y a de la roscoélite massive dans le district minier du Bas San Miguel, comté de San Miguel, Californie. Le vanadium paraît avoir été en solutions qui ont imprégné le grés. Immédiatement au-dessus des dépôts plats de roscoélite, il y a une couverture épaisse de 8 à 15 pieds de grés poreux jaunâtre et celui-ci, à son tour est coiffé de 5 à 10 pieds. Ces gîtes de minerais paraissent avoir une altitude moyenne de 8,000 pieds. La richesse et la teneur en vanadium de la roscoélite est variable. Partout où le gîte de minerai vient très près du chapeau de calcaire et quand il subit une faille, il y a une augmentation marquée de la teneur en vanadium, le minerai étant quelquefois riche à 14 p. c. de vanadium métallique.

"Les travaux originaux ont été exécutés par la Vanadium Alloys Co., de New-York, le long du creek Leopard, près de Placerville, Californie. Le minerai est là de très basse teneur—de 1 à 2 pour cent V^2O^5 et l'épaisseur moyenne est de moins d'un pied. Ces mines ainsi que l'autre propriété de la Vanadium Alloys Co., ont été loués à la Primos Chemical Co., qui exploite une grande usine d'oxyde de Vanadium à Newmire (ou Vanadium), à 8 milles de Placerville.

"Au creek Fall, à $3\frac{1}{2}$ milles de Placerville, du côté sud de la rivière San Miguel, il y a beaucoup d'exploitations des grés de roscoélite. Là, le minerai est "en place" et plus d'une douzaine de tunnels ont été creusés dans les strates horizontales de minerai; quelques-uns ayant plus de 150 pieds de longueur. La teneur du mienrai est en moyenne de 3 p. c. V_2O_5 et l'épaisseur va de 14 à 24 pouces. En quelques endroits, l'affleurement de minerai peut être suivi le long de la surface sur une distance de plus de 1,000 pieds.

"En remontant le Bear creek, près de Newmire, il y a des travaux importants de la Primos Chemical Co. Là, le minerai est très massif et très épais, le gîte principal ayant plus de 6 pieds d'épaisseur. La teneur en vanadium est en moyenne près de 3 p. c. V^2O^5.

Une analyse[1] de roscoélite de Placerville, Californie, faite par M. Hillebrand de la Commission Géologique des Etats-Unis est donnée ci-après:

---

1 Voir aussi Eng. and Min. Journ., Vol. XCII, No 27, Déc. 1911, p. 1287.
2 U. S. Geol. Surv., Bulletin 262, 1905, p. 20.

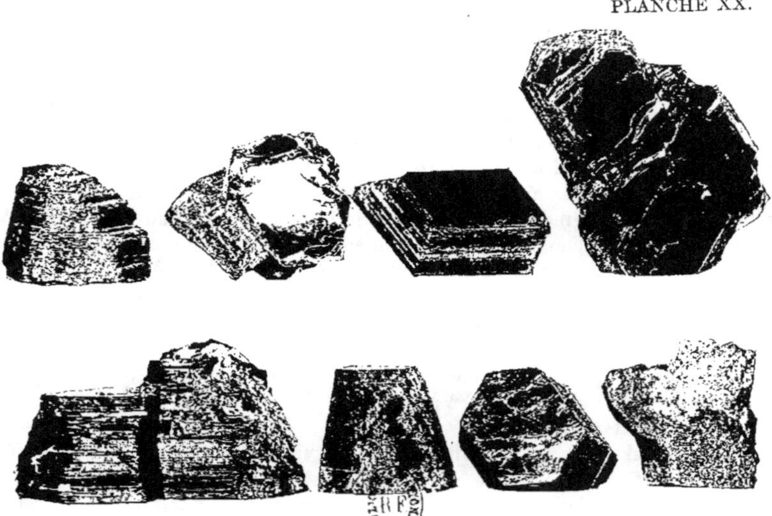

Types de cristaux de phlogopite.

SiO_2	45.17
TiO_2	0.78
V_2O_3	24.01
Al_2O_3	11.54
FeO	1.60
MgO	1.64
Na_2O	0.06
K_2O	10.37
H_2O	4.69
Total	99.86

Les diverses descriptions de roscoélite en Colorado et en Californie sembleraient indiquer que le minéral possède une nature terreuse et poudreuse plutôt qu'une nature micacée.

Cristallisation.

Tous les membres de la famille mica cristallisent suivant le système monoclinique, bien que, en vertu du mesurage des angles de base qui est approximativement de 120°, il y a une intime relation à beaucoup d'égards avec la symétrie hexagonale et orthorhombique. Les cristaux qui permettent un mesurage exact sont relativement rares et les formes maclées sont fréquentes.

L'habitude des cristaux est tabulaire, pseudo-hexagonale ou pseudo-rhombique, prismatique—les prismes s'amincissent plus ou moins avec des côtés irréguliers qui sont habituellement rugueux et piqués et striés horizontalement. (Planche XX).

Tous les micas peuvent être rapportés à la même raison axiale fondamentale, l'angle d'obliquité étant un peu écarté de 90°; ils montrent les mêmes formes et sont isomorphes l'un l'autre, ce qui est montré par leur fréquent entrelacement en position parallèle, comme la biotite avec la muscovite—une association qui se constate très communément au microscope.

La dimension des cristaux varie beaucoup et va d'exemples énormes et souvent bien développés de muscovite et de phlogopite provenant respectivement de dykes de pegmatite et de pyroxénite en Canada, à des cristaux menus et parfaitement terminés ne mesurant que quelques millimètres que l'on trouve dans beaucoup de calcaires métamorphiques.

On a trouvé des cristaux de muscovite dans le district de Nellore, Inde, mesurant 10 pieds par le travers de leurs plans de base; en même temps, on a tiré des dépôts canadiens des cristaux de phlogopite pesant plus de 3,000 livres et mesurant quelque 5 pieds de largeur par 9 de longueur. Ces cristaux sont naturellement des exceptions et la dimension normale ne dépasse pas 6″ à un pied de diamètre.

Des agrégats de plaques très petites et écailleuses formant des groupes

---

[1] Voir aussi : Dana. System of Mineralogy, 6th Ed., 1906, p. 635 ; U. S. Geol. Surv., Bulletin 315, 1907, pp. 110-117 ; U. S. Geol. Surv., Bulletin 340, 1908, pp. 257-262.

étoilés et plumoses sont fréquents, tandis que le minéral existe souvent sous la forme écailleuse ou compacte, massive et jaune de muscovite qu'on trouve en Chine, portnat le nom d'Agalmatolite et on l'emploie pour sculpter des ornements.

Les cristaux géométriquement parfaits d'une taille quelconque permettant des mesurages exacts, sont relativement peu nombreux, les individus étant généralement plus ou moins tordus et broyés. (Voir Planche XXI).

"Les cristaux à échelons" (step-crystals) sont communs et résultent de l'action de la pression par le travers des cristaux. Les lamelles ont glissé en laies d'épaisseur variable et forme une série d'échelons généralement recementés dans leur position nouvelle par de minces pellicules de calcite et autres minéraux.

La planche XXVIII montre un individu de la mine Cantin, South Burgess. Dans ce cas une section de $\frac{3}{4}''$ du cristal a fait une rotation d'environ 20° sur la position primitive et a été cimentée, comme on le voit par un layon de calcite qui a pénétré entre les plans de mouvement.

Le dérangement de la forme cristalline idéale peut être due à l'enchevêtrement des individus, à des variations de pressions dans une roche non encore consolidée, mouvements subséquents dans le massif de roche après le refroidissement et aussi aux enclaves de substances étrangères dans les cristaux de mica eux-mêmes.

En règle générale les cristaux de mica qui sont dans une matrice dure, compacte, laissent voir beaucoup plus de distorsion que ceux qui proviennent d'une roche grossièrement cristalline et plus tendre, bien qu'il y ait à cela des exceptions. Il est remarquable cependant que les lamelles de cristaux d'une roche aussi compacte sont presque toujours plus brisants et moins élastiques que celles de cristaux d'une roche plus tendre. Ces remarques s'appliquent non seulement à la muscovite, mais aussi à la phlogopite et autres membres de la famille mica. En plus de subir une distorsion physique, les cristaux de mica paraissent souvent avoir subi quelque sorte d'action chimique, après leur formation complète à même le magna. On en a la preuve par le fréquent piquage et la ruguosité que l'on remarque sur les parois des cristaux et qui peuvent être dus soit à un commencement de résorption dû à une élévation subséquente de la température du magna du dyke, soit à une attaque et une solution partielle par des vapeurs ou des eaux sortant subséquemment. On peut aussi remarquer peut-être que les cristaux d'apatite existant dans la calcite laissent voir des apparences semblables de résorption, et sont arrondies et luisantes et en beaucoup de cas rongés par des agents postérieurs à leur fonction.

Des cristaux d'un mica jaunâtre, existant sur le lot I, concession X du canton de Loughborough, Ontario, dans une pyroxénite fortement minéralisée laissent voir à peine des signes de facettes, étant plutôt arrondis et dentelés et ne laissant pas voir dans la majorité des cas des angles aigus. Les plans sont grossiers par suite de petites plaques de mica attachées qui n'ont pas d'orientation bien nette mais sont éparses sur les plus grands cristaux en agrégats irréguliers.

Les enchevêtrements de cristaux et le maclage sont communs. Ces enchevêtrements ne sont pas toujours bornés aux micas similaires. Dans quelques granites, par exemple, la muscovite de couleur pâle enclave de la

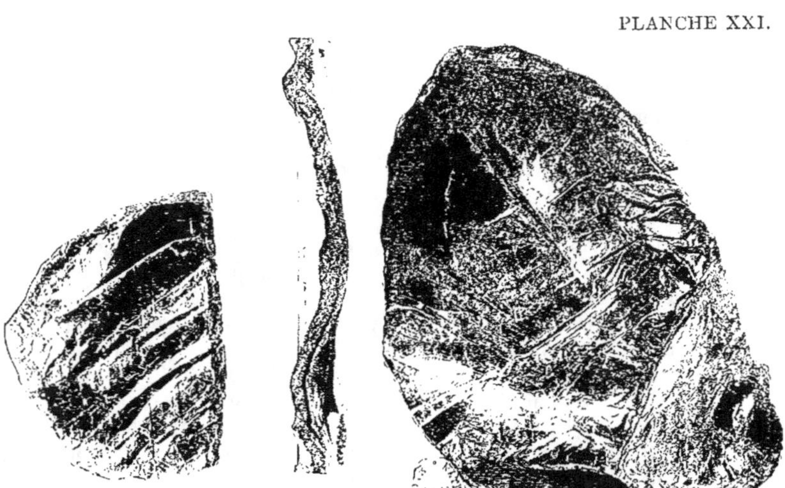

Plaques de cristaux de phlogopite tordus.

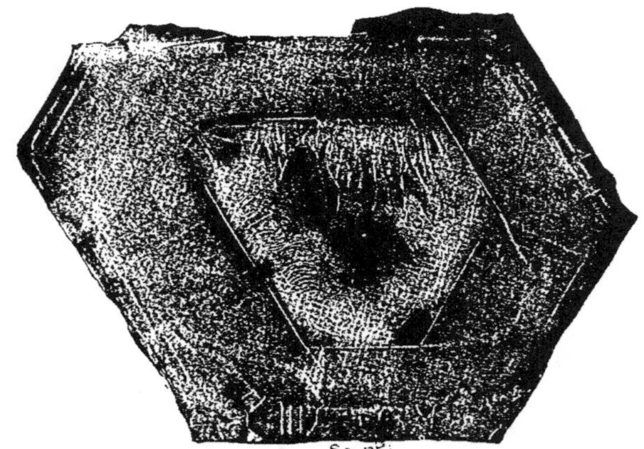

Coupe d'un cristal de phlogopite montrant une crystallisation multiple.
(*Négatif imprimé directement d'une feuille de mica*).

Coupe d'un cristal de phlogopite montrant une cristallisation multiple.
(*Négatif imprimé directement d'une feuille de mica*).

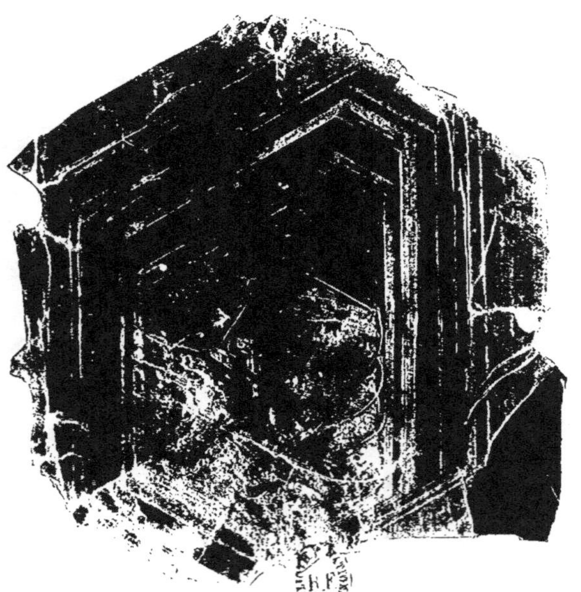

Cristallisation multiple de phlogopite—appelé mica à bordure.

biotite plus foncée, de telle façon que le clivage de la biotite se continue dans la muscovite. Dans ces cas, les plans de symétrie des deux variétés sont souvent tournés à un angle de 60° l'un de l'autre.

La lépidolite et la muscovite s'enclavent l'un et l'autre d'une façon analogue et l'on connaît des enchevêtrements de zone de biotite et de pennine (membre du groupe chlorite).

On trouve souvent en les examinant à la lumière polarisée des cristaux de mica simples et bien formés, composée de deux ou plusieurs individus ayant une ligne de raccordement irrégulière avec leurs plans axiaux-optiques disposés à des angles d'à peu près 60° les uns des autres. On s'est procuré de bons exemples de cette forme d'enchevêtrement près de Kangayam, dans le district de Coïmbatore, Madras (voir Fig. 51). L'enchevêtrement fréquent de biotite et de muscovite a fait penser que ce dernier minéral était un produit d'altération simplement du premier et c'est une façon de voir acceptée par beaucoup de géologues.

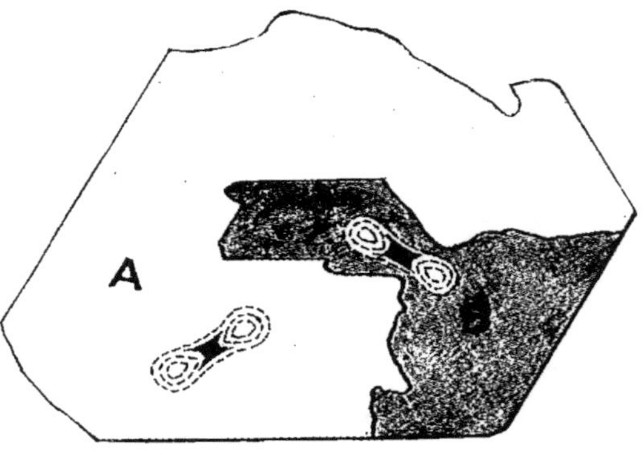

Fig. 51.—Cristal de muscovite formé par l'enchevêtrement de deux individus ayant leurs axes disposés à des angles de 60°, l'un relativement à l'autre. De Kangayam, Madras, (*d'après Holland, Mica deposits of India*).

Les parois les plus développés sont oP (c), le plan de base; P (m) et P (o) les hémipyramides positives et négatives; et ∞ P ∞ (c), le clinopinacoïde, tandis qu'il y a aussi P ∞ (r) hémiorthodorme positif; 3P3 clinopyramide positive et autres formes moins usuelles.

Le plan de maclage pour tous les micas est un plan dans la zone prismatique oP : ∞ P, parallèle au bord c m et perpendiculaire au plan de base c.

Ce plan de maclage peut former en lui-même la paroi d'enchevêtrement et si les deux individus étaient dans une position adjacente, il faudrait distinguer deux cas suivant que le second individu est en contact avec le bord de prisme de droite de devant (Fig. 52 I) ou le bord de prisme de gauche de devant du premier (Fig. 52, Ia).

Mais comme la croissance de cristaux maclés provient rarement des faces de macle (c'est-à-dire dans la direction horizontale), mais habituellement du plan de base oP, les deux individus paraissent en règle générale surimposés et en contact, le long d'un plan qui est presque parallèle à oP. Les fig. 52.2 et 2a montrent cette croissance pour les maclages de gauche et de droite respectivement.

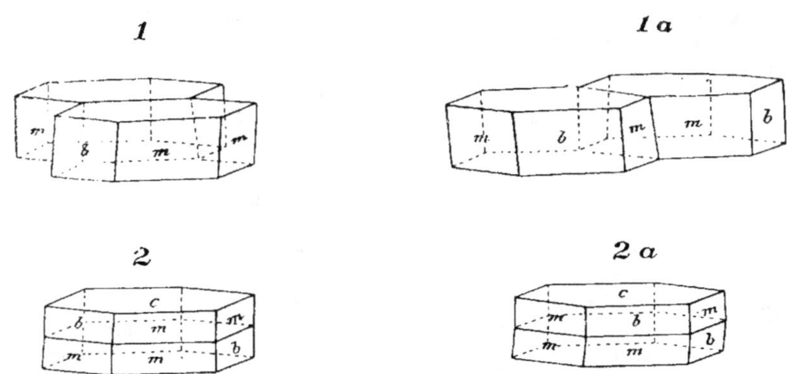

FIG. 52.—Exemples de maclage de mica-magnésie.
1. Individus en juxtaposition sur la face de devant du prisme de droite et 1 a sur la face de devant du prisme de gauche.
2. Individus surimposés dûs à la croissance provenant du plan de base—macle de droite, macle de gauche. Angle rentrant en mm = 162° 49', mb = 171° 19' (*d'après Naumann-Zirbal*).

Cette méthode de maclage se présente souvent et est souvent indiquée spécialement dans le cas de zinnwaldite par l'apparence de matt des faces hémipyramides (m). L'angle rentrant mm = 162° 49' et mb = 171° 19'.

Dans les gros cristaux, on peut souvent constater une ou plusieurs lamelles minces maclées.

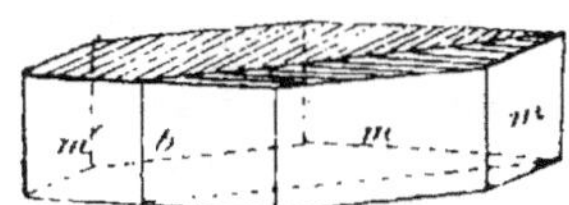

FIG. 53.—Cristaux de phlogopite maclés, avec individus en juxtaposition montrant une série de lignes parallèls sur la base c.

La forme ordinaire des cristaux de mica est tabulaire par suite de la prépondérance du plan de base oP; quelquefois avec des bords arrondis; et quelquefois à colonnes courtes dans la direction de l'axe vertical.

En plus du maclage que décèlent beaucoup de cristaux, on peut constater fréquemment un enchevêtrement où un certain nombre de petits individus de diverses formes et dimensions sont disposés systématiquement, de façon à former un gros cristal.

Ces gros cristaux sont quelquefois creux, les individus plus petits s'é-
tant probablement formés autour de quelque minéral qui plus tard a été
enlevé.

Un autre phénomène intéressant que dénotent certains cristaux de mica
est ce qu'on appelle la cristallisation multiple. La planche XXII fait voir
ce trait particulier. Comme on peut le voir par la figure, un cristal de
phlogopite contient un petit cristal de couleur plus claire et de forme un
peu différente. Le cristal interne se conforme à la symétrie du cristal externe bien que les longueurs des côtés ne soient aucunement proportionnels.
Dans le centre du plus petit cristal, on trouve un exemple très beau de
figure de pression naturelle due à une enclave menue de pyrite de fer dans
les rayons divergents et, à la lumière réfléchie on voit que tout le cristal composite est traversé par trois séries de lignes menues de percussion perpendiculaire aux faces du cristal.

La planche XXIII montre une existence analogue, mais, dans ce cas, on
voit trois cristaux, les individus, intérieur (a), extérieur (b) sont clairs,
tandis que le troisième (c) paraît nuageux. Les lamelles de ces cristaux
ne dénotent pas d'imperfections et il n'y a pas d'indices de jointages ou de
cloisons entre les individus qui sont intimement enchevêtrés.

La cause de cette cristallisation multiple n'est pas bien claire. Elle
peut être due à un changement dans la pression et la composition du magna
refroidissant qui a occasionné des brisures successives dans le phénomène de
cristallisation, les cristaux s'étant ensuite développés dans une direction nouvelle aussitôt qu'une condition normale pouvait être rétablie.

La planche XXV fait voir ce qu'on appelle un mica à bordure, ce qui
est une phase postérieure de la même cristallisation composite; seulement,
dans ce cas, les étapes successives de la décomposition se conforment plus
approximativement à la symétrie de l'individu central, la croissance du cristal, ayant marché également dans chaque direction.

On voit de beaux exemples de cette structure de bordure dans le mica
du lot 17, concession IV du canton de Bedford, Ontario, et l'on peut quelquefois constater ce même aspect dans le mica de certains endroits de Québec et d'Ontario.

Propriétés Optiques.

Les membres du groupe mica sont divisés quelquefois en deux classes,
d'après la position du plan de leur axes optiques: la première classe comprend toutes les espèces dont le plan axial optique est perpendiculaire au
plan de symétrie $\infty P \infty$ ou clinopinacoïde, tandis qu'à la deuxième classe
appartiennent les variétés dont le plus axial optique est parallèle au plan
de symétrie.

Conformément au système monoclinique de cristallisation, la bissectrice négative n'est pas tout à fait normale au plan de clivage de base et,
en conséquence, les plaques de clivage de toutes les variétés de mica laissent
voir des figures d'intervention axiale qui sont presque uniaxiales pour les
espèces pseudo-rhomboïdales. L'angle axial varie beaucoup: pour la biotite, il est très petit, il en est de même de celui de la phlogopite—généralc-
ment 10° à 17°; tandis que, pour la moscovite, paragonite et lépidolite,
l'angle est grand—généralement de 50° à 70°.

Assez étrangement, l'angle axial de la phlogopite paraît augmenter avec la quantité de fer qu'il y a dans le minéral.

Astérisme.

Le nom d'astérisme a été donné aux rayons lumineux étoilés particuliers que l'on observe en certaines directions sur quelques minéraux.

Cette propriété ne s'applique pas au mica seulement, mais est partagée par d'autres minéraux, notamment le saphir (variété saphir étoile), quelques espèces de quartz (œil de chat, quartz astéroïde), chrysotile, gypse fibreux (spath satiné), etc.

On peut bien voir ce phénomène, aussi bien dans la lumière transmise que dans la lumière réfléchie, sous la forme d'une étoile à six rayons qui apparaît quand on observe une flamme à travers la plaque de base d'un cristal de saphir ou quand un cristal de ce genre, taillé en cabochon normal à l'axe principal est regardé à la lumière réfléchie. Dans le cas de saphir, on suppose que ces rayons lumineux sont causés par un maclage lamellaire répété [1] ou par des interstices très menus disposés parallèlement aux côtés du prisme hexagonal.[2]

La plaque de clivage du mica phlogopite dénote souvent de l'astérisme à la lumière transmise comme à la lumière réfléchie et ce trait est caractéristique spécialement du mica de South Burgess, Ontario, bien que la plupart de la phlogopite laisse voir une étoile à six rayons plus ou moins nette.

On a supposé que dans le cas du mica, l'astérisme est causé par l'enclave entre les lamelles de menus cristaux nombreux dont les angles sont orientés à un angle approximatif de 60° l'un envers l'autre, et qui étaient primitivement regardés comme du mica [3] mais qui depuis ont été reconnus être du rutile.[4]

Dans quelques specimens on peut discerner un double astérisme consistant en six rayons plus brillants et six plus faibles et on a supposé que cette disposition est due à un réseau de prisme de rutile en aiguilles et incolores, disposés parallèlement aux faces ∞P, $\infty P \infty$, $\infty P3$, et $\infty P \infty$ des cristaux du mica.

D'autres espèces de mica, notamment la muscovite doivent peut-être leur astérisme à un dessin régulièrement disposé d'aiguilles de tourmaline chevelue.

On peut voir de ce qui précède que le phénomène de l'astérisme a été attribué à la réflexion de la lumière de facettes menues qui appartiennent soit, dans le cas des micas à des corps solides et étrangers enclavées ou, pour le saphir et le quartz, etc., aux plans adjacents de lamelles maclées, aux interstices, ou aux fibres qui contribuent à constituer le minéral lui-même.

L'astérisme ne paraît, en aucune façon, dépendre de la couleur d'un feuillet de mica ambré et il paraît douteux qu'il soit réellement dû à des

---

1 Volger, Sixtungsberight d. Wien. Akad. Bd 19, 1856, p. 103.
2 Tschermak., Lehrbuch der Mineralogie, 2nd Ed., 1885, p. 146.
3 Rose., Monatsbericht d. Berliner Akad, 1862, p. 714, and 1869, p. 344.
4 Tschermak., Loc. cit.

enclaves d'une substance minérale étrangère. Le double astérisme le plus prononcé observé par l'auteur a été trouvé dans des feuillets d'un mica clair presque blanc (variété exacte non déterminée) provenant d'un dépôt de contact sur la concession 11, lot 5, du canton de Bedford, Ontario. Des feuillets de mica du même puits et identique de couleur et d'aspect général laissent voir souvent des degrés largement différents d'astérisme. De fait, on a quelquefois trouvé que les feuillets de mica d'une seule et même mine montrent toutes les gradations, depuis le plus haut degré de double astérisme, jusqu'à une absence entière de rayons.

Il semblerait beaucoup plus probable, par conséquent, que ce singulier effet de lumière résulte de striures extrêmement fines occasionnées peut-être par des mâcles à répétition, par de menues fractures résultant d'une distortion physique des cristaux, ou par une cohésion inférieure des lamelles.

Dans le cas de l'astérisme primaire du mica, les rayons clairs coïncident avec la direction de la figure de pression, tandis que, dans l'astérisme secondaire, la disposition est parallèle à la figure de percussion.

Tous les micas sont plus ou moins polychroïques, le plus fort polychroïsme étant dénoté par la biotite.

La biotite présente aussi quelquefois cette particularité à un degré marqué. Le mica ambré de la mine Lacey, canton de Loughborough, Ont., est très joliment trichroïque: avec le dichroscope **c** donne un rouge brunâtre, **b** vert brunâtre et **a** jaune. La moscovite et la biotite possèdent la plus forte biréfringence et laissent voir, en conséquence les couleurs d'interférence les plus brillantes.

Vue à la lumière ordinaire passant d'une façon à peu près perpendiculaire au plan de base (c) ou parallèle à la bissectrice négative aigue **a,** la "couleur de face" obtenue est un brun rouge, avec **b** un rouge brun foncé et avec **c** jaune. La muscovite et la biotite sont biréfringentes au plus haut degré et font voir par conséquent les couleurs d'intervention les plus vives.

Optiquement les micas sont biaxiaux-négatifs. Mais dans le cas de la biotite, l'angle axial optique est fréquemment assez petit pour donner au minéral une nature sensiblement uniaxiale.

Figures de Percussion et de Pression.[1]

Dans toutes les variétés de mica on peut en adoptant les méthodes suivantes produire certains effets stellaires qui ont reçu respectivement les noms de figures de percussion et de pression.

Ces figures sont entièrement dues à l'exercice d'une force physique et sont bien distincts de l'effet stellaire produit par l'astérisme.

Si une aiguille pointue est tenue contre une plaque de mica et si un coup élastique rapide lui est appliqué, il en résulte une étoile à six rayons (Fig. 54) qui peut cependant dans quelques cas être développée imparfaite-

---

[1] Allemand : Schlag-und Druckfiguren.

ment seulement et paraître une figure à trois rayons par suite des rayons s'étendant du centre dans une seule direction.

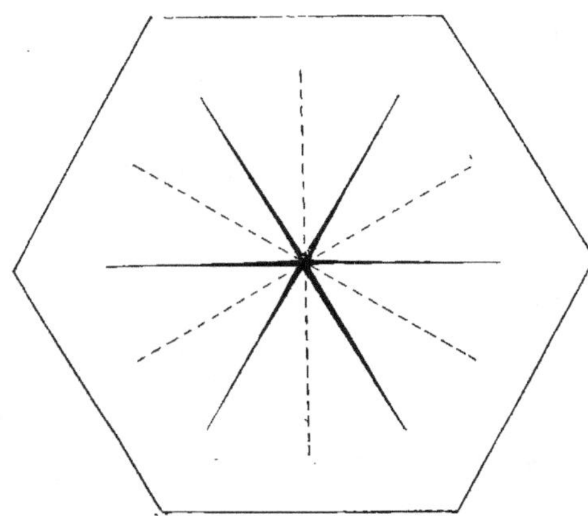

Fig. 54.—Dessin montrant les directions respectives des lignes de percussion et de pression. Les lignes foncées représentent la figure de percussion et les lignes pointillées les figures de pression.

Un de ces radii—le " Leitstrahl " ou radius caractéristique est toujours approximativement parallèle aux deux bords qui correspondent à $\infty P \infty$ ou le clinodiagonal, tandis que les deux autres ne sont pas aussi nets mais

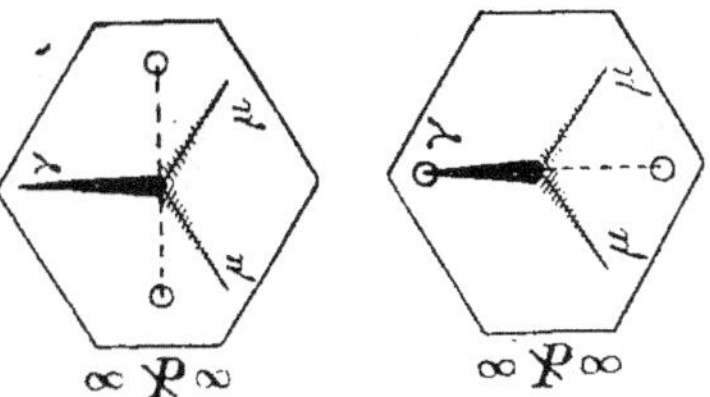

Fig. 55.—Représentation idéale des figures de percussion montrant la position du radius caractéristique (γ) pour les micas de la première et de seconde catégorie (d'après Naumann-Zirbal).

consistent en craquelages à échelons (μ) et sont plus ou moins parallèles aux bords d'intersection du prisme (m) et de la base (c). (Fig. 55).

Les figures de percussion fournissent ainsi une façon très simple de déterminer l'orientation exacte d'une plaque de clivage n'ayant pas de contour cristallin.

Les angles d'intersection des rayons mesurent approximativement 60°.

On a trouvé que k, l'angle opposé de $\infty P \infty$ (b) (Fig. 56) est 53° à 56° pour la moscovite, 59° pour la lépidolite, 60° pour la biotite et 61° à 63° pour la phlogopite.

Maintenant, puisque le plan optique axial de la plupart des micas est
parallèle à l'orthodiagonal, tandis que, dans les autres cas, il est parallèle
au clinodiagonal, les figures de percussion fournissent un moyen facile pour
distinguer entre les deux variétés.

Dans le mica de la première catégorie, le plan des axes optiques sera
normal au radius caractéristique de la figure de percussion, tandis que,
dans le mica de la deuxième catégorie le radius sera parallèle au plan; en
d'autres termes, le plan axial tombe, dans le cas prédit, entre deux diago-
nales de la figure de percussion hexagonale (Fig. 56A) et, dans le cas de
la seconde, il coïncide avec le diagonal caractéristique ou Leitstrahl (Fig.
56 B).

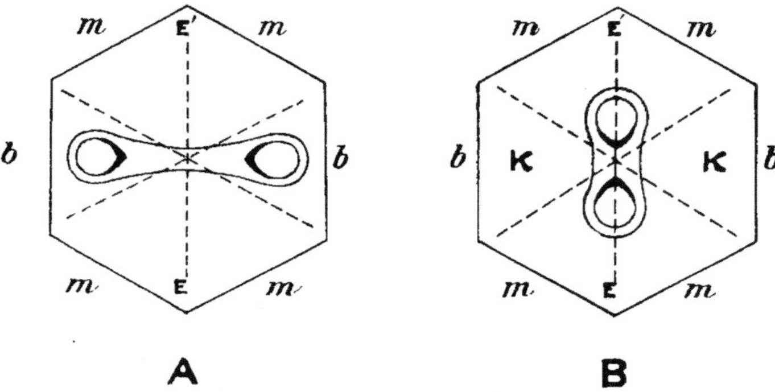

Fig. 56.—Disposition des lignes de la figure de percussion et plan axial optique en A,
micas de première catégorie (muscovite, etc.), B, micas de seconde
catégorie (phlogopite, etc.), E E' rayon caractéristique.

Les micas de la première catégorie comprennent la moscovite, paragonite, lépidolite et quelques variétés rares de biotite appelées anomite, tandis
que la seconde catégorie embrasse la zinnwaldite, la plupart de la biotite,
phlogopite et lépidomélane.

Rattachées aux "plans de glissement" des micas (voir plus loin) il y
a les figures dites de "pression" produite sur une coupe de cristal par
l'exercice d'une pression soudaine en un point convenable. Pour obtenir
ces figures la plaque de mica doit s'appuyer sur un coussin dur (un bloc-
note de papier buvard répond bien à ce besoin) et on a appliqué un coup
avec un marteau léger sur une baguette d'acier dont la tête légèrement arrondie est tenue contre la surface de la plaque.

Comme résultat de ce coup, il se forme une étoile à six rayons plus ou
moins nette dont les branches sont dans une direction diagonale à celle de
la figure de percussion.

En règle générale les micas durs et brisants donnent des figures de percussion et de pression plus nettes que les variétés plus tendres et moins
élastiques. Mais en beaucoup de cas les figures sont partiellement voilées
par de petites craquelures qui partent des bras de l'étoile.

La Fig. 57 montre un résultat fréquemment obtenu avec une figure de percussion.

Les cristaux de mica, spécialement de phlogopite et de biotite laissent souvent voir des figures de pression quand on les sort de la mine.

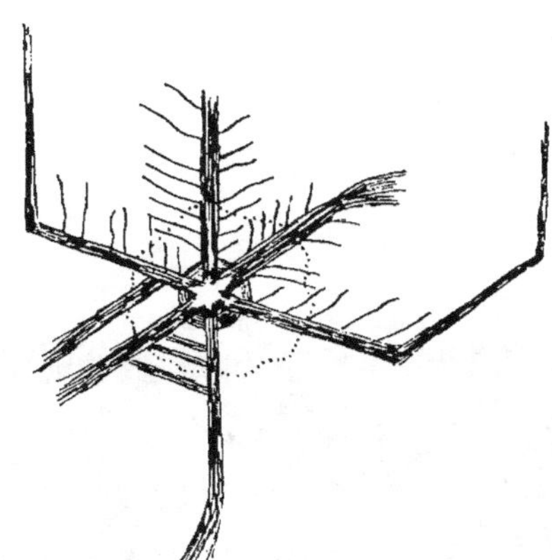

Fig. 57. — Figure de percussion puissamment agrandie (*D'après M. Baure*), diamètre réel, 2-4 mm.

Dans quelques cas, la pression a été exercée par la cristallisation de quelque minéral étranger contenu dans les cristaux de mica et dans ce cas, les figures de pression sont généralement limitées aux lamelles directement au-dessus et directement en-dessous de l'enclave. Mais plus souvent, les cristaux de mica ont été soumis à une pression extérieure. Toutes les plaques de clivage d'un cristal de ce genre (qui ne doit pas forcément avoir subi de distorsion, si la pression a résulté de tous les côtés), laissent voir à leur surface un réseau serré de lignes finies entrecroisées que l'on trouvera parallèles aux bras d'une figure de pression construite artificiellement. On dit que ces plaques sont " réglées."

Pourvu que la pression ait été suffisante, les lamelles d'un cristal de ce genre se fendront suivant ces lignes formant beaucoup de petits fragments de forme irrégulière.

Ce refendage, dû à la pression est un défaut que subit fréquemment le mica et qui réduit dans une notable proportion la valeur des cristaux extraits. Dans beaucoup de cas, les lignes de pression se sont produites dans une seule direction si bien que les plaques de clivage se fendent en bandes étroites, qu'on appelle dans le commerce du " mica ruban."

La plaque XXV montre un cristal de mica dans lequel les lignes de pression se sont formées dans trois directions, ce qui a donné naissance à ce qu'on appelle " mica plume."

Planche de phlogopite montrant la structure plume.

Si l'on examine des morceaux d'une épaisseur suffisante ($\frac{1}{8}''$) on leur trouvera des faces pseudo-cristallines qui sont inclinées à environ 67° au plan de clivage de base (fig. 58). Ces faces sont appelées "plans de glissement,"[1] et sont dues au plus ou moins de cohésion moléculaire d'un cristal; elles ont des directions auxquelles peut se produire parallèlement un glissement des molécules sous l'influence d'une pression mécanique.

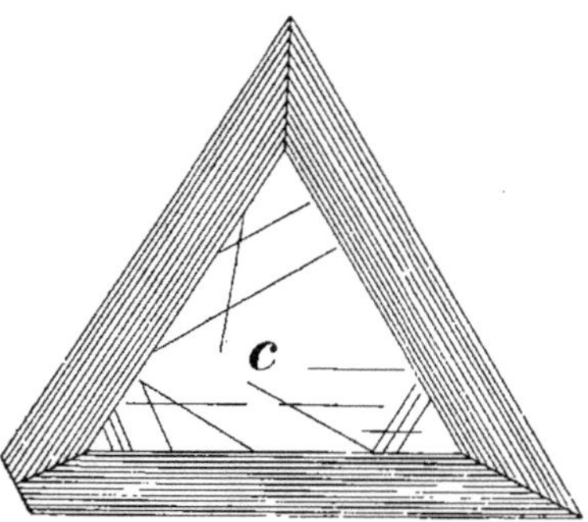

FIG. 58.—Biotite avec surfaces pseudo-cristallines (plans de gisement) (*d'après Tschermak*).

Il est à remarquer que les plans de glissements sont indépendants des plans de clivage, et ces deux directions ne correspondent dans aucun minéral.

Cependant les plans maclés des cristaux de mica coïncident avec les plans de glissement.[2]

En ce qui concerne les figures dues à la percussion, occasionnées par les inclusions dans les cristaux de mica de substance minérale étrangère, on a constaté que les angles d'intersection des rayons sont d'à peu près 30°, l'un des rayons occupant la véritable position de la figure de percussion produite artificiellement. La figure naturelle contrairement à l'artificielle est ainsi formée par l'intersection de rayons à 60°. Ce fait ayant été remarqué par T. H. Holland [3] dans certains échantillons de muscovite indienne, on a pensé que la moscovite, de même que d'autres minéraux pouvait posséder à une température plus élevée un plus haut degré de symétrie cristalline et que sa figure de percussion à la température à laquelle se produisent les figures naturelles, pouvait posséder une symétrie hexagonale au lieu de monoclinique. Afin d'essayer la théorie, on a provoqué des figures de percussion sur des échantillons de muscovite chauffés à environ 300° C., et l'on a trouvé que l'angle κ en regard de la facette du clinopinacoïde, était invariablement plus grand que l'angle correspondant obtenu avec le même mica aux températures ordinaires. Les résultats obtenus sont les suivants:

---

[1] En allemand " Gleitflacher."
[2] Naumann-Zirbel, Minéralogie, 14e éd., 1901, p. 191.
[3] Mem. Com. Geol., Ind., Vol. XXXIV, p. 21.

19

Endroit.	Angle κ de la figure de percussion produite à	
	Température ordinaire.	300° 0.
Saidápuram, Nellore	55°	57°30,
Inikúrti, Nellore	54°	57°
Utukúr, Nellore	53°30,	56°
Noderma, Hazáribıgn	°	56°.

Aux températures ordinaires, les rayons ne se croisent pas invariablement à des angles de 60°. Il y a un grand nombre d'échantillons de mica provenant de différentes parties du monde qui ont été examinés par T. L. Walker, lequel a constaté [1] que la grandeur de l'angle κ est décidément variable dans les différentes espèces de mica. Après avoir examiné un bon nombre d'échantillons provenant de toutes les parties du monde on a constaté que l'angle varie depuis 52° 53′ pour la muscovite de Murray Bay, Qué., jusqu'à 63° 28′ pour la phlogopite de Ceylan.

Le résultat de l'examen par T. H. Holland de nombreux échantillons

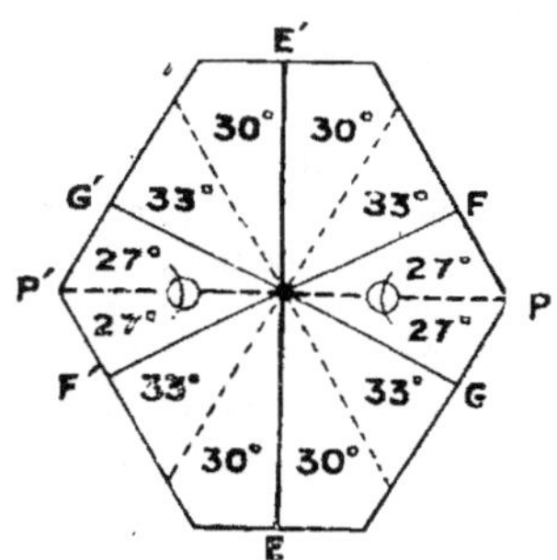

FIG. 59.—Diagramme faisant voir les relations moyennes de la figure de pression, figure de percussion et plan de l'axe optique dans les muscovites indiennes. (*D'après Holland*).

de moscovite indienne quant à la position relative des figures de pression et de percussion, sont indiqués ci-après et illustrés par la fig. 59 :—

(1) Le rayon principal de la figure de percussion EE′ est situé dans le plan de symétrie et perpendiculairemnet au plan de l'axe optique.

(2) Le rayon principal EE′ est coupé perpendiculairement par le rayon PP′ de la figure de pression qui est située dans le plan de l'axe optique.

(3) L'angle κ entre les rayons FF′ et GG′ de la figure de percussion sont à peu près de 63° chacun.

(4) Les autres angles de la figure de percussion sont approximativement de 63° chacun.

(5) Les rayons de la figure de pression se coupent à des angles de 60°.

(6) Les rayons secondaires de la figure de percussion croisent les rayons secondaires de la figure de pression à des angles de 93° et 33°.

(7) Les figures gravées par l'action de l'acide fluorhydrique ou par la potasse fondue sont coupées symétriquement par le rayon EE'.

Inclusions.

En outre des imperfections occasionnées par une cristallisation dérangée, la pression, etc., les cristaux de mica perdent bien souvent leur valeur au point de vue commercial à cause de la présence d'impuretés et de matières étrangères introduites pendant que se fait le travail de consolidation du magma.

Ces inclusions sont soit, microscopiques ou visibles à l'œil nu. Dans le cas de la phlogopite, les premières consistent, en règle générale, en prismes et aiguilles de rutile, apatite, magnétite, etc., qui peuvent se trouver en quantité suffisante pour sensiblement affecter la couleur et la conductibilité des feuilles de mica.

Les cristaux de phlogopite contiennent souvent des inclusions visibles à l'œil nu de calcite, apatite, pirites de fer, quartz, etc. Les minéraux de cette nature peuvent former des groupes ou des individus cristallisés au sein de la masse des cristaux de mica : ils se présentent cependant plus ordinairement en pellicules ou couches de substance cristalline entre les lamelles. Ces pellicules de minéral étranger affectent matériellement la propriété qu'a le mica de se diviser en lames et par suite il y a une proportion considérable des cristaux qui ne sont absolument d'aucune utilité.

Les plaques de muscovite contiennent parfois des cristaux de béryl et des aiguilles de tourmaline rouge, noire ou verte; de même le grenat rouge et brun et le zircon, feldspath, quartz et apatite ne sont pas rares.

En outre qu'ils contiennent des cristaux de ces minéraux les feuillets de muscovites sont souvent bigarrés et tachetés d'accumulations aplaties de substance minérale étrangère, (voir les planches XXXVII et XXXVIII), laquelle se compose, en majeure partie de grenat, zircon, biotite, tourmaline, psilomélane, magnétite et spécularite. Ces minéraux possèdent quelquefois un contour de cristal net, particulièrement quant il s'agit de grenat et biotite, faisant voir en même temps cependant, par leurs arêtes usées qu'il y a eu résorption. D'autre part les taches de fer et de manganèse se présentent généralement en forme dendritique. L'arrangement symétrique de ces taches donne souvent lieu à un réseau de lignes entrelacées auxquelles on constate une orientation bien définie, étant d'ailleurs toujours parallèles aux branches de la figure soit de percussion ou de pression.

La couleur des taches varie du noir au rouge en passant par le brun et communique souvent aux lamelles un joli aspect bigarré. Suivant Rose. les taches noires, brunes et rouges dans la muscovite sont occasionnées par la spécularite, la différence de couleur étant dûe au plus ou moins d'épaisseur des taches. Dana et Brush décrivent la substance noire comme étant de la magnétite, la rouge de la spécularite, et la jeune un oxyde de fer aqueux. De pareilles taches rendent le mica hors d'usage pour des fins industrielles, puisqu'elles détruisent la transparence et augmentent la conductibilité pour les courants électriques.

Les inclusions gazeuses sont rares dans le mica, bien que certaines espèces (voir p. 155) émettent en les divisant une forte odeur d'hydrogène sulphurée, ce qui semblerait indiquer la présence de ce gaz entre les lamelles. Ces variétés de mica sont toujours dures et fragiles et généralement d'une nuance pâle.

Couleur.

En outre des variations dues à sa composition chimique la couleur du mica, ainsi qu'on peut le voir par les remarques précédentes sur les inclusions, est considérablement influencée par la nature de ces inclusions. Même s'il en est exempt, la couleur oscille à travers presque toute l'échelle. Les espèces de couleur claire sont: la paragonite ou mica, alcalin, ayant ordinairement une teinte jaunâtre ou gris-blanc; la lépidolite blanche à rouge rosé; la muscovite, incolore, grise, jaune, verte et même rougeâtre, comme dans le cas de quelques échantillons du Bengal; la fuchsite, une variété de muscovite contenant du chrome, est d'une belle couleur vert émeraude; la zinnwaldite, gris brun et verdâtre. Les micas magnésiens et ferrugineux sont ordinairement d'une couleur foncée, bien qu'il n'en soit pas toujours ainsi. Alors que la biotite et la lépidomélane soient généralement noires, la phlogopite va du noir presqu'intense, en passant par le brun et le jaune, à un ton presqu'incolore; il y a cependant des spécimens ayant une teinte verte. La couleur la plus appréciée au point de vue industriel est un brun jaunâtre (appelé "ambré"), et c'est sous ce nom, qui a été attribué par M. Lacey, de Sydenham, Ont., au mica de la mine Gould Lake, lot 6, concession X, du canton de Loughborough, que l'on désigne la phlogopite canadienne dans les cercles commerciaux. Le "amber mica" est ainsi synonyme de phlogopite, les différentes nuances étant appelées ambré foncé, ambré vin, ambré doré, ambré argenté, ambré clair, etc.

La couleur des feuillets dépend beaucoup naturellement de leur épaisseur, et même les micas les plus foncés semblent presque incolores une fois divisés en lamelles très fines. Cette variété de couleurs dépend de la teneur plus ou moins forte en fer des différentes phlogopites, lesquelles constituent une série de transitions depuis le type normal de mica magnésien presqu'exempt de fer, jusqu'à la biotite normale. On peut donc considérer ces deux minéraux comme les extrêmes d'une pareille série, bien que l'on n'ait pas nettement déterminé avec quelle teneur en fer la mica magnésien cesse d'être de la phlogopite pour devenir de la biotite. On pourrait s'attendre à ce que, en se rapprochant de la biotite, l'angle de l'axe du minerai devienne plus petit; c'est cependant le contraire qui se produit et l'angle s'écarte suivant la quantité de fer présente.

Les variétés très clair et très foncé de mica ambré ou phlogopite sont toutes les deux appréciées dans le commerce, et l'on préfère les feuillets de teinte moyenne. "L'ambre argenté" est une espèce très recherchée; on donne ce nom à un mica gris, bigarré, couleur ambré ayant un aspect nuageux quand on l'examine en regard de la lumière, et ses rayons sont orientés verticalement au plan de base du clivage. Si cependant on le tient de façon à ce qu'il fasse angle avec les rayons lumineux, l'effet nuageux disaparaît sauf que l'on aperçoit les inclusions contenues dans les lamelles (voir polychroïsme).

Il y a une existence de phlogopite d'un aspect laiteux ou nuageux à la mine Lacey, lot 11, concession VII, de Loughborough, Ont.; on ne connaît pas la raison de cet aspect laiteux.

Les cristaux de mica qui ont subi une certaine pression dans la roche et dont les feuillets sont par suite fendus décèlent un changement de couleur le long des crevasses. Ainsi, par exemple, un feuillet de mica de couleur claire ou ambré argenté sera traversé par des marques noires irrégulières qui se manifestent le long de menues crevasses se dirigeant à l'intérieur à partir des bords. Un mica noir au contraire, semble quelquefois déceler une ligne blanche le long de pareilles cassures.

Les inclusions visibles à l'œil nu sont aussi souvent cause du noircissement ou blanchiment du mica dans leur voisinage, surtout lorsqu'il s'agit de pyrites de fer.

L'influence de la pâte rocheuse sur la couleur du mica qu'elle contient est sujette à discussion. D'après l'expérience générale de l'auteur, il n'existe pas de règle quant à ces dépendances. Il y a beaucoup de pyroxénites foncées qui contiennent de la phlogopite à couleur claire et vice-versa. Etant donné, alors, que la couleur du pyroxène dépend largement de sa teneur en fer, il semblerait qu'il n'y eut aucun rapport entre la nuance du mica et le contenu ferrugineux des minéraux formant dyke, autre que l'influence dûe à la présence dans les feuillets de mica de menues inclusions de fer foncé ou de minéraux titanés. Par conséquent la couleur foncée d'une pâte de roche encaissante ne doit pas être considérée comme nuisible à la qualité du mica qu'elle contient en autant que cela dépend de sa teneur en fer.

Les petites inclusions visibles à l'œil nu donnent souvent lieu à des marques particulières dans les feuillets de phlogopite. Ce sont souvent des agrégats de lignes sinueuses de couleur plus claire que le mica lui-même, bien que quelquefois un assemblage de lignes semblables se répande dans une même direction à partir de l'inclusion. La muscovite de couleur ambrée est rare; on n'en a trouvé que dans le district de Nellore de la présidence Madras, aux Indes.

Altérations du Mica.

Tous les micas, en dépit de leur résistance naturelle à la décomposition sous l'influence de l'air, sont cependant susceptibles de décomposition par hydratation; les changements fréquents dans la température et l'action des acides jouent également un rôle important dans les phénomènes de décomposition.

On constate que les cristaux qui sont restés sur les tas de mica pendant un certain temps se gonflent; les lamelles se séparent les unes des autres sous l'action alternante du chaud et du froid; les feuillets divisés sont susceptibles d'être attaqués par l'humidité qui est souvent chargée d'acides sulfurique et humique, et perdent ainsi graduellement leur lustre, deviennent opaques et décolorés et se désagrègent finalement en une poudre écailleuse.

Les petites paillettes et écailles comme par exemple celles que contiennent les micaschistes, granites, gneiss, etc., semblent moins sujets à l'altération et même après avoir été longtemps exposés à l'air ont une apparence relativement fraîche.

Pareillement, l'action pneumatolytique qui, de même que pour les terres de chine de Cornwall, a complètement décomposé le feldspath de certains granites, ne semble avoir exercé que peu d'influence sur le mica.

La plupart des micas donnent lieu à un certain nombre de produits de décomposition ou secondaires et les sous-variétés sont nombreuses.

Variétés.

Parmi ces minéraux les plus importants sont les siuvants:

La rubellane et l'helvétan, qui sont des variétés rouges de la biotite; puis la bastonite, enkamptite, rastolite, voigtite, aspidolite et manganophillite, autres variétés du même mica.

La sidérophyllite est une espèce de biotite provenant de la région de Pikes Peak, Colorado.

La caswellite est une biotite altérée de Franklin Furnace, New-Jersey.

Les membres du groupe des vermiculites, qui comprend entre autres des minéraux tels que la jeffersite, hallite et philadelfite sont considérés comme de la phlogopite décomposée.

La haughtonite est apparentée avec la lépidomélane mais contient plus de fer que celle-ci et moins de magnésie que la biotite.

La cryophillite et polylithionite sont des variétés de la zinnwaldite, et c'est la première qui de tous les micas, contient la plus forte teneur en silice. Il y a une autre variété de la zinnwaldite que l'on appelle "raben glimmer" ou "mica corbeau", laquelle se présente en paillettes de couleur foncée sur les filons d'étain de Altenberg, Erzgebirge, et qui est caractérisée par la petitesse de son angle de l'axe optique lequel se rapproche de 0°.

La muscovite possède toute une série de variétés dont les principales sont: la damourite, une forme micro-cristalline, de couleur jaunâtre et, dans bien des cas, un produit de décomposition de la cyanite ou du topaz, et aussi du corindon.

La séricite, un minéral tendre, verdâtre, gras au toucher, et souvent formé du feldspath, est caractéristique de beaucoup de schistes (appelés "séricitoschistes") et se présente souvent dans les micaschistes et phyllades.

La margarodite est, d'après Tschermak, un mélange de muscovite et paragonite. On la trouve en Suisse, elle est de couleur grise et sa structure est compacte à granuleuse. Elle est quelquefois pénétrée par des aiguilles de tourmaline noire.

L'euphyllite est une variété de muscovite d'un beau lustre perlé et se présente comme produit de décomposition du corindon à Unionville, Pensylvanie.

Le minéral appelé gilbertite se trouve principalement sur des filons d'étain dans Cornwall et la Saxe. Il se présente en agrégats de petites plaques écailleuses verdâtre à jaune, onctueuses au toucher et se trouve ordinairement dans des géodes encaissant les cristaux de quartz et d'arséniopyrite.

La fuchsite mentionnée plus haut est une belle muscovite verte contenant environ 4.0 pour cent d'oxyde de chrome et on la trouve à Schwarzenstein et Zillertal, au Tyrol.

L'existence de la fuchsite dans la magnésite et dolomie massives du canton de Bolton et Sutton, comté de Brome, province de Québec, est signalée par C. W. Willmott[1] et il y en a une telle abondance en cet endroit que ce minéral constitue une espèce de micaschiste chromifère.

On signale une autre existence du même minéral[2] dans le comté de Renfrew, Ontario, laquelle fournit à l'analyse :—

$$SiO_2 \dots 43.72$$
$$Al_2O_3 \dots 35.51$$
$$Fe_2O_3 \dots 2.94$$
$$Cr_2O_3 \dots 1.26$$
$$MnO \dots 0.26$$
$$CuO \dots 4.46$$
$$MgO \dots 1.36$$
$$K_2O \dots 8.88$$
$$Na_2O \dots 0.39$$
$$H_2O \dots 3.68$$

$$\text{Total} \dots 102.46$$

On donne le nom de pinite à un grand nombre de produits de décomposition lesquels à l'état normal ressemblent à la muscovite; ils sont de forme massive à compacte, de nature amorphe, granuleux à cryptocristallins, et ont rarement un clivage sous-micacé.

Ils oscillent en dureté de 2.5 à 3.5 et la couleur varie du gris au vert, brun et rougeâtre.

Les minéraux suivants sont classés sous le nom de pinite : la gieseckite et liebenerite, pseudomorphes de la nephelite, provenant du Groënland et du Tyrol respectivement : la polyargite, un minéral rouge formé par la décomposition de l'anorthite, provenant de la syénite de Tunaberg, Suède ; la wilsonite gris à rose et une scapolite altérée laquelle est probablement une forme altérée de plagioclase.

La killinite provient du granite de Killiney, Ireland, et est un pseudomorphe gris ou brun du triphane.

L'agalmatolite est un minéral gris, jaune ou vert avec cassure égale et dureté de 2 à 3, que l'on trouve en Chine où il est considérablement utilisé pour la sculpture ornementale, etc.

L'existence de l'agalmatolite a été signalée au Canada à St-Nicholas, St-François et au lac Memphremagog, dans la province de Québec, et l'on

---

[1] Rap. Ann. Com. Géol., Can., XVI, 1904, A.
[2] Rap. Trav. Com. Géol., V, Partie 2 R.

donne des analyses d'échantillons provenant de ces endroits par le Dr. Sterry Hunt, dans la Géologie du Canada 1863, page 484.

Un minerai très semblable et que l'on confond souvent avec ce dernier est la pyrophillite, lequel cependant contient peu ou point de potasse.

La pagodite est un autre nom pour l'agalmatolite.

La cookéxite est un minéral micacé ressemblant à la lépidolite, que l'on trouve à Hebron, Maine, associée avec la tourmaline et considérée comme produit de décomposition de la rubellite.

On signale une existence de la cookéite au Creek Waitabit sur la rivière Columbia, près de Donald, C. B.[1]

Beaucoup de ces variétés de muscovite étaient autrefois considérés comme minéraux distincts: tels que par exemple la gieseckite, liebenerite, pinite et gigantolite.

La muscovite secondaire formant des pseudomorphes distincts du mica normal et auxquels on n'a pas donné de noms se retrouvent souvent en remplacement du grenat et de la tourmaline. On trouve, par exemple de jolis exemples de ces pseudomorphes à la mine Villeneuve, Qué. (Voir planche XXVI).

Il y a en outre des précédents, un grand nombre d'autres silicates hydratés d'aluminium et de potasse, qui par leur plus ou moins de ressemblance en composition avec la muscovite pourraient être convenablement classés avec ce minéral.

La paragonite ou mica sodique possède les variétés suivantes: la prégallite, en petites paillettes verdâtres légères, provenant de Pragratten, Tyrol, et la cossénite un mica vert à peu près semblable contenant moins de soude que le précédent, que l'on trouve également au Tyrol.

La margarite ou mica calcaire appelée quelquefois "mica perlé", est classée différemment par les divers auteurs dans le groupe des vrais micas et avec les micas fragiles.

Sa composition est $H_2CaAl_4Si_2O_{12}$, ce qui correspond à :

Silice	Alumine	Chaux	Eau	Total
SiO_2	Al_2O_3	CaO	H_2O	
30.1	51.3	14.1	4.5	100.00

On la trouve avec l'émeri en Asie Mineure et à Chester, Mass., et aussi avec le corindon dans la Pennsylvanie et la Caroline du Nord.

Ce qu'on appelle de la "diaphanite" est de la margarite des mines d'émeraude des monts Ourals.

Voilà quelles sont les variétés les plus importantes et minéraux secondaires appartenant au groupe des micas proprement dits.

Le mot "talc" est souvent improprement appliqué au minéral mica, ordinairement en voulant désigner particulièrement les feuillets de muscovite employés pour poêles, fanaux, etc.

---

[1] Rap. Trav. Com., Géol. Can., V, Partie 2, R.

Pseudomorphe de muscovite après la tourmaline, de la mine Villeneuve,
lot 31, rang I, canton de Velleneuve, Qué.

Quelques espèces de mica, notamment les variétés compactes de muscovite ont en effet une certaine ressemblance avec le talc et l'acide qui s'y rapporte et les silicates hydratés de magnésie sont également gras au toucher et lustrés.

Dureté, Elasticité, etc.

Tous les micas ont un degré de dureté suivant l'échelle de Moh, entre 2 et 3: c'est-à-dire qu'ils peuvent être rayés à l'ongle.

Les feuillets exposés à l'air qu'on enlève sur la surface des gisements sont naturellement plus tendres et plus friables que les plaques fendues d'entre les cristaux frais et solides.

La densité de tous les micas oscille de 2.6 à 3.2.

Les lamelles des différentes espèces varient très considérablement quant à leur élasticité et tenacité; la phlogopite de couleur claire (appelée "mica ambré argenté") est en règle générale plus élastique et flexible, alors que la biotite à couleur sombre, et la muscovite en majeure partie est plutôt plus cassante.

Le point essentiel pour les fins industrielles est naturellement le degré de facilité avec lequel les lames peuvent être divisées en lamelles minces, et c'est précisément cette propriété qui varie si considérablement dans les micas des différents gisements.

On n'a pas pu bien établir de quelle cause dépend le clivage de base. En règle générale ce sont les cristaux les plus parfaits et ceux qui sont exempts d'inclusions de substance minérale étrangère qui donnent les feuilles les plus nettes et uniformes.

D'un autre côté cependant, il y a beaucoup de micas nets qui semblent être de qualité supérieure et qui ne se divisent pas bien, les feuilles minces se déchirent facilement et on ne les sépare qu'avec difficulté. C'est ce qui arrive particulièrement dans le cas des variétés très claires et très foncées, ce sont ordinairement celles de nuance moyenne qui se fendent avec le plus de facilité.

Une proportion considérable des feuilles deviennent inutilisables par suite de la contorsion des cristaux ayant subi quelque pression et c'est la cause des principales pertes dans l'exploitation du mica.

La planche XXI fait voir des exemples de cristaux de phlogopite écrasés et plissés.

Préparation Artificielle du Mica.

Des petits cristaux de mica ont été préparés artificiellement en laboratoire, notamment par Hautefeuille et St-Filles, von Chrustschoff et Dœlter, et Vogt signale des cas où ils apparaissent dans certains laitiers de fourneaux.

Dœlter,[1] dès l'année 1888, réussissait à préparer artificiellement le mica en laboratoire en fondant au rouge sombre un silicate naturel tel que hornblende, grenat, chlorite, andalousite, augite ou glaucophane avec un fluorure alcalin, les petits cristaux de mica qu'il avait compté obtenir, sont apparus. Il a ainsi préparé de la biotite, phlogopite, muscovite, et zinnwaldite. Dans

---

1 Comptes Rendus, Vol. CVII, p. 42.

l'expérience qui a produit la muscovite il s'est également formé de la scapolite dans le produit fondu.

On signale aussi, la présence de mica magnésien dans un laitier de fourneau à Marienbutte, près de Zwickau, Saxe.[2]

Il est reconnu cependant que les cristaux naturels exigent un énorme espace de temps pour se former; de même, il est impossible à l'homme de reproduire les conditions qui ont prévalu dans des dykes de pegmatite et de pyroxénite. Par conséquent, bien qu'il soit d'un intérêt scientifique que l'on ait parfaitement réussi à produire des cristaux de mica au détriment d'autres minéraux, il n'est guère probable que l'on puisse pratiquement fabriquer des lames d'une dimension commerciale.

---

2 Zeitschrift fur Minéralogie, Vol. XVIII, 1891, p. 670.

CHAPITRE II.

TOPOGRAPHIE ET GÉOLOLOGIE DES ÉTENDUES DE MICA

Région de Québec.

La région du mica dans Québec est traversée par deux grands cours d'eau, la Lièvre et la Gatineau, et parsemée de nombreux lacs. Les rivières se traversent en canot jusqu'à une distance d'environ 200 milles depuis leur confluent avec l'Ottawa, et avec des portages de relativement peu d'importance, les grandes chaînes de lacs qui baignent ce territoire septentrionale sont facilement accessibles.

Sur la Lièvre, le pays est colonisé jusqu'au delà du confluent de la Kiamika, près de 100 milles au nord de l'Ottawa, bien qu'il n'existe pas de routes sur toute la distance. On a fait aussi une route vers l'ouest, au nord de Notre-Dame du Laus, qui se relie à la grande route septentrionale de la Gatineau, quelques milles à l'est de Gracefield.

La nature de cette région supérieure est beaucoup moins accidentée que celle qui se rapproche de l'Ottawa, et bien qu'il y en ait de grandes parties occupées par des sables de transport, il y a quelques étendues convenables pour s'y établir qui sont déjà peuplées. Le long de la Gatineau, il y a des chemins qui s'étendent beaucoup au delà de la rivière Desert, et le prolongement du chemin de fer vers le nord va ouvrir une grande étendue de bonne terre à culture.

Ce qui donne de la valeur à cette région au point de vue de l'agriculture est une large zone de calcaire cristallin qui s'étend sur plusieurs milles vers le nord dans cette direction et par suite, l'aspect ordinairement sauvage de la région du granite et du gneiss disparaît presque complètement. Là désagrégation du calcaire a aussi pour effet de produire de la bonne terre à culture.

La construction du chemin de fer projeté depuis Mont Laurier vers l'ouest à travers la région supérieure jusqu'à la Gatineau va aussi ouvrir une grande étendue de terrain jusqu'à maintenant inaccessible, qui promet beaucoup à la fois pour l'agriculture et l'exploitation minière.

L'aspect général plutôt sauvage de cette contrée vue de la vallée de l'Ottawa disparaît jusqu'à un certain point en allant vers le nord, de sorte que, bien qu'il y ait un exhaussement général du terrain, on trouve une plus grande prépondérance de terrain plat dans les régions plus au nord. Il y a là beaucoup de dépôts de sable, comme par exemple, dans les plaines de Kazabazua à l'ouest de la Gatineau, mais ce caractère sablonneux est aussi très prononcé sur de grandes étendues dans le voisinage de bien des cours d'eau à travers tout ce territoire. Beaucoup de ce drift se compose d'un sable siliceux normal, que l'on trouve souvent surmontant des dépôts d'argile bleue, d'une nature semblable aux argiles marines du bassin de

l'Ottawa. Cependant la majeure partie de la région où l'on trouve les gisements de mica se compose de roches cristallines. Elles font suite à celles
qui apparaissent au sud de l'Ottawa, mais sont surmontées par la vaste étendue de formations paléozoïques du bassin du cours inférieur de l'Ottawa.
Ces dépôts consistent surtout en calcaires stratifiés bleus et gris, schistes,
grès et conglomérats, et sont de l'époque Cambro-Silurienne. Ils composent
une série formant une gradation ascendante dans l'ordre suivant:—

> Schiste Utica.
> Grès de Trenton.
> Calcaire de la rivière Noire.
> Calcaire et schiste de Chazy.
> Dolomie calcifère.
> Grès de Potsdam.

On a constaté que ces dépôts dissimulent la continuité des roches cristallines qui s'étendent vers le sud depuis Ottawa jusqu'au fleuve St-Laurent.
On verra en consultant la carte schématique ci-jointe les positions relatives
des terrains de mica de Québec et d'Ontario. La direction générale des
pyroxénites micacées est N. E. et S. O. Or, si l'on trace une ligne depuis
la région principale du mica dans Québec (disons le canton de Templeton)
jusqu'à Sydenham, situé immédiatement au sud de la région du mica onta-
rienne, on constatera qu'elle traverse une aire continue de dépôts sédimentaires sur un parcours d'une cinquantaine de milles. Il est pratiquement
certain que les roches cristallines—gneiss, calcaires et pyroxénites—sont tout
aussi développées au-dessous de ces sédiments que dans les régions érodées
du nord et du sud et par conséquent il est très probable que les roches sédimentaires dans le voisinage d'Ottawa recèlent d'importants gisements de
mica à différentes profondeurs.

Région d'Ontario.

Bien qu'elle ne soit pas arrosée par de grandes rivières comme la région
de Québec, celle d'Ontario est encore plus profusément baignée de grandes
nappes d'eau. Il y a de longues chaînes de lacs, ordinairement étroits et
orientés dans des directions à peu près parallèles qui s'étendent à travers
les cantons de Bedford, Loughborough et Burgess.

L'élévation générale du terrain est semblable à celle de la région de
Québec, bien qu'il ne soit pas aussi accidenté et aussi bien boisé que dans
celle-ci. Il y a de vastes étendues d'excellente terre arable répandues à travers tout le territoire et, d'une façon génrale, le terrain est relativement plat.
Ce qu'on appelle "la Montagne' au nord de Westport est une grande
masse de gneiss-graniteux rougeâtre s'élevant à une hauteur d'environ 600
pieds et constitue la plus haute éminence de la région.

A partir des dépôts sédimentaires de l'ouest, des languettes de grès et
de calcaires s'étendent vers l'est dans le voisinage de Micaville et des lacs
Rideau, alors que depuis les sédiments du côté sud qui bordent le St-Laurent, il y a relativement peu d'extensions allant vers le nord, et la limite
du Paléozoïque est représentée par une ligne qui, sauf quelques détours, a
une direction à peu près est et ouest.

Les chaînes des lacs suivent assez régulièrement la direction du gneiss dont se compose la majeure partie du terrain. On trouve du gneiss, à travers toute la région, une direction générale N. E. et S. O., alors que le plongement varie à la fois quant au degré et à la direction; un grand nombre des affleurements font évidemment partie de plissements anticlinaux érodés. Le terrain est caractérisé par de longues bosses ou "hogs-backs" de gneiss graniteux rouge et il y a de grandes étendues recouvertes de bandes de calcaire blanc cristallin. On peut dire d'une façon générale que les gneiss présentent un aspect plus feuilleté que dans la région de Québec, bien que des modifications locales fassent voir à la fois les extrêmes des types graniteux feuilleté et normal. Le calcaire est, à tous les points de vue, semblable dans les deux régions, les roches contenant plus ou moins d'inclusions de silicates accessoires suivant leur degré de métamorphisme et leur distance des contacts granitiques.

Les roches micacées ou pyroxénites possèdent les mêmes particularités dans les deux régions, et dans chacune on trouve des modifications du type normal granuleux.

Remarques Générales.

Ce serait outrepasser les limites de ce rapport que d'entrer dans une étude détaillée de la géologie plutôt compliquée des régions où l'on trouve les gisements avantageux de mica. Depuis que Sir William Logan a, le premier, entrepris, vers 1850, une classification des divers types de roches que l'on trouve dans l'étendue en question, il y a beaucoup de géologues éminents qui ont examiné ce territoire. Il y a eu beaucoup d'opinions exprimées et de théories avancées pour expliquer les particularités compliquées qui se présentent. Alors que, au début, il semble y avoir eu une divergence d'opinion considérable quant à l'origine des diverses roches, et des idées contradictoires soutenues et exprimées dans une longue série de publications et de rapports, nos connaissances touchant les divers phénomènes qui peuvent se produire dans la croûte terrestre à l'heure actuelle sont telles que toute controverse serait non seulement inutile, mais même rétrograde. Il n'est plus possible maintenant d'affirmer avec assurance et conviction que tels ou tels phénomènes ont donné lieu à tels ou tels résultats. Au contraire, bien que l'on soit très renseigné sur les phénomènes géochimiques et les changements et résultats qu'ils peuvent occasionner, il est définitivement établi que de semblables résultats sont effectués de bien des manières considérablement différentes et ce serait plutôt téméraire que d'affirmer positivement une explication quelconque quant à l'origine de certains types de roches. Les changements occasionnés par le métamorphisme soit régional ou dynamique dans divers types de roches impliquent des bornes même à l'assistance fournie par le microscope et l'analyse chimique quand il s'agit de décider précisément de quelle manière telles roches ont été formées. Ainsi, aujourd'hui, on n'est pas plus fixé que jamais sur la question de savoir si certaines roches cristallines feuilletées d'un type gneisseux étaient primitivement d'origine sédimentaire ou ignée. C'est-à-dire que l'on ne sait pas, si elles ont été primitivement déposées sous l'eau, ou si elles ont pénétré à l'état fondu dans des roches préexistantes. De même, on n'est pas sûr si certaines roches basiques sont le résultat du métamorphisme complet in situ de types préexistants, ou si elles sont de véritables dykes d'origine plus ancienne que les roches qui les encaissent et qu'elles ont pénétrée lorsqu'elles étaient encore à l'état plastique. Comme type de cette nature on peut citer les gneiss et amphibolites de l'étendue Bancroft, dont la description est donnée par Adams et Barlow.[1]

On a attribué aussi aux calcaires cristallins que l'on trouve associés avec les gneiss de la formation laurentienne des origines considérablement différentes. On les a considérés comme éruptives, c'est-à-dire transformés d'un état liquide à leur état actuel; comme produits métasomatiques des gneiss avec lesquels on les trouve associés; et enfin comme sédiments très altérés. Ils ont été conséquemment attribués à diverses horizons géologiques. Dans les deux premiers cas, on pourrait les considérer comme laurentiennes, c'est-à-dire comme faisant partie du même système qui est principalement représenté par les gneiss et granites gneisseux, tandis que dans le troisième cas, ils pourraient être soit d'origine antérieure aux gneiss, qui les ont enclavés, pénétrés et métamorphisés à leur état actuel ou contemporains avec ceux-ci, et alors toute la série aurait été subséquemment et concurremment soumise au métamorphisme. On a avancé encore une autre théorie à un moment donné, à cet effet que les calcaires auraient été primitivement des dépôts provenant de solutions aqueuses, ainsi que les matières formant la gangue des veines minérales. On admet généralement aujourd'hui que ce sont des roches sédimentaires altérées, bien que les théories ignées et métasomatique soient également soutenues.

L'on peut ajouter que la théorie adoptée par Sir W. Logan en 1863 en ce qui concerne la formation laurentienne est que les roches comprenant presque tout le Laurentien se composaient d'une série de strates métamorphiques sédimentaires, c'est-à-dire que les calcaires, gneiss, pyroxénites, etc., étaient tout simplement des sédiments décomposés.

On trouve en effet des bandes de gneiss stratifiés dans les calcaires et ceux-ci sont maintenant reconnus comme étant d'origine sédimentaire. On les considère comme des portions silicieuses des dépôts calcaires primitifs qui correspondent aux argillites ou couches de boue que l'on trouve dans les sédiments plus récents et non altérés, et comme ayant été transformés à leur état actuel par les mêmes phénomènes qui ont métamorphisé le calcaire à l'état remarquablement cristallin qui le caractérise aujourd'hui. Ces gneiss sont souvent impossibles à distinguer, même au microscope, de ceux qui renferme les calcaires. Le feuilletage est attribué à des mouvements dans le complexe de la roche, laquelle, subissant la pression de l'énorme masse de couches qui la surmontent devrait être dans un état suffisamment plastique pour assumer une structure schisteuse. Suivant les opinions autrefois en faveur, les calcaires cristallins apparaissaient dans le gneiss dans plusieurs horizons et l'on reconnaissait quatre aires distinctes de calcaires. On supposait à toute la série de gneiss et de calcaire une épaisseur d'environ 23,000 pieds, dont 5,000 pieds représentaient le volume de ces roches.

---

[1] Memoir No 6, Com., Géol., Can., pages 25, 51, 157.

Dans la description détaillée de la géologie de la zone du mica, on a cru impratiquable de traiter séparément les régions de Québec et d'Ontario; ainsi les remarques qui suivent peuvent s'appliquer également à tout le territoire où l'on trouve des gisements de mica.

LE GNEISS.

Près de 80 pour cent du territoire sur lequel apparaissent des gisements de mica se compose de roche du type gneisseux. Le reste consiste en calcaires et roches basiques, principalemnt des pyroxénites. Bien que le gneiss puisse se diviser, comme d'ailleurs il l'a été, en deux catégories, savoir: la roche ignée normale qui est censée renfermer les calcaires et autres roches, et les sédimentaires ou soi-disant " gneiss rouilleux " avec certaines étendues de variétés grisâtres et noires, on ne peut établir que peu de distinctions microscopiques entre les deux types. Après un examen détaillé du territoire, on a conclu que les soi-disant " gneiss sédimentaires " forment des bandes relativement étroites enclavées dans les calcaires et représentent des argillites altérées primitivement déposées dans la masse principale des sédiments. Le gîte principal des gneiss est aujourd'hui considéré comme se composant de roches ignées ayant subi de fortes altérations et qui sont loin d'être toujours de même nature. On voit souvent des gradations du gneiss feuilleté normal à une roche cristalline ressemblant au granite tandis qu'un apport local de pyroxène et de hornblende dans le voisinage des calcaires donne lieu à la formation de roches qui diffèrent à peine des diorites, diabases et gabbros ordinaires.

Les noms de pareilles roches reviennent souvent dans la description des gisements de mica et elles sont d'habitude décrites comme recoupant ou pénétrant les pyroxénites. L'auteur n'a pas eu le temps voulu pour faire des recherches sur la nature de ces roches, mais l'on peut dire en passant que dans peu de cas seulement on a pu voir un exemple typique d'un dyke formé par l'une de ces roches à travers une pyroxénite. Il y avait tellement de mines inactives et de puits remplis d'eau que nous n'avons pu faire que peu d'examens détaillés des gisements à découvert. Cependant, d'après une inspection des excavations accessibles et d'après une étude des haldes, c'est notre impression qu'une bonne partie de cette diorite et diabase est simplement le résultat de mélanges de hornblende et de pyroxène avec des portions plus acides des gneiss décomposés près de leur contact avec les pyroxénites. Il existe des modifications soit finement ou grossièrement grenues de ces roches, et c'est ce dernier type qui prédomine.

Nous n'avons pas l'intention ici de faire une distinction bien nette entre les gneiss sédimentaires et ceux qui sont véritablement ignés. Selon toute apparence ils sont identiques de nature et de composition et l'on établira peut-être un jour que la théorie de l'origine sédimentaire est erronée, puisque ces bandes ne sont que des apophyses des gneiss ignées normaux qui ont pénétré les calcaires. La principale raison pour les considérer comme sédiments est que les calcaires qui les bordent ont subi peu de métamorphisme additionnel le long des contacts, ainsi qu'il arrive lorsque ces derniers sont enclavés par de véritables gneiss ignés. Le résultat normal d'une telle ir-

20

ruption serait la production d'un calcaire plus grossièrement cristallisé accompagnée de la formation dans ce calcaire d'une quantité plus ou moins grande de silicates secondaires, suivant l'importance de l'irruption et le nombre d'éléments minéralisateurs qu'elle renferme. Il a été démontré par Adams et Barlow qu'un métamorphisme complet d'un calcaire à une roche d'une nature absolument distincte, comme pyroxénite ou amphibolite, non seulement peut se produire, mais est même caractéristique de certaines étendues des districts d'Haliburton et de Bancroft dans Ontario.

Ici l'on soupçonne des zones de calcaires blancs contigus à des irruptions granitiques d'avoir été complètement transformés en amphibolite vert foncé. On trouve aussi des bandes d'amphibolite semblable insérées dans le gneiss graniteux de la région et on estime que ce sont des plus petites portions de calcaire qui ont été englouties dans le soulèvement batholitique et entièrement décomposés. Les conclusions auxquelles sont arrivés Adams et Barlow au sujet des types de roches des comtés de Hastings, Renfrew, Haliburton, etc., peuvent très bien s'appliquer aussi aux comtés de Frontenac, Lanark et Leeds situés plus à l'est. Bien qu'ils ne contiennent pas autant de types de roches modifiées que les précédents, le terrain de ces derniers comtés se compose principalement de gneiss semblables et gneiss graniteux, avec bandes de calcaire cristallin blanc et pyroxénite. Il y a donc un bon nombre de remarques touchant la géologie de l'étendue d'Haliburton qui peuvent s'appliquer également à la région dont il est ici question.

Pour ce qui concerne les gneiss, on les considère comme de vastes irruptions batholitiques de granite, qui ont, par suite de mouvements, lorsqu'ils étaient encore à l'état plastique, assumé en grande partie une structure feuilletée et schisteuse. Ce feuilletage est loin d'être universel et les roches à structure vraiment gneisseuse passent en bien des endroits à des types massifs granitoïdes. La couleur prédominante du gneiss est rougeâtre, et la roche est ordinairement d'un grain moyen à fin. Sous l'influence de l'air il devient gris ou rose. Au sujet de la géologie historique de cette étendue nous citons l'extrait suivant du rapport des docteurs Adams et Barlow :—

" Cette région était, à l'époque précambrienne, recouverte par une mer dans laquelle furent déposés une immense série de sédiments, formant un agrégat de plusieurs mille pieds d'épaisseur. L'épaisseur de cette formation indique que la période de sédimentation a été longue et la nature calcaire dominante de ces dépôts indique qu'elle était probablement d'origine marine. Il est visible cependant, qu'il y avait de la terre dans le voisinage, par le fait qu'une certaine quantité de sédiment argilacé et arénacé s'est déposé au fond de la mer. Ce dépôt s'est produit pendant une période de grande activité volcanique, car il y a tout lieu de croire qu'une grande partie du volume considérable d'amphibolite interseratifié avec les matières sédimentaires normales, représente des cendres volcaniques et autres matériaux clastiques d'origine volcanique, qui a été de temps à autre jeté dans la mer où la sédimentation normale était en train de s'effectuer.

A propos du sous-sol sur lequel cette immense accumulation de matière sédimentaire s'est déposée, nous n'avons aucune connaissance certaine, car il n'y a aujourd'hui aucune partie que l'on puisse reconnaître comme étant le mur primitif.

Cette grande série a été repliée ensuite dans une direction générale N. 30° E., et probablement en même temps envahie par une énorme masse de granite. Ce granite s'est lentement élevé sous la forme de grands batholithes dans la série sus-jacente en la désagrégeant et s'imprégnant d'innombrables fragments de la roche envahie. Dans le cas des calcaires, ce granite les a non seulement brisés mais même "transformés en amphibolites." L'amphibolite produite ainsi, de même que celle sus-mentionnée, comme apparaissant interstrafiée avec le calcaire et d'origine différente, s'est trouvée en bien des endroits fondue ou incorporée avec la matière du granite, assumant la forme de traînées basiques ou "schlieren." D'après ce qui précède, on pourra voir que dans ce vaste territoire, les phénomènes qui se présentent sont précisément les mêmes que dans les autres parties de l'Amérique du Nord, et d'après les connaissances que nous possédons, il semble qu'il en soit de même dans toutes les parties du monde. Là où les formations stratifiées ou stratiformes sont à découvert, elles reposent sur de gros massifs de granite de structure ordinairement gneissique qui les pénètrent dans de grandes masses batholitiques, le contact étant intrusif."

Le gneiss rouge se compose presqu'entièrement de feldspath et quartz et c'est généralement le feldspath qui prédomine. Il y a peu de mica présent, mais on trouve des lamelles de muscovite et biotite en petites quantités à travers toute la roche. On aperçoit quelquefois des petites quantités de rornblende, et on peut mentionner comme minéraux accessoires: apatite, magnétite et zircon. On trouve souvent des imprégnations locales avec grenat dans le voisinage des pyroxénites, notamment à la mine de mica Mc-Clatchey, près du lac Gould, dans le canton de Loughborough. Le feldspath contenu dans la roche se présente sous deux formes, oligoclase et orthose; c'est habituellement le premier qui domine. On pourrait donc classifier la roche comme gneiss à oligoclase plutôt que gneiss à orthose. On peut ordinairement faire disparaître la couleur rouge du feldspath en chauffant, ce qui indique que le fer n'est pour rien dans la coloration. On peut dire autant du feldspath rougeâtre des mines de feldspath du canton de Bedford, lequel ne décèle à l'analyse que très peu de fer et blanchit après calcination. L'auteur n'a pas eu le loisir de différencer les gneiss gris d'avec les rouges ou les sédimentaires d'avec les ignés. Nous avons rencontré bien des modifications du type habituel, depuis la roche rougeâtre normale, pauvre en mica, jusqu'aux variétés grisâtres ayant en règle générale une nature plutôt granitoïde et possédant souvent une teneur appréciable de grenat avec une grande quantité de quartz, et enfin jusqu'aux types très foncés et presque noirs contenant beaucoup de biotite en petites paillettes dans lesquelles les individus de feldspath rose sont encastrés. On ne voit au microscope que peu de quartz dans ces variétés plus foncées. En contiguité avec les dykes de pyroxénite[1] le mica est presque toujours abondant dans le gneiss et consiste généralement soit en biotite ou en phlogopite.

---

[1] NOTE.—L'expression "dyke de pyroxénite" est employée au cours de ce rapport pour désigner les bandes de roches consistant en salite et autres membres du groupe pyroxène, avec lesquels les gisements de mica apparaissent associés. Cette appellation n'est pas très appropriée et sera étudiée plus loin avec la description de ces roches. (Voir page 292).

Adams et Barlow ont constaté que les gneiss gris du terrain Bancroft diffèrent en composition minéralogique des types rougeâtres, en ce qu'ils tiennent quelquefois une proportion plus élevée de constituants ferro-magnésiens, combinés parfois avec une teneur moindre de quartz. Dans d'autres cas, on a trouvé une plus grande quantité de plagioclase.

Dans la préparation de ce rapport lequel n'a aucunement la prétention de donner une étude géologique détaillée des divers types de roches, nous avons pris soin d'éviter une profusion de noms qui servent à désigner les variétés de roches inférieures. Beaucoup de ces types inférieurs diffèrent très peu les uns des autres et, de fait ne sont souvent que des phases locales d'une seule et même famille, et toutes les gradations de l'une à l'autre ne sont perceptibles que dans les étendues restreintes. Il est utile, quand il s'agit d'une description détaillée d'établir une liste de noms à laquelle on peut rapporter toutes les variétés inférieures de roches, mais pour une description superficielle cela ne pourrait que donner lieu à la confusion. Pour établir une distinction précise entre certaines roches, il est nécessaire d'avoir recours non seulement à l'examen microscopique au moyen de plaques minces, mais aussi, dans bien des cas, à l'analyse chimique des roches. Si l'on tient compte de la limite de temps accordé à l'auteur il ne pouvait être question de semblables examens. Nous avons utilisé cependant, dans ce rapport, des examens et descriptions antérieurs, des régions en question et aussi de celles du voisinage; certaines particularités importantes se rapportant en grande partie à tout le territoire. Jointes à ces descriptions l'auteur donne ses propres observations des particularités géologiques de la région du mica, puis en un bref résumé des principaux faits observés et les conclusions auxquelles on est arrivé.

La moyenne partie du gneiss rouge répandu dans ce terrain peut être alors considérée sans aucun doute, comme étant d'origine ignée, et résulte d'une altération de matériaux granitiques lesquels se sont primitivement infiltrés par masses sous forme de batholithes et ont ensuite assumé une structure feuilletée ou gneissique par suite des mouvements de repliage qui se sont produits avant que la roche se fut solidifiée. Cette dernière condition n'était pas absolument nécessaire, puisque l'on a vu bien des cas où des roches durcies et froides sont devenues plastiques dans l'action dynamique et ont assumé par suite une structure plus ou moins schisteuse. Cependant dans la région qui nous intéresse il semblerait probable que le feuilletage du granite se soit effectué pendant que la roche était encore à l'état plus ou moins liquide. Cette opinion est renforcée par l'existence à travers toute l'étendue gneisseuse de dykes et veinules de pegmatite qui traversent la roche dans toutes les directions.

On rencontre quelquefois des lits de quartzites intercalés dans les gneiss. Les bandes sont ordinairement minces mais atteignent parfois des largeurs considérables. Harrington[1] signale un gneiss possédant de nombreuses couches de quartzite sur le rang XII, lot 12, du canton de Templeton, Qué., et aussi l'existence de couches puissantes dans la colline en arrière du

---

[1] Rap. Trav., Com., Géol., Can., 1877-78, Partie G.

moulin Perkins, dans le même canton. Il y a cependant beaucoup des bandes quartzeuses que l'on appelle quartzites et qui ne sont probablement que des pegmatites avec excès de silice.

LES PEGMATITES.

Bien qu'ayant une direction générale conforme au plissement du gneiss c'est-à-dire N. 30° E., ces pegmatites recoupent cependant le feuilletage à toute sorte d'angles. Les pegmatites, suivant l'application générale de ce nom, sont ordinairement considérées comme le produit final de l'activité ignée qui accompagne un soulèvement granitique. Elles résultent en d'autres termes, de l'épanchement final d'un magma granitique profond pendant la phase du refroidissement et sont ordinairement composées des minéraux résiduels plus acides isolés du magma primitif par un phénomène de différenciation. Ces épanchements acides sont supposés avoir été accompagnés par un excès de vapeur d'eau se dégageant du magma pendant le refroidissement, et c'est à cela que l'on attribue leur structure grossièrement cristalline.

Or, si le plissement du granite s'est effectué avant le durcissement complet, mais après la solidification partielle de la croûte, on devrait s'attendre à trouver celle-ci dans un état plus ou moins éclaté. Les mouvements de plissage refouleraient alors la roche profonde encore liquide et plus acide dans les crevasses formées par l'éclatement, et cette roche se durcirait ensuite comme un ciment quelconque dans les fissures. Voilà au fait, ce que semble s'être produit en réalité à travers toute la région du gneiss, et ces roches pegmatitiques se rencontrent partout où le gneiss est visible.

Bien que les pegmatites se présentent ordinairement sous forme de dykes de diverses largeurs—depuis quelques pouces jusqu'à plusieurs centaines de pieds—il y a un type commun qui consiste en gros massifs de forme irrégulière que l'on a appelé "splashes."[1] Ces splashes ont souvent une grande étendue, et il n'est pas rare de trouver un bon nombre de ces zones acides très rapprochées les unes des autres, ce qui porte à croire que ce qui faisait autrefois partie d'une seule et même masse a été séparé par des mouvements postérieurs de la roche encaissante en massifs plus ou moins élongés. Ces zones pegmatitiques consistent quelquefois en feldspath et quartz dans des proportions variées et quelquefois en quartz presque pur avec quelques cristaux de feldspath disséminés au travers. Il n'y a ordinairement pas de mica, bien que l'on y rencontre des agrégats de biotite et de muscovite. On trouve des développements considérables de semblables gîtes de pegmatite dans les cantons de Portland, Bedford et Loughborough, lesquels ont été assez considérablement exploités pour le feldspath. Dans le premier de ces cantons, la mine Border, concession XII, lot 6, a été ouverte il y a quelques années par la Pennsylvania Feldspath Company qui a poussé les travaux pendant quelque temps. La même compagnie a également ment exploité la mine Freeman, sur le lot 1, concession XII, des cantons de Portland et Loughborough, près du lac Fourteen Island et la mine Walker, sur le lot 2, concession X, de Portland.

---

[1] En Allemand : " Flammen."

Le feldspath à tous ces endroits, est un minéral rosé consistant principalement en orthose avec mélange local de plagioclase et microcline. On y trouve du quartz en veinules et parfois en grands massifs: il y a aussi un peu de biotite. Les dykes peuvent être suivies sur des distances considérables et atteignent une largeur d'une cinquantaine de pieds. La mine Richardson, sur le lot 1, concession II, de Bedford, est en activité depuis 1900 et est située sur deux bandes de feldspath, dont l'une a 150 pieds et l'autre 60 pieds de large, et les deux sont séparées par une bande étroite de quartz massif. La longueur du gisement est d'environ 300 pieds. Le feldspath est de couleur rouge clair, est massif et a un bon clivage. Nous donnons ci-dessous les analyses [1] du feldspath: le No 1 a été analysé à Kingston et le No 2 par le Dr H. Ries, de l'université de Cornell. Ainsi qu'on pourra le voir, la couleur rouge du minéral n'est pas dûe à sa teneur en fer mais est une coloration naturelle.

	Silice. SiO_2	Alumine. $Al_2 O_3$	Protoxyde de fer. $Fe_2 O_3$	Potasse. $K_2 O$	Soude $Na_2 O$	Chaux. CaO	Magnésie. MgO	Perte au feu.	Total.
No. 1	66.23	18.77	trace	12.09	3.11	0.31	néant	néant.	100.51
No 2	65.40	18.80	"	13.90	1.95	néant	"	0.60	100.65

Sur le lot 3, concession III de Bedford, un autre gisement de feldspath semblable a été attaqué dans la mine Harris ou Jenkins et l'on a extrait une quantité considérable de minéral vers 1902. Toutes ces pegmatites sont renfermées dans le gneiss rouge, et les dykes ont une direction parallèle à l'allure du gneiss.

Dans le terrain micacé de Québec, l'existence de pegmatite la plus remarquable est à la mine Villeneuve, lot 31, rang I, du canton de Villeneuve. A cet endroit, on trouve plusieurs dykes parallèles de pegmatite intercalés en concordance dans le gneiss rouge dont le plus important a une largeur d'environ 150 pieds, et c'est sur celui-ci qu'est située la mine de mica Villeneuve. Ici le feldspath consiste principalement en albite et microcline se développant simultanément en sens parallèle: il est très pur et de couleur blanche. On en trouvera une description plus détaillée dans les notes sur la mine Villeneuve, page 196. Le feldspath est de qualité vraiment supérieure et se vend très cher (environ \$20.00 la tonne) pour être employé dans la dentisterie. Le gneiss qui borde les dykes contient beaucoup de grenat et plus de mica que l'on en trouve habituellement dans la roche. On trouve des gîtes de pegmatite semblables, dans le voisinage du lac Blue Sea, mais ils n'ont pas encore été exploités. Ici la roche est plutôt du type granite graphique et contient une moyenne d'impuretés oscillant entre 20 et 30 pour cent, principalement du quartz. Il y a aussi des gisements de pegmatite en divers autres endroits de la région du mica, et quelques-uns ont été autrefois exploitées pour le mica qu'ils contiennent.

---

[1] Voir le Rap. Ont. Bur. Mines, 1900, p. 26.

Dans le canton de Bathurst, les veines de pegmatite sont dans la concession IX, lot 19, et se composent en majeure partie de la variété d'albite appelée péristérite. Ce minéral appelé vulgairement moonstone a une certaine valeur comme pierre précieuse, et a été trouvée également à la mine Villeneuve dans Québec.

Une analyse de la péristérite de Bathurst faite par le Dr Sterry Hunt fournit :—

Silice. SiO_2	Alumine. Al_2O_3	Potasse. K_2O	Soude. Na_2O	Chaux. CaO	Magné- sie. MgO	Protoxy- de de fer. Fe_2O_3	Perte au feu.	Total.
66.80	21.80	0.58	7.00	2.52	0.20	0.30	0.60	99.80

Il y a des bandes de perthite d'origine pegmatitique sur le lot 4, concession VI, de North Burgess, et aussi dans le voisinage de Perth, auquel le minéral doit son nom.

La perthite consiste en orthoclase ou microcline développée simultanément avec de l'albite, et a quelquefois une certaine valeur pour le polissage, l'ornementation et autres usages.

Deux analyses [1] de perthite, par le Dr Sterry Hunt ont donné :—

	Silice. SiO_2	Alumine. Al_2O_3	Protoxy- de de fer. Fe_2O_3	Chaux. CaO	Magné- sie. MgO	Potasse. K_2O	Soude Na_2O	H_2O	Total.
I.	66.44	18.35	1.00	0.67	0.24	6.37	5.56	0.40	99.03
II.	66.50	19.35		0.56	0.24	6.18	5.56	0.44	98.73

En outre des gisements remarquables de pegmatite sus-mentionnés, toute la région du gneiss est traversée par des petites veinules et filons de nature plus ou moins pegmatitique. Il est à noter que l'on trouve souvent ces filons recoupant les pyroxénites et au milieu des gisements de mica. Il y a des exemples bien visibles de ces intrusions dans les excavations de la mine Seybold, lot 18, rang II, de Wakefield, Qué., où la pyroxénite est disloquée par deux étroits filons de pegmatite qui la traversent presque perpendiculairement à sa direction et à celle du gneiss. Sur le lot 12a, rang XIII, de Hull, on peut voir un magnifique exemple de felsite pénétrant la pyroxénite dans les excavations pratiquées par MM. Winning, Church & Compagnie, la roche intrusive se compose d'une pâte rose d'orthose et microcline finement grenue dans lequel se trouvent porphyritiquement encastrés des cristaux de sphène opaque d'un brun rouge. On y rencontre rarement des grains de quartz et parfois un gros individu feldspath. L'effet de cette

---

[1] Rap. Ont. Bur. Mines, 1900, p. 206.

intrusion est très prononcé. Formant bordure le long de la felsite, le pyroxène est presque complètement transformé en hornblende vert bleuâtre ou en actinolite, et, disséminés à travers la masse rose intrusive, on trouve de petits individus pyroxène décomposés. Les différentes phases de décomposition qu'ils ont subie sont très marquées. On voit côte à côte des cristaux complètement métamorphisés de couleur bleu foncé et des individus verts dont la partie extérieure est altérée. Les premiers représentent peut-être un minéral pyroxénique ayant été attaqué par la roche acide et qui aurait subséquemment cristallisé de nouveau: tandis que les autres consistent en petits fragments qui ont été captés et seulement partiellement attaqués. Les deux minéraux possèdent une forme irrégulière, et ne se présentent pas avec une silhouette de cristal bien définie. Les cristaux de sphène sont bien formés et atteignent souvent une longueur de ¾″.

On peut voir une existence à peu près semblable à la précédente, dans les excavations de la mine Walkingford, lot 19, rang VI, de Hull. Il s'est produit ici une formation plus importante du minéral hornblende et là où elle s'est produite sur les jointages dans la roche, elle a été en bien des endroits comprimée en plaques grossières ayant jusqu'à un pied de largeur, dont on peut détacher des fibres et leur donner en frottant, l'apparence de fils d'amiante. Nous avons aperçu sur les haldes, de grands amas de cette amiante amphibolique avec des fibres longues de près d'un pied. Ce minéral peut probablement être rapporté à l'espèce byssolite, et résulte évidemment de l'action de la pegmatite sur le pyroxène. Aux deux endroits précités, on trouve de la molybdénite en petites touffes au point de rencontre de la felsite avec la pyroxénite. Ces irruptions qui sont caractéristiques d'existences semblables qui se rencontrent dans un certain nombre des mines de mica du voisinage de Chealsea et Kirk Ferry, sur la rivière Gatineau, ne se présentent pas sous forme de dyke et c'est ce qui les distingue des autres pegmatites. Elles semblent résulter plutôt d'un soulèvement violent qui aurait éclaté à travers les parties plus faibles de la croûte terrestre dans le voisinage des bandes de pyroxénite et qui l'aurait très sérieusement mise en pièces, puis des languettes de roche acide se seraient frayé un chemin en rongeant les matières basiques. On n'a remarqué de tourmaline en aucun des endroits où se rencontre ce type de roche, bien que la titanite brune ou sphène soit cependant très caractéristique de ces sortes d'existences.

On peut noter en passant que la sphène est presque toujours présente comme minéral accessoire dans le voisinage des gisements de mica. Quand elle n'est pas continue dans la pyroxénite même, on la trouve généralement dans les portions plus acides des dykes, ordinairement associée au feldspath gris, blanc ou brunâtre. Il y a des individus qui atteignent quelquefois jusqu'à deux pouces de longueur dans la direction de l'axe b; ils possèdent généralement l'aspect normal cunéiforme qui est caractéristique de ce minéral. Ils se présentent assez souvent aussi en masses informes et irrégulières (voir page 298).

Dans une ancienne carrière de phosphate sur le rang XII, lot 15, de Hull, on a aperçu un bon exemple d'une veine de pegmatite recoupant un gisement d'apatite massive; laquelle est un minéral bigarré vert foncé et brun, Il est traversé par des petites veinules de pegmatite que l'on reconnaît particulièrement à la quantité de tourmaline qu'elles contiennent, la portion principale de la veine se composant souvent de schorl noir virtuellement solide. On a remarqué sur le lot 16, rang XI, de Hull, une petite veinule de pegmatite traversant une masse d'apatite moyennement grenue. A cet endroit, il y a plusieurs veines de pegmatite qui traversent la pyroxénite presque perpendiculairement et sont composées d'orthoclase rose et microcline blanche. Elles ne semblent avoir exercé aucune influence sur l'apatite qui leur forme bordure; peut-être étaient-elles trop étroites pour occasionner une altération importante quelconque. La veinule sus-mentionnée avait en un certain endroit traversé un cristal de phlogopite encastré dans l'apatite, emportant avec elle des portions du mica. Il s'est présenté, au cours de notre examen des gisements, beaucoup d'exemples de dykes de pyroxénite (avec lesquels sont associés des gisements importants de mica) recoupés par des veines de pegmatite. Ils ont généralement l'aspect d'étroites veinules variant en largeur de un pouce jusqu'à plusieurs pieds. Nous avons eu l'impression que beaucoup des soi-disant dykes de diorite, diabase et gabbro, signalés par des auteurs précédents comme coupant ou pénétrant les pyroxénites, ne sont pas du tout en réalité des dykes. Sur les haldes de presque toutes les mines de mica (lesquelles nous avons examinées avec soin pour obtenir des échantillons de la roche provenant des excavations—puisque celles-ci étaient pour la plupart inaccessibles) nous avons trouvé une quantité de roche feldspathique brune, contenant plus ou moins soit de pyroxène ou de hornblende. Cette roche possède un grain allant du fin au grossier et la quantité de minéral basique qu'elle contient est très variable. La nature du feldspath se maintient cependant partout, et il semble très probable qu'une bonne partie de la soi-disant " diorite " et " diabase " ne soit rien autre que des portions acides de pyroxénite tenant des mélanges formés soit avec du pyroxène décomposé en hornblende ou du pyroxène normal. Nous n'avons pu voir que peu de cas de véritables dykes de cette roche recoupant les gisements. Dans la plupart des cas où nous avons pu observer sur place des roches de nature diabasique ou dioritique, nous avons eu l'impression que ces zones étaient simplement des portions différenciées de la pyroxénite. Nous avons constaté que la titanite est généralement présente dans cette roche et souvent en quantité considérable. Par conséquent, à quelques exceptions près, les seuls dykes véritables et incontestables que nous avons observés recoupant les gisements de mica se composent de roches acides ayant habituellement la nature de pegmatites normales.

Or, si—comme on le suppose—les pegmatites représentent une phase d'irruption finale du gneiss graniteux qui renferme les pyroxénites, il doit s'ensuivre que, puisque de pareilles veines de pegmatite traversent les pyroxénites, celles-ci étaient déjà formées et existaient avant la solidification finale du gneiss. Si l'on admet la théorie que les pegmatites appartiennent à deux ou plusieurs époques géologiques, il va sans dire que la supposition ci-dessus est inutile. Cependant le caractère généralement uniforme des pegmatites que l'on rencontre dans toute la région du mica ne donnent aucunement lieu de supposer qu'elles appartiennent à différentes époques. Elles sembleraient résulter au contraire des grands mouvements de pliage qui ont imprimé aux soulèvements granitiques batholitiques primitifs le caractère feuilleté qu'ils ont aujourd'hui et de s'être manifesté à travers les crevasses et fissures dues à l'action de ces mouvements dans la croûte déjà partiellement consolidée. Si c'est bien là l'explication de leur origine, on devra reconnaître comme il est dit plus haut que les pyroxénites existaient déjà avant la consolidation finale de ce qui est aujourd'hui le gneiss graniteux qui les renferme et ne sont pas, ainsi qu'on l'a supposé, des dykes de roche basique ignée qui se sont infiltrés dans le gneiss à une période quelconque postérieure à l'altération par plissement de celui-ci du granite normal. Cela nous induirait à attribuer un mode d'origine semblable aux pyroxénites des terrains micacés de Québec - Ontario, ainsi qu'il a été proposé par Adams et Barlow pour les amphibolites et roches alliées de l'étendue Haliburton Bancroft, c'est-à-dire qu'ils les font dériver des calcaires par métamorphisme, par suite de vastes intrusions batholitiques de granite qui ont, dans certains cas, complètement engouffré de grandes agglomérations de sédiments et les ont transformés entièrement en hornblende foncée ou roche pyroxénique.

LES CALCAIRES CRISTALLINS.

La classification convenable de ces types de roche dans la série des cristallines avec lesquelles elles apparaissent associées a été l'objet de beaucoup de controverse depuis que M. A. Murray et Sir William Logan ont commencé à les étudier vers 1850. On croyait alors que ces roches formaient avec les gneiss une série alternante de dépôts sédimentaires qui, depuis ont été fortement affectées par le métamorphisme. C'est-à-dire que ce que l'on a appelé alors le système laurentien se composait de plusieurs milliers de pieds de roches sédimentaires altérées, constituant quatre, et peut-être cinq horizons distincts de dépôts calcaires, séparés par plusieurs mille pieds de gneiss rouge à orthoclase. Toutes ces roches plus récentes étaient censées reposées sur le fondement primitif de la couche terrestre, auquel on a donné le nom de gneiss fondamental. La découverte en 1853 dans un calcaire cristallin de North Burgess, du célèbre Eozoon Canadense, lequel a été longtemps considéré par des géologues éminents tels que Lyell, Logan et Dawson comme étant indiscutablement d'origine organique a contribué à renforcer considérablement la théorie de l'origine sédimentaire de toute la série laurentienne des gneiss et calcaires. En 1866, Vennor a introduit un système classifiant les anciennes cristallines en trois groupes. Dans le premier étaient placée une couche de gneiss syénitique et granitique rouge, en partie non feuilleté ,que l'on considérait comme base de la série. Venait ensuite au-dessus, un gneiss gris et rose passant au mica-schiste, surmonté par quelques centaines de pieds de calcaire ou dolomie cristalline. C'est dans ce calcaire que fut trouvé ce que l'on considérait comme de l'éozoon. Dans le deuxième groupe venaient les amphibolites et pyroxénites avec divers schistes de même que des gisements de magnétite ; et dans le troisième étaient placés d'autres calcaires dolomitiques cristallins, schistes micacés, quartzites et quelques conglomérats. Plus tard, on a condensé ces divisions, et les roches appartenant à la première furent classées avec le Laurentien, et les deux autres divisions avec le Huronien.

En 1877, Selwyn adopte une classification où seulement la série inférieure de gneiss, granite et syénite ne laissant voir aucune trace de sédimentation fut attribuée au Laurentien alors que le gneiss, calcaire, quartzite et schistes composant la série Grenville et Hastings furent classés avec le Huronien.

En 1881, l'on adopta de nouveau le premier système de classification et l'on divisa le Laurentien en inférieur, moyen et supérieur, auquel succédait le Huronien sus-jacent.

Ensuite, un type de roche connue sous le nom d'anorthosite qui avait été considéré jusque là comme une série sédimentaire altérée formant le terme supérieur du Laurentien fut reconnu vers cette époque comme masse intrusive plus récente que les roches de Grenville avec lesquelles elle apparaissait. Le Laurentien fut donc soumis à un nouvel arrangement et divisé en deux portions: une série inférieure comprenant la division inférieure de Vennor, et une série supérieure de gneiss et calcaires avec quartzites qui fut incorporée dans les formations de Grenville et Hastings. Les qualifications Grenville et Hastings servaient à désigner deux séries que l'on regardait comme dépôts sédimentaires à différentes phases de métamorphisme et d'âge différent. L'opinion s'est formée cependant et est aujourd'hui généralement adoptée que ces deux séries portant les noms des comtés où elles apparaissent sont de la même époque et ne représente que des phases d'altération différentes d'un seul et même ensemble de dépôts contemporains. La série Hastings, moins altérée que la Grenville, a été à diverses époques classée avec le Huronien lequel fait suite au Laurentien; tandis que les dépôts de Grenville consistant principalement en calcaires métamorphisés étaient regardés comme faisant partie d'un étage inférieur surmontant le gneiss fondamental.

Sterry Hunt était porté à croire que la série Hastings était de l'époque Huronienne, mais qu'elle était distincte des dépôts de Grenville, lesquels il attribuait encore au Laurentien. Il a aussi classifié les anorthosites comme sédiments altérés, mais leur a donné la qualification Norienne, les rapportant à une formation distincte qui sépare le Laurentien d'avec le Huronien.

A cause de leur développement avec la série Hastings dans le comté du même nom, on n'a pu qu'avec beaucoup de difficulté faire remonter les calcaires cristallins aux strates de Grenville dans le district de Grenville. La continuité des bandes a été souvent osbtruée par ce qui semblait être de grandes masses irruptives de granite interrompant ou détournant le cours des bandes. On est arrivé cependant à la conclusion que ce qui a été appelé la série Hastings n'est rien autre qu'une phase altérée de la Grenville, puisque la différence pétrographique entre les deux consiste seulement dans la proportion de métamorphisme subi. La seule raison que l'on pourrait alléguer attestant une discordance entre les deux séries serait la présence de couches locales de conglomérat. Il est également probable, cependant que ces roches sont des conglomérats autoclastiques, formées par suite de pression ou qu'elles sont d'origine sédimentaire.

Pour ce qui concerne certaines étendues de la série de Grenville dans la province de Québec dans laquelle les gîtes de calcaires cristallins sont souvent petits et très considérablement altérés, on était autrefois d'opinion que ces roches n'étaient pas, après tout, d'origine sédimentaire. Dans la plupart des cas, toutes traces de stratification sont disparues et les couches assument simplement la position inclinée occasionnée par la pente des strates de gneiss qui les renferment. W. G. Miller[1] émet cette opinion que peut-être qeulques-uns des calcaires cristallins d'Ontario représentent des produits de décomposition de roches ignées, le feldspath s'étant brisé en scapolite non permanente qui a donné naissance aux nombreux calcaires dolomitiques. On ne peut tirer de l'examen des calcaires aucune preuve à l'appui de cette théorie. Si elle est vraie, il s'ensuivra que les roches gneissiques ou granitiques passent au calcaire, phénomène que nulle part l'auteur n'a pu constater et qui n'est signalé dans aucun rapport connu sur la région en question. Bien qu'ils n'apparaissent pas dans la région spécifiquement envisagée par ce rapport, le fait signalé par Adams et Barlow[2] que l'on a remarqué des restes de calcaire bleu archéens non altérés enclavés dans de grandes bandes de marbre blanc qui entourent les batholithes granitiques des cantons de Methuen et Cavendish, démontre suffisamment que ces calcaires cristallins résultent du métamorphisme de contact. Il est évident que le calcaire cristallin peut prendre naissance de différentes manières, et cependant la ressemblance frappante qui caractérise toute la série des calcaires de Grenville semblerait indiquer partout un mode d'origine semblable.

En parlant de ressemblance frappante entre les calcaires des divers endroits nous voulons dire que ces roches décèlent des particularités semblables, et non pas qu'ils ont absolument la même nature. Bien que ce soit presque toujours de véritables calcaires, on remarque que ces roches sont par places, dolomitiques et passent parfois à de véritables dolomies. Cette variation semblerait en certains cas n'être pas étrangère à l'existence dans leur voisinage de roches pyroxénitiques basiques. De même, la quantité de grains de divers silicates répandus çà et là est très variable, et quelquefois le calcaire prend une couleur foncée qui est dûe à la présence de nombreux petits cristaux de phlogopite, diopside, graphite, etc. Dans d'autres cas, il y a absence totale de silicates étrangers et la roche présente l'aspect d'un marbre pur. Le grain du calcaire est également variable allant de celui du marbre véritable à celui d'un agrégat grossièrement cristallin composé d'individus ayant jusqu'à un pouce de diamètre. La proportion de minéraux accessoires présents dans la roche semble dépendre directement de sa distance des types gneisseux ou basiques, le nombre de silicates augmentant suivant qu'elle se rapproche du contact.

Il y a déjà été question de la présence des gneiss associés avec les calcaires, et il a été démontré que ceux-ci sont de deux sortes: les véritables intrusives qui font partie des batholites qui ont pénétré les calcaires et sont devenues dans la suite feuilletées, et les gneiss sédimentaires représentant des bandes sableuses ou argileuses entrestratifiées avec le calcaire. Celles-ci semblent résulter du dégagement de la matière charbonneuse présente dans les calcaires laquelle se dépose de nouveau dans la portion plus argilacée représentée maintenant par les gneiss. Les amphibolites sont un autre type de roche très prononcé que l'on trouve parfois associée avec le calcaire.

---

[1] Huitième Rapport, Ont., Bur., Mines, 1899, p. 225.

Elles ne se présentent pas dans la région du mica aussi abondamment que dans le territoire plus à l'ouest; elles semblent être représentées par certaines des pyroxénites si profusément développées dans cette première région. Bien que d'une nature tant soit peu variable les amphibolites sont ordinairement de couleur foncée et de composition éminemment basique. Elles se composent habituellement de hornblende et feldspath avec quartz comme élément secondaire; la hornblende est quelquefois partiellement remplacée par la biotite et la pyroxène, et dans ce cas la roche se rapproche de la pyroxénite. L'on a divisé ces roches en deux variétés distinctes: l'une est appelée "feather amphibolite" et l'autre, possédant un caractère plus granuleux a reçu par conséquent la qualification "d'amphibolite granuleuse." Adams et Barlow [1] attribuent à ces roches deux modes d'origine distincts. Les amphibolites granuleuse sont censés représenter des intrusives ignées altérées; tandis que les feather amphibolites sont supposées être des sédiments altérés représentant des bandes siliceuses ou dolomitiques dans le calcaire primitif. Au sujet de ces roches, les auteurs précités donnent les détails suivants:

"Toutes les phases du passage de l'un à l'autre (calcaire à amphibolite) ont été observées. *L'on a également prouvé que, en d'autres endroits, il s'est produit des amphibolites dans une large mesure par la décomposition des calcaires résultant de l'action métamorphique des batholithes graniteux.* On remarque que, sous l'effet d'un métamorphisme intense, bon nombre de types de roches d'origine et de nature très différentes donnent des produits de décomposition d'un type convergent appartenant à la classe des amphibolites, *et se ressemblant si étroitement que dans bien des cas il est impossible de les distinguer l'un de l'autre.* Cependant les roches sont si complètement cristallisées de nouveau que même l'examen au microscope ne décèle aucune preuve de leur nature primitive." Les " roches acides rougeâtres " dont parlent ces auteurs,[1] sembleraient être identiques aux types brunâtres et rougeâtres si souvent observés par l'auteur sur les haldes des mines de mica et aussi in situ dans les mêmes mines; elles consistent principalement en feldspath brun avec soit pyroxène ou hornblende accompagnée de titanite à titre accessoire. Les relations de ces amphibolites avec les pyroxénites de la région micacée seront étudiées plus loin sous leurs titres respectifs.

On calcule que la série de Grenville consiste pour plus de la moitié de son épaisseur en calcaire pur, et l'on considère qu'elle représente de beaucoup le développement le plus puissant de calcaire précambrien de toute l'Amérique du Nord.

On a remarqué une existence insolite de calcaire cristallin de couleur bleue à la mine Silver Queen, lot 13, concession V de North Burgess, Ont. L'affleurement est à une centaine de pieds de distance du gisement de mica, à la base de l'élévation sur laquelle sont situées les excavations. Ce calcaire, qui cristallise un peu plus grossièrement qu'à l'ordinaire, est de couleur nettement bleue, et est principalement remarquable pour la quantité de gaz hydrogène sulphuré qu'il contient. Il suffit de l'émietter dans la main pour

---

[1] Loc. cit., p. 23.

libérer des quantités appréciables de ce gaz, et avec un coup de marteau, on constate encore plus facilement sa présence. On trouve aussi dans cette roche des petites paillettes de graphite et de menus cristaux de pyrites. Une petite ouverture pratiquée dans le calcaire à environ 250 pieds des excavations de mica décèle une roche un peu moins grossièrement cristalline d'une nuance verdâtre, contenant des quantités considérables de silice, principalement phlogopite, diopside et wollastonite, puis, de pyrites, marcasite, pyrrhotine et graphite.

Miller[1] donne une liste des divers minéraux accessoires que l'on a trouvés dans les calcaires cristallins, de même que Adams et Barlow, à la page 198 de leur rapport. Parmi ces minéraux les plus communs sont : apatite, biotite, grenat, magnétite, phlogopite, pyrite, pyrrhotine et scapolite et le nombre total de variétés trouvées se chiffre à 42, c'est-à-dire quatre de moins que le nombre total signalé par Sterry Hunt pour les calcaires de toute l'Amérique du Nord. On trouvera des descriptions détaillées de ces minéraux, spécifiant les endroits où on les a trouvés aux pages 198-216 du rapport précité.

Une particularité curieuse et plutôt embarrassante au sujet des calcaires est la présence de fragments et nodules de minéral impure qu'on y trouve, lesquels consistent généralement en amphibolite ou autre roche semblable et, bien que parfois anguleux, sont plus souvent arrondis. Quand il se présente en assez grande quantité le calcaire apparaît sous forme de conglomérat ordinaire. On suppose que ces nodules sont des portions de bandes impures faisant primitivement partie de la roche et s'étant détachés par suite de mouvements subséquents et même arrondis de telle façon qu'il devient impossible de les distinguer d'avec des fragments usés par l'eau. C'est l'existence de ces conglomérats apparents qui ont autrefois donné lieu à la théorie que les calcaires des districts de Grenville et de Hastings représentaient des étages différents. On trouvera une excellente photographie d'un semblable conglomérat de calcaire dans la partie J du rapport annuel de la Com. Géol. Can., Vol. XIII, 1901. Les quelques différences, quant à leur nature et au mode de gisement des calcaires cristallins, causées en partie par le degré d'altération qu'ils ont subi, ont aussi donné lieu à une théorie impliquant qu'ils ont été déposés directement sous solution de la même manière que la gangue dans les veines minérales. Cette opinion n'a pas beaucoup d'adhérents à l'heure actuelle, et les observations qu'on a faites sont de nature non pas à l'appuyer mais plutôt à la réfuter. Un examen sur le terrain des divers calcaires donne peu d'information quant à la quantité de magnésie présente et n'indique guère jusqu'à quel point ils sont véritablement calcaires ou dolomies. Il y a peu de différence dans l'aspect de la roche, suivant qu'elle contient plus ou moins de magnésie, et la dolomie remplace la calcite sans modifier la structure, les minéraux étant isomorphes. Il est démontré par les analyses, cependant, que les calcaires

---

[1] Loc. cit., p. 21.

de fait, varient considérablement quant à leur véritable composition, et nous donnons cidessous quelques exemples types, extraits du rapport de M. Miller:

	1	2
Carbonate de chaux	55.79	53.90
Carbonate de magnésie	37.11	45.90
Peroxyde de fer	traces	....
Insoluble	7.10	....
Total	100.00	99.80

(1) Dolomie blanche grossièrement cristallisée provenant du lot 4, concession X de Loughborough, Ont. Laisse après dissolution un résidu de quartz et serpentine, et contient des traces d'oxyde de fer et phosphate.

(2) Marbre blanc finement grenu, provenant du lac Maziuaïve, Ont.

	1	2	3	4	5
Insoluble	2.92	....	....	....	....
Silice	....	3 24	1.50	5.40	1.18
Protoxyde de fer	0.56	1.14	0 41	0.72	0.41
Alumine	trace	0 82	0·53	0.68	0.62
Chaux	50.12	44.52	49.68	25.02	48.54
Magnésie	3.66	8.00	4.27	23.49	5.27
Trioxyde de soufre	....	0.29	0 06	....	0.14
Bioxyde de carbone	42.92	40.62	43.38	45.44	43.44
Total	100.18	98.64	99.83	100.75	99.70

(1) Calcaire cristallin blanc provenant du voisinage de Bedford Station.

(2) Provenant de fours à chaux près de Parham Station.

(3) De la carrière de Reynold, au sud de Verona.

(4) De la carrière de Goodbury, Verona.

(5) D'un endroit situé à deux milles au nord de la carrière de Goodbury, Verona.

Dans la série Hastings les analyses suivantes sont typiques:—

	1	2	3	4
Insoluble	....	2.54	1.14	....
Silice	1.57	....	....	2.70
Protoxyde de fer	} 0.82	} 0.34	0 56	1.71
Alumine			trace	1.64
Chaux	50.10	53.64	47.49	48.28
Magnésie	3.88	0.99	6.82	4.35
Trioxyde de soufre	0.10	0.34	0.18	0.34
Bi-oxyde de carbone	43.32	42.92	43.91	42.60
Total	99.59	100.77	100.00	101.62

(1) De la carrière de marbre près de Madoc

(2) De la carrière Ellis, sur le chemin de fer Bay of Quinte, au sud d'Actinolite.

(3) De la carrière de Harrison, Actinolite.

(4) De la carrière Limekiln, rivière York, près des rapides Foster, canton de Carlow.

Dans le comté de Lanark, il y a de grandes étendues de calcaire dont voici des analyses typiques :—

	1	2	3	4
Insoluble	1.32	1.12	3.06	1.20
Silice	....	....	....	....
Protoxyde de fer	} 0.49	} 0.38	} 0.46	0.49
Alumine				0.97
Chaux	50.80	51.20	49.86	43.82
Magnésie	3.33	2.28	3.36	9.19
Bixoyde de carbone	43.51	44.50	42.69	44.00
Trioxyde de soufre	0.06	0.32	0.28	0.46
Total	99.51	99.80	99.81	100.13

(1) Du four de Cameron, Carleton Place.
(2) Calcaire foncé du village Lanark.
(3) Calcaire pâle du même endroit.
(4) Du lot 2, concession IV, North Burgess.

Dans le voisinage des pegmatites ou dykes granitiques, que l'on trouve fréquemment recoupant les calcaires, la vésuvianite ou idiocrase il y est souvent un minéral abondant. Sur plusieurs des îles dans le lac MacGregor, canton de Templeton, Qué., ce minéral apparaît sous forme de gros individus nettement cristallisés dans le calcaire partiellement décomposé, contigu aux intrusions de granite. Dans un endroit du voisinage, il existe très grossièrement cristallisé au milieu duquel apparaissent de gros cailloux vert-pâle d'augite qui ont probablement la même origine que la vésuvianite.

Une particularité marquante des intrusions granitiques dans le calcaire est qu'elles renferment souvent des enclaves non de calcaire mais d'amphibolite, ce qui indique encore que les fragments de calcaire captés dans la roche intrusive, ont été altérés en amphibolites.

PYROXÉNITES AVEC LEURS DÉPOTS ASSOCIÉS DE PHLOGOPITE ET APATITE.

Si l'origine véritable des gneiss et calcaires cristallins dans les terrains Hastings, Grenville et autres dans le voisinage a été le sujet de beaucoup de discussions depuis qu'on a commencé à les étudier, celle des soi-disant pyroxénites ou roches basiques au milieu desquelles apparaissent les gisements commerciaux de mica du Canada aura donné lieu encore à plus de controverse.

La qualification " pyroxénite " fut donnée d'abord par Sterry Hunt aux zones de roches granuleuses basiques se composant, en majeure partie, de pyroxène et feldspath, qui sont apparues dans tout le système de l'ancienne série des cristallines. La couleur de ces roches varie du gris clair, passant

par vert grisâtre au vert foncé, et le caractère et la texture est très variable
à différents endroits. On y voit virtuellement toute les modifications depuis la roche très dure et compacte ressemblant à la diabase jusqu'aux types
granuleux grossièrement cristallisés se composant principalement d'individus
pyroxène atteignant souvent plusieurs pouces de longueur. La quantité de
feldspath présente varie aussi considérablement, et dans un bon nombre des
dykes, ce minéral est presque totalement absent.

Quant au mot "dyke", ce terme s'applique strictement parlant à une
masse de roche ignée qui s'est infiltrée dans les couches préexistantes; c'est-
à-dire qu'il est d'origine plus récente que les roches qui le renferment. Or,
l'origine des gîtes de pyroxénite étant très douteuse, reste à savoir si on
peut convenablement leur attribuer le nom de "dyke"; et puis le fait probable que toutes les roches comprises sous le titre compréhensif de pyroxénite dans ce rapport n'ont pas une même origine rend cette expression
encore plus impropre. Etant donné, cependant, la différence que l'on éprou-
verait à différencier les diverses pyroxénites, et le fait que la majorité des
auteurs se sont servis du mot "dykes" dans la description de ces zones basiques, nous avons jgué à propos de l'adopter dans le présent rapport. Nous
reconnaissons tout à fait cependant que le mot est susceptible d'objections.
Les pyroxénites ainsi que nous l'avons déjà dit atteignent un développement
considérable au milieu des gneiss, gneiss graniteux et calcaires cristallins
du système laurentien qui composent la surface de la terre au-dessus de
l'étendue laissée en blanc sur les cartes ci-jointes. Elles se présentent surtout en bandes étroites souvent intercalées sous formes de ce que l'on pourrait appeler des zones de pyroxénites dans les gneiss et les calcaires cristallins.
C'est-à-dire qu'on remarque un certain nombre de bandes plus ou moins parallèles à peu de distance les unes des autres séparées par des lisières de
gneiss ou de calcaire; tandis qu'une fois qu'on a dépassé cette zone il faut
parcourir une assez grande étendue de territoire avant de rencontrer des
roches de cette nature. Les dykes vont, en largeur, depuis d'étroites veinules de quelques pouces de diamètre seulement jusqu'à des masses de plusieurs
pieds d'épaisseur. Il est souvent difficile de vérifier la véritable épaisseur
d'un tel dyke, à cause de la présence fréquente de zones acides au sein de
la masse et aussi de bandes de gneiss souvent fracturées entre les bandes de
roche pyroxénitiques. On pourrait souvent parcourir une étendue considérable dans une direction perpendiculaire à l'orientation générale des dykes et
trouver que la majeure partie consiste surtout en pyroxénite, avec ça et là
des existences irrégulières de gneiss pyroxénique. La détermination de l'é-
tendue véritable d'un dyke devient ainsi extrêmementf difficile, et la question se pose souvent si ces bandes font partie d'une seule et même zone ou
si elles étaient primitivement des dykes séparés, qui ont été plus tard fracturés par suite des mouvements de plissage subis par le gneiss encaissant.
On peut dire d'une manière générale que le caractère des divers dykes comprenant une seule zone de pyroxène est plus ou moins semblable, bien que
l'une des particularités remarquables de ces dykes soit la variété dans la
qualité du mica qu'ils peuvent contenir. Lorsque l'on trouve dans une zone
un dyke consistant en pyroxénite dure et compacte, les probabilités sont que
les autres dykes de la même zone seront aussi de même nature; on peut en

21

dire autant lorsqu'un dyke est granuleux et qu'il y a tendance à se former des nids.

Bien que les pyroxénites apparaissent souvent dans des zones semblables, les dykes isolés sont loin de faire exception. Et cependant les pyroxénites sembleraient avoir tendance à se développer plutôt localement, les divers dykes étant séparés par d'étroites bandes de gneiss, alors que les zones sont souvent divisées par des strates de plusieurs milles d'étendue. On a allégué la présence des étroites bandes de gneiss à l'appui de la théorie qui faisait des pyroxénites des calcaires altérés, ces gneiss étant supposés représenter des couches argilacées dans des sédiments originaux. Il faudrait une étude très détaillée pour déterminer dans chaque cas la nature du gneiss et décider si l'on doit classer telle bande comme sédimentaire ou éruptive. On a eu connaissance que d'étroits éperons de gneiss ont pénétré les calcaires à bien des endroits, et ces derniers types sont souvent impossibles à distinguer sur le terrain d'avec ce qui est considéré comme gneiss sédimentaire. On n'y arrive pas parfois même au moyen de l'examen chimique et microscopique tellement les roches primitives ont été altérées; d'ailleurs, un pareil examen dans tous les cas douteux entraînerait une immense somme de travail. On peut dire que les pyroxénites apparaissent également dans des zones et comme dykes isolés à travers tout le système Laurentien. L'existence des dykes au milieu ou près des calcaires cristallins constitue une particularité remarquable et qui pourra contribuer peut-être à établir la véritable origine de la pyroxénite. Bien que la plupart du temps on trouve les dykes encaissés des deux côtés par le gneiss, il y a des cas fréquents où les dykes sont soit bordés d'un côté pour le gneiss et de l'autre par le calcaire cristallin ou renfermés tout à fait dans le calcaire. L'examen des différentes coupes de gisements que nous donnons dans les notes sur les mines individuelles fera comprendre les divers modes de gisement.

Pyroxénites renfermés dans le gneiss.

Comme on a pu juger par les remarques qui précèdent sur la ressemblance de ce que l'on croit être les gneiss sédimentaires et ceux qui sont véritablement ignés, il est souvent très difficile de savoir, lorsqu'on trouve un dyke de pyroxénite bordé des deux côtés par le gneiss, si le gneiss représente la véritable roche encaissante ou s'il n'est simplement qu'une bande de sédiment argilacé altéré, formant primitivement partie d'un dépôt de calcaire dont la pyroxénite elle-même est un produit métasomatique. Cela présuppose évidemment que les pyroxénites sont d'origine métasomatique, ce que nous étudierons plus loin. Une pareille bande d'argilité altérée ou gneiss sédimentaire peut quelquefois avoir une épaisseur considérable et pour déterminer sa nature, il faudrait un examen soigné de sa surface sur une certaine distance dans une direction perpendiculaire à l'orientation du dyke, afin de s'assurer si oui ou non il existe encore le la pyroxénite sur son côté le plus éloigné. *Si on constatait l'existence de cette roche, cela pourrait servir à appuyer la théorie que le gneiss renfermant la roche est d'origine sédimentaire.* D'autre part, quelle que soit l'étendue de ce gneiss, il est toujours également possible qu'il représente une bande étroite de véritable gneiss igné, les deux types étant souvent impossibles à distinguer. Il est bon de remarquer que lorsqu'on parle de l'épaisseur de gneiss et pyroxénite, il est question de leur dimension latérale, le plongement des roches oscillant dans la plupart des cas, entre 30° et la verticale.

Par exemple si l'on trouve un dyke de pyroxénite enclavé dans le gneiss, il est indispensable pour déterminer le mode d'origine de celui-là, de vérifier autant que possible la nature, soit sédimentaire altérée ou ignée de celui-ci.

Avant d'aller plus loin, il serait bon de passer en revue les différentes théories qui ont été proposées relativement à l'origine des pyroxénites. D'une façon générale on peut les classer sous les trois groupes suivants, et l'on a supposé que les pyroxénites représentaient :—

(1) Des sédiments altérés, principalement des calcaires argilacés, dont la nature actuelle est due au changement métasomatique occasionné par des intrusions au sein de la masse, de gneiss graniteux batholithique du Laurentien.

(2) Des intrusions ou dykes de roche basique ignée d'origine plus récente que les gneiss et calcaires qui les renferment, et existent encore à peu près au même état que lorsqu'elles se sont épanchées.

(3) Des intrusions comme les précédentes qui ont cependant subi un degré considérable de métamorphisme, peut-être avec refusion.

Chacune de ces théories a été appuyée par des géologues éminents et cependant la théorie sédimentaire, bien qu'elle ait été passablement ridiculisée dans le passé, a aujourd'hui beaucoup d'adhérents. Nous nous sommes bientôt rendu compte d'après un examen de quelques-uns des dykes seulement que toute tentative pour résoudre le problème de leur origine et de celle des gros gisements de mica que souvent il contient, il faudrait beaucoup plus de temps qu'il n'en a été accordé à l'auteur, et plus nous avons examiné d'existences, plus le problème semblait se compliquer. Nour agirons donc dans la mesure du possible, sous les circonstances, en signalant les traits principaux que nous avons notés aux différentes mines que nous avons visitées, et désignant la théorie qui semblera la plus plausible d'après les faits en question. Cependant une courte appréciation des théories alternatives précitées ne sera pas sans intérêt. Comme on pourra voir tout de suite, en adoptant la première théorie, ou celle des sédiments altérés, il faut admettre que les pyroxénites de même que leurs associées, supposées gneiss sédimentaires, existaient déjà, bien qu'à un état différent, avant l'intrusion de la masse principale de gneiss laurentien qui les renferme et qui a occasionné leur altération à l'état actuel. Si l'on adopte la deuxième ou troisième théorie—impliquant que les pyroxénites sont des intrusions ignées soit altérées ou inaltérées—il s'ensuit nécessairement que ces dykes sont d'origine plus récente que les gneiss et calcaires bien qu'il soit difficile de dire précisément à quelle époque ils appartiennent. Il est nettement établi, cependant, que les pyroxénites avec les gisements de mica qui leur sont associés existaient déjà avant la sédimentation des roches cambro-siluriennes. Celles-ci ne sont jamais recoupées par les pyroxénites et il est démontré par la présence des cristaux érodés de phlogopite que l'on trouve parfois encastrés dans le calcaire de l'époque Black River (notamment dans le voisinage de Lydenhorn, Ont.), que les dykes existaient déjà à ce moment-là. Ils se seraient alors formés à une époque entre la consolidation finale du gneiss Laurentien et le commencement de l'âge Paléozoïque.

La Théorie Sédimentaire.

D'après les observations sur le terrain et de nombreuses analyses chimiques, Adam et Barlow prétendent être arrivés à la conclusion que les amphiboles et pyroxénites, du moins dans la série Hastings, sont incontestablement des calcaires altérés et que toutes les transitions ont été subies depuis le calcaire normalement cristallisé passant par le calcaire scapolito-pyroxénique jusqu'à ce qui est aujourd'hui la pyroxénite normale. Les produits de décomposition du calcaire par l'intervention du gneiss graniteux ont été divisés en deux classes :—

(1) Altération du calcaire en masses de roches pyroxéniques granuleuses, contenant habituellement de la scapolite, ou en massifs d'un agrégat finement grenu de paillettes d'un mica brun foncé.

(2) L'altération excessive du calcaire, le long du contact immédiat en gneiss pyroxénique ou amphibolite. A ce propos, nous citerons les extraits suivants, à l'appui des théories précédentes :—

" Les altérations de la première classe peuvent être considérées comme résultant des vapeurs d'eau réchauffée qui se dégageaient pendant le refroidissement du magma, c'est-à-dire, comme étant d'origine pneumatolitique; tandis que les altérations de la deuxième classe sont probablement le résultat de l'action plus directe du magma lui-même en fusion. Les produits de ces deux classes d'altération se ressemblent d'assez près et naturellement passent de l'un à l'autre.... Cette roche de pyroxène résultant de l'altération du calcaire varie souvent considérablement en texture d'un endroit à un autre, mais est ordinairement d'un grain moyen et d'une nature granuleuse.... On trouve associés avec ce pyroxène: mica noir, hornblende, scapolite, épidote, grenat, sphène, spinel, tourmaline, calcite, apatite, puis même quartz et feldspath à titre accessoire. Il y a dans certains cas de menus cristaux de zircon. Certains minéraux métalliques, notamment pyrite, molybdénite et pyrrhotine sont assez communs dans ces pyroxénites.... Le mica apparaissant dans ces roches a été extrait en plusieurs endroits dans cette étendue, par exemple, sur le lot 7, concession XXII, du canton de Cardif, où l'on a obtenu des cristaux de mica ayant une surface de clivage de $2' — 0'' \times 2' — 6''$ d'épaisseur. Lorsque la calcite apparaît dans la roche, c'est ordinairement sous forme d'aggrégats très grossièrement cristallisés, qui cimentent en une seule masse les autres éléments constituants et au milieu desquels se forment les autres minéraux en cristaux parfaits avec d'excellentes terminaisons. Cette calcite représente des portions des calcaires originaux qui ont survécu à l'état inaltéré, si ce n'est qu'ils cristallisent maintenant plus grossièrement."

Parmi les gisements les plus importants de ces pyroxénites dans la région décrite, on cite les suivantes: lot 3, concession I, de Harcourt; lots 5 et 6, concession II, du même canton; concession XIX, de Tudor; lots 22-25, concession VI, de Hershel; lots 8 à 14, concessions IX et X, de Monmouth; lot 22, concession XIII de Stanhope. " Ces roches pyroxéniques sont d'une nature identique à celles qui sont si étroitement associées avec les gisements d'apatite du comté d'Ottawa, Qué., et du district de Perth, Ont. *Celles du district précédent.... ont été reconnues comme résultant de l'action pneumatolytique qui accompagne les intrusions de certaines roches basiques ignées....* L'autre produit de l'action pneumatolytique dérivant de l'intrusion granitique précitée est une roche composée d'un agrégat de petites feuilles d'un mica brun foncé ou noir et est plus rare. La roche.... devient graduellement de plus en plus calcaire et finalement passe au véritable calcaire. Ces roches de mica contiennent invariablement plus ou moins de calcite disséminée dans la masse et cette calcite se dissout sous l'influence de l'atmosphère, la surface de la roche se résumant ainsi à une masse tendre de petites paillettes de mica noir." A la suite de la description d'existences d'une roche se rapprochant de l'anorthosite, on trouve cette remarque: " La question touchant l'origine de ces roches singulières constitue un problème que nous ne pouvons pas définitivement résoudre d'après les connaissances que nous possédons aujourd'hui. Dans Harcourt et Dudley, comme il est dit plus haut, leurs rapports avec les calcaires le long des contacts avec les granites sont tels qu'il semble à peu près certain qu'ellesr ésultent de l'altération de l'ancienne roche. D'autre part, dans le cas du gisement de Burton, la roche se présente dans le gneiss à quelques milles du contact le plus rapproché, mais il est cependant très possible qu'elle représente également ici la portion d'une bande de calcaire complètement altéré, qui s'est affaissée dans le batholithe et a été mis en morceaux par les mouvements de celui-ci.... C'est un fait à remarquer que, bien que les étendues de calcaire soient nettement pénétrées et brisées par le granite, qu'elles soient traversées par de gros dykes de cette roche, et que tandis que dans le cas des autres roches dans des conditions semblables, le granite est souvent chargé de petits fragments de la roche envahie, il est extrêmement rare que l'on trouve des fragments du calcaire dans le granite.... Entre les concessions IV et X on voit souvent dans le granite beaucoup d'inclusions d'amphibolite, et à la suite d'une recherche attentive on n'y a découvert qu'un seul fragment de calcaire grossièrement cristallisé, sur un côté duquel il y avait une masse d'amphibolite de couleur claire, qui était évidemment un produit de sa décomposition.... Encore plus à l'est, à la suite d'un examen soigné de fragments d'amphibolite, on a constaté que quelques-uns contenaient du calcaire cristallin en petites couches et traînées interstratifiées concordant avec le feuilletage de l'amphibolite et ayant subi le contonnement auquel celle-ci avait été soumise.... *D'après les preuves sur le terrain il est à peine possible d'arriver à une autre conclusion que celle-ci, que sous l'influence des intrusions granitiques, le calcaire a été, dans les zones ayant subi l'action la plus intense, altéré en amphibolite.* L'amphibolite, qui est si étroitement associée avec le calcaire, et qui semble dériver de son altération, si on l'examine au microscope, décèle une variétéé minennment feldspathique.... On y trouve également : pyroxène, hornblende, sphène, et scapolite de même qu'un ou deux grains de magnétite et quartz. L'amphibolite a un caractère un peu vaguement rubanné, quelques-unes des bandes les plus claires étant plus riches en pyroxène, alors que les plus foncées sont plus riches en hornblende. La scapolite se présente seulement dans celles des bandes qui sont riches en pyroxène mais ne contiennent pas de hornblende.... Le pyroxène est souvent rempli de menues taies de hornblende, comme s'il était en train de se transformer en ce dernier minéral.... Sur le lot 5, concession VI, de Glamorgan, l'amphibolite grise consiste en bandes minces plus claires et plus foncées, se brisant en masses ressemblant à des dalles, et est souvent entrestratifiée avec d'étroites bandes de calcaire impure. Les bandes de calcaire se confondent imperceptiblement avec l'amphibolite, celle-ci étant incontestablement produite par l'altération du calcaire.... Le granite non seulement pénètre la formation d'amphibolite, mais en emporte des masses par flottaison, lesquelles on trouve, bien que moins abondantes, à travers pratiquement toute la masse du batholithe. Les fragments détachés d'amphibolite là où ils sont complètement entourés par le granite, bien que n'étant rien autre que des masses de calcaire altérées, sont plutôt plus durs et offrent un aspect plus granitiques que la roche qui est encore entrestratifiée avec le calcaire. D'ailleurs les fragments laissent voir des gîtes d'épanchement, comme s'ils eussent été soumis à un nombre de mouvements avant qu'ils ne soient durcis.... Vue au microscope, la roche, bien que plus ou moins nettement feuilletée, possède al structure de carrelage caractéristique des roches qui résultent de la récristallisation occasionnée par les phénomènes métamorphiques. Elle ne présente aucun signe d'écrasement et ne semble pas avoir subi de mouvement depuis sa récristallisation. Dans cette existence, par conséquent, on constate que le calcaire cristallin, sous l'influence de l'intrusion graniteuse, s'est changée en une amphibolite hornblendo-feldspathique typique, passant par l'étape intermédiaire d'amphibolite pyroxéno-scapolito-hornblendo-feldspathique (gneiss pyroxeno-scapolitique). Nous donnons ci-après des analyses de trois spécimens le roche amphibolite, choisis de façon à faire voir les trois étapes de la transformation progressive depuis le calcaire jusqu'à l'amphibolite.

	No. 1		No. 2	No 3
	a	b		
SiO	32.88	50.20	50.00	50.83
TiO_2	0.49	0.75	0.82	1.10
$Al_2 O_3$	9.04	13.80	18.84	18.64
$Fe_2 O_3$	0.77	1.18	2.57	2.84
FeO	3.88	5.31	5.51	5.97
MnO	....	....	0.08	0.10
CaO	30.90	17.71	10.65	7.50
MgO	4.18	6.38	4.63	4.90
$K_2 O$	0.85	1.30	1.18	1.83
$Na_2 O$	1.17	1.79	4.46	4.22
CO_2	15.20	....	0.10	0.11
Cl	indet.	....	0.10	0.03
S	indet.	....	0.03	0.01
$H_2 O$	1.08	1.66	1.00	1.40
	100.08	100.8	99.97	99.48

Le No 1 représente la première étape d'altération et la roche contient une quantité microscopique de calcite, pyroxène, hornblende, feldspath, scapolitique et sphène. L'analyse No 1 (a) représente la composition de l'échantillon tel que prélevé, et le No 1 (b) représente, sauf quant à la chaux, ce qui a été ajouté au calcaire par le magma granitique dans cette première étape d'altération.

Au No 2 nous avons l'analyse d'une amphibolite représentant une deuxième étape d'altération du calcaire, l'échantillon étant pratiquement exempt de calcite, et composé de hornblende, pyroxène, scapolite, feldspath et sphène.

Au No 3 c'est l'analyse d'une amphibolite typique et la dernière étape de la transformation qui est représentée. Tous ces échantillons proviennent de la même série d'affleurements, situés à une distance plus ou moins grande du contact intrusif.

" En comparant ces analyses, on constate que le granite transfuse dans les calcaires de prime abord : silice, alumine, oxydes de fer, magnésie, alkalis et acide titanique. Au fur et à mesure que l'altération s'effectue, tous les éléments constituants continuent à augmenter en quantité. Mais durant ces dernières étapes l'alumine, les oxydes de fer, et les alkalis augmentent dans une proportion relativement plus grande que les autres éléments, tandis qu'il ne s'ajoute plus de magnésie ni de chaux, l'acide carbonique s'étant dégagé en emportant avec lui ce qu'il restait de chaux. Cela revient à dire qu'il s'est développé au début, du pyroxène et un peu de scapolite dans le calcaire et que plus tard, les éléments feldspathiques ont augmenté en quantité, ce qu'il s'y trouvait de calcite étant disparu en solution.... Il semble aussi qu'après le développement d'un certain pourcentage de silicates dans le calcaire, durant lequel phénomène l'acide carbonique a disparu et la chaux combinée avec celui-ci a servi à la production de nouveaux minéraux, il ne s'est plus ajouté de chaux. Dans les premières étapes, les eaux qui se dégagent du granite ayant effectué la transfusion de la matière dans le calcaire ont disparu avec CO_2 en solution. Durant les dernières étapes de l'altération, cependant, ces eaux tout en continuant de déposer des silicates dans le calcaire, créaient de la place pour ceux-ci en faisant disparaître le carbonate de chaux par solution.

Les remarques précédentes que nous extrayons des différentes parties du rapport, suffiront à démontrer que, de l'avis des auteurs de l'ouvrage en question, il n'y a aucun doute que beaucoup des amphibolites et pyroxénites des terrains Bancroft et Haliburton représentent des calcaires sédimentaires altérées. Il faut remarquer cependant, que l'on n'oublie pas de mentionner la théorie que les pyroxénites contenant du mica et de l'apatite dans les régions micacés de Québec et d'Ontario ont un mode d'origine différent de celui des roches décrites, étant des intrusions basiques ignées, dont la teneur en mica et apatite s'explique par des émanations pneumatolitiques subséquentes.

Cependant ils signalent bien le fait qu'il existe des gisements de mica et apatite dans les pyroxénites de l'étendue d'Haliburton et qu'ils ont jusqu'à un certain point été exploités. Mais l'auteur, n'ayant pas visité ces derniers endroits, ne peut rien dire de la ressemblance ou de la dissemblance de ces deux groupes de roches.

A. Osann[1] qui en 1899, a fait un examen géologique d'une portion du terrain micacé de Québec, particulièrement de l'étendue qui borde la rivière Lièvre, a découvert qu'il s'y trouvait deux types de gneiss, dont l'un qu'il était porté à considérer comme sédimentaire et l'autre comme plutonique.

Quant aux pyroxénites il inclinait à les regarder comme étant de deux types: (1) roches d'intrusion d'origine plutonique, appartenant à la famille des diorites et syénites basiques et (2), "gabbros altérés et remplissages de veines accompagnant la formation de l'apatite." Il est donc disposé à attribuer aux pyroxénites une origine véritablement ignée, et les gisements de mica et apatite qui les accompagne, à une formation secondaire le long des crevasses et fissures formées dans la roche de dyke. Il fait à ce propos la remarque suivante: "Toutes ces singularités et la ressemblance quant au contenu minéral de tous ces gisements l'apatite qui me sont connues dans la province de Québec, me portent à croire qu'ils ont une origine commune et sont de date plus récente que les gneiss associés."

Sterry Hunt[2] en parlant des gisements d'apatite des roches laurentiennes, les qualifie de "couches irrégulières orientées dans le sens de la stratification et composées de phosphate de chaux cristallin presque pur" et aussi de "couches parallèles entrestratifiées avec le gneiss."

Plus tard,[3] il considère les gisements comme étant de deux sortes et fait remarquer qu'uils sont en partie encastrés ou entrestratifiés dans la roche pyroxénique de la région et en partie de véritables filons d'origine postérieure. "Il considérait les gisements stratifiés concordants avec l'allure et le plongement des roches laurentiennes comme "de véritables couches déposées en même temps que les roches encaissantes. Les filons au contraire, recoupent toutes ces strates, sauf quelques cas rares où l'on constate que ce qui, d'après leur structure et composition paraît être des filons, coïncident en direction et plongement avec les strates encaissantes."

En 1885 il ajoute[4]: " ......démontre que le phosphate de chaux cristallin ou apatite fait partie d'énormes veines qui traversent l'ancien gneiss de la région...... Toutes ces veines décèlent une structure rubannée, ressemblant à celle du gneiss, auquel elles sont évidemment postérieures et dont elles contiennent souvent quelques fragments."

H. G. Vennor,[5] dans sa description des mines d'apatite fait cette déclaration plutôt osée que "il n'y a pas de moindre doute que ces gisements d'apatite sont d'une nature relativement superficielle," puis il en parle plus loin comme étant des "gisements stratifiés ramenés à la surface par des ondulations superficielles des strates." Il est évident que cette opinion est absolument contraire aux faits réels, puisque l'on pouvait encore apercevoir des gîtes de phosprate lorsque les mines High Rock, North Star, Emerald, etc., sur la rivière Lièvre, furent abandonnées, et quelques-uns des puits atteignaient jusqu'au delà de 800 pieds de profondeur.

---

1 Com., Géol., Can., Rap., Ann., Partie O. Vol. XII, 1902.
2 Com., Géol., Can., Rap., Trav., 1863-6.
3 Trans., Amer., Inst., Min., Engin., 1884.
4 Trans., Amer., Inst., Min., Engin., 1885.
5 Rep. Prog. Geol. Surv., Can., 1874-5, p. 108, et seq.

J. W. Dawson [1] entretient la même opinion que Sterry Hunt, et ajoute "qu'il semble aussi que les principales couches soient limitées à certains horizons dans la partie supérieure du bas Laurentien.... bien que certains gisements moins importants apparaissent dans des parties plus basses." Il inclinait à regarder les gisements d'apatite "comme une formation secondaire, subordonnée à la déposition primitive d'apatite dans la série qui doit appartenir à l'époque où les gneiss et calcaires furent déposés comme sédiments et accumulations organiques.

Harrington [2] considérait les pyroxénites comme strates altérées contenant primitivement du phosphate de chaux, et les veines d'apatite comme étant de formation subséquente, faisant dériver des pyroxénites leur contenu minéral.

J. F. Torrence [3] était d'avis que les gisements d'apatite étaient des ségrégations irrégulières provenant de la roche encaissante laquelle contient des imprégnations zonales d'apatite.

W. B. Dawkins [4] envisageait l'apatite comme apparaissant dans des veines dans des schistes massifs stratifiés, les veines et schistes ayant obtenu leur teneur minérale "d'une source profonde commune d'action hydrothermique."

G. H. Kinahan [5] appuyait en partie la théorie de Adams et Barlow et considérait les apatites et peut-être les pyroxénites comme d'anciens calcaires ou roches de cette famille, qui ont été altérés à la suite de paramorphose.

G. M. Dawson [6] regardait l'apatite stratifiée comme étant d'origine organique et les gneiss, etc., qui les renferment comme sédiments altérés—les veines d'apatite étant le résultat d'un phénomène de ségrégation. Cette opinion fut aussi celle de J. F. Fielding [7] alors que R. Bell [8] est plutôt porté à croire que l'apatite tire son origine de la pyroxénite qui est peut-être une intrusion ignée.

E. Coste [9] envisageait l'apatite comme étant d'origine éruptive, et ayant quelque rapport avec des roches ignées, tantôt pyroxénite, tantôt pegmatite, syénite micacée ou syénite pyroxénique qui coupent la série archéenne. Il attribue également une origine semblable à un bon nombre de gisements de minerais de fer de la même région et arrive à la conclusion que "les minerais de fer et phosphates que l'on trouve dans nos roches archéennes résultent d'émanations accompagnant ou suivant immédiatement les intrusions à travers ces roches d'un bon nombre de différentes espèces de roches ignées, qui correspondent sans doute aux roches volcaniques d'aujourd'hui. Ces gisements sont donc d'origine proonde et, par conséquent, les craintes éprouvées principalement par nos exploitants de mines de phosphate, à l'effet que ces gisements ne seraient que des nids superficiels, ne sont pas sérieusement motivées."

[1] Quart., Journ., Geol., Soc., 32, 1876.
[2] Com. Géol. Can., Rap. Trav. 1877-8.
[3] Com. Géol. Can., Rap. Trav. 1882-4.
[4] Trans. Manchester Geol. Soc., 18, 1885.
[5] Trans. Manchester Geol. Soc., 18, 1885.
[6] Trans. Ottawa Field Club, 1884.
[7] Eng. and Min. Journal, 1886.
[8] Ibid.
[9] Rap. Ann. Com., Géol., Can., Vol. III, 1887-8.

R. A. Penrose[1] considère les bandes parallèles que l'on remarque parfois dans quelques-unes des pyroxénites, comme probablement des plans de jointage, et fait allusion à l'absence fréquente de tout contact immédiat entre le gneiss et la pyroxénite, la zone de bordure étant une transition graduelle de l'un à l'autre avec formation d'un gneiss pyroxénique.

A. R. Selwyn[2] trouve qu'il n'y a pas de preuve à l'appui de l'origine organique de l'apatite ou de l'origine sédimentaire des pyroxénites et regarde celles-ci comme des éruptions basiques de l'ère Archéen.

W. Davidson[3] était d'avis que les gisements de phosphate devaient leur origine à des lits dans une mer du Laurentien, et attribuait leur état actuel à un phénomène de métamorphisme subséquent, le gneiss encaissant étant de semblable origine.

R. W. Ells[4] arrive à la conclusion que les gisements de mica et d'apatite sont étroitement reliés à des dykes basiques d'origine ignée qui sont montés le long des plans de stratification du gneiss, bien que parfois ils coupent aussi cette roche en travers. Les vapeurs contenant l'acide phosphorique, etc., auraient tendance à suivre les contacts des dykes avec le gneiss et, comme résultat de l'action chimique sur la partie calcaire de celui-ci, il se serait formé du carbonate de chaux. Il semble qu'il veuille par là expliquer la catégorie d'existences appelées "gisements de contact" par opposition aux "gisements en poches." Il insiste également sur le fait que les soi-disant dykes coupent le gneiss à des angles différents, et sur le contournement fréquent du feuilletage dans leur voisinage.[5]

Pour ce qui concerne plus particulièrement les gisements de mica associés avec les pyroxénites, il cite quatre modes de gisements distincts[6]:—

(1) Dans la roche pyroxénite, près du contact avec le gneiss.

(2) Sur les fissures dans la masse du dyke de pyroxène.

(3) Le long des contacts de dykes plus récents de pegmatite ou diabase, recoupant la pyroxénite.

(4) Dans les dykes de pyroxénite coupant le calcaire cristallin et qui ont été pénétrés par des pegmatites plus récentes ou des dykes de diabase.

Nous avons déjà donné au long des opinions de F. Adams et A. Barlow[7] au sujet de certaines roches de l'étendue contigue à la région de mica-phosphate du côté ouest, et que l'on peut regarder comme types alliés des véritables pyroxénites. Ces auteurs envisagent les pyroxénites de l'étendue Haliburton-Bancroft comme représentant des calcaires altérés, et leur contenu d'apatite et de mica comme ayant été formé durant le phénomène du métamorphisme. Les pyroxénites de la région micacée n'ont pas été examinées en détail mais sont reconnues comme étant d'une nature identique à celle des roches décrites dans les mémoires cités, et ils soumettent[8] à titre d'essai que la théorie d'Osann relatice à l'action pneumatolitique accompa-

[1] Bull. U. S. Géol. Surv. No 46, 1888.
[2] Rap. Ann. Com. Géol. Can., Vol. IV, 1888-9.
[3] Trans. Am. Inst. Min. Eng., 1892.
[4] Can. Min. Review, XII, 1893.
[5] Com. Géol. Can., Rap. An. 1901, Vol. XII. Partie J.
[6] Géol. Surv., Can., Min. Res. Bull. Mica, 1904.
[7] Com. Géol. Can., Mem. 6, 1910.
[8] Ibid, p. 93.

gnant l'intrusion de roches basiques ignées soit interprétée comme expliquant leur véritable origine.

D'après ce qui précède, on peut voir que l'origine des pyroxénites avec leurs gisements associés d'apatite et de mica a été longtemps un problème bien controversé. Malheureusement, on n'a pas encore atteint de grande profondeur dans l'exploitation des gisements d'apatite et de mica, et les excavations les plus profondes qui existent sont celles des mines abandonnées de phosphate qui sont restées inactives depuis bien des années et sont aujourd'hui inaccessibles. L'auteur ne connaît pas la profondeur exacte que l'on a atteinte dans ces mines mais elle ne dépasse probablement pas 1,000 pieds. Lorsqu'on a fermé des mines par suite de la concurrence avec les producteurs de phosphate américains, il y avait encore, en profondeur à ce que l'on dit, des gisements considérables d'apatite et de mica, de sorte qu'il faut avouer que nous ne sommes pas à même jusqu'à présent d'estimer même approximativement jusqu'à quelle profondeur s'étendent ces gîtes minéraux.

Aussi qu'on l'aura remarqué, non seulement les conclusions auxquelles sont arrivés les géologues précités quant à la nature précise des roches examinées et leur mode d'origine sont très variées, mais il y a jusqu'à même les observations sur le terrain qui, en bien des cas, ne s'accordent pas. L'auteur a fait son examen des divers gisements de mica avant d'étudier les opinions émises par différents auteurs quant à leur mode d'origine, de sorte qu'il peut être considéré comme ayant approché la question à peu près sans préjugés. Plus tard, après avoir étudié les divers points de vue des auteurs précités et autres sur ce sujet, il en est arrivé à ce qui paraît être une explication à peu près raisonnable de certains phénomènes constatés sur le terrain, lesquels au début avaient semblé présenter des particularités insolites et contre nature. Quelques-unes des particularités remarquées à certains endroits par des observateurs précédents ont été cependant soit négligées ou interprétées différemment. De pareilles observations, bien que de peu d'importance dans des cas particuliers, acquièrent, pourtant, quand on tient compte de leur rapprochement avec des particularités analogues offertes par un autre gisement, une certaine valeur.

Il se présente une difficulté évidente et qui semble souvent offrir des preuves directement contradictoires, c'est la fréquente dissemblance prononcée que l'on remarque entre les diverses pyroxénites et les minéraux qu'elles renferment. Si nous devons regarder les dykes de pyroxénite comme étant primitivement d'origine ignée, et représentant des intrusions basiques dans le gneiss et le calcaire qui les encaissent, il y a plusieurs traits communs que l'on pourrait s'attendre à constater dans les différentes existences.

Par analogie avec ce que nous savons être de véritables dykes ignés, nous devrions nous attendre à trouver les caractéristiques principales suivantes :—

(1) Altération prononcée de la roche encaissante dans le voisinage du contact, laquelle se manifeste généralement par une récristallisation partielle.

(2) Présence dans la roche contiguë de certains minéraux accessoires ou étrangers, notamment de silicates, attirés par l'action des agents minéralisateurs qui émanent de l'intrusive. Si c'est le calcaire qui constitue la

roche d'intrusion, destruction partielle ou complète des carbonates de chaux ou de magnésie ,ces composés étant soit emportés en solution ou désagrégés, le CO_2 se dégage, et la base sert à former les silicates qui remplacent. Si le contact immédiat n'était pas dérangé, cette destruction des carbonates serait proportionnellement modifiée.

(3) Marques plus ou moins prononcées de différenciation dans le magma du dyke, plus particulièrement le long du contact avec la roche encaissante; et dans les dykes de grandes dimensions (c'est-à-dire ayant une largeur de 50 pieds et au delà) la formation d'un facies de zone de contact distinct des minéraux de dykes plus basiques.

(4) L'inclusion dans le dyke proprement dit de fragments brisés de roche encaissante.

(5) L'existence de petites veinules et éperons de roche d'intrusion, coupant en travers quelquefois la ligne de direction du gneiss, et aussi le long des plans de jointage ou lignes de moindre résistance.

(6) La jonction en profondeur des dykes contigus, lesquels seraient convergents et finalement se réuniraient dans un gîte de pyroxénite profond.

(7) Un rapprochement dans les dykes, de la nature et structure pegmatitiques, par suite de la quantité de vapeur d'eau contenant de l'acide phosphorique qui semblerait avoir accompagné les intrusions.

(8) Certains points de ressemblance entre les divers dykes, notamment quant à leur contenu minéral, si, comme il semblerait s'ensuivre, ils doivent leur origine à un magma commun profond, et se sont épanchés en même temps.

Voilà en somme les particularités que nous nous attendions à trouver plus ou moins communes aux différents dykes si nous les reconnaissions comme d'origine ignée.

Si, d'autre part, l'on suppose que les pyroxénites représentant des sédiments altérés et qu'elles étaient originairement des calcaires qui ont été métamorphisés par le gneiss graniteux du système Laurentien, voici les principaux traits que nous croyons devoir leur trouver:—

(1) Transition graduelle de la pyroxénite caractéristique ou normale, produite par l'action métamorphique intense au contact igné même, au calcaire pyroxénique et finalement au calcaire cristallin normal.

(2) Une variation considérable dans le type rocheux par suite de ce métamorphisme due à la différence primaire dans la composition du calcaire, celui-ci ayant une teneur en magnésie localement très changeante, et étant en outre, en plusieurs endroits, soit plus éminemment arénacé ou argilacé suivant le cas.

(3) Concordance générale, bien que pas nécessairement constante, des bandes de pyroxénites avec l'allure du gneiss. (Une faille, ou le cas d'une masse de calcaire que l'on suppose avoir été changée par flottaison par le granite fondu et placé dans une fausse position, peut donner lieu à l'existence d'un dyke de pyroxénite situé en discordance).

(4) Irrégularité dans la forme, la largeur et l'étendue des bandes, par suite des phases changeantes du métamorphisme et de la forme irrégulière des masses de calcaire que l'on peut considérer, en certains cas, comme ayant été arrachées de la masse principale de sédiments et partiellement englouties dans le magma batholithique. Cette irrégularité dans la forme peut bien résulter, en outre, des mouvements de plissage subséquents qui ont donné au gneiss graniteux sa nature feuilletée actuelle et qui ont comprimé les gîtes de pyroxénites plastiques en une série de gisements plus ou moins lenticulaires bien souvent reliés par une simple veinule de roche basique. On pourrait expliquer également par ces mouvements la structure rubannée de certaines pyroxénites.

(5) Là où les calcaires ont été pénétrés par le granite, la formation de véritables gîtes minéraux de contact aux dépens des carbonates le long du contact, on peut toutefois s'attendre à ceci dans les deux cas, soit que les pyroxénites *à titre de dykes pyroxénitiques* aient donné lieu à la formation de ces gîtes ou que les pyroxénites elles-mêmes représentent des calcaires altérés.

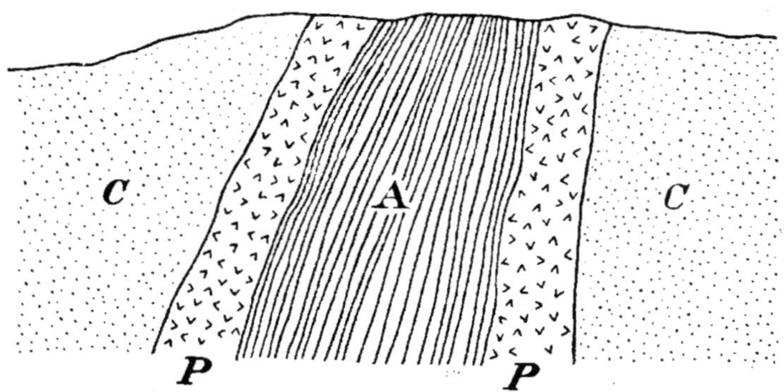

Fig. 60.—Coupe type faisant voir C le calcaire, P, pyroxénite, A (1) granite intrusif altéré au gneiss graniteux ou (2) résultant du métamorphisme de contact de sédiments argilacés originairement contenus dans le calcaire C.

De fait il y a un bon nombre de traits que l'on observe relativement aux existences de pyroxénite, qui peuvent servir d'illustrations pour deux théories tout à fait différentes et opposées qui compliquent si singulièrement le problème de leur origine. Une masse de granite A ayant été injectée dans ou à travers le calcaire C soit en batholithe ou sous forme de dyke, et le résultat de l'intrusion est de produire une bande de pyroxénite le long de l'un des contacts, on peut raisonnablement admettre (étant donné que le calcaire est de même nature et composition) qu'une pareille bande de pyroxénite se formera également le long de l'autre contact.

L'aspect qui en résulte après les mouvements de plissement qui ont donné lieu au feuilletage du granite serait tel qu'on peut le voir à la figure

60. De plus, en supposant que les bandes de pyroxénite reproduites dans la gravure représentent de véritables dykes intrusifs et que la portion qui est entre les deux soit soulevée, consistant en couches sédimentaires argilacées dans le calcaire, qui ont été décomposées par suite de l'influence des intrusions de pyroxénite en une roche gneissique, l'aspect définitif sera encore tel que figuré dans la gravure. Un examen microscopique et chimique de la roche A, peut très bien permettre ou ne pas permettre d'en arriver à une décision quant à l'origine sédimentaire ou éruptive. Les probabilités sont que par suite de son état éminemment altéré, un tel examen, dans bien des cas, n'indiquerait pas la véritable origine de cette roche.

Quant aux observations signalées par les auteurs déjà cités, il y en a quelques-unes qui concordent avec nos notes personnelles et d'autres qui s'en écartent considérablement. Il est bon de remarquer relativement aux opinions d'Osann, que l'aspect général de l'apatite et des " veines " micacés ne fournit pas la moindre preuve à l'appui de la théorie qu'ils se sont formés de la même manière que les veines de minerai, c'est-à-dire de solutions aqueuses. Il y a au contraire toutes les preuves de l'inverse. Il est difficile de se figurer en tous cas, qu'un mica soit déposé sous une solution aqueuse, et l'association persistante du mica avec l'apatite, impliquera un mode d'origine semblable pour ces deux minéraux. D'ailleurs, les veines sont des gîtes de minéraux plus ou moins continus alors que le mica et les plombs phosphatés ne le sont pas du tout; de fait, ils n'ont virtuellement aucune ressemblance avec les véritables veines de minerais.

L'opinion de Sterry Hunt à l'effet qu'il existe deux types distincts de gisement n'est corroborée par aucune preuve, pas plus que son observation à l'effet qu'il se rencontre fréquemment des fragments de gneiss dans les pyroxénites. De fait, nous n'avons remarqué aucune preuve indiscutable de la présence de roche encaissante dans les dykes.

On peut dire que l'idée exprimée par G. M. Dawson, Fielding, Davidson et J. W. Dawson, que l'apatite dans les pyroxénites provient du débris organique qui existait primitivement dans les gneiss sédimentaires, ne rencontre pas d'adhérents et il en est de même des opinions analogues de Harrington.

La théorie hydro-thermique de Dawkins semble mieux s'accorder avec les particularités que décèlent les gisements tandis que la manière de voir de Kinahan qui considère les pyroxénites comme des gisements altérés et le mica et l'apatite comme résultant de phénomènes métasomatiques, est conforme d'une façon générale, aux conclusions de Adams et Barlow.

L'idée de Selwyn et Bell que les pyroxénites représentent peut-être des intrusions ignées qui ont apporté d'en dessous l'apatite ou du moins l'acide phosphérique qui entre dans sa composition, est appuyée par un bon nombre de faits observés; et l'on peut en dire autant de la théorie pneumatolitique de Coste.

Penrose maintient ce qui semble bien être la vérité dans bien des gisements—savoir, la transition graduelle du pyroxénite au gneiss, et ce dernier type rocheux est probablement le gneiss sédimentaire de Adams et Barlow et autres auteurs.

Les allusions fréquentes à ce que l'on appelle différemment gisements "stratifiés" et "filoneux" d'apatite et de mica semblent être occasionnés par le fait reconnu que certains gisements de ces minéraux ont une direction soit concordante ou forment un angle plus ou moins grand avec l'allure de la roche qui les renferme. Nous sommes d'avis que, bien qu'il existe en réalité de telles différences de directions, ces variations ne doivent être en aucune façon interprétées comme appuyant la supposition qu'il y a deux types distincts de gisements. C'est un fait souvent observé que ce qui paraît être de véritables filons de fissure de mica et d'apatite et de minéraux associés possèdent fréquemment une allure virtuellement perpendiculaire à celle de la pyroxénite dans laquelle ils se présentent. De fait, cette particularité est une caractéristique fréquente et souvent un peu embarrassante de ces gisements; car, alors que la chose arrive en un endroit, dans le cas d'une existence voisine, des filons semblables selon toute apparence ont une direction parallèle au dyke de pyroxénite. Il est rare cependant que l'on trouve aux pyroxénites elles-mêmes une direction diagonale à travers le gneiss; au fait, il est contestable qu'il en soit jamais ainsi. Il est si facile de faire des erreurs d'observations sur le terrain, particulièrement dans les cas où il y a beaucoup de végétation, et c'est souvent ce qui arrive dans la région micacée, que ce qui peut sembler être le gîte principal de pyroxénite peut bien souvent, après un examen plus soigné, n'être reconnu que comme un simple éperon ou rejection du maître dyke. Si toutefois la théorie est exacte, que les pyroxénites sont simplement des masses de calcaire altéré qui proviennent dans certains cas du massif original de cette roche, et ont éé charriées par flottaison et partiellement ou entièreemnt englouties dans le granite fluide, il n'y a pas lieu de s'étonner de la position souvent discordante en apparence de ces masses rocheuses. Si l'on adopte cette manière de voir il est facile à concevoir qu'une pareille lisière de calcaire altéré (pyroxénite) puisse être située de telle façon que son grand axe soit plus ou moins perpendiculaire à l'allure du gneiss encaissant et prenne l'aspect d'un dyke intrusif coupant à un angle plus ou moins grand. Or, dans le cas d'une masse de calcaire épanchée ou engloutie, les mouvements subséquents de tout le complexe, qui ont occasionné le feuilletage actuel du gneiss, donneraient lieu à des fractures et même des fissures dans cette masse, ayant une direction approximativement perpendiculaire au rejet et parallèle au feuilletage.

Si, par conséquent, la masse épanchée a son grand axe perpendiculaire au rejet, les fissures se développeront probablement parallèlement à cet axe, ou bien à travers toute la longueur de la masse; tandis que si le rejet s'est effectué parallèlement au grand axe, les fissures qui vont se produire prendront une direction parallèle au petit axe ou perpendiculaire à l'allure apparente du dyke.

Dans aucun des gisements que nous avons examinés, nous n'avons rencontré d'exemples de veines d'apatite et de mica ayant une allure à travers le gneiss plus ou moins perpendiculaire à l'allure de celui-ci, tels que signalés par les observateurs précédents. Ce que l'on a probablement voulu dire par les veines transversales en question sont ces veines ayant une direction plus ou moins perpendiculaire aux dykes de pyroxénite dans lesquels elles apparaissent, cette direction étant toutefois encore approximativement parallèle à celle du gneiss.

Pour ce qui est des gisements du type "schlieren", c'est-à-dire ceux qu'on ne peut pas proprement qualifier de veines de fissures, il n'y a apparemment pas de règle pour leur direction, elles poursuivent leurs cours d'une façon plutôt erratique à travers toute la masse du dyke se rétrécissant et s'élargissant sans régularité aucune.

Types de Gisements du Mica.

Les divers types de gisements du mica peuvent se classer en trois groupes :—

(1) Véritables gisements de fissure.

(2) Gisements en poches et fissures.

(3) Gisements de contact,

ce dernier étant en réalité une modification du premier.

Les véritables gisements de fissure ainsi que le nom l'indique sont les plus faciles à suivre. Ils possèdent les particularités ordinaires des veines de fissure et on les trouve ordinairement dans des systèmes parallèles à des distances variées les uns des autres. En règle générale ils sont caractérisés par d'énormes masses de calcite qu'ils contiennent comme matière filoneuse et qui forment généralement la partie essentielle du remplissage entre les épontes. Elles sont nettement définies et souvent revêtues de gros cristaux bien formés de pyroxène. Dans ces gisements les principaux gîtes de mica se trouvent ordinairement près de l'une ou des deux épontes, et celles-ci sont souvent tapissées d'un ensemble de cristaux de mica développés simultanément avec la masse. Il y a aussi des touffes de ces cristaux de même que des individus isolés, à travers toute la masse de calcite laquelle est dans la plupart des cas de couleur rosée ou rouge. La calcite blanche est caractéristique de quelques-uns des gisements et alors, presque toujours, le minéral cristallise plus grossièrement que la variété rose. Les veines de fissure varient beaucoup en largeur, allant quelquefois jusqu'à 25 pieds d'épaisseur, alors que beaucoup d'autres n'ont que de 5 à 8 pieds. En règle générale elles sont presque verticales, mais plongent quelquefois cependant avec le gneiss à différents angles. Les gisements de contact sont considérés comme s'étant formés le long des contacts de dykes de pyroxénite avec le gneiss ou le calcaire et sont souvent d'une largeur considérable. Ils contiennent même plus de calcite associée avec le mica que les gisements de fissure ordinaires. Ainsi que nous l'avons déjà dit, ces deux types de gisements sont les plus simples à exploiter, puisque les mineurs ont affaire à une masse de minéral nettement définie qui peut être suivie sans difficulté, bien que sa richesse varie—le mica se présentant souvent par touffes à travers la masse de calcite qui constitue le remplissage de la veine.

Le type de gisement le plus commun cependant et celui que l'on a exploité dans le plus grand nombre des mines de mica appartient au groupe des gisements en poches en fissures. Ceux-ci comme le nom l'indique sont des gîtes de mica irréguliers sans aucune direction précise et d'une largeur très variée que l'on trouve dans bien des dykes de pyroxénite. On trouve souvent le mica disséminé à travers les masses de calcite, remplissant des poches en géodes de forme irrégulière. Ces poches sont de toutes dimensions depuis de petites géodes de quelques pouces de largeur jusqu'à de grandes chambres de plusieurs pieds d'étendue. Les épontes sont souvent, et même ordinairement tapissés de cristaux de pyroxène bien développés en individus variant depuis quelques millimètres de dimension jusqu'à d'énormes prismes tels qu'on en trouve sur le lot 13, rang XV, du canton de Hull, Qué., et qui mesurent deux pieds et au delà dans la direction de leur axe vertical. Ces poches sont habituellement remplies de masses de calcite rose avec des cristaux de mica et apatite distribués à travers. Bien souvent, près de la surface, la calcite a été dissoute par les eaux de surface, et alors on trouve les cristaux de mica et apatite à l'état libre dans le résidu terreux.

Les poches qui semblent persister même dans les parties les plus profondes des dykes sont souvent reliées par de petites fissures ou chenaux de différentes largeurs, de là la qualification de gisement "en poches et fissures."

Bien que souvent extrêmement riche à la fois en mica et en phosphate, les gisements de ce groupe présentent au mineur beaucoup de difficultés. L'orientation erratique et la distribution irrégulière des veines et poches donnent lieu à beaucoup de confusion et le coincement brusque d'une pochce de minéral apparemment importante et prometteuse est un fait que l'on constate souvent et qui est caractéristique de ce genre de gisement. La roche composant la masse de dyke des pyroxénites contenant des gisements des premiers et troisième types est en général semblable à celle où l'on rencontre les gisements par poches, et la seule différence apparente consiste dans le mode de gisement.

Ainsi qu'on l'a déjà dit, les dykes sont formés principalement de pyroxène monoclinique, salite en majeure partie, bien que parfois apparaissent des variétés orthorhombiques telles que hypersthène et diallage. En fait de couleur, les dykes oscillent du vert foncé au gris clair. Dans certains cas on constate une grande proportion de hornblende noire et la roche est alors proportionnellement plus foncée.

Là où il est recoupé par de gros dykes de pegmatite on remarque fréquemment une altération du pyroxène en une actinote tendre, verdâtre. A la mine du lac Girard, lot 24, rang II, canton de Wakefield, Qué., on a remarqué de gros cristaux de pyroxène intérieurement altérés en un minéral tendre pulvérulent dont la partie extérieure est formée de fibres d'actinote bleue lustrés disposés dans le sens des grands axes perpendiculairement aux faces des cristaux du pyroxène cristallisé. Des masses irrégulières de feldspath gris brun, principalement orthoclase et microline apparaissent partout à travers les dykes et elles ont toutes l'apparence et le caractère de produits isolés d'une magma primitivement fluide. Ces agrégats de feldspath se rencontrent indifféremment dans presque toutes les variétés de dykes de pyroxénite et présentent un aspect singulièrement semblable; les échantillons prélevés dans la région du mica de Québec sont, suivant toute apparence, identiques à ceux qui proviennent de la région d'Ontario, bien que les pyroxénites avec lesquelles on les a trouvés diffèrent considérablement quant à la couleur, au grain et à leur caractère général. Le fait que de pareilles masses de feldspath apparaissent généralement toujours dans les pyroxénites est une particularité importante et qu'il faut noter. Il est évident que dans bien des cas cette roche a été regardée comme portion d'une intrusion granitique dans la pyroxénite, et les auteurs ont souvent fait allusion à ceci dans leur description des gisements de mica. Il semblerait hors de doute cependant que les intrusions granitiques sont loin d'être aussi fréquentes qu'on pourrait le croire d'après de semblables descriptions, et lorsque véritablement elles se produisent, la roche injectée possède un caractère totalement distinct de celui de la roche de feldspath que l'on décrit.

La titanite, à titre de minéral accessoire apparaît presque constamment disséminée à travers de pareilles masses de feldspath. De fait, ce minéral est rarement absent dans les dykes de pyroxénite et se trouve assez souvent dans la masse même de pyroxène. Comme couleur il est d'un brun foncé ou chocolat et les cristaux sont souvent bien formés, possédant la forme tabulaire ordinaire et atteignant souvent une longueur de près de 2 pouces.

Nous avons déjà dit qu'il y a tous les degrés depuis le pyroxène normal, composé essentiellement de salite jusqu'au gneiss pyroxénique et à l'augite-syénite, et l'on peut voir à bien des endroits les différentes phases de transition. L'association fréquente de la hornblende donne lieu également à encore d'autres types rocheux, et la présence fortuite de pyroxène orthorhombique en augmente encore la liste. Les cinq minéraux, pyroxène (monocliniqu ou orthorhombique), hornblende, feldspath et mica, dans des proportions variées, constituent des roches ayant beaucoup de ressemblance avec les principaux types suivants: gabbro, diorite, diabase, pyroxénite, amphibolite, augite-syénite et gneiss pyroxénique, lesquels on peut trouver à toutes les phases de transition de l'un à l'autre. On rencontre aussi bien souvent une roche composée entièrement de petites paillettes de mica ou un type schisteux composé d'apatite et mica (voir la planche XXXV). La grande variété de types rocheux que l'on rencontre dans les gisements complique nécessairement la question de leur origine, et même un examen chimique et microscopique complet des diverses roches suffirait à peine pour déterminer la nature véritable des pyroxénites.

La présence de minéraux du groupe des zéolites dans les dykes n'est pas sans intérêt, les variétés les plus fréquentes en sont les éléments calcaréo-sodiques, crabazite et faujazite, et on y a aussi trouvé de la heulandite; de même la datolite n'y est pas rare à titre de minéral accessoire et sa variété la botryolite se présente plutôt en abondance à la mine Daisy, dans le canton de Derry, Qué., alors qu'on la' trouvée à l'état pulvérulent en gros amas à la mine Bobs Lake, dans Bedford, Ont.

L'apatite des gisements de phosphate canadiens ainsi qu'il a été démontré à plusieurs reprises par des analyses d'échantillons du minéral provenant d'endroits considérablement distancés est une apatite essentiellement fluorée. Il y a un bon nombre d'analyses données dans le Rapport des Travaux de la Commission Géologique Canadienne pour 1877-78, partie H, et du nombre total des échantillons examinés, il n'y en avait aucun qui contînt une teneur en chlore d'au delà de 0.5 pour cent, le pourcentage de la fluorine oscillant entre 3.3 et 3.8. La teneur en fluorine de la phlogopite est également souvent considérable: certains échantillons de mica de la mine Lacey, Loughborough, Ont., ont fourni jusqu'à 2.24 pour cent. Les deux plus abondants des minéraux accessoires trouvés dans les dykes de pyroxénite ayant ainsi une forte teneur en fluorine dans leur composition, c'est une particularité plutôt remarquable des gisements que la fluorite y est un minéral relativement rare et même, en général, fait complètement défaut. On en trouve des petits cristaux violets à la mine Daisy, canton de Derry, Qué., et des druses contenant de petits octaèdres verts, associées avec la faujasite ont été trouvées sur le lot 7, rang III de East Portland, Qué. Les existences à ces deux endroits sont cependant tout à fait sans importance, et la seule mine où l'auteur a pu apercevoir de la fluorite en grande quantité est celle de la Calumet Mica Co., rang IV, lots 20 et 22, du canton de Huddersfield, Qué. Ici l'on trouve de la fluorite massive, couleur de prune, en grosses masses avec une calcite jaunâtre grossièrement cristallisée formant la matière filoneuse des veines qui renferment le mica. L'apatite est presque totalement absente à cet endroit et il semblerait que la fluorite se soit formée au détriment de cet autre minéral. Si l'on tient compte de l'énorme quantité de carbonate de chaux présente dans les dykes de pyroxénite et des quantités très considérables de fluorine qui sont présentes dans l'apatite et le mica, on est tout de suite étonné qu'il y ait de si petites quantités de fluorure de calcium associé avec ces minéraux. La couleur de l'apatite varie du rouge foncé (qui fait supposer une forte teneur en fer), passant par le brun au vert, et quelquefois au bleu. La couleur du minéral ne semble pas, sauf dans les variétés affectées par la présence du fer que l'on trouve ordinairement près de la surface, dépendre de la différence de composition, car toutes les nuances différentes d'apatite donnent relativement le même résultat à l'analyse.

L'acide titanique est un élément constituant important de dykes, et sous forme de menues aiguilles de rutile renfermées dans les cristaux de mica, et combiné avec la chaux et la silice constituant la titanite, un minéral que l'on peut regarder comme typique des pyroxénites.

La scapolite est un autre minéral important que l'on rencontre dans les dykes et qui existe en bien des endroits en quantités considérables. On l'a souvent considérée comme produit de décomposition du feldspath, et l'auteur a remarqué dans plusieurs cas des cristaux de feldspath altérés en un minéral ressemblant beaucoup à la scapolite. A la mine Horseshoe, rang XVI, lot 16 du canton de Hull, Qué., on aperçoit de grandes masses de scapolite possédant un magnifique lustre vitreux et il y a fréquemment des petits cristaux d'apatite encastrés dans ces masses.

La présence du chlore dans la scapolite n'est pas sans intérêt. Un échantillon analysé par F. A. Adams a fourni 2.4 pour cent de cet élément, et parmi quatorze autres échantillons examinés on a découvert la présence du chlore bien que dans certains cas en petite quantité. Le minéral wilsonite, considéré comme produit de décomposition de la scapolite et possédant souvent une jolie couleur rose apparaît souvent, et les cristaux faisant voir la transition d'un minéral à l'autre ne sont pas rares. Parmi les minéraux métalliques que l'on rencontre dans les pyroxénites, les plus communs sont les pyrites de fer et la pyrrhotine. Les deux espèces sont souvent présentes en quantités considérables et règle générale, là où les pyrites sont abonadntes, la pyrrhotine fait relativement défaut et vice versa; quelques dykes toutefois ne contiennent que des pyrites et d'autres que de la pyrrhotine.

Chose assez curieuse, bien que des poches tapissées de cristaux de pyroxène soient caractéristiques de quelques-uns des dykes, l'existence de géodes normales contenant des cristaux de minéraux tels que quartz, calcite pyrite, etc., c'est-à-dire des minéraux typiques de déposition sans solution aqueuse, est remarquablement rare dans toutes les pyroxénites. À l'une des mines seulement, celle située dans le rang XI, lot 17 du canton de Templeton, Qué., l'on trouve de pareilles druses en quantité. Ici, il y a du quartz enfumé bien cristallisé, de la calcite, des petits cristaux de pyrites et de la blende de zinc tapissant des géodes dans l'apatite massive et la calcite rose. Les meilleurs échantillons que l'on ait vus provenaient d'un petit puits d'une trentaine de pieds de profondeur, et il y en avait amplement de semblables sur la halde. Ces druses résultent évidemment de la solution partielle de la pâte minérale et de la déposition subséquente de la solution aqueuse montante des minéraux précités. C'est un fait remarquable, si l'on tient compte de la quantité de calcite plus ou moins massive présente dans les dykes (lequel minéral est souvent complètement dissous dans les poches, faisant place à des chambres caverneuses) que le carbonate de chaux enlevé en solution soit si rarement déposé de nouveau sous forme de cristaux à une plus grande profondeur, ainsi qu'il arrive souvent dans les cas des calcaires sédimentaires.

Les inclusions de substance minérale étrangère dans les cristaux de mica sont nombreuses et variées. En outre de la présence presque constante d'individus microscopiques de rutile, tourmaline, etc., l'emprisonnement de la matière minérale dérivant de la masse principale des minéraux de dykes est chose commune. Parmi les plus ordinaires de ces inclusions il y a l'apatite, la calcite et de plus petits individus phlogopite; tandis qu'on y trouve plus rarement: molybdénite, pyrite, albite fluorite, actinote et pyroxène.

Il est bon de mentionner la prédominance dans les dykes, de cristaux d'apatite arrondis et apparemment résorbés. C'est un trait si commun qu'il n'est guère possible de ne pas l'apercevoir. Les cristaux qui présentent presqu'invariablement la combinaison ∞ P. P, le plan de base n'ayant du moins à la connaissance de l'auteur jamais été observé, ont souvent leurs angles arrondis et leurs faces glacées, comme s'ils eussent été soumis, postérieurement à leur formation, à l'action d'un agent quelconque de résorption. On trouve aussi fréquemment des cristaux dont les faces sont rongées ainsi qu'on peut le voir dans la planche XXVII; et l'on remarque souvent en cassant les cristaux, des cavités qui semblent avoir été formées par un élément dissolvant quelconque. Ces cavités sont parfois parfaitement circulaires et renferment souvent un nodule de calcite, le minéral enclavé ayant alors une surface glacée et éminemment lustrée.

Sterry Hunt[1] fait mention de l'existence d'une apatite ainsi résorbée

---

[1] Rap. Trav. Com. Géol. Can., 1863-66.

dans son rapport sur les calcaires cristallins du système Laurentien, au cours duquel il émet l'opinion que les pyroxénites sont simplement " des lits de transition entre le gneiss et les calcaires."

Les " veines calcaires," c'est ainsi qu'il désigne les dépôts de calcite rose qui apparaissent avec le phosphate dans les pyroxénites, ne sont pas d'après lui dues à une action intrusive, mais formées " par déposition graduelle ou accrétion "; et il cite à l'appui, la fréquente disposition par bandes des minéraux parallèlement aux épontes, l'inclusion de prismes d'apatite dans les cristaux de mica dans l'apatite massive, et enfin l'arrondissement des angles dans les cristaux de l'apatite; alors que pyroxène, feldspath, scapolite sphène, etc., possèdent tous des arêtes anguleuses. Il attribue l'arrondissement des arêtes dans les cristaux à l'action dissolvante des solutions aqueuses réchauffées sous lesquelles les minéraux ont été déposés, les cristaux nouvellement formés étant dans la suite en partie redissous comme résultat d'un changement de température dans la constitution chimique de la solution." Cela implique que l'apatite a été l'un des premiers minéraux formés dans les veines, et aussi que la calcite s'est d'abord introduite après la formation de l'apatite, puisque les solutions qui ont dissous ce dernier minéral devraient, d'après le coefficient de solubilité des minéraux, faire disparaître d'abord la calcite.

Emmons attribuait l'arrondissement des cristaux d'apatite à une " fusion partielle ", et dit avoir observé les mêmes particularités sur les cristaux d'apatite dans les calcaires de Rossie, New-York.

Conclusion.

Nous avons essayé dans les pages qui précèdent de compiler une description largement indiquée des principaux traits géologiques que présentent les régions micacées d'Ontario et de Québec. Bien que l'auteur n'ait dirigé que relativement peu de travail géologique détaillé, les principales conclusions auxquelles sont arrivés les auteurs précédents ont été rapportées afin de faire voir les divergences d'opinion considérables qu'il y a parmi les observateurs qui ont étudié la géologie des régions en question quant à l'origine d'un bon nombre des types rocheux que l'on rencontre.

Sans avoir la prétention d'avancer aucune théorie particulière quant au mode d'origine des gisements de mica, l'auteur se permettra cependant de déclarer que ses propres observations s'accordent de bien près avec l'opinion que les pyroxénites représentent des sédiments altérés (calcaires), qui ont été métamorphisés, ainsi qu'il a été expliqué déjà, par suite d'intrusions de granite batholithique et qui ont été, après refroidissement et contraction, envahis le long de fissures de retrait par des éléments minéralisateurs provenant de la roche encaissante encore partiellement non consolidée. Les cristaux de mica encastrés dans la masse de pyroxénite sont probablement de la même époque que la roche elle-même, c'est-à-dire sont un produit directement métasomatique, tandis que les gros gîtes de minéraux trouvés dans les gisements en " poches et fissures ", doivent leur origine, peut-être aux éléments minéralisateurs précités et sont ainsi des produits pneumatolytiques.

Le mica que l'on trouve dans les véritables veines de fissure semblerait aussi s'être formé de cette dernière façon.

L'absence de toute altération que l'on constate dans le gneiss encaissant le long des contacts pyroxénitiques nous permet difficilement de supposer que ceux-ci ont envahi le gneiss à titre de véritables dykes ignés.

Il est difficile d'expliquer la présence de masses aussi considérables de calcite dans les dykes, et la théorie à l'effet qu'elles représentent des portions du calcaire sédimentaire original à l'état cristallin n'est guère soutenable.

Formation Paléozoïque.

L'étendue de ce rapport ne comporte pas une description des gisements sédimentaires plus récents qui forment bordure aux régions du mica mais les quelques remarques qui vont suivre ne seront peut-être pas sans intérêt. Pratiquement toute la série sédimentaire qui cache la continuation des roches cristallines ou laurentiennes en dehors du district à découvert où les gisements de mica ont été travaillés, consiste en strates du système Cambro-Silurien. Sur des étendues éparses on trouve des dépôts plus récents d'argile, sable, marne et tourbe, et l'on rencontre parfois des graviers d'alluvion. Ces dépôts sont cependant de peu d'étendue, relativement à la masse des sédiments plus anciens. On a travaillé quelque peu la masse et la tourbe dans certaines étendues, mais les gisements n'ont que peu d'importance. Les sédiments du Cambro-Silurien sont représentés par des calcaires bleus et gris ,schistes, conglomérats et grès et sont divisés en groupes comme suit dans l'ordre ascendant de leur ancienneté :—

        Schiste Utica.
        Calcaire Trenton.
        Calcaire Black River.
        Calcaire Chazy.
        Schiste Chazy.
        Calcifère.
        Près de Postdam.

Le plus bas terme de la série, le grès de Potsdam, repose sur la surface érodée des roches cristallines laurentiennes ou archéennes et constituent la base de l'étage Ordovicien. Il atteint rarement 100 pieds d'épaisseur bien que, aux Etats-Unis, il soit considérablement plus développé et d'une épaisseur atteignant quelquefois plusieurs centaines de pieds. Les couches inférieures sont formées de conglomérat grossier se composant de cailloux des anciennes roches cristallines encastrés dans un ciment sableux ou calcaire, suivant qu'il surmonte le gneiss ou le calcaire cristallin. Ce conglomérat passe plus haut à des couches sableuses plus régulières qui contiennent quelquefois des cailloux de quartzite blanche et ces strates sableuses passent graduellement à un calcaire dolomitique qui constitue la formation calcifère. Les couches de transition entre le Potsdam et le Calcifère proprement dit varient entre 5 et 40 pieds et sont souvent éminemment fossilifères. Le seul endroit où l'on ait trouvé le grès de Potsdam in situ dans le voisinage immédiat d'une mine de mica exploitée est le lot 1, concession X, du canton de Loughobrough, Ont., où MM. Richardson et Ellerbeck ont attaqué un gisement. La roche micacée est surmontée par une couche d'environ 18 pieds de grès grossier ou conglomérat. On n'a pas pu s'assurer si cette roche recouvrait réellement la fissure sur laquelle se présente le mica, mais on peut l'apercevoir à certains endroits à quelques pieds de distance seulement des excavations. Cette mine est située presque sur la lisière des sédiments paléozoïques puis immédiatement le sol s'abaisse jusqu'au nord des excavations vers le gneiss laurentien sous-jacent.

Les couches du Calcifère consistent ordinairement en calcaires dolomitiques arénacés, et l'on constate souvent localement leur absence totale dans la succession des strates. On peut en dire autant des schistes et calcaires Chazy, et l'on trouve souvent les gisements du Black River reposant directement sur les couches de Postdam; mais celles-ci sont quelquefois absentes.

Les schistes Chazy, lorsqu'ils sont présents, oscillent généralement du gris au noir en fait de couleur et sont même parfois verts ou rougeâtres. Ils passent en remontant à des calcaires dolomitiques, avec bandes de schistes entrestratifiés. Les couches du Black River atteignent souvent une épaisseur considérable et sont largement développées dans le voisinage de Sydenham, Ont. Ils consistent en dépôts bleus ou gris, sont quelquefois d'une nature flasque et parfois d'une structure noduleuse. Le sous-sol de ces dépôts est occasionnellement formé de lits marneux gris verdâtre, bien que l'on ne sache si ceux-ci sont strictement de l'époque Black River ou Chazy. Les roches sédimentaires qui apparaissent dans la région micacée orientale de Québec sont principalement de l'époque Black River ou Chazy.

Le calcaire Trenton est une extension supérieure de la formation Black River sous-jacente, et les deux divisions passent l'une dans l'autre sans interruption stratigraphique. Toutefois l'épaisseur des couches Trenton dépasse de beaucoup celle de la formation Black River, celle-ci ne représentant qu'une épaisseur de pas plus de 100 pieds, alors que l'autre atteint un développement de près de 700 pieds. La formation Trenton est plus largement développée dans la région méridionale d'Ottawa et à l'est de la région du mica, quoiqu'elle apparaisse également autour d'Ottawa et à l'ouest de Kingston. Les grandes carrières exploitées par la Canadian Portland Cement Company, tout près de Hull sont excavées dans des couches Trenton.

Les schistes Utica sont représentés par des couches de couleur foncée lesquelles sont éminemment bitumineuses dans leur portion inférieure tandis que les couches supérieures sont d'une nature plus sableuse et de couleur plus claire. Elles se confondent en remontant avec les schistes et grès Lorraine et atteignent une puissance de près de 400 pieds. Sauf la présence de quelques petits affleurements fortuits, elles n'apparaissent pas dans le district qui borde la région gneisseuse; on les trouve plus à l'est dans le voisinage de Caledonia Springs, au sud de l'Ottawa.

On trouve parfois de gros cristaux de mica détachés par érosion des pyroxénites, encastrés dans les roches sédimentaires plus récentes; on a rencontré de ces existences dans les couches Black River du district de Sydenham.

Action Glaciaire.

On aperçoit souvent des traces de glaciation à travers toute la région des plus anciennes roches cristallines. On a rencontré près des gisements de mica plusieurs exemples magnifiques des surfaces pyroxénitiques affectées par les actions glaciaires, notamment à la mine Freeburn, lot 3, concession VII, de North Bugress, Ont. A la mine Moose Lake, lot 1, rang IV, de Villeneuve, Qué., on a aperçu un beau type de cristal érodé par l'action glaciaire. Le cristal avait reposé sur le côté dans la roche et était usé en forme d'arcade sur la moitié de son diamètre. Un type d'existence semblable et même plus remarquable a été aperçu à la mine Bowling, lot 26, rang IX, de Litchfield, Qué. Ici, on a extrait le cristal en entier et il avait une surface d'un poli magnifique là où la masse avait été érodée par le passage de la glace de façon à former un angle avec le clivage de la base.

L'on trouvera des descriptions complètes des gisements sédimentaires de la région dans la partie J. des vols. XII et XIV des Rapports Annuels de la Commission Géologique du Canada, pour 1852-53 ; dans la section IV, volume IX, de Transactions of the Royal Society of Canada, pages 97-108 ; de même que dans le Rapport Annuel de la Commission Géologique du Canada pour 1852-53. On trouvera également une excellente description des calcaires archéens et paléozoïques d'Ontario par W. G. Miller dans la deuxième partie du 13e rapport du Bureau des Mines d'Ontario, pour 1904.

CHAPITRE III.

MINÉRAUX DES GISEMENTS DE MICA

La liste alphabétique suivante de minéraux provenant des gisements de mica comprend les diverses espèces observées ou recueillies par l'auteur au cours d'un examen des diverses mines. Il y a, en outre, plusieurs minéraux lesquels bien que nous ne les ayons pas vus personnellement sont signalés comme ayant été trouvés dans les mines de mica ou apatite. Alors qu'un bon nombre des espèces ci-après mentionnées apparaissent directement sur les veines de mica et apatite et sont étroitement associées avec ces minéraux, il y en a un certain nombre que l'on trouve principalement dans les parties pauvres et stériles des dykes.

Albite.

On a observé des petits cristaux d'albite tapissant une cavité dans une zone felsitique à gros grain dans la pyroxénite sur le lot 3, du prolongement de Templeton, Qué. Cette variété de feldspath est loin d'être commune dans les gisements de mica et n'a été signalée que dans quelques endroits seulement.

Anthraxolite.

Ce minéral est un hydrocarbure de composition variable et son existence est connue en plusieurs endroits des provinces d'Ontario et Québec.[1] Il paraît être un produit de décomposition de bitume ou asphalte liquide et on le trouve sous forme d'inclusions isolées ou de remplissage filoneux dans les roches sédimentaires et dans les ignées. On a obtenu des échantillons provenant des lits de pétrosilex de la région cuprifère du lac Supérieur, où le minéral se présente sur des petites fissures et aussi dans certaines roches de trapp. Les échantillons que nous avons obtenus dans les gisements de mica consistent en petits fragments arrondis ou nodules dont les plus gros ne dépassent pas 2 pouces de diamètre. On s'est procuré ces échantillons à la mine Baby, lot 1, concession X, du canton de Loughborough, Ont., où ils se présentaient en amas isolés de forme presque circulaire dans la pyroxénite micafère grise altérée. Le minéral est dur et cassant, d'une fracture conchoïde, et ressemble quelque peu au charbon bitumineux. Sa rayure est noire; mais la matière est trop dure pour marquer le papier.

Apatite.

Ce minéral est presque constamment associé avec la phlogopite dans les dykes de pyroxénite et, de fait, on l'y trouve en bien plus grande quantité que le mica. Ainsi qu'il paraîtra déjà évident d'après les descriptions des différentes mines, etc., un bon nombre des mines actuelles de mica ont été attaquées pour l'exploitation du phosphate et on en retire en même temps

---

[1] Rap. Ann. Com. Géol., Can., 1888-89, Vol. IV, partie T.

les deux minéraux dans plusieurs mines. Sans tenir compte du pyroxène, qui constitue la masse des dykes, on peut considérer l'apatite, calcite, et phlogopite comme minéraux caractéristiques des gisements de pyroxénite. L'on constate parfois, il est vrai, l'absence presque complète sinon complète de l'apatite dans les veines de mica, mais ces cas sont relativement rares.

La surface du minéral varie de massive, cristalline compacte à ce que l'on appelle phosphate-sucre. Celui-ci consiste en une masse pulvérulente friable de petits grains d'apatite arrondis et on le trouve souvent dans de gros gisements, partout à travers lesquels apparaissent ça et là des individus apatite, complètement cristallisés et des cristaux de mica. Une fois cristallisé le minéral adopte invariablement la forme prismatique avec terminaison pyramidicale ∞ P. P.). Quelquefois les cristaux se complètent aux deux extrémités mais c'est l'exception. Ils varient en grandeur depuis de menus individus que l'on trouve souvent disséminés à travers la calcite rose des dykes jusqu'aux types énormes ayant plusieurs pieds de longueur et un pied ou au delà de diamètre. Nous avons déjà attiré l'attention sur les arêtes de cristaux souvent arrondis et à l'aspect souvent résorbé que décèlent les individus, et cette particularité est commune aux grands cristaux tout comme aux plus petits. La couleur du minéral varie considérablement même dans un seul et même gisement et l'on voit quelquefois l'apatite compacte massive se confondre graduellement avec la variété "sucre." Sa couleur la plus commune est vert mais on en trouve quelquefois de brun, rouge, bleu, gris et même blanc. Le phosphate-sucre est presqu'invariablement d'une teinte blanc verdâtre.

Les meilleurs et les plus parfaits cristaux d'apatite se trouvent ordinairement encastrés dans la calcite. Il y a aussi souvent des individus bien formés encastrés dans les cristaux de mica, et dans ce cas les prismes reposent presque toujours avec leurs grands axes approximativement parallèles au plan de base du cristal de mica. On aperçoit assez fréquemment dans les cristaux d'apatite des inclusions d'autres minéraux tels que calcite, pyroxène, phlogopite, pyrite et fluorite.

D'après de nombreuses analyses faites à différentes époques, on a constaté que l'apatite des pyroxénites est toujours l'apatite fluorée, la teneur en fluorine oscillant jusqu'à même 3.8 pour cent. On trouvera plusieurs analyses d'apatite canadienne dans la partie H du Rapport des Travaux de la Commission Géologique du Canada pour l'année 1877-78. Les échantillons examinés proviennent des gisements de Québec et d'Ontario et comprennent les variétés "sucrées" de même que compactes du minéral. Nous donnons ci-après une moyenne des analyses fournies par le rapport précité et faites par C. Hoffman avec indication des principaux éléments constituants:—

Acide phosphorique	39.733
Fluorine	3.494
Chlore	0.257
Acide carbonique	0.630
Chaux	47.933
Calcium	3.823
Insoluble	1.658
	97.528

Cristaux d'apatite, laissant voir des faces résorbé s. mine du lac Rhéaume, lot 3, prolongement—Canton de Templeton, Québec.

La densité moyenne était de 3.17 et les analyses ont donné une teneur moyenne en phosphate de chaux équivalente à 86.74.

La production presqu'entière d'apatite des mines de mica d'Ontario et Québec est expédiée à Buckingham, sur la rivière Ottawa, en aval d'Ottawa, où le minéral est converti en superphosphates pour servir d'engrais, et on l'emploie également dans la fabrication du phosphore.

Baryte.

Ce minéral n'a été observé qu'à un seul endroit, concession VIII, lot 2, de North Burgess, Ont. On y a trouvé des masses de petits cristaux tabulaires encroutant les parois des druses dans le calcite blanc, près de la surface de la veine à découvert dans les excavations S. E., et associés avec des quantités de petits scalénoèdres de calcite.

Calcite.

On peut dire de la calcite qu'elle est invariablement un élément constituant des pyroxénites, bien qu'il soit vrai qu'elle est présente en quantités très sujettes à varier. Dans certains dykes le minéral forme d'immenses gîtes, principalement à titre de remplissage dans les " chambres " ou poches au sein de la roche, alors que dans d'autres il se présente en petites quantités seulement à travers la masse du dyke. Il apparaît souvent sous forme de couches ou pellicules entre les lamelles des cristaux de mica ce qui nuit considérablement à la propriété que possède ce minéral de se diviser en feuillets. De sa nature la calcite cristallise d'habitude plus ou moins grossièrement, les individus oscillant en épaisseur de $\frac{1}{8}''$ à $\frac{1}{4}''$. Ils sont parfois beaucoup plus gros, atteignant une longueur d'environ 3" à 4". Dans ces cas la couleur du minéral est presque toujours blanc ou jaunâtre par opposition à la couleur de chair ou saumon, qui domine dans la variété qui cristallise plus finement. Les individus sont toujours en mâcles à répétition suivant — $\frac{1}{2}$ R, et sauf quant à la couleur, les masses du minéral ressemblent beaucoup à un calcaire cristallin ordinaire à gros grain. Les poches si fréquentes dans les pyroxénites sont presqu'invariablement remplies de calcite, avec laquelle on trouve mélangés le mica et l'apatite. Là où l'on rencontre des poches vides, la calcite a généralement été emportée par la circulation des eaux superficielles. Chose curieuse, on aperçoit très rarement des druses dans la calcite, et les types habituels de cristaux de calcite si communs sur les filons minéraux ou recouvrant les fissures dans les calcaires sédimentaires sont extrêmement rares. Dans une demi-douzaine de mines seulement avons-nous réussi à découvrir quelques cristaux de calcite et d'après le témoignage des mineurs, il est évident que ce sont là des cas rares. Ceux que nous avons observés se présentaient généralement sous forme de scalénoèdres et étaient de petite dimension. On trouve des cristaux de ce type près de la surface d'une veine de mica sur la concession VII, lot 2, de North Burgess, Ont. On a observé à un endroit—concession VIII, lot 13, de Loughborough, Ont., —une calcite rouge foncée finement cristallisée, dans laquelle apparaissaient des cristaux d'apatite porphyritiques et arrondis. Il y avait dans la masse du minéral rouge une quantité de petites druses tapissées de scalénoèdres de calcite blanche. La couleur rouge de la calcite ne semble pas résulter de la présence d'aucun minéral étranger mais est propre au carbonate et ne disparaît pas après calcination.

Les autres couleurs propres au minéral sont bleu, blanc, crême et verdâtre, et il est à noter que lorsque ces couleurs dominent, on trouve en grande quantité, dans le plongement, soit la pyrite, ou plus ordinairement la pyrrhotine. On rencontre quelquefois enclavés dans les cristaux d'apatite des petits blocs circulaires de calcite ressemblant à des billes à jouer et dont la surface est éminemment glacée.

Chabasie.

On en trouve sur le rang XII, lot 21, de Templeton, Qué., où elle apparaît en petits cristaux incolores dans le scapolite et le pyroxène. Les cristaux sont de forme rhomboédrique et les macles de pénétration ne sont pas rares. Harrington envisage la chabasie provenant de cet endroit de même que la préhnite des gisements de mica, comme étant d'origine secondaire et dérivée peut-être de la scapolite.[1] On a obtenu aussi de la chabasie et autres zéolites, y compris la natrolite, d'un autre endroit sur le rang XII, lot 21, de East Portland, Qué. On a aperçu des petits cristaux rhomboédriques clairs de chabasie recouvrant de grands cristaux décomposés de scapolite à la mine du lac Rhéaume, lot 3, du prolongement de Templeton; et l'on a trouvé de menus cristaux de ce qui paraît être de la chabasie associée avec de la fluorite verte sur le rang III, lot 1, de East Portland.

Chalcopyrite.

On aperçoit quelquefois des petits grains ou fragments irréguliers de chalcopyrite encastrés dans la calcite granuleuse des dykes, associés avec des pyrites.

Chlorite.

On a trouvé de la chlorite, ayant approximativement la même composition que la ripidolite, sur le rang IX, lot 18, du canton de Templeton, Qué., et à diverses autres mines de la même région.

Nous donnons ci-après[2] l'analyse de cet échantillon :—

SiO_2	35.80
Al_2O_3	13.18
Fe_2O_3	4.28
FeO	10.18
MgO	22.80
H_2O	12.64
	98.88

[1] Rap. Trav. Com. Géol., Can. 1877-8 G.
[2] Rap. Trav. Com. Géol., Can. 1877-8 G.

Datolite.

Ce minéral a été observé en deux endroits, savoir: rang 1, lot 9, de Derry, Qué., où il y a des quantités considérables de datolite blanche compacte massive, décelant une fracture porcelainique Wedgewood, dans le pyroxène et l'apatite, associée avec de la fluorite violet foncé, et aussi à la mine Bobs Lake, concession VI, lot 30, de Bedford, Ont. A ce dernier endroit le minéral se présente sous forme granuleuse finement divisé, est blanc de couleur et peut s'écraser en une poudre fine dans la main. Les échantillons que nous avons vus faisaient partie d'une masse pesant plusieurs livres provenant du toit d'une veine de mica, faisant partie d'une série parallèle. Cette veine tient également de la scapolite dans des agrégats de grands cristaux bien formés. On signale aussi la datolite dans plusieurs autres gisements, y compris la mine Lacey, concession VII, lot 11, de Loughborough, Ont.

Epidote.

On rencontre parfois ce minéral dans des dykes de pyroxénite et il est signalé, entre autres endroits, sur le rang XII, lot 23, et rang X, lot 9, du canton de Templeton, Qué. Dans les deux cas, le minéral est d'une couleur vert-jaunâtre et apparaît avec le pyroxène foncé et la pyrite. Il y a un autre endroit où l'auteur a trouvé de l'épidote en grande quantité, sur le rang I, lot 12, de Wakefield, Qué.

Faujasite.

On a trouvé ce minéral en octaèdres blancs assez gros, associé avec de la fluorite verte à la mine Daisy, rang I, lot 9, de Derry, Qué. On signale aussi sa présence dans divers endroits du canton East Portland.

Fluorite.

Ce minéral est assez rarement associé avec le mica et l'apatite. Etant donné la forte teneur en fluorine de ces deux minéraux (jusqu'à 2.5 et 3.8 respectivement) il est curieux que l'on rencontre si rarement la fluorine de calcium. Lorsqu'il est présent, il est souvent associé avec des membres de la famille des zéolites et semble résulter de l'altération secondaire de l'apatite. On n'en a trouvé que de petits cristaux (ayant jusqu'à $\frac{1}{2}''$ de diamètre) lesquels se présentent ordinairement sous la forme octaédrique ou cubique. On aperçoit aussi quelquefois des combinaisons des deux. Le minéral est généralement de couleur verte ou violette.

On a observé une quantité extraordinaire de fluorite à la mine de la Calumet Mica Company, rang IV, lot 22, du canton de Huddersfield, Qué,

Ici on trouve disséminés à travers la calcite couleur crème, de grandes masses de fluorite d'un brun violacé et l'on a aussi remarqué des petits octaèdres violets, tapissant les crevasses et fissures de même que formant des inclusions dans les cristaux de mica (voir Orthite).

Galène.

Signalée sur le rang XIII, lot 12, de Templeton, Qué., en menues quantités, associée avec le quartz enfumé dans des cavités de calcite rose. Lorsque galène, sphalérite et chalcopyrite sont présents dans les gisements de mica, il est évident que les minéraux résultent toujours de la déposition sous les eaux de circulation. C'est-à-dire qu'ils ont été déposés de la même façon que les véritables minéraux filoneux, et n'existaient probablement pas comme éléments constituants primitifs des pyroxénites.

Grenat.

L'existence du grenat associé avec l'apatite est signalée par Harrington[1] qui mentionne les variétés almandite et hessonite comme ayant été trouvées dans les cantons de Templeton et Wakefield, Qué., respectivement. L'auteur n'a remarqué nulle part de spécimen de grenat associé avec la phlogopite, le mica ou l'apatite. Les deux variétés précitées de la région du mica se rencontrent parfois dans le calcaire cristallin près des contacts d'intrusion de la pegmatite ou d'une roche semblable.

La spessartite se voit en abondance encastré dans les cristaux de feldspath et mica du grand dyke de pegmatite que l'on a attaqué à la mine Villeneuve, Qué., associée avec apatite, tourmaline et pyroxène.

Goethite.

On a remarqué une certaine quantité de ce peroxyde de fer hydraté tapissant les parois de petites cavités dans la marcassite et la pyrite à la mine McNally, concession V, lot 21, de North Burgess, Ont. Le minéral appartient à la variété connue sous le nom de przibramite, ayant une surface veloutée brun foncé et est associé avec des petits cristaux de quartz.

Graphite.

On signale son existence à divers endroits dans la région du mica, associé avec apatite, calcite et pyroxène. L'auteur l'a aperçu sous forme de petites paillettes dans le calcaire cristallin blanc que l'on trouve souvent en contiguité avec les pyroxénites et aussi en petites quantités dans la roche pyroxénitique même. Dans ce dernier cas, le minéral se présente ordinairement comme remplissage en lisière sur les plans de dioclase et paraclase et est souvent associé avec mica et pyroxène écrasés. Les exemples de ce mode de gisement ne sont pas rares à la mine Lacey, lot 11, concession VII, du canton de Loughborough, Ont.

[1] Loc. cit., p. 26.

Hématite.

Un grand nid d'hématite écailleuse a été trouvé sur la concession V, lot 9, de North Burgess, Ont., en fonçant sur une veine de mica. Le minéral de fer est dans une sorte de cheminée lenticulaire et contient des cristaux de mica épais, d'assez bonne dimension.

Sur la concession IX, lot 1, de Loughborough, Ont., il y a des nids de spécularite massive à grain fin très rapprochés de la veine de mica.

Hornblende.

La hornblende primaire, c'est-à-dire le minéral non-pseudomorphe résultant de l'altération du pyroxène, n'est pas rare le long des bordures des zones de pyroxénite avec des calcaires cristallins. Les endroits notables sont la mine Parker rang V, lot 52, du canton de Bigelow; la mine du Père Guay, rang D, lot 15, de Wright et le rang III, lot 23 de Hincks, tous dans la province de Québec. Aux endroits qui précèdent il s'est formé de grandes quantités de hornblende normale, noire et lustrée le long des contacts des pyroxénites et du calcaire cristallin. Le minéral forme des amas compacts avec des individus ayant jusqu'à $\frac{1}{3}$ de diamètre, frais et inaltérés.

On a remarqué de l'actinote en gros prismes d'une couleur verdâtre, en différents endroits, notamment à la mine Fortin et Gravelle, rang VII, lot 18, de Hull, Québec, et à la mine Silver Queen, concession V, lot 13, de North Burgess, Ont. En ce dernier endroit on extrait des feuilles d'une variété blanche et fibreuse d'amphibole connue sous le nom de " cuir de montagne." Ce minéral existe aussi à la mine lac Girard et en divers endroits du canton de Derryè Québec. Les variétés hornblendiques d'amiante appelées amianthus et byssolite ont été constatées en plusieurs endroits, notamment sur le rang VI, lot 19, de Hull, Qué. Là le premier de ces minéraux est en amas avec des fibres qui atteignent presque un pied de longueur et sont de couleur bleuâtre. On le trouve sur le contact d'une felsite avec la pyroxénite et c'est probablement un produit d'altération du pyroxène, causé par des émanations pneumatolytiques accompagnant l'irruption de felsite.

Ce qui est probablement de l'édénite, une espèce claire, rougeâtre de hornblende a été trouvé associé avec de la trémolite grise sur la concession X, lot 1, de Loughborough, Ont.

Molybdénite.

On trouve souvent ce minéral dans les dykes de pyroxénite, quelquefois en gros amas pesant plusieurs livres, mais plus souvent en forme de petites taies ou écailles disséminées dans le pyroxène. Il est douteux que la molybdénite soit un constituant original des pyroxénites, car l'auteur a constaté qu'on le trouve habituellement dans le voisinage intime de dykes de pegmatite ou de felsite recoupant les gisements de mica. Il paraît donc probable que le minéral a été charrié par une irruption postérieure et résulte de l'imprégnation de la pyroxénite par des minéralisateurs venant des dykes acides.

22

Natrolite.

Un minéral fibreux ressemblant à de la natrolite a été constaté couvrant de petits cristaux de calcite, en géodes à la mine Moore et Marks, rang II, lot 4, de Alleyn, Qué. Les individus sont trop petits et trop altérés pour permettre une détermination précise et le minéral peut être de la stilbite ou quelque autre membre de la famille zéolite.

Olivine.

L'olivine n'est nullement fréquente dans les gisements de mica et on ne la trouve qu'à une mine, la mine Parker, rang V, lot 52, du canton Bigelow de Québec. On rencontre là de gros cristaux bien formés, associés à du pyroxène et tapissant fréquemment les murs des nids d'une façon semblable à ce dernier minéral. Les cristaux sont de couleur vert grisâtre, de forme habituellement tabulaire et avec un lustre vitreux. Les plus gros individus observés avaient une longueur d'à peu près 4″. Sur l'est de la mine on a attaqué une petite veine de mica et l'olivine contient en cet endroit beaucoup de cristaux noirs de spinelle. Ce dernier est aussi disséminé dans la calcite blanche grossièrement cristalline de la veine proprement dite. A la surface, les cristaux d'olivine sont très décomposés et friables, possédant une couleur brune ou jaune et laissent voir souvent un haut degré d'iridescence sur leurs facettes. (Voir page 111 et Planche XXXI).

Orthite[1] *ou Allanite.*

On constate disséminés dans la calcite massive du rang IV, lot 22, de Huddersfield, Qué., des cristaux tabulaires ayant plus de 1″ de diamètre et possédant la nature et l'aspect de l'orthite. Le minéral est noir et possède un lustre métallique sur les faces de ses cristaux bien que souvent enduit d'une substance d'altération brune caractéristique de l'orthite. La fracture en conchoïdale et les surfaces qui en résultent possèdent un lustre qui va du vitreux au résineux. On n'a pas fait d'analyse de ce minéral intéressant, mais il faut remarquer que la fluorite, qui en cet endroit se trouve en quantité extraordinaire et forme souvent de grands massifs encastrés dans la calcite, dans le voisinage immédiat des cristaux foncés, possède invariablement une couleur violet foncé. La teinte violette disparaît avec l'éloignement de l'orthite, jusqu'à la couleur normale lilas que possède le minéral à cette mine.

---

[1] Depuis que ce qui précède a été décrit, une communication a été reçue du Dr Kolbeck, de la Koenigliche Bergakademie, Freiberg, I, Sa., à qui un échantillon de ce minéral avait été soumis pour détermination. Le Dr Kolbeck a bien voulu faire une analyse de l'échantillon et a déclaré que c'était de l'orthite.

Orthose.

L'orthose est un consctituant fréquent de beaucoup de pyroxénites et, associé au quartz et au pyroxène, en quantité variable, il forme beaucoup des types rocheux des dykes. On trouve rarement le minéral dans des cristaux bien développés, bien que l'on trouve quelquefois des individus épars associés aux cristaux de pyroxène qui tapissent les murs des nids ou fissures. Comme couleur, il va du blanc, gris ou bleuâtre au brun rose et rouge, une teinte bleue, grisâtre ou bien grisâtre étant la plus commune. Le mode de gisement habituel est sous une forme massive, grossièrement cristalline, les individus allant de $\frac{1}{4}''$ à $1''$ de longueur et étant fréquemment entremêlés de quartz ou de titanite. L'association intime fréquente d'un ou plus des minéraux suivants, en quantités variables avec l'orthose, constitue des types rocheux qui caractérisent les dykes de pyroxénite.

Orthoclase : ± titanite, ± pyroxène, + apatite, + phlogopite, + quartz.

L'orthose rose est, en plus, le constituant principal des nombreux filons de pegmatite que l'on trouve recoupant les gisements de mica et de phosphate.

On voit des cristaux d'orthose blancs, petits mais bien formés qui tapissent une crevasse superficielle du rang X, lot 13 de Hull, Qué.

Phlogopite.

La nature et l'existence de la phlogopite ou " mica ambré " a déjà été amplement décrite au titre " Mica " et ailleurs dans ce rapport. Il est donc

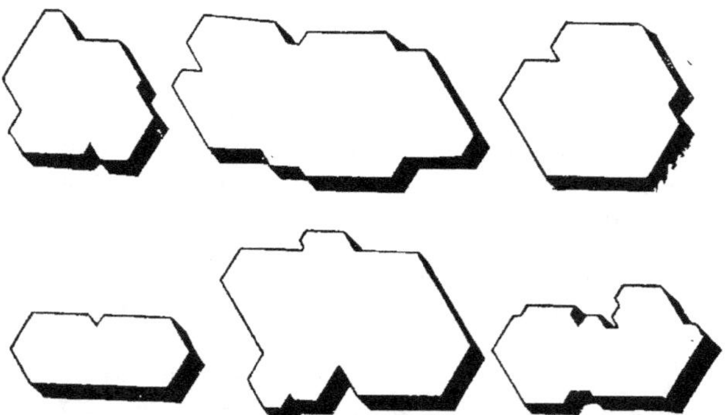

Fig. 61.—Types de cristaux composés de phlogopite.

inutile d'entrer dans plus de détails au sujet de ce minéral. On doit se souvenir, d'après l'opinion exprimée par beaucoup d'auteurs que la muscovite est seulement une forme altérée de la phlogopite, qu'on ne signale pas de cas d'existence de muscovite dans un dyke de pyroxénite; et aussi, qu'on ne cite pas, à la connaissance de l'auteur, d'exemple d'enchevêtrement de deux variétés, sauf peut-être à l'extrême—la biotite—que l'on trouve quelquefois en enchevêtrement avec la muscovite dans certains dykes de pegmatite et aussi dans certains gneiss.

La figure ci-jointe fait voir des cristaux composés de phlogopite.

Le phénomène optique connu sous le nom d'astérisme qui caractérise si nettement certaines phlogopites peut être signalé ici comme se montrant en évidence dans des feuillets provenant des localités suivantes :—

LOCALITÉS OU L'ON TROUVE LE MICA ASTERIE.

Province.	Canton.	Concession.	Lot.	Degré d'astérisme.
Ontario.	Bedford	VIII	6	A2
"	"	II	5	A2
"	Loughborough	VIII	13 E.$\frac{1}{2}$	A1A
"	"	VII	11	A2 et A*
"	"	IX	1	A1A
"	"	X	1	A2
"	North Burgess	V	13 W.$\frac{1}{2}$	A1A
"	"	V	8	A1
"	"	V	9	A1
"	"	V	16	A
"	"	VI	10	A1
"	"	VI	20	A1
"	"	VIII	1	A1A
"	"	VIII	2	A2
"	"	VIII	4, 5, 7	A2
"	"	IX	6 E.$\frac{1}{2}$	A2
"	"	IX	17 E $\frac{1}{2}$	A1A
"	South Crosby	V	9	A
Québec.	Blake	Rang IV	43	Rayon unique
"	Hull	VII	19	A
"	"	XII	10	A
"	"	XIII	13a	A2
"	West Portland	III	24	A2
"	Templeton	IX	17	A1
"	"	X	10	A1

A = vague double ; A1 = simple fort ; A2 = double fort.
* La variété de mica laiteuse de cette mine, possède A2, la claire A.

L'astérisme a été attribué à la présence dans les feuillets de mica d'aiguilles microscopiques de rutile, tourmaline ou cyanite disposées symétriquement en bandes inclinées à 60° approximativement, les unes sur les autres. Il paraît probable que ce n'est pas l'explication exacte du phénomène si l'on en juge par le fait que les feuillets montrent souvent de degrés très variables d'astérisme. L'auteur a fendu une plaque épaisse de 1½″ provenant d'un cristal de phlogopite, et il a fendu ensuite cette plaque en laies, d'épaisseur égale, autant que possible et laissant passer la lumière. Dans quelques cas, les feuillets examinés ne laissaient pas voir d'astérisme et d'autres laissaient voir l'astérisme double au plus haut degré. On a trouvé que les feuillets de mica ambré argenté nuageux, dont les lamelles étaient en contact un peu lâche les unes avec les autres dénotaient habituellement un plus haut degré d'astérisme que les feuillets compacts, clairs et durs. L'astérisme le plus parfait constaté dans aucun des micas, provenant d'échantillons d'une variété blanche et brisante, existant dans un calcaire (proba-

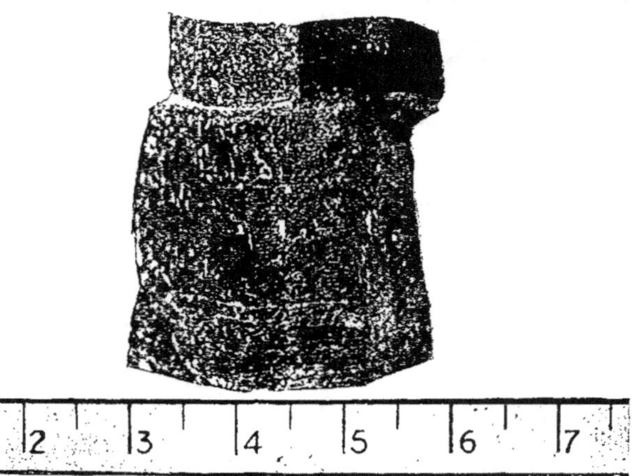

Cristal de phlogopite dont la portion supérieure a subi un mouvement de rotation de
20° et cimentée dans sa position nouvelle par de la calcite, provenant de la
mine Cantin, lot 1, concession IV, Canton South Burgess, Ont.

blement comme résultat d'un contact métamorphique dû à une irruption ignée) sur la concession II, lot 5 du canton de Bedford, Ont. La composition exacte et la nature de ce mica n'a pas été encore bien déterminée. Il semblerait donc que ce qu'on appelle l'astérisme est simplement dû à des interstices, des craquelages ou des striations menues dans les feuillets de mica, causés par un bouleversement physique, soit durant, soit après la formation des cristaux. Le bouleversement peut avoir été causé par une pression exercée extérieurement ou par la force de cristallisation d'une substance minérale enclavée comme de la pyrite, calcite, apatite, etc., ou peut être due à des mâcles à répétition. Comme on pourra en juger par la liste précédente des localités, le mica dénotant de l'astérisme n'est pas borné au canton de North Burgess, dans Ontario, mais on le trouve en beaucoup d'endroits assez distants dans les régions à mica d'Ontario et de Québec.

Prehnite.

Harrington signale l'existence de ce minéral provenant du rang XII, lot 16 et aussi du rang XIII, lot 23, de Templeton, Qué. L'auteur n'a pas constaté de spécimens en examinant les dépôts. L'échantillon précédent était translucide, et d'une couleur blanc jaunâtre avec une teinte verdâtre. Il paraît avoir existé dans une cavité et montrait une surface arrondie, faite d'un agrégat de cristaux. La dureté dépassait 6 et le poids spécifique 2.891.

Pyrite.

Bien que n'étant pas en abondance dans les pyroxénites, la pyrite se rencontre néanmoins fréquemment, et de fait, dans certains gisements, constitue un accessoire désagréable, au point de vue du mineur, en raison de son aptitude à se décomposer, l'acide qui en résulte attaquant le mica et rendant souvent inutilisables les cristaux proches de la surface. Pour cette raison, de grandes quantités de mica appelé rouilleux ont été mises de côté quand on exploitait les portions supérieures des dépôts, les feuillets étant tachés d'oxyde de fer et impropres aux usages électriques. On a sorti aussi de ces gisements des cristaux de mica contenant beaucoup de pyrite qui sont habituellement durs et cassants et caractérisés par ce que l'on appelle la couleur "ambré vineux", paraissant due à l'existence de sulfure de fer dans la matière de dyke. Bien que, de nature massive et, sous cette forme, constituant quelquefois des filons solides de plusieurs pouces de largeur, la pyrite se rencontre plus généralement sous forme de fragments isolés et irréguliers ayant souvent une surface piquée comme si elle avait été attaquée par un agent dissolvant. Les fragments de ce genre sont habituellement enclavés dans de la calcite ou de l'apatite. Les cristaux ne sont pas rares, leur forme étant habituellement O, ∞ O et (∞ O2) soit simples soit combinés. Beaucoup de cristaux, de tenue octaédrique, mais avec des bords et des angles courts, sont enclavés dans une sorte de lisière bleuâtre, sur le rang II, lot 10, d'Alleyn, Qué. Il y a aussi avec le mica des quantités extraordinairement fortes de pyrite, sur le rang IX, lot 23, de Blake, Qué., concession VIII, lot 6, de Loughborough, et concession V, lot 21, de North Burgess, Ont. En ce dernier endroit, il y a de la marcassite avec la pyrite, qui paraît former une proportion considérable du remplissage filoneux.

Assez souvent, des petits cristaux de pyrite sont contenus dans les feuillets de phlogopite et ils donnent alors souvent naissance à des figures de pression très parfaitement naturelles.

Pyroxène.

Le mica et les dykes apatitifères sont, comme l'indique leur nom, principalement composés d'un membre quelconque du groupe pyroxène. L'espèce la plus commune d'après Harrington[1] paraît être une sablite alumineuse ou un pyroxène ferro-magnésien ; mais on trouve fréquemment d'autres espèces de diopside comme la malacolite et le diallage.

Les variétés orthorhombiques, comme l'hypersthène et l'enstatite se rencontrent souvent, sans être fréquentes. Le mode d'existence du pyroxène est très variable et les dykes atteignent en conséquence des caractéristiques diverses. Quelquefois, un dyke est formé d'un pyroxène granulaire, finement cristallin, mélangé à du feldspath et du quartz, formant une roche compacte dure où l'on trouve enclavés des cristaux de mica associés à de petites quantités de calcite. D'autres fois aussi, un massif de cristaux de pyroxène, souvent de grande taille, peut être plus ou moins étroitement enchevêtré avec de la calcite, remplissant les interstices entre les cristaux partiellement développés. C'est dans ce type de dyke que les nids souvent tapissés d'individus bien cristallisés de pyroxène, se rencontrent si fréquemment, les cavités étant reliées par des fissures de grande taille. Ce mode d'existence a donné aux dépôts de mica associés aux dykes de ce genre la désignation commune parmi les mineurs de mica de dépôts en " nids et fissures." Un troisième type de dyke est celui où les cristaux de pyroxène forment un massif relativement compact avec peu de nids, mais avec des filons de fissure bien nets et réguliers, traversant le dyke. Les murs de ces filons de fissures sont souvent tapissés de grands cristaux de pyroxène bien développés (voir planche XXIX).

La tenue des cristaux est prismatique et les combinaisons les plus habituelles sont— $\infty \mathrm{P} \infty, \mathrm{P} \infty, \infty \mathrm{P} \infty, \mathrm{P} \infty, \mathrm{P}$. Il y a cependant souvent d'autres plans et entre autres: 2P, 3P, et 6P. Les cristaux sont souvent striés longitudinalement et fréquemment aplatis dans la direction de l'orthodiagonale. Les cristaux terminés aux deux bouts ne sont pas inconnus, mais ils sont rares et on les trouve souvent enclavés dans de l'apatite et de la calcite. On en a constaté de bons exemples sur la concession VII, lot 19, du canton de Bedford, Ont.

En fait de couleur, le minéral va de presque blanc au presque noir, la teinte la plus commune étant un gris verdâtre. Il est notable que le pyro-

---

[1] Rap. des Trav., Com., Géol., Can., 1877-8, Partie G.

xène assez frais, presque intact, est relativement rare, même dans les ouvrages profonds. Dans certains dépôts les cristaux lustrés et frais sont fréquents, mais, en règle générale, le minéral est terne dans la masse et les faces des cristaux sont mates et rugueuses. Quand les cristaux de pyroxène sont lustrés et frais on peut les prendre quelquefois pour de l'apatite, spécialement quand les faces prismatiques sont développées au même point que celles du pinacoïde, ce qui donne aux individus un aspect hexagonal.

On trouve souvent des irruptions de mica, pyrite, calcite et apatite dans des cristaux de pyroxène, les deux premiers de ces minéraux étant les plus fréquents. L'on trouve souvent des cristaux fracturés et ployés qui ont été récimentés par de la calcite ou de l'apatite.

Le clivage parfait que montrent les cristaux de pyroxène est un trait notoire, les directions les plus visibles étant ∞ P ∞ et ∞ P. Les cristaux maclés sur ∞ P ∞ sont fréquents et l'on observe souvent sur les grands cristaux des cloisons bien visibles ou pseudo-clivages dus à la macle.

Le trait le plus intéressant et le plus facile à observer relativement au pyroxène est la tendance à s'altérer en une sorte d'ouralite. Ce minéral est essentiellement un pseudomorphe de la hornblende, d'après le pyroxène qui conserve la forme de cristal de ce dernier minéral tout en acquérant la composition et le clivage du premier. Ce qui était primitivement des cristaux de pyroxène se rencontre fréquemment altéré en minéral bleu verdâtre avec une structure fibreuse et qui doit se rapporter à l'ouralite ou la traversellite. Cette transformation du pyroxène en hornblende se remarque spécialement dans les cas où les dykes, la pegmatite ou la felsite recoupent les pyroxénites. Les endroits que l'on peut signaler sont, le rang XIII, lot 12a du canton de Hull, rang VI, lot 19 du même canton et rang II, lot 24 de Wakefield, tous dans la province de Québec. En ce dernier endroit (mine Lake Girard), on a constaté de grands cristaux de pyroxène qui consistaient en un noyau interne de minéral poudreux, tendre, vert, ayant une couverture extérieure, épaisse quelquefois de $\frac{1}{2}''$ de traversellite bleue fibreuse dont les fibres sont perpendiculaires aux faces des cristaux primitifs. La formation d'hornblende bleue, le long du contact d'un épanchement de felsite avec de la pyroxénite est décrite dans les notes sur la mine de mica située sur le rang XIII, lot 12a, du canton de Hull. Trois analyses par Harrington sont jointes à ces notes, la première représentant la composition de la portion centrale ou non altérée; la seconde est celle de la zone bordant le centre et partiellement altérée en minéral terne et la troisième représente la portion la plus altérée ou extérieure du même cristal. Les poids spécifiques des échantillons étaient, dans le premier cas, 3.18; dans le second, 3.205 et dans le troisième seulement, 3.003. Bien que différent par le caractère minéralogique, les zones intérieures de cristal ont beaucoup la même composition chimique.

Analyses de Cristaux de Pyroxène.

A.

Zone interne ou inaltérée.

SiO_2	50.868
Al_2O_3	4.568
Fe_2O_3	0.970
FeO	1.963
MnO	0.148
CaO	24.438
MgO	15.372
K_2O	0.497
Na_2O	0.218
Perte par combustion	1.439
	100.481

B.

Zone intermédiaire ou partiellement altérée.

SiO_2	50.898
Al_2O_3	4.825
Fe_2O_3	1.741
FeO	1.358
MnO	0.152
CaO	24.392
MgO	15.268
K_2O	0.150
Na_2O	0.176
Perte par combustion	1.200
	100.000

C.

Zone externe ou complètement altérée.

SiO_2	52.823
Al_2O_3	3.215
Fe_2O_3	2.067
FeO	2.709
MnO	0.276
CaO	15.389
MgO	19.042
K_2O	0.686
Na_2O	0.898
Perte par combustion	2.403
	99.508

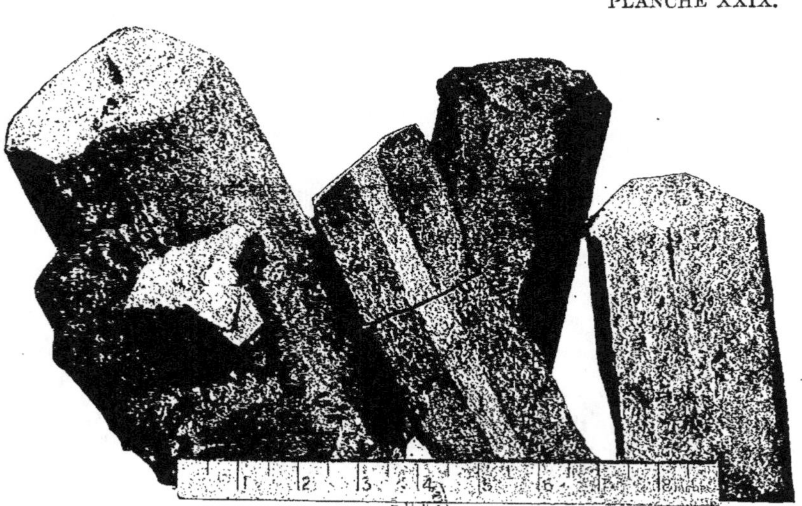

Gros cristaux de pyroxène au lot 13, rang XV, Canton de Hull, Qué.

Dans ce dernier cas, il y a une déperdition d'à peu près 9 pour cent de chaux et un gain de 4.5 p. c. de magnésie; cette déperdition et ce gain paraissent expliquer le changement de pyroxène en hornblende. Les analyses qui précèdent représentent bien la composition moyenne du pyroxène des roches archéennes d'Ontario et de Québec.

Pyrrhotine.

La pyrite magnétique est un minéral encore plus prédominant dans les gisements que l'espèce ordinaire et on peut facilement la constater, si elle n'est qu'en quantité accessoire, dans la majorité des veines de mica. Comme dans le cas de la pyrite, le minéral est généralement, soit massif, soit sous forme de fragments irréguliers avec des surfaces piquées ou dentelées enclavées dans de la calcite ou de l'apatite. Des cristaux de mica entourés de pyrrhotine massive ont été observés dans certaines mines et dans ce cas, on trouve généralement que les lamelles sont de teinte brun rougeâtre et assez dures et cassantes. De petites plaques de pyrrhotine sont fréquentes dans les calcaires cristallins qui bordent souvent les dykes de pyroxénite et ces plaques possèdent quelquefois des contours vagues de cristaux. Mais, plus souvent, les minéraux sont également en forme de fragments irréguliers. Il est à noter que la calcite trouvée dans les gisements où il y a beaucoup de pyrrhotine ou de pyrite est presque invariablement de couleur claire (habituellement blanche, crème, ou jaune) en contre indication de la teinte saumon prédominante du minéral normal. Ce fait se remarque spécialement à la mine Moose Lake, rang IV, lot 1, du canton Villeneuve, Qué.; à la mine Cantin, concession IV, lot 1 de South Burgess, Ont., (calcite aussi d'une teinte bleue) sur la concession XI, lot 10, de Bedford, Ont., et sur la concession VII, du lot 19, de Bedford.

La surface des fragments de pyrrhotine du premier de ces endroits est particulièrement rubannée, ressemblant à la surface d'une lime rugueuse, les arêtes suivant cependant souvent une marche onduleuse. Le minéral paraît avoir été comprimé ou pressé parmi la calcite avec laquelle on la rencontre, avoir pénétré le long des plans de clivage de ce dernier minéral, ce qui lui a donné une surface nervée.

Quartz.

Quoique divers auteurs aient souvent parlé de quartz, comme minéral fréquent dans les gisements de mica et d'apatite, l'expérience de l'auteur de ce rapport prouve qu'il est très rare. Le quartz massif, laiteux se rencontre quelquefois dans le massif des dykes et le minéral existe aussi associé au feldspath comme un élément de formation de roche de même qu'on le trouve dans le granite ou roches semblables. Mais on rencontre extraordinairement rarement des cristaux de quartz et, seulement en qualité de petits individus tapissant les murs de géodes de la calcite ou de l'apatite. On ne le voit jamais associé aux cristaux de pyroxène sur les murs des nids dans la pyroxénite. A la mine Goldring, rang IX, lot 17 du canton Templeton,

Qué., on a vu des cristaux de quartz ayant jusqu'à 1″ de longueur, tapissant les cavités de l'apatite massive et sur le rang VI, lot 15, du même canton, il y a de grandes quantités de cristaux d'améthyste pâle. On signale aussi du quartz de chalcedoine provenant de la localité précitée. Beaucoup de ce qu'on appelle quartz vitreux massif est probablement de la scapolite fraîche et intacte qui existe quelquefois en quantités considérables dans les pyroxénites.

Deux cristaux pseudomorphes très parfaits d'un minéral dur, terreux, du genre du quartz ont été obtenus de la concession VII, lot 14, de South Crosby, Ont.

Rensslaérite.

Ce minéral est un pseudomorphe de stéatite d'après le pyroxène et est signalé dans les dépôts de mica, comme aussi quelquefois un minéral un peu semblable, la pyrallolite.

Rutile.

On dit qu'il y a du rutile dans quelques dépôts de mica, un des endroits étant le rang X, lot 10, du canton Templeton, Qué. L'auteur n'a constaté de spécimens dans aucune des mines, mais il y a de très gros prismes dans un filon de barytes, associé à une actinote verte aciculaire, sur le rang XIII, lot 13 N. ½, de Templeton. Le filon est sur le contact de l'amphibolite avec le calcaire cristallin.

Scapolite.

Dans beaucoup de dépôts de mica, il y a de la scapolite en quantité considérable et souvent sous forme de grands cristaux, soit en individus isolés, ou plus généralement en aggrégats de cristaux. Si l'on pouvait examiner soigneusement la matière rocheuse de diverses mines, il est probable que l'on trouverait dans la majorité des pyroxénites de la scapolite en quantités insoupçonnées. Quoique généralement fraîche et intacte—et, dans ce cas, possédant les traits caractéristiques, lustre vitreux et fracture fendillée, la scapolite rencontrée le plus fréquemment a subi beaucoup d'altération et est opaque, souvent terreuse avec un lustre soyeux. La scapolite fraîche, de forme massive est assez abondante à la mine Horseshoe, rang XVI, lot 6, du canton de Hull, Qué., et contient souvent des cristaux d'apatite et de mica. Les endroits notables dans Québec où l'on trouve en quantité de la scapolite altérée sont: mine Chaibee, Hull; rang XII, lot 13 de Templeton (en cristaux carrés bien formés); et dans Ontario: mine Baby, concession V, lot 13 O. ½ de North Burgess; concession VIII, lot 1, du même canton; mine Bobs Lake, concession VI, lot 30, de Bedford (voir planche XXX).

Les cristaux qu'on voit habituellement sont des combinaisons de $\infty P \infty$, ∞PP, $P \infty$, oP, et quelquefois $\infty P2$, 3P, 3P3. Le clivage parallèle à $\infty P \infty$ est prépondérant.

Comme couleur la scapolite est habituellement d'une teinte grise, blan-

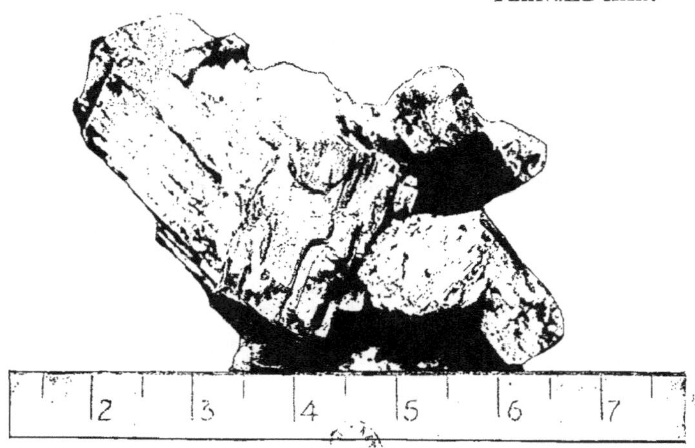

Groupe de cristaux de scapolite, de la mine Bobs Lake, lot 30, concession VI,
Canton de Bedford, Ont.

che ou jaune. Un spécimen de scapolite provenant d'un dyke de pyroxénite du comté d'Ottawa, Qué., a été analysé par M. F. Adams, qui a trouvé qu'il contenait:—

$$SiO_2 \dots \dots \dots \dots \dots \dots \dots \dots \dots \dots \dots \dots \dots \quad 54.68$$
$$Al_2O_3 \dots \dots \dots \dots \dots \dots \dots \dots \dots \dots \dots \quad 22.45$$
$$Fe_2O_3 \dots \dots \dots \dots \dots \dots \dots \dots \dots \dots \dots \quad 0.49$$
$$CaO \dots \dots \dots \dots \dots \dots \dots \dots \dots \dots \dots \dots \quad 9.09$$
$$MgO \dots \dots \dots \dots \dots \dots \dots \dots \dots \dots \dots \dots \quad trace$$
$$K_2O \dots \dots \dots \dots \dots \dots \dots \dots \dots \dots \dots \dots \quad 1.13$$
$$Na_2O \dots \dots \dots \dots \dots \dots \dots \dots \dots \dots \dots \quad 8.36$$
$$Cl \dots \dots \dots \dots \dots \dots \dots \dots \dots \dots \dots \dots \dots \quad 2.41$$
$$SO_3 \dots \dots \dots \dots \dots \dots \dots \dots \dots \dots \dots \dots \quad 0.79$$
$$H_2O \dots \dots \dots \dots \dots \dots \dots \dots \dots \dots \dots \dots \quad 0.86$$

$$\overline{}$$
$$100.44$$

La présence de chlorure est spécialement intéressante en raison de la petite quantité de cet élément présente dans l'apatite des dykes (0.25 p. c. à peu près). Pour s'assurer si le chlorure est un constituant habituel de la scapolite des pyroxénites, quatorze autres échantillons ont été examinés par Adams et, dans tous, on a constaté la présence de chlorure bien que généralement en petite quantité. Un endroit où la scapolite est présente plus qu'à l'ordinaire est la concession VIII, lot 6, de Bedford, Ont. Là, de grandes quantités de scapolite tendre massive, fortement altérée forment virtuellement tout le remplissage filoneux des veines de mica, la calcite et l'apatite étant notoirement absentes.

Serpentine.

Les dykes de serpentine amiantifère ne sont pas rares dans la série Laurentienne des comtés d'Ottawa et de Pontiac, Qué., et l'on a constaté plusieurs cas de dykes de serpentine, recoupant ou pénétrant des dépôts de mica. Les localités notoires sont, rang XVI, lot 27, de Hull, et rang X, lot 2, de Templeton. Au premier de ces endroits, la roche était sous la forme de dykes étroits recoupant la pyroxénite, mais en ce dernier endroit, un éclatement de la pyroxénite paraît s'être produit avec une compression de la matière de serpentine dans les fissures formées et une certaine quantité de résorption du pyroxène et du mica. Des cristaux de ce dernier minéral, d'une couleur argentée et traversés de menus craquelages irréguliers comblés avec de la serpentine qui, dans quelques cas, aussi a pénétré entre les lamelles se rencontrent enclavés dans une serpentine tendre vert jaune. Il y a là des filets de chrysotile ayant jusqu'à $\frac{1}{2}''$ de largeur.

Spécularite.

On la signale sur le rang IX, lot 17, de Templeton, Qué., en petits cristaux brun jaune associés à du quartz et de l'apatite. Le minéral existe

23

probablement plus fréquemment qu'on le suppose, [mais on peut n'y pas faire attention parce qu'il est en petits cristaux foncés.

Sphalérite ou Blende de Zinc.

Ce minéral est signalé dans le rang IX, lot 17 de Templeton, Qué., en petits cristaux jaune brun associés avec quartz et apatite. Il se présente probablement un peu plus souvent que l'on ne suppose, mais sa présence est susceptible de passer inaperçue du fait qu'elle apparaît en petits cristaux foncés.

Spinelle.

Le spinelle est un minéral assez rare dans les dépôts de mica et on l'a trouvé en un endroit seulement, rang V, lot 52, du canton de Bigelow, Qué. Là, comme on l'a déjà dit au sujet de la mine Parker, une sorte de nid irrégulier a été attaqué dans un amas de pyroxénite contenant une olivine grisâtre mêlée de calcite blanche et de mica foncé. Epars dans cet amas, il y a des spinelles noires bien cristallisées, du pléonaste en individus qui vont jusqu'à $\frac{3}{4}''$ de largeur. Les cristaux sont quelquefois agrégés en petits groupes et sont généralement de la combinaison O, ∞ O, m O m et le maclage n'est pas rare. L'existence paraîtrait être rattaché à une irruption de péridotite d'une époque postérieure à la pyroxénite. La planche XXXI montre le mode d'existence du minéral.

Stéatite ou Talc.

Un minéral tendre, savonneux, de couleur gris verdâtre et ressemblant au talc se voit fréquemment dans les plans de jointage des dykes et paraît être, dans beaucoup de cas, un produit d'altération du mica. De vrais pseudomorphes de steatite d'après le mica existent sur le rang III, lot 51, du canton de Thorne, Qué., et l'on peut souvent voir ce dernier minéral passant au premier.

Titanite.

Un des minéraux accessoires qu'on voit le plus souvent dans les pyroxénites. En règle générale, la titanite tend à se voir en plus grande abondance dans les portions les plus acides des dykes, associée au feldspath et quelquefois au quartz. L'auteur a particulièrement constaté l'existence presque universelle, dans les lisières de pyroxénite, de zones acides consistant en roche foncée essentiellement de feldspath et titanite gris, bleu et brunâtre. Les cristaux vont de $\frac{1}{4}''$ à $\frac{1}{2}''$ de longueur et sont souvent de la tenue type tabulaire et pyramidale de ce minéral. La couleur est presque invariablement un brun foncé tirant sur le noir et les cristaux sont habituellement plus ou moins opaques.

On trouve aussi quelquefois des individus de titanite enclavés dans le pyroxène mais ce mode d'existence est rare en comparaison de l'association prédominante du minéral avec les membres plus acides de l'amas du dyke.

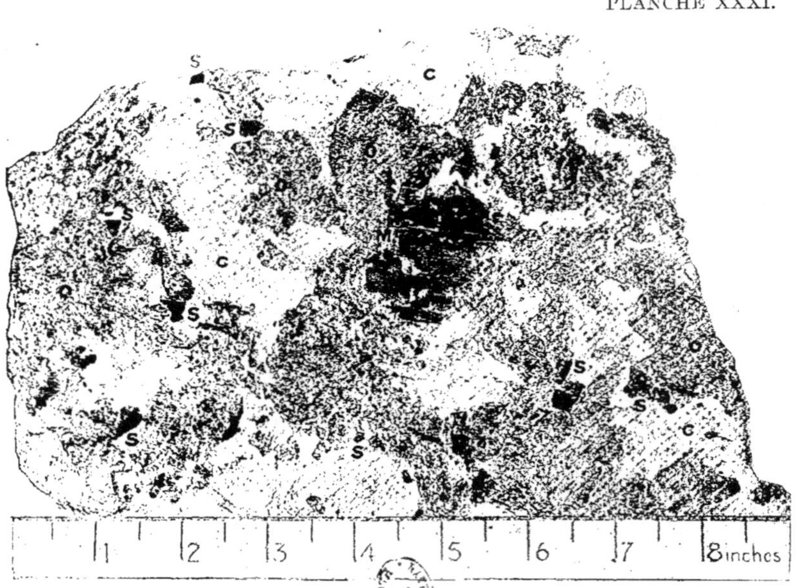

Spinelle associé à de la calcite, olivine et mica, de la mine Parker, lot 52, rang V,
du Canton de Bigelow, Qué.
C, calcite ; O, olivine ; S, spinelle ; M, mica.

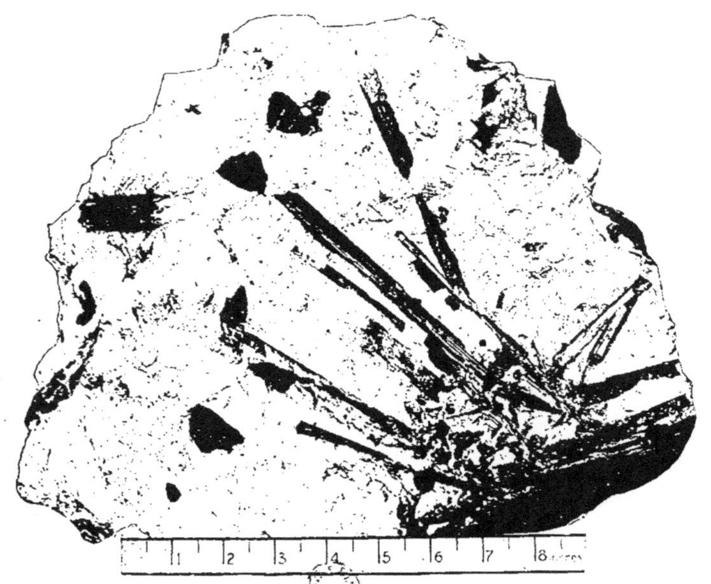

Tourmaline (schorl) traversant l'albite et la microcline de la mine Villeneuve,
lot 31, rang J, Canton de Villeneuve, Qué.

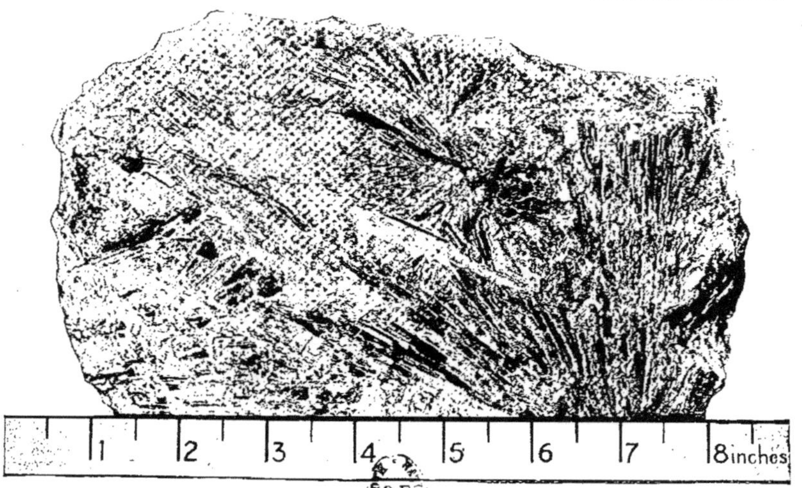

Tr molite grise du lot 5, concession II, Canton de Bedford, Qué.

On a constaté aussi quelquefois des cristaux de titanite encastrés dans de l'apatite ou de la calcite. Des nodules ronds de calcite semblables à ceux qu'on trouve si souvent dans l'apatite sont quelquefois inclus dans la titanite. Il y a beaucoup de cristaux de titanite rose recoupant la pyroxénite, sur le rang XII, lot 12a, de Hull, Qué., et l'on a vu des individus possédant un lustre très fort sur la concession VII, lot 19, de Bedford, Ont.

Tourmaline.

Se présente fréquemment dans les pyroxénites, associée à l'apatite, au pyroxène à la pyrite, calcite, etc. Ce minéral peut aussi se rapporter à l'espèce schorl ou tourmaline noire et possède la tenue prismatique ou rhomboëdrique. Tout en paraissant quelquefois être d'origine primaire et faire partie de la pyroxénite proprement dite, une grande quantité de tourmaline trouvée dans les dykes est certainement due aux épanchements acides qui recoupent si souvent les pyroxénites. Le schorl est un constituant presque constant de ces dykes acides et a souvent été déposé dans la pyroxénite avoisinante par des émanations pneumatolytiques. La pyroxénite, en fait a été tourmalinisée. Il y a de grandes quantités de schorl en prismes ayant jusqu'à 18″ de longueur, dans la pegmatite de la mine Villeneuve, Qué. Il y a aussi des tourmalines vertes et roses à la mine Leduc, canton de Wakefield, en grandes quantités, associées à de la lépidolite et qui ont été extraites comme pierres précieuses. Il y a assez abondamment aussi de la tourmaline sur la concession IV, lot 17, de Bedford, Ontario, sous forme d'agrégats de petits cristaux aplatis de tenue prismatique et aussi massifs. De grands amas de ce qui est probablement une tourmaline brun rougeâtre sont associés à un mica jaunâtre, sur la concession X, lot 1, de Loughborough, et sur la concession II, lot 5, de Bedford, Ont. Le minéral est compact, de forme massive avec quelquefois de petits cristaux développés dans l'amas, et des fragments ressemblent de près à la vésuvianite comme aspect extérieur.

Trémolite.

On a souvent constaté cette espèce d'amphibole comme résultat de l'altération du pyroxène. Mais les endroits les plus notables et où le minéral existe en grandes quantités sont sur la concession X, lot 1 de Loughborough, et concession V, lot 5, de Bedford, Ont. Là, l'action métamorphique de contact d'une irruptive sur un calcaire cristallin a amené la formation de grandes quantités de trémolite vert grisâtre qui est en agrégats de cristaux interpénétrants adjacents au contact d'épanchement. Les prismes atteignent quelquefois une longueur de 6″ à 8″. En plus, il y a beaucoup de trémolite brune, aciculaire en amas compacts dans certaines portions des dépôts. La planche XXXIII fait voir un amas de trémolite grise sur la concession II, lot 5 de Bedford. Il y a aussi de la trémolite fibreuse, blanc verdâtre sur le rang II, lot 4, de Alleyn, Qué., où elle forme de grands massifs dans un dyke normal de pyroxénite.

Vésuvianite.

Signalée par Harrington comme existant avec l'apatite dans le canton de Wakefield, Qué. Cette existence paraît douteuse et doit probablement être rapportée à la présence d'une quantité considérable de cristaux bien formés de vésuvianite en divers endroits du canton précédent, dans du calcaire cristallin, près de dykes irruptifs de pegmatite. Le minéral est en ces endroits un produit de contact métamorphique, dû à l'action de dykes acides irruptifs sur le calcaire.

Wilsonite.

Ce minéral a été observé pour la première fois par le Dr Wilson de Perth, Ont., probablement dans un dyke de pyroxénite. Sa couleur va du bleu à un beau rose fleur de pêcher. Autant que l'auteur en a été informé on n'a trouvé le minéral que sous une forme plus ou moins massive sans contours de cristaux bien nets. Comme caractère et aspect, la wilsonite ressemble à une scapolite altérée et il est très probable que c'est en réalité un produit d'altération de ce minéral. Mais Sterry Hunt diffère d'opinion à ce sujet et l'a considérée comme une gieseckite altérée. Des propres observations de l'auteur, il résulte que la plagioclase s'altère fréquemment en scapolite et que ce dernier minéral subit une altération subséquente en wilsonite. On n'a pas trouvé de spécimen montrant les trois étapes à une seule et même usine. La wilsonite peut se reconnaître principalement à sa couleur rose bien visible et le passage de la scapolite à la wilsonite peut se constater seulement par le changement de teinte graduel du minéral. On ne possède pas d'analyse de wilsonite mais on peut remarquer que Eschermack, Bauer, Naumann-Zirkel, Chapman et autres regardent ce minéral comme une scapolite altérée tandis que Dana le considère comme une pinite dans la province de Québec. Une localité notable pour la wilsonite est le lot 39 de l'agrandissement de Templeton, Qué., où il existe en grandes quantités à la mine Briggs, généralement en grands massifs irréguliers entourés de mica petit, écrasé et très noir, enclavé dans de l'aplite granulaire. On l'a remarqué aussi sur le rang III, lot 2, de Portland Est; Rang III, lot 26 de Wakefield, tous deux dans la province de Québec et concession VIII, lot 2 de North Burgess, Ont.

Zircon.

L'auteur n'a pas réussi à se procurer des spécimens de ce minéral dans aucune des mines visitées, mais on dit qu'il y en a, dans les pyroxénites à divers endroits, parmi lesquels, le rang XII, lot 12 et 21, rang XIII, lots 21 et 23 du canton de Templeton, Qué.

Harrington[1] signale l'existence de gros cristaux ayant jusqu'à 15″ de longueur, dans le district qui précède. La tenue est ordinairement prismatique, une des combinaisons communes étant ∞P, P, $3P$, $3P3$, tandis qu'on

----

[1] Loc. cit., p. 29.

trouve aussi la combinaison simple de prisme et de pyramide. Les individus contournés ne sont pas rares. La couleur va de la hyacinthe au rouge cerise, brun et grisâtre. Les cristaux sont très cassants et pleins de défauts et contiennent souvent des enclaves soit d'apatite, calcite ou mica. Ils sont habituellement enclos dans de l'apatite, calcite, pyroxène, mica ou orthoclase et dans le premier cas l'apatite est presque toujours de l'espèce " sucre."

CHAPITRE IV.

EMPLOI COMMERCIAL, PRÉPARATION ET PROPRIÉTÉS PHYSIQUES DE MICA.

Les naturels de l'Inde et des autres pays où l'on trouve le mica sont habitués à lui attribuer les propriétés les plus extraordinaires. Sa différence des autres minéraux connus et la particularité de son existence ont donné naissance à des idées particulières quant à son origine. Les écrivains hindous s'imaginent que les cristaux sont des éclairs de tonnerre d'où se sont émanées des étincelles qui ont été conservées dans le sol. Même encore aujourd'hui les mineurs des districts à mica de l'Inde regardent les " books " comme alliés à une sorte de végétation cryptogrammique, croyance qui est fortifiée par le fait qu'on découvre quelquefois des cristaux de surface dans le terrain érodé par les fortes pluies. Beaucoup de ce minéral dans les temps anciens était employé comme médecine et l'on prétendait que les maladies les plus graves cédaient à ses vertus curatives.

Une grande quantité de feuilles de muscovite claire et de grande dimension et un peu de phlogopite de couleur claire servent dans l'industrie des poêles, elle sert à faire le devant des fourneaux à pétrole et autres. Le mica en feuille sert pour faire des lunettes, des diaphragmes de phonographes et de gramophones, des coupe-circuits, des globes de lumière électrique. On emploie aussi les grandes feuilles au lieu de vitres dans les ateliers où le vert se casserait vite. Mais l'emploi actuel le plus important du mica, est dans la fabrication des machines dynamo-électriques. La quantité énorme de ces machines construites au cours de ces dernières années a amené l'exploitation de dépôts de mica dans toutes les parties du monde. Beaucoup de grandes maisons exploitent leurs propres mines, en plus du mica produit par beaucoup d'exploitants particuliers. Les essais faits pour produire artificiellement une substance capable d'unir les propriétés d'isolation et d'incombustibilité du mica ont échoué jusqu'à présent et ce minéral paraît garder sa place comme partie essentielle de la machinerie électrique. La substance qui jusqu'à présent s'est montrée le rival le plus dangereux du mica pour la fabrication des machines électriques est un produit obtenu de la séparation du lait et connu sous divers noms dont l'un est la syrolite. Une compagnie s'est formée pour fabriquer cette substance sur une base commerciale, mais il reste encore à prouver si le produit artificiel pourra supplanter le produit naturel.

A la fabrication toujours croissante des appareils électriques correspond une augmentation proportionnelle de l'extraction du mica et cette augmentation a amené la fabrication de la micanite. Cette découverte permet de se servir de beaucoup du mica qui était autrefois jeté comme déchet sans valeur et de fabriquer un article répondant parfaitement à l'objet pour lequel on employait autrefois beaucoup de grands feuillets très coûteux, avec cet avantage additionnel sur le minéral naturel, que le substitut peut être moulé et préparé dans toutes les dimensions et formes désirables.

Il faut prendre beaucoup de précautions pour extraire le mica et éviter de forer au travers des cristaux ou de les briser avec des charges trop fortes de poudre. Le minéral rejeté par l'explosion fait l'objet d'abord d'un triage à la main sur les lieux. Les matériaux choisis sont emportés à l'atelier de cassage où les cristaux sont fendus grossièrement et débarrassés du minéral inutilisable. Puis les plaques sont envoyées à l'atelier de façonnement où ils subissent un nettoyage et un fendage plus complet. Beaucoup de mines ont sur les lieux leurs propres ateliers de façonnement et n'expédient que du minéral de haute catégorie. D'un autre côté, dans beaucoup de mines, le mica est seulement grossièrement cassé et envoyé dans cet état aux ateliers de façonnement situés quelquefois à une longue distance. Beaucoup d'extracteurs n'ont pas d'atelier de façonnement à eux, mais envoient le minéral tel quel à l'intermédiaire qui le met en état pour le marché. Les feuilles qui vont des ateliers de façonnement ou de classement comme on les appelle aussi, sont ce qu'on appelle façonnées au pouce et représentent le produit vendable du marché. La proportion entre le minéral façonné au pouce et le tout-venant de la mine amené à l'atelier de cassage va généralement de 3 à 10 p. c., ce dernier chiffre étant exceptionnellement élevé; la moyenne se tient dans le voisinage de 5 p. c., et une mine donnant un rendement de ce chiffre est considérée comme exceptionnellement riche.

Le scheidage se fait au moyen d'un marteau et aussi quelquefois d'un couteau fort. Les cristaux grossiers de la mine sont jetés dans de grandes trémies où on les prend suivant le besoin pour les empiler sur les établis de scheidage. Ce sont simplement de longues tables où sont assis les casseurs qui débarrassent les déchets et jettent les feuilles nettoyées dans des boîtes qui sont envoyées à l'atelier de façonnement. On emploie généralement à ces ateliers des jeunes filles parce que le travail est relativement facile. Les feuilles qui ont quelquefois plusieurs pouces d'épaisseur sont d'abord brisées au moyen d'un marteau en plaques d'à peu près $\frac{1}{4}$ d'épaisseur. Les bords de ces plaques sont ensuite martelés pour donner du jeu aux lamelles, en attendrir les côtés afin de pouvoir introduire le couteau de fendage. C'est un instrument a deux tranchants à pointe en forme de V et long de 3″. Les feuilles de mica sont fendues à l'épaisseur d'à peu près 1/16″ et les bords sont dégrossis de façon qu'il ne reste plus que les plaques propres. Toutes les plaques contenant une substance minérale étrangère, comme de la calcite, de l'apatite, etc., entre les lamelles sont mises à l'écart et on ne conserve que les feuilles qui se fendent facilement en couches fines. Le produit de l'atelier de façonnement est du mica vendable et est vendu par les négociants ou expédié directement aux ateliers de fendage des fabricants de carton-mica. mica.

Le fendage fin ou la séparation de lamelles ayant une finesse de 1/500 ou 1/1000 de pouce se fait principalement à la main. Un grand nombre d'appareils et de procédés de tout genre, ont été brevetés au cours de ces dernières années pour supplanter le travail à la main et comprend des méthodes par lesquelles on fait pénétrer un fluide entre les feuilles, des systèmes de séparation par adhésion supérieure de fendage mécanique au moyen de couteaux ou par d'autres méthodes. On trouvera une liste et une description de ces inventions au titre de procédés brevetés pour traiter le mica.

Malgré les efforts tentés pour introduire le fendage mécanique, la séparation à la main se pratique encore dans la majorité des fabriques et paraît plus satisfaisante, le produit obtenu étant plus uniforme qu'on ne peut le faire avec la machine.

L'atelier de fendage mince marque la dernière destination du minéral avant qu'il soit transformé en carton-mica et les plus petites tailles seules, mesurant $1'' \times 3''$, sont envoyées. Les personnes employées dans ces ateliers sont presque entièrement des jeunes filles et leur travail consiste à fendre le produit de l'atelier de façonnement en couches fines de $0.001''$ à $0.002''$ d'épaisseur. Cela représente la limite extrême à laquelle on peut descendre par les méthodes ordinaires et c'est l'épaisseur des lamelles de mica requises par les fabricants de carton-mica.

Comme on l'a indiqué, les feuilles de petite taille sont seules envoyées à l'atelier de fendage. Les plus grandes tailles, c'est-à-dire les plaques mesurant $1'' \times 3''$ sont soit envoyées aux manufacturiers directement ou à l'intermédiaire qui dégrossit et façonne les feuilles en morceaux rectangulaires des dimensions demandées par les consommateurs. Puis elles sont mises en paquets d'un certain nombre de feuilles et d'un certain poids et peuvent être employées sans autre préparation, pour les machines en particulier auxquelles elles sont destinées. Les divers fabricants demandent toutes espèces de tailles et exigent que les expéditions leur fournissent une qualité uniforme, c'est-à-dire que toutes les feuilles d'un paquet soient de même couleur et de même qualité.

L'industrie des fourneaux et des verres de lampe consomme encore beaucoup de mica de grande taille, mais l'espèce employée à cette fin est du mica blanc qui à moins de tendance à brûler ou à mousser et est plus transparent. La plus grande partie du mica servant à cet usage vient de l'Inde et des Etats-Unis, la production de la muscovite du Canada étant aujourd'hui virtuellement nulle.

Les outils employés pour la préparation du mica sont les plus simples et les plus ordinaires. Un marteau, un couteau de fendage, des ciseaux et une machine à guillotine sont à peu près tout ce qu'il faut pour préparer du mica vendable. Naturellement il faut autant que possible chercher à obtenir des feuilles de taille maximum et les jeunes ouvrières apprennent vite à retirer la plus grande quantité possible de mica vendable des feuilles brutes. Beaucoup d'ateliers de façonnement occupent un grand nombre d'ouvriers. La General Electric Co., en 1902, avait jusqu'à 300 ouvriers au travail dans ses ateliers à Ottawa, dont le plus grand nombre se livrent au dégrossissage du rendement des divers mines appartenant à la Compagnie. Le rendement moyen de la production du mica façonné au pouce, par tête, par journée de dix heures est d'environ 40 à 45 feuilles de taille moyenne; le salaire moyen gagné par les ouvriers du façonnement est de 65 à 75 cts par jour. Les feuilles façonnées sont habituellement empaquetées dans des barils contenant chacun 250 à 300 livres et expédiées aux consommateurs.

On trouvera aux pages 327-330 la liste des ateliers et des fabriques les plus importantes. Pour le fendage fin, les ouvrières emploient un couteau à lame mince pour fendre les feuillets qui sont d'abord façonnés droit le long d'un bord puis frottées au papier de sable pour déserrer les lamelles et faciliter leur séparation. Une bonne ouvrière peut donner en moyenne 5 livres de la catégorie $1'' \times 2''$ ou 10 livres de la catégorie $1'' \times 3''$ par journée de neuf heures. Le système employé est généralement à la pièce et le prix moyen payé est d'à peu près 15 cts par livre de mica fendu produit.

L'invention du carton-mica ou de la micanite, comme on l'appelle aussi, a rendu possible l'utilisation de beaucoup de ce minéral qui était autrefois considéré inutilisable. Bien que la demande pour les grands feuillets n'ait pas diminué — le prix de cette catégorie restant aussi élevé qu'avant — le commerce se sert maintenant de beaucoup de petites feuilles, autrefois, on jetait à la halde tout ce qui avait moins de $2'' \times 3''$ et beaucoup de personnes ont fait énormément d'argent en exploitant les vastes tas de débris des mines de mica et de phosphate. On a encore la preuve de la tendance à éviter les gaspillages par le traitement du mica en bribes au moulin à broyer et par l'utilisation de ce produit à divers usages.

Les catégories de mica mesurant de $1'' \times 3''$ à $1'' \times 2''$ sont maintenant vendables et on demande aujourd'hui $1'' \times 1''$. Les lamelles de mica fendues à l'épaisseur d'un millième de pouce sont cimentées à la gomme laque et comprimées en feuillets, ainsi qu'il est indiqué plus loin.

Les fabriques de mica, c'est-à-dire les usines qui s'occupent de la préparation du minéral grossier, tel qu'il sort de la mine, s'occupent de deux catégories différentes de mica: le mica en bribes et le mica en feuilles. Les fabriques elles-mêmes se divisent en deux classes: celles qui s'occupent seulement du mica façonné au pouce et celles qui traitent toutes les catégories de ce minéral, y compris les débris grossiers du façonnement des feuilles.

Cette dernière catégorie de fabriques appartient habituellement aux divers propriétaires de mines qui les exploitent eux-mêmes et les premières appartiennent généralement à de petits propriétaires de mines qui en font divers articles vendables, comme le carton-mica, etc. La méthode la plus économique est certainement pour le propriétaire de mine lui-même, d'exploiter sa fabrique et de manufacturer le rendement de sa propre mine ou de ses mines et c'est généralement la façon d'agir des grands exploitants.

Les notes suivantes au sujet de la préparation du mica dans les fabriques des Etats-Unis sont puisées à un article de M. R. F. Fitts dans le *Mineral Industry* de 1908, page 717 et suivantes:

"Le mica pénètre dans la fabrique sur un tamis à deux mailles qui enlève toute la saleté et les morceaux trop petits pour être employés. Les tamisages sont vendus comme gravier pour la volaille et pour les couvertures. Le travail de passage de ce mica sur le tamis est fait par de jeunes garçons, des filles ou des femmes et consiste à séparer les feuilles des débris et à enlever tous les morceaux de roche qui peuvent subsister. Les débris sont envoyés par un couloir qui les amène à une trémie où ils sont prêts à être broyés ou pulvérisés.

"*Mica en feuille.*—Le mica en feuille est séparé en deux catégories différentes d'après ses divers emplois. Les outils de cet atelier consistent en un couteau à lame mince (la lame pour le bois dur), un marteau ordinaire et une râpe attachée à l'établi sur laquelle sont frottés les bords du mica pour déserrer les lamelles.

"Les rondelles de mica et les disques sont faits avec une presse à emporte-pièce actionnée à la machine, munie d'un poinçon composé taillant le dehors et le trou du centre d'une seule opération. Les rondelles et les disques varient de 5/8″ à 2″ de diamètre et les trous de centre dans les rondelles de ¼″ à 1″. On les emploie principalement pour les socles de lampes, les bougies d'allumage, pour les isolateurs et les tableaux de distribution. Les bougies pour moteurs à gazoline sont faites en comprimant à peu près 2″ de petites rondelles très serrées et en adoucissant les bords autour. Beaucoup de rondelles sont fabriquées à l'aide d'une composition de gomme laque, de façon à leur donner l'épaisseur requise et alors, ils ne sont pas exposés à se fendre aisément. Les meilleurs morceaux de mica sont employés comme protecteurs sur les rhéostats et pour les fourneaux, cheminées de fours, écrans d'automobile, etc.

"*Carton-mica et micanite* [1].—On prend des morceaux simples ou des pellicules irrégulières ayant à peu près 0.005″ d'épaisseur et on les place sur une table chauffée à la vapeur et on enduit le dessus d'une préparation de vernis gomme laque. On ajoute et on enduit d'autres couches jusqu'à ce que la plaque atteigne l'épaisseur désirée, généralement de 1/10″ à ¼″. Cette plaque est alors soumise à une pression hydraulique variant de 100 à 200 tonnes. Les plaques de la presse sont chauffées à la vapeur pour tenir les feuilles de mica chaudes durant l'opération. Après avoir été cuit à sec dans un four ou fourneau la plaque ou le carton est passé sous des rouleaux de papier de verre ou des laminoirs. Ces rouleaux sont ajustables et aplatissent les plaques à une épaisseur uniforme. La taille des plaques de mica va de 36″ carrés en descendant. Ces grandes surfaces sont ensuite découpées de la dimension désirée au moyen de scies à la main ou, si elles sont petites, avec des poinçons ou des emporte-pièces.

"La matière est pesée avant d'être coupée et payée par le consommateur tant la livre plus le prix du travail du découpage. Les bagues de collecteur sont une autre forme de mica préparé. On les fait dans des moules chauffés à la vapeur, la pression étant exercée au moyen d'une baguette à pas de vis et une contre-rivarre. Les côtés de la bague sont taillés en biseau par la conicité du moule.

---

[1] La marque de commerce "micanite" a été appliquée pour la première fois au carton mica par ses inventeurs et breveteurs la Mica Insulator Company de Schenectady, N. Y. Le nom étant breveté ne peut pas être employé par d'autres maisons bien que beaucoup de manufactures fabriquent des produits analogues.

"*Feuillets flexibles.*—La toile de mica, le papier de mica et les feuilles flexibles se font en employant un adhésif différent et sont très pliantes une fois échauffées. De très minces feuilles de mica sont posées sur de la toile ou du papier huilé et traitées de même que pour faire le carton, mais laissées beaucoup plus minces. Le mica pour rhéostat, fourneau ou pour tablette à bouées de jonction est découpé à la main ou avec des cisailles à vapeur et les petites dimensions avec un poinçon sur une presse à mécanique.

"*Mica broyé.*—L'atelier de pulvérisation d'une manufacture emploie souvent les matériaux de rebut de beaucoup de mines ou ateliers de façonnement. Il y a trois façons de pulvériser le mica: savoir: (1) en désagrégeant par la chaleur, (2) en frottant entre des meules de moulin ou des meules métalliques, (3) par la cuisson à une chaleur intense suivie de la pulvérisation par un courant de vapeur. Le principe des désintégrateurs employés est, à peu près le suivant, bien que l'appareil subisse beaucoup de modification. Un cylindre métallique revêtu d'acier fondu gondolé contient un arbre de couche tournant auquel sont attachés des bâtons métalliques. L'arbre de couche tourne avec une rotation rapide, généralement de 2,000 à 3,000 révolutions par minute. Le mica pénètre dans le cylindre en avant ou par le côté et est broyé et réduit en poudre qui retombe au fond en passant par un tamis ou en est retiré par un souffleur marchant à une vitesse suffisante pour produire un courant capable de faire sortir seulement les morceaux susceptibles de passer par les mailles désirées. Ils sont recueillis dans un réservoir qui laisse sortir l'air et conserve le mica. Il faut beaucoup de soin pour alimenter ces machines, car les morceaux sont de taille très irrégulière et se dilatent beaucoup une fois entrées, ce qui peut obstruer le cylindre. Les meules de moulin sont peu employées maintenant, car il faut de l'eau pour enlever la matière par lavage, et il est difficile de la sécher. La cuisson et la pulvérisation par courant d'air est un procédé récent qui a été peu essayé. Le produit traité par ce procédé a une teinte bleue et est beaucoup plus tendre que celui qu'on obtient autrement. Le minéral doit s'hydrater dans une certaine mesure au cours de l'opération.

"Le mica sort du pulvérisateur dans un état très mélangé de la maille 8-en poudre très fine et il faut séparer le mélange en catégories plus uniformes. Les diverses catégories sont dénommées d'après les dimensions du tamis par lequel passe le mica, maille 8, 10, 24, 40, 60, 80, 120, 160, et 200. Pour obtenir ces diverses catégories, il faut beaucoup de tamisage et de blutage. Le procédé le plus rapide est celui des tamis à vibration. Des cadres portant des mailles différentes sont placés les uns au-dessus des autres avec un tablier transbordeur circulant entre eux et placés à un angle le 15 à 30 degrés. Le produit est déposé par en haut sur le premier tamis au moyen d'un transbordeur à spirale. Il tombe du premier au plus gros tamis, retombe au pulvérisateur pour être réduit à nouveau; celui qui traverse tombe sur le tablier transbordeur qui l'amène au tamis suivant. Le deuxième tamis sépare toutes les catégories plus fines et laisse la première ou catégorie plus grossière tomber dans un entonnoir. La catégorie plus fine continue jusqu'à ce qu'elle atteigne le dernier tamis; chaque tamis retenant le plus gros résidu qui le précède. Les tamis sont mis en vibration par des excentriques ou des secoueurs à ressorts. Une boîte à saccades contenant tous les tamis

24

l'un sur l'autre est un autre mode de séparation employé. Les tamis sont faits de cadres et mis dans la boîte avec des cadres vides dans l'intervalle, la boîte est suspendue horizontalement avec quatre baguettes à ressort aux coins. Un arbre de couche court qui projette et qui est tenu dans un socle sur un excentrique horizontal actionné par une courroie, donne un balancement de 3″. Le mica voyage sur le tamis avec le mouvement de la boîte allant en bas d'un côté et en arrière de l'autre. Quatre onces à peu près de graine d'acacia sont employées sur chaque tamis pour tenir les mailles dégagées et pour attirer le mica quant il voyage en allant et venant. Le mica passe au travers d'un tamis gros à la fin et les graines continuent le tour. La paroi de la boîte est munie d'espaces inoccupés et ouverts permettant aux catégories séparées de tomber dans un dégorgeoir et les fines tombent sur le tamis suivant.

" On a essayé aussi la séparation au moyen de courants d'air et par pesanteur mais sans succès visible. Le mica gradué est empaqueté dans des sacs ou des barils."

L'International Mica Company de Guananoque produisait autrefois beaucoup de mica broyé mais les ateliers ont été fermés, il y a quelques années. Le rapport de M. Askell décrit comme suit le procédé de mouture de la fabrique qui précède.

" Le mica est d'abord grossièrement tamisé, puis nettoyé avant de pénétrer dans le broyeur qui consiste en un cylindre en tôle de 9″ de longueur par 30″ de diamètre percé de rangées de trous et disposés à une inclinaison de 1½″ sur sa longueur. Quand la machine tourne des morceaux d'acier détachés, contenus dans le cylindre, pulvérisent le mica jusqu'à ce qu'il soit assez fin pour passer par les trous qui ont 3/16 de diamètre. Il est ensuite classé dans des trommels, depuis les pellicules jusqu'à la poudre la plus fine, les tamis les plus fins étant en soie. L'usine est actionnée par un pouvoir hydraulique sur la rivière Gananoque.

En raison du fait que le mica possède un clivage de base tellement parfait et que les lamelles sont tendres et résistantes, la mouture nest pas une opération aussi facile qu'on peut se l'imaginer en raison de la douceur du minéral, et l'opération de désagrégation est essenitellement un travail d'arrachement et d'écrasement plutôt que simple broyage.

Le plus grand nombre d'usines se livrant à la mouture du mica fonctionnent aux Etats-Unis où une grande quantité de déchets de mica blanc se fabriquent actuellement dans les ateliers d'extraction et de façonnement, et servent à faire de la poudre de mica.

Le Bulletin 1, Vol. VII, 1909 de l'Institut Impérial donne la description suivante de l'opération de broyage pratiquée dans une grande fabrique à Denver, Colorado:

" Le mica arrive à la fabrique par chargement de chars tel qu'il est extrait de la mine. Deux machines alimentées par des gamins le découpent en fragments d'un demi-pouce carré à peu près. Au moyen de tubes pneumatiques, ce mica découpé est fourni à des machines à pulvériser qui le moulent en poudre. Chaque machine consiste en deux arbres d'acier longs de 3 pieds avec une série de bâtons en acier de fusil disposés en spirales qui tournent dans une caisse fermée. Ces machines font 5,000 à 7,000 révolutions à la minute. Les doigts d'un arbre passent entre les doigts de l'autre si bien que lorsque la matière est envoyée par les tubes pneumatiques de la machine d'alimentation aux pulvérisateurs à la vitesse de 15,000 pieds à la minute, le travail de pulvérisation est instantané.

" Le mica réduit maintenant en pareilles menues, continue sa marche à la même vitesse par un jeu de tubes pneumatiques qui le conduisent aux bennes de classement. Là le courant est tellement ralenti au moyen d'un mécanisme spécial qu'il laisse la matière se reposer suivant son degré de finesse dans les divers compartiments qui sont au nombre de six. Les compartiments contenant la poudre de mica classée reposent sur des réservoirs ou bennes immédiatement sur les bassins de mélange. Sur ceux-ci sont tirées plusieurs catégories de mica en poudre et au moyen de malaxeurs qui y sont installés, elles sont traitées avec la proportion convenable d'huile et autres ingrédients.

" Directement au-dessus des trémies ou bennes sont situés les réservoirs qui alimentent les mélangeurs au moyen d'un tuyau qui descend à l'intérieur de la trémie et à la fin duquel il y a un robinet.

" A une extrémité des bennes, il y a l'arrêteur de poussière, machine cylindrique de 4 pieds de diamètre et 10 pieds de hauteur. Toute matière trop légère ou trop fine pour se déposer est emmenée dans la machine par les courants d'air et rejetée quand on veut. On prétend que cette maison peut pulvériser 5 tonnes par journée de 10 heures et donne un excellent lubréfiant.

Un procédé à peu près analogue est employé au moulin du comté de Mitchell, Caroline du Nord, les traits principaux sont les suivants:[1]

" On emploie la vapeur ou l'énergie hydraulique ou une combinaison des deux, si l'eau est insuffisante. Le mica est d'abord secoué complètement dans des cuvettes de lavages à bercement qui enlèvent la terre. Le broyage se fait au moyen de battoirs en bois tendre qui sont garnis de clous piquants ressortant des deux côtés. Ces bâtons ont une coupe transversale et ont de 30″ à 36″ de diamètre avec une épaisseur de 6″ à 10″. Ils tournent horizontalement dans de grands baquets de bois et sont disposés de telle façon qu'ils peuvent glisser en montant ou en descendant verticalement sur leur arbre, quand ils sont obstrués dans une position quelconque par un excès de mica. Le baquet est de taille suffisante pour que le battoir puisse y tourner, et mesuré de 30″ à 36″ de hauteur. On place le mica en bribes dans le baquet avec de l'eau et le battoir est mis en marche. Quand il tourne les pointes d'acier battent et déchirent le mica. Il faut 12 heures pour moudre une charge qui quelquefois devient chaude bouillante à la fin de l'opération. Il faut y mettre de l'eau. Des baquets de mouture, le mica qui est alors en forme de mousse est lavé dans des cuves de dépositions où après 8 à 12 heures, l'eau peut être décantée. La mosse de mica est alors étendue sur des tables de séchage couvertes de toile sous la surface desquelles la chaleur est fournie au moyen de tuyaux de vapeur ou autrement après 8 à 10 heures. la masse est devenue sèche et on l'enlève de la table sur la toile en forme de gâteaux ou mottes. Les dernières sont broyées et battues à part dans

---

[1] Mineral Resources of the Unite States, 1906. Publication du service géologique des Ftats-Unis.

des désintégrateurs ou pulvérisateurs et la matière nouvelle est classée dans des trémies ou tamis par blutage au travers de filets de classement en soie.

"Une charge consiste en 400 à 00 livres de débris suivant les dimensions du broyeur. Trois quartz ou quatre cinquième de ceux-ci sont renvoyés des tamis de classage au broyeur comme étant au-dessus de la taille et est moulu avec la charge suivante. Les battoirs marchent à la vitesse de 250 à 300 révolutions par minute. Dans un moulin on a dit qu'il sort plus de mica broyé à 160 mailles, que d'aucune autre des dimensions séparées: savoir 10, 60, 80 ou 100 mailles, les tailles ordinairement séparées aux moulins. On peut séparer aussi sur commande des tailles différentes jusqu'au mica moulu."

Les prix cotés au Bulletin cité sont \$45. à \$75. par petite tonne pour le produit broyé suivant la qualité et \$10. à \$15. pour les débris. Les déchets des usines de façonnement sont préférés aux débris provenant directement de la mine, leur pureté étant plus grande.

En raison de la quantité énorme de mica en petits morceaux produite par ateliers Indiens de façonnement, il paraît étonnant qu'on s'occupe si peu dans ce pays d'utiliser cette matière pour fabriquer du mica moulu. Le bulletin qui précède signale le gaspillage de ces débris de mica dans l'Inde et la raison qui en est donnée est en partie l'ignorance par les propriétaires de la valeur du mica broyé et en partie aussi en raison du secret des méthodes de broyage gardé par les maisons qui se livrent déjà à la fabrication du mica pulvérisé. Si l'on pouvait se procurer des machines convenables il n'y a aucun doute que les propriétaires de mines indiennes trouveraient dans l'utilisation de leur mica brisé une source considérable de revenu.

Emploi du mica broyé.—Le mica pulvérisé sert à une foule d'emplois, l'un des principaux et des plus anciens consiste à donner du lustre au papier de tapisserie. On emploie à ce sujet une des catégories les plus fines (160 à 200 mailles) et le mica est employé comme adultérant pour le caoutchouc, la peinture, l'huile, la graisse d'essieu et autres emplois du même genre s'il est finement broyé. Les catégories plus grossières servent pour couvrir les tuyaux mélangés isolants et mêlées aussi au ciment incombustible comme l'agar-agar, pour couvertures à l'épreuve du feu. Plus récemment une grande quantité a été employée pour un matériel de couverture breveté afin d'empêcher la surface de coller quand elle est enroulée et comme couverture protectrice. Les espèces grossières servent à cet usage. Le mica étant non conducteur de l'électricité est maintenant employé avec le gutta-perca pour les receveurs de téléphone et articles analogues, tandis que, mélangé avec la gomme laque et autres substances, il est employé pour les isolateurs servant aux fils qui transportent des courants de haute puissance. Comme lubricant, le mica pulvérisé est très demandé. Etant à un haut degré exempt de friction ,et les catégories les plus fines ayant même de l'attraction capillaire, les pellicules maintiennent l'huile et la graisse sur les coussinets. De plus les pellicules adhèrent des deux côtés des coussinets et reçoivent une grande partie de l'usure. Mêlé à de l'huile lourde, le mica conserve le caoutchouc qui bourre les trous d'homme de chaudières.

On fait des essais pour utiliser la poudre du mica dans les peintures incombustibles et l'on a déjà réussi de bonnes peintures, de ce genre. Les pellicules de mica saupoudrées sur les parois des tuiles décoratives avant de les mettre au feu leur donnent un fini brillant. Il y a encore beaucoup d'autres emplois pour cette matière, mais actuellement les fabricants pensent seulement aux emplois signalés pour trouver leur principal marché.

Le produit broyé rapporte $20. à $30. la tonne, d'après la finesse et le mica en bribes peut être acheté à $15. Ces chiffres sont pour le mica ambré. Le mica blanc atteint des chiffres un peu plus élevés, allant de $36. à $46. la tonne, pour 40 à 200 mailles respectivement. Le mica blanc en bribes coûte environ $8. la tonne. Les prix qui précèdent sont pour le mica à la fabrique.

L'emploi du mica broyé pour les moules a été breveté par G. H. Brabook de Taunton, Mass., en 1901. Dans la construction des moules, une partie de minéral finement broyé est mélangée en pâte mince avec de l'eau et on y ajoute trois parties de plâtre de Paris. Quand tout est bien mélangé le mélange est moulé sur un modèle du moule désiré et chauffé à une température de 250° à 300° F. durant 10 à 12 heures. La température est ensuite élevée à 1000° F., durant 2 à 3 heures et les moules sont refroidis lentement. On dit que ces moules conviennent particulièrement aux moulages petits et nets ou aux articles de grande surface et de peu d'épaisseur. D'après les derniers avis de MM. Reed et Barton de Taunton, Mass., qui ont expérimenté le mica broyé pour des moules depuis une dizaine d'années, les résultats attendus no'nt pas été justifiés par les faits et on a abandonné l'idée d'employer le mica broyé à cette fin. Les avantages du mica broyé comme absorbant de la nitro-glycerine pour la fabrication de certains micas poudres ont été admis, le produit final étant, dans une certaine mesure élastique et pas aussi enclin à exploser que la dynamite à la suite de concussion tout en conservant les qualités essentielles de celle-ci.

Au Canada la plus grande fabrique de broyage de mica est celle de Papineauville, Qué., appartenant à MM. O'Brien et Fowler et le broyage est aussi exécuté dans une certaine mesure par la Dominion Mica Manufacturing Works d'Ottawa ou par la Canada Mica Manufacturing Co., de Hull, Qué.

Mica en Bribes.

L'usage de mica en bribes pour couvrir les tuyaux et les chaudières à vapeur a été présentée pour la première fois par M. H. C. Mitchell de Toronto en 1894 et une compagnie a été formée sous le titre de Mica Boiler Covering Co., Ltd., pour fabriquer une matière de couverture à base de mica. Les essais de la couverture fabriquée ont été très satisfaisants et l'emploi s'accroît régulièrement depuis plusieurs années. Dernièrement les bureaux généraux de la compagnie ont été transportés à Montréal; mais, en dépit de la supériorité de ce produit sur les autres matériaux de revêtement, la demande paraît diminuer graduellement et la fabrique a dû fermer ses portes. En 1895, le chemin de fer Canadien du Pacifique a exécuté des essais avec le matériel produit par cette compagnie et les résultats paraissent avoir été très satisfaisants. De l'eau bouillante a été introduite dans un réservoir en fer couvert avec une garniture en mica de $1\frac{1}{2}''$ et à la fin de la septième heure, on a trouvé que la température de l'eau était de 181°.

La méthode de fabrication du revêtement est la suivante : les blocs et bribes de mica sont d'abord passés par une série de rouleaux ondulés qui desserrent les lamelles ; celles-ci sont ensuite séparées les unes des autres par des courants d'air, ensuite les feuilles subissent une opération qui les ondule individuellement. Elles sont ensuite déposées entre des filets de fer galvanisé léger, disposées en tampons d'épaisseur diverse et cousues avec du fil de fer au moyen d'une machine spéciale. La toile de mica est ensuite couverte de toile à voile maintenue au dos avec du carton et arrondie de la forme voulue. Le revêtement un fois fini est attaché au tuyau en entrelaçant les bords solidement. On employait par jour en moyenne une tonne de mica en bribes coûtant $5. la tonne à la mine ou à l'atelier de façonnement ,ou $7.50 livrée à Toronto. On employait du mica ambré ou du mica blanc mais le premier était préféré en raison de sa grande flexibilité. La compagnie avait vendu $10,000 de revêtements en 1897 et employé 140 tonnes de mica.[1]

Les propriétés isolantes supérieures de recouvrement en mica sont dues, pas tant seulement aux propriétés non conductrices que possède le mica qu'à l'existence de beaucoup d'interstices pour l'air dans le revêtement. On a trouvé que 100 étant pris comme base de la perte par condensation dans un tuyau à vapeur nu, la perte pour le même tuyau recouvert par une chemise en mica équivaudra à 12 seulement, soit une économie effectuée de 88 p. c.

Mica en Feuilles.

Si l'on doit employer le mica entre les segments de cuivre des machines dynamo-électriques il faut employer du minéral d'une espèce très tendre pour s'assurer que le cuivre et le mica s'usent également. Si l'on emploie des espèces dures, brisantes, l'usure inégale des deux substances nuit au rendement de la machine. En règle générale le mica blanc indien de bonne catégorie est préféré pour employer sur les commutateurs, sa délicatesse amenant une usure égale du mica et du cuivre, et sa pureté et son uniformité de qualité en font le meilleur matériel à employer. On emploie aussi beaucoup à cette fin le mica ambré, surtout au Canada, il est plus tendre que le mica indien, mais de valeur inférieure, en raison, non pas de son contenu en fer (le mica d'Ontario allant dans les environs de 0.5 p. c. en oxydes de fer) mais de la plus grande difficulté de la recherche des impuretés plus graves le long des plans de clivage et aussi de sa moindre résistance à la chaleur. Le mica ambré et le mica électrique en général doit pouvoir supporter un degré de flexibilité qui permette de donner à une plaque de 0.01" d'épaisseur, une courbure de 3" de diamètre. En plus le mica doit être poli, exempt de crevasses et doit se fendre facilement. Le mica noir, tacheté et celui qu'on appelle le mica fumeux ne conviennent pas pour l'emploi électrique. Un autre point important à prendre en considération est que le minéral doit supporter de hautes températures sans s'écraser et brûler.

La convenance du mica comme matériel d'isolation pour les machines dynamo-électriques, notamment pour former les plaques entre les segments

---

[1] Voir Rap. Ann. Ont. Bur. Mines, V, 1895.

de cuivre des commutateurs dépend essentiellement de sa force diélectrique, c'est-à-dire de sa faculté de résister à l'effort causé par l'induction qui le traverse, mesuré par la différence de potentiel nécessaire pour la traverser par une décharge disruptive. Le pouvoir de résistance n'est pas du tout constant, même dans les micas de même type provenant d'endroits différents. La tendreté et l'élasticité sont deux qualités requises pour le mica électrique et les échantillons du minéral qui combine ces deux propriétés avec une haute force diélectrique sont naturellement les plus recherchés par les fabricants. Des essais de divers échantillons de mica des principaux dépôts du monde ont été exécutés par MM. E. et W. H. Wilson et T. Mitchell et les résultats des expériences ont été publiées.[1] Le compte rendu suivant des investigations pratiquées empruntés aux publications citées. On trouve aux pages 46 à 50, les résultats d'autres essais praitqués par le Service Géologique allemand.

LA FORCE DIÉLECTRIQUE DE CERTAINS ÉCHANTILLONS DE MICA.

La méthode d'essai consistait à placer chaque feuille entre deux électrodes de bronze circulaires, ayant chacun 1″ de diamètre et 1/10″ d'épaisseur et d'élever la différence de potentiel entre elles au moyen d'un transformateur à courant alterné jusqu'à ce que le spécimen se brise. La fréquence était 55, et la P. D. était élevé en augmentant le courant excitant du générateur à courant alternatif. Chaque essai était complété aussi rapidement que possible, plus élevée (comme certains micas du Bengale) il y avait un léger échauffement local dû à la décharge électrique au bord des disques provenant de l'accroissement de densité de la force électrique produite là par la présence du mica. Dans quelques cas, jusqu'à huit ou neuf spécimens d'une espèce de mica ont été brisés.

"La P. D. en voltes par centimètre de l'épaisseur a été calculé en termes de l'épaisseur et une courbe moyenne a été tracée par les points. On a obtenu de ces courbes les figures données au tableau ci-joint. Dans trois cas seulement nous avons des chiffres obtenus de feuilles ayant à peu près 1 mm. d'épaisseur qui ont dû être de beaucoup plus grande dimension pour permettre les essais. Ces échantillons sont Nos 14, 15 et 3 en les plaçant dans l'ordre de leurs forces diélectriques et comme ces micas sont les plus employés pour les usages électriques, les courbes sont calculées dans le tableau ci-joint. La déduction est qu'à 1 mm. à peu près d'épaisseur, la force diélectrique totale du mica entre des disques de 1″ devient à peu près proportionnelle à l'épaisseur. Les micas rubis sont très employés pour les condensateurs. L'ambre (canadien) et le vert (Madras) sont très employés pour l'isolation en général.

"Il est à remarquer que les micas ayant la plus haute force diélectrique quand ils sont minces ne sont pas forcément les meilleurs quand on compare de fortes couches:

---

[1] "The Electrician," Vol. LIV, p. 356.

No. du Spécimen.	Description et place d'origine.	Maximum de voltes en 10^6 requis pour le percement.			
		Epaisseur en milimêtres.			
		0.1	0.2	0.3	1.
1	Madras, brun tacheté	1 6	1.2	0.9	......
2	" vert " A	1.3	1 1	0.9	......
3	" " " B	1.0	0.75	0.5	0.27
4	" " " C	1.3	1.1	0.94	......
5	" " taché	1.6	1.2	0.95	......
6	" rubis très taché	1.9	1.3	1.0	......
7	" vert clair, B	1.7	1.2	0 95	......
8	" " " C	1.7	1.2	0.90	......
9	" " " D	2 0	1.3	0.8	......
10	Bengale tacheté	1.1	0.6	0.2	......
11	" rubis très taché	1.6	1.4	1.2	......
12	" blanc	2.5	1.3	0.4	......
13	" jaune.	2.1	1.4	0.9	......
14	" rubis clair	2.1	1.4	0.9	0.72
15	Canada, ambre	1.5	1.1	0.8	0.5
16	Amérique du Sud, tacheté	1.0	0.6	0 4	......
17	" " " rubis clair	2.1	1.4	0.9	......

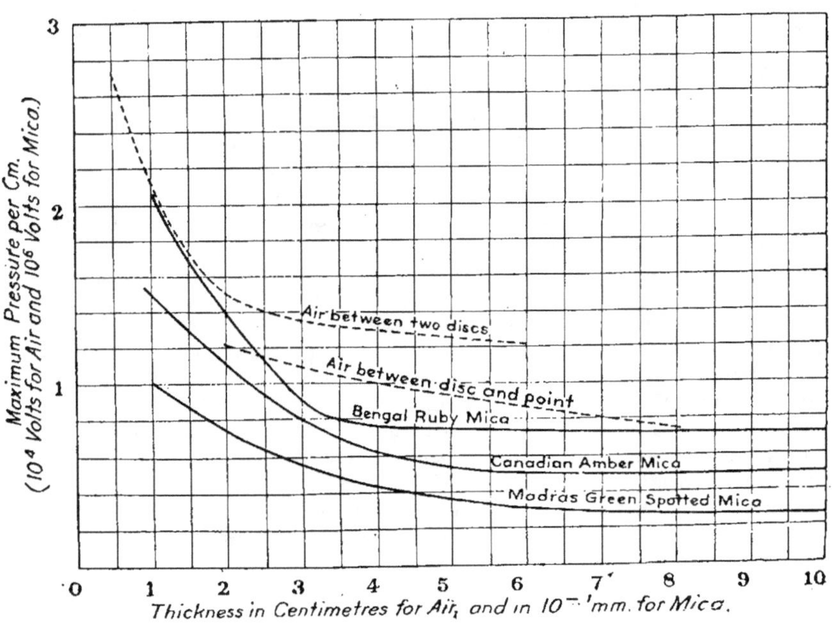

FIG. 62.—Diagramme montrant la force diélectrique de certains micas.

Le temps pris pour briser la plupart des feuilles a varié de $\frac{1}{4}$ minute à 1 minute, mais dans le cas du mica rubis, ayant 1 mm. d'épaisseur il aurait fallu élever la température trop haut, en raison de l'excès d'étincelles si on l'avait brisé avec des disques de 1″. Une pointe émoussée ayant un angle de 25° sur une baguette de $\frac{1}{8}$ de diamètre a été employé au lieu d'un des électrodes circulaires. Dans d'autres cas, on a employé les électrodes circulaires et dans aucun cas la température n'était trop forte pour empêcher quelqu'un de poser la main sur le spécimen.

"Pour obtenir une comparaison entre la force diélectrique de l'air et des micas, nous montrons deux courbes pointillées dans le diagramme. Celles de dessus donne la force de l'air quand un des disques a été remplacé par la pointe émoussée employée pour briser le spécimen No 14, quand il avait 1 mm. d'épaisseur. La différence entre la force d'air d'une épaisseur donnée, dans les deux cas, ne nous autorise pas à fixer le point obtenu par le spécimen 14 quand il avait 1 mm. d'épaisseur, sur la même courbe obtenue quand il était mince. La force du mica entre les disques de 1″ aurait été probablement plus de 0.72 m. $\times 10^6$ voltes par centimètre, mais la feuille n'était pas assez grande pour se briser assez rapidement pour maintenir la température assez basse. Nous avons choisi des disques pour les essais parce qu'ils représentent plus exactement le cas qui se présente en matière de génie, mais avec des plaques plates de mica de taille moyenne, une difficulté naturelle se présente par suite des différences de construction pour l'épanchement électrique entre l'isolateur et l'air avoisinant, produisant la décharge électrique dans l'air.

"On ne peut pas déduire des expériences qui précèdent que la force diélectrique spécifique d'un isolateur est une variable dépendant de son épaisseur. Le P. D. requis pour percer un spécimen donné entouré d'air est fonction de sa forme, de la taille relative, de la distance de séparation et de la nature des électrodes. L'expérience suivante est intéressante à cet égard. Supposez deux feuilles de mica rubis (No 14) ayant chacune 0.07 mm. d'épaisseur placées côte à côte entre deux disques électrodes circulaires ayant chacun 1″ de diamètre, on trouvera que la P. D. requise pour percer ces deux feuilles en un temps donné est moindre que si l'on place entre deux feuilles de la même espèce de mica, ayant chacune 0.5 mm. d'épaisseur, une feuille de papier de zinc de plus grande surface que les électrodes, la distance entre les électrodes restant la même qu'avant. Un examen de la décharge en brosse montre que la surface plus grande du papier de zinc est la cause de cela, parce qu'il réduit la densité de la force électrique aux bords des disques. Cette augmentation de la densité a des points le long du bord des disques fait songer que les fentes dans lesquelles sont contenus les bobines de haute tension devraient être arrondies aux extrémités à cet effet ou que l'on devrait employer là des boucliers spéciaux pour les soulager. Dans des cas spéciaux, une feuille intermédiaire peut être utile."

FORCE DIÉLECTRIQUE, CAPACITÉ ET RÉSISTANCE DE CERTAINS MICAS.

Ernest Wilson et T. Mitchell.

"Les puissances diélectriques de certains micas ont été déjà publiées et MM. F. Wiggins and Sons, ont fourni à l'un de nous, une autre série de micas de même espèce, de superficie et d'épaisseur convenable pour déterminer les capacités inductives spécifiques et les résistances spécifiques. Les surfaces varient de 21″ × 18″ pour les plus grands, à 9″ × 9″ pour les plus petits spécimens et le tableau indique les épaisseurs. La méthode d'essai pour la capacité a consisté à assujétir le spécimen entre les plaques d'un condensateur à anneau protecteur et de comparer la capacité ainsi trouvée avec la capacité du condensateur à l'air. La fréquence était procurée par la vibration d'un trembleur de bobine Rhumkorff et était de l'ordre de 20 périodes par seconde. Il existe quelques légères indications que la forte puissance diélectrique peut être alliée avec une faible capacité inductive spécifique.

"Les résistances spécifiques s'obtiennent en collant ensemble deux feuilles d'étain ayant chacune 1 mm. de diamètre, en face l'une de l'autre de chaque côté du spécimen et en mesurant la distance entre elles par la méthode ordinaire des déflections. Quelques preuves indiquent qu'une forte puissance diélectrique peut accompagner une haute résistance spécifique.

No. of Spéci-men.	Description et lieu d'origine. Epaisseur. en mm...	Expérience de force diélectrique. Voltes maximum par cm. en 10^6				Expérience de capacité et d'endurance à 9° C. Epais-seur en mm.	Capacité inductive spéc.	Endurance sp. en 10^{12} ohms par cm. cube.
		0.1	0.2	0.3	1			
1	Madras, brun tacheté	1.16	1.2	0.9	....	2.77	2.5	22.0
	" brun très légèrement tacheté	....	....	....	....	1.93	3.4	67.0
2	" vert tacheté, A	1.13	1.1	0.9	....	2.1	4.8	16.0
3	" " " B	1.10	0.7	0.5	0.27	1.7	5.1	15.0
4	" " " C	1.3	1.1	0.94	....	1.43	3.9	91.0
5	" " tacheté	1.6	1.2	0.95	....	1.3	5.5	25.0
6	" rubis très taché	1.9	1.3	1.0	....	2.4	4.4	55.0
7	" clair, vert, B	1.7	1.2	0.95	....	1.73	4.4	133.0
8	" " " C	1.7	1.2	0.9	....	1.61	4.5	81.0
9	" " " D	2.0	1.3	0.8	....	1.8	3.9	125.0
10	Bengal, tacheté	1.1	0.6	0.2	....	2.04	4.3	45.0
11	" rubis très taché	1.6	1.4	1.2	....	2.5	4.7	20.0
12	" blanc	2.5	1.3	0.4	....	1.4	4.2	7.0
13	" jaune	2.1	1.4	0.9	....	1.4	2.8	80.0
14	" rubis clair	2.1	1.4	0.9	0.72	1.9	4.2	118.0
15	Canadien, ambre A	1.5	1.1	0.8	0.5	2.1	2.9	3.4
	" " B	....	....	....	....	5.0	3.0	0.44
	" " C	....	....	....	....	1.4	2.9	22.0
16	Amérique du Sud, tacheté	1.0	0.6	0.4	....	1.22	5.9	39.0
17	" " rubis clair	2.1	1.4	0.9	....	....	....	....

Ce qui suit est une liste des divers procédés et méthodes de traitement du mica pour son emploi dans les appareils électriques et autres qui ont été brevetés entre 1900 et 1910 au Canada, Etats-Unis et Grande Bretagne. Plusieurs des appareils indiqués ont été brevetés dans ces trois pays. Mais, en dépit des efforts répétés pour introduire les méthodes mécaniques de fendage du mica ou de traiter autrement ce minéral pour le rendre apte aux usages spéciaux, la majeure partie du mica employé est préparé à la main comme cela est décrit aux pages précédentes.

BREVETS CANADIENS.

Brevet Canadien No 74949, 1901.—A trait à un procédé inventé par R. W. Heard et R. A. Snyder de Pittsburg, Pa., pour la séparation des lamelles des cristaux de mica. Cette méthode consiste à chauffer les feuilles dans un fourneau puis de les submerger dans l'eau. La chaleur, prétend-on, étend les lamelles et le refroidissement soudain, fait pénétrer l'eau entre elles. Le procédé étant répété plusieurs fois amène finalement une séparation complète. Un perfectionnement est fait si les feuilles, chargées de liquide, passent entre des rouleaux pour faire répandre le liquide. L'action de frottement causée par la rotation des rouleaux en sens inverse fait glisser les lamelles l'une sur l'autre et amène une subdivision très fine.

Brevet Canadien No 74950, 1901.—Procédé inventé par R. W. Heard et R. A. Suyder de Pittsburg, Pa., pour faire du carton-mica. La méthode employée est d'appliquer une couche de gomme laque sur une surface convenable (en ce cas, la périphérie d'un tambour) sur laquelle on étend des feuilles de mica que l'on presse. La gomme laque s'applique au moyen de rouleaux tournant contre le tambour et les pellicules de mica sont posées sur la surface mouillée au moyen d'un courant d'air. Chaque épaisseur de mica, une fois formée est transférée à un second tambour, dont la surface porte facilement contre la première et dont le diamètre est proportionné à la dimension de la feuille à former. L'adhésion de la feuille de mica sur le premier tambour peut être détruite par la chaleur, ou encore mieux en fournissant une fondation de toile ou papier sur laquelle on bâtit la plaque. La plaque qui en résulte est enlevée du tambour en coupant le long d'une ligne parallèle à son grand axe.

Brevet Canadien No 75968, 1902.—Signale un procédé pour séparer les lamelles des cristaux de mica analogue à celui décrit au sujet du brevet 74949, 1901, particulièrement en ce que le mica est chauffé au fourneau puis jeté dans l'eau. Le détenteur du brevet est W. C. Kent de Kingston.

Brevet Canadien No 119055 ,1909.—Une machine à fendre le mica inventée par C. A. Guertin d'Ottawa et ayant pour but le fendage des feuilles d'un cristal d'une manière régulière, les feuilles ayant toutes la même épaisseur. Les principes principaux de l'invention sont: une surface de bois (a) porte une ouverture circulaire entaillée de 2 pieds de diamètre. Dans l'ouverture est posé sur un axe vertical (b) un disque circulaire tournant (c) légèrement plus petit que l'ouverture. Le disque est appelé le disque du couteau et est muni de couteaux en forme de dards (d) fixés dans sa surface.

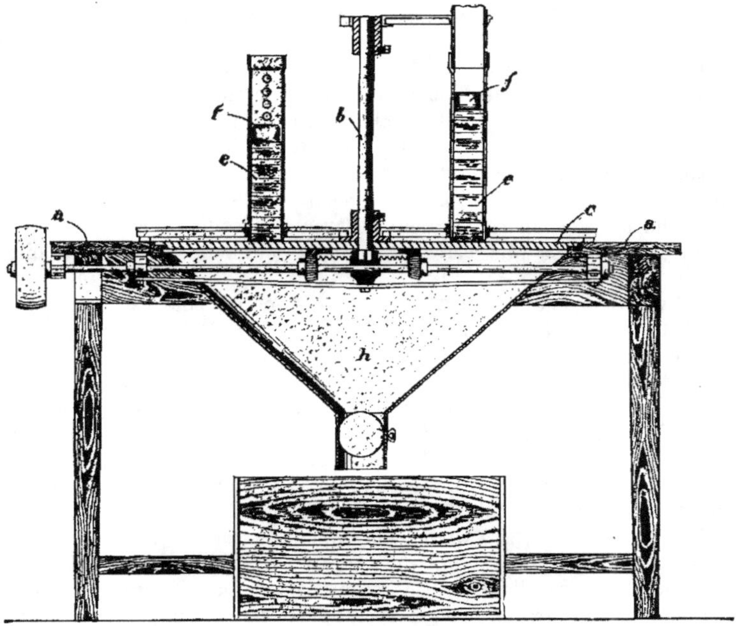

Fig. 1

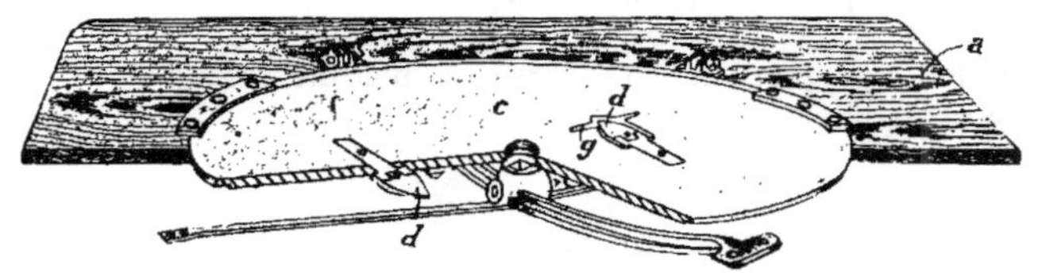

Fig. 3

Fig. 63.—Machine à fendre le mica, de Guertin.

Les pointes des couteaux sont dirigées dans le sens de la révolution et peuvent être élevées ou abaissées suivant l'épaisseur qu'on veut donner au mica fendu. Au-dessus de la surface tournante et sur la circonférence d'un cercle décrit par les couteaux en tournant, il y a un réservoir (e) contenant les feuilles de mica grossièrement façonnées. Le fond de ce réservoir est muni d'une plaque glissante qui peut être fermée ou enlevée à volonté pour ouvrir ou interrompre l'arrivée du mica aux couteaux, quand il est plein ; un poids (f) est posé sur la surface supérieure des plaques pour assurer une pression constante.

Aussitôt que le disque est mis en mouvement, la pointe du premier couteau s'applique sur la feuille inférieure de mica, et fend une pellicule de l'épaisseur déterminée par l'élévation de la pointe au-dessus de la surface du disque. Cette pellicule tombe par une fente radiale (g) sous le couteau dans une trémie ou receptable analogue (h) et le contact de la pointe de couteau suivante enlève une autre pellicule de la plaque. Le nombre de couteaux est conventionnel et peut être augmenté proportionnellement au diamètre du disque. Le côté du magasin le plus éloigné de la direction d'approche du couteau est en contact avec le disque pour tenir solidement la plaque de mica la plus basse et se retire pour laisser passer la pointe du couteau.

Brevet Canadien No 127,128, 1910.—Appareil pour la fente mince du mica inventé par F. Lilenthal et G. Lauer, de Cologne Allemagne. Le principe de l'invention consiste à attacher des corps aux deux faces de la feuille de mica, de telle façon que la cohésion entre les faces et les dits corps soit plus forte que celle qui existe entre les couches individuelles de mica. De cette façon en écartant les corps l'un de l'autre la feuille de mica se fend. L'attachement des corps aux faces du mica est obtenue par une matière adhésive ou par succion. L'épaisseur des feuilles résultantes peut, dit-on, être déterminée en entaillant les feuilles à la place requise avant d'écarter les corps. Quand on emploie la succion pour séparer les lamelles, le principe adopté consiste à avoir un certain nombre de rouleaux en contact l'un avec l'autre. Ce contact étant fourni au moyen de places de succion sur la circonférence coopérant par paires au point de contact et tournant dans des directions différentes. Les plaques fendues par la première paire de rouleaux passent à la seconde paire, puis suivent tout le système et s'amincissent en avançant. Le classement des diverses épaisseurs se fait au moyen de courants d'air ou par essais de flexion. Ce dernier système agit sur le principe que plus minces sont les feuilles, plus facilement elles se ploient et dans une portion courte elles sont différemment affectées par la succion appliquée sur leur surface, le pouvoir adhésif de succion étant proportionné au rayon de courbure.

BREVETS DES ÉTATS-UNIS.

Brevets des Etats-Unis, No 177,775, 1901.—Machine à fendre le mica, inventée par J. de Kaiser et C. W. Hadfield. Le principe de la machine consiste à tenir le mica sur une table tournante (a) au moyen de succion agissant sur la surface inférieure du bloc par des perforations (b) dans la table. Les couteaux fixes (c) sont placés sur des supports (d) autour de la table tournante et à mesure que les blocs de mica passent devant les couteaux, un appareil suspend le courant de succion et une mince pellicule est enlevée du bas du bloc qui glisse sur le couteau et qui est rappliqué sur table par succion.

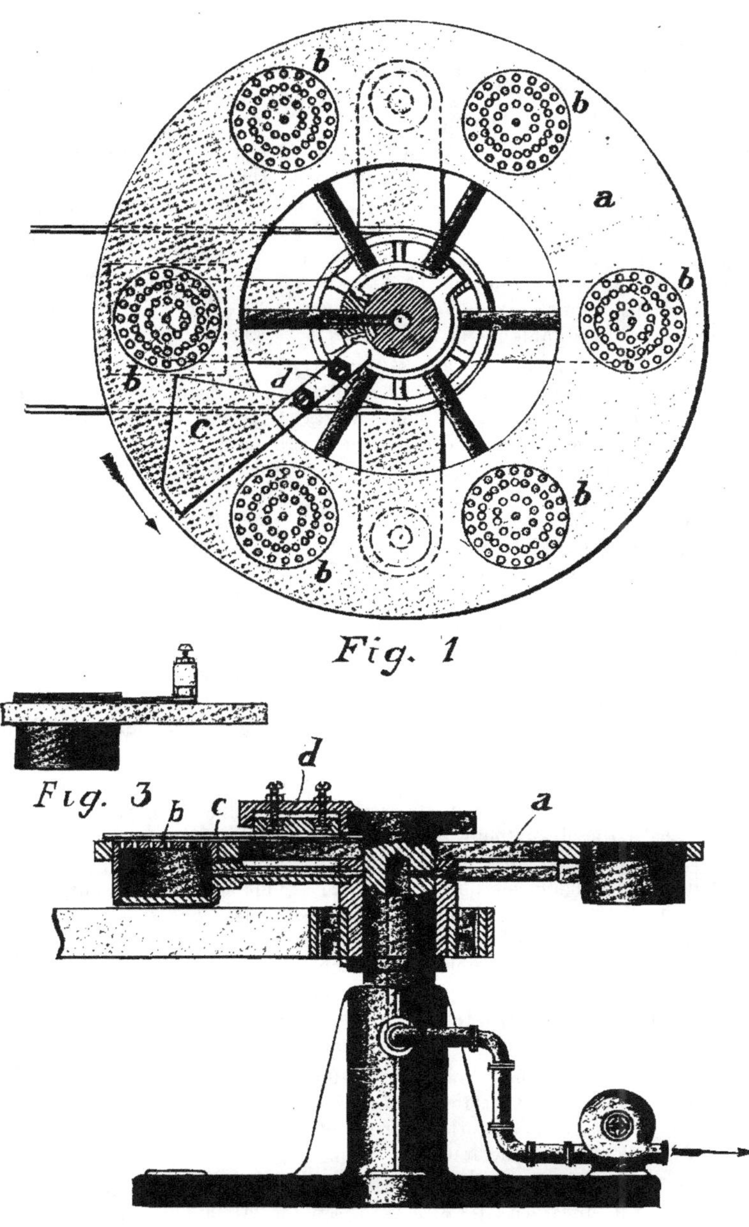

FIG. 64.—Machine à fendre le mica Hadfield de Kaiser.

Les modifications au procédé précédent donnent une table fixe et un couteau tournant ; ou un couteau et une table tournant en sens inverse et parallèles l'un à l'autre, et aussi pourvoient à l'enlèvement de la partie supérieure du bloc au lieu de la partie inférieure.

Brevet des Etats-Unis, No 697,696, 1902.—Machine pour faire le carton-mica, inventé par H. F. Watson de Valparaiso, Ind. L'objet de cette machine un peu compliquée est de suppléer à la main-d'œuvre pour la préparation du carton de mica. Le mica est fourni par un transporteur et est arrosé ou reçoit à la main un adhésif comme la gomme laque. La feuille est ensuite passée entre des rouleaux et déposée sur une table où il est découpé des dimensions requises. Les feuilles minces sont ensuite comprimées de l'épaisseur voulue à l'aide de la chaleur de la vapeur.

Brevet des Etats-Unis, No 764,810 et 764,411, 1904.—Méthode et moyens inventés par C. W. Jefferson de Schenectady, N. Y., pour traiter les pellicules de mica et les rendre assez consistantes et en état d'être réunies sans qu'il soit nécessaire d'y adjoindre aucune autre matière ou substance. Ce qui précède peut signifier que les pellicules de mica sont rendues assez adhésives pour qu'elles cohèrent ensemble sans aucune autre matière. Mais ce n'est pas le cas. La matière durcissante est le produit cohésif. En peu de mots le procédé consiste à recouvrir les surfaces des pellicules de mica de gomme laque ou autre produit adhésif. L'application de la gomme laque peut se faire de deux façons. Dans la première méthode décrite les pellicules sont placées par un opérateur sur un transporteur qui passe sous une trémie laquelle laisse passer de la gomme laque en poudre. Les pellicules passent ensuite sur un bec de gaz qui chauffe et fait fondre la gomme laque sur le mica—fournissant ainsi une couche adhésive à la surface. Après être passée sur le bec de gaz, la couche de gomme laque se refroidit et sèche et les pellicules peuvent alors être maniées par les assortisseurs et enlevées du transporteur.

La deuxième méthode consiste à appliquer l'adhésif en forme liquide. Dans ce cas le dissolvant pour l'adhésif doit avoir la propriété de s'évaporer à la chaleur. Les pellicules passent sur un transporteur sous un jet qui les arrose de gomme laque ou d'une substance semblable. En passant sur les becs de gaz, le dissolvant s'évapore et les pellicules sont ainsi recouvertes d'une couche sèche de matière adhésive. Tout ce qu'il faut pour réunir les pellicules de mica en une plaque, c'est, si on se sert de la première méthode, de chauffer les pellicules sous pression et, dans le second cas de les plonger dans une solution de cimentation et de les soumettre à une pression une fois humide, puis de les sécher à un fourneau ou un four.

Brevet des Etats-Unis, No 783,438, 1905.—A trait à une machine pour tailler la micanite ou le carton-mica, inventée par E. G. Kastenhuber de Schenectady, N. Y. L'invention permet de tailler des formes irrégulières dans de grandes feuilles de micanite.

Brevet des Etats-Unis, No 832,494, 1906.—A trait à un procédé pour "pelliculer" le mica, (c'est-à-dire pour séparer les lamelles des feuilles et cristaux de mica par des méthodes mécaniques) inventé par H. C. Michel de Londres. Les feuilles de mica sont d'abord parfaitement séchées dans un four et ensuite montées à une plateforme d'où elles descendent par un plan incliné et passent en vertu de la pesanteur entre une paire de rouleaux minces de surfaces ondulées qui les détachent les unes des autres. Les plaques de mica en passant dans ces rouleaux sont soumises à une action de courbure en vertu de laquelle les bords des lamelles sont plus ou moins détachées les unes des autres. On peut employer n'importe quel nombre de rouleaux suivant la qualité du mica. Les plaques détachées sont encore arrondies et posées à plat dans la chambre à pellicules. Dans cette chambre les plaques sont prises par un courant d'air qui complète la séparation des lamelles. Le courant d'air est fourni par une soufflerie rotative, donnant l'air à une pression d'à peu près une demi-livre au pouce carré. Le courant d'air entraîne le mica en pellicules dans une chambre munie de trémies. Les feuilles les plus lourdes et séparées partiellement seulement tombent dans les trémies les plus proches de la chambre aux pellicules tandis que les pellicules les plus légères sont entraînées dans les trémies les plus éloignées.

Brevet des Etats-Unis, No 833,401, 1906.—Procédé inventé par B. B. Lévis, de Friedman, Allemagne, pour faire des plaques de mica composées. Le trait principal de cette invention consiste en un transporteur (a) sur lequel les plaques de mica fendu fin (b) sont placées en tas. Le transporteur subit un mouvement de va et vient sous un entonnoir à succion (c) bouché par une plaque perforée (d) et sèche à un appareil d'aspiration (e). Dans la portion terminale du transporteur, où le receptacle contenant les pellicules de mica vient sous l'entonnoir à succion, une couche de pellicules de mica est aspirée contre la plaque perforée. Mais aussitôt que le receptacle a passé à son autre position terminale et que l'entonnoir est privé de connection avec le mécanisme d'aspiration et raccordé avec l'air extérieur, la couche de mica tombe sur un support placé sur le transporteur. Sur la couche est appliqué à la main ou mécaniquement un rouleau enduit de ciment. Au retour du transporteur, une seconde couche de pellicules de mica est appliquée sur la première et le procédé de construction continue jusqu'à ce qu'on ait atteint l'épaisseur désirée.

Brevet des Etats-Unis, No 845, 450, 1907.—Procédé inventé par D. Dobler de Munich, Allemagne, pour réduire le mica en poudre fine. Le point principal de l'invention consiste à chauffer le mica. Le minéral en bribes est placé dans un tambour chauffé au blanc durant plusieurs heures. Cette chauffée rend le mica opaque. Après refroidissement, le minéral est taillé en étroites lisières et placé dans une chambre fermée où l'on laisse entrer de la vapeur. On dit que cette chaleur et la vapeur d'eau rendent le mica tendre et flexible et rendent plus facile de le broyer dans le moulin ordinaire. Comme il est naturellement tendre, il est assez difficile d'apprécier l'objet de ce traitement avant de le réduire en poussière.

Brevet des Etats-Unis, No 847,910, 1907.—Ce brevet a trait à un procédé pour faire le carton-mica et a pour but d'économiser la main-d'œuvre. On met du mica fendu fin dans un panier en fil de fer dont les mailles sont

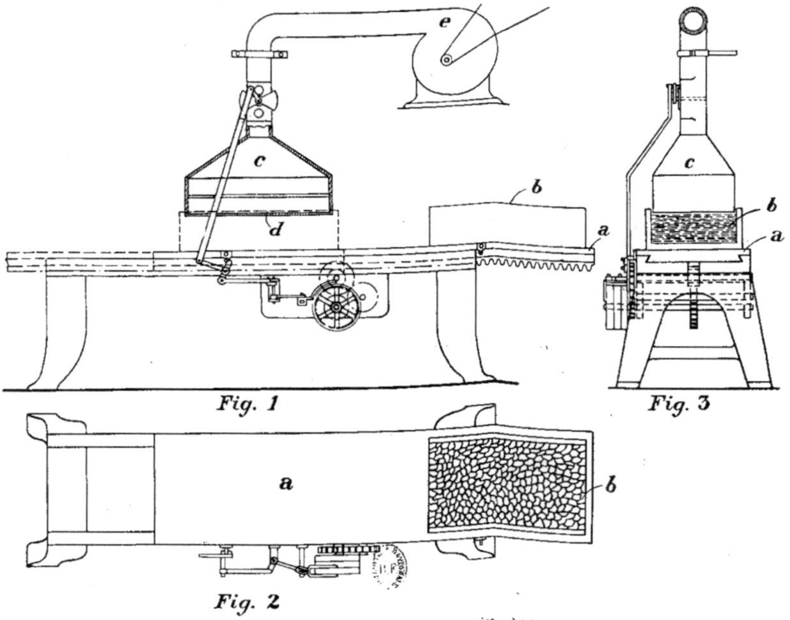

Fig. 65.—Machine à bâtir le carton-mica.—Lévis.

suffisamment larges pour laisser passer un ciment liquide, mais assez serrés pour empêcher le mica de tomber. Le panier qui contient les pellicules de mica est alors plongé dans un réservoir renfermant du vernis copal ou gomme laque et les plaques sont bien enduites de ciment. Le panier est alors retiré du réservoir et soulevé pour laisser s'écouler le liquide. Les écailles sont ensuite enlevées du panier et déposées sur un tamis en fil de fer sans séparer les pellicules les unes des autres. La couche suivante est posée sur les intervalles entre les pellicules de la première et le tamis est alors redressé pour qu'on puisse voir au travers et constater les endroits faibles que le travailleur peut alors renforcer au moyen de quelques pellicules additionnelles. L'idée d'employer un panier dispense de l'emploi de pinceau pour humecter chaque pellicule en particulier et permet d'employer plusieurs morceaux en même temps. L'inventeur prétend par ce procédé économiser 60% de la main-d'œuvre.

Brevet des Etats-Unis, No 890,500, 1907.—Edward Cooper de Newton, Mass., a inventé une machine pour plier les feuilles de mica pour les couvertures isolantes spécialement destinées aux noyaux des compteurs électriques et les revêtements des commutateurs. Les traits principaux de cette machine sont trop compliqués pour pouvoir être expliqués en détail, mais le point essentiel de l'invention consiste dans un mécanisme par lequel la feuille est solidement attachée à un crampon d'où les deux extrémités opposées ressortent, ce crampon est ensuite abattu entre deux blocs de plissement qui sont pris par les portions extérieures de chaque côté, ce qui recourbe les côtés opposés de la feuille le long des lignes prévues. Il est ensuite pourvu un moyen de faire avancer successivement les membres plissants, le premier pli de la feuille découverte d'abord et le deuxième sur celui qui vient d'être ployé.

Brevet des Etats-Unis, No 885,934, 1908.—A trait à une méthode de faire le mica artificiel, inventée par I. J. Machaiske, de Niagara, N. Y. L'inventeur prétend que les produits obtenus par son procédé ont toutes les propriétés utiles du mica naturel avec en plus l'avantage d'être exempts des taches de fer et des autres imperfections. La méthode employée consiste à fondre une charge suffisante dans un four électrique en évitant la réduction des constituants par contact avec le charbon. La charge peut être modifiée pour obtenir des micas de caractère et de constitution différents. On emploie un four électrique du type à induction, le secondaire étant formé d'un métal qui ne peut pas nuire au produit, et de préférence d'un métal entrant dans sa composition. Les métaux convenant à cette fin sont: aluminium, magnésium, silicon, et, dans le cas du mica-fer, le fer. Au lieu du four d'induction on peut employer n'importe quel four électrique ayant des électrodes d'un métal qui n'est pas nuisible au produit, du silicon de préférence. Pour la charge, tous les matériaux entrant dans la composition du produit (sauf les alcalis caustiques) sont fondus ensemble, et on ajoute à la masse fondue du KOH ou NaOH que l'on dissout. La masse est alors déchargée du four et on la laisse refroidir à une atmosphère chargée d'humidité. L'eau qui entre dans la constitution du produit provient du métal alcali hydraté, et de l'eau atmosphérique.

25

Les charges employées par le breveteur sont les suivantes :—

Exemple 1. 45.5 parties sable de mer *pur* (?)
     12.0   "   bauxite.
     30.5   "   magnésie brûlée.

A la charge de métal on ajoute 14 parts de potasse caustique à 90 p. c.
refroidie à une température humidifiée à vapeur d'eau. On a produit un
mica ayant la composition suivante :—

SiO_2	Al_2O_3	MgO	K_2O	H_2O	Total
44.2	10.8	29.4	9.9	5.7	100.00

Le courant employé était de 1,500 à 3,000 ampères, à 30 à 60 volts.

Exemple 2. 46.5 parties de sable blanc *pur?*
     40.0   "   bauxite.

avec addition de 16.5 de potasse caustique à 90 p. c. La charge a été fondue
dans un four électrique avec des électrodes en silicon et refroidie dans une
atmosphère humide. Le mica obtenu possédait la composition suivante :

SiO_2	Al_2O_3	K_2O	H_2O	Total
45.2	38.5	11.8	4-5	100.00

On ne parle pas de la dimension des cristaux obtenus et le procédé ne
paraît pas avoir d'importance commerciale. Il faut remarquer que dans
l'un et l'autre cas les compositions diffèrent considérablement de celle d'aucun mica naturel connu.

Brevet des Etats-Unis, No 888,197, 1908.—Machine inventée par E. G.
Sheperd d'Ottawa, pour tailler rapidement et façonner les bords des morceaux de mica et enlever automatiquement les déchets. L'objet de ce façonnement est d'éviter autant que possible le contact accidentel avec les couteaux et l'accumulation des déchets. La portion principale de la machine
est contenue dans une caisse à éventail (a) et les feuilles de mica sont soumises à l'action de couteaux tournants (b) après avoir été introduites par des
fentes étroites (c) dans la caisse. Le façonnement rapide est aussi une des
particularités de la machine qui est actionnée par une courroie ou un pignon.

Ces machines ont supplanté dans une certaine mesure les anciens couteaux à guillotine et beaucoup sont employées dans les fabriques à Ottawa.
Voici une description complète de la machine.

Sur une plaque de base A, il y a deux montants x, de préférence fondus là
pour en faire intégralement partie, les sommets sont faits en coussinets x^1
ayant des saillies verticales à écrous x^2 fondus là solidement en un morceau
et ensuite mortoisés et retenus ensemble par les écrous x^3.

Le devant de la plaque de base est formé avec une plaque verticale A,
de préférence aussi fondue intégralement là et ayant un bord supérieur avec
rainure sur le dehors pour recevoir une lame de couteau B tenue en place

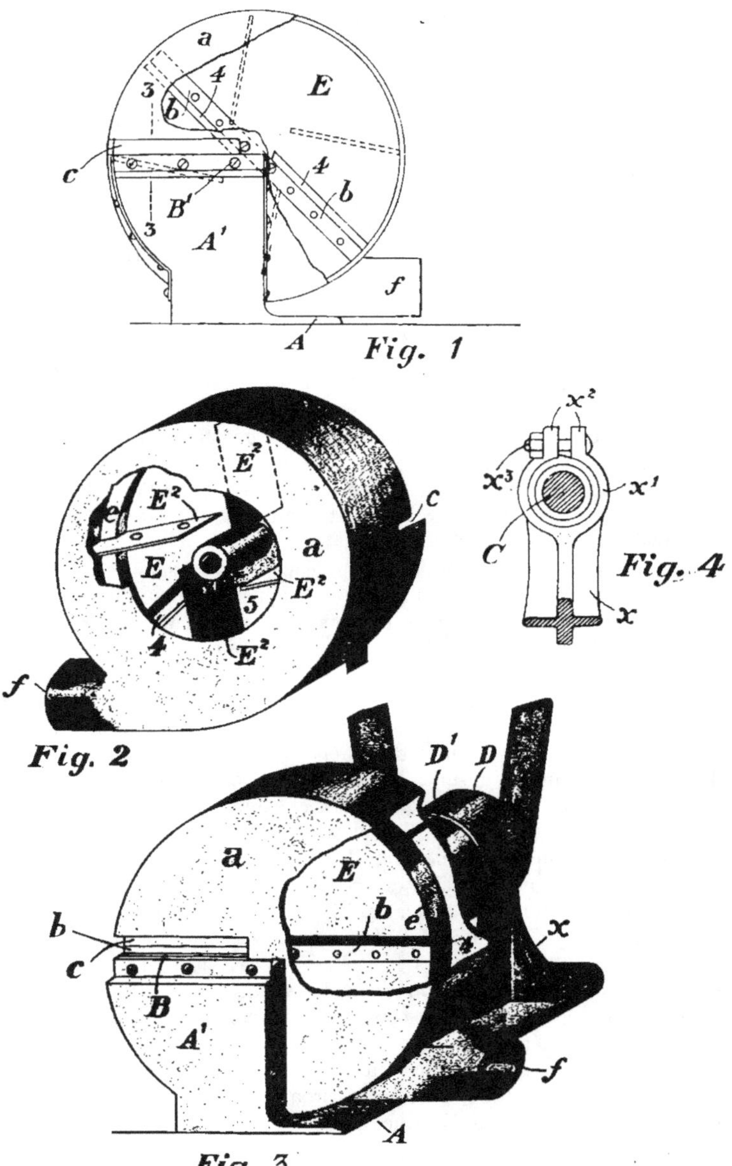

FIG. 66.—Machine à façonner le mica.—Shepherd.

par des écrous ou vis B. Dans les coussinets est posé un arbre de couche C' portant une poulie DD, rapide et folle, entre ces coussinets et à l'extrémité duquel est monté un disque E. Le disque E, présente une face plate et formée d'un bord e, pour servir de volant. Une cannelure large et peu profonde 3 est creusée sur la face dans le centre pour y introduire un couteau b, assuré un peu obliquement pour que le tranchant projette un peu. En même temps que le bord coupant, il y a une fente 4 dans le plat du disque, ses lèvres sont en biseau de façon à dévier vers l'intérieur et à laisser passer librement les déchets de coupoir. L'intérieur du disque est muni de pinnules E^2 projetant au délà du bord en largeur et courtes vers le centre pour former un souffleur d'éventail pour rejeter les déchets. Le couteau fixe B, est monté sur le support A^1 avec un léger biseau de telle façon que le bord tranchant se projette vers le disque E, au niveau du centre à peu près.

Le disque E est complètement surmonté d'un couvercle (a) ayant la forme d'un recouvrement d'éventail, avec une prise 5 près du moyeu du disque et un couloir de décharge f en dessous; et à une extrémité, une fente c qui y est taillée en face du bord tranchant du couteau fixe pour l'insertion de la plaque de mica. Elle est faite plus large que l'épaisseur du bord du disque l'exige, la pinnule E^2 s'étendant dans la partie la plus large; la décharge f est formée par cette dernière partie. On peut l'attacher au couteau stationnaire (qui comme on le voit agit comme partiel couvercle) ou à n'importe quelle partie fixe convenable.

Le couvercle a, tout en protégeant contre les accidents de contact avec les couteaux rotatifs, fait aussi partie de l'appareil pour enlever les déchets, en empêchant l'accumulation de déchets dans la machine et tenant l'atmosphère de la chambre dans une condition plus sanitaire.

Brevet des Etats-Unis, No 901,130, 1908.—Machine pour fendre le mica inventée par B. Walchmer, New-York. Le but de l'invention est de fendre les blocs de mica en pellicules d'une épaisseur suffisante pour les employer à la fabrication du carton-mica. La machine consiste en une table horizontale laquelle reçoit un mouvement de va et vient, un couteau à fendre placé sur cette table et pouvant osciller et une agrafe ou appareil analogue pour tenir le bloc de mica en ligne avec l'axe du couteau. Un courant d'air enlève les feuilles fendues du bloc qui est libéré à cette fin. On peut employer n'importe quel nombre de couteaux d'après les dimensions de la table. Les blocs de mica sont d'abord grossièrement façonnés puis mis en place avec leurs plans de base parallèles à la surface de la table. Le mouvement réciproque de la table met constamment les blocs sous l'action du couteau à fendre sur lequel est placé un orifice qui fournit le courant d'air pour enlever la pellicule détachée.

L'inconvénient de cette machine à fendage mécanique et des autres réside en ce que les pellicules de mica produites sont rarement assez minces pour l'usage auquel on les destine.

Brevet des Etats-Unis, 903,949, 1908. — Méthode pour traiter le mica dur, cassant, afin de le rendre flexible, inventé par L. P. Beckman, de Parnassus, Pa. Ce procédé assez extraordinaire consiste à tremper les feuilles

de mica dans un métal fondu, de l'aluminium de préférence, durant une
heure à peu près. On prétend qu'au moyen de ce traitement on peut placer
à plat sans les briser des feuilles de mica de $\frac{1}{32}$ " d'épaisseur. On ne parle
pas de la valeur subséquente du mica pour d'autres fins.

Brevet des Etats-Unis, No 934,057, 1901.—Machine inventée pour faire
des plaques de mica et objets analogues par E. L. Elwell, de Newton, Mass.
L'objet de ce mica est de supplanter la main-d'œuvre pour cimenter les pellicules fendues et en faire du carton-mica. L'idée principale de l'invention
est de séparer mécaniquement les lamelles de la poussière et des matières
étrangères et de les disposer en couches sur un lit incliné. Le lit est alors
agité, le mouvement faisant glisser les lamelles sur un transporteur qui les dépose sur un lit mouvant où on leur applique un ciment de gomme laque, ce
qui permet d'obtenir une plaque ferme et épaisse.

Brevet britannique, No 10,949, 1905.—Procédé pour calciner le mica
sous pression inventé par M. Meirowsky de Cologne, Allemagne, pour attendrir le métal afin de l'employer entre les segments de commutateur. Les
plaques de mica sont pressées entre deux plaques convenables placées dans
un four à calciner.

Brevet Britannique, No 12,570, 1908.—A trait à un procédé perfectionné
pour faire du mica broyé avec des bribes. Le plan de l'inventeur est de
moudre le minéral tandis qu'il est saturé d'un liquide antilubréfiant (de préférence une solution d'alun) dans un moulin du genre ordinaire. La solution d'alun est ensuite enlevée soit par lavage soit par séparation quand on
sèche le produit final pour accentuer encore son caractère ininflammable.

En plus des inventions qui précèdent Moses Judah, de Calcutta, s'est
procuré en 1901 un brevet pour employer les feuillets de mica à la confection de chapeaux, et de capotes de voitures. Un autre usage auquel s'applique
le brevet est l'emploi du mica à la confection des réceptacles réfrigérateurs
pour les aliments, les boissons, etc.

ATELIERS DE FAÇONNEMENT DU MICA.

Les principaux ateliers de façonnement du mica sont à Ottawa et dans
la ville voisine de Hull, situés au centre entre les terrains de mica de Québec
et d'Ontario et elles fournissent du travail à beaucoup d'ouvriers. 95 pour
cent à peu près des employés des fabriques sont des filles, le travail est facile
et l'habitude requise s'acquiert facilement. La majorité des fabriques de
mica s'occupe de produire soit le minéral façonné au pouce, soit le minéral
fendu mince que l'on expédie aux Etats-Unis ou en Grande-Bretagne pour
servir à la fabrication des appareils électriques. Quelques manufactures font
aussi le carton-mica. En plus des ouvrières qui travaillent à la manufacture beaucoup d'ouvriers sont occupés à fendre le mica à la maison. Le minéral façonné au pouce leur est livré au poids et les filles reçoivent tant par
livre pour les feuilles fendues mince, le prix allant de 14 à 20 cts. La main-
d'œuvre pour le mica subit de grandes variations, à certains moments, les
fabriques sont incapables de se procurer autant d'ouvrières qu'elles le désirent et dans d'autres on n'occupe qu'une douzaine d'ouvrières.

Ottawa.

Blackburn Bros., 202, *rue Creighton*. Une trentaine de filles en moyenne sont employées à façonner au pouce et à fendre fin. L'atelier peut contenir 150 ouvrières. On n'emploie pas de machines. Le mica consommé provient principalement de Templeton, Qué.

Canada Mica Works (*Pritchard, Devlin et Holland*), 54, *rue George*. Une quinzaine d'ouvrières seulement sont employées à façonner au pouce.

Dominion Mica Works (*R. Macdonald*), 534, *rue Wellington*. Un personnel moyen de 35 filles sont employées au façonnement et au fendage fin, à faire du carton-mica, préparer des feuilles de mica pour fourneaux, pour lampe, à faire de la toile de mica flexible, etc. On ne se sert pas d'autres machines que les presses à mica. Les bribes des tables de façonnement, etc., sont broyées dans un petit atelier à couteau, les catégories que l'on produit vont de 60 à 200 mailles.

Eugene Munsell Company, 400, *rue Wellington*. Une trentaine de filles sont employées par cette compagnie et se livrent seulement au façonnement et au fendage fin. On emploie les machines à façon Sheperd (brevet canadien No 888,197) et aussi les couteaux à façonner du type guillotine, toutes ces machines étant actionnées par force motrice. Il y a en plus plusieurs machines à étamper pour tailler à l'emporte-pièce des segments d'angle. Le mica préparé est expédié aux usines de la Compagnie aux Etats-Unis, où on fait du carton-mica et des pièces pour les appareils électriques.

Fillion, S. O., 345, *rue Sparks*. Emploie peu d'ouvrières au façonnement et au fendage, mais s'occupe surtout à manutentionner le rendement des petites mines et à le préparer pour la réexpédition.

Foxton, F. rues Waller et Besserer. Emploie 7 à 8 filles pour façonnement au pouce.

Laurentide Mica Company (*Westinghouse Company*), *rues Queen et Bridge*. La compagnie emploie en moyenne 150 ouvriers, surtout des filles, qui font le fendage fin et la préparation du carton-mica. Le rendement des mines de la compagnie dans le canton de Hull, Qué., est façonné à Hull, où une cinquantaine de femmes travaillent aux ateliers rue Main, et de là est envoyé à la fabrique d'Ottawa pour être mis en œuvre. Des fabriques sont de plus établies à Aylmer, Qué., et à Rockland et Carleton Place, Ont. Ces deux premières faisant le fendage fin et le carton-mica et la dernière faisant seulement le fendage fin. Le produit fabriqué est surtout envoyé aux usines de la Compagnie de Pittsburg, Pa.

Loughborough Mining Company (*General Electric Company*) *rues Rochester et Albert*.

La compagnie exploite une grande fabrique pouvant recevoir 300 ouvriers. 200 filles sont occupées en moyenne à façonner et à fendre le produit des mines de la compagnie et d'autres fabriques sont situées à Hawkes-

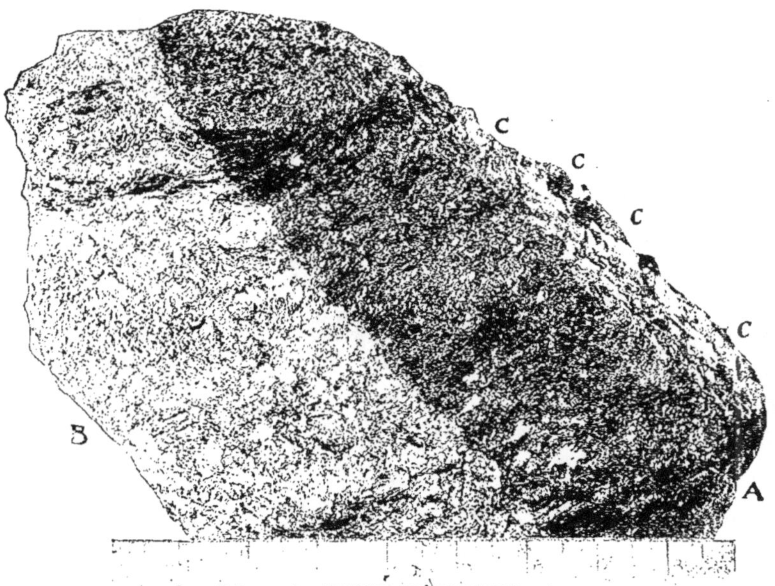

Contact de la pyroxénite et de la syénite, montrant le mur de la veine de mica avec
des cristaux de phlogopite. lot 13, concession VI, Canton de
North Burgess, Ont.

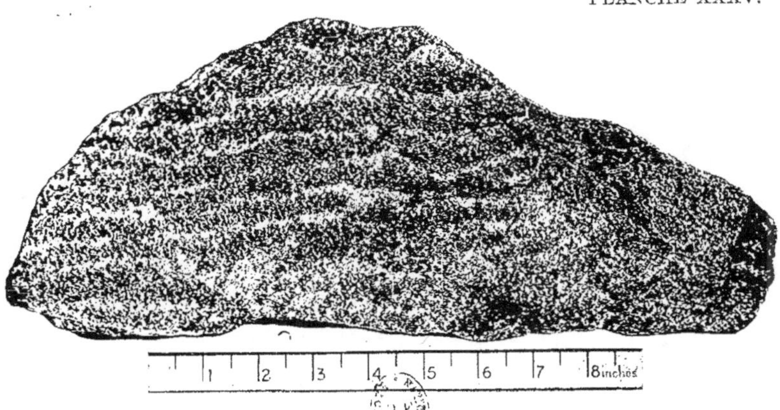

Roche composée de petite phlogopite étoilée (noire) et d'apatite bleue (claire). Mine
Gould Lake, lot 6, concession X, Canton de Loughborough, Ont.
La roche a une structure nettement feuilletée.

Mode type de gisement de mica à phlogopite. Les cristaux de mica de couleur foncée se voient clairement dispersée dans la calcite rose et le mica à petites étoiles. Mine Martha, lot 13, concession VI, Canton North Burgess, Ont.

Plaque de muscovite montrant des enclaves d'oxyde de fer disposées parallèlement
à la ligne de percussion. Mine Villeneuve, lot 31, rang 1, Canton de
Villeneuve, Qué. Un seizième de taille naturelle.

Plaque de muscovite montrant des enclaves d'oxyde de fer et de grenats, mine Villeneuve, lot 31, rang I, Canton de Villeneuve, Qué. Un seizième de taille
naturelle.

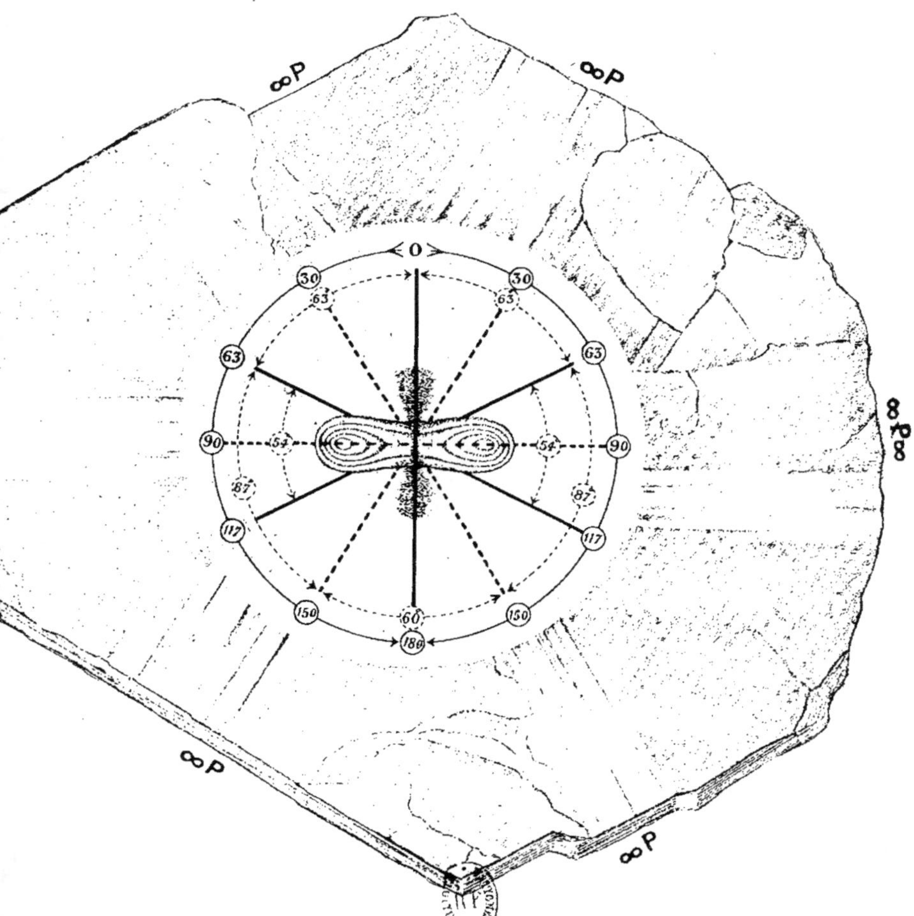

Fig. 67. — Coupe de cristal de muscovite, montrant la disposition symétrique du plan
optique axial, figure de percussion et figure de pression.
(*D'après Holland, " Mica Deposits of India."*)
(Spécimen de Turpunpandla, district de Nellore—taille naturelle).

bury, Buckingham et Masson. Ces derniers emploient une moyenne totale d'à peu près 125 à 150 ouvriers. Aux usines d'Ottawa où le rendement de la mine de Sydenham est envoyé brut, le mica est nettoyé, façonné, fendu fin et expédié à la fabrication des nombreux appareils faits par la General Electric Company. Tout le fendage se fait à la main, les seules machines employées étant les façonneuses Sheperd.

O'Brien and Fowler, pont Cummings. Une douzaine d'ouvrières travaillent à faire du carton-mica, des roudelles, des tubes, etc. L'usine est encore en préparation seulement et on veut installer des machines plus grandes et plus puissantes. Tout le rendement des mines de la Compagnie est façonné au pouce soit aux mines elles-mêmes, soit dans leur voisinage ou expédié comme minéral façonné à Ottawa.

Une usine à broyer est exploitée par la même compagnie à Papineauville, Qué. L'atelier a été mis en opération à la fin de 1909 et a fonctionné régulièrement depuis. 35 à 40 ouvriers sont employés et le rendement moyen est par jour de deux tonnes à peu près de produit fini, dont 25 p. c. est à 200 mailles et 75 p. c. de 60 à 100 mailles. Virtuellement toute la production est envoyée aux Etats-Unis.

Webber & Co., 27,4 rue Stewart.—Un personnel moyen de 50 filles sont employées au façonnement au pouce et au fendage fin. Le minéral nettoyé est envoyé à Boston, Mass., pour faire du carton-mica.

Hull.

Canada Mica Manufacturing Co., Ltd, 81, rue Brewery. Cette société est de formation récente et a acquis les mines et les affaires de plusieurs exploitants. La fabrique n'est pas complètement montée et s'occupe seulement actuellement de manutentionner le mica de haldes. Une certaine moyenne d'ouvriers sont employés à façonner et à fendre fin et un moulin fonctionne pour broyer à sec. Le moulin est du système à billes et consiste en un cylindre d'acier auquel le mica est fourni automatiquement. Au lieu de billes on emploie des morceaux anguleux d'acier pour broyer le mica qui une fois finement moulu tombe par des trous dans la périphérie du cylindre. La poudre est alors élevée à une série de tamis qui la classe suivant la finesse allant de 60 à 200 mailles. On installe aussi un moulin de broyage humide et on entend même équiper la fabrique des machines nécessaires pour fabriquer le carton-mica et autres produits de mica.

Flynn, 11., 108, rue Brewery. 20 filles environ sont occupées à façonner le produit des mines exploitées par M. Flynn. On n'emploie pas de machine et le mica est tout expédié à l'état façonné au pouce.

En plus de ce qui précède, *MM. Kent Bros, de la rue Brock, Kingston, Ont.,* exploitent un atelier de façonnement de mica et emploient en moyenne une trentaine de filles qui sont surtout occupées à égaliser, façonner au pouce et à fendre fin le rendement des mines de la Compagnie. Des rondelles, des anneaux de socles sont aussi fabriqués. Le rendement de la Compagnie est surtout expédié en Grande-Bretagne et aux Etats-Unis.

Il y a, en divers endroits, dans le district à mica d'Ontario et de Québec de petits ateliers de façonnement, mais ils travaillent seulement par intermittence et sont exploités par de petits propriétaires et négociants.

PARTIE III.

A.

RESUME DES LOIS MINIÈRES DE LA PROVINCE DE QUEBEC.[1]
ACTE DE 1892, 55-56, VICT., CH. 20 AVEC AMENDEMENTS,

Observations relatives aux Permis et Concessions Minières.

L'étranger comme le sujet britannique est appelé aux bénéfices de la présente loi. (1422).[2]

Le ministre des mines émet des permis d'exploration, des permis d'exploitation, ou vend simplement les terrains et droits miniers appartenant à la Couronne.

Sauf les aliénations faites sous l'empire des diverses législations qui se sont succédées, ces droits sont répartis et situés comme suit :

1° Dans les terrains concédés depuis le 24 de juillet 1880, dans les cantons et dans les territoires non encore concédés, toutes les mines appartiennent à la Couronne (1423).

2° Dans les terrains concédés antérieurement au 24 de juillet 1880, dans les cantons, les mines d'or et d'argent, seules, continuent d'être propriété de la Couronne (1425 et 1426).

3° Dans les seigneuries, toutes les mines appartiennent à la Couronne, sauf les seigneuries où les droits de mines ont été cédés aux seigneurs en même temps que les droits superficiaires.

Les seigneuries dans lesquelles les droits de mines n'appartiennent plus au gouvernement, sont les suivantes, avec certaine restriction (un droit régalien) pour les 4 premières: de Beauport et de Beaupré, dans le comté de Québec; de Lauzon, dans le comté de Lévis; de l'Isle d'Orléans, dans le comté de Montmorency; de Verbois, le Parc et Rivière du Loup, dans le comté de Témiscouata; de Terrebonne, dans le comté du même nom et de la Petite Nation, dans le comté d'Ottawa. Ces seigneuries, à part celles de Terrebonne et de la Petite Nation qui longent respectivement la rivière Jésus et la rivière Ottawa, sont sur le fleuve St-Laurent.

Dans la Commune de Laprairie, les droits de mines ont également été abandonnés à la Compagnie de Jésus, par la loi 5,-52 Vict., ch. 13.

Dans le Seigneurie Rigaud-Vaudreuil, l'or et l'argent et *autres métaux précieux* seulement, sont la propriété des seigneurs (titre de concession de 1846).

Permis d'exploration (1453).—L'espace couvert par un ou plusieurs permis d'exploration en faveur de la même personne, ne peut excéder à la fois, 25 milles carrés, dans les territoires non subdivisés, et trente lots de 100 acres dans les territoires subdivisés, dans un rayon de cent milles.

---

[1] Contenant les amendements du 29 mai 1909.
[2] Les chiffres entre parenthèses réfèrent aux articles de loi.

Le coût du permis d'exploration est de $5.00 du mille carré, si le terrain n'est pas subdivisé, de $5.00 du lot de 100 acres, si le terrain est subdivisé, et de $2.00 par lot, dans le cas où le terrain appartient à un particulier; toute étendue de moins de 100 acres devant compter comme 100 acres.

Le permis d'exploration est accordé pour trois mois et peut être renouvelé. A l'expiration des trois mois, il cesse sans avis, et le porteur n'a aucun droit sur les travaux qu'il a pu faire. Il doit fournir un rapport de ses opérations: minéraux découverts ou autres résultats obtenus (1455).

Pendant la durée du permis d'exploration, le porteur a le droit exclusif d'acheter toute mine qu'il peut trouver aux conditions établies aux articles 1436, 1443, 1456. Après l'exercice de ce droit pour la totalité des 400 acres mentionnés à l'article 1443, le permis devient nul pour le surplus du territoire y désigné (1456).

En présence d'une demande d'achat produite par une autre personne, pour le même terrain, ou d'une demande de permis d'exploitation, le porteur du permis d'exploration devra acheter ou prendre un permis d'exploitation, lui-même, ou céder sa place, à l'expiration de son permis d'exploration.

Permis d'exploitation (1458).—Il est défendu d'exploiter sans un permis. Ce permis peut être donné sur les terres des particuliers ou sur les terres publiques (1460). Il est émis pour une année, moyennant une rente de $1.00 de l'acre et un honoraire de $10.00. Il ne peut être renouvelé au bout de l'année (1461).

Les demandes de permis, tant d'explorations que d'exploitation, doivent être accompagnées des prix et honoraires ci-dessus mentionnés et d'une description aussi exacte que possible du territoire convoité: indication des lots et des rangs dans les cantons et les seigneuries, et description spéciale, illustrée d'un croquis, au besoin, s'il s'agit de terrains non arpentés.

Concessions minières (1436).—Les demandes de concessions minières doivent également être accompagnées des prix indiqués sous l'article 1444 abrogé. Pour ce qui regarde la description, elle doit être exacte et reposer sur un plan d'arpentage (1439, 1443, et 1456).

Métaux supérieurs et inférieurs.—Voir article 142, No 11, en note.

Transports (1442).—La concession minière, le permis d'exploration et le permis d'exploitation peuvent faire l'objet d'un transport par le porteur à une tierce personne, moyennant la production au Département, d'une copie ou d'un double du titre effectuant le transport, et le paiement d'un honoraire de $10.00.

Le permis d'exploration ainsi transporté, est renouvelable pour le tout ou pour partie, aux conditions ordinaires, au nom du cessionnaire, si celui-ci n'est pas déjà porteur de permis couvrant une étendue de 25 milles carrés ou de 30 lots de 100 acres, aux termes de l'article 1453.

Agents. — Le gouvernement n'a pas d'agents autorisés à émettre des permis ou à concéder des droits de mine (recorders). Toutes les affaires sont transigées directement avec le Département de la Colonisation, des Mines et des Pêcheries, Québec.

Remise d'argent.—Si les remises d'argent sont faites par chèques, ceux-ci doivent être payables au pair, à Québec.

SECTION IX.

DES MINES.

DISPOSITIONS DECLARATOIRES ET INTERPRÉTATIVES.

" **1421.** Dans l'interprétation et l'application de la présente section, qui peut être citée sous le nom de " Loi des mines de Québec," ainsi que de tous les arrêts en conseil ou règlements promulgués en vertu d'icelle, si le contexte ou la matière ne s'y oppose, les expressions suivantes ont respectivement le sens que le présent y attache, savoir:

1. Les mots: " miner ", " faire des fouilles ", " exploiter " et " exploitation " signifient et désignent tout procédé ou toute opération par lesquels on peut miner, fouiller, tirer, charrier, laver, passer au crible, fondre, épurer, broyer ou traiter de quelque autre manière que ce soit, le sol ou les terres, les roches ou les pierres, dans le but d'en extraire des minerais quelconques;

2. Les mots: " mines " et " minerais " signifient et comprennent toute carrière de pierre de quelque espèce qu'elle soit et toute pierre ou roche, terre alluviale ou non, où il se rencontre de l'or, de l'argent, du cuivre, du phosphate de chaux, de l'amiante, ou toute substance minérale de valeur appréciable;

3. Les mots " division minière " signifient et désignent toute étendue de territoire érigé en division minière sous la présente loi;

4. Les mots: " terres publiques " ou " terres de la Couronne " signifient et désignent toutes terres de la Couronne, terres de l'ordonnance dont la propriété a été transférée à la province, terres du clergé ou terres des Jésuites, du domaine de la Couronne ou de la seigneurie de Lauzon, qui n'ont pas été aliénées par la Couronne :

5. Les mots " terres des particuliers " désignent toutes terres concédées ou autrement aliénées par la Couronne, autres que les concessions ou terrains miniers vendus par la Couronne comme tels, ou qui le seront à l'avenir;

6. Le mot: " particulier " signifie toute personne qui possède comme propriétaire ou à titre d'usufruit, un terrain sur lequel il existe ou est supposé exister une mine quelconque;

7. Les mots: " permis d'exploitation " signifient le permis donné à toute personne, société ou compagnie, d'exploiter une mine localisée sur un terrain désigné en payant la rente fixée par la loi;

8. Les mots: " certificat de mineur " signifient l'autorisation à tout prospecteur de faire la recherche des mines en général sur toutes les terres où les droits de mine appartiennent à la Couronne, et le droit de marquer des claims;

9. Le mot " claim " sert à désigner l'étendue de terrain comprise dans les limites du piquetage entourant une découverte;

10. Les mots " porteur de permis " désignent toute personne, société ou compagnie, qui a obtenu un permis en vertu de la présente section, et les mots " porteur de certificat " signifient la personne qui a obtenu tel certificat;

11. Les mots: "passage mitoyen" désignent une certaine étendue de terre ou de roc laissée entre deux excavations;

12. Les mots: "permis d'appareils mécaniques ou machines" signifient un permis de faire usage de tels appareils ou machines pour l'extraction ou la préparation des minerais;

13. Les mots: "appareils mécaniques ou machines, sous permis" désignent les appareils mécaniques ou machines pour lesquels un permis a été accordé pour extraire l'or ou l'argent, de la pierre ou du quartz; et les mots: "propriétaire d'appareils mécaniques ou machines sous permis," désignent la personne à qui l'on a accordé un permis de cette nature;

14. Les mots: "minéraux ou métaux supérieurs," signifient tous les minéraux, sauf les produits de peu de valeur et les matériaux de construction, tels que la tourbe, le fer des marais (*bog ores*), les ocres, l'argile, la marne, le sable, les graviers, les eaux minérales et les pierres employées pour la construction, telles que calcaires, grès, granit, lesquels sont dénommés minéraux inférieurs;

15. Les mots: "concession minière" signifient toute étendue de terre vendue pour l'exploitation des mines;

16. Les mots: "concession minière souterraine" s'entendent de toute propriété minière souterraine vendue pour l'exploitation des mines, en vertu de la présente section;

17. Le mot "ministre" ou "commissaire" lorsqu'il est employé seul, signifie le ministre de la colonisation, des mines et des pêcheries;

Les mesurages sont faits et les distances sont comptées, en vertu de la présente section, conformément aux mesures anglaises."

§ 2.—*Du privilège des aubains et de la réserve des droits de mine.*

"**1422.** Les aubains, comme les sujets britanniques, peuvent jouir des avantages de la présente loi en suivant ses dispositions et en s'y soumettant. 43-44 V., c. 12, s. 2, et S. R. P. Q., 1422.

"**1423.** Il n'est pas nécessaire, depuis le 24 juillet 1880, et, à l'avenir, dans les concessions de terres "qui ne sont pas en même temps des concessions minières" faites par la Couronne par lettres patentes ou autres titres au même effet, que mention soit faite de la réserve du droit de mine, laquelle réserve est toujours censée exister. I Ed. VII, ch. 13, s. 1.

§ 3.—*Dispositions exceptionnelles.*

"**1424.** A l'égard de la Couronne, les droits de mine ainsi réservés tacitement forment une propriété souterraine distincte et indépendante de celle du terrain qui la recèle. 1 Ed. VII, ch. 13, s. I.

"**1425.** Toutes les mines appartenant à la Couronne, en vertu de la loi ou des titres de concession, dans le tréfonds des terres concédées avant le 24 juillet, 1880, dans les cantons, excepté les mines d'or et d'argent, sont abandonnées par la Couronne et appartiennent exclusivement au propriétaire de la surface, pourvu que celui-ci ne se soit pas départi de son droit de préemption consacré par les dispositions antérieures de la loi.

Si au cours de l'exploitation d'une des mines ainsi abandonnées, il est découvert de l'or ou de l'argent en quantité exploitable, le propriétaire exploitant peut, dans les trois mois à compter de la mise en demeure par le département, en obtenir la concession de préférence à tout autre, au prix ordinaire des métaux supérieurs. 7 Ed. VII, ch. 18, sect. 1.

Dans le cas où le propriétaire de la surface se serait départi de son droit de préemption, l'acquéreur du dit droit aura, mais sur les mines ainsi abandonnées de tous les autres, le privilège de miner à moins qu'il ne décline de le faire dans un délai de six mois sur valable mise en demeure de la part du propriétaire superficiaire, à la suite d'une découverte exploitable d'un minerai quelconque. 1 Ed. VII, ch. 13, s. 1.

"**1431.** Toute personne qui a obtenu jusqu'à ce jour ou obtient à l'avenir, par lettre patentes, pour l'exploitation de métaux inférieurs, un ou des lots de terre faisant partie des terres publiques, doit, si elle, ou son représentant légal, découvre et veut exploiter ou faire exploiter une mine de métaux supérieurs, payer au commissaire, en outre du prix déjà payé pour ce terrain minier, une somme additionnelle suffisante pour atteindre la somme exigée par l'article 1444 pour l'acquisition de terrains miniers renfermant des métaux supérieurs, si, toutefois, le montant déjà payé ne s'élève pas à cette dernière somme. 43-44 V., c. 12, s. 10, S. R. P. Q., 1431.

"Il est cependant loisible au ministre, de vendre à une autre personne, les mines de métaux supérieurs qui peuvent se trouver dans les mêmes terrains, si les propriétaires de mines des métaux inférieurs refusent d'user de leur droit après avoir été mis en demeure de le faire." 7 Ed. VII, ch. 18, sect. 2.

§ 4.—*Du droit régalien.*

"**1435.** Le lieutenant-gouverneur en conseil peut, s'il le juge à propos, et d'après les conditions et formalités qu'il croit convenables, réclamer, en tout temps, le droit régalien dû à la couronne sur toute terre déjà vendue, concédée ou autrement aliénée par la Couronne ou qui peut l'être à l'avenir, mais seulement cinq ans après la date de telle vente ou aliénation.

Ce droit régalien, à moins qu'il ne soit autrement fixé par lettres patentes ou autres titres de la Couronne, est déterminé par le lieutenant-gouverneur en conseil, d'après le rapport de l'inspecteur des mines, et en prenant pour base la valeur, à la mine, du minerai, extrait déduction faite des frais d'extraction, et ne doit pas excéder trois pour cent de cette valeur. 43-44 V., c. 12, s. 13, et S. R. P. Q., 1435.

§ 5.—*Des concessions minières, de leurs formes et dimensions.*

"**1436.** Les concessions minières comprennent, outre l'attribution ordinaire de cinq pour cent pour les chemins:

1. Dans les territoires non subdivisés, une étendue variant de cent à quatre cents acres, par sections de cent acres séparées les unes des autres, ou formant un tout de cent, deux cents, trois cents ou quatre cents acres;

chaque section mesurant treize chaînes de largeur sur quatre-vingts chaînes et quatre-vingts chaînons de profondeur.

2. Dans les cantons arpentés et subdivisés, et dans les seigneuries, une étendue variant de un à quatre lots, pris séparément ou formant un seul lopin de terre, tels que décrits aux plans des arpentages ou du cadastre, selon le cas ; chaque concession ne devant pas excéder quatre cents acres ni admettre de fractions de lots, sauf les pouvoirs conférés au lieutenant-gouverneur en conseil par l'article 1443.

Les petites îles ou îlots, les lots de grève ou en eau profonde et les résidus de lots dont parties sont déjà affectées aux mines sont vendus pour la contenance qu'ils comportent. 7 Ed. VII, ch. 18, sect. 3.

" **1437**. Dans les territoires non arpentés, les lignes extérieures des concessions minières doivent être tracées respectivement dans des directions sensiblement nord et sud et est et ouest.

" **1438**. Lorsque les concessions minières, dans les territoires non arpentés, se trouvent sur le bord des lacs ou des rivières, elles doivent avoir leur front sur tels lacs ou rivières et sont sujettes dans tous les cas aux droits publics sur les eaux navigables et flottables.

De plus, le long de ces lacs ou rivières, il est réservé un droit de chemin d'une demi-chaîne de largeur, lequel doit être compris dans l'attribution de cinq pour cent spécifiée dans l'article 1436. 43-44 V., c. 12, s. 30, et S. R. P. Q., 1458.

" **1439**. Toutes les concessions minières comprises dans un territoire non arpenté doivent être déterminées sur le terrain, par un arpenteur provincial agissant d'après les instructions du département de la Colonisation, des Mines et des Pêcheries, et unies avec quelque point déjà établi par un arpentage antérieur, afin de pouvoir être rapportées sur les cartes de ce territoire qui sont dans les archives de ce département.

Ces opérations sont faites aux frais des reconquérants, qui doivent fournir, avec leur demande pour achat, le plan de l'arpenteur établissant la position et la dimension des concessions qu'ils désirent acquérir, avec les notes d'arpentage et procès-verbaux concernant telles opérations ; le tout conformément à la présente loi et à la satisfaction du commissaire. 43-44 V., c. 12, s. 28, et S. R. P. Q., 1456.

§ 6.—*De l'acquisition des terrains miniers, et du devoir des propriétaires qui cèdent leurs droits.*

" **1440**. Tout terrain supposé contenir des mines ou minerais appartenant à la Couronne, peut être acquis du Commissaire de la Colonisation, des Mines et des Pêcheries :

1. Comme concession minière, à titre de vente, ou,

2. Etre occupé et exploité en vertu d'un permis d'exploitation. 43-44 V., c. 12, s. 21, et S. R. P. Q., 1439.

"**1441**. Les droits de mines appartenant à la Couronne dans les terres des particuliers, peuvent également être acquis en la manière indiquée par l'article précédent." 1 Ed. VII., ch. 12, s. 2.

"**1442.** Tout propriétaire de terrain minier, de même que tout porteur de permis d'exploration ou d'exploitation aux termes du paragraphe neuvième de cette section, peut vendre, céder, transporter ou aliéner les droits lui résultant de son titre de propriété ou de son permis, en communiquant une copie authentique ou un double des ventes, cession ou transport au ministre qui en fait faire un enregistrement sommaire dans un régistre spécial, moyennant un honoraire de dix piastres.

Toute vente, cession ou transport non ainsi enregistré est nul à l'égard de la Couronne.

L'enregistrement est fait dans les trente jours à la diligence de l'un ou de l'autre des parties intéressées. L'enregistrement subséquent à ce délai est valide, mais peut être opposé aux transactions de dates postérieures seulement. 7 Ed. VII, ch. 18, sect. 4.

§ 7.—*Du prix des concessions minières et de la réserve de couper du bois sur icelles.*

"**1443.** Aucune vente de concessions minières formant plus de quatre cents acres ne peut être faite à une personne dans un rayon de cent milles, dans la même année. Le lieutenant-gouverneur en conseil, a néanmoins, le droit d'assigner à cette personne, sur preuve suffisante de ses moyens et de ses capitaux, une étendue de terrain plus considérable, mais n'excédant pas mille acres." 7 Ed. VII, ch. 18.

"**1444.** Lors de la demande d'achat de concessions minières et de la production des documents indiqués dans la présente section, le requérant est tenu de payer au département de la Colonisation, des mines et des pêcheries le prix entier des concessions minières qu'il veut acquérir, aux taux suivants: $10.00 l'acre pour les métaux supérieurs, à plus de vingt milles d'un chemin de fer, par la voie carrossable la plus rapprochée, et $20.00 à une distance moindre de vingt milles; et pour les métaux inférieurs, $2.00 l'acre, à plus de vingt milles d'un chemin de fer, et $4.00 à une distance de moins de vingt milles.

"**1445.** Le commissaire peut, de temps à autre, et aussi souvent que les circonstances l'exigent, offrir et mettre en vente tel nombre de concessions minières qu'il juge à propos.

Cette vente se fait à l'enchère publique, après avis dûment donné et publié, pendant au moins quatre semaines, dans la gazette officielle de Québec et dans au moins un journal français et un journal anglais, s'il en est publié dans ces deux langues, dans chacune des cités de Québec, Montréal et Ottawa.

A chaque telle vente, la mise à prix ou première enchère est fixée et déterminée par le commissaire, mais ne doit, dans aucun cas, être moindre que le montant fixé dans l'article précédent; et le prix entier d'adjudication est payable comptant sous peine de nullité absolue de la vente. 43-44 V., ch. 12, s. 150, et S. R. P. Q., 158.

"**1446.** A moins de stipulation contraire dans les lettres patentes:

1. S'il s'agit de concessions de métaux supérieurs, la vente de telles concessions donne à l'acquéreur le droit d'exploiter tous les métaux qui s'y trouvent;

2. S'il s'agit de concessions de métaux inférieurs, la vente de telles concessions ne donne à l'acquéreur que le droit d'y exploiter les métaux inférieurs.

"**1447.** Dans les cantons érigés comme dans les territoires non arpentés, aucune terre ne doit être vendue en vertu de la présente loi, à moins qu'elle ne présente des indications réelles de minerais; et la preuve de ces indications doit être produite par l'exhibition des spécimens de minerais qui se trouvent sur ou dans la dite terre, accompagnés d'affidavits de personnes compétentes et dignes de foi constatant que les spécimens produits proviennent de cette terre. 43-44 V., c. 12, s. 31, et S. R. P. Q., 1459.

II.—DE LA RÉSERVE DE COUPE DE BOIS SUR LES CONCESSIONS MINIÈRES.

"**1448.** Les porteurs de permis de coupe de bois ont, en vertu de tels permis, le privilège de couper sur toutes les concessions minières accordées dans leurs limites, les bois de toute espèce suivant la loi et les règlements des bois et forêts.

Ce privilège cesse après trois ans à dater de l'émission des lettres patentes pour ces concessions minières.

"**1449.** Les bois de toutes espèces sont réservés par la loi, en faveur de la Couronne, sur les terrains vendus comme terrains miniers dans un territoire qui n'est pas sous licence de coupe de bois.

Des licences de coupe de bois peuvent être accordées, conformément à la loi des bois et forêts, pour les bois ainsi réservés en faveur de la Couronne, sur ces terrains miniers.

Le porteur du permis de coupe de bois a droit de faire entretenir à travers ces concessions minières, tout chemin nécessaire pour ses opérations.

Le droit de couper le bois en vertu d'une licence sur les terrains miniers visés par cet article, cesse après trois ans de la date de la première licence de coupe de bois émise sur ces concessions minières." 4 Ed. VII, ch. 16, s. I.

"**1450.** Les acquéreurs ou propriétaires de telles concessions minières ont, dans le cas des deux articles précédents, le droit de couper et prendre, pour leur propre usage, les arbres dont ils ont besoin pour la construction des bâtisses et dépendances nécessaires à leurs opérations. 43-44 V., c. 12, s. 33, et S. R. P. Q., 1461.

§ 8.—*De la révocation de la vente des terrains miniers.*

"**1451.** Les terrains miniers doivent être vendus à la condition expresse que l'acquéreur commencera de bonne foi l'exploitation des minerais y contenus, dans le délai de deux ans à compter de la date de l'acquisition et que, dans ce délai l'acquéreur dépensera, "pour chaque section ou lot de cent acres, "une somme de pas moins de cinq cents piastres s'il s'agit de métaux supérieurs, et de pas moins de deux cents piastres s'il s'agit de métaux inférieurs dans telle exploitation. 7 Ed. VII, ch. 18.

Le Commissaire peut révoquer la vente de tels terrains miniers, pour défaut d'accomplissement de ces conditions, en manière suivie pour la révocation des ventes de terres publiques.

Les lettres patentes ne doivent être émises que sur preuves satisfaisantes que les conditions ci-dessus ont été remplies: 43-44 V., c. 12, s. 34, et S. R. P. Q., 1462.

§ 9.—*Des permis.*

1.—CERTIFICAT DE MINEUR.

" **1452.** Le ministre peut délivrer des certificats de mineur à toute personne qui en fait la demande au département ou à l'un de ses agents. Ces certificats sont valides depuis le jour de leur émission jusqu'au premier de janvier suivant.

" **1453.** Le prix de ce certificat est de $10.00, payable au département ou entre les mains de ses agents, sur livraison. Il est rédigé suivant la formule F. et, au cas de perte ou de détérioration accidentelle, il peut en être donné un duplicata.

" **1454.** Le porteur d'un certificat doit l'exhiber à tout officier du département qui en fait la demande.

" **1455.** Toute personne porteur d'un certificat de mineur peut prospecter sur toutes les terres publiques arpentées ou non arpentées ou sur les terres des particuliers où les mines sont réservées à la Couronne, à l'exclusion de tout claim, de tout terrain permis d'exploitation, et de tout terrain soustrait à toute autre opération minière par l'autorité compétente.

Toutefois si tel porteur de certificat de mineur désire prospecter sur les terres des particuliers il doit fournir de bonnes et suffisantes sûretés, sujettes à l'approbation du ministre, pour répondre de tous les torts et dommages qu'il peut causer au propriétaire superficiaire en faisant des recherches.

1a.—PIQUETAGE SUR LES TERRITOIRES NON ARPENTÉS.

" **1456.** Tout porteur d'un certificat de mineur a droit de marquer lui-même sur le terrain, un ou plusieurs claims, mais pas plus de cinq, de forme rectangulaire de pas moins de vingt chaînes de largeur, les côtés ayant des directions sensiblement nord et sud et est et ouest, mesurant chacun au moins quarante acres de superficie, et n'excédant pas un total de deux cents acres, de la manière et à l'effet suivants:

1. En plaçant un piquet équarri sur un point saillant indiquant la découverte. Ce piquet doit porter en caractères bien lisibles, le nom du découvreur, le numéro de son certificat et la date de la découverte;

2. En plaçant à chaque sommet d'angle de l'emplacement susdit, des piquets numérotés 1, 2, 3 et 4, le piquet le plus rapproché du point nord-est portant le numéro 1, celui le plus rapproché du point sud-est, le numéro 2, et ainsi de suite;

3. En portant sur le piquet numéro 1 les inscriptions du piquet de découverte, et en y indiquant la distance qui sépare ces piquets l'un de l'autre;

4. Les lignes entre ces piquets y compris celle reliant le piquet de découverte au piquet No 1, doivent être visiblement coupées ou indiquées sur le terrain ;

5. Si à l'un des angles il est impossible, à raison de la configuration de terrain, de planter un piquet, celui-ci peut être fixé à l'endroit praticable le plus rapproché ,en y faisant l'inscription suivante : P. I. (*piquet indicateur*) ou W. P. (*witness post*) et une indication de la distance dans la direction du point vrai ;

6. La longueur des piquets doit être d'environ quatre pieds à partir du sol, et leur diamètre d'environ quatre pouces ;

7. Le diagramme suivant la description d'un claim établi d'après la méthode ci-dessus :

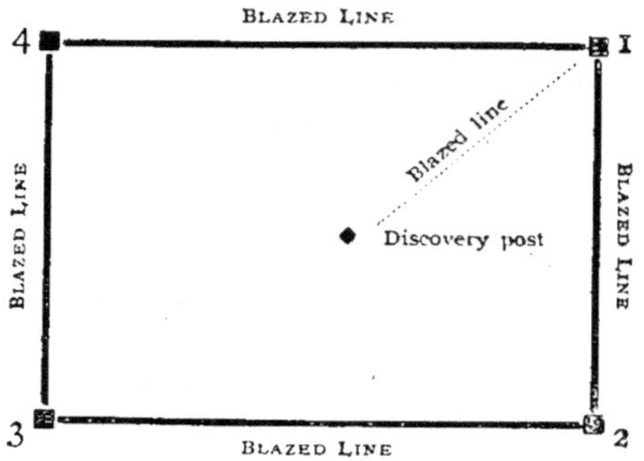

1*b*.—PIQUETAGE SUR LES TERRITOIRES ARPENTÉS.

"1457. Sur les territoires arpentés le porteur d'un certificat de mineur peut marquer un ou deux claims seulement de cent acres ou d'un lot, chacun, en plantant un seul piquet à l'endroit de la découverte de la manière indiquée dans le paragraphe 1 de l'article 1456 ; les contours du claim étant suffisamment indiqués par les bornes du lot lui-même.

Si cependant il s'agit d'un lot situé en pleine forêt il faut y faire des indications mentionnées dans l'article 1456 à chaque sommet d'angle.

S'il s'agit d'un terrain n'appartenant plus à la Couronne, le claim peut cependant s'étendre à une fraction de lot seulement.

" 1457*a*. Le porteur d'un certificat de mineur qui fait une découverte doit procéder avec diligence au piquetage nécessaire, à défaut de quoi il peut être déchu de son droit de le faire, s'il est devancé par un autre dans l'accomplissement du même travail.

" 1457*b*. Le porteur d'un certificat de mineur qui a établi un claim en procédant comme ci-dessus, doit sans délai en informer le département de la Colonisation, des mines et des pêcheries, ou le fonctionnaire du département tenant bureau à l'endroit le plus rapproché de la découverte.

" **1457c.** Si le claim est reconnu par le département ou le fonctionnaire, mention en est faite sur le dos du certificat du mineur, et aussi dans les livres du département.

" **1457d.** Il doit aussi, dans un délai de six mois à compter de la date inscrite sur le piquet, sous peine de déchéance de tout droits ou privilèges, se munir d'un permis d'exploitation en conformité des articles 1460 et suivants.

La demande à cet effet doit être accompagné :

1. Du montant de l'honoraire et de la rente ;

2. D'une description de l'emplacement marqué sur le terrain, avec croquis ou plan, et aussi avec indication des points de repère les plus rapprochés, tels que les lacs, rivières, arpentages, ou habitations, s'il y en a ;

3. D'une déclaration attestant que ce terrain n'a pas été antérieurement marqué et n'est pas sous permis d'exploitation, donnant les noms et la date des inscriptions sur les piquets ainsi que le numéro du certificat de mineur, le tout suivant la formule H.

11.—DES PERMIS D'EXPLOITATIONS MINIÈRES.

1.—*Défense d'exploiter sans permis.*

" **1458.** Sous peines d'amendes et pénalités mentionnées dans l'article 1526, il est défendu à toute personne d'exploiter une mine quelconque sur les terres publiques ou sur les terres des particuliers, lorsque le droit de mines appartient à la Couronne, sans en avoir fait l'acquisition en vertu de la présente loi, ou avoir obtenu un permis d'exploitation et payé l'honoraire et la rente exigés par l'article 1461. 43-44 V., c. 12, s. 47, et S. R. P. Q., 1475.

2.—*Forme des permis.*

" **1460.** Il y a pour l'exploitation des mines, deux espèces de permis appelés comme suit, savoir :

1. Permis d'exploitation de mines sur les terres des particuliers où le droit de mines appartient à la Couronne ;

2. Permis d'exploitation de mines sur les terres publiques.

La première est faite suivant la forme de la cédule B. 43-44 V., c. 12, s. 50 et S. R. P. Q., 1478.

3.—*Octroi et durée des permis.*

" **1461.** Les permis d'exploitation miniers sont accordés sur paiement d'un honoraire de cinq piastres et d'une rente annuelle d'une piastre par acre.

2. Tout tel permis est valable pour un an à compter de la date de son émission, et n'est transférable que de consentement du commissaire.

3. Il ne peut être accordé pour une étendue de plus de deux cents acres en superficie, et dans les territoires non arpentés, pour moins de cent acres.

4. Le porteur de tel permis peut le renouveler avant son expiration et pas plus tard que dix jours francs après telle expiration, en payant un même honoraire de cinq piastres, ou toute autre somme fixée par la loi à l'époque de son émission, et une rente annuelle d'une piastre par acre.

5. Aucun tel permis ne peut être renouvelé que sur le paiement du dit honoraire et de la dite rente annuelle.

" **1462.** Il est loisible au lieutenant-gouverneur en conseil, chaque fois qu'il le juge à propos, de substituer le droit régalien aux lieu et place des honoraires d'un permis et d'une rente annuelle comme susdit, excepté, toutefois, dans les endroits de cette province où le droit régalien dû à la Couronne en vertu de lettres patentes, est payé par honoraires de permis d'exploitation. 43-44 V., c. 12, s. 52; 47 V., c. 22, ss. 9 et 10, et S.R.P.Q., 1480.

" **1463.** L'inspecteur doit tenir un livre où les permis sont enregistrés, et doit y inscrire, en outre, le nom des requérants de permis, la description des terrains miniers qu'ils ont marqués suivant la loi et tous les autres renseignements qui peuvent être jugés utiles pour le ministre de la Colonisation, des Mines et des Pêcheries.

" **1464.** Ce livre doit être ouvert à l'inspection de quiconque veut l'examiner, sur paiement d'un honoraire de vingt centins fait à l'inspecteur. 43-44 V., c. 12, s. 43, et S. R. P. Q., 1471.

4.—*Pouvoirs des porteurs de permis sur les terres des particuliers.*

" **1465.** Tout porteur d'un permis d'exploitation, ou tout propriétaire des droits de mines sur la terre d'un particulier, est autorisé à exploiter les mines qui s'y trouvent, avec le consentement de tel particulier, ou sur son refus, en l'y contraignant de la manière prévue par les articles suivants. 1 Ed. VII, ch. 13, s. 4.

" **1466.** Tout porteur d'un permis d'exploitation ou le propriétaire de droits de mines sur la terre d'un particulier, ou leurs représentants, désirant exploiter sur la terre de tel particulier, doivent d'abord faire signifier un avis par écrit, suivant la forme des cédules C ou Ca respectivement, de cette loi déclarant:

1. Qu'ils ont l'intention de miner sur la terre de tel particulier;

2. Qu'ils sont prêts à lui payer les dommages résultant de telle exploitation par voie d'arrangement à l'amiable." 1 Ed. VII, c. 13, s. 4.

" **1467.** L'avis doit donner un mois de délai à compter de sa signification au dit particulier, pour répondre et prendre des arrangements s'il est présent, sinon le double de ces délais s'il est absent de la province; et, dans ce dernier cas, cet avis doit être inséré en langue française et anglaise, trois fois dans un journal du district, s'il y a tel journal, sinon du district voisin. 43-44 V., c. 12, s. 56, et S. R. P. Q., 1484.

" **1468.** Chaque fois qu'un particulier refuse de prendre des arrangements à l'amiable, pour l'exploitation de son terrain, le requérant peut faire faire un plan du terrain strictement requis pour son exploitation, par un arpenteur juré qui, pour cet objet, est autorisé à entrer sur le terrain, avec ses employés, et à faire signifier au particulier un autre avis, rédigé suivant la forme de la cédule 4 de cette loi, contenant:

1. Une description du terrain qui doit être pris pour fins d'exploitation minière;

2. Une copie du plan de l'arpenteur;

3. Une déclaration qu'il est prêt à payer une certaine somme d'argent ou rente, selon le cas, comme compensation pour tel terrain ou tels dommages, et

5. Le nom d'une personne qu'il nomme comme son arbitre, si son offre n'est pas acceptée, ainsi qu'un avis au dit particulier, qu'il ait à nommer et à faire connaître le nom de son arbitre. 43-44 V., 3. 12, s. 58, et S. R. P. Q., 1486.

"1471. Si la partie adverse est absente de la province ou est inconnue, alors, sur requête adressée à l'inspecteur de la division minière où se trouve le terrain, accompagnée du rapport de signification constatant que cette partie adverse est absente de la province et n'a pu être trouvée, l'inspecteur ordonne, sous sa signature, que l'avis, rédigé suivant la formule de la cédule D de cette loi, soit inséré trois fois en langue française et anglaise pendant dix jours, dans un journal publié dans ce district, s'il y a tel journal, sinon dans le district voisin. 43-44 V., c. 12, s. 59, et S. R. P. Q., 1487.

"1472. La réponse à cet avis est faite dans les termes de la forme de la cédule E de cette loi. 43-44 V., c. 12, s. 59, et S. R. P. Q., 1487.

"1473. Si, dans les dix jours de la signification de l'avis, et dans les huit jours après la dernière publication suivant le cas, la partie adverse n'informe point le requérant qu'elle accepte ses offres, ou ne donne point le nom de l'arbitre qu'elle a nommé, l'inspecteur, sur demande du requérant, nomme une personne compétente comme arbitre pour déterminer la compensation de la partie adverse. 43-44 V., c. 12, s. 60; 47 V., c. 22, s. 17, et S. R. P. Q., 1488.

"1474. Si la partie adverse, dans le temps prescrit ci-dessus, signifie au requérant le nom de l'arbitre qu'elle a choisi, les deux arbitres nomment conjointement un tiers-arbitre. 43-44 V., c. 12, s. 61, et S. R. P. Q., 1489.

"1475. Ces arbitres nommés par les parties, doivent se réunir dans les huit jours après que la partie adverse a fait connaître le nom de son arbitre pour s'entendre sur le choix d'un tiers-arbitre. 43-44 V., c. 12, s. 61, et S. R. P. Q., 1489.

"1476. Si les arbitres ne peuvent s'accorder sur le choix du tiers-arbitre, l'inspecteur doit, sur la demande d'une des parties, avis ayant été préalablement donné au moins deux jours francs d'avance à l'autre, le nommer lui-même. 43-44 V., c. 12, s. 61, et S. R. P. Q., 1489.

"1477. Les arbitres, ou deux d'entre eux, ou l'arbitre unique, après avoir prêté serment devant un juge de paix du district, ou devant l'inspecteur de la division minière, dans laquelle le terrain est situé, de remplir fidèlement et impartialement les devoirs de leur charge, procèdent immédiatement à constater la compensation que le requérant doit payer, de la manière que la majorité décide; et la sentence des arbitres ou de l'arbitre

27

unique, suivant le cas, est finale et sans appel. 43-44 V., c. 12, s. 62, et S. R. P. Q., 1490.

"**1478**. Aucune procédure ne doit être commencée par les arbitres, avant qu'une somme de cinquante piastres soit déposée entre les mains de l'inspecteur de la division minière, pour rencontrer les frais d'arbitrage, et qu'un certificat de l'inspecteur leur soit délivré constatant tel dépôt.

Les arbitres peuvent exiger le dépôt de toute autre somme jugée nécessaire pendant la procédure. 43-44 V., c. 12, s. 62, et S. R. P. Q., 1490.

"**1479**. Nulle adjudication ne peut être rendue, et nul acte officiel ne peut être fait par la majorité des arbitres, si ce n'est à une assemblée dont le troisième arbitre a reçu avis, au moins de deux jours francs d'avance, du temps et du lieu où telle assemblée doit être tenue.

La signification d'un avis aux parties n'est pas nécessaire. 43-44 V., c. 12, s. 63, et S. R. P. Q., 1491.

"**1480**. En décidant de la valeur ou de la compensation à être payée, les arbitres sont autorisés et obligés de prendre en considération les inconvénients, pertes ou dommages résultant du fait qu'un tiers prend possession ou fait usage du terrain pour l'exploitation. 43-44 V., c. 15, s. 64 et S. R. P. Q., 1443 et 1492.

"**1481**. Si les arbitres ne sont pas satisfaits du plan fait par l'arpenteur tel que mentionné dans l'article 1468, ils peuvent en faire faire un autre, aux dépens du requérant, par tout autre arpenteur à qui ils ont droit de donner les instructions nécessaires. 43-44 V., c. 12, s. 65, et R. S. P. Q., 1493.

"**1482**. En procédant à tel arbitrage, les arbitres ne peuvent accorder que le terrain strictement nécessaire pour les fins minières, lequel ne doit jamais, en outre de tout terrain jugé nécessaire sur le même fonds, pour l'entrée et la sortie avec chevaux et voitures, à partir du chemin public le plus proche, dépasser quinze acres en superficie. 43-44 V., c. 12, s. 66, et S. R. P. Q., 1494.

"**1483**. Moins, toutefois, ceux de l'arbitre de la partie adverse qui sont payés par elle, si la sentence arbitrale ne lui accorde pas une compensation plus forte que celle offerte avant l'arbitrage, les frais sont à la charge du requérant.

Dans tous les cas, les frais sont taxés par l'inspecteur de la division minière. 43-44 V., c. 12, s. 67, et S. R. P. Q., 1495.

"**1484**. Les arbitres peuvent administrer le serment aux parties et aux témoins, et les interroger à leur discrétion, sous serment ou affirmation solennelle. 43-44 V., c. 12, s. 68, et S. R. P. Q., 1496.

"**1485**. Dans le cas de l'arbitre unique, si ce dernier décède avant la reddition de la sentence, ou est malade, ou refuse, ou néglige d'agir dans un temps raisonnable, l'inspecteur, sur preuve satisfaisante à cet effet, en nomme un autre à sa place; mais ce dernier arbitre ne peut recommencer ou répéter aucune des procédures. 43-44 V., c. 12, s. 69, et S. R. P. Q., 1497.

"**1486**. Lorsque le jugement des arbitres est rendu, le montant des dommages accordés et les frais doivent être versés entre les mains de l'inspecteur de la division minière qu'il appartient. 43-44 V., c. 12, s. 70, et S. R. P. Q., 1498.

"**1487.** L'inspecteur doit fournir un reçu de sommes ainsi versées; mais les travaux ne peuvent être commencés sans la permission expresse de l'inspecteur, et avant que le montant de la compensation ait été payé ou légalement offert au particulier ou au propriétaire du sol. 43-44 V., c. 12, s. 71; 47 V., c. 22, s. 18, et S. R. P. Q., 1499.

"**1488.** Le montant de la compensation et les frais ainsi versés sont ensuite distribués par l'inspecteur, aux personnes qui y ont droit, dans le plus court délai possible. 43-44 V., c. 12, s. 72, et S. R. P. Q., 1500.

"**1489.** Tout requérant, comme susdit, peut aussi, en suivant la procédure ci-dessus décrite, obtenir des propriétaires voisins et autres le droit de passage sur leurs terres, avec chevaux et voitures, et le droit d'y faire les travaux nécessaires pour y faire passer l'eau dont il a besoin pour exploiter plus avantageusement son terrain minier; pourvu, toutefois, qu'il ne demande rien qui ait l'effet de détourner un cours d'eau, une rivière ou un ruisseau, de manière à priver les propriétaires riverains inférieurs, de l'usage de ces cours d'eau, rivière ou ruisseau. 43-44 V., c. 12, s. 73, et S. R. P. Q., 1501.

"**1490.** L'article précédent est applicable à toute personne qui exploite une mine quelconque en cette province. 43-44 V., c. 12, s. 77, et S. R. P. Q., 1501.

6. — *Dispositions diverses relatives aux requérants, aux porteurs de permis et aux exploitants de mines*

"**1497.** Tout porteur de permis d'exploitation minier, en le renouvelant, doit, sous peine de refus de renouvellement, remettre à l'inspecteur de la division minière, en outre de l'article suivant, un état fidèle et complet, sous serment, du travail effectué et du minéral recueilli par lui, pendant la durée du permis, lequel état peut être inscrit sur le permis expirant. 43-44 V., c. 12, s. 86, et S. R. P. Q., 1513.

"**1498.** Tout propriétaire de droit de mines, soit qu'il exploite lui-même, ou par d'autres, ou tout exploitant de mines, doit fournir, dans les premiers dix jours du mois de janvier de chaque année, un état sous serment de ses opérations pour l'année écoulée, indiquant la quantité de minerai extrait, sa valeur à la mine, et le nombre d'ouvriers employés, ainsi qu'un état nominatif des personnes tuées ou blessées dans les travaux de mines." 1 Ed. VII, ch. 13, s. 5.

"**1499.** Aucun titre de concession minière ou permis ne peut, sans le consentement exprès du propriétaire superficiaire, donner le droit de faire des fouilles, ouvrir des puits ou galeries, ni celui d'établir des machines ou magasins, dans les enclos, cours ou jardins, ni sur les terrains attenant aux habitations ou clôtures d'enceinte, dans un rayon de 300 pieds de clôtures ou habitations, ni même d'entrer dans ces enclos ou habitations. 43-44 V., c. 12, s. 76, et S. R. P. Q., 1444 et 1503.

“ **1500.** Toute personne qui cherche ou extrait des minerais sur des terres joignant une division minière, est assujettie aux dispositions de cette loi, comme si elle faisait ces opérations dans les limites de la division minière même. 43-44 V., c. 12, s. 99, et S. R. P. Q., 1525.

“ **1501.** Tout porteur de permis, en vertu de la présente loi, est tenu, chaque fois qu’il en est requis, d’exhiber son permis à l’inspecteur de la division, ou à tout constable ou officier de la paix délégué par l’inspecteur, et prouver, à la satisfaction de tout tel officier lui en faisant la demande, que le permis qu’il possède est en vigueur, et ce, sous les pénalités mentionnées dans l’article 1538. 43-44 V., c. 12, s. 99, et S. R. P. Q., 1526.

“ **1502.** Tout porteur de permis est tenu de laisser entrer, sur les terrains qu’il exploite, l’inspecteur de la division minière, ou tout constable ou autre officier de la paix délégué par cet inspecteur, et de leur procurer toutes les facilités et assistances nécessaires pour y arriver, sous les pénalités mentionnées dans l’article 1529. 43-44 V., c. 12, s. 100, et S. R. P. Q., 1527.

§ 10.—*Dispositions spéciales concernant les exploitations.*

I.—DES PASSAGES MITOYENS.

“ **1506.** Un passage mitoyen, d’au moins trois pieds de largeur, doit être laissé entre chaque terrain exploité, sur les terres publiques comme sur les terres des particuliers, lequel passage mitoyen doit servir en commun à toutes les parties, pour aller au cours d’eau, lorsqu’il s’en trouve un ; et personne ne doit obstruer ce passage mitoyen en y déposant de la terre, des pierres ou autres matières, sous les pénalités mentionnées dans l’article 1530. 43-44 V., c. 12, s. 93, et S. R. P. Q., 1520.

“ **1507.** Toute personne intéressée peut, en tout temps, enlever un passage mitoyen comme susdit, si elle le juge nécessaire, mais elle doit, si elle en est requise, établir un autre moyen d’accès au cours d’eau offrant toutes les facilités que présentait le passage mitoyens ainsi enlevé, sous les pénalités mentionnées dans l’article 1531 ; mais cet enlèvement ne peut se faire sans la permission écrite de l’inspecteur de la division minière, qui en décide sommairement après avoir entendu la partie adverse, ou en son absence lorsqu’elle a été dûment notifiée. 43-44 V., c. 12, s. 94 ; 47 V., c. 22, s. 21 et R. S. P. Q., 1521.

II.—DOMMAGES RÉSULTANT D’EXPLOITATIONS MINIÈRES.

“ **1508.** Nulle personne, exploitant un terrain minier quelconque, ne doit causer de tort ou dommage à l’occupant d’un autre terrain minier en déposant de la terre, de l’argile, des pierres ou autres matières sur cet autre terrain ou en y faisant ou laissant couler l’eau pompée ou vidée ou qui s’écoule de son propre terrain, sous les pénalités mentionnées à l’article 1532, en outre des dommages causés. 43-44 V., c. 12, s. 95, et S. R. P. Q., 1522.

III.—DES COURS D'EAU ET DES EXCAVATIONS.

" **1509**. Tout exploitant de mines qui fait un puits, une fosse ou une excavation quelconque de la profondeur de quatre pieds et plus, est tenu de l'entourer d'une clôture de quatre pieds de hauteur au moins, s'il est huit jours sans y travailler, sous les pénalités mentionnées dans l'article 1537. 43-44 V., c. 12, s. 97, et S. R. P. Q., 1523.

" **1510**. Tous les propriétaires de terrains ou concessions minières, bornés par des cours d'eau ou rivières, sur les terres publiques comme sur les terres des particuliers, peuvent se servir et faire usage également de ces cours d'eau ou rivières, pour l'exploitation de leurs terrains ou concessions respectifs, sans se nuire les uns aux autres, mais sujets ,dans tous les cas, aux dispositions de l'article 1489, s'il y a lieu. 43-44 V., c. 11, s. 96, et S. R. P. Q., 1524.

" **1511**. Tout différend entre les parties à ce sujet est réglé par l'inspecteur de la division minière, et quiconque enfreint la décision de l'inspecteur est passible des pénalités mentionnées en l'article 1433. 43-44 V., c. 12, s. 96, et S. R. P. Q., 1525.

§ 12.—*Pénalités.*

" **1526**. Toute personne, qui exploite une mine sur les terres publiques, ou sur les terres des particuliers lorsque le droit de mines appartient à la Couronne, sans avoir fait l'acquisition en vertu de la présente loi, ou avoir obtenu un permis et payé l'honoraire et la rente exigés par l'article 1461, est sujette à une amende de deux cents piastrs et des frais pour chaque contravention, et à un emprisonnement n'excédant pas trois mois à défaut de paiement. 43-44 V., c. 12, s. 102, et S. R. P. Q., 1528 et 1529.

" **1528**. Toute personne qui commence ses travaux d'exploitation, ou tout requérant d'un permis qui a désigné un terrain conformément à l'article 1491, sans avoir fourni à l'inspecteur, son nom, la désignation et la description complètes de son terrain minier, et déclaré le lieu de son domicile, est passible d'une amende n'excédant pas vingt-cinq piastres et des frais, et d'un emprisonnement n'excédant pas un mois à défaut de paiement. 43-44 V., c. 12, s. 103, et S. R. P. Q., 1530.

" **1529**. Toute personne qui, par elle-même ou par ses agents, emploie, dans une exploitation minière, une femme ou une fille, ou qui se sert d'enfants du sexe masculin dans telle exploitation contrairement aux dispositions de l'article 1548, est passible d'une amende n'excédant pas vingt piastres pour chaque offense et des frais, et d'un emprisonnement n'excédant pas un mois à défaut de paiement.

" **1530**. Quiconque obstrue un *passage mitoyen* sur les terrains exploités en vertu de la présente loi, en y déposant de la terre, des pierres ou autre matière, est passible d'une amende n'excédant pas cinq piastres et des frais, et d'un emprisonnement n'excédant pas un mois à défaut de paiement. 43-44 V., c. 12, s. 104, et S. R. P. Q., 1531.

" **1531**. Quiconque enlève un *passage mitoyen* et n'établit pas, s'il en est requis, un autre moyen d'accès au cours d'eau, est passible de la pénalité mentionnée dans l'article précédant. 43-44 V., c. 12, s. 105, et S. R. P. Q., 1532.

"**1532**. Quiconque, en exploitant un terrain minier, cause un tort ou dommage à l'occupant d'un autre terrain minier, en déposant de la terre, de l'argile, des pierres ou autre matière, ou en y faisant ou laissant couler l'eau pompée ou vidée, ou qui s'écoule de son propre terrain, est passible d'une amende n'excédant pas cinq piastres et des frais, et d'un emprisonnement n'excédant pas un mois à défaut de paiement. 43-44 V., c. 12, s. 108, et S. R. P. Q., 1533.

"**1533**. Quiconque, en exploitant une mine, ne se conforme pas à la décision de l'inspecteur, au sujet de l'usage qu'il a à faire d'un cours d'eau, d'un canal, d'une chaussée, d'une dalle ou autre cours d'eau, est passible d'une amende n'excédant pas cinquante piastres et des frais, ou d'un emprisonnement n'excédant pas un mois, à défaut de paiement. 43-44 V., c. 12, s. 107 ; 47 V., c. 22, s. 22, et S. R. P. Q., 1534.

"**1534**. Toute personne trouvée occupée à déplacer ou à déranger, intentionnellement, un piquet ou poteau planté conformément aux dispositions de la présente loi, est passible d'une amende n'excédant pas dix piastres et des frais, et d'un emprisonnement n'excédant pas un mois à défaut de paiement.

"**1537**. Toute personne qui discontinue de travailler dans un puits, une fosse ou excavation quelconque de la profondeur de quatre pieds ou plus, sans l'entourer d'une clôture d'au moins quatre pieds de hauteur, est passible d'une amende, pour chaque offense, n'excédant pas cinquante piastres et des frais, et d'un emprisonnement n'excédant pas un mois à défaut de paiement. 43-44 V., c. 12, s. 111, et S. R. P. Q., 1538.

"**1538**. Tout porteur de permis faisant des exploitations minières sur un terrain quelconque, qui refuse, s'il en est requis, d'exhiber son permis à l'inspecteur de la division minière ou à tout constable ou officier de la paix autorisé par l'inspecteur, est passible d'une amende n'excédant pas cinq piastres et des frais, et d'un emprisonnement n'excédant pas un mois à défaut de paiement. 43-44 V., c. 12, s. 112, et S. R. P. Q., 1539.

"**1539**. Tout exploitant de mines sur un terrain quelconque qui refuse de laisser entrer l'inspecteur de la division minière ou tout constable ou officier de la paix autorisé par l'inspecteur, sur les terrains ainsi exploités, pour y remplir leurs devoirs officiels, ou qui leur refuse, s'il en est requis, la facilité et l'assistance nécessaires à cette fin, est passible d'une amende n'excédant pas cinq piastres et des frais, et d'un emprisonnement n'excédant pas un mois à défaut de paiement. 43-44 V., c. 12, s. 113, et S. R. P. Q., 1540.

APPENDICE

CÉDULE A.

Formule de permis d'exploitation minière sur les terres des particuliers où le droit de mines appartient à la Couronne, suivant l'article 1460.

Province de Québec. Division minière de E. F.,   ayant payé un honoraire de cinq piastres et une rente annuelle de piastres, pour   acres, est par le présent autorisé à exploiter (*indiquer l'espèce de minerai*) durant douze mois, à compter du jour du mois de   19   , sur la terre de (*nommer le particulier et désigner le terrain*) dans cette division, sujet aux conditions et restrictions imposées par la loi des mines de Québec et aux règlements faits en conformité d'icelle.

Daté à   , ce   jour de   19

        (*Signature*)   A.B.
                Commission de la Colonisation,
                  des Mines et des Pêcheries.

43-44 V., c. 12, céd. A. et S. R. P. Q., 1478.

CÉDULE B.

Formule de permis d'exploitation minière sur les terres publiques, suivant l'article 1460.

Province de Québec. Division minière de E. F.,   ayant payé un honoraire de cinq piastres et une rente annuelle de piastres, pour   acres, est par le présent autorisé à exploiter (*indiquer l'espèce de minerai*), durant douze mois, à compter du jour du mois de   19   , sur (*désigner le terrain*) dans cette division, sujet à toutes les conditions et restrictions imposées par la loi des mines de Québec, et aux règlements faits en conformité d'icelle.

Daté à   , ce   jour de   19

        (*Signature*)   A.B.
                Commissaire de la Colonisation,
                  des Mines et des Pêcheries.

43-44 V., c. 12, céd. B, et S. R. P. Q., 1478.

CÉDULE C.

Formule de l'avis pour exploitation sur la terre d'un particulier en vertu de l'article 1466, sur un permis accordé conformément à l'article 1461.

Province de Québec.   Division minière de
Je (*ou nous, suivant le cas*) résidant dans le comté de   ,
dans le district de   ou ayant fait élection de
domicile à   ) dans la division minière de
vous donne avis par le présent :

1. Que je suis porteur d'un permis d'exploitation pour exploiter (*indiquer l'espèce de minerai*) sur votre terre (*description*), et que j'ai l'intention d'y exploiter le dit minerai.

2. Que je suis prêt à faire avec vous, à l'amiable, tous les arrangements possibles pour me permettre telle exploitation.

En conséquence, vous voudrez bien, dans un mois de la signification du présent avis, prendre avec moi des arrangements à l'amiable comme susdit.

(*Signature*)   C. D.,
Requérant.

(*Contresigné*)   A. B.,

Inspecteur de la division minière de
1 Ed. VII, ch. 13, s. 7

CÉDULE Ca.

Formule de l'avis donné par un propriétaire de droits de mines sur la terre d'un particulier, pour exploiter en vertu de l'article 1466.

Province de Québec.   Division minière de
Je (*ou nous, suivant le cas*) résidant dans le comté de
dans le district de   , (*ou ayant fait élection de domicile à   *),
dans la division minière de   vous donne avis par le présent :

1. Que je suis propriétaire (*ou aux droits du propriétaire*) des droits de mines, (*indiquer l'espèce*) sur votre terre (*description*) et que j'ai l'intention d'y exploiter (*indiquer l'espèce de minerai*).

2. Que je suis prêt à faire avec vous, tous les arrangements possibles pour me permettre telle exploitation.

En conséquence, vous voudrez bien, dans un mois de la signification du présent avis, prendre avec moi des arrangements à l'amiable comme susdit.

(*Signature*)   C. D.,
Requérant.

(*Contresigné*)   A. B.,

Inspecteur de la division minière de
1 Ed. VII, ch. 13, s. 7

CEDULE D.

Formule de l'avis donné, si le particulier refuse de s'arranger à l'amiable, en vertu des articles 1468 et 1471.

Province de Québec.   Division minière de

Attendu qu'il appert par le rapport de signification faite par huissier de la cour supérieure *ou* par le certificat de signification faite par   , constable de la division minière de   (*suivant le cas*), le   jour du mois de   , mil neuf cent   , que le propriétaire de la terre sise est située dans   rang de   district de   , laquelle terre et bornée par   , est absent de la province *ou* est inconnu, *ou* a refusé de prendre des arrangements à l'amiable avec le requérant.

Avis public est par le présent donné par le *ou* les (suivant le cas)   soussigné de la paroisse de   , comté de   , dans le district de   , *ou ayant choisi son domicile à*

1. Qu'il a l'intention d'exploiter (*indiquer l'espèce de minerai*) sur la terre sus-décrite;

2. Qu'il est prêt à payer la somme ou rente jugée nécessaire comme compensation pour telle terre, ou dommages, d'après un arbitrage fait conformément à la loi, et

3. Que le nom de son arbitre est   , de la paroisse de   , comté de   , dans le district de

En conséquence, le dit (*nom du propriétaire s'il est connu*) est appelé à fournir le nom de son arbitre   sous un mois après la première insertion du présent avis, dans les journaux, conformément à la loi.

(*Signature*)   C. D.,
            Requérant.
(*Contresigné*)   A. B.,
Inspecteur de la division minière de
43-44 V., c. 12, céd., H, et S. R. P. Q., 1487.

CÉDULE E.

Formule de réponse d'un particulier aux avis d'un requérant demandant le droit d'exploitation minière sur sa terre.   Art. 1467 et 1471.

Province de Québec.   Division minière de

Je (*ou nous, suivant le cas*) en réponse à votre avis, en date du jour du mois de   , déclare vouloir prendre les arrangements à l'amiable au sujet de l'exploitation minière que vous voulez faire sur ma terre (*ou si le particulier doit nommer un arbitre*), que j'ai nommé M.

de la paroisse de   , dans le comté de   .
district de   , pour agir comme arbitre, dans l'arbitrage que vous
demandez.

Daté à   ce   jour du mois de   19

(*Signature*)   E. F.,
                    Propriétaire.

(*Contresigné*)   A. B.,

Inspecteur de la division minière de

1 Ed. VII, c. 13, s. 8.

CÉDULE F.

Article 1453.

Certificat de mineur.

Département de la Colonisation, des mines et des pêcheries.

Les présentes font foi que **A. B.**   de

Nom.........   , sur paiement effectué entre nos mains de
la somme de $10.00, est autorisé à prospecter jusqu'au pre-
mier jour de janvier prochain sur toutes les terres arpentées
ou non arpentées faisant partie du domaine public, ou ap-
Adresse.......   partenant aux particuliers sur lesquelles les droits de mine
n'ont pas déjà été aliénés ou mis sous permis d'aucune sorte
ou en réserve. Ce certificat n'est pas transférable.

Signature.....

                    A. B.,

Date.........   Ministre de la colonisation,
                    des mines et des pêcheries.

Daté à
ce   jour
de   19   .

(*Contresigné*)

S. R. P. Q., 1582, cédule F; 9 Ed. VII, c. 27, s. 19.

CÉDULE G.

(*Article* 1457*d*)

A l'honorable ministre de la colonisation,
      des mines et des pêcheries,
            Québec.

Monsieur,

    Je,   , résidant à
déclare qu'étant porteur d'un certificat de mineur portant le No
et daté le   , j'ai découvert un minerai, et qu'à
l'endroit de cette découverte, j'ai planté un piquet portant la date du   ,
mon nom et le numéro de mon certificat. J'ai aussi planté un piquet tel
que prescrit, à chacun des angles du terrain.

    La distance du piquet de découverte au piquet No 1, est de *.. .. ..
du No 1 au No 2.. .. ..
du No 2 au No 3.. .. ..
du No 3 au No 4.. .. ..
du No 4 au No 1.. .. ..

    Ce terrain couvre en conséquence, une étendue de   acres
sur laquelle je sollicite l'émission d'un permis d'exploitation et à cette fin,
j'inclus la somme de
soit $10.00 d'honoraires et $ de rente.

    Pour ces fins des présentes je fais élection de domicile à (*indiquer l'en-
droit précis et l'adresse postale*).

    Je n'ai vu aucune marque de découverte antérieure sur ce terrain, qui,
à ma connaissance personnelle, n'est pas non plus sous permis, d'aucune
sorte; et je fais cette déclaration solennelle, la croyant consciencieusement
vraie, et sachant qu'elle a la même force et le même effet que si elle était
faite sous serment, sous l'empire de la loi de la preuve en Canada.

                                 (*Signature*)

Déclaré devant moi   ⎫
à   ⎬
ce   jour de   19   ⎭

Reçu au département   ⎫
  de la colonisation,   ⎪
  des mines et des   ⎪
  pêcheries, à Québec,   ⎬
  le   jour de   ⎪
  19   avec la somme   ⎪
  de   ⎭

---

    * Dans les territoires arpentés il n'y a lieu de mentionner que le piquet indicateur
de la découverte.

Résumé de la loi des Mines de la Province d'Ontario, 8 Ed. VII, cp. 21, 1908, avec amendements.

RENSEIGNEMENTS GÉNÉRAUX POUR LES PROSPECTEURS.

L'acquisition de claims miniers dans Ontario dépend, en premier lieu, de la découverte de minéral précieux, suivie du piquetage et de l'enregistrement du claim, de l'exécution et la production de preuve de travail en demandant une patente et en payant une petite somme par acre, le tout comme il est exposé dans les dispositions de la loi. Voir sections 35, 67, 2 (x), 54-56, 59, 60, 78, 79, 106, 107.

Personne n'a le droit de prospecter ni de piqueter ni d'acquérir des terres minières non patentées, ni d'acquérir de droit non patenté, ni d'intérêt dans ces terres sans prendre d'abord un permis de mineur qu'on peut obtenir du Bureau des Mines ou, sauf dans le cas d'une campagne, du Régistrateur des Mines. Voir sections 22-23. Le permis est valable dans toute la province, mais doit être renouvelé pas plus tard que le 31 mars de chaque année (sections 23, 27). Pour prospecter sur une réserve forestière, il faut aussi un permis de prospection qui est émis par le Bureau des Mines lorsque celui-ci est convaincu de l'intégrité et de la prudence du postulant. Les terres de la Couronne, dans les réserves forestières peuvent être louées, mais pas vendues (sections 44, 46).

En termes généraux, toutes les terres de la Couronne et les terres sur lesquelles les minéraux sont réservés à la Couronne sont susceptibles de prospection et de piquetage si elles ne sont pas déjà prises; mais il y a quelques exceptions. Voir sections 34-43. On peut avoir des renseignements et des cartes montrant les claims déjà pris et on peut voir les terres encore libres au bureau du Régistrateur.

Tous les claims dans le territoire non arpenté doivent être tracés avec des frontières allant du nord au sud et de l'est à l'ouest et les frontières de tous les claims vont en verticale de chaque côté. Un claim ordinaire dans un territoire non arpenté est un carré de 40 acres ayant 20 chaînes ou 1320 pieds de chaque côté. Les terres dans les cantons arpentés et dans les anciens emplacements miniers doivent être disposées comme il est spécifié dans cet acte. Une disposition spéciale a trait aux lopins irréguliers entre deux autres claims ou autres terres qui ne sont pas susceptibles de piquetage ou qui bordent l'eau, voir sections 49-52. Les claims dans les divisions minières spéciales doivent avoir seulement la moitié des claims ordinaires et dans le territoire non arpenté doivent être disposés, 20 chaînes ou 1320 pieds du nord au sud et 10 chaînes, ou 660 pieds de l'est à l'ouest (section 51). Pas plus de 30 chaînes doivent être piquetés ou enregistrés au nom d'un seul permissionnaire dans l'une quelconque des Divisions Minières au cours d'un exercise de permis (section 53).

Tout individu qui enregistre un claim sur un affidavit de découverte frauduleux ou qui est coupable d'une fraude relativement passible de poursuite criminelle et de perdre son permis, n'obtiendra pas de titre valable à sa propriété et toute personne, sauf le cas d'autorisation prévu par cet Acte, qui piquette une terre susceptible de prospection ou place un piquet ou marque sur ces terrains ou qui piquette un claim et néglige de l'enregistrer, n'a pas le droit de piqueter à nouveau une partie quelconque de ce terrain ou d'y acquérir aucun intérêt à moins d'avoir obtenu au préalable un certificat du régistrateur, certificat qui peut seulement lui être décerné s'il dépose les preuves de sa bonne foi et contre paiement d'honoraires de $20. Voir sections 66, 176, 33, 57.

D'un autre côté pour la protection des acheteurs et la garantie du titre, il est prescrit que lorsque la découverte a été admise et quand le délai d'appel est expiré, la validité de cette découverte ne peut plus ensuite être mise en question en vertu d'aucun acte de procédure ni devant un tribunal; et un certificat d'enregistrement, même sans l'admission de la découverte ne peut être attaqué que s'il a été obtenu frauduleusement ou émis par erreur. Voir sections 92-65.

Pour répondre aux cas où une découverte de minéral précieux ne peut pas se faire facilement sur ces terrains, la loi permet la concession de ce qu'on appelle des Permis de Travail, qui donnent au porteur la possession exclusive d'une étendue de la dimension et de la forme d'un claim minier, pour six mois, et renouvenable pour six autres mois afin qu'il puisse prospecter ou foncer sur ce terrain sans être dérangé par les autres prospecteurs, Pour obtenir un Permis de Travail, les terrains doivent être piquetés et demandés comme il est prescrit dans la loi. L'étendue reste accessible aux autres prospecteurs durant 60 jours après le piquetage. Le défaut d'exécuter la quantité de travail requise, annule le permis. Si le détenteur d'un permis fait une découverte de minéral précieux, il doit piqueter et enregistrer un claim minier, de la façon ordinaire. S'il ne le fait pas, ses droits expirent à l'échéance de son permis. Voir sections 94-103.

Quand un prospecteur trouve un filon et d'autres indications de minéral précieux, insuffisantes pour y piqueter un claim, mais quil veut suivre, il peut poursuivre ses recherches diligemment et éloigner les autres prospecteurs de cet endroit en particulier (pas plus de 150 par 50 pieds) en plantant des piquets de prospection et une ligne indicatrice, tel que prescrit, section 56.

La loi prescrit l'adjudication rapide et peu coûteuse des disputes au sujet des terrains miniers non patentés. Elles sont traitées par le Régistrateur des Mines de la Division et par le Commissaire des Mines, et soumises à l'appel aux tribunaux ordinaires et doivent être entendues dans les districts locaux. Voir sections 123-156.

On cherche autant que possible à protéger le prospecteur honnête qui remplit en substance et de son mieux les conditions de la loi et à empêcher qu'il soit privé de ses justes réclamations des subtilités légales, mais un prospecteur doit toujours chercher à éviter les difficultés et pertes possibles et à cette fin doit suivre aussi soigneusement et exactement que possible les dispositions de la loi.

On peut obtenir du Bureau des Mines, Toronto ou de tous les Registrateurs des Mines, des cartes et des formules ou tous les renseignements généraux.

PARTIE I.—PRELIMINAIRE.

INTERPRÉTATION.

2. Dans cette loi   *Interprétation.*

(*a*) " Agent " quand ce terme se présente dans les parties *" Agent. "*
IX et X, signifie toute personne ayant, au nom du propriétaire
le soin ou la direction d'une mine ou d'une partie de la mine.

(*b*) " Commissaire " signifie le Commissaire des Mines.   *" Commis-saire. "*

(*c*) " Terres de la Couronne " ne comprend pas les terrains *" Terres de la Couronne. "*
réellement employés ou occupés par la Couronne, ni par aucun
service du Gouvernement de la Puissance du Canada, ou d'Ontario
ou d'aucun de leurs fonctionnaires ou serviteurs, ni soumis à un
bail ou permis d'occupation donné par la Couronne ou le Ministre
des Terres, Forêts et Mines, ni réservés ou attribués à un objet
public, ni confiés à la Commission du Chemin de fer Temiskaming
et Northern Ontario.

(*d*) " Ministère " signifie le Ministre des Terres, Forêts et *" Minis-tère."*
Mines.

(*e*) " Sous-Ministre " signifie le sous-ministre des Mines.   *" Sous-Mi-nistre."*

(*f*) " En place " employé à l'égard d'un minéral signifie la *" En place."*
place ou position où il s'est primitivement formé dans la roche
solide, distinguée de celle qu'il peut occuper dans la roche meuble,
en morceaux ou brisée, dans les cailloux, flottants, lits ou dépôts
de sable aurifère ou platinifère, dans la terre, argile ou gravier
ou en placers.

(*g*) " Inspecteur " signifie un inspecteur nommé en vertu de *"Inspecteur"*
cette Loi, pour une Division minière, ou une partie de Division
pour la Province et tout fonctionnaire ayant les pouvoirs d'un
inspecteur.

(*h*) " Permissionnaire " signifie une personne, une société, *" Permis-sionnaire. "*
ou compagnie détenant un permis de mineur délivré en vertu de
cette loi ou un renouvellement de permis.

(*i*) " Machines " comprend les machines à vapeur ou autres, *" Machines."*
les chaudières, fourneaux, pilons ou autres appareils de broyage,
engrenages à lever ou à pomper, chaînes, chariots, tramways,
moufles et tous les appareils employés sur la mine ou autour de
la mine et pour la mine.

(*j*) Le substantif " mine " comprend toute ouverture, ou ex- *" Mine. "*
cavation dans la mine ou tout chantier de la mine, le terrain em-

ployé pour extraire, attaquer ou faire voir tout minéral ou substance minéralifère et tout gîte de minerai, gisement de minéral, strate, sol, roche ou couche de terre, argile, gravier ou ciment ou toute place où l'extraction est pratiquée d'une façon quelconque, ateliers, machines, installations, bâtiments et locaux sur ou sous la terre appartenant à la mine ou employées à son usage et aussi aux fins des parties IX et X, toute ouverture ou excavation dans le terrain faite dans le but de chercher du minéral ou tout atelier de grillage, fourneau de fluxion, atelier de préparation mécanique ou endroit employé pour le broyage ou relativement au broyage, réduction, fusion, rafinage ou traitement de minerai, minéral ou substance minéralifère.

(*k*) Le verbe "miner" et le mot "extraction" comprennent tout mode ou méthode de travail en vertu desquels le sol ou la terre ou une roche, pierre ou quartz peuvent être dérangés, enlevés, lavés, tamisés, rôtis, fondus, raffinés, broyés, ou traités dans le but d'en obtenir un minéral, que ces matières aient été déjà dérangées ou non; et aussi, aux fins des parties IX et X de cette loi, toutes les opérations et travaux signalés dans le paragraphe (*j*) de cet article. 6 Ed., c. 11, s, 2; 7 Ed. VII, c. 13, s. 2.

Verbe "miner" et "extraction."

(*l*) "Minéral" ou "Minéraux" comprend le charbon, le gaz, l'huile et le sel.

"Minéral." "Minéraux"

(*m*) "Terrains miniers" comprend les terres et les droits patentés ou loués sous l'effet ou en vertu d'un statut, règlement ou arrêté ministériel au sujet des mines, minéraux ou de l'extraction; et aussi les terrains, ou droits miniers localisés piquetés, employés, ou devant être employés pour l'exploitation.

"Terrains miniers."

(*n*) "Droits miniers" signifie les minerais, mines et minéraux sur ou sous tout terrain où ceux-ci sont manipulés ou doivent l'être séparément de la surface.

"Droits miniers."

(*o*) "Ministre" s'applique au Ministre ou député-ministre, des Terres, Forêts et Mines.

"Ministre."

(*p*) "Propriétaire" quand il est employé dans les Parties IX et X, de cette loi comprend toute personne, société minière ou compagnie qui sont propriétaire immédiat, ou locataire ou occupant d'une mine ou d'une partie de mine ou de terres localisées, patentées ou louées comme terrains miniers, mais ne doit pas comprendre une personne ou une société minière ou compagnie recevant seulement une redevance, loyer ou droit d'une mine ou de terrains miniers, ou étant seulement propriétaire d'une mine ou de terrains miniers soumis à un loyer, concession ou autre titre pour l'exploitation, ou bien propriétaire de droits de surface et non du minerai ou des minéraux.

"Propriétaire."

(*r*) " Patente " signifie une concession de la Couronne en franc alleu ou à aucun titre moindre sous le Grand Sceau. *" Patente. "*

(*s*) " Prescrit " signifie prescrit par cette loi ou par arrêté ministériel ou en vertu de règlements faits sous l'autorité de cet Acte. *" Prescrit. "*

(*t*) " Régistrateur " signifie Régistrateur des Mines de la Division Minière où sont situés les terrains à l'égard desquels un acte, un fait ou une chose doivent s'exécuter. *" Régistra- teur. "*

(*u*) " Règlement " signifie un règlement fait par le Lt-Gouverneur en Conseil en vertu de cet Acte. *" Règle- ment. "*

(*v*) " Puits " comprend une fosse. *" Puits. "*

(*w*) " Droits de surface " signifie terres concédées, louées, ou localisées pour l'agriculture ou à d'autres fins, dont les minéraux, minerais, ou mines situés à ou sous leur surface sont réservés à la Couronne. *" Droits de surface. "*

(*x*) " Minéraux précieux en place " signifie un filon, une veine ou dépôt de minéral en place paraissant au moment de la découverte être d'une nature telle et contenir dans leur partie visible une quantité et une espèce de minéral ou minéraux en place, autres que, calcaire, marbre, argile, marne, tourbe ou pierre de construction, de nature à rendre le filon, veine ou gisement capables de se développer en mine productive paraissant pouvoir être exploitée avec profit. 6 Ed. VII, c. 11, 52 ; 7 Ed. c. 13, s. 3. *" Minéraux précieux en place. "*

PERMIS D'EXPLOITATION ET PORTEURS DE PERMIS.

22.—(1) Nulle personne, société minière ou compagnie qui ne porte pas de permis de mineur n'a le droit de prospecter pour des minéraux sur des terres de la Couronne ou des terres dont les droits de mines incombent à la Couronne, ni de piqueter, enregistrer ou acquérir aucun claim minier non patenté, claim de carrière ou étendue de terre dans le but d'obtenir un permis d'exploitation ou un permis de forage ni d'y acquérir aucun droit ou intérêt. 6 Ed. VII, c. 11, s. 84 ; 7 Ed. VII, c. 13, s. 27. *" Permis requis. "*

26. Une personne qui n'a pas de permis ne doit pas prospecter pour des minéraux ou piqueter un claim minier, claim de carrière, ou étendue de terrain minier dans le but d'obtenir un permis de travail ou permis de forage au nom d'une société ou compagnie minières. 7 Ed. VII, c. 13, s. 27. *" Personne sans permis ne peut pas agir pour société ou compagnie. "*

PARTIE II.—CLAIMS MINIERS.—MINÉRAUX EN PLACE.

TERRES DISPONIBLES.

34. Conformément aux dispositions ci-incluses, le porteur d'un permis de mineur peut prospecter pour des minéraux et piqueter un claim minier sur n'importe quelles :—

> "Où le permissionnaire peut-il prospecter pour du minéral."

(*a*) Terres de la Couronne arpentées ou non arpentées ;

(*b*) Terres dont les mines, minerais et droits miniers ont été réservés par la Couronne dans la localisation, vente, patente ou loyer de ces terres ;

qui ne sont pas en ce moment :—

(i) Sous piquetage ou enregistrement comme claim minier, périmé, ni abandonné, annulé ou forfait ;

(ii) Sous le coup d'un permis d'exploitation en vigueur ; ou

(iii) Retirées par une loi, arrêté ministériel ou autre autorité compétente de la prospection, localisation ou vente ou déclarées par une autorité de ce genre, n'être pas susceptibles de prospection, piquetage ou vente comme claims miniers. 6 Ed. VII, c. 11, s. 131 ; 7 Ed. VII, c. 13, s. 34.

LE DÉCOUVREUR PEUT PIQUETER UN CLAIM.

35. Un permissionnaire qui découvre un minéral précieux en place sur une des terres susceptibles de prospection ou un permissionnaire pour duquel un minéral in situ est découvert par un autre permissionnaire sur des terres de ce genre peut piqueter ou faire piqueter pour lui un claim minier en cet endroit et, conformément aux dispositions de cette loi, peut exploiter ce claim ou transporter ses intérêts à un autre permissionnaire ; mais quand les droits de surface dans ces terrains ont été concédés, vendus, loués ou localisés par la Couronne, compensation doit être fournie suivant les dispositions de l'article 104. 7 Ed. VII, c. 13, s. 35.

> Quand un claim peut-il être piqueté :

37. (1) Même si les mines et les minéraux y compris ont été réservés à la Couronne, aucune personne, société ou compagnie minière ne peut prospecter pour des minéraux sur une partie d'un lot quelconque employé comme jardin, vignoble, pépinière, plantation ou lieu d'agrément ou sur lequel poussent des récoltes possibles d'être endommagées par cette prospection ou dans la partie d'un lot sur laquelle il y a une source, réservoir artificiel, barrage ou aqueduc, ou une maison ou rallonge, manufacture, bâtiment public, église ou cimetière, sauf avec le consentement du propriétaire, locataire ou occupant des droits de surface ou par ordre du Commissaire ou Registrateur et aux conditions qu'il peut trouver légitimes. 6 Ed. VII, c. 11, s. 121.

> Terres employées ou occupées comme jardins, etc.

28

(2) Si une dispute s'élève entre l'aspirant et le propriétaire locataire ou localisateur quant à la terre exempte de prospection en vertu du paragraphe 1, le registrateur ou le commissaire déterminent l'étendue de terrain exempte de cette façon. (*Nouveau*).

38. Un pouvoir hydraulique, situé dans les limites d'un claim minier qui à l'étiage, dans ses conditions naturelles est capable de produire 150 chevaux au moins ne doit pas être considéré comme faisant partie d'un claim à l'usage du permissionnaire et une réserve viaire d'une chaîne de largeur doit être réservée des deux côtés de l'eau avec une étendue de terrain, additionnelle qui, dans l'esprit du Registrateur pourra être jugée nécessaire pour le développement et l'utilisation d'un pouvoir hydraulique de ce genre. 6 Ed. VII, c. 11, s. 155.

DIMENSION ET FORME DES CLAIMS MINIERS.

49. Un claim minier en territoire non arpenté doit être disposé avec ses lignes frontières allant du nord au sud et de l'est à l'ouest astronomiquement et les mesurages doivent en être horizontaux et dans un canton arpenté en lots ou quart de section et subdivisions de section, un claim minier doit être la part d'un lot ou quart de section ou subdivision de section tel que défini ci-après et les frontières de tous les claims miniers doivent descendre verticalement de tous les côtés.

Claims miniers qui ne sont pas dans une division minière spéciale.

50. Sauf dans une Division Minière Spéciale,

(*a*) Un claim minier en territoire non arpenté doit être un carré de 40 acres ayant 20 chaînes (1320 pieds) de chaque côté.

(*b*) Quand les emplacements appartenant à la Couronne en terrain non arpenté ont été arpentés conformément à une loi en lots des dimensions suivantes, savoir: 20 chaînes de longueur, par 20 chaînes de largeur, 40 chaînes carrées, ou 80 chaînes de longueur par 40 chaînes de largeur ou à peu près, et que les plans ou notes sur le terrain de ces emplacements sont enregistrés au Ministère, un claim minier piqueté à même cet emplacement doit être de 20 chaînes de longueur par 20 de largeur et un claim doit comprendre la totalité d'un emplacement ou 20 chaînes carrées. Un emplacement de 40 chaînes de longueur par 20 chaînes de largeur peut être divisé en deux claims miniers au moyen d'une ligne passant par le centre de cet emplacement et parallèle à la plus courte des frontières. Dans le cas d'un emplacement carré de 40 chaînes, un claim doit consister en l'une ou l'autre des subdivisions suivantes: le quart nord-est, le quart nord-ouest, le quart sud-est ou le quart sud-ouest. Dans un emplacement de 80 chaînes de longueur par 40 chaînes de largeur, quand la longueur de l'emplacement va du nord au sud un claim doit consister dans le quart nord-est de la moitié nord, le quart nord-ouest de la moitié nord, le quart sud-est de la moitié nord ou le quart sud-ouest de la moitié nord ou d'une subdivision analogue de la moitié sud; et quand la longueur de l'emplacement va de l'est à l'ouest, un claim doit consister dans le quart nord-est de la moitié est, le quart nord-ouest de la moitié est, le quart sud-est de la moitié est, ou le quart sud-ouest de la moitié est ou toute autre subdivision analogue de la moitié ouest. 6 Ed. VII, c. 11, s. 115.

(*c*) Dans un canton arpenté en sections ou subdivisions contenant 160 acres ou à peu près, un claim minier doit consister dans le quart nord-est, quart nord-ouest, quart sud-est ou quart sud-ouest d'un quart de section ou sa subdivision et doit contenir 40 acres ou à peu près. 6 Ed. VII, c. 11, s. 111. *Dans les cantons arpentés en sections de 640 acres.*

(*d*) Dans un canton arpenté en lots de 320 acres, un claim minier doit consister dans le quart nord-ouest de la moitié nord, le quart nord-est de la moitié nord, le quart sud-ouest de la moitié nord, le quart sud-est de la moitié nord ou toute subdivision analogue de la moitié sud et doit contenir 40 acres ou à peu près. 6 Ed .VII, c. 11, s. 112. *Cantons arpentés en lots de 320 acres.*

(*e*) Dans un canton arpenté en lots de 200 acres un claim minier doit consister dans le quart nord-est, le quart sud-ouest, le quart nord-ouest ou le quart sud-est du lot et devra contenir 50 acres ou à peu près. 6 Ed. VII, c. 11, s. 113. *Cantons arpentés en lots de 200 acres.*

(*f*) Dans un canton arpenté en lots de 150 acres, un claim minier doit consister dans le quart nord-est, le quart sud-est, le quart nord-ouest ou le quart sud-ouest du lot et doit contenir $37\frac{1}{2}$ acres ou à peu près. (*Nouveau*). *Cantons arpentés en lots de 150 acres.*

(*g*) Dans un canton arpenté en lots de 100 acres, un claim minier doit consister dans la moitié nord, la moitié sud, la moitié est, ou la moitié ouest du lot et devra contenir 50 acres à peu près. 6 Ed. VII, c. 11, s. 114.

Dans les cantons arpentés en lots de 100 acres.

Claims dans une division minière spéciale.

51. Dans une division minière spéciale,

(*a*) Un claim minier en territoire non arpenté doit être un rectangle de 20 acres ayant une longueur du nord au sud de 20 chaînes (1,320 pieds) et une largeur de l'est à l'ouest de 10 chaînes (660 pieds). 6 Ed. VII, c. 11, s. 127.

En territoire non arpenté.

(*b*) Quand des emplacements miniers appartenant à la Couronne en territoire non arpenté ont été déjà arpentés conformément aux dispositions d'une loi, en lots des dimensions suivantes, savoir : 20 chaînes de longueur par 20 chaînes de largeur, 40 chaînes carrées, ou bien 80 chaînes de longueur par 40 chaînes de largeur ou à peu près et quand le plan ou les notes sur le terrain de ces localisations sont consignés au Ministère, un claim minier qui y est piqueté devra consister dans la moitié est ou la moitié ouest d'un emplacement de 20 chaînes carrées, ou le quart nord-est, le quart sud-est, le quart nord-ouest, ou le quart sud-ouest d'un emplacement de 40 chaînes de longueur par 20 chaînes de largeur ; ou la moitié ouest de la moitié est d'une quelconque des subdivisions suivantes d'un emplacement de 40 chaînes carrées, savoir : le quart nord-est, le quart nord-ouest, le quart sud-est ou le quart sud-ouest ; ou le quart nord-est du quart nord-est ou n'importe quelle subdivision analogue du quart sud-est, le quart sud-ouest, ou le quart nord-ouest d'un emplacement de 80 chaînes de longueur par 40 chaînes de largeur ou, quand la longueur d'un emplacement de ce genre va de l'est à l'ouest, de la moitié est ou de la moitié ouest du quart nord-est de la moitié est, la moitié est ou la moitié ouest du quart sud de la moitié est, la moitié est ou la moitié ouest du quart nord-ouest de la moitié est, la moitié est ou la moitié ouest du quart nord-ouest

Claims miniers en emplacement minier déjà arpenté en territoire non arpenté.

de la moitié est, ou la moitié ouest ou la moitié ouest du quart sud-ouest de la moitié est ou d'une subdivision correspondante de la moitié ouest de l'emplacement et tout claim minier de ce genre doit contenir 20 acres ou à peu près. 6 Ed. VII, c. 11, s. 128.

(*c*) Dans un canton arpenté en sections de 640 acres quand les sections ont été subdivisées en quarts de sections ou en subdivisions, un claim minier doit consister ou dans la moitié ouest ou dans la moitié est du quart nord-est, du quart sud-est, du quart nord-ouest ou du quart sud-ouest d'un quart de section et doit contenir 20 acres ou à peu près. 6 Ed. VII, c. 11, s. 123. Dans les cantons arpentés en sections de 640 acres.

(*d*) Dans un canton arpenté en lots de 320 acres, un claim minier doit consister dans le quart nord-est, du quart nord-est, le quart nord-ouest du quart nord-est, le quart sud-est du quart nord-est, ou le quart sud-ouest du quart nord-est, ou toute subdivision analogue du quart sud-est, du quart sud-ouest, ou le quart nord-ouest du lot et doit contenir 20 acres ou à peu près. 6 Ed. VII, c. 11, s. 124. Dans les cantons arpentés en lots de 320 acres.

(*e*) Dans un canton arpenté en lots de 200 acres, un claim minier, quand les lignes de côté des lots vont du nord au sud, doit consister dans le quart nord-est de la moitié nord, le quart sud-est de la moitié nord, le quart nord-ouest de la moitié nord, le quart sud-ouest de la moitié nord ou n'importe quelle subdivision analogue de la moitié sud ; et quand les lignes latérales des lots vont de l'est à l'ouest le claim minier doit consister dans le quart nord-est de la moitié est, le quart nord-ouest de la moitié est, le quart sud-est de la moitié est, le quart sud-ouest de la moitié est ou n'importe quelle subdivision de la moitié ouest et chaque claim minier de cette nature doit contenir 25 acres ou environ. 6 Ed. VII, c. 11, s. 125. Dans les cantons arpentés en lots de 200 acres.

(*f*) Dans un canton arpenté en lots de 150 acres, un claim minier doit consister dans la moitié nord ou la moitié sud du quart nord-est, le quart sud-est, ou le quart sud-ouest du lot et doit contenir 18¾ acres ou à peu près. Dans les cantons arpentés en lots de 150 acres.

(*g*) Dans un canton arpenté en lots de 100 acres, un claim minier doit consister dans le quart nord-est, le quart sud-est, le quart nord-ouest, ou le quart sud-ouest d'un lot et doit contenir 25 acres ou à peu près. 6 Ed. VII, c. 11, s. 126.

Dans les can-
tons arpentés
en lots de
100 acres.

SUPERFICIES IRRÉGULIÈRES, ETC.

52.—(1) Dans un territoire non arpenté, une portion de terre irrégulière gisant entre des terres non susceptibles de piquetage ou longeant l'eau, peut être piquetée avec des limites rive-raines, mais le claim doit être autant que possible conforme à la forme prescrite et ne doit pas dépasser la superficie prescrite.

Traçage des
frontières des
aires irrégu-
lières en ter-
ritoire non
arpenté.

(2) Dans un canton arpenté, où, en raison de la terre couverte d'eau ou en raison de l'irrégularité de forme du lot, quart de section ou subdivision ou pour toute autre cause, il est impossible de piqueter un claim minier de la dimension prescrite conformément aux dispositions précédentes de cette loi, le claim minier, si c'est possible, doit être de la forme et étendue prescrites et autant que possible ses frontières doivent concorder avec la ligne frontière du lot, quart de section ou subdivision d'une section et doit avoir ses frontières qui ne coïncident pas comme susdit, doivent être autant que possible parallèles aux frontières du lot, quart de section ou subdivision qui sont des lignes droites et si cela est nécessaire pour donner au claim minier la superficie prescrite, on peut les prolonger dans une partie quelconque du lot, quart de section ou subdivision de section, pas dans un autre lot ou quart de section ou subdivision de section, et le terrain gisant entre les terres non susceptibles de piquetage ou entre ces terres et une frontière ou des lots quart de section ou subdivision de section, peut être piqueté avec des frontières riveraines mais le claim doit être disposé de façon à se conformer autant que possible à la forme et à l'aire prescrite et ne doit pas dépasser la superficie prescrite.

Dans les can-
tons arpentés
exclusion de
l'aire du lot.

NOMBRE DE CLAIMS QU'ON PEUT PIQUETER.

53. Pas plus de trois claims miniers peuvent être piquetés, demandés ou enregistrés au nom d'un permissionnaire quelconque ou dans un territoire non compris dans une division minière au cours d'un exercice de permis. 7 Ed. VII, c. 13, s. 37.

Nombre de
claims qu'un
permission-
naire peut
enregistrer.

PIQUETAGE DES CLAIMS.

54.—(1) Un claim minier peut être piqueté de la façon sui- *Piquetage et plantage.*
vante :—

(*a*) En plantant ou en dressant sur un affleurement ou *Piquets de découverte.*
indication de minéral en place à l'endroit de la dé-
couverte un piquet de découverte sur lequel doit être
écrit ou placé, le nom du permissionnaire qui fait la
découverte, la lettre et la date de son permis et la
date de sa découverte et si la découverte est faite au
nom d'un autre permissionnaire, au nom duquel le
claim est piqueté et enregistré, aussi le nom de cet
autre permissionnaire et la lettre et le numéro de son
permis.

(*b*) En plantant ou dressant un piquet à chacun des qua- *Piquets de coin.*
tre coins du claim, en marquant celui du coin nord-
est "No 1," et celui du coin sud-est "No 2," celui
du coin sud-ouest "No 3," et celui du coin nord-
ouest "No 4," de telle façon que le numéro soit du
côté du piquet faisant face au piquet qui suit dans
l'ordre indiqué.

(*c*) En écrivant ou posant sur le piquet No 1 tous les dé- *Détails du piquet No 1*
tails devant figurer sur le piquet de découverte et
aussi en marquant visiblement la distance et la direction où il est situé relativement au piquet de découverte et si le claim est dans un canton arpenté en lots,
quarts de sections ou subdivisions de section, la partie de chacun comprise dans le claim et citant le lot
et la concession ou section par son numéro.

(*d*) En écrivant ou en plaçant sur les piquets No 2 et *Marquer le nom du per-*
No 3 et No 4 le nom du permissionnaire qui fait la *missionnaire, etc.*
découverte et, si la découverte est faite au nom d'un
autre permissionnaire pour et au nom duquel le claim
est piqueté, aussi le nom de tel autre permissionnaire ; et

(*e*) En blanchissant d'une façon visible les arbres de deux
côtés seulement, là où il y a des arbres visibles et en
taillant le sous-bois le long de lignes frontières du
claim et en blanchissant visiblement une ligne partant
du piquet No 1 jusqu'au piquet de découverte ou s'il
n'y a pas d'arbres debout, indiquant nettement les
contours du claim et en marquant une ligne partant
du piquet No 1, jusqu'au piquet de découverte, en
plantant sur la place des piquets durables, n'ayant

pas moins de cinq pieds de hauteur à des intervalles de pas moins de deux chaînes (132 pieds), ou en dressant à tels intervalles des monuments de terre ou de roche n'ayant pas moins de deux pieds de diamètre à la base et au moins deux pieds de hauteur de façon qu'on puisse discerner distinctement les lignes.

(2) Si au coin d'un claim, la nature ou la conformation du sol rendent impossible de planter ou de dresser un piquet, ce coin devra être indiqué en plantant ou en dressant à l'endroit le plus rapproché possible, un piquet témoin qui portera la marque prescrite pour le piquet de coin de cet endroit avec les lettres " W. P. " (Witness Post), et une indication de la direction et de la distance de la place du vrai coin, relativement au piquet témoin. 7 Ed. VII, c. 13, s. 36. Piquet témoin.

(3) Tout piquet doit se dresser à pas moins de quatre pieds au-dessus du sol et doit être équarri ou aplani sur les quatre côtés jusqu'à un pied au moins du sommet et chaque côté, doit mesurer au moins quatre pouces de largeur une fois équarré ou aplani, mais une souche droite ou un arbre debout peut servir comme piquet si elle est taillée et équarrie et aplanie à cette hauteur et dimension et quand on fait le levé, le centre de l'arbre ou la souche là où ils pénètrent dans le sol doivent être considérés comme le point duquel ou jusqu'auquel le mesurage doit être fait. Mode de planter, d'équarrir, etc., les piquets.

(4) Les dessins qui suivent ont pour objet de montrer la méthode de piqueter un claim, comme il est indiqué par les paragraphes 1 et 2. (*Nouveau*). Forme du claim.

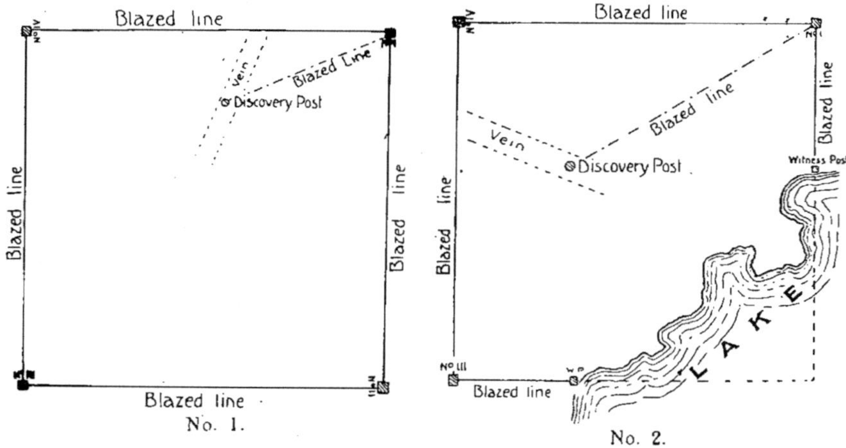

55. Après une découverte de minéral précieux en place, le permissionnaire, s'il veut piqueter dessus un claim, doit immédiatement planter ou dresser son piquet de découverte et procé-

der aussi rapidement qu'il soit raisonnablement possible à compléter le piquetage du claim; et s'il est au fait le premier permissionnaire à faire la découverte du minéral précieux en place
et à y planter un piquet de découverte aucun autre permissionnaire n'a le droit de piqueter ou de toucher à la propriété tandis
qu'il complète son piquetage, mais s'il ne réussit pas à piqueter
avec la rapidité et la diligence indiquées, il est exposé à perdre
ses droits dans le cas où un autre permissionnaire fait une découverte de minéral précieux en place sur la propriété et complète
son piquetage avant lui. 7 Ed. VII, c. 13, s. 36.

56.—(1) Tant qu'un piquet de découverte n'a pas été planté
ou dressé, tous les permissionnaires ont des droits légaux sur les
terrains susceptibles de prospection, sauf que du moment où un
mineur a trouvé ce qu'il croit être un filon ou un gisement de
minerai, ou même une indication, il peut planter ou dresser deux
piquets de prospection à pas plus de 150 pieds de distance l'un
de l'autre marqués chacun des lettres " P. P.", avec son nom, le
numéro et la lettre de son permis et peut creuser une tranchée
de pas moins de cinq pieds de longueur et six pieds de profondeur à partir de chacun de ces piquets en suivant une ligne qui
va vers l'autre piquet, et s'il n'est pas possible de le faire, il peut
ériger un monument de roches ou de terre n'ayant pas moins de
deux pieds à la base et deux pieds au moins de hauteur, se prolongeant à six pieds de chaque piquet vers l'autre piquet et peut
aussi blanchir les arbres debout, s'il y en a le long de la ligne
entre les piquets, et, cela fait, tant qu'il prospecte diligemment
et constamment, ou suit les indicatino sur l'îlot de terrain s'étendant à vingt-cinq pieds de chaque côté d'une ligne droite entre
les piquets, il possède le droit exclusif d'y prospecter et d'y faire
des découvertes.

Piquets de prospection.

(2) Rien dans le paragraphe 1 n'empêche un autre permissionnaire de prospecter partout en dehors des limites de cet îlot
de terrain, et le premier permissionnaire qui découvrira du minéral précieux en place et qui piquetera un claim aura droit à ce
claim, sauf les prescriptions de cette loi, et si le claim comprend
cet îlot de terre, le permissionnaire qui piquette sera déchu de
ses droits.

N'empêche pas un autre permission-naire de pi-queter un claim.

(3) Un permsisionnaire ne pourra pas tenir en piquetage
plus d'un îlot de terrain à la fois et si en aucun temps il contrevient à cette disposition son piquetage sera nul. 7 Ed. VII, c.
13, s. 36.

Le permis-sionnaire ne peut avoir plus d'un claim en pi-quetage.

57.—(1) Un permissionnaire ou toute autre personne qui,
dans un but quelconque fait du piquetage ou plante, dresse ou
place un piquet, poteau ou marque sur un terrain susceptible de
prospection, sauf comme il est autorisé par cette loi, ou fait ou

Déchéance du droit de pi-queter.

laisse faire cela ou qui piquette ou partiellement piquette un terrain de ce genre ou le fait ou laisse faire et néglige d'enregistrer le piquetage auprès du registrateur dans le délai fixé, n'aura plus le droit d'enregistrer à nouveau ce terrain en totalité ou en partie ou d'y enregistrer un claim minier à moins d'avoir notifié par écrit le Registrateur de ce piquetage total ou partiel ou de ce plantage, dressage ou placement et de l'abandon qu'il en fait et de convaincre le Régistrateur par un affidavit qu'il a agi de bonne foi et pas illégitimement et de payer au Registrateur un droit de $20, et d'obtenir de lui un certificat montrant que le Régistrateur est convaincu qu'il a agi de cette façon. 7 Ed. VII, c. 13, s. 36.

(2) Le Registrateur doit consigner ce certificat dans ses livres avec la date d'émission. *Consignation du certificat de déchéance.*

58. L'exécution matérielle autant que les circonstances le permettent raisonnablement, les exigences de cette loi relativement au piquetage des claims miniers sera suffisante. 6 Ed. VII, c. 11, s. 137. *L'exécution matérielle de cette loi suffit.*

ENREGISTREMENT DES CLAIMS MINIERS.

59.—(1) Un permissionnaire qui a piqueté un claim minier ou au nom duquel un claim minier a été piqueté devra dans les quinze jours qui suivront ou dans plus ample délai prévu par le paragraphe 4 fournir au Registrateur un croquis ou plan du claim minier montrant le poteau de découverte et les poteaux d'angle et les poteaux témoins (s'il y en a) et leur distance en pieds, l'un de l'autre, avec une demande (Formule 4) énonçant le nom du permissionnaire pour lequel le minéral précieux en place a été découvert et du permissionnaire au nom de qui la demande est faite et des lettres ou numéros de leur permis, le nom du claim, s'il en a un, et dans le cas d'un territoire non arpenté, son emplacement indiqué au moyen de quelque indication générale et de tout autre renseignement propre de permettre au Registrateur de tracer le claim sur la carte de son bureau, ou dans le cas d'un canton non arpenté en désignant le lot, le quart de section, ou la subdivision d'une section et la portion qui en est comprise dans le claim, la longueur des contours et si, pour une raison quelconque, ils ne sont pas réguliers, la nature de cette raison, la situation du poteau de découverte indiquée par la distance et la direction du poteau No 1, le jour et l'heure auxquels s'est faite la découverte du minéral précieux en place, quand le claim a été piqueté et la date de la demande et avec la demande, on devra payer le droit prescrit. *Plan et demande à fournir au Registrateur par le Permissionnaire qui piquette un claim.*

(2) Si un permissionnaire a droit à la concession gratuite d'un claim minier, en vertu de l'article 108, il doit, en plus de la *Demande de concession gratuite.*

demande pour l'enregistrement du claim faire la demande (Formule 5) pour une concession gratuite. 6 Ed. VII, c. 11, s. 156; 7 Ed. VII, c. 13, s. 43.

(3) La demande et le croquis ou plan doivent être accompagnée d'un affidavit (Formule 6) fait par le permissionnaire découvreur montrant une découverte de minéral précieux en place sur le claim avec les détails de l'espèce de minerai ou minéral découvert et, si c'est possible, de l'espèce de roche qui l'encaisse, la date de la découverte et du piquetage, montrant que toutes les autres assertions et détails énoncés et indiqués dans la demande et le croquis et plan sont vrais et exacts, qu'au moment de piquetage, il n'y avait rien sur les terres de nature à indiquer qu'elles n'étaient pas susceptibles de piquetage comme claim minier, que le déposant croit sincèrement qu'elles étaient susceptibles et que le piquetage est valide et devrait être enregistré et que sur les terres ou le lot ou la partie de section dont elles font partie, il n'y a pas de bâtiments, de défrichement ou d'améliorations pour culture ou pour d'autres fins, sauf comme il est indiqué dans l'affidavit (Formule 7) montrant l'existence de son droit. (*Voir* 6 Ed. VII, c. 11, s. 157; 7 Ed. VII, c. 13, s. 44.

Affidavit accompagnant la carte, etc.

(4) Quand le claim est situé à plus de dix milles en ligne droite du bureau de registrateur, il est accordé un jour additionnel pour enregistrer pour chaque dix milles additionnels et fractions de dix milles. 6 Ed. VII, c. 11, s. 158.

Delai additionnel en raison de la distance.

60. Un permissionnaire par qui ou au nom de qui la demande est faite d'enregistrer un claim minier, doit, au moment de sa demande, produire le permis du permissionnaire par qui le piquetage a été fait et le permissionnaire par qui ou au nom de qui la demande est faite au registrateur, et le registrateur doit endosser et signer au dos du dernier permis mentionné un avis par écrit de l'enregistrement du claim et aucun enregistrement de cette nature ne sera complet et exécutoire avant que cet endos soit fait sur la demande ou que, dans un cas venant devant le commissaire, il juge légitime que l'on soit dispensé de remplir les prescriptions de la loi. 7 Ed. VII, c. 11, s. 59; 7 Ed. VII, c. 13, s. 14.

Le permis doit être marqué quand le claim est enregistré.

61. Si par erreur un permissionnaire enregistre un claim minier dans une division autre que celle où le claim est situé, l'erreur ne viciera pas le titre au claim, mais dans les quinze jours de la découverte de l'erreur, il devra consigner le claim dans la division où il est situé et le nouvel enregistrement devra porter la date du premier et avis devra être inscrit de l'erreur et de la date de la rectification. 6 Ed. VII, c. 11, s. 81.

Permissionnaire enregistrant dans une autre division par erreur.

62.—(1) Le régistrateur devra immédiatement consigner Quel claim doit être enregistré. dans un livre à cet effet dans son bureau, les détails de chaque demande pour enregistrer un claim minier qu'il juge conformes aux dispositions de cette loi, à moins qu'une demande antérieure ne soit enregistrée pour ce claim ou pour une portion importante des mêmes terres et des mêmes droits miniers et il doit consigner la demande, le croquis ou le plan et affidavit dans les dossiers de son bureau et chaque demande capable d'être enregistrée doit être considérée comme enregistrée une fois reçu au bureau de régistrateur si toutes les prescriptions de l'enregistrement ont été exécutées bien que la demande elle-même ait pu ne pas être immédiatement consignée au livre d'enregistrement.

(2) Si l'on présente au registrateur une demande qu'il ne Procédure en cas de refus. juge pas conforme à cette loi, ou se rapportant à des terres ou droits miniers qui totalement ou en partie importante sont compris dans un claim dont l'enregistrement subsiste, il ne peut pas enregistrer cette demande mais si le postulant le désire, il peut, en recevant le droit prescrit recevoir et consigner la demande et le postulant peut en appeler au commissaire du refus du régistrateur d'enregistrer, mais cette consignation ne peut pas être considérée comme une mise en discussion du claim enregistré et ne doit pas être notée ni traitée comme telle à moins qu'une mise en discussion, appuyée sur des affidavits ne soit produite entre les mains du registrateur par le postulant ou par l'autre permissionnaire en son nom, comme il est prescrit à l'article suivant. 7 Ed. VII, c. 13, s. 13, *partie.*

CONTESTATION DE DEMANDE.

63.—(1) Une contestation (Formule 8) appuyée sur un affi- Contestion de claim enregistré. davit (Formule 9) peut être produite devant le registrateur par un permissionnaire, prétendant qu'un claim enregistré est illégal ou sans valeur en totalité ou en partie et si le contestant ou le permissionnaire au nom de qui il agit prétend avoir droit à l'enregistrement ou avoir un droit ou intérêt dans les terrains ou les droits miniers ou dans une partie d'iceux comprise dans le claim, la contestation doit l'énoncer en donnant les détails et le registrateur sur paiement du droit prescrit, doit recevoir et consigner cette contestation et doit la prendre en note dans le dossier du claim contesté.

(2) Une copie de la contestation et de l'affidavit doit être Non recevable après l'émission du certificat. remise par le contestant entre les mains du registrateur qui, pas plus tard que le lendemain de la contestation, doit transmettre par lettre enregistrée cette copie au détenteur enregistré du claim

minier en question. Si cette copie n'est pas remise, le registrateur peut refuser de consigner ou de noter la contestation et per-
cevoir du contestant dix cents par folio pour faire la copie.

(3) Une contestation ne doit pas être reçue, à moins qu'elle
ne contienne ou porte à son endos une adresse pour pouvoir en faire
l'assignation en quelque endroit n'étant pas à plus de cinq milles
du bureau du registrateur et les dispositions des paragraphes 4
et 5 de l'article 133, seront applicables au sujet du service au
contestant. 7 Ed. VII, c. 13, et s. 13, *partie.*

(4) Une contestation ne doit pas être reçue ni entrée contre
un claim après qu'un certificat d'enregistrement a été accordé au
sujet de ce claim, ni à moins d'une permission du commissaire
après que la validité de ce claim a été adjugée par le registrateur
ou par le commissaire et après qu'elle a été consignée durant
soixante jours et qu'une contestation contre lui a été déjà entrée;
mais cet amendement n'est pas rétroactif et ne s'applique pas à
aucun cas où cette validité a été jugée par le registrateur ou le
commissaire (tel qu'amendée en 1910 par 10 Ed. VII, c. 26, s. 35).

CERTIFICAT D'ENRÉGISTREMENT.

64. Quand un claim minier n'est pas dans une aire d'Ins- Remise du
pection Complète et n'a pas été enregistré durant 60 jours et que certificat
la découverte supposée n'a pas fait l'objet d'un rapport adverse d'enregistre-
de la part du fonctionnaire inspecteur, ou quand un claim minier ment.
dans une aire d'inspection complète a été enregistré durant soixante jours et quand la découverte sur laquelle il est basé a été
inspectée et finalement admise, sur la demande du détenteur du
claim et s'il n'y a pas en jeu de contestation contre le claim et
si la compensation des droits de surface, au cas où il y en a,
a été payée, ou garantie, le registrateur, sauf s'il existe une ordonnance de suspension de la procédure ou autre question spéciale ou autre chose mettant un empêchement, doit remettre au
détenteur un certificat d'enregistrement (Formule 10) et si une
portion du claim n'est pas atteinte par aucune des matières précitées, il peut, s'il le juge convenable, donner un certificat d'enregistrement quant à telle portion. 7 Ed. VII, c. 13, s. 13, *partie.*

65. Le certificat d'enregistrement, en l'absence d'erreur ou Effet de l'é-
de fraude constitue une preuve finale et concluante de l'accom- mission et de
plissement de toutes les prescriptions de cette loi, sauf les condi- la remise du
tions de travail quant un claim minier, jusqu'à la date du certi- certificat d'é-
ficat; et par la suite, le claim minier n'est pas, en l'absence d'er- mission.
reur ou de fraude, susceptible d'être attaqué en justice ni confis-
qué sauf d'après les prescriptions expresses de cette loi. 6 Ed.
VII, c. 11, s. 71; 7 Ed. VII, c. 13, s. 22.

66. Quand le certificat d'enregistrement a été émis par erreur ou obtenu par fraude, le commissaire aura le pouvoir de le révoquer et de l'annuler à la demande de la Couronne ou d'un fonctionnaire du Bureau des Mines ou d'une personne autorisée.

Annulation du certificat d'enregistrement obtenu par erreur.

ÉTENDUE DES DROITS SUR DES CLAIMS MINIERS.

67. Subordonnément aux dispositions de l'article 65, un permissionnaire ne peut acquérir aucun droit ou intérêt dans un claim minier à moins qu'une découverte de minéral précieux y ait été faite par lui ou par un autre permissionnaire en son nom. 6 Ed. VII, c. 11, s. 117; 7 Ed. VII, c. 13, s. 31.

Découverte de minéral précieux nécessaire pour valider le claim.

68. Le piquetage ou la production d'une demande pour enregistrement ou l'enregistrement d'un claim minier ou actes en tout ou en partie ne doivent conférer au permissionnaire aucun droit, titre ou intérêt ou réclamation dans ou pour le claim minier autre que le droit de procéder, comme le prescrit cette loi à obtenir un certificat d'enregistrement et une patente de la couronne et avant l'émission d'un certificat d'enregistrement le permissionnaire est seulement un permissionnaire de la Couronne et après l'émission du certificat et jusqu'à ce qu'il ait obtenu sa patente, il est locataire au gré de la Couronne, quant au claim minier. 7 Ed. VII, c. 13, s. 38.

Droits dans le claim.

ADRESSE POUR SIGNIFICATION.

69.—(1) Chaque demande de claim minier ou permis de travaux et toute autre demande et chaque transport ou cession d'un claim minier ou de tout droit ou intérêt acquis en vertu des dispositions de cette loi doit contenir ou porter à son endos le lieu de résidence ou l'adresse postale de l'auteur de la demande, transport ou cession et aussi, s'il ne réside pas dans Ontario le nom, la résidence et l'adresse postale de quelque personne résidant dans Ontario à qui peut se faire la signification.

Adresse pour signification doit figurer sur la demande pour claim, etc.

(2) Aucune demande, transport ou cession de ce genre ne sera consignée ou enregistrée à moins qu'elle ne soit conforme aux prescriptions du paragraphe précédent.

Demande, etc., doivent contenir l'adresse.

(3) Une autre personne résidant dans Ontario peut être substituée comme la personne à qui doit se faire la signification en produisant, au bureau où telle demande, transport, ou cession est consignée ou enregistrée, un memorandum donnant le nom, la résidence et l'adresse postale de telle personne et telle substitution peut se faire de temps en temps comme l'occasion l'exige.

Substitution d'un nouvel agent pour signification.

(4) La signification à la personne désignée comme la personne à qui la signification peut être faite à moins qu'une autre lui ait été substituée suivant les dispositions du paragraphe 3 et, dans le cas d'une substitution à la personne substituée, aura le même effet que la signification à la personne qu'elle représente. *(Signification à un agent suffisante.)*

(5) Les dispositions du paragraphe No 3 doivent s'appliquer à tout avis, demande ou procédure se rapportant en aucune façon à un claim minier ou à des droits miniers ou à d'autres droits ou intérêts qu'on peut acquérir en vertu de cette loi. (*Nouveau*). *(Application générale de section.)*

FIDÉI-COMMIS, ENTENTE ET TRANSPORT.

70. — (1) Avis d'un fidéi-commis, formulé ou implicite ou déduit relatif à un claim minier non patenté ne doit pas être enregistré ou reçu par un registrateur. *(Registrateur des mines ne doit enregistrer aucun claim en fidéicommis.)*

(2) La description du détenteur d'un claim minier comme fidéi-commissaire, que le bénéficiaire ou le but du fidéi-commis soit mentionné ou non, ne doit pas imposer à la personne traitant avec ce détenteur l'obligation de faire une enquête quand à son autorité pour traiter, mais le détenteur peut agir quant à ce claim comme s'il n'y avait pas de description insérée. *(Description du permissionnaire comme fidéi-commissaire, etc., effet de.)*

(3) Rien de ce qui est contenu dans cet article ne doit dispenser le détenteur qui est de fait le fidéi-commis du claim ou d'une part ou d'une partie ou intérêt sur ce claim des obligations existant entre lui ou toute personne ou association minière ou compagnie pour laquelle il est fidéi-commissaire, mais telle responsabilité doit subsister comme si cet article n'existait pas et aucune disposition de cette loi ne doit dégager le détenteur d'aucune responsabilité ou obligation personnelle. 6 Ed. VII, c. 11, s. 159; 7 Ed. VII, c. 13, s. 45. *(Disposition spéciale.)*

71.—(1) Personne n'aura le droit de mettre à exécution une réclamation, droit ou intérêt quelconques convenus ou acquis avant le piquetage, pour, dans ou sous aucun piquetage ou enregistrement d'un claim minier ou de terrains miniers ou de droits miniers, faits au nom d'une autre personne à moins que le fait du droit de la personne sus-mentionnée n'apparaisse dans un écrit signé par le détenteur du claim ou par le permissionnaire par qui ou au nom de qui le piquetage ou l'enregistrement sont faits ou que la preuve de cette personne précitée ne soit corroborée par quelqu'autre témoin matériel et quand un droit ou intérêt apparaît ainsi, les dispositions de la loi des fraudes ne se rapportent pas à ce cas. *(Quels droits sont exécutoires seulement quand il y a écrit signé.)*

(2) Personne n'aura le droit d'exécuter un contrat fait après le piquetage pour la vente ou le transport d'un claim minier ou de terains miniers ou de droits miniers ou bien d'un intérêt dans ou au sujet d'iceux à moins que l'entente ou quelque note ou memorandum ne soit donné par écrit signé par la personne de qui on veut exiger l'exécution du contrat ou par son argent dûment autorisé. (*Voir* B. C. 1898, c. 33, s. 15).

72. Le transport d'un claim minier non patenté ou d'un intérêt sur ce claim peut être fait suivant la formule 11 et signé par le transporteur ou par son agent autorisé par pièce écrite. 6 Ed. VII, c. 11, s. 118; 7 Ed. VII, c. 13, s. 32.

Formule de transport.

DOCUMENTS D'ENREGISTREMENT.

73. Sauf en cas d'autre prescription formelle dans cette loi, aucun transport ou cession ou entente ou autre pièce se rapportant à un claim minier ou à un droit ou intérêt enregistré acquis en vertu des dispositions de cette loi ne doit être entrée dans l'enregistrement ou reçue par un registrateur à moins que ce document ne passe pour être signé par le détenteur enregistré du claim ou droit ou intérêt en question ou par son agent autorisé en vertu d'une pièce écrite et aucune pièce de ce genre ne doit être enregistrée sans un affidavit (Formule 12) joint ou inscrit au dos et donné par un témoin signant à la pièce.

Conditions requises pour enregistrer des pièces.

74. Après qu'un claim minier ou tout autre doit ou intérêt acquis en vertu des dispositions de cette loi a été enregistré, toute pièce autre qu'un testament ayant trait au claim ou à un intérêt qui s'y rapporte doit être non avenu contre un acheteur subséquent ou contre un détenteur de transport pour valable considération sans avis réel, à moins que cette pièce ne soit enregistrée avant l'enregistrement de la pièce qui fait le fond de la réclamation de l'acheteur ou du détenteur du transport subséquent.

Pièces enregistrées ont la priorité.

75. L'enregistrement d'une pièce en vertu de cette loi doit constituer l'avis de cette pièce pour toutes les personnes prétendant avoir un intérêt au claim après cet enregistrement, mais, néanmoins, le régistrateur a le devoir de ne pas enregistrer une pièce sauf s'il a la preuve requise par cette loi. *Voir* S. R. O., c. 136, s. 92.

L'Enregistrement sert d'avis.

76. La priorité d'enregistrement doit prévaloir à moins que l'enregistrement antérieur n'ait été précédé d'un avis réel de la pièce antérieure, donné par la personne prétendant à l'enregistrement antérieur. *Voir* S. R. O., c. 136, s. 97.

La priorité d'enregistrement prévaut.

77.—(1) Le régistrateur doit inscrire au dossier de tout claim minier non patenté ou autre droit ou intérêt enregistré, un avis de tout ordre ou décision de sa part atteignant de document, spécifiant la date de son entrée en vigueur et la date de l'inscription; et, après avoir reçu, accompagné des honoraires prescrits, un ordre de décision de la part du commissaire, ou un ordre, jugement ou certificat, en cas d'appel contre celui-ci, ou une copie certifiée ou assermentée d'un tel document, consignera et inscrira un avis à cet effet au dossier du claim, du droit ou de l'intérêt atteint.

(2) Dans toute procédure révoquant en dorite un intérêt quelconque dans un claim minier non patente ou autre droit ou intérêt enregistré, le commissaire ou registrateur peut émettre un certificat (Formule 13) et sur réception de celui-ci accompagné du paiement des honoraires prescrits, doit le consigner au dossier et en inscrire un avis tel qu'indiqué plus haut dans les présentes.

(3) La consignation au dossier d'un certificat tiendra lieu d'avis formel au public au sujet de cette procédure.

(4) Le certificat et sa consignation au dossier seront de nul effet pour toute fin quelconque après l'expiration de dix jours à partir de la date de la consignation, à moins que pendant cet intervalle, on obtienne du commissaire ou du régistrateur un ordre prolongeant son effet, et toute personne intéressée peut, en tout temps, s'adresser au commissaire pour obtenir un ordre annulant le certificat. 7 Ed. VII, c. 13, s. 46.

CONDITIONS DE TRAVAIL.

78.—(1) Le propriétaire enregistré d'un claim minier devra exécuter sur ce claim des travaux ayant pour effet de dépouiller ou attaquer les mines, foncer des puits ou autres travaux réels d'exploitation minière, comme suit:—

    (*a*) Pendant les trois premiers mois qui suivent l'enregistrement, pour une période de trente jours de non moins de 8 heures par jour.

    (*b*) Pendant chacune des première et deuxième années qui suivent ces trois premiers mois, pour une période de 60 jours de non moins de 8 heures par jour.

    (*c*) Pendant la troisième année qui fait suite à l'expiration de ces trois mois, pour une période de non moins de 90 jours de 8 heures par jour.

(2) Ces travaux peuvent être exécutés dans un espace de temps moindre que celui spécifié par la présente loi. S'il se fait plus de travaux par le propriétaire enregistré ou en son nom, qu'il n'est requis par la présente loi pendant les trois premiers

29

mois ou durant une année subséquente quelconque, il sera tenu compte par le registrateur de l'excédant de travail accompli, dès qu'on en aura fourni la preuve dans les travaux exigés par la loi au cours de toute année subséquente. 6 Ed. VII, c. 11, art. 160.

(3) Le propriétaire enregistré d'un claim minier doit pas plus tard que 10 jours après chaque période spécifiée, fournir un rapport assermenté (Formule 15) du travail qu'il aura accompli pendant cette période, mais il ne doit pas être exigé pendant laquelle on fait rapport qu'il ne s'est pas fait de travail en raison des travaux exécutés précédemment. Le rapport doit donner le détail des noms et résidences des ouvriers qui ont fait les travaux et spécifier à quelle date chaque homme a travaillé à leur accomplissement. 6 Ed. VII, c. 11, art. 161; 7 Ed. VII, c. 13, art. 47. (Tel que modifié en 1910 par 10 Ed. VII, c. 26, s. 45).

Rapport du propriétaire au sujet des travaux.

(4) Le régistrateur une fois convaincu que les travaux exigés ont été dûment exécutés, peut décerner un certificat à cet effet (Formule 16), mais il pourra, s'il juge à propos, inspecter ou faire inspecter les travaux ou autrement faire enquête sur la question de leur suffisance. Un tel certificat, sauf en cas de fraude ou erreur, sera tenu comme preuve définitive et concluante que les travaux par lui certifiés ont été convenablement exécutés, mais s'il a été émis par erreur ou obtenu par fraude le commissaire a le pouvoir de le révoquer ou l'annuler sur demande de la Couronne ou d'un fonctionnaire du Bureau des Mines ou de toute personne intéressée. On ne peut faire appel quant à la question de l'exécution convenable des travaux, à plus haute autorité que le Commissaire. 6 Ed. VII, c. 11, s. 48, 51. (Tels que modifié en 1910 par 10 Ed. VII, c. 26, s. 45 (3).

Certificat d'accomplissement des travaux.

(5) Un permissionnaire ayant donné avis (Formule 17) au registrateur de son intention d'exécuter tous les travaux requis à l'égard de pas plus de trois claims miniers contigus sur un ou deux de ces claims, peut faire les dits travaux sur les claims ainsi spécifiés, et présenter un rapport avec affidavit en conséquence. 6 Ed. VII, c. 11, s. 163 ; 7 Ed. VII, c. 13, s. 49.

Accomplissement des travaux sur des claims contigus.

(6) La construction de maisons, routes ou autres améliorations de même nature ne constituent pas des travaux réels d'exploitation minière, au sens de cet article.

Certains travaux non compris comme "travaux réels d'exploitation minière."

Evaluation du temps.—Prolongations.

79. Dans l'évaluation de l'espace durant lequel on exige que les travaux soient accomplis sur un claim minier, sont exclues les périodes de temps suivantes:—

Périodes de temps exclues, dans l'évaluation du terme pour l'accomplissement des conditions de travail.

(*a*) Toute période exclue par arrêté du Conseil ou par le règlement.

(*b*) Dans une réserve forestière, le temps qui s'écoule depuis la production de la part d'un propriétaire de claim minier au Bureau des Mines, d'une demande pour y faire des travaux et l'obtention de l'autorisation voulue. 6 Ed. VII, c. 11, s. 164 ; 7 Ed. VII, c. 13, s. 150.

(*c*) Dans le cas de terres à bois sous concession l'espace de temps durant lequel les conditions de travail sont suspendues sous l'autorité de l'article 47.

(*d*) L'espace de temps durant lequel les opérations minières sont interdites par le ministre sous l'autorité de l'article 48.

80.—(1) Si, en raison de procédures pendantes ou de la mort ou de l'incapacité pour cause de maladie du propriétaire d'un claim minier, les travaux ne sont pas exécutés durant l'espace de temps prescrit, le registrateur peut, de temps à autre, prolonger le terme fixé pour l'accomplissement des travaux jusqu'à telle date qu'il jugera raisonnable et doit immédiatement consigner au dossier du claim un avis de chaque prolongation ainsi accordé. 6 Ed. VII, c. 11, art. 72 ; 7 Ed. VII, c. 13, s. 51. Prolongation du terme fixé pour l'accomplissement des travaux.

(2) Les travaux exécutés pendant toute période de prolongation ainsi accordée sont reconnus comme ayant été accomplis en conformité de l'article 78.

81. Lorsque deux ou plusieurs personnes sont propriétaires d'un claim minier non patenté, chacune doit contribuer proportionnellement à ses intérêts, ou suivant qu'il sera convenu entre elles, aux travaux qu'elles sont tenues d'y exécuter. Si l'un des propriétaires manque à ce devoir le commissaire peut, sur demande d'un autre quelconque des propriétaires après avoir donné avis à toutes les personnes intéressées ou qui se seront présentées, et avoir entendu leur témoignage, émettre un ordre transportant aux autres propriétaires communs la part du défaillant dans les termes et conditions et dans les proportions qu'il jugera légitimes. Contribution proportionnelle des propriétaires communs.

Cette disposition s'applique à tous les claims miniers piquetés ou pour lesquels on aura fait une demande le ou après le quatorzième jour de mai 1906 ou avant cette date, en vertu des règlements établis sous l'autorité de la *Loi des Mines,* chapitre 36, des statuts revisés d'Ontario, 1897.

ABANDON D'UN CLAIM.

82.—(1) Un permissionnaire peut, en tout temps, abandonner un claim minier en donnant avis par écrit (Formule 18) à cet effet au registrateur. Le permissionnaire peut abandonner un claim minier.

(2) Le registrateur doit inscrire au dossier du claim un mé- [Inscription d'un avis relatif à l'abandon d'un claim.] moire relatif à cet abandon avec la date de l'avis reçu et à partir de ce moment, tous les intérêts dans ce claim de la part du permissionnaire seront périmés et de nul effet, et par suite le claim devient immédiatement susceptible de prospection et de piquetage. 6 Ed. VII, c. 11, s. 165 ; 7 Ed. VII, c. 13, s. 54.

83. Dans le cas où le permissionnaire ne se conforme pas aux [Le défaut de soumission à cette loi ou aux directions du registrateur des équivaut à l'abandon.] exigences de cette loi quant au temps ou à la manière prescrite de faire le piquetage ou quant aux directions du registrateur à cet égard, dans les limites de temps voulues, le claim est tenu pour abandonné et devient sans aucune déclaration, inscription ou procédure de la part de la Couronne ou d'un fonctionnaire quelconque immédiatement susceptible. 6 Ed. VII, c. 11, s. 166 ; 7 Ed. VII, c. 13, s. 54 (tels que modifiés en 1909 par 9 Edouard VII, c. 26, s. 31) (1).

CONFISCATION.

84.—(1) Sous réserves des dispositions de l'article 85, tout [Causes de confiscation d'un claim minier.] intérêt d'un propriétaire de claim minier tant qu'il n'est pas émis de patente à son sujet est périmé et le claim devient, sans aucune déclaration, inscription ou procédure de la part de la Couronne ou d'un fonctionnaire quelconque, immédiatement susceptible de prospection et de piquetage :—

(a) Si le permis du propriétaire est expiré et n'a pas été renouvelé.

(b) Si le propriétaire, sans le consentement par écrit du registrateur ou commissaire, ou, pour des fins de fraude ou de tromperie ou autres fins irrégulières, enlève, fait enlever ou fait en sorte qu'on enlève un piquet ou poteau quelconque faisant partie du piquetage d'un claim minier en question; ou bien, en vue de toute fin semblable, change ou efface, ou fait changer ou effacer une inscription ou marque quelconque sur un tel piquet ou poteau.

(c) Si les travaux prescrits ne sont pas dûment exécutés.

(d) S'il n'est pas fait un rapport conformément au paragraphe 3 de l'article 78 et déposé au bureau du registrateur ainsi que l'exige cette loi.

(e) Si la demande et le paiement des lettres patentes exigées par les articles 106 et 107 ne sont pas faits dans la limite de temps prescrite. 6 Ed. VII, c. 11, s. 168 ; 7 Ed. VII, c. 13, s. 52 (tels que modifiés en 1909 par 9 Ed. VII, c. 26, s. 31) (2)

(2) Personne autre que le ministre ou un fonctionnaire du Bureau des Mines ou un permissionnaire intéressé dans la propriété atteinte n'a le droit de susciter un motif de confiscation à moins d'être autorisé par le Commissaire.

85. La confiscation ou perte des droits en vertu de l'article 84 ne doit pas prendre effet avant les trois mois qui suivent le défaut de se conformer à la loi, pourvu que

La confiscation est différée en certains cas.

    (a) Dans le cas prévu à l'alinéa *(a)*, le propriétaire du claim obtienne un permis de renouvellement libellé à cet effet et délivré seulement contre paiement de trois fois le montant des honoraires prescrits pour un permis;

    (b) Dans le cas prévu à l'alinéa *(d)*, le propriétaire produise un rapport en règle et paye en même temps un droit spécial de $25.

(2) Lorsque l'accomplissement d'une autre quelconque des exigences stipulées à l'article 84 a été empêché par des procédures pendantes ou par toute autre cause que le propriétaire n'a pas raisonnablement pu éviter, le commissaire peut, dans les trois mois qui suivent le défaut de se conformer à la loi, dans des conditions calculées à compenser les frais encourus par tout autre permissionnaire ayant acquis des intérêts dans ce claim, durant cette période et dans les conditions qu'il jugera légitimes, émettre un ordre dégageant la personne en défaut de la confiscation ou perte de ses droits, et, en cas de soumission aux conditions de l'ordre, s'il y a lieu, cet ordre peut être déposé au bureau du régistrateur et sur ce, les intérêts ou droits annulés écherront de nouveau à la personne ainsi dégagée.

Remède à la confiscation dans d'autres cas.

(3) Le régistrateur à la suite de toute confiscation ou abandon ou perte de droits dans un claim minier doit en inscrire immédiatement un avis portant la date de l'inscription au dossier du claim et marquer le dossier du claim "Annulé" et doit immédiatement afficher dans son bureau un avis de l'annulation. 7 Ed. VII, c. 13, s. 53.

Inscription au dossier par le régistrateur de la confiscation.

87. Lorsqu'il y a plusieurs propriétaires en commun et que les intérêts de l'un des propriétaires sont périmés en raison de l'expiration de son permis, ces intérêts, seront, si le ministre en décide ainsi, transportés et investis aux autres propriétaires et répartis suivant la proportion de leurs intérêts dans le claim.

Intérêts de l'un des propriétaires communs à l'expiration de son permis.

88. Lorsqu'un permissionnaire au nom duquel un claim a été piqueté meurt avant que le claim ne soit enregistré, et lorsque le propriétaire d'un claim meurt avant qu'il ne soit émis une patente pour ce claim personne autre n'est autorisé, sans la permission du commissaire, à piqueter ou enregistrer un claim minier sur une partie quelconque des mêmes terrains, ou à s'approprier des droits, privilèges ou intérêts quelconques à leur égard dans le délai de douze mois après la mort d'un tel permissionnaire ou propriétaire, et le commissaire peut dans les limites de ces douze mois faire telle ordonnance qu'il jugera légitime pour transporter le claim aux héritiers, nonobstant toute péremption, abandon, annulation, confiscation ou perte des droits en vertu d'une disposition quelconque de cette loi. (*Nouveau*),

Mort du permissionnaire avant l'enregistrement ou du propriétaire avant l'émission de la patente.

94.—(1) Un permissionnaire peut obtenir un permis de travail lui décernant pour des fins de prospection de minéraux, la propriété exclusive d'une étendue de terrain susceptible de prospection et de piquetage, cette étendue devant être d'une forme et superficie telle que prescrite pour un claim minier, en procédant de la manière suivante:—

Droit d'obtenir un permis de travail après piquetage de l'étendue.

(a) Piqueter les coins et marquer les limites de l'étendue en question, placer des numéros et des indications sur les poteaux tel que, autant que possible, prescrit par l'article 54 à l'égard des claims miniers, en omettant seulement ce qui est prescrit quant à la découverte ou au poteau de découverte, mais on doit inscrire ou placer sur le poteau No 1, les mots " on a fait la demande d'un permis de travail ", et chaque poteau doit être marqué de trois rangées d'entailles n'ayant pas moins de ¼ de pouce en profondeur et espacées de non moins de 2 pouces, commençant environ à 2 pouces du sommet du piquet. 7 Ed. VII, c. 13, s. 39.

(b) Remettre au registrateur dans un délai de 15 jours après le piquetage une demande en double (Formule 19) accompagnée d'une carte ou plan, indiquant d'une façon générale et aussi nettement que possible l'emplacement de l'étendue par rapport à une limite ou localité connue, accompagnée d'un affidavit (Formule 20), donnant le nom du permissionnaire au nom de qui la demande est faite et la lettre et le numéro de son permis, l'endroit où l'étendue est située tel qu'indiqué et un exposé quelconque, et toute autre information de nature à permettre au registrateur de reconnaître l'étendue sur sa carte de bureau, et l'époque où l'étendue a été piquetée, attestant que, au moment où elle a été piquetée, il n'y avait rien sur les lieux indiquant qu'elle n'était pas disponible au piquetage pour l'obtention d'un permis de travail, que le déposant ne connaît aucune raison obviant à la concession du permis qu'il estime véritablement que le postulant a droit, d'après la teneur de cette loi de faire la demande en question. Lorsque l'étendue est située à plus de dix milles, en ligne droite, du bureau du registrateur, il sera accordé, pour produire la demande, un jour additionnel pour chaque dix milles en plus ou fraction de cette distance.

(c) Obtenir du registrateur un certificat de demande (Formule 21) et afficher solidement ce certificat au poteau dans les trois jours qui suivent l'octroi du certificat, et lorsque l'étendue est à plus de dix milles de distance en ligne droite du bureau du registrateur il sera accordé un jour additionnel pour chaque dix milles en plus ou fraction de cette distance.

(*d*) Payer ou garantir au propriétaire des droits de surface, s'il s'agit de terrains dont les droits de surface ont été précédemment concédés, une compensation pour le dégat ou dommage occasionné par les travaux de prospection sur ces terrains, en conformité de l'article 104.

(2) Après s'être conformé aux prescriptions du paragraphe 1 et avoir payé les honoraires prescrits, le postulant doit obtenir du registrateur, après soixante jours et dans les soixante jours qui suivent le piquetage de l'étendue, un permis de travail. (Formule 22) qui sera valide pour six mois à partir de la date de l'émission. Quand peut-on émettre un permis de travail.

Il est stipulé que, dans le cas où la délivrance d'un permis de travail est empêchée par suite de l'enregistrement d'un claim minier après le piquetage de la propriété en vue d'obtenir un permis de travail, ou par suite de contestation non encore réglée, ou du défaut de la part du requérant après un délai raisonnable, de s'entendre avec le propriétaire des droits de surface au sujet de compensation, le régistrateur ou le commissaire peut nonobstant l'expiration des soixante jours, ordonner la délivrance du permis. 6 Ed. VII, c. 11, art. 141, *partie;* 6 Ed. VII, c. 13, s. 38, 39, 40. Clause conditionnelle.

96. Nul permissionnaire ne peut au cours d'un même exercice de permis posséder ou demander plus de trois permis de travail dans une seule et même division minière ou un territoire non compris dans une division minière. 6 Ed. VII, c. 11, s. 153. Nombre de permis que l'on pourra accorder.

97. Tant qu'il n'a pas été accordé un permis, et affiché un avis à cet effet (Formule 24) au poteau No 1, l'étendue dont il est question dans la demande est susceptible de prospection et de piquetage à titre de claim minier, de la part de tout permissionnaire; mais, après la délivrance du permis de travail pendant sa durée ou son renouvellement, le cas échéant, le propriétaire de ce permis aura le droit exclusif de prospection et piquetage sur la dite étendue. Il est stipulé que, en tout temps après expiration des 60 jours qui suivent le piquetage, le commissaire ou le registrateur peut, s'il juge légitime de le faire, ordonner que l'étendue ne soit pas disponible pour la prospection et le piquetage tant qu'on n'aura pas statué sur la demande de permis de travail, et cet ordre prendra effet dès qu'on en aura affiché un duplicata ou une copie certifiée au poteau No 1. 6 Ed. VII, c. 11, sections 144 et 145 : 6 Ed. VII, c. 13, s. 42. Droits d'autres permissionnaires.

98. A moins qu'il ne soit en termes formels prescrit autre- Application d'autres pres-criptions re-lativement aux claims miniers.

ment, tout permissionnaire ayant piqueté une étendue de terrain
en vue d'obtenir un permis de travail, est sous tous rapports assujetti aux mêmes restrictions et conditions quant à la procédure
et au piquetage, qui s'appliquent à un permissionnaire prospectant
et piquetant un claim minier, et, sans restreindre l'application
générale de cet article, les articles 34, 36 jusqu'à 41, le paragraphe 3 de l'article 42, les articles 44 à 52, 57, 58, 60 à 63, 69
à 77, et 79 à 89, en autant qu'ils peuvent être appliqués, et modifiés suivant qu'il sera nécessaire, s'appliqueront à toute demande
de permis de travail et à tout permis de travail une fois accordé.
6 Ed. VII, c. 11, s. 143.

99. En commençant pas plus tard que dans le délai de quinze Conditions de travail pres-crites par le permis de travail.

jours après la concession d'un permis de travail, le propriétaire
doit exécuter sur l'étendue dont il est question dans le permis
de travail, des travaux qui consistent à rechercher des minéraux
en fonçant des puits ou des excavations en creusant des tranchées
et des coupes transversales, en faisant des forages au diamant ou
autres, ou tout autre ouvrage réel (bona fide) d'exploitation de
nature semblable devant représenter le travail de cinq journées
de huit heures par jour chaque semaine. Il est stipulé qu'il est
libre d'accomplir ces travaux en moins de six mois, mais de telle
façon que la somme de travail exécuté ne sera en aucun temps
moindre que celle prescrite par la présente loi.

100. Tout permis de travail peut être transporté (Formule Droit de transporter le permis de travail.

25) et, dès que le transport a été enregistré le cessionnaire pourra
bénéficier du terme non expiré du permis de travail et de tout
droit relatif à son renouvellement. 6 Ed. VII, c. 11, s. 151.

101. Le registrateur peut accorder au possesseur d'un per- Droit au re-nouvellement du permis de travail.

mis de travail qui se sera conformé aux exigences de cette loi un
renouvellement de ce permis (Formule 26), pour une période de
six mois, mais ce renouvellement sera assujetti aux mêmes exigences quant au travail à exécuter et sous d'autres rapports, que
le permis de travail original. 6 Ed. VII, c. 11, s. 152.

102. Si le possesseur d'un permis de travail fait la décou- Piquetage d'un claim sur l'étendue par un per-mis de tra-vail.

verte d'un minéral précieux in situ sur l'aire de terrain que comporte son permis, il peut y piqueter et enregistrer un claim minier en faisant les changements nécessaires dans sa demande d'enregistrement du claim et dans l'affidavit qui doit être consigné
avec ce document. 7 Ed. VII, c. 13, s. 41, *partie.*

103. La décision ou ordonnance du commissaire à l'égard Les décisions du commis-saire seront définitives.

d'un permis de travail ou d'une demande à cet effet ou relativement aux droits ou intérêts qui en dépendent ou par lequel ils
sont atteints doit être décisive non susceptible d'appel. 7 Ed.
VII, c. 13, s. 31, *partie.*

PARTIE IX.—EXPLOITATION DES MINES.

RÈGLEMENTS.

157. Nul garçon âgé de moins de quinze ans ne peut être employé ni autorisé à chercher de l'emploi sous terre dans une mine quelconque; et, sauf dans le cas des travaux de façonnement du mica, nulle jeune fille ou femme ne peut être employée ni autorisée à travailler aux ouvrages d'exploitation dans une mine quelconque ou sur ses dépendances. 6 Ed. VII, c. 11, s. 192.

Emploi de femmes et d'enfants.

158.—(1) Nul garçon âgé de moins de dix-sept ans ne peut être employé ni autorisé à chercher de l'emploi sous terre dans une mine quelconque le dimanche, ou pour plus de huit heures dans une seule et même journée.

Heures de travail pour garçons.

(2) Le temps pendant lequel un tel garçon peut rester sous terre pour travailler compte à partir du moment de quitter la surface jusqu'au moment d'y remonter. 5 Ed. VII, c. 11, art. 193.

159. Le propriétaire ou agent de toute mine doit garder dans un bureau à la mine, ou au bureau principal de la mine appartenant au même propriétaire dans le comté ou district où la mine est située, un registre dans lequel il fera inscrire les noms, âges, résidences avec date du premier emploi de tous les garçons n'ayant pas atteint l'âge de 17 ans qui travaillent sous terre dans la mine, et doit produire ce registre sur la demande de tout inspecteur en tout temps raisonnable et lui permettre de l'inspecter et d'en prendre copie. Le chef immédiat autre que le propriétaire ou agent de la mine, de tout garçon âgé de moins dix-sept ans, avant de le faire pénétrer sous terre dans une mine, doit faire rapport au propriétaire ou agent ou à une personne nommée par celui-ci à l'effet qu'il est sur le point d'employer un tel garçon dans la mine. 6 Ed. VII, c. 11, s. 194.

On doit garder un registre des garçons employés.

160. Lorsqu'il y a dans une mine un puits, plan incliné, plan à câble ou niveau pour pénétrer dans la mine ou communiquer d'une partie à l'autre et qu'il y a des personnes voiturées en montant, descendant ou le long de ce puits, plan incliné, plan à câble ou niveau, au moyen d'une machine quelconque, treuil ou chèvre, personne ne sera autorisé à conduire cette machine, treuil ou chèvre, ou à se charger d'une partie quelconque du mécanisme cordages, chaînes ou poulies, autre qu'un individu du sexe masculin âgé de non moins de vingt ans. Lorsque la machine, treuil ou chèvre est actionnée par un animal, la personne

Age et sexe des employés préposés aux machines.

sous les ordres de qui le conducteur de l'animal travaille sera considérée au sens de cet article comme responsable de la machine, treuil ou chèvre, et nul ne peut être employé pour conduire à moins d'avoir atteint l'âge de seize ans. 6 Ed. VII, c. 11, s. 195.

161. Dans le cas où une personne contreviendrait à l'un des quatre articles qui précèdent, le propriétaire et l'agent d'une mine seront égalemnet tous les deux coupables de violation de cette loi, à moins qu'il ne soit prouvé que toutes les mesures raisonnables ont été prises pour prévenir cette contravention en affichant et faisant exécuter en autant qu'il est possible, les prescriptions de cette loi. 6 Ed. VII, c. 11, s. 196. Amende pour l'emploi de certaines personnes contrairement à la loi.

162. Lorsqu'une mine a été abandonnée ou que l'on a discontinué les travaux, le propriétaire ou locataire et toute autre personne intéressée dans les minéraux de la mine doivent veiller à ce que l'ouverture du puits et toutes les entrées qui sont à la surface de même que tous les autres fosses et excavations offrant quelque danger en raison de leur profondeur soient et restent clôturées avec sécurité ; et toute personne qui néglige de se conformer à cet article est coupable d'infraction à cette loi, et chaque puits. entrée, fosse ou autre excavation non ainsi clôturée sera considérée comme une contravention. 6 Ed. VII, c. 11, art. 203. Les mines abandonnées ou non exploitées doivent être cloturées.

RÈGLEMENT POUR LA PROTECTION DES MINEURS.

Conservation des Explosifs.

3. Il ne doit pas être construit ni maintenu de poudrière pour la poudre, dynamite ou autre explosif à une distance de moins de quatre cents pieds de la mine et des usines ou d'une grande route publique sauf avec autorisation écrite de l'inspecteur ; et toute poudrière de cette nature doit être construite avec de tels matériaux et de telle façon qu'il n'y ait aucun danger d'explosion provenant d'une cause quelconque, et doit être soit située de façon à ce qu'il s'interpose une colline ou élévation de terrain plus élevée que la poudrière entre celle-ci et la mine et les usines, ou alors un rampart artificiel aussi élevé que la poudrière et situé à non moins de 30 pieds de celui-ci devra être intercalé de même façon. Poudrière pour explosifs.

4. On ne doit pas mettre en réserve sous terre, de poudre, dynamite ou autre explosif pour une provision de plus de 24 heures dans une mine en activité. Ces explosifs doivent être gardés sous clef dans des boîtes solidement fermées et, si on les dégèle sous terre, doivent être maintenus dans des parties inexploitées de la mine, jamais à moins de cent pieds de distance d'une ligne de transport souterraine, ni à moins de cent cinquante pieds des endroits où il se fait des forages et des sautages, et doivent toujours être sous la garde d'un préposé à cet effet ayant l'expérience voulue pour les surveiller. Où l'on doit garder les explosifs dans une mine.

5. Les fusées, capsules fulminantes, amorces électriques de même que les articles contenant du fer ou de l'acier ne doivent pas être emmagasinés dans le même dépôt que la poudre, dynamite ou autre explosif, non plus qu'à une distance de moins de cinquante pieds de la poudrière, et doivent être déposées en lieu sûr. *Emmagasinement de fusées, capsules fulminantes, etc.*

9. En chargeant les trous de sautage, on ne doit faire usage d'aucun outil ou tige en fer ou acier, et il ne doit être fait usage de fer ou acier en aucun trou contenant des explosifs, et l'on ne doit pratiquer aucun forage dans les trous qui auront servi au sautage, non plus qu'introduire aucun outil en métal au fond de tels trous. (Tel que modifié en 1909 par 9 Ed. VII, c. 17, art. 3). *On ne doit faire usage d'aucun outil en fer ou acier en chargeant les trous.*

10. Une charge qui n'aura pas pris feu ne doit pas être enlevée mais doit être tirée; et dans le cas d'un trou de mine qui n'aurait pas été tiré à la fin d'une relève, le contremaître ou maître de relève doit signaler le fait au chef mineur ou maître de relève en charge de l'équipe de mineurs suivante avant que ceux-ci ne commencent à travailler. *On devra faire rapport des coups de mine ratés.*

11. Tous les trous de mine soit forés à la main ou à la mécanique doivent être d'une dimension suffisante pour permettre l'introduction facile jusqu'au fond du trou d'un pétard ou d'une cartouche de poudre, dynamite ou autre explosif, sans qu'il soit besoin de l'enfoncer ,cogner ou pousser. *Dimensions des trous de mine.*

12. Il ne doit pas être fait usage de poudre, dynamite ou autre explosif pour dynamiter ou briser du minerai, salamandre ou autre matière lorsque, en raison de l'état réchauffé du minerai, salamandre ou autre matière, il y a quelque danger ou risque de provoquer une explosion prématurée de la charge.

PARTIE X.—INFRACTIONS, AMENDES ET POURSUITES.

176. Toute personne qui *Exposé des infractions.*

(*a*) Prospecte, occupe ou travaille des terres de la Couronne ou des droits miniers pour minéraux sans se conformer aux dispositions de la présente loi ou de 6 Ed. VII, c. 11, s. 103.

(*b*) De propos délibéré, détériore, modifie, enlève ou dérange un poteau, pieu, piquet, ligne de démarcation, chiffre, inscription ou autre marque règlementaire quelconque, existant ou faite sous l'empire de cette loi, ou

(*c*) De propos délibéré, arrache, endommage, ou défigure un avis affiché par le propriétaire ou agent d'une mine, ou (*d*) De propos délibéré, entrave le commissaire ou un fonctionnaire quelconque nommé sous l'autorité de cette loi dans l'exercice de ses fonctions, ou

(*e*) Etant le propriétaire ou l'agent d'une mine, refuse ou néglige de fournir au commissaire ou à un fonctionnaire quelconque les moyens nécessaires pour faire une inscription, inspection, examen ou enquête relativement à une mine quelconque, d'après les dispositions de cette loi autres que celles de la partie IX; ou

(*f*) Marque ou piquète illégalement en entier ou en partie un claim minier, claim de carrière ou claim de placer minier, ou une aire pour obtenir un permis de travail ou de forage, ou

(*g*) De propos délibéré, agit en contravention des dispositions de cette loi autres que celles de la partie IX dans certain détail non encore exposé jusqu'à présent, ou

(*h*) De propos délibéré, contrevient à l'une quelconque des dispositions de cette loi ou à des règlements établis sous l'empire d'icelle, à l'égard de laquelle contravention il n'est imposé aucune amende; ou

(*i*) Essaye de commettre l'une quelconque des infractions énumérées dans les clauses précédentes,

est coupable d'infraction à la présente loi et passible d'une Amende. amende n'excédant pas \$20 pour chaque jour pendant lequel cette infraction est commise ou se continue, et une fois condamné sera passible d'emprisonnement pendant une période de pas plus de trois mois à moins que l'amende et les frais ne soient payés dans l'intervalle. 6 Ed. VII, c. 11, articles 103 et 209.

CÉDULE.

LOI DES MINES D'ONTARIO.

Appendice des Formules.

Formule 1.   Permis de mineur. (*Voir* art. 23 (1).)
  "   3.   Renouvellement de permis de mineur. (*Voir* art. 27.)
  "   4.   Demande d'enregistrement d'un claim minier. (*Voir* art. 59 (1).)
  "   10.   Certificat d'enregistrement du piquetage d'un claim minier. (*Voir* **art. 64.**)
  "   18.   Avis d'abandon d'un claim minier, etc. (*Voir* article 82 (1).)
  "   22.   Permis de travail. (*Voir* art. 94 (2).)

(Armoiries.)

LOI DES MINES D'ONTARIO.

Formule 1.   (Voir art. 23).

Département des Terres, Forêts et Mines.

Honoraires $

(*Nom de l'endroit et date de l'émission*).

191 .

Permis de Mineur.

Ce permis est délivré à   appelé le permissionnaire, de la
                de   contre paiement, à titre d'honoraires,
    de   dollars, sous l'empire de la *Loi des Mines d'Ontario*, et
subordonnément aux dispositions de cette loi, valide jusqu'à et y compris le trente et
unième jour de mars qui suivra la date des présentes, et n'est pas échangeable.

Registrateur des Mines de la division minière.

Souche de la formule 1.

Permis de Mineur.

No.   Honoraires $
Nom de la division minière
Nom du permissionnaire
De
Date de l'émission

(Armoiries.)

LOI DES MINES D'ONTARIO.

Formule 3.   (Voir art. 27).

Ministère des Terres, Forêts et Mines.

No. du permis renouvelé
No. du renouvellement   Honoraires $

(*Endroit et date de l'émission du renouvellement*)

191 .

Renouvellement de Permis de Mineur.

Ce renouvellement de permis de mineur No.   délivré par le régistrateur des Mines de la division minière   le
jour de   , 191 à   de
appelé le permissionnaire, est délivré au permissionnaire contre paiement de
                dollars à titre d'honoraires, sous l'empire de et subordonnément
aux dispositions de la *Loi des Mines d'Ontario*, renouvelle le dit permis jusqu'à et y
compris le trente et unième jour de mars qui suivra la date des présentes et n'est
pas échangeable.

Registrateur des Mines de la division minière.

Souche de la formule 3.

Renouvellement de Permis de Mineur.

No. du permis renouvelé   Honoraires $
No. du renouvellement
Nom du permissionnaire
Nom de la division minière
Date de l'émission du permis original
Date de l'émission du renouvellement

(Armoiries.)

LOI DES MINES D'ONTARIO.

Formule 4. (Voir art. 59 (1).)

Ministère des Terres, Forêts et Mines.

DEMANDE D'ENREGISTREMENT DU PIQUETAGE D'UN CLAIM MINIER.

Au registrateur des Mines de   Division minière :—
Il est fait demande, par les présentes sous le régime des dispositions de la *Loi des Mines d'Ontario* d'enregistrer le piquetage d'un claim minier contenant
acres ou à peu près, se composant de l'étendue indiquée par le croquis ou plan ci-joint et dont voici la description plus détaillée :
Les longueurs des contours du claim sont comme suit :
Le nom du claim est
Le poteau de découverte est situé à   pieds   du poteau No 1.
La découverte du minéral précieux en place motivant ce claim a été faite le
jour de 191 , à   heures   m., par   détenteur
du permis de mineur No.
Le claim a été piqueté et les lignes frontières y ont été entaillées et blanchies
le   jour de   191 .
Le claim a été piqueté et doit être enregistré au nom de   ,
demeurant à   , dont l'adresse postale est   ,
et lequel est détenteur du permis de mineur No.   en date du
jour de   191 , délivré par le registrateur des Mines de la division
minière de   .
Date à   , ce
jour de   191 .

Nom du postulant, Numéro du permis.

Remarque. — Si le postulant n'est pas un résidant de l'Ontario, il faudra donner comme suit le nom. la résidence et l'adresse postale d'un représentant demeurant dans l'Ontario que l'on pourra assigner :—
On peut assigner   lequel demeure à
dans l'Ontario et dont l'adresse postale est

(Armoiries.)

LOI DES MINES D'ONTARIO.

Formule 10. (Voir art. 64).

Ministère des Terres, Forêts et Mines.
Numéro   Honoraires $

CERTIFICAT D'ENREGISTREMENT DU PIQUETAGE D'UN CLAIM MINIER.

Je certifie par les présentes que j'ai en ce jour délivré à   de
, détenteur du permis d'exploitation No.   ,
en date du   jour de   191 , (émis par le
registrateur des Mines de la division minière de   ), un
certificat minier No.   , connu sous le nom de   ,
contenant   acres, plus ou moins.
Daté à   , ce   jour de   ,
191 .

Registrateur des Mines de la division minière.

(Armoiries.)

LOI DES MINES D'ONTARIO.

Ministère des Terres, Forêts et Mines.

AVIS D'ABANDON D'UN CLAIM MINIER, ETC.

Au registrateur des Mines de la division minière de

Je soussigné, détenteur du permis de mineur No.   décerné par le registrateur des mines de la division minière de   , et propriétaire du claim minier No.   , abandonne par les présentes tous mes intérêts dans le dit claim minier et vous autorise à enregistrer cet abandon dans les livres de votre bureau.

Je demeure à   , et mon adresse postale est

Daté à   , ce   jour de   191 .

Nom du permissionnaire.
Adresse postale du permissionnaire.

Remarque.—S'il s'agit d'un claim de carrière, permis de travail ou permis de forage, on fera les modifications voulues.

(Armoiries.)

LOI DES MINES D'ONTARIO.

Formule 22. (Voir art. 94 (2).)

Ministère des Terres, Forêts et Mines.

No.   Honoraires $

PERMIS DE TRAVAIL.

Conformément aux dispositions de la *Loi des Mines d'Ontario* et subordonnément à cette loi, il est par les présentes, décerné à de   détenteur du permis No. en date de ce   jour de   191 , délivré par le registrateur des mines de la division minière de   une autorisation d'entrer en possession complète, pour la prospection de minéraux de l'étendue composée de   acres de terres, indiquée sur le croquis ou plan ci-joint, et dont voici la description plus détaillée : et d'y exécuter des travaux pendant une période de six mois à partir du jour de la date des présentes, de même qu'un renouvellement (s'il y a lieu) dans les termes du renouvellement libellé au verso des présentes.

Daté à   , ce   jour de   191 .

Registrateur des Mines de la division minière de

PARTIE IV.

OUVRAGES CONSULTÉS.

Adams, F. D. et Barlow, A. E.—
    " Géologie des régions d'Haliburton et Bancroft, province d'Onta-
    rio." Mémoire VI, Commission Géologique, Canada, 1910.
Atkinson, A. S.—
    " Ueber einige physikalische Verhaltnisse des Glimmers," Zeitschrift
    der Deutschen Geologischen Gesellschaft, Vol. XXVI, 1874, p. 137.
Bauer, M.—
    " Lehrbuch der Mineralogie ", 1886, p. 439.
Bell, B. T.—
    " The Industrial Uses of Mica," Journal of the General Mining
    Association of the Province of Quebec, Vol. I, p. 330.
Blake, W. P.—
    " The Discovery of Tin Stone in the Black Hills of South Dakota,"
    Engineering and Mining Journal, Vol. XXXVI, 1883, p. 145.
British Columbia.
    Annual Reports of the Minister of Mines.
Carter, W. E.—
    " Mica Mines ", Journal du Canadian Mining Institute, Vol. VII,
    1904, p. 161.
Cirkel, F.—
    " The Mica Industry in Canada ", Engineering and Mining Journ-
al, 1908, p. 801.
Cirkel, F.—
    " Mica, son exploitation et ses usages." Rapport de la division des
    Mines, ministère des Mines, Ottawa.
Cirkel, F.—
    " Mica Deposits in the County of Ottawa, Transactions of the Ge-
    neral Mining Association of the Province of Quebec ", Vol. I, 1891-
    93, p. 326.
Cirkel, F.—
    " Mica Deposits," Canadian Mining Review, Vol. XXIII, 1904, pp.
    82, 104, 128.
Clarke, F. W.—
    " A Theory of the Mica Group," American Journal of Science, Vol.
    XXXVIII, 1889, p. 384.
        also in : Journal of the Chemical Society, Vol. LVIII, p. 460.
Clarke, F. W.—
    " Researches on the Lithia Micas ", American Journal of Science,
    Vol. XXXII, 1886, p. 11;
        aussi dans : United States Geological Survey Bulletin 42, Vol.
        VII, 1887-88, p. 11 ;
        aussi dans : Journal Chemical Society, Vol. I II, p. 347.
Clarke, F. W.—
    " Studies in the Mica Group ", American Journal Society, Vol.
    XXXIV, 1887, p. 131;
        also in : Journal Chemical Society, Vol. LIV, p. 117.

Clarke, F. W. et Schneider, E. A.—
"Experiments upon the Constitution of the Matural Silicates",
Amer. Journ. Society, Vol. XL, 1890, p. 410.

Clarke, F. W. et Schneider, E. A.—
"Constitution of certain Micas, Vermiculites, and Chlorites," Amer.
Journ. Sci., Vol. XLII, 1891, p. 242;
aussi dans : Journ. Chem. Soc., Vol. LXII, p. 125.

Clarke, F. W. et Schneider, E. A.—
"Experiments upon the Constitution of certain Micas and Chlorites ", Amer. Journ. Sci., Vol. XLIII, 1892, p. 378.
aussi dans : Journ. Chem. Soc., Vol. LXIV, Part II, p. 78.

Colles, G. W.—
"Mica and the Mica Industry," Journal of the Franklin Institute,
Vol. CLX, 1905, pp. 191, 275, 327, et Vol. CLXI, 1906, pp. 43, 81.
Aussi publié en entier.

Colles, G. W.—
"Opportunities for Improvement in Mica Mining," Engineering
Magazine, Vol. XXII, 1902, p. 737.

Corkill, E. T.—
"Notes on the Occurrence Production, and Uses of Mica ", Journ.
of the Canadian Mining Institute, Vol. II, 1904, p. 284.

Corkill, E. T.—
"Mica in Ontario ", Canadian Mining Journal, Vol. XXVII, 1907,
p. 196.

Dana, J. D.—
"System of Mineralogy."

Dickson and Krishnauja.—
"Transactions in the Mining and Geological Institute of India,"
Vol. III, Partie 2, p. 57, et Vol. VI, Partie A, page 181.

Ells, R. W.—
"Mica Deposits of the Kingston District," Rap. Ann. Com. Géol.
Can., Vol. XIV, Partie A.

Ells, R. W.—
"Phosphate Deposits in the Laurentian," Transactions of the General Mining Association of the Province of Quebec, 1893.

Ells, R. W.—
"Rapport sur la Géologie d'une portion de l'Est d'Ontario." Com.
Geol. Can. 1904.

Ells, R. W.—
"Interesting Rock Contacts in the Kingston District, Ontario,"
Transactions of the Royal Society of Canada, Serie II, Vol. IX,
Sect. IV, 1903.

Ells, R. W.—
"Apatite," Bull. Geol. Surv., Can., 1904.

Ells, R. W.—
"Mica Deposits in the Laurentian or the Ottawa District," Bulletin of the Geological Society of America, Vol. V, 1894, 481.

Ells, R. W.—
"Mica Deposits ", Transactions of the Geological Society of America, 1894.

Ells, R. W.—
"Report on the Geology of Argenteuil, Ottawa, and Pontiac Counties, Province of Quebec," Rap. Ann. Com. Géol. Can., Vol. XII, Partie J.

Ells, R. W.—
"Mica Deposits of Canada", Bull. Geol. Surv., Can., 1904.

Ells, R. W.—
"Rapport sur les Ressources Minérales de la Province de Québec." Rap. Ann. Com. Géol. du Canada, Vol. IV, Partie K, 1888.

Ells, R. W.—
"Rapport sur la Géologie et les Ressources Naturelles de l'étendue comprise dans la carte de la ville d'Ottawa et du voisinage." Rap. Ann. Com. Géol. Can., Vol. XII, Partie G, 1899.

Ells, R. W.—
"The Phosphate Deposits of the Ottawa District," Journal Mining Association of Quebec, Vol. I, 1891-93, p. 221.

Friedel, C. et G.—
"Action des Alcalis....sur le Mica", Comptes Rendus, Vol. CI, 1890, p. 1170;
aussi dans: Bericht der Deutschen Chemischen Gesellschaft, Vol. XXVII, Partie 3, p. 453;
aussi dans: Journal Chem. Soc. Vol. LVIII, p. 1080.

Commission Géologique du Canada.—
"Rapport de travaux, rapports annuels et autres publications depuis 1863, jusqu'à date. Des renvois spéciaux sont donnés dans le texte et aussi dans cette liste.

Geological Survey of India.—
"Records of, Vol. XXXIX, 1910, p. 168 et suivantes.

Harrington, B. J.—
"Rapport sur les minerais de quelques-uns des filons Apatitifères du comté d'Ottawa, Québec." Rapport des travaux de la Com. Géol. du Canada, 1877-78.

Henderson. C. H.—
"Mica and Mica Mines", Eng. and Min. Journal, Vol. LV, 1893, p. 4.

Hintze, C.—
"Handbuch der Mineralogie," Part IV, p. 515 et seq.

Hitchcock, C. H.—
"Mica in New Hampshire," Geology of New Hampshire, Vol. III, Part V, 1878, p. 89.

Hoffman. G. C.—
"Liste des minéraux qu'on trouve au Canada," Rap. Ann. Com. Geol. Can., Vol. IV, Partie T, 1890.

Hoffman, G. C.—
"Catalogue of Minerals and Rocks in the Geological Survey Museum, Ottawa, 1893.

Hoffman, G. C.—
"Sur l'apatite canadienne" Rap. Trav. Com. Geol. Can., 1877-78, Partie H.

Holland, T. H.—
"The Mica Deposits of India," Memoirs of the Geological Survey of India, Vol. XXXIV, Part 2, 1902.

Holmes, J. A.—
"Mica Deposits in the United States," Ann. Rep. United States Geil. Surv., Vol. XX, 1899, Partie VI, 2, p. 691.

Iddings, J. P.—
"Rock Minerals," 1906, p. 418.

Imperial Institute.—
"The Mica Deposits of India," Bull. No. 1, 1903, p. 49.

Imperial Institute.—
"Vol. VII, Bull. 1, 1909, p. 80.

India.—
Transactions of the Mining and Geological Institute of, Vol. III, Part 2, and Vol. V, Part 2.

Kerr, W. C.—
"The Mica Veins of North Carolina," Trans. Amer. Inst. Min. Eng. Vol. VIII, 1879, p. 457.

McLelland, E. H.—
"List of References to Books and Magazine Articles on Mica," Bulletin of the Carnegie Livrary, Pittsburgh, Pe., Octrobre 1908.

McEvoy, L.—
"Rapport sur la Géologie de la route de la Passe de la Tête Jaune." Rap. Ann. Com. Géol., Vol. XI, Partie D.

Merrill, G. P.—
"The non-metallic minerals," 1904, p. 163.

Merrill, G. P.—
"Non-metallic minerals in the section of Applied Geology of the United States, National Museum-Mica," Ann. Rep. of the Smithsonian Institute, 1899; Report of the United States National Museum, p. 283.

Mirthcell. H. C.—
"A New Use for Scrap Mica," Journal of the Federated Canadian Mining Institute, "Vol. II, 1897, p. 93.

Miers, H. A.—
"Mineralogy," 1902, p. 469.

Mineral Industry.—
Année 1892, jusqu'à ce jour.

Mineral Production of Canada.—
Annual reports on, issued by Mines Branch, Department of Mines, Ottawa.

Naumann-Zirkel.—
"Elemente der Mineralogie," 14th Edition, 1901.

North Carolina.—
Geological and Economical Survey of. Economic Paper 15, p. 57.

Obalski, J.—
"Mica dans la province de Québec," Rapport du département des Mines de Québec, 1901.

Obalski, J.—
"Mica in the Saguenay District. Quebec." Transactions of the General Mining Association of the Province of Quebec, 1894-95, p. 24.

Ontario Bureau of Mines.—
Rapports Annuels, 1891 jusqu'à ce jour.

Osann, A.—
"Roches archéennes de la vallée d'Ottawa," Rap. Ann. Com. Géol. Can., Vol. XII, Partie O, 1902.

Penrose, R. A. F.—
"The Nature and Origin Deposits of Phosphate of Lime," Bull.
U. S. Geol. Survey, No 46, Vol. VII, 1888.

Pirsson, L. V.—
"Datolite from Lacey Mine, Ontario," Amer. Journ. Science, Vol.
XLV, 1893, p. 101.

Quebec.—
Rapports annuels du surintendant des Mines jusqu'à ce jour.

Rammelsberg.—
"Ueber die chemische Natur der Glimmer," Sitzber-Akad-Berlin,
1899, pp. 99-109.

Rood, O. N.—
"On the Electrical Resistance of Glass, Quartz, Mica, etc." Amer.
Journ. Sci., Vol. XIV, 1902, p. 161.

Rose, G.—
"Asterism," Monatsberichte der Berliner Akademie," 1862, p. 614
and 1869, p. 344.

Schnatterbeck, C. C.—
"Mica: its Uses and Value," Eng. and Min. Journ. Vol. LXXV,
" 1903, p. 484.

Scott, H. K.—
"The Occurrence of Mica in Brazil," Transactions of the Institution
of Mining and Metallurgy, Vol. XII, 1902-3, p. 357;
also in: Mines and Minerals, Vol. XXIV, p. 34.

Smith, A. M.—
"Mica Mining in Bengal, India," Eng. and Min. Journ. Vol.
LXVIII, 1899, p. 246;
aussi dans: Mineral Industry, Vol. VII, 1898, p. 512 ;
aussi dans: Trans. Inst. Min. and Met., Vol. I, 1898, p. 168;
aussi dans: Journ. Chem. Ind., Vol. XVIII, p. 314.

Smith, J. B.—
"Apatite Mining in Quebec," Canadian Mining and Mechanical Review, Vol. XI, 1893, p. 41.

Smith, J. B.—
"Apatite Mining in Quebec," Journ. Gen. Min. Assoc. Quebec, Vol.
I, 1891-93, p. 239.

Smith, W. A.—
"Mica," Mineral Industry, Vol. I, 1892, p. 339.

Sterrett, D. B.—
"Mica Deposits of South Dakota," U. S. Geol. Surv. Bull. 380,
1909, p. 382.

Sterrett, D. B.—
"Mica Deposits of Western North Carolina," Bull. U. S. Geol.
Surv., No. 315, 1906, p. 400.

Torrance, J. F.—
"Rapport sur les dépôts d'apatite dans le comté d'Ottawa, Québec."
Rap. des Trav. Com. Geo. Can., 1882-84, Partie J.

Tschermak, G.—
"Lehrbuch der Mineralogie," 2nd Edition, 1885, Part I, p. 510.

Tschermak, G.—
"Die Glimmergruppe," Zeitschrift fur Mineralogie, Vol. II, 1878,
p. 14;
aussi dans: Journ. Chem. Soc., Vol. XXXIV, 1878, p. 711.

United States Geological Survey.—
Annual Reports, Monographs, Bulletins, Professional Papers, and Mineral Resources, depuis 1880 jusqu'à ce jour.

Vennor, H. G.—
"Notes sur les dépôts d'Apatite du comté d'Ottawa, Québec." Rap. des Trav. Com. Géol., 1876-77, p. 301.

Volger.—"Asterism," Sitzungsbericht der Wiener Akademie, Vol. XIX, 1856, p. 103.

Vogt, J. H. L.—
"Remarks upon the Composition of Crystallized Slags," Zeitschrift fur Mineralogie, Vol. XVIII, 1891, p. 670.

Walker, T. L.—
"Observations on Percussion Figures on Cleavage Plates of Mica," Amer. Journ. Sci., Vol. II, 1896, p. 5; "Percussion Figures on Micas," Records of the Geological Survey of India, Vol. XXX, 1897, p. 250; "The Crystal Symmetry of the Minerals of the Mica Group," Amer. Journ. Sci., Vol. VII, 1899, p. 199.

Wilson, E. et Wilson, W. H.—
"The Dilectric Strength of Certain Specimens of Mica," Electrician, Vol. LIV, p. 356;
aussi dans: Electrotechnische Zeitschrift, Vol. XXVI, p. 79.
"Asbest o der Glimmer als Flussige oder plastische Masse," Neueste Erfindungen und Erfahrungen, Vol. XXXI, 1904, p. 249.

La liste des ouvrages à consulter publiée par la Bibliothèque Carnegie de Pittsburg, Pa., cite des indications additionnelles d'ouvrages ayant trait au Mica, ses propriétés physiques et chimiques, son emploi commercial, etc.:—

Becker, A.—
"Two Analyses of Mica," Journal of the Chemical Society, Vol. LVIII, 1890, p. 220.

Bouty, E.—
"Etude des propriétés diélectriques du Mica." Annales de chimie et de physique, Vol. XXIV, Ser. 6, 1891, p. 394.

Bouty, E.—
"Propriétés diélectriques du Mica." La lumière électrique, Vol. XLII, 1891, p. 430.
aussi dans : Minutes of Proceedings of the Institution of Civil Engineers, Vol. XVII, p. 535.

Bouty, E.—
"Propriétés diélectriques du Mica à haute température." Comptes Rendus, Vol. CXII, 1891, p. 1310;
aussi dans : Electrical Review, Vol. XXIX, p. 4.

Bouty, E.—
"Sur le Résidu des Condensateurs," Comptes Rendus, Vol. CX, 1890, p. 1362.

Bouty, E.—
"Sur les Condensateurs en Mica," Comptes Rendus, Vol. CX, 1890, p. 846.
Canadian Mica, Electrical World, Vol. XXII, p. 417.

Cech, C. O.—
> "Brocat-Krystallfarben aus Glimmer", Journal fur praktische Chemie, Vol. CVII, 1869, p. 291.
>> aussi dans: Journal of the Franklin Institute, Vol. LXXXIX, Serie e, p. 303.
>> aussi dans: Mechanic's Magazine, Vol. XXII, p. 374.

Clarke, F. W.—
> "Alkaline Reaction of some Natural Silicates," Journal of the American Chemical Society, Vol. XX, 1898, p. 739;
>> aussi dans: Journal of the Chemical Society, Vol. LXXVI, Part II, p. 109.
> "Dielectric Constant of Mica," Electrical Review, Vol. XXVIII, 1891, p. 513.

Doelter, C.—
> "Artificial Formation of Mica," Journ. Chem. Soc., Vol. LVI, 1889, p. 25.

Doelter, C.—
> "Sur la Reproduction Artificielle des Micas et sur celle de la Scapolite," Comptes Rendus, Vol. CVII, 188, p. 42.
>> aussi dans: Journ. Chem. Soc., Vol. LIV, p. 1045.

Drouin, F.—
> "Influence de l'Huile sur les Propriétés isolantes du Mica." L'Electricien, Vol. XXXV (Ser. 2, Vol. XXI), p. 116;
>> aussi dans: Journal of the Society of Chemical Industry, Vol. XX, p. 482.
> "Glimmer als Unterlage fur Emulsionen," Chemiker-Zeitung, Vol. XIV, 1890, Part II, p. 322.

Hannover, H. J.—
> "Du Moulage sur Mica des Préparations pour Métallographie." Bulletin de la Société d'Encouragement pour l'Industrie Nationale, Vol. C. (Ser. 5 Vol. VI), 1900, p. 210.
>> aussi dans: Journ. Soc. Chem. Ind., Vol. XIX, p. 1021.

Harden, J.—
> "Effect of High Potential Discharge on Mica Insolutation." Electrical World and Engineer. Vol. XLI, 1903, p. 651.

Henault, D.—
> "The Crown Mica Mine, Custer City, South Dakota," Mining and Scientific Press, Vol. LXXXVI, 1903, p. 181.

Jefferson, C. W. et Dyer, A. H.—
> "Micanite and its Application to Armature Insulation," Trans. Amer. Inst. Elect. Eng., Vol. IX, 1892, p. 798.

Johnstone, A.—
> "Action of Water upon Mica," Journ. Chem. Soc., Vol. LXII, 1892, p. 573.
> "Lake Girard Mica Mine," Electrical World, Vol. XVIII, 1891, p. 249.
> "Mining and Marketing of Mica," Electrical Review, Vol. XXXIII, 1898, p. 82.
> "Production of Mica and its Uses," Journ. Soc. Chem. Ind., Vol. XVIII, 1899, p. 877.

Rand, T. D.—
> "Mica", Journ. Franklin Inst., Vol. CIX (Ser. 3), Vol. LXXIX, 1880, p. 190.

Ries, H.—
  "Mica," Economic Geology of the United States, 1905, p. 184.
Ries, H.—
  "Note on the Fluxing Power of Mica," Transactions of the American Ceramic Society, Vol. V, 1903, p. 362.
Sandberger, F.
  "Boric Acid in Mica," Journ. Chem. Soc. Vol. XLVIII, 1885, p. 643.
Scharizer, R.—
  "Micas of the Pegmatite-Granite of Schuttenhoien," Journ. Chem. Soc., Vol. LIV, 1888, p. 432.
Schlaepfer, R.—
  "Composition of Mica and Chlorite," Journ. Chem. Soc. Vol. LX, 1891, p. 530.
Schultze, W. H.—
  "Electrolytisches Verhalten des Glimmers bei hoher Temperatur," Annalen der Physik and Chemie, Vol. 284 (Nouvelle Serie 36) 1889, p. 635;
    aussi dans: Journ. Chem. Soc., Vol. LVI, p. 664.
Simmons, J.—
  "Mica in the Black Hills of South Dakota," Min. World, August 6, 1910.
Stull, R. T.—
  "Fluxing Power of Mica in Ceramic Bodies," Trans. Amer. Ceram. Soc., Vol. IV, 1902, p. 255.
    aussi dans: Journ. Soc. Chem. Ind., Vol. XXII, Part I, p. 28.
Tarr, R. S.—
  "Economic Geology of the United States, Mica," p. 442.
Thompson, R. W.—
  "Mica Mining in the District of Nellore, India," Journal of the Society of Arts, Vol. XLVI, 1898, p. 671.
Turner, H. W. and Hobart, H. M.—
  "Insulation of Electric Machines, Mica and Mica Compounds," 1905, p. 83.
Vogt, J. H. L.—
  "Ueber die kunstliche Bilding des Glimmers," Berg und Huttenmannische Zeitzung, Vol. XLVI, 1887, p. 311.
    aussi dans: Zeitschrift fu Electrotechnik, Vol. XXII. 1903, p. 27.
W. O.—
  "Die Glimmerindustrie," Oesterreichische Zeitschrift fur Berg and Huttenwesen, Vol. LI, 1903, p. 685.
Warman, W. A.—
  "Cutting Mica and Fibre," American Machinist, Vol. XXII, 1899, p. 41.
Wells, J. F.—
  Notes on the Occurrence of Mica in South Norway," Trans. Inst. Min. and Met., Vol. VII, 1899, p. 334.
Zschimmer. E.—
  "Alteration Products of Magnesia Mica; Variation of the Optical Character with the Composition," Journ. Chem. Soc., Vol. LXXVI, Part 2, 1899, p. 768.

INDEX

400

31

BIBLIOTHÈQUE NATIONALE — IMPRIMÉS

DEPARTMENT OF MINES
MINES BRANCH
1913
BRYSON
PONTEFRACT
WALTHAM
MASHAM
HUDDERSFIELD
CLAPHAM
ALLEEN
THORNE
PORTLAND
ONSLOW
BRISTOL
EARDLEY
MONTCALM
DORION
WERTHFIELD
BIGELOW
VILLENEUVE
DENHOLM
DERRY
WAKEFIELD
BUCKINGHAM
HINCKS
TEMPLETON
MONTENAC
MAP
SHOWING LOCATION
OF THE
PRINCIPAL MINES AND OCCURRENCES
IN THE
QUEBEC MICA AREA
MICA
PALÆOZOIC ROCKS (CAMBRO-SILURIAN)
LAURENTIAN

CANADA
DEPARTMENT OF MINES
MINES BRANCH
1913
MAP
SHOWING LOCATION
OF THE
PRINCIPAL MINES AND OCCURRENCES
IN THE
ONTARIO MICA AREA
MICA
PALÆOZOIC ROCKS (CAMBRO-SILURIAN)
LAURENTIAN

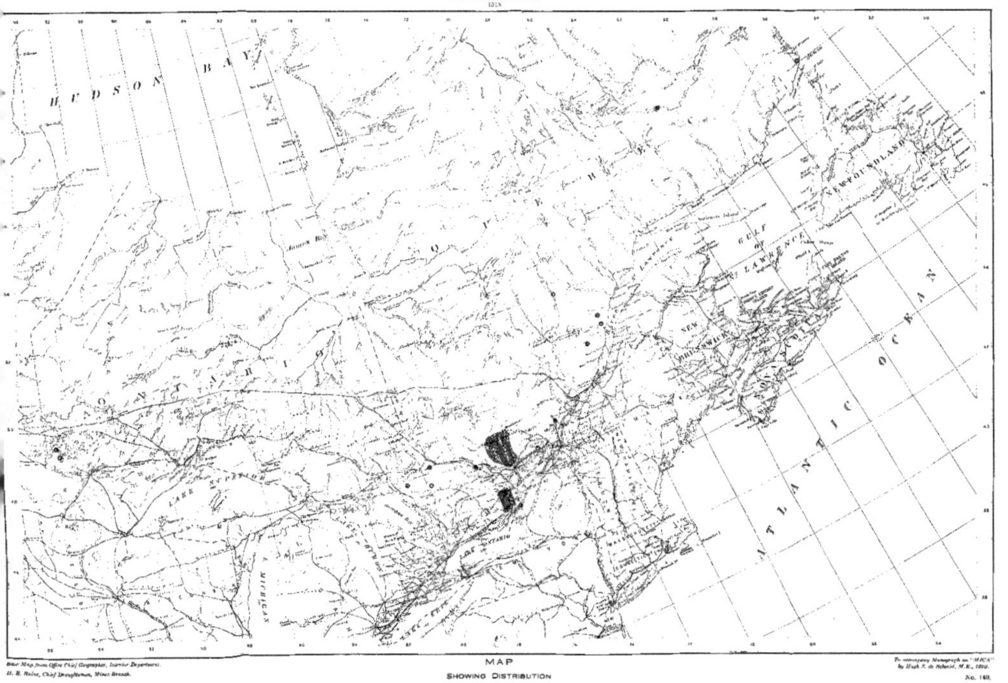

MAP
SHOWING DISTRIBUTION
OF THE
PRINCIPAL MICA OCCURRENCES
IN THE
DOMINION OF CANADA